国家重点研发计划项目(2022YFC3802604,2022YFE1303102)
国家自然科学基金项目(51878328,51478217,32171571)
江 苏 高 校 优 势 学 科 建 设 工 程 项 目
城 市 AI 与 绿 色 人 居 环 境 营 造 省 高 校 重 点 实 验 室
资助出版

城市与区域生态规划
理论、方法与实践

Urban and Regional Ecological Planning
Theory, Method and Practice

尹海伟　孔繁花・编著

东南大学出版社
SOUTHEAST UNIVERSITY PRESS
・南京・

内容提要

本书是作者在总结近年来生态规划教学与科研工作经验、城市与区域生态规划研究实践的基础上编写而成的，并作为南京大学城乡规划专业本科生“城乡生态与环境规划(生态环境保护与修复)”和硕士研究生“生态规划研究”等课程的教材或参考书使用。为了适应当前我国国土空间规划体系重构、学科交叉融合不断深入的发展趋势，满足国土空间总体规划中国土空间综合整治与生态修复、低碳生态与韧性城市、气候适应型与海绵城市、宜居与可持续城市等各类与生态规划相关规划研究的现实需要，本书首先在梳理国内外生态规划的概念、产生与发展历程的基础上，从城市与区域规划视角，系统梳理城市与区域生态规划的相关理论基础，明确城市与区域生态规划的内容、程序和技术方法体系，进而结合相关规划实践详细地阐述城市与区域生态规划的方法及其具体应用，为新时期科学编制城市与区域生态规划提供理论基础和可操作的技术方法支撑，以期促进生态理念与信息在城市与区域规划中的广泛应用与深入推广。

本书强调系统性、实用性相结合，包括理论、方法与实践 3 篇，共 10 章，可作为高等院校城乡规划、风景园林、人文地理与城乡规划、资源环境科学、土地资源管理、城市管理等相关专业学生的教材与参考书，也可供从事城市与区域生态环境规划相关工作的实践工作者参考。

图书在版编目(CIP)数据

城市与区域生态规划：理论、方法与实践 / 尹海伟，孔繁花编著. -- 南京 ：东南大学出版社，2024. 7.
ISBN 978-7-5766-1498-5

Ⅰ. X321

中国国家版本馆 CIP 数据核字第 2024DA9089 号

责任编辑：马　伟　**责任校对**：张万莹　**封面设计**：王　玥　**责任印制**：周荣虎

城市与区域生态规划：理论、方法与实践

Chengshi Yu Quyu Shengtai Guihua：Lilun、Fangfa Yu Shijian

编　　著	尹海伟　孔繁花
出版发行	东南大学出版社
社　　址	南京市四牌楼 2 号　　邮编：210096　　电话：025－83793330
出 版 人	白云飞
网　　址	http://www. seupress. com
电子邮件	press@seupress. com
经　　销	全国各地新华书店
印　　刷	广东虎彩云印刷有限公司
开　　本	787mm×1092mm　1/16
印　　张	27. 25
字　　数	680 千字
版　　次	2024 年 7 月第 1 版
印　　次	2024 年 7 月第 1 次印刷
书　　号	ISBN 978-7-5766-1498-5
定　　价	98. 00 元

(本社图书若有印装质量问题，请直接与营销部联系。电话：025－83791830)

前　言

快速城镇化使我们在领略现代城市文明风采的同时,也带来了城市热岛效应增强、洪涝灾害频发、环境污染加重、生境破碎化程度加剧、生物多样性消失速度加快、生态系统服务功能退化等一系列生态环境问题,致使人民日益增长的生态环境需求与城市生态环境供给不足的矛盾日益突出。党的十八大以来,生态文明建设已成为我国国家发展的重大战略举措,以习近平同志为核心的党中央围绕生态文明建设谋划开展了一系列根本性、开创性、长远性工作,推动生态环境保护发生了历史性、转折性、全局性变化。新时代生态文明建设更加注重生态环境治理的整体性、系统性、协同性,更加注重生境的多样性、连通性、持续性,要求全方位、全地域、全要素、全过程地推进生态环境保护,这使得交叉融合多学科知识体系、整合贯通多领域技术方法、创新引领多部门生态环境保护治理实践成为我国新时期生态文明建设的新任务、新要求与新趋势。

国家战略需求有力地推动了我国城乡生态规划学科的快速发展,使其成为国家生态文明建设的重要支撑性学科。但当前生态规划学科的既有学科理论与方法体系仍侧重城乡空间的生态化,而对生态空间的演化规律、生态过程的调控机理及其生态系统服务的权衡与协同关系关注不足。因而,我们亟须深入理解生态空间的时空演化规律及其生态系统服务效应,科学构建多尺度多功能的生态网络格局,优化完善我国城乡生态规划的理论框架与方法体系,提升新时期我国城市与区域生态规划的科学性,使其更好地服务于生态文明与美丽中国建设等国家战略需求。

南京大学是国内较早在城乡规划学科内开展城乡生态环境规划教学与研究的高校之一。2003 年,宗跃光教授作为南京大学首批海内外公开招聘教授加入地理系,并为城乡规划专业的本科生开设了“城市生态环境学”课程,构建了符合南京大学城乡规划专业特色的城市生态环境规划教学内容与方法体系,能够完全满足 2004 年 3 月出版的《全国高等学校土建类专业本科教育培养目标和培养方案及主干课程教学基本要求(城市规划专业)》中“城市环境与城市生态学”“城市生态与环境”等相关课程的教学要求和培养目标。宗老师结合自己在城市生态方向的大量研究和吴江东部次区域发展战略、关中城市群建设、大连市城镇体系等区域规划中的生态环境专题研究项目实践,紧跟新时期城市与区域生态环境规划定量分析的发展趋势,将 3S(RS、GIS、GPS)技术、景观格局分析、生态足迹核算、生态环境容量评价等定量分析方法融入“城市生态环境学”的教学体系中，形成了融合多学科知识的新教学体系，成为南京大学城乡规划专业学生的必修课，培养了一大批具有生态学素养和生态环境保护意识的城乡规划专业人才。

2014年，我有幸接过了宗老师的“城市生态环境学”课程，在接过接力棒之时我顿感千斤重担在肩头，也深刻认识到新时期南京大学城市与区域生态环境规划教学与研究传承的重任。自2003年在南京大学师从徐建刚教授攻读博士学位以来，我一直从事城乡生态规划、规划技术与方法领域的研究，在国内城乡规划领域较早开展了生态敏感性分析、生态网络构建、绿色基础设施生态环境效应评价等领域的工作，初步构建了城乡生态系统与社会经济系统整合分析的技术方法框架。近些年来，结合自己在城市生态规划方向主持的国家重点研发计划项目子课题和国家自然科学基金等项目的科研成果和城市与区域生态环境相关的规划实践，形成了融合多学科知识、基础理论、技术方法与实践应用的城市与区域生态规划教学体系，该体系可与《城市与区域规划空间分析实验教程（第3版）》相结合，能够较好地适应当前我国国土空间规划体系重构、学科交叉融合不断深入的发展趋势，基本能够满足国土空间总体规划中的国土空间综合整治与生态修复、低碳生态与韧性城市、气候适应型与海绵城市、宜居与可持续城市等各类与生态规划相关规划研究的现实需要和生态环境规划行业发展对“一专多能”规划人才的需求。

本书包括理论、方法与实践3篇，共10章。首先在梳理国内外生态规划的概念、产生与发展历程的基础上，从城市与区域规划视角，系统梳理城市与区域生态规划的相关理论基础，明确城市与区域生态规划的内容、程序和技术方法体系，进而结合相关规划实践详细地阐述城市与区域生态规划的方法及其具体应用，为新时期科学编制城市与区域生态规划提供强有力的理论支撑和可操作的技术方法参考，以期促进生态理念与信息在城市与区域规划中的广泛应用与深入推广。

本书由尹海伟与孔繁花负责总体设计，尹海伟负责第1章、第4章、第6～第10章的编写工作，孔繁花负责第2章、第3章和第5章的编写工作，最后由尹海伟负责统稿与定稿工作。南京大学城乡规划专业博士研究生沈舟、盖振宇、苏杰、孙辉等，硕士研究生方云杰参与了部分章节书稿的编写工作，硕士研究生高书萌、唐志鹏、闻仕城等负责了部分章节数据与参考文献的整理工作，南京大学城乡规划专业多届本科生与研究生对本书内容与教学体系提出了不少修改意见，东南大学出版社马伟老师和秦艺帆编辑为本书的出版做了大量的工作，在此一并表示衷心的感谢。

本书每一章节的统稿与参编人员名单列表如下：

篇章		标题	统稿人	参编人员
篇	章			
第一篇理论篇	第1章	生态规划的概念内涵与发展简史	尹海伟	尹海伟、沈舟
	第2章	生态学的主要分支与主要概念	孔繁花	孔繁花、沈舟
	第3章	生态规划的重要理论与主要原理	孔繁花	孔繁花、沈舟
第二篇方法篇	第4章	生态规划的内容框架与技术方法	尹海伟	尹海伟、盖振宇
	第5章	生态规划中的要素分析与评价	孔繁花	孔繁花、盖振宇、沈舟
	第6章	生态规划多要素系统分析与评价	尹海伟	尹海伟、苏杰、沈舟
第三篇实践篇	第7章	吴江东部次区域生态环境专题研究	尹海伟	尹海伟、孙辉、方云杰（尹海伟、陈昌勇、马晓冬等）
	第8章	湖南省“3+5”城市群生态规划研究	尹海伟	尹海伟、孙辉、方云杰（尹海伟、王红扬、祁毅、周艳妮、秦正茂等）
	第9章	多元目标融合的环太湖绿廊规划研究	尹海伟	尹海伟、孙辉、方云杰（尹海伟、许峰、陈剑阳、王晶晶、于亚平等）
	第10章	柳州市全域国土综合整治与生态修复	尹海伟	尹海伟、孙辉、方云杰（尹海伟、罗小龙、苏杰、朱捷、徐宇曦、程龙等）

注：第三篇的规划案例是在专题研究的基础上整理而成的，原专题主要参与人员在括号内列出。

由于作者专业知识背景与水平有限，本书难免存在不妥与疏漏之处，敬请广大同行和读者批评、指正。作者邮箱：qzyinhaiwei@163.com。

尹海伟　孔繁花

2023年12月

目　录

第一篇　理论篇

第二篇 方法篇

第三篇 实践篇

第一篇

理论篇

一个民族想要站在科学的最高峰，就一刻也不能没有理论思维。——[德]恩格斯：《自然辩证法》

一种理论的前提的简单性越大，它所涉及的事物的种类越多，它的应用范围越广，它给人们的印象也就越深。——[美]爱因斯坦：《自述》

理论是建造科学大厦的“脚手架”。理论永远是临时性的，过些日子都要更新、被拆除掉。——[中]赵鑫珊：《哲学与当代世界》

本篇首先介绍生态规划的概念与内涵、产生背景与发展简史，然后介绍了生态学的定义与分类、主要分支，并从城市生态学、景观生态学、人类生态学、保护生物学、恢复生态学、城乡生态规划学等相关学科梳理了与生态规划相关的生态学主要概念，最后从生态学的一般理论与原理、景观生态学的相关理论、城市生态学中的理论与原理等方面系统阐述了与生态规划联系紧密的相关理论。

为了适应当前我国国土空间规划体系重构、学科交叉融合不断深入的发展趋势，本篇对山水林田湖草沙生命共同体、人与自然和谐共生、基于自然的解决方案等国内外的一些新理念、新理论也进行了介绍，以满足国土空间总体规划、国土空间综合整治与生态修复、低碳生态城市等各类与生态规划相关规划研究的现实需要。

第1章　生态规划的概念内涵与发展简史

19世纪末期，在人与自然关系逐渐背离，人口、资源与环境等问题日益凸显的背景下，现代生态规划应运而生，至今已走过了一个多世纪的发展历程，对城乡规划建设产生了重要而深远的影响。改革开放以来，我国的快速城镇化进程使我们在领略现代城市文明风采的同时，也带来了一系列生态环境问题，致使人民日益增长的生态环境需求与城市生态环境供给不足的矛盾日益突出。党的十八大以来，生态文明建设已成为我国国家发展的重大战略举措，国家战略需求有力地推动了城乡生态规划学的快速发展，使其成为我国生态文明建设的重要支撑性学科。

作为生态文明新时代的规划师与城市管理人员，有必要了解生态规划的前世今生、与生态规划紧密相关的生态学主要概念与基本原理等基础知识。为此，本章主要介绍生态规划的产生背景、概念与内涵、发展简史、历史经验、类型及其在城乡规划建设中的地位等内容。

1.1　生态规划产生的背景

1.1.1　人与自然关系的逐渐背离

人与自然的关系是人类社会必须加以考虑的一种根本关系。自然可以对个体健康、福祉和行为产生重要影响(Martin et al.，2020)，因而亲近自然、接触自然、走向自然是人们与生俱来的内生需求。这主要是因为我们人类来自自然，不能离开自然而生存，人类有与自然界联系的本能欲望，并倾向于被自然吸引和依赖自然(亲自然性假说，biophilia hypothesis)(Wilson，1984)。由此可见，人与自然是一个生命共同体，无论人类怎样进步和发展，都不能脱离自然而独立存在，人类必须尊重自然、顺应自然、保护自然。

然而，自从人类诞生以来，人类就从未停止随自然生态环境的演进而进化的脚步，使得自然界打上了人类实践活动的鲜明印记。根据人类进化的不同阶段，以及与此相对应的人与自然关系的嬗变，现有学者通常会把人类文明划分为四个基本阶段，即原始文明、农业文明、工业文明、后工业文明(生态文明)。每一阶段都有其特殊的新质，反映了人对自然观念的演化、人和自然物质关系的变革，以及由此引起的人与自然在其对立统一关系中地位的转化等(李祖扬等，1999)。

在原始文明时代，人类作为具有自觉能动性的主体呈现在自然面前，但是由于缺乏强大的物质和精神手段，对自然的开发和支配能力极其有限。人类不得不依赖自然界直接提供的食物和其他简单的生活资料而生存，同时也无法抵御各种自然力的肆虐。人类忍受饥饿、疾病、寒冷和酷热的折磨，受到野兽的侵扰和危害。因此，人类把自然视为威力无穷的主宰，视为某种神秘的超自然力量的化身，对自然表示顺从、敬畏(李祖扬等，

1999)。总之,在原始文明时代人类对自然生态环境的利用、改造与影响均较小,人与自然尚处于融合统一的依存关系之中,相对于人类而言,自然具有先在性与基础性,人类依赖着自然以谋求自身的生存与发展,对自然保持着敬畏和顺从的态度。

在农业文明时代,人类和自然处于初级平衡状态,物质生产活动基本上是利用和强化自然过程,缺乏对自然施行根本性的变革和改造,对自然的轻度开发没有像后来的工业社会那样造成巨大的生态环境破坏。这一时期社会生产力发展和科学技术进步也比较缓慢,没有也不可能给人类带来高度的物质与精神文明(李祖扬等,1999)。总之,在农业文明时代,虽然人类利用自然、改造自然的能力较原始文明时代有所增长,但尚未改变人与自然相互依存的根本关系。

在工业文明时代,随着资本主义生产方式的产生,人类步入了运用科学技术控制和改造自然取得空前胜利的时代。社会生产部门不断更新,社会生产力飞速发展,人类在开发、改造自然方面获取的成就,远远超出了过去一切世代的总和。科技万能的神话迅速超越所有宗教信仰而成为人类最普遍的信仰,人们希望并相信科技的发展将解决人类面临的一切难题,这使得人类和自然的关系发生了根本改变,人类要控制自然、征服自然,人与自然之间的关系渐趋紧张。人类陶醉于征服自然并取得的“辉煌胜利”中,以自然的“征服者”自居,但这种掠夺型、征服型和污染型的发展方式使人类(至少是部分人)在享受丰富物质财富的同时,也遇到了前所未有的环境污染、生态失衡、资源枯竭、物种锐减等一系列生存危机,已经严重威胁着人类的生存与可持续发展(李祖扬等,1999)。

人类是地球自然生物系统演化过程中的产物,是地球生物世界数千万个物种中的一员,在其诞生以来400多万年的99%以上的时间中,人类都是在与自然的同一和人类内部的同一状态中进化而来的,人类与自然的相互作用和人类内部的相互作用,都没有超出动物界获取生存资料、避害趋利、物竞天择、适者生存的自然必然性水平。然而,自从人类掌握了使用火和制造工具之后,利用自然的过程开始向征服自然的过程演变,人类与自然同一的关系也开始发生裂变,由与自然的同一走向与自然的对抗,而自然界则以自身的必然性,向人类施行了严厉的报复——全球性的生态失衡、人类生存环境恶化和大量危机(生态危机、环境危机、粮食危机、能源危机、气候危机……)。因而,通过生态规划方式来协调人与自然环境和自然资源之间的关系受到人们的日益重视,基于生态学原理的土地利用等各类规划获得了迅速发展,生态规划在此背景下应运而生。

1.1.2　人类迈入生态文明新时代

工业文明时代严酷的现实告诉我们,人与自然都是生态系统中不可或缺的重要组成部分。人与自然不存在统治与被统治、征服与被征服的关系,而是存在相互依存、和谐共处、共同促进的关系。大自然给人类敲响了警钟,历史呼唤着新的文明时代(后工业文明时代,也称之为生态文明时代)的到来。从工业文明向生态文明的观念转变是近代科学机械论自然观向现代科学有机论自然观的根本范式转变,也是传统工业文明发展观向现代生态文明发展观的深刻变革(李祖扬等,1999)。

20世纪70年代至80年代,在各种全球性问题加剧以及“能源危机”冲击的背景下,世界范围内开始了关于“增长的极限”(Limits to Growth)的讨论,使人们认识到生态环境的承载力是有限的,各类资源的数量也是有限的。1972年6月,联合国在斯德哥尔摩召开了有史以来第一届“联合国人类环境会议”（Conference on the Human Environment），讨论并通过了著名的《联合国人类环境会议宣言》（*Declaration of the United Nations Conference on the Human Environment*），鼓舞指导各国人民保护和改善环境，从而揭开了全人类共同保护环境的序幕，也意味着环保运动由群众性活动上升为政府行为。1983年11月，联合国成立了世界环境与发展委员会（World Commission on Environment and Development，WCED），1987年该委员会在其长篇报告《我们共同的未来》（*Our Common Future*）中正式提出了“可持续发展”（sustainable development）的概念，并取得国际社会的广泛共识（Brundtland，1987）。1992年，在巴西里约热内卢召开的联合国环境与发展大会（United Nations Conference on Environment and Development，UNCED）通过的《21世纪议程》（*Agenda 21st Century*），把实现可持续发展作为人类共同追求的目标。至此，可持续发展思想已经成为影响人类文明和人类进步的基本指导原则。

可持续发展的核心内容就是和谐的自然观。生态文明作为人类文明的一种形态，其核心价值观是人与自然的和谐共生，主要内容是建立可持续的产业结构、生产方式和生活方式，基本目标是以资源环境承载力为基础，引导人们走人与自然和谐发展道路。这需要在全社会深入开展生态文明教育，将尊重自然、顺应自然、保护自然的生态文明理念渗透到社会的各个层面和生产生活的各个环节。另外，要加快转变经济发展方式，大力发展循环经济，促进经济发展由主要依靠增加物质资源消耗向主要依靠科技进步、劳动者素质提高、管理创新转变，大力推进资源节约型、环境友好型社会的构建。此外，也需要努力建立、健全生态文明建设制度体系，实现生态文明建设的制度化和常规化。

因此，自20世纪70年代以来，人类对生态环境问题的认识已取得很大进展，并已形成较广泛的共识，人类开始迈入生态文明时代。这是生态环境科学、生态哲学、生态伦理学、生态经济学等生态思想的升华与发展，也是人类对自然生态环境恶化及可持续发展问题认识深化的必然结果。在此背景下，生态规划应运而生，并在现有科学研究领域逐步取得长足发展。

1.2 生态规划的概念与内涵

1.2.1 规划的概念与内涵

我们制定规划（planning）的两个基本原因是实现人们对物质空间的公平享有（influence equitable sharing physical space among people）和确保未来愿景的可行性（ensure the viability of the future）。因而，规划通常被定义为“运用科学、技术及其他系统性的知识，为决策提供待选方案（to provide alternatives for making decisions），并对众多选择进行综合考虑、最终达成一致意见的过程”（斯坦纳，2004；Steiner et al.，1981）。正如弗里德曼（Friedmann）在1973年所指出的：“规划是连接知识与实践的纽带。”（Planning links knowledge to action.）（Friedmann，1973）

规划是人们以思考为依据安排其行为的过程，是一种有意识的系统分析与决策过程，通常包含两层含义：一是描绘未来，即人们根据对规划对象现状的认识构思未来目标和发展状态；二是行为决策，即人们为实现未来的发展目标所应采取的时空顺序、步骤和技术方法的决策（刘康，2011；王光军等，2015）。因而，规划行为是一种无处不在的人类活动，不仅存在于城市发展领域，也遍布在各个行业（吴志强和李德华，2010）。不同领域学者从不同的视角给出了“规划”的不同定义（表 1-1）。

表 1-1　不同学者对规划的定义

学者	定义
Y. 德罗尔（Y. Dror），著名政策科学理论家	规划即拟定一系列的决策以指导未来的行动，最终实现既定目标，从其结果中学习新的决策集合与新的目标追求
J. B. 麦克劳林（J. B. Mcloughlin），英国系统规划理论学家	规划就是建立一整套广泛且具体的目标，并通过对个人和集团的行为进行管理和控制，以减少其消极外部性同时引导物质环境产生积极影响
P. 霍尔（P. Hall），英国著名城市地理学家、科学院院士，城市规划领域著名学者	规划作为一项普遍活动，是指设计一个有条理的行动序列，以保证既定目标得以实现
A. 沃特斯顿（A. Waterston），在世界银行工作，从事经济发展和发展规划研究	规划本质是一种有组织、有意识的和连续的尝试，以选择最佳的方式来达到既定目标，规划是将人类知识合理地运用至达到决策的过程中，这些决策将作为人类行动的基础
K. G. 缪尔达尔（K. G. Myrdal），瑞典经济学家、诺贝尔经济学奖得主	规划是通过民主集体决定的努力，以做出有关未来趋势集中的、综合的和长期的预测，提出并执行协调的政策体系

尽管规划的定义有着不同侧重和延伸，我们仍可以得出以下几点关于规划内涵性质的基本理解（吴志强等，2010；张京祥等，2021）：

a. “规划”是一个为了实现既定的、特定的目标而预先安排行动步骤，并不断付诸实践的过程。

b. “规划”必定包含一系列对于实现目标有贡献的行动或决策集合或序列，是一种优化方案。

c. “规划”中决策或行动的内在逻辑在于传递性、导向性，即上一项决策或行动引发下一项决策或行动，最终实现既定目标，但并不是简单地模拟未来。

d. “规划”不是由原因到结果的循序过程，是以目标作为行动和过程的原因、依据，并将成为以后事件发生或过程演进的规范，融入了规划者对此有意识的控制。

e. “规划”是一种基于概率的思想和方法，其并无绝对的正误之分。

1.2.2　生态规划的概念与内涵

以生态学及生态经济学原理为基础、寻求人的活动与自然协调的生态规划（ecological planning）是实现资源永续利用和城市可持续发展的重要途径之一（欧阳志云和王如松，1995），其发端可追溯到 19 世纪末以乔治·马什（Geoge Marsh）等为代表的生态学家和规划工作者的规划实践，它已经走过了 120 多年的发展历程。近些年来，生态规划发展迅速，应用的领域和范围不断扩大，但其概念至今尚未形成统一的认识。许多学者在不同时期结合各自的研究领域和工作提出了关于生态规划的多种定义。

1940 年，本顿·麦凯（Benton MacKaye）在 *Ecological Monographs* 上发表了《区域规划与生态学》（*Regional Planning and Ecology*）的论文，明确地将区域规划与生态学

联系起来(explicitly linked regional planning to ecology)，并将区域规划(regional planning)定义为“综合协调某一地区可能或潜在的自然流(水)、经济流(商品)和社会流(人)，以为该地区居民的最适生活奠定适宜的自然环境”[a comprehensive ordering or visualization of the possible or potential movement, activity or flow (from sources onward) of water, commodities or population, within a defined area or sphere, for the purpose of laying therein the physical basis for the ‘good life’ or optimum human living](MacKaye,1940)。与此同时，麦凯认为区域规划就是生态学，尤其是人类生态学(Regional Planning is ecology, especially human ecology.)，并从区域规划的角度将人类生态学定义为：“人类生态学关注的是人类与环境的关系，规划的目的是将人类与区域的优化关系付诸实践。”简言之，区域规划就是应用人类生态学(Regional planning in short is applied human ecology.)。因而，我们可以将其对区域规划的定义看作为生态规划的早期定义之一。

1969年，现代生态规划的奠基人伊恩·L.麦克哈格(Ian L. McHarg)在《设计结合自然》(*Design with Nature*)一书中认为，生态规划是在没有任何有害的情况下，或多数无害的条件下，对土地的某种可能用途，确定其最适宜的地区(McHarg,1969)。符合此种标准的地区便认定为本身适宜于所考虑的土地利用，并将利用生态学理论而制定的符合生态学要求的土地利用规划称之为生态规划。直至20世纪80年代，包括日本学者在内的大多数人所认同的生态规划仍倾向于土地的生态利用规划(冯向东，1988；岸根卓郎，1990)。

1971年，联合国教科文组织(United Nations Educational, Scientific and Cultural Organization, UNESCO)面对全球日益严峻的人口、资源、环境问题，组织发起了一项政府间的科学计划——人与生物圈计划(Man and Biosphere Programme, MAB)，提出了从生态学角度来研究城市的项目，并明确指出应该将城市作为一个生态系统来进行研究，其目的在于整合自然科学和社会科学的力量，以合理及可持续地利用和保护全球生物圈资源，增进人类及其生存环境之间的全方位关系(李文华，1987；张泉等，2009)。MAB指出，生态城市创造了一种最优的环境，该环境可以从自然生态和社会心理两方面将技术与自然人类活动充分结合(fully integrate technology and natural human activities from natural ecology and social psychology)，并通过提供高水平的物质与生活方式来激发人的创造力和生产力(induce human creativity and productivity by providing a high level of material and lifestyle)。由此可见，生态规划就是要从自然生态和社会心理两方面去创造一种能够充分融合技术和自然的人类活动的最优环境，进而通过提供高水平的物质与生活方式来激发人的创造力和生产力的一种规划类型(沈清基，2009)。

1981年，弗雷德里克·斯坦纳(Frederick Steiner)等在*Environmental Management*上发表的《生态规划综述》(*Ecological Planning: A review*)论文中指出，生态规划就是利用生物物理和社会文化信息进行决策的过程(Ecological planning is the use of biophysical and sociocultural information for decision making.)，其方法主要是通过研究某一地区的生物物理和生态文化系统，以揭示特定的土地利用类型在何处最适宜的方法(The ecological planning method is primarily a method of studying the biophysical and eociocultural systems of a region to reveal where a specific land use may be best practiced.)，并认为生态规划提供了一种方法、一个讨论框架和一个伦理基础(Ecological planning offers a method, a framework for discussion, and an ethical base.)(Steiner et al.,1981;Steiner,2000)。

2002年，福斯特·恩杜比斯(Forster Ndubisi)在《生态规划的历史比较与分析》(*Ecological Planning: A Historical and Comparative Synthesis*)一书中指出，生态规划是认识、评估景观，并为景观利用提供选择以便更好地适应人类居住的过程，其目的是引导或控制景观的改变，使人类行为与自然过程实现协调发展(Ndubisi,2002)。他同时指出，在生态规划中经常缺失的是对人们在特定景观中积累经验的"深刻"理解，它们对其赋予的意义，以及二者如何随时间而变化(Often missing from ecological planning is a 'deep' understanding of the accumulated experiences of people in a particular landscape, the meanings they attach to it, and how both change over time.)。

国内比较早进行生态规划相关研究的是我国著名生态学家马世骏、王如松等学者，他们在1980年代提出了"社会—经济—自然复合生态系统"的理论、生态调控的原则与方法，并构建了"辨识—模拟—设计"的研究框架(马世骏,1981;马世骏等,1984;王如松,1988;王如松等,1989;王如松等,2000)。同时指出，生态规划应是包含生态人居建设的城乡生态评价、生态规划和生态建设三大组成部分之一，而不仅限于基于生态学的土地利用规划，且生态规划可分为单项规划和综合性规划两种类型。单项规划是对复合生态系统的物流、能流、信息流、人口流和资金流等所引起的生态关系的规划;而综合规划则是对某一区域、部门或社区的人口、资源和环境进行的整体规划，是以生态学的原理去规划、调节和改造各种复杂的系统关系。

1992年，于志熙在《城市生态学》一书中认为，生态规划就是实现生态系统的动态平衡，是调整人与环境关系的一种规划方法;广义的生态规划与区域规划、城市规划在内容方法上应是重合的，在考虑问题的角度上，着重贯彻生态学的科学原理，强调生态要素的综合平衡;狭义的生态规划又称环境规划，应是区域规划、城市规划的一部分(于志熙,1992)。同时指出，城市生态规划(或称城市环境规划)是以城市生态学的理论为指导，以实现城市生态系统的动态平衡为目的，调控人与环境的关系，为居民创造舒适、优美、清洁、安全的环境。

1993年，我国著名生态学家欧阳志云等在陈昌笃先生主编的《生态学与持续发展》一书中撰文《生态规划——寻求区域持续发展的途径》。他指出，生态规划的实质就是运用生态学原理与生态经济学知识，调控复合生态系统中各亚系统及其组分间的生态关系，协调资源开发及其它人类活动与自然环境与资源性能的关系，实现城市、农村及区域社会经济的持续发展(欧阳志云等,1993)。1995年，欧阳志云等又在《自然资源学报》所撰写的《生态规划的回顾与展望》一文中进一步指出，生态规划就是要通过生态辨识和系统规划，运用生态学原理、方法和系统科学手段去辨识、模拟、设计生态系统内部各种生态关系，探讨改善系统生态功能、促进人与环境持续协调发展的可行的调控政策，其本质是一种系统认识和重新安排人与环境关系的复合生态系统规划(欧阳志云等,1995)。1996年，欧阳志云等又从区域发展角度进一步指出，生态规划就是指运用生态学原理及相关学科的知识，通过生态适宜性分析，寻求与自然协调、资源潜力相适应的资源开发方式与社会经济发展途径(欧阳志云等,1996)。

1994年，曲格平出版的《环境科学词典》认为，生态规划是在自然综合体的天然平衡情况下不做重大变化、自然环境不遭破坏和一个部门的经济活动不给另一部门造成损失的情况下，应用生态学原理，计算并(合理)安排天然资源的利用及组织地域的利用(曲格平，1994)，这一生态规划的定义强调资源性、经济性，更多的是从政府管理和经济良性发展的角度来探讨。

1997年，黄光宇等在《城市规划》上发表的《生态城市概念及其规划设计方法研究》一文中指出，生态导向的整体规划设计(广义的生态规划)就是根据生态学原理，以社会—经济—自然复合系统为规划对象，以可持续发展思想为指导，以人与自然相和谐为价值取向，应用社会学、经济学、生态学、系统科学、生态工艺等现代科学与技术手段，分析利用自然环境、社会、文化、经济等各种信息，去模拟、设计和调控系统内的各种生态关系，提出人与自然和谐发展的调控对策(黄光宇等，1997)。同时他们指出，我们必须更新观念，开拓城市规划新思维，把“生态思想”引入城市的规划建设中，引导正确的城市化方向和城市“生态化”，实现城市健康、协调、持续发展，创造高效和谐、持续发展的人居环境；生态导向的整体规划设计方法实质上是从人类生态学的基本思想出发，把人与自然看作一个整体，以自然生态优先原则来协调人与自然的关系，并采取行政立法、科技等手段，促进系统向更有序、稳定、协调的方向发展，最终目标是建设宜人的人居环境，实现人、自然、城市和谐共生，持续协调发展。由此可见，生态导向的整体规划设计不是单一的物质形体规划(physical planning)，而是兼顾社会、经济、自然可持续发展的整体规划(integrated planning)。1999年，黄光宇等又在《城市规划》的《生态规划方法在城市规划中的应用——以广州科学城为例》一文中指出，生态规划是融社会、经济、技术和环境于一体的综合性规划，涉及生态、社会、经济等多个学科领域，是多学科的综合研究(黄光宇等，1999)。

2000年，宋永昌等在《城市生态学》一书中认为，城市生态规划要把单项的专业规划进行汇总和综合，从生态层面去考虑更高一级的规划，如区域规划、土地利用规划、景观规划等；同时，应考虑各个规划之间的联系，以生态学原理为指导，运用环境科学、系统科学的方法，对城市复合生态系统进行规划，调节系统内的各种生态关系，改善系统的结构和功能，确保自然平衡的资源保护，以促进人与自然的协调发展(宋永昌等，2000)。因此，宋永昌等强调，城市生态规划应以“可持续发展”理论为指导，贯彻“整体优化、协调共生、功能高效、趋适开拓、生态平衡、保护多样性与区域分异”的原则，确定了规划对象是一个由自然生态要素复合而成的高度人工化的生态系统，因子众多，复杂多变，故规划内容应根据城市的具体情况，突出重点、因地制宜、有针对性拟定，主要涵盖生态功能分区规划、土地利用规划、人口容量规划、环境污染综合防治规划、园林绿地系统规划、资源利用与保护规划、城市综合生态规划等(宋永昌等，2000)。

2002年，王祥荣在《规划师》发表的《城市生态规划的概念、内涵与实证研究》一文中认为，从区域和城市人工复合生态系统的特点、发展趋势和生态规划所应解决的问题来看，生态规划应不仅限于土地利用规划，而是以生态学原理和城乡规划原理为指导，应用系统科学、环境科学等多学科的手段辨识、模拟、设计人工复合生态系统内的各种生态关系，确定资源开发利用与保护的生态适宜度，探讨改善系统结构与功能的生态建设对策，促进人与环境关系持续、协调发展的一种规划方法(Wang, et al., 1998；王祥荣，2000，

2002)。同时他指出,生态规划的目的是从自然要素的规律出发,分析其发展演变规律,在此基础上确定人类如何进行社会经济生产和生活,有效地开发、利用、保护这些自然资源要素,促进社会经济与生态环境的协调发展,最终使得整个区域和城市实现可持续发展(王祥荣,2002)。

2002年、2005年,杨培峰在《城乡空间生态规划理论与方法研究》博士学位论文与出版的著作中,分别从城市规划的知识背景、从城乡互动的视角来看待生态规划的概念,将其定义为辨识城乡空间的生态关系、组分以及各种环境阈值,遵循生态控制论原理,通过对空间资源合理配置,来达到调控各种生态关系,提高城乡系统自然调节能力,创造良好的生态环境,从而使城乡发展走向可持续发展的规划理论与方法(杨培峰,2002,2005)。同时他指出,城乡空间生态规划是探寻如何确保城乡建设与生态和谐同步发展的空间规划方法。它不是单一地从空间因素入手,而且更注重生态机理的内生规律和与之相应的调控手法,从而达到城乡空间资源合理配置的目的。因此,从这个角度来看,城乡空间生态规划同时又是一种机制规划;生态和谐目标和相应的手法是贯穿空间资源配置的始终,所以城乡空间生态规划又可以看成一种目标规划(杨培峰,2002,2005)。

2007年,全国科学技术名词审定委员会审定的生态学名词中,将生态规划定义为利用社会文化和生物物理信息为政策和决策者提供关于人与环境之间无数相互关系选择的一种规划(use of socio-cultural and bio-physical information to provide options for policy and decision makers regarding the myriad of interrelationships between humans and environment),其实质就是运用生态学原理去综合地、长远地评价、规划和协调人与自然资源开发、利用和转化的关系,提高生态经济效率,促进社会经济的持续发展(全国科学技术名词《生态学名词》定义版,2007)。

2009年,沈清基在《城市规划学刊》发表的《城市生态规划若干重要议题思考》一文中认为,刘易斯·芒福德(Lewis Mumford)等的定义强调生态规划的综合性(自然、经济、人)、谐调性,麦克哈格和穆罕默德·贾法里(Mohammad Jafari)的定义强调了土地利用中心性,弗雷德里克·斯坦纳(Frederick Steiner)等的定义则较注重生态规划的景观生态学途径,曲格平主编的《环境科学词典》对生态规划定义的特点是强调资源性和经济性,联合国教科文组织人与生物圈计划(MAB)的生态规划定义的特点则是以人为中心(沈清基,2009)。基于此,他认为生态规划定义的核心内涵应以生态关系、人与自然等因素和谐为核心,提出了如下城市生态规划的定义:以生态学为理论指导,以实现城市生态系统的健康协调可持续发展为目的,通过调控一定范围内的"人—资源—环境—社会—经济—发展"的各种生态关系,促进城市可持续发展、促进人居环境水平和人的发展水平不断提高的规划类型(沈清基,2009,2018)。由这一定义可见,城市生态规划是一种协调城市人类与资源、环境、社会、经济、发展等要素和系统关系的规划类型,其最核心的特征是关系。其中,对这些关系的表达、分析、协调、重构都是城市生态规划需要解决的重点(沈清基,2009)。

结合以上国内外不同学者或组织对生态规划的相关定义,我们可以发现与生态规划概念密切相关的关键词主要有:生态学原理、规划学原理、生态适宜性、复合生态系统、生态系统结构与功能、生态关系、人与自然和谐、可持续、规划方法。基于此,我们可以认为：生态规划就是运用生态学、城乡规划学、环境科学等相关学科的原理与知识，通过生态适宜性分析及系统科学手段去辨识、模拟、设计复合生态系统内部各种生态关系，确定资源开发利用与保护的生态适宜度，探讨改善系统结构与功能，促进人与环境关系可持续、协调发展的一种规划方法。

1.2.3　生态规划与其他规划的关系

（1）生态规划与国土空间规划的关系

国土空间规划是对一定区域国土空间开发保护在空间和时间上作出的统筹安排，是对国土资源的开发、利用、治理和保护进行的全面规划。国土空间规划是国家空间发展的指南、可持续发展的空间蓝图，是各类开发保护建设活动的基本依据。国土空间规划包括总体规划、详细规划和相关专项规划。

长期以来，我国存在规划类型过多、内容重叠冲突，审批流程复杂、周期过长，地方规划朝令夕改等问题，建立国土空间规划体系并监督实施，将主体功能区规划、土地利用规划、城乡规划等空间规划融合为统一的国土空间规划，实现"多规合一"，强化国土空间规划对各专项规划的指导约束作用，是党中央、国务院作出的重大部署。2013 年党的十八届三中全会通过的《中共中央关于全面深化改革若干重大问题的决定》"加快生态文明制度建设"篇章，提出"建立空间规划体系"。2015 年《生态文明体制改革总体方案》首次明确提出"建立以空间治理和空间结构优化为主要内容的空间规划体系，构建以空间规划为基础、以用途管制为主要手段的国土空间开发保护制度，并且应当以资源环境承载能力评价结果作为规划的基本依据"。这标志着我国生态文明建设迈入新的阶段，同时也为国土空间规划体系建立奠定了基础。2018 年 3 月，第十三届全国人民代表大会第一次会议表决通过"关于国务院机构改革方案的决定"，将国土资源部、住房和城乡建设部等部委的规划职能整合到自然资源部，统一行使国土空间规划与用途管制职责；2019 年 5 月，《中共中央　国务院关于建立国土空间规划体系并监督实施的若干意见》的正式印发标志着我国国土空间规划体系构建工作正式全面展开。

国土空间规划的系统重构是我国生态文明时代规划体系改革的必然选择。建立全国统一、责权清晰、科学高效的国土空间规划体系，整体谋划新时代国土空间开发保护格局，综合考虑人口分布、经济布局、国土利用、生态环境保护等因素，科学布局生产空间、生活空间、生态空间，是加快形成绿色生产方式和生活方式、推进生态文明建设、建设美丽中国的关键举措，是坚持以人民为中心、实现高质量发展和高品质生活、建设美好家园的重要手段，是保障国家战略有效实施、促进国家治理体系和治理能力现代化的必然要求。

党的十八大以来，生态文明建设已成为我国国家发展的重大战略举措。为了进一步推动"山水林田湖草沙生命共同体""人与自然和谐共生""绿水青山就是金山银山"等生态文明理念在空间规划中的落地实施，2015 年中共中央、国务院印发《生态文明体制改革总体方案》，明确提出"树立山水林田湖是一个生命共同体的理念……进行整体保护、系统修复、综合治理，增强生态系统循环能力，维护生态平衡"；2019 年《自然资源部关于全面开展国土空间规划工作的通知》在"明确国土空间规划报批审查的要点"中，明确提出"生态屏障、生态廊道和生态系统保护格局，重大基础设施网络布局，城乡公共服务设施配置要求”。国家与各部委一系列文件有力地推动了我国生态文明由理念与战略转变为政策与行动，为我国全域国土空间整治与生态修复规划指明了规划目标、战略方向与实施路径，成为当前我国国土空间规划体系中“三生空间融合发展”的重要组成部分。

新时代、新背景、新形势下，国土空间规划体系的系统重构必将深度融合各部门之间的职能要素，国土空间规划体系下的多规融合成为生态格局优化协调机制建立的重要支撑。同时，国土空间规划职能的统一有利于坚持生态文明理念下生态空间格局的优化布局，扫清了实施生态修复和生态空间服务功能提升的体制机制障碍，保证了山水林田湖草沙生态资源综合治理和合理配置行动计划的贯彻落实。

由此可见，生态规划是新时期国土空间规划的重要组成部分，它通过自然资源承载力评价与生态环境适宜性分析，为国土资源的合理开发利用和国土空间的综合整治与生态修复提供技术支持和决策依据。

（2）生态规划与城乡规划的关系

根据 2017 年颁布的《中华人民共和国城乡规划法》，城乡规划包括城镇体系规划、城市规划、镇规划、乡规划和村庄规划；城市规划、镇规划分为总体规划和详细规划；详细规划分为控制性详细规划和修建性详细规划。制定和实施城乡规划，应当遵循城乡统筹、合理布局、节约土地、集约发展和先规划后建设的原则，改善生态环境，促进资源、能源节约和综合利用，保护耕地等自然资源和历史文化遗产，保持地方特色、民族特色和传统风貌，防止污染和其他公害，并符合区域人口发展、国防建设、防灾减灾和公共卫生、公共安全的需要。

城市规划是以发展眼光、科学论证、专家决策为前提，为了实现一定时期内城市发展目标，在确保城市空间资源的有效配置和土地合理利用的基础上，对城市经济结构、空间结构、社会结构发展进行的系统规划；合理确定城市性质、规模和空间发展方向，协调城市空间布局和各项城市建设所作的综合部署和具体安排；是一定时期内城市发展的蓝图，是城市建设和城市管理的基本依据，是实现城市经济和社会发展目标、经济、社会、环境综合效益最优的重要手段之一，具有指导和规范城市建设的重要作用。尽管我国目前已经构建了国土空间规划体系，但其“五级三类”规划中仍有很多规划内容均是传统城乡规划的内容，因此我们可以将原城乡规划看作为国土空间规划体系的有机组成部分。

城市生态规划则是分析利用自然环境、社会、文化、经济等各种信息，通过辨识、模拟、设计、调控城市社会—经济—自然复合生态系统的各种生态关系，提出人与自然和谐发展的调控对策，维护城市生态系统的平衡，实现人、自然、城市的和谐共生。

由此可见，城市生态规划与城市规划的一致性表现在规划目标上，都致力于人与自然的和谐共存，致力于社会、经济、环境效益的协调统一，通过合理的规划建设，实现人与自然的和谐、城市的可持续发展（刘康，2011）。两者的差异主要表现在：a. 规划核心的差异。城市生态规划致力于将生态学的思想和原理渗透到城市规划的各个方面，并使城市规划“生态化”，不仅关注自然生态也关注社会生态。b. 规划原理与方法的差异。生态规划以生态学理论和原则为指导，将相关学科的方法与城市规划的理论与方法相结合，而城市规划则有自身的规划理论与体系。c. 规划内容的差异。生态规划紧紧围绕生态概念，针对生态问题进行研究，而城市规划内容则较为广泛，不仅涉及土地和空间的物质性规划，也与社会经济发展、公共政策以及管理等联系在一起。

(3) 生态规划与国民经济和社会发展规划的关系

国民经济和社会发展规划是指国家或区域（省市县等）对一定时期内国民经济和社会发展所作的统筹规划和全局安排，是指导国家或区域国民经济和社会发展的纲领性文件。它规定了国民经济和社会发展的总目标与发展愿景、总任务、指导思想与方针、规划原则、重大发展战略、总体格局、重点任务（覆盖科技创新、产业发展、国内市场、深化改革、乡村振兴、区域发展、文化建设、绿色发展、对外开放、社会建设、安全发展、国防建设等诸多重点领域）、保障措施。保护生态环境，合理开发利用资源，推动社会经济稳健发展，实现国家或区域社会、经济和生态环境的统筹协调、可持续发展是国家或区域国民经济和社会发展规划必须阐述的重要内容。

生态规划是国民经济和社会发展规划的重要组成部分，两者应该同步编制和同步实施，并将生态规划所确定的生态空间总体格局、生态城镇发展的具体战略措施、重大生态修复与建设工程等核心内容纳入国民经济和社会发展规划中，并使之与国民经济和发展规划确定的总体目标、重大任务与发展战略等内容相协调。

(4) 生态规划与环境规划的关系

环境规划是经济和社会发展规划或总体规划的组成部分，是应用各种科学技术信息（主要为环境科学和大气科学），在预测发展对环境的影响及环境质量变化的趋势基础上，为达到预期的环境指标，进行综合分析做出的带有指令性的最佳方案。环境规划通常分为两个层次：环境宏观规划（主要的环境问题和污染物总量、质量控制）与环境专项规划（包括空气、水、固体废物等具体环境保护和整治专项规划）。

生态规划不同于环境规划。环境规划侧重自然环境的检测、评价、控制、治理、管理等，而生态规划强调系统内部各种生态关系的和谐和生态质量的提高，不仅关注自然资源与环境，也关注系统结构、过程、功能等的变化对生态的影响，也同时考虑社会经济因子的作用。

(5) 生态规划与其他专项规划的关系

专项规划是各行业、各部门所制定的本行业或部门今后一段时期内发展的目标愿景、方向与内容和进度安排，它更具有针对性和可操作性。而生态规划则是比行业或部门规划更高层次的规划，它主要从系统整体协调发展方面出发，以生态适宜性评价为基础，安排环境资源在不同行业或部门之间的分配，协调各行业或部门的关系，从而能充分发挥资源的生态潜力，促进系统协调持续稳定发展。从这个意义上来说，生态规划对各专业规划起着指导、引领和约束的作用。

综上所述，国土空间规划体系的建立是生态文明新时代下推进国家治理体系与治理能力现代化的重要举措，也是实现“两个一百年”奋斗目标和中华民族伟大复兴实现中国梦的必然要求。其主要目标是通过空间规划来实施国土空间用途管制，优化国土空间开发保护利用格局、生态安全格局和生产力布局，构建人与自然和谐发展的高质量人居环境。目前，我国国土空间规划是“五级三类四体系”，包括总体规划、详细规划和相关专项规划三类，原来各部委编制的城乡规划、生态环境规划等均属于国土空间规划的一部分，因而两者是整体与局部的关系，且生态空间规划是生态文明建设的重要空间保障。

1.3　生态规划发展简史

美国著名科学家、哲学家托马斯·库恩(Thomas Kuhn,1922—1996年)在1962年出版的《科学革命的结构》(*The Structure of Scientific Revolution*)中提出了著名的科学发展阶段理论,即科学发展阶段通常包括前科学(pre-paradigm phase)—常规科学(normal science)—科学危机(crisis period)—科学革命或范式转换(scientific revolution/paradigm shift)—后革命时期/新的常规科学(Post-Revolution)(Kuhn,1962)。库恩系统地阐释了范式(paradigm)的概念和理论,认为范式就是一种公认的模型或模式(an accepted model or pattern),从本质上讲是一种理论体系,而科学的发展过程就是新范式取代旧范式的过程(即范式转换,paradigm shift)。

范式的演化是生态规划发展过程中的一个重要特征。从生态规划的发展历程和范式的形成过程来看,不少学者通常认为生态规划发展经历了萌芽期、发展期和成熟期三个阶段,这些主要发展时期与阶段的很多特征都基本符合托马斯·库恩在《科学变革的结构》中提出的科学发展阶段理论。

诚然,目前仍有不少学者从各自的学科领域与不同的视角提出了多种生态规划发展阶段的划分结果。例如,俞孔坚和李迪华的三阶段:前麦克哈格时代的景观系统规划(1865—1960年)、麦克哈格时代的生态规划(1960—1980年)、后麦克哈格时代的景观生态规划(1980年至今)(俞孔坚等,2003);傅伯杰等的四阶段:反自然规划理念向保护自然理念转变(1863—1915年)、小尺度规划设计向中尺度规划设计转变(1915—1969年)、单一功能到多功能组合的规划设计(1969—1995年)、注重格局与过程,逐步走向人地和谐(1995年至今)(傅伯杰等,2011);王云才的四阶段:风景园林生态规划方法基本价值与理念形成(1850—1910年)、以自然生态影响为主导的规划方法(1920—1960年)、重视人文因素影响的生态规划方法(1960—1990年)、自然与人文生态共同融入人文生态规划方法(1990年至今)(王云才,2013);恩杜比斯的五阶段:觉醒时期(1850—1910年)、形成时期(1910—1930年)、巩固时期(1930—1950年)、认同时期(1960—1970年)、多样时期(1970年至今)(Ndubisi,2002;恩杜比斯,2013);岳邦瑞等的四阶段:没有生态学介入的景观规划设计(1850—1910年)、生物生态学介入的生态规划设计(1910—1980年)、景观生态学介入的景观生态规划设计(1980—1990年)、整体人类生态系统介入的景观生态规划设计(1990年至今)(岳邦瑞等,2017)等。由此可见,不同学者基于不同的视角给出的生态规划发展阶段存在明显差异,但学界均认为,生态学思想与原理的发展是推动生态规划不断发展的核心因素。

虽然国际上正式提出生态规划概念的时间还不长,但其学术思想的探讨却有着悠久的历史渊源(王祥荣,2002;车生泉等,2013)。为了便于阐述,我们将从国外和国内两个方面分别介绍生态规划的发展简史。

1.3.1　国外生态规划的发展简史

根据托马斯·库恩的科学发展阶段理论,大致可将国外的生态规划划分为萌芽阶段(1910年代前)、发展阶段(1910—1950年代)、成熟阶段(1960年代至今)三大阶段(图1-1)。

国外生态规划可划分为萌芽阶段(1910年代前)、发展阶段（1910—1950年代）、成熟阶段（1960年代至今）三大阶段

约公元前427—公元前347年

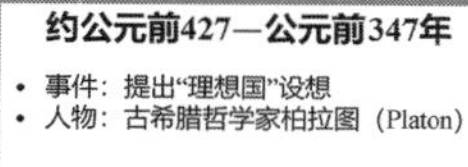

- 事件：提出“理想国”设想
- 人物：古希腊哲学家柏拉图（Platon）

初步形成了“生态城市”的雏形

约公元前80—公元前25年

- 事件：世界上第一部建筑学专著《建筑十书》问世
- 人物：古罗马建筑师马库斯·维特鲁威

住宅建设与基底条件结合，运用天文学、地理学知识来和自然生态取得对话和呼应

1464年（文艺复兴时期）

- 事件：提出多边形星形“理想城市”方案
- 人物：莱昂·巴蒂斯塔·阿尔伯蒂、费拉锐特、斯卡莫齐等

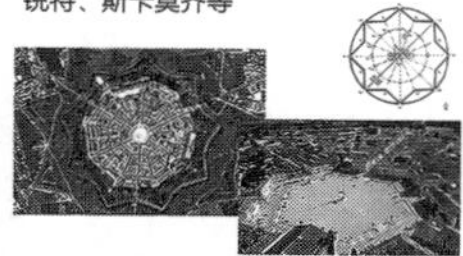

呼吁应该有理想的国家、理想的人、理想的城市，对城市的选址和有利于防御的城市结构模式进行了探讨

1516、1829、1825、1882年

- 事件：《乌托邦》出版；“法郎基”“新协和村、“线状城”等概念提出
- 人物：英国学者托马斯·摩尔等

完整地描述了空想社会主义的图景，包含了城市生态规划哲理

1858年

- 事件：美国纽约曼哈顿中央公园建成
- 人物：弗雷德里克·劳·奥姆斯特德

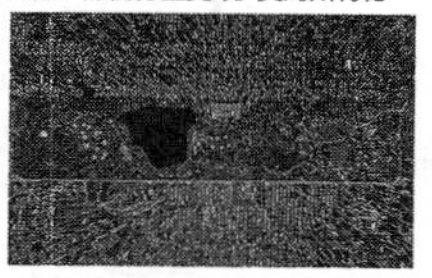

在全美掀起了城市公园运动，标志着西方景观规划设计开始体现生态思想

1864年

- 事件：《人与自然：人类行为影响下的自然地理》出版
- 人物：乔治·马什

首次提出应该合理地规划人类活动，使其与自然协调，而非破坏自然，并呼吁设计要顺应自然，而不是违背环境，唤醒了人们的生态环境保护意识

1893年

- 事件：大波士顿地区公园系统规划
- 人物：查尔斯·埃利奥特

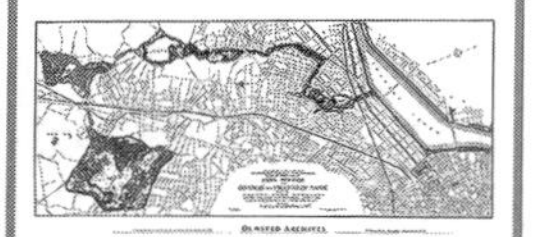

项链式的公园体系，将数块孤立的城市空间链接在一起，打破了公园本身的界线，也模糊了城市与自然之间的分野

1895年

- 事件：《城市发展史：起源、演变与前景》出版
- 人物：刘易斯·芒福德

对科学技术发展提出了反思，为后来麦克哈格等人提出的生态规划理论及方法奠定了重要的思想基础

1902年

- 事件：《明日的田园城市》出版
- 人物：埃比尼泽·霍华德

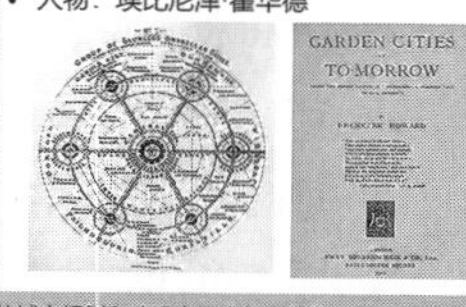

从城市规划和建设中寻求与自然协调的一种探索，为之后的生态规划理论和实践奠定了基础，对城市与区域规划产生了重要影响

1915年

- 事件：《进化中的城市：城市规划运动和公民学研究导论》出版
- 人物：帕特里克·格迪斯

提出城市规划应该与人文地理学有机结合，并首创了区域规划的综合研究

1923年

- 事件：美国区域规划协会成立
- 人物：本顿·麦凯、刘易斯·芒福德、克拉伦斯·斯坦等

宣布规划与生态学之间有着密切关系

1933年

- 事件：田纳西河流域管理局
- 人物：美国总统罗斯福

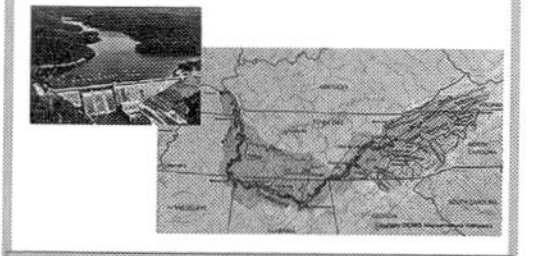

开始了有计划的流域综合治理和开发，将第二次世界大战前的生态规划推向高潮

1949年

- 事件：《沙乡年鉴》出版
- 人物：奥尔多·利奥波德

提出一种处理人与土地，以及人与在土地上生长的动物和植物之间的伦理观

1952年

- 事件：《城市和人类生态学》出版
- 人物：罗伯特·帕克

认为城市是一个有机体，由内在过程将各个组成部分结合的有机体，将生态学的竞争、淘汰、更替优势的原理引入城市研究，从人口与地域空间互动关系研究城市

1962年

- 事件：《寂静的春天》出版
- 人物：蕾切尔·卡逊

提出人与自然要相互融合，掀起了20世纪60年代和迄今仍在持续高涨的环境运动

1966年

- 事件：加拿大安大略省规划
- 人物：乔治·希尔

提出分解—比较—重归—排序的自然地理单元法，构成了生态因子叠加和土地适宜性评价方法的雏形

1969年

- 事件：《设计结合自然》出版
- 人物：伊恩·麦克哈格

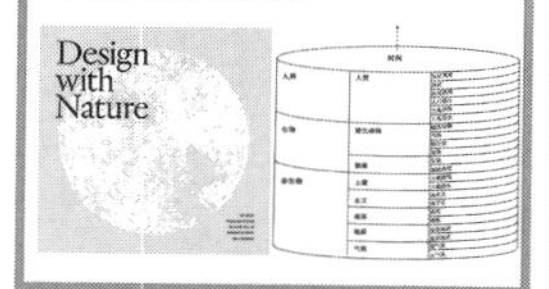

提出基于“千层饼”模式的土地适宜性评价方法，标志着生态规划研究范式基本确立

1986年

- 事件：《景观生态学》出版
- 人物：理查德·福尔曼、米切尔·戈登

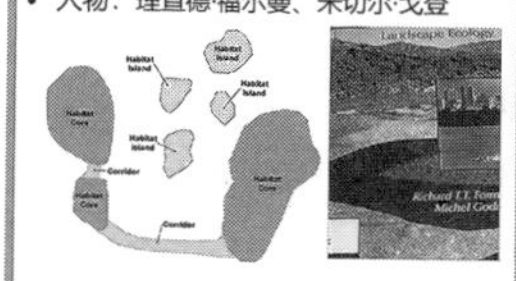

提出了“斑块-廊道-基质”模式，在生态学语言和规划行为之间建立起了可供交流的平台，为水平生态过程的描述提供了有效的工具

1990年

- 事件：《生命的景观——景观规划的生态学途径》出版
- 人物：弗雷德里克·斯坦纳

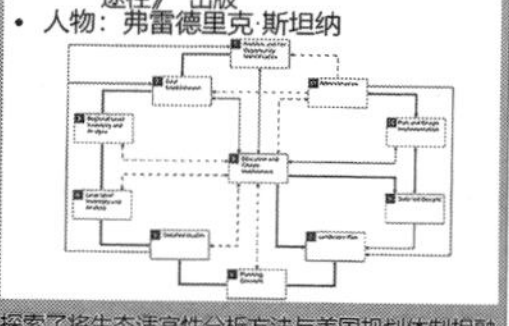

探索了将生态适宜性分析方法与美国规划体制相融合的生态规划途径，摆脱了“生态决定论”，把生态规划划分为11个步骤，综合了垂直与水平生态过程

1990年

- 事件：提出多解生态规划方法
- 人物：卡尔·斯坦尼兹

通过反复循环模式得出多解方案，使得系统分析技术为未来生态规划研究奠定了基础

图 1-1　国外生态规划的发展阶段示意图

(1) 萌芽阶段(1910年代前)

古希腊哲学家柏拉图(Plato,约公元前427年—公元前347年)提出的"理想国"(The Republic)设想,被认为是"生态城市"的雏形(王祥荣,2002)。《理想国》是柏拉图重要的对话体著作之一,主要论述了柏拉图心中理想国的构建、治理和正义,主题是关于国家的管理,涉及政治学、教育学、伦理学、哲学等多个领域,思想博大精深,几乎代表了整个希腊的文化(柏拉图,1986)。

古罗马建筑师马库斯·维特鲁威(Marcus Vitruvius Pollio,约公元前80—公元前25年)在《建筑十书》(*The Ten Books on Architecture*)中总结了希腊、伊达拉里亚和罗马的城市建设经验,对城市选址、城市形态与规划布局等提出了精辟的见解,把对健康、生活的考虑融汇到对自然条件的选择与建筑物的设计中(王祥荣,2002)。维特鲁威强调住宅的建设一定要结合基地的条件,充分应用天文学、地理学的知识,来和自然生态取得对话和呼应(维特鲁威,2012)。

文艺复兴时期,建筑师莱昂·巴蒂斯塔·阿尔伯蒂(Leon Battista Alberti,1404—1472年)、费拉锐特(Filarete,原名Antonio di Pietro Averlino or Averulino,1400—1469年)、斯卡莫齐(Vincenzo Scamozzi,1548—1616年)等师承维特鲁威,发展了"理想城市"的理论(王祥荣,2002)。阿尔伯蒂在其著作《建筑论:阿尔伯蒂建筑十书》(*On the Art of Building in Ten Books*, *De aedificatoria*)中指出,应从地形地貌、水源、气候、土壤等环境因素入手,因地制宜合理布局城市(阿尔伯蒂,2010)。费拉锐特于15世纪中叶著有《建筑学专著》(*Treatise on Architecture*, *Trattato d'architettura*)一书,认为应该有理想的国家、理想的人、理想的城市,对城市的选址和有利于防御的城市结构模式进行了探讨。公元1464年,费拉锐特制订了一个理想城市方案,街道从城市中心向外辐射,形成有利于防御的多边形星形平面,其后欧洲各国规划设计的一些边陲防御城市中有不少受他的影响。斯卡莫齐的新帕尔马(Palma Nova,西班牙城市)是第一座获得具体形式的理想城市,他还提出了一个由格栅型街道组成的矩形理想城市方案,被称为斯卡莫齐模式,其1615年的著作《一种普适建筑的理念》(*L'idea dell'architettura universale*),是意大利文艺复兴末期最有影响力的建筑著作之一。

16世纪英国人托马斯·摩尔爵士(Sir Thomas More,亦称为Saint Thomas More,1478—1535年)的"乌托邦"(Utopia,1516年)、18—19世纪查尔斯·傅里叶(Charles Fourier,1772—1837年)的"法郎基"(法语为"phalanstère",1829年)、罗伯特·欧文(Robert Owen,1771—1858年)的"新协和村"(New Harmony,1825年)、西班牙阿尔图罗·索里亚·伊·马塔(Arturo Soria Y Mata,1844—1920年)的"线状城"(The Linear City,1882年)等设想中都蕴含有一定的城市生态规划哲理(王祥荣,2000,2002)。

一些学者认为19世纪末叶的生态规划相关理论探讨与规划实践才是真正意义上现代生态规划产生和形成的发端和源头(关婷等,2009;欧阳志云等,1993,1995;王祥荣,2000,2002;张泉等,2009)。在这一生态规划的萌芽阶段,虽然生态规划的研究范式尚未出现,但却涌现了许多与生态学研究与规划实践密切相关的创新成果,逐渐形成了一些用于指导实践的"信条系统"(belief system),这些学者的相关著作与规划实践标志着生态规划逐渐步入前科学阶段(pre-paradigm phase)。

19世纪末的田园主义和田园城市就是城市生态规划发展的理论源头，反映并引导人们对生态城市的关注和研究（关婷等，2009）。弗雷德里克·劳·奥姆斯特德（Frederick Law Olmsted）、乔治·马什（George Marsh）、约翰·鲍威尔（John Powell）等为代表的生态学家、规划工作者及其他社会科学家的规划实践与著作标志着生态规划的产生和形成（欧阳志云等，1995；王祥荣，2002；张泉等，2009）。

美国地理学家、外交家乔治·马什（George Marsh，1801—1882年）在以历史的观点详细考察荷兰开发项目以后指出，在荷兰人民定居过程中遇到的许多问题都可以通过对人与环境关系的合理规划来解决。他在1864年出版的《人与自然：人类行为影响下的自然地理》（*Man and Nature：or，Physical Geography as Modified by Human Action*）一书中，阐述了人与自然和谐的观念和自然保护的思想，首次提出应该合理地规划人类活动，使其与自然协调，而非破坏自然，并呼吁"设计要顺应自然，而不是违背环境"（Design with nature rather than against the environment.）（欧阳志云等，1995）。他提出的这一规划原则至今仍是生态规划的重要思想基础，唤醒了人们的生态环境保护意识。因此，乔治·马什被称为现代环境保护主义之父，该著作也被誉为"环境保护主义的源泉"。

美国著名地质学家约翰·威斯利·鲍威尔（John Wesley Powell，1834—1902年）在1879年给国会的报告《美国干旱地区土地报告》（*Report on the Lands of the Arid Region of the United States with a More Detailed Account of the Land of Utah with Maps*）中指出，"恢复这些土地（指不适当耕作而导致的沙化地与废弃地）需要广泛且综合的规划"，规划"不仅要考虑工程问题及方法，还应考虑土地自身的特征"（欧阳志云等，1995），该报告强调要制定一种土地和水资源利用政策，并要求选择能适应干旱、半干旱地区的一种新的土地利用方式、新的管理机制及新的生活方式（Steiner et al.，1988）。鲍威尔在规划实践中指出，要制定法律和政策，促进与生态条件相适应的发展，成为最早呼吁通过立法与政策促进制定与生态条件相适应发展规划的人之一。

英国学者埃比尼泽·霍华德（Ebenezer Howard，1850—1928年）在1898年出版的《明日——真正改革的和平之路》（*To-Morrow：A Peaceful Path to Real Reform*），并在1902年再版时书名改为《明日的田园城市》（*Garden Cities of To-Morrow*）中提出了"田园城市"（Garden Cities）设想，描绘了"明日"理想的城市（图1-2～图1-4），其主要内容是"为健康生活以及产业而设计的城市，它的规模能足以提供丰富的社会生活，但不应超过某一程度；四周要有永久性农业地带围绕，城市的土地归公众所有，由一个委员会受托掌管；具有自然美、富于社会机遇，接近田野公园，有充裕的工作可做，洁净的空气和水，明亮的住宅和花园，无烟尘，无贫民窟，自由协作"。这种由人工构筑物与自然景观（指包围城市的绿带与农村景观以及城市内部的绿地与开放空间）组成的"田园城市"，实质上就是从城市规划和建设中寻求与自然协调的一种探索，为之后的生态规划理论和实践奠定了基础，对城市与区域规划以及麦克哈格等生态规划工作产生了深远的影响。这种建设思想将城市规划与城市经济、城市环境问题相结合，带有浓厚的理想主义色彩。这一时期人们开始认识到动植物的美学价值与功能价值，以及保护自然景观对城市发展与城市生活的重要性，但对城市生态问题的认识还停留在表象层面，解决途径也主要以城市的景观美化为主，城市生态规划的思想还处在萌芽阶段。

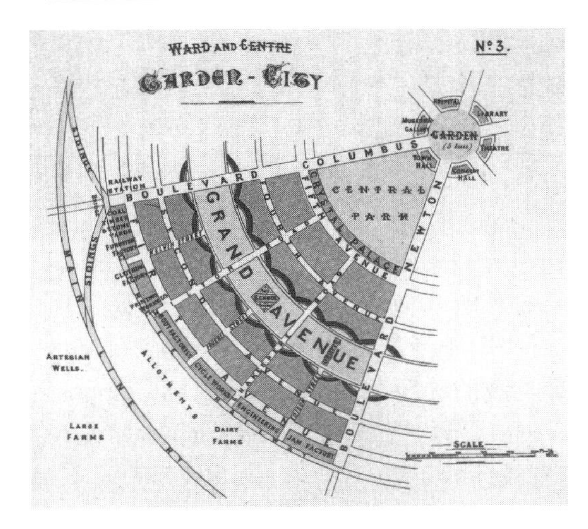

图1-2 霍华德"花园城市"的一个单区,展示了构成城市环的一系列林荫大道和花园

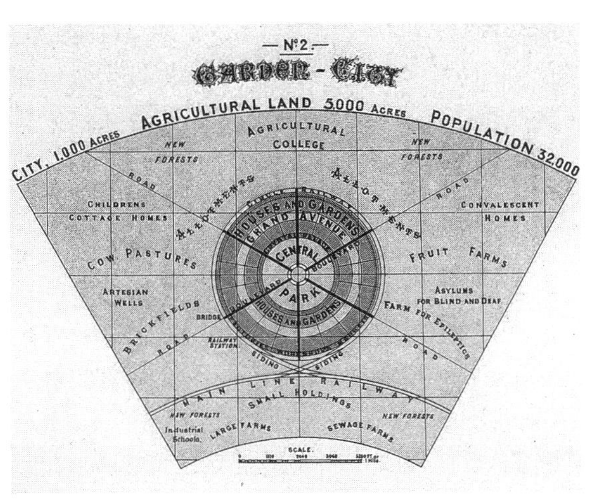

图1-3 霍华德的典型"花园城市"概览,展示了整个城市以及周围的农业带

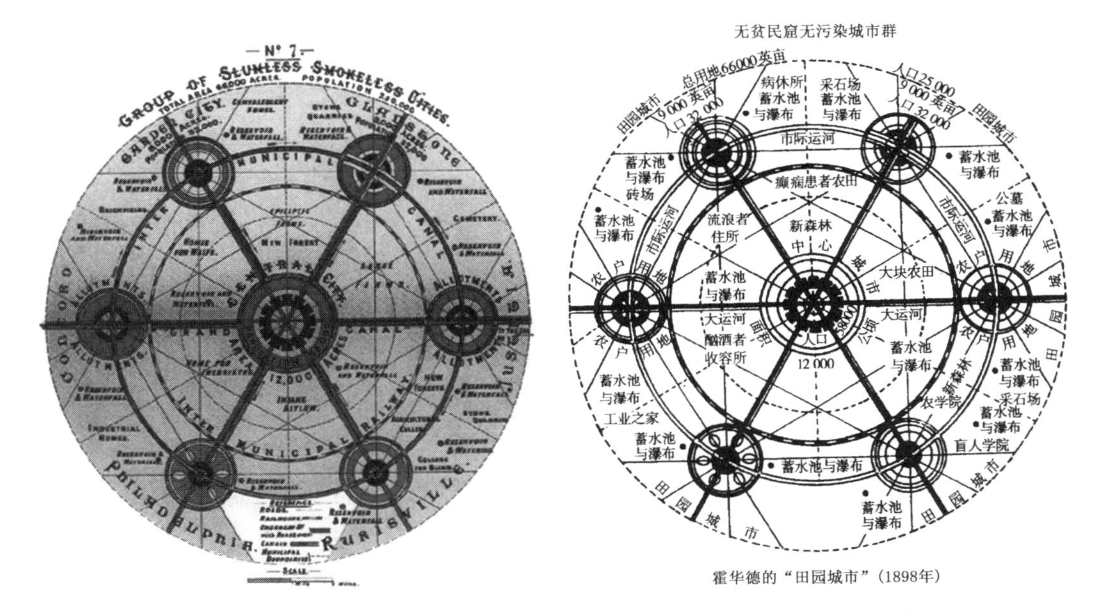

图1-4 霍华德的终极目标,一个由相互连接的"花园城市"组成的"社会城市"

[引自:埃比尼泽·霍华德(Ebenezer Howard),1898;王中,2007]

在生态规划的实践方面,早期在"景观作为自然系统"理念的影响下,一些景观设计师在美国公园和开放空间系统的规划实践中进行了大量的尝试。1858年,美国景观设计的奠基人弗雷德里克·劳·奥姆斯特德(Frederick Law Olmsted)和卡尔弗特·沃克斯(Calvert Vaux)在曼哈顿的核心地区设计了长2英里(约3.22 km)、宽0.5英里(约0.80 km)的中央公园(Central Park),继而在全美掀起了城市公园运动(The City Park Movement),从生态的角度将自然引入了城市的设计。随后,奥姆斯特德在1864年编制了加利福尼亚约塞米蒂(Yosemite)流域规划,亦成为景观规划的一个杰出范例。

另外,奥姆斯特德和沃克斯在1878年设计的波士顿后湾沼泽(Back Bay Fens)和克利夫兰市的泥水河(Muddy River)绿地系统规划,克利夫兰(Cleveland)在1888年设计的明尼阿波利斯(Minneapolis)和圣·保罗(St. Paul)的公园绿地系统规划,查尔斯·埃里奥特(Charles Eliot)在1893年设计的大波士顿地区公园系统规划等,均考虑了对自然系统的保护。在美国这些城市公园与开阔地的早期生态规划实践中,规划师们开始有意识地协调处理自然景观、自然过程与人工环境的关系,使得这一时期的一些生态观点和生态学思想在规划实践中得以应用。

综上所述,在生态规划的萌芽阶段,生态规划的先驱奥姆斯特德、马什、鲍威尔、霍华德等,在生态规划的指导思想、规划方法以及实施途径的开创性工作,为后来生态规划理论、方法和实践的发展奠定了基础,逐渐形成了一些用于指导实践的"信条系统"(belief system),即基于对于土地内在特征的理解来指导景观的利用(using an understanding of the intrinsic character of land to guide landscape use),但这主要是基于理念上的,并没有坚实的科学基础,与生态规划研究范式的确立还有较远的距离。

(2) 发展阶段(1910—1950年代)

20世纪初,生态学已成为一门独立的、年轻的学科,在植物生态学、动物生态学、群落生态学、湖沼生态学、动物行为学等分支领域发展很快(欧阳志云等,1993)。与此同时,随着生态学以及环境科学的发展,生态学思想也更广泛地向社会学、城市与区域规划以及其他应用学科渗透。

这一阶段,许多不同背景的学者从不同角度提出了生态规划的理论与方法,特别值得一提的是在生态学史上盛极一时的芝加哥人类生态学学派罗伯特·帕克(Robert Park,1864—1944年)、欧内斯特·伯吉斯(Ernest Burgess,1886—1966年)、威廉·托马斯(William Thomas,1863—1947年)、路易斯·沃思(Louis Wirth,1897—1952年)等社会学家,引入生态学的概念[如群落(community)、竞争(competition)、干扰(disturbance)、顶极平衡和入侵(climax equilibrium and invasion)、演替(succession)]和通过类比的方法来发展人类社会的理论和模型,将生态学的理论运用于城市学研究,开创了人类生态学(Human Ecology)研究的新领域,并认为人类生态学是研究人类与其社会和自然环境之间相互作用关系的学科(the relationships between people and their social and physical environments)。他们从城市的景观、功能、开敞空间规划方面提出了城市发展的同心圆模式、扇形模式和多中心模式等观点,有力地促进了生态学思想的发展,以及向社会学、城市与区域规划及其他应用学科的渗透。

然而,他们并没有明确地关注自然(not explicitly concerned with nature),但他们看到美国中西部城市的移民浪潮所进行的冲突和调整过程与查尔斯·罗伯特·达尔文(Charles Robert Darwin,1809—1882年)在《物种起源》(*On the Origin of Species*)中所看到的生存斗争有相似之处。由此,生态规划在这生态学自身大发展与生态学思想传播的氛围中得以快速发展,生态学思想在城市与区域规划中被广泛运用,推动了生态规划从主观构想逐步深入到理论和方法层面的研究,并开展了不同尺度的规划实践探索,涌现了许多为生态规划发展做出重要贡献的著名学者。其中,地图叠加技术的使用影响最为显著,奠定了后来GIS、生态分析(ecological analysis)等技术方法的基础。

英国植物学家与著名规划学家帕特里克·格迪斯(Patrick Geddes,1854—1932年),不仅是一位著名的生物学家,而且还是人类生态学的奠基人、传统城市与区域规划的先驱思想家之一,他创立的城市与区域规划程序"调查—分析—规划"一直被规划者视为经典程序(Holl,1975)。格迪斯的目标是“看到整个生命”(to see life whole),并更好地理解在自然、建筑和社会环境中的人类(to achieve a better understanding of human beings in their natural, built, and social environments),成为第一个提出城市和环境应该协同进化这一观点的学者(advance the idea that both city and environment should evolve close together)。因而,他始终强调把规划建立在客观现实研究的基础上,即周密地分析地域自然环境潜力与环境限制对土地利用与地方经济体系的影响及相互关系,同时应在规划中注意人类与环境之间联系的复杂性与综合性。他指出:“社会的类群,人们的工作方式及其环境均反映了社会的观念,还将影响社会每个人的行为。”

与霍华德的田园城市思想类似,格迪斯也认为花园和绿色空间(Gardens and green spaces)对于鼓励人们积极户外活动(encouraging people to be active and to be outdoors)、生产当地食物(producing local food)、改善当地环境(brightening up and improving the local environment)、增强社区凝聚力(enhancing community cohesion)、了解生物多样性(learning about biodiversity)等都是必不可少的。1915年,格迪斯出版了《进化中的城市:城市规划运动和公民学研究导论》(*Cities in Evolution: An Introduction to the Town Planning Movement and to the Study of Civics*)一书,将生态学原理应用于城市的环境、市政、卫生等综合规划研究中,倡导从人与环境的关系出发,在充分认识与了解自然环境条件的基础上,将自然引入城市,根据自然潜力或制约来制定与自然和谐的规划方案。他同时提出了“地点—事件—人”(Place-Work-Folk)的概念(他强调的不是调查地点、事件或人,而是三者之间的相互关系),较好地诠释了人类行为与环境之间的复杂关系,这成为50多年后伊恩·麦克哈格(Ian McHarg)提出的人类生态规划理论的基本原则,也是今天景观生态规划的核心特征(王如松,1992;车生泉等,2013)。

1923年,受格迪斯与英国花园城市运动的影响,美国区域规划协会(Regional Planning Association of America,RPAA)成立,宣布了规划与生态学之间的密切关系。协会主要成员包括本顿·麦凯(Benton MacKaye)、刘易斯·芒福德(Lewis Mumford)、克拉伦斯·斯坦(Clarence Stein)、亚历山大·宾(Alexander Bing)、亨利·赖特(Henry Wright)等,尤其麦凯与芒福德强烈支持以生态学为基础的区域规划。麦凯曾巧妙地将区域规划与生态学联系起来,他将区域规划定义为“在一定区域范围内,为了优化人类活动,改善生活条件,而重新配置物质基础的过程,包括对区域的生产、生活设施、资源、人口以及其他可能的各种人类活动的综合安排与排序”(MacKaye,1940)。按照麦凯的定义,规划首先应抓住自然所表现的永久的综合“秩序”,以与人类所创造的“秩序”相区别。麦凯还引用柏拉图的名言“要征服自然,首先必须服从自然”来强调他的规划思想。最后麦凯总结道:“区域规划就是生态学,尤其是人类生态学”,规划是描绘影响人类福祉的活动,其目的是将人类与区域的优化关系付诸实践。后来,伊恩·麦克哈格、弗雷德里克·斯坦纳(Frederick Steiner)及杰拉尔德·永(Gerald Young)等继承了这一观点,将生态规划称之为人类生态规划或应用人类生态学。

芒福德也曾指出,如果人类不能向实现人类潜力或可能性的方向努力,那么人类这种无意识选择的继续,将导致一个无生命的环境。他主张人类社会与自然环境应在供求上相互取得平衡,强调把区域作为规划分析的主要单元,建立了环境资源分析方法框架,代表作为《城市发展史:起源、演变与前景》(*The City in History: Its Origins,*

Its Tranformations and Its Prospects）。芒福德之后的生态规划者通过有意识的选择，竭力将自然过程协调综合于人类活动之中。正如戈斯特（Goist）在1972年发表于*Journal of the American Institute of Planners*的"Seeing Things Whole：A Consideration of Lewis Mumford"一文指出：正是芒福德等的整体论与整体论者观察、理解作为一个整体的人类文化与自然环境的方法，使得芒福德的工作至今仍具有生命力（Goist，1972）。

美国著名野生生物学家、森林学家、生态伦理之父奥尔多·利奥波德（Aldo Leopold）在他1949年出版的《沙乡年鉴》（*A Sand County Almanac*）一书中提出了土地伦理的概念（Leopold，1949），并在他的一系列著作中强调，需要一种"新的伦理"，"一种处理人与土地，以及人与在土地上生长的动物和植物之间的伦理观"（Leopold，1933）。在这些睿智且深思熟虑地探讨将生态学方法应用于规划之中的著作，他还指出："不可预见的生态反应不仅在少数特殊的企业中创造或打破历史，而且还影响、限制、划定和扭曲与土地有关的所有经济和文化企业。"（Unforeseen ecological reactions not only make or break history in a few exceptional enterprises—they condition，circumscribe，delimit，and warp all enterprises，both economic and cultural，that pertain to land.）（Leopold，1933）在这里，利奥波德首先注意到自然生态过程与人类活动的相互关系。同时，他还指出，运用生态学理论与方法意味着追求"广泛地与土地共生"（a universal symbiosis with land），适当的规划意味着向"人与土地和谐相处的状态努力，通过土地与地球上所有的东西（生物）和谐共处"（It is a state of mutual and interdependent cooperation between human animals，other animals，plants，and soils，which may be disrupted at any moment by the failure of any of them.），并警告人们"人与土地的相互作用是极其重要的，不可抱侥幸心理，而必须通过十分仔细地规划与管理"（The conservation movement is，at the very least，an assertion that these interactions between man and land are too important to be left to chance，even that sacred variety of chance known as economic law.）（Leopold，1933）。

这一时期，生态规划理论与方法的探讨还涉及许多议题，例如：探寻生态规划的最佳单元；试图阐明城市交接带（interface）的生态功能；如何为环境保护运动明确对象与目标；怎样通过规划方法论的建立，将生态规划作为管理与规划的多用途理论与方法；怎样将"可持续产量"（sustainable yield）与"承载力"（bearing capacity）的概念引入城市与区域规划之中；怎样推动"整体规划"（holistic planning）的发展；如何实现与自然共同规划与设计，而不是破坏自然。但值得注意的是，这个时期的生态规划，虽然在处理人与自然环境关系的指导思想上与生态学思想一致，但在讨论生态规划的文献与著作中，很少使用生态学的学科语言，即使像公认的现代生态学家芒福德在讨论生态规划时，也很少使用生态学科的语言。

在生态规划的先驱思想家们从理论、方法上构筑生态规划的同时，生态规划的实践已悄然开展了起来，并在规划实践中丰富与发展了生态规划的理论与方法。例如，在19和20世纪之交，美国的中西部与东北部许多城市公园与开阔地的规划，或许可视为生态规划的开先河之作。因为在这些规划中，规划师们开始有意识地协调处理自然景观、自然过程与人工环境的关系，例如埃里奥特（Eliot）1893年的波士顿综合规划，以及延森

(Jensen)1920年的南芝加哥(South Chicago)规划等。

后来,受英国霍华德花园城市运动及格迪斯思想的影响,在美国开始从区域整体角度探索解决城市环境恶化及城市拥挤问题的途径。例如,重视城市—农村过渡带的规划与保护,通过在过渡带建设缓冲绿带及公园,创造一个更接近自然的居住环境,并限制城市的扩张;绿带新城运动(Greenbelt New Town)、"新政"(New Deal)经济学家雷克斯福德·特格韦尔(Rexford Tugwell)首先建议美国住房局用综合的途径来减轻农村社会经济问题,在不到两年的时间里特格韦尔局(Tugwell's Agency)就已经规划建设了3个新的社区。特格韦尔的新社区规划思路与区域规划协会的观点不尽一致,特格韦尔在自然综合的同时,很重视社会文化因素的综合,在新区规划中,考虑到了传统的低收入单一或多家住房单元,商业与公共设施的聚集,环城的绿带,以及联接社区之间、社区与其相邻都市之间的交通网络。每个社区都是由景观设计、规划工程师和建筑师等领域专家组成的多学科设计组设计。随着时间的推移,这些社区被证明深受当地居民的欢迎,且已成为美国新城规划中的杰作,特格韦尔综合自然与社会文化因素的规划方法后来被麦克哈格等发扬光大,成为生态规划方法的主流。

1933年,美国经济萧条时期,罗斯福总统建议成立了田纳西河流域管理局(Tennessee Valley Authority,TVA),开始了有计划的流域综合治理和开发。田纳西河流域的综合规划与实施将第二次世界大战前的生态规划推向高潮。当时的田纳西河流域丰富的自然资源如木材、石油等已被掠夺式地开发,留下的是一片废墟和贫穷失业的人们,是当时美国最穷的地区之一。罗斯福总统在呼吁国会批准建立田纳西河流域管理机构时,把田纳西河流域规划称为国家级的规划,还要求"规划应为流域及邻近区域的自然资源开发、流域保护提供保障"。在罗斯福新政的立法下,编制了面积63 000 km^2、涉及7个州的规划方案,这个方案充分地认识到作为基本资源的水在恢复流域经济的重要性及潜力,方案的3个基本目标是防洪、发展航运及开发水电,后来扩大到植被恢复、水土保护、新社区建设、农田肥力恢复等。田纳西河流域综合治理和开发的成功使其成为区域整体综合规划的代表作,也是后来奥德姆(Odum)称流域为生态规划最优单元的经典例证。

在规划方法上,这个时期的显著贡献是创立了地图叠合技术及其在规划中的运用,为综合分析社会经济及自然环境信息提供了一个有效、便利的方法。沃伦·曼宁(Warren Manning)似乎是这一方法的首创者,早在19世纪20年代初他就绘制了美国马萨诸塞州波士顿附近比勒利卡(Billerica)的一系列同比例尺地图来显示规划研究区的道路和人文属性、地形、土壤、森林覆盖等特征,并首次借助透射版使用地图叠合技术获得了新的综合信息,为编制比勒利卡规划提供了前所未有的技术支撑,在这之后的城市与区域规划中,被其他规划师广为采用。曼宁的地图叠合技术始于查尔斯·艾略特(Charles Eliot)的叠图法,因为艾略特1893年就开始将叠图法应用到景观规划中,使得生态学与景观规划的融合开始萌芽(岳邦瑞等,2017)。今天地图叠合技术已成为地理信息系统、空间分析技术以及生态规划的方法与技术的重要基础。

综上所述,在生态规划的发展阶段,人类生态学家的探索逐渐促进了生态学理念、视角、方法融入至城市与区域规划领域,以及来自植物学、生物学、社会学等领域的不同学者的观点,更加强化了人与自然环境(土地)关系的主流认识,并随着以花园城市运动为代表的生态规划理论与实践新潮的掀起，地图叠合等新兴技术的发展，一定程度上奠定了生态规划的科学基础，并朝着研究范式的基本确立不断发展。

(3) 相对成熟阶段(1960 年代至今)

第二次世界大战后，各国忙于战后的恢复与重建，人们在科学与技术的突飞猛进中，寻求经济的高速增长。同时，新的技术和手段的发展，也极大地提高了人类干预自然的能力，人们对改造自然的信心也大为提高，以协调人类活动与自然过程为目标的生态规划一词一度在研究报告和学术杂志中消失了。然而，在资源开发与经济发展中无视自然过程，无视自然生态系统对维护地球生命支持系统的功能和意义，自然界以其特有的方式对人类文明予以警告。环境污染、资源衰竭、物种绝灭速度大大加快，土地潜力退化、沙化等生态环境问题日益加剧，尤其是气候变化、生物多样性锐减等使人类文明及进一步发展受到威胁，以环保运动先驱蕾切尔·卡逊(Rachel Carson)《寂静的春天》(*Silent Spring*)为代表的著作，掀起了 20 世纪 60 年代和迄今仍在持续高涨的环境运动。

环境运动在促进人们认识人类活动对自然造成巨大损害和破坏的同时，也启发人们去重新思考人与自然的关系，重新探讨协调人类活动与自然过程的途径，寻求社会经济持续发展与自然共同进化的道路。以生态系统理论为特征的现代生态学的基本框架，在 20 世纪 50 年代已基本形成，它为人们认识环境危机的生态学本质提供了理论基础。现代生态学告诉我们，自然是一个由生物与其环境相互作用构成的整体，对自然生态系统组分的损害与破坏，最终将通过复杂的反馈给整个系统造成损害，人作为自然的一个成员，人的活动和行为也必然受制于这一规律。生态规划正是在环境保护要求高涨，现代生态学理论迅速发展中得到人们重新认识和重视，而得以复苏和新的发展的。20 世纪 60 年代以后的生态规划更多地从生态学理论和方法中吸取营养，使用的语言也开始生态学化，尤其强调生态规划应是以生态学为基础的规划。许多具有远见卓识的生态学家都曾致力于将生态学理论与方法应用于规划之中。

1955 年，伊恩·麦克哈格在宾夕法尼亚大学创办景观设计学系，先后提出了一整套规划方法，将生态学原理结合到景观规划之中。1969 年，他出版了《设计结合自然》(*Design with Nature*)，打起了美国景观生态规划的大旗。他建立了一个城市与区域规划的生态学框架，并通过案例研究，如海岸带管理、城市开阔地的设计、农田保护、高速公路的选线，以及流域综合开发规划等，对生态规划的工作流程及应用方法作了较全面的探讨。麦克哈格创建的这一以适应性为基础的综合评价与规划框架对后来的生态规划影响很大，之后的许多工作大多遵循他的这一思路展开的，并将这个框架称之为“千层饼模式”(图 1-5)。该模式通过对场地生物物理要素的深入调查与研究来进行生态分析(ecological analysis)，以获得对自然过程的深入认识，从而将生态学信息融入城市规划，被公认为生态规划方法的经典模式。当然，在该模式提出后的 20 多年时间里，也受到了大量学者的质疑，他们认为麦克哈格只考虑了垂直过程而未很好地考虑水平过程，过多地强调了资料的完整性和自然的决定性作用而忽略了设计师的主观能动性。

1986 年，理查德·福尔曼(Richard Forman)和米切尔·戈登(Michel Godron)出版了《景观生态学》(*Landscape Ecology*)一书，标志着景观生态学已经发展成为一门独立的学科。该书基于景观生态学理论，提出了斑块—廊道—基质(Patch-Corridor-Matrix)

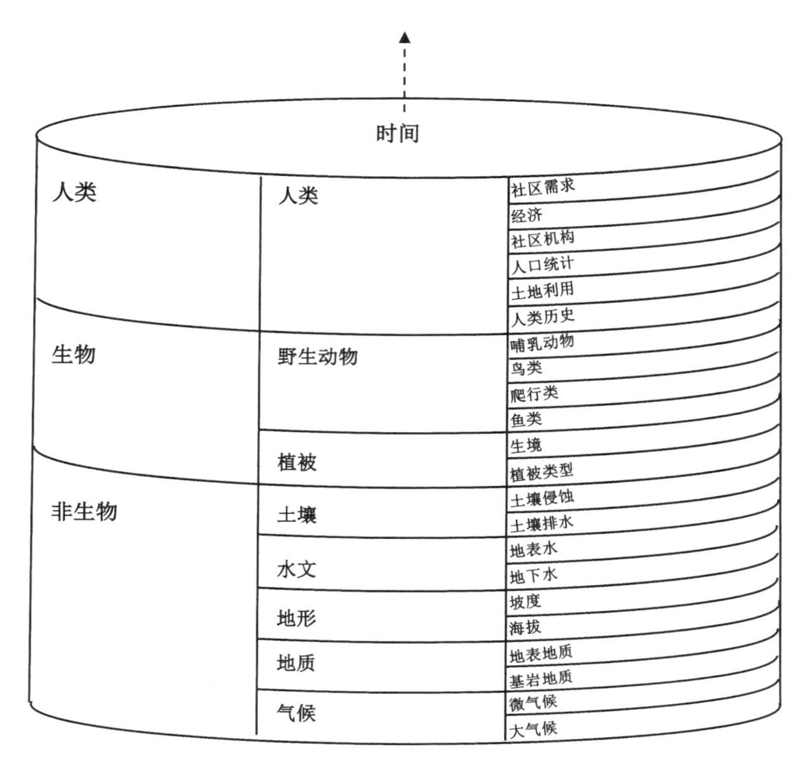

图1-5　麦克哈格"千层饼模式"示意图

(引自:McHarg,1996)

模式,在生态学语言和规划行为之间建立起了可供交流的平台,为水平过程的描述提供了有效的工具,在此基础上发展起来的规划方法被称为景观生态规划。景观生态学研究范式的建立与发展为景观生态规划注入了新的活力,使得景观生态规划的理论与方法得以发展与完善。随后,无论是在方法论还是在技术上,生态规划都有了突飞猛进的发展。

1990年,弗雷德里克·斯坦纳(Frederick Steiner)在《生命的景观——景观规划的生态学途径》(*The Living Landscape: An Ecological Approach to Landscape Planning*)中探索了一条将千层饼模式(生态适宜性分析)与美国规划体制相融合的生态规划途径,把生态规划划分为11个步骤,从而使(景观)生态规划步骤更为明晰(斯坦纳,2004)。与此同时,斯坦纳综合了垂直与水平生态过程,改进了麦克哈格的生态适宜性分析方法,摆脱了其"生态决定论",并融入了社会学视角。

2003年,卡尔·斯坦尼兹(Carl Steinitz)等出版了《变化景观的多解规划——亚利桑那州和索诺拉州的上圣佩德罗河流域》(*Alternative Futures for Changing Landscape: The Upper San Pedro River Basin in Arizona and Sonora*),开发了一种创新的基于GIS的模拟建模策略,该策略考虑了一个地区的人口、经济、物理和环境过程,并预测了各种土地利用规划和管理决策对该地区的影响。斯坦尼兹认为,人类活动应当作为生态整体的有机组成部分,而不是独立于生态之外的要素,因而他也打破了"自然决定论",并融合水平生态关系研究成果,构建出一套将GIS空间分析方法应用于规划实践中的、更为完整、可操作性的规划框架(通过反复循环模式得出多解方案)。

综上所述,这一时期的生态规划在思维方式和方法论上,更强调规划的生态学基础,强调以可持续发展为目标,并同生态工程、生态管理共同构筑成可持续发展建设的核心。同时,快速发展的计算机技术成为生态规划强有力的技术支持,使其由定性分析向定量模拟方向发展。这一时期的生态规划不断地将生态学、环境学、地理学、社会学、经济学、行为学、心理学等学科的知识结合进城市规划建设领域,变过去单纯的物质性规划为社会、经济与自然融合的综合规划。此时,生态规划的研究范式已经基本确定,标志着生态规划走向成熟。

诚然,20 世纪 90 年代之后的生态规划走向了多学科融合、社会—经济—自然复合生态系统的研究,规划技术也日益多样化、专业化,故而不少学者将 20 世纪 90 年代以来的生态规划作为第四个发展阶段,但是根据托马斯·库恩的科学发展阶段理论,笔者认为当前的生态规划尚未进入新范式取代旧范式的过程,仍处于生态规划的成熟阶段。

1.3.2　我国生态规划发展概况

我国生态规划虽起步较晚,但发展迅速,从一开始就吸收了现代生态学的诸多新成果。我国城市生态规划研究的起始时间传统认知为 20 世纪 80 年代(何璇等,2011)。国内许多学者与我国城市与区域可持续发展、生态环境问题等主题相结合,在理论与方法研究,以及规划实践上均形成了自身特色(刘康,2011)。

理论方面,马世骏等提出了复合生态系统理论(马世骏等,1984),认为以人为主体的城市、农村实际上是一个由社会、经济与自然三个亚系统,以人类活动为纽带而形成的相互作用与制约的复合生态系统。生态规划本质上就是运用生态学原理与生态经济学知识,调控复合生态系统中各亚系统及其组分间的生态关系,协调资源开发及与之相关的人类活动与自然环境资源性能的关系,实现城乡及区域社会经济的可持续发展。

1990 年,钱学森先生将中国古代山水诗词、中国山水画和古典园林融为一体,创造性地提出了“山水城市”的概念。吴良镛先生认为,“山水城市”是提倡人工环境与自然环境的协调发展,其最终目的在于建立人工环境(以“城市”为代表)与自然环境(以“山水”为代表)相融合的人类聚居环境。山水城市的核心是如何处理好城市与自然的关系。随后,他从人居环境规划出发,提出以整体的观念来处理局部问题的规划准则和“大中小城市要协调发展,组成合理的城镇体系,逐步形成城乡之间、地区之间的综合性网络,促进城乡社会经济协调发展”的观点,并在长江三角洲、京津地区展开了人居环境发展规划的研究实践,对我国生态规划发展起到了很大的推进作用(吴良镛,1996)。

在方法上,我国生态规划研究吸取了系统规划及灵敏度模型等思想,建立了自己的生态规划程序与步骤,即辨识—模拟—调控的生态规划方法(欧阳志云等,1995;王如松等,2012)。例如,王如松等在数学方法引入生态规划方面作了成功探索,创立了人机对话的智能辅助决策方法——泛目标生态规划方法,将规划对象视为一个由相互作用要素构成的系统,认为规划的目标在于按生态原理、生态经济学原则调控以人为主体的生态系统(王如松,1988;王如松等,1996);欧阳志云等将 3S[RS(Remote Sensing,遥感)、GIS(Geographic Information System,地理信息系统)、GPS(Global Positioning System,全球定位系统)]技术与生态适宜性评价方法相结合,在区域资源环境生态适宜性评价、野生动物栖息地动态评价、自然保护体系规划等方面进行了卓有成效的探索(欧阳志云等,1995;欧阳志云等,1996;欧阳志云等,2001);王祥荣等通过环境评价、绿地系统规划以及生态功能区划等方法,探讨了上海市生态规划与生态城市建设的路径,指出生态城市应是结构合理、功能高效和关系协调的城市生态系统(王祥荣,1995;王祥荣,2001;王祥荣等,2012);傅伯杰、肖笃宁等在景观生态规划的理论与方法方面开展了大量的探索研究工作,并应用于环渤海湾地区、黄土高原、辽河平原、河西走廊、青藏高原等地区的土地利用发展规划、景观生态安全格局建设规划等工作中(傅伯杰,1995;傅伯杰等,1997;肖笃宁等,1997;傅伯杰等,2001;肖笃宁,2002;傅伯杰,2014;傅伯杰等,2021),出版了多部研究著作;黄光宇等,通过大量的实践研究,对生态城市理论和空间生态规划方法进行了总结和探讨(黄光宇等,1999;黄光宇等,2001,2002;黄光宇等,2006);杨志峰等通过对广州城市生态规划的研究,提出一套城市生态规划的关键技术与方法(杨志峰等,2002;杨志峰等,2007);俞孔坚等提出了景观生态安全构建模式与方法("反规划"),并对城乡与区域规划的景观生态模式作了深入研究(俞孔坚等,2001,2009,2015)。以上各方面的工作极大地促进了我国生态规划工作的开展,使得我国的生态规划研究与实践能够紧跟国际学术前沿、立足国内实践,不断焕发蓬勃生机。

然而,我国生态规划研究与实践也存在着一些问题,主要体现在"四个不匹配"和"四个不整合"(杨培峰,2004)。a. 外部环境与生态规划实施的"四个不匹配":行政区划的地域分割与生态界限(流域、地貌单元)不匹配;政府经济主体特征与生态规划外部公益性特征不匹配;政府施政行为的阶段性和生态规划的渐进性不匹配;城乡二元分治、部门条块分割与生态规划统一实施不匹配。b. 生态规划实施的内部环境"四个不整合":生态规划与工程技术体系不整合;生态规划与城市规划的轮编制度不整合;生态规划与规划管理权限不整合;生态规划与规划管理的行政行为不整合。

此外,我国生态规划研究与实践也呈现出以下三个发展趋势:a. 目标转变。增强城市与区域的可持续发展能力是生态规划的新目标,更强调规划的生态学基础,现状是偏生态学思想、理念的应用。b. 思想转变。摆脱生态决定论的束缚,走上符合生态系统规律的道路。一段时期以来,生态规划被视为生态保护的同义词,因而被动适应亟须转变为主动适应。c. 方法更新。从定性分析向定量模拟方向发展。GIS、RS等新技术手段和多学科定量分析模型的融合应用,增强了生态规划的生态合理性(规划的科学性)。

1.4　生态规划的历史经验——东西方生态观及其历史演进

东西文化对人与自然关系的思考,表现在不同历史阶段人们不断变化的生态思想,也表现在生产力发展不平衡状态下不同地域人们各异的生态观,及其这些思想观念的差异与融合构成了人类生态观的演进历程,为生态规划提供了丰厚的历史经验(骆天庆等,2008)。

1.4.1　朴素的有机自然观

生态思想的最初表现是人对自然的认识。在人类发展的原始阶段,由于与自然相比自身力量的薄弱,人与自然的关系主要表现为认识自然、顺应自然、敬畏自然,以规避自然的危害。这一阶段,人类通过感知对自然认识形成积累,并在聚居环境建设中自发地尊重自然规律。在文明的积淀中,这些经验或者表现为尊重与保护自然的一系列措施和制度,被文字或多或少地记录了下来,融入了人们的世界观,表现为生态伦理观或万物有灵的思想。这是一种朴素的有机自然观,其核心思想是一种人与自然的同一关系。无论是古代中国传统还是西方文化,都能找到这种有机自然观的表现。

古代中国在人们的生活生产中很早便出现了尊重自然的思想,人与自然环境的关系被普遍认为是天人关系,不同时期的各家学说多有论述,其生态智慧具有跨时代的价值。例如,早在三千多年前的西周时期,《周礼》规定冬季只许砍伐春、夏季生长的落叶类阳木,夏季只许伐秋、冬季生长的常绿类阴木,制作车辆农具不得砍伐大树。《礼记》及先秦时期的《吕氏春秋·上农》均记载了"四时之禁",详尽地规定一年四季动植物保护的项目。《逸周书·大聚解》记载夏代已有"春三月,山林不登斧,以成草木之长;夏三月,川泽不入网罟,以成鱼鳖之长"的故事;《周易》把"生生",即尊重生长、长养生命、维护生命作为人的"大德","天地之大德曰生"即天地间最伟大的道德是爱护生命。著名思想家荀子在《王制》中指出:"圣王之制也,草木荣华滋硕之时,则斧斤不入山林,不夭其生,不绝其长也;鼋鼍、鱼鳖、鳅鳣孕别之时,罔罟毒药不入泽,不夭其生,不绝其长也。春耕、夏耘、秋收、冬藏,四者不失时,故五谷不绝,而百姓有余食也;污池、渊沼、川泽,谨其时禁,故鱼鳖优多而百姓有余用也;斩伐养长不失其时,故山林不童而百姓有余材也。"意思是人们应注意在自然界中万物生长,繁殖季节时进行保护,不加取用。在《荀子·天论》中,也强调了"万物各得其和以生,各得其养以成,不见其事而见其功,夫是之谓神",这是荀子自然观的集中体现。以上观念、举措和制度,实际上是孔子"取物以顺时""取物不尽物""天人合一""万物并育"思想的体现,集中体现了古代中国的生态伦理观。

同一时期,古希腊人认为自然界不仅是有生命的巨大动物,而且是有心灵的理智动物。他们认为自然界是一个运动体,渗透或充满心灵,并且运动不息,充满活力,有着一定的秩序,而自然界中存在的心灵则是自然界运行规则或秩序的源泉;认为自然界之所以运动正是因为自身回礼或灵魂的趋势,心灵在自然界的所有表现形式中都起着决定性的作用,心灵为自然界立法、为人间立法。由此可见,在古希腊人看来,人始终是自然界的一部分,人的最高目的和理想不是行动,不是去控制自然,而是静观,即作为自然的一员,深入自然去感悟自然的奥秘和创造生机。这样一种自然观被人类学家称为"物活论"或"万物有灵论"。

1.4.2 东西方自然观念的分野

人类社会的发展和生产力的逐步提高,逐渐显露了东西方自然观的分野,主要表现在思维方式和对自然的态度上。首先,公元前后几大世界性宗教的产生引发了人类自然观念的分化,而自然科学的发展促使理想思维在西方文化中占据主导地位,萌发了人类改造自然的需求,更加剧了东西方生态思想的分野。这种分野表现为,西方文化以征服自然为要义,人与自然关系走向对立;以中国为代表的东方生态观"天不变,道亦不变",仍根深蒂固地保留了顺应自然、人与自然和谐的思想(骆天庆等,2008)。

在西方，人与自然的对立首先体现在宗教思想中。主导西方文化的基督教教义较早表述了人是世界的中心，提出人应该统治自然界的思想。《圣经》提到，上帝在创造了光、空气、水、大地、青草、森林、太阳、月亮、星星、飞禽、走兽、昆虫、鱼类等之后，于第六天按照他自己的形象创造了人（亚当），并对他说："要养生众多，遍满地面，治理大地，也要管理海里的鱼、空中的鸟和地上各样行动的动物。"《圣经》还说："我将遍地上一切结种子的菜蔬和一切树上结有核的果子，全赐给你们作食物。至于地上的走兽和空中的飞鸟，以及各样爬在地上有生命的物，我将青草赐给它们作食物。"因此，在基督教看来，人是上帝最伟大的创造物，其他的创造都是为了人：人不仅可以利用万物，而且应该主宰和统治万物。

科学是西方文化一个重大思想成果，它使人类的文明达到崭新的高度，也使不断强大的人类开始盲目自信。中世纪托勒密（Ptolemaeus）的"地心说"（The geocentric theory）"科学地"印证了人是宇宙中心的思想。自然科学在哥白尼（Kopernik）、布鲁诺（Bruno）、伽利略（Galilei）、笛卡尔（Descartes）等的推进下，人与自然愈加对立，有机自然观逐渐被机械自然观取代。以笛卡尔的二元论为例，可谓是机械自然观的代表。他认为，自然中存在着两个实体，即心灵和物；所谓实体，是指我们只能看作是能自己存在，而其存在并不依赖别的事物的一种事物。在笛卡尔看来，心灵和物质作为平行的实体互不依赖、互不决定、互不派生，进而将人与自然割裂开来。然而，科学的巨大发展及知识的增长使人类征服自然的信心日益增强。例如，培根（Bacon）指出"知识就是力量"，黑格尔（Hegel）写到"自然对人无论施展怎样的力量——寒冷、凶猛的野兽、火、水，人总会找到对付这些力量的手段"。费尔巴哈（Feuerbach）更明确概括道："人的绝对本质，人的上帝就是自己。"至此，古希腊人隶属于自然的有机生态观念荡然无存（骆天庆等，2008）。

相比之下，东方国家由于信奉自身的宗教教义，自然科学发展缓慢，因此并没有产生改造与征服自然的想法，依旧强调与自然的和谐一致。道教是中国土生土长的宗教，与基督教在对自然的主张上相反，倡导"无为""顺应天人"。道教始祖老子就提出"人法地、地法天、天法道、道法自然"，既是道教的经典语录，也是流传世间并千古不朽的名言，蕴含了先贤对自然的态度。道教经典著作《太平经》指出："天地之性，万物各自有宜，当任其所长，所能为，所不能为者，而不可强也。"这些思想都深深渗入中国传统文化，尽管中国历史上也曾多次出现"人定胜天""知天命而用之"的反自然思想，但从来不是主流。斗转星移、朝代更替，与自然和睦相处的生态观念一方面维持了以农为本的自然经济连绵不断，另一方面也一定程度上阻碍了近代科学在东方的产生与发展。

1.4.3　西方生态伦理的兴起

19世纪的西方工业革命是人类社会的一次重大变革，使人类战胜自然的信心空前高涨。但以人为中心的理性主义的滥觞和由工业革命造成环境破坏与全球污染问题，使西方国家不得不直面日趋紧迫的生态环境问题，进而促进了西方生态理论的兴起。因此，近现代生态理论的研究和生态规划的实践主要由西方主导。这一发展过程大致可以分为四个阶段：工业革命开始到20世纪前期，止于第二次世界大战，是萌芽阶段；第二次世界大战后到20世纪中叶，是初步发展阶段；20世纪60年代至80年代，是全面发展阶段；20 世纪 80 年代至今，是生态理论与实践的全球化阶段（骆天庆等，2008）。

西方生态理论的萌芽是由工业革命和快速城市化所导致的城市问题引发的。工业革命带来了生产力的巨大提升，资本主义各国人口都得到了普遍增长，少数工商业中心城市很快成了人口数以百万计的特大城市。19 世纪以前，欧美各国的人口和世界其他地区一样，绝大多数是农业人口，他们稀疏分布在广大农业地区，城市数目少，规模小。18 世纪末，英国超过 5 万人的城市只有 5 个，其中除伦敦外，都不足 10 万人，工业革命后，出现了人口集中到城市的所谓“城市化过程”，城乡人口的比例在发达的资本主义国家渐渐改变。在 1801—1901 年的 100 年中，英国城市人口占总人口的比重从 32%增至 78%，法国从 20.5%增至 40.1%，美国从 4%增至 40%。与此同时，城市的爆发性增长，使得旧的邻里街坊沦为贫民窟。市内交通设施短缺，在邻近工厂区域建造大量的廉价、粗糙简陋、密集发展的住宅不可避免地造成了采光、通风、公共场所的不足，以及公共厕所、洗衣房、垃圾站等卫生设施的短缺。加之，给排水系统的落后和年久失修，粪便和垃圾堆积泛滥。这种状态引起了城市居民发病率的提高，首先是肺结核，然后是 19 世纪 30 年代至 40 年代蔓延于英国和欧洲大陆的霍乱。因此，城市问题的严重性逐渐引起了西方社会的广泛关注，人们开始提出各种各样关于城市及建筑改建和改良的主张与理论，均包含了一定的生态考虑，并在一定程度上改善和缓解了快速城市化对生态环境的破坏作用。但是，这一时期的理论尽管有些已经深入到实践，却都具有空想主义色彩。

事实上，西方生态理论的初步发展应归功于 20 世纪中后期对生态理论的关注和研究。第二次世界大战后，各国致力于战后重建的同时，对生态环境问题有所忽视，造成了对生态环境的极大破坏。然而，一些景观建筑师和规划师却对城市发展对生态环境的破坏问题极为关注，随着现代生态学的兴起和发展，他们逐渐形成了一些注重环境保护、维持生态平衡的观点和方法，并将其应用于人居环境建设领域。1954 年，英国史密森夫妇（Peter & Alison Smithson）在《杜恩宣言》（*The Doorn Manifesto*）中根据生态学的整体性与关联性特点提出了“人类聚居点应当结合在景观之中，而不是作为一项孤立的事物置于其间”的观点。此后，人们开始致力于对自然资源的维护、解决生态循环对生态环境的影响、反映居民文化及社会价值、改进城市环境质量等方面的研究与实践，其中尤其关注城市生活环境的品质及对空气、水、阳光和生物的保护问题，主张规划设计应同生态学、行为科学等研究成果有机结合，积极探索从生态学中寻求解决城市环境、建筑规划与设计问题的方法。

“绿色运动”推动了西方生态理论的全面发展。20 世纪 60 年代出现了震动世界的八大公害事件，如比利时的马斯河谷事件、美国的洛杉矶烟雾事件、英国的伦敦烟雾事件、日本的水俣病事件等。严酷的现实与沉痛的教训，使人们从无视生态环境质量、盲目追求经济效益的状态中逐渐清醒过来，开始普遍意识到生态环境问题对人类赖以生存的生态条件提出的严峻挑战。由此，西欧各国相继呼吁正视和解决环境问题的“绿色运动”。这项运动的主要推动者是生物学家、生态学家等，尤其是蕾切尔·卡逊（Rachel Carson）于 1962 年出版的《寂静的春天》（*Silent Spring*）将“绿色运动”推广到世界范围，促使不同文化、不同职业的人们共同思考和共同行动，促成了从人本主义观念到人与自然和谐共处观念的转变。到20世纪80年代，人们逐渐集中注意力于人类如何使经济增长与自然和谐一致，如何实现可持续发展。1992年，在巴西里约热内卢召开的联合国环境与发展大会上，可持续发展思想被写进了会议的所有文件，取得了世界各国的共识。从此，以可持续发展为核心思想的生态观念逐步走向全球化。

1.4.4 东西方生态观走向融合

随着全球化趋势的发展，东西方的发展差异逐渐减少，迫切的生态环境问题成了全人类必须共同面对的全球问题，当代东西方生态观正日渐走向融合。许多西方学者转向东方古老文化中寻求人与自然的和谐之道，对中国传统的“天人合一”自然观推崇备至。1982年，美国物理学家弗·卡普拉(Fritjof Capra)出版了《转折点——科学、社会和正在兴起的文化》(*The Turning Point*:*Science*,*Society and the Rising Culture*)，这部影响深远的畅销书提出应以东方的自然观为模式确立一种新的实在观(a new vision of reality)，认为“我们是自然界的一部分，而不是在自然之上”。卡普拉在该书中指出:“新实在观在某种意义上是一种生态观，它还远超过了对环境保护的短期关注。”他认为笛卡尔—牛顿机械世界观是西方现代种种危机的根源，拯救危机要靠重建新的世界观，新的世界观是合乎现代科学的自然观——他还认为这与东方古代智慧相通，这个世界观的思维机制是非机械论、非二元性、非线性的系统思维。

但是，由于科技与经济发展程度的差距，当代东西方生态思想仍存在一定差异。从更深层次上看，这也反映出动态发展的东西方文化的不同:当代西方文化中“生态学”已占据重要地位，而东方思想基本上局限于“环境论”。卡普拉在《转折点——科学、社会和正在兴起的文化》一书中提出了“深刻的生态学”(Deep Ecology)和“浅显的生态学”(Shallow Ecology)之间的区别:后者关注的是为了人的利益对自然环境进行更有效的控制和管理，而前者则认识到生态平衡要求我们对人类在地球生态系统中作用的认识进行深刻变革。简言之，它需要一种新的哲学和宗教基础。因而，东方也应向西方生态学系统理论研究和实践探索学习经验，在现实的环境污染与生态破坏等问题上，加强相互的交流，共同建设美好的地球家园(骆天庆等，2008)。

综上所述，近现代之前以东方文化为主的国家在对待自然的经验上更具有代表性，特别是自然科学的发展使西方文化中的自然哲学走向机械自然观，从而在一定程度上表现出人与自然的对立(骆天庆等，2008)。但生态环境问题是全人类必须面对的现实，较早意识到环境破坏和生态危机的西方国家在现代生态规划设计的探索和理论研究上取得了丰富的成果，对东方生态环境保护与治理也具有重要的借鉴意义。

1.5 生态规划的类型及其在城乡规划建设中的地位

1.5.1 生态规划的类型

生态规划的类型可按照空间尺度、生境类型、干扰强度、社会门类等进行划分，也可以根据规划层次、规划对象、规划目标、规划阶段等进行划分(表1-3)(车生泉等，2013)。

表 1-3　生态规划的类型

划分标准	类别	释义
按空间尺度划分	区域生态规划	区域生态规划是根据区域可持续发展的要求，运用生态规划的方法，合理规划区域、流域的资源开发与利用途径以及社会经济的发展方式，寓自然系统环境保护于区域开发与经济发展之中，使之达到资源利用、环境保护与经济增长的良性循环，不断提高区域的可持续发展能力，实现人类的社会经济发展与自然过程的协同进化
	城镇生态规划	城镇生态规划针对人类密集聚落区域进行的规划，其范围通常从几十平方公里到几千平方公里不等，规划的重要目标之一是协调高密度人居环境条件下，经济发展和生态平衡之间的矛盾，引导建立可持续的城镇生态系统
	重点生态区生态规划	重点生态区规划在尺度范围上界定于城镇生态规划与城市公园之间。以生态修复和生态保育为基础，以对生态资源的充分利用为特色，其主要功能是稳定生态系统的构建、自然生态风光和生态文化等的表达、生态游憩体验、生态科普教育、科学研究等；规划的重点生态区包括特定保护区（自然保护区、风景名胜区、森林公园、地质公园、生态功能保护区、基本农田保护区、饮用水源区等）、生态敏感和脆弱区（重要湿地、热带雨林、红树林、特殊生态林、珍稀动植物栖息地、天然渔场、沙尘暴源区、珊瑚礁等）、历史文化（世界遗产地、国家重点文物保护单位、历史文化保护地、疗养地，以及具有历史文化、民族意义的保护地等）
按规划对象分类	生态经济规划	生态经济规划是按照生态学原理，对某地区的社会、经济、技术和生态环境进行全面的综合规划，以便充分有效和科学地利用各种资源条件，促进生态系统的良性循环，使社会经济持续稳定地发展
	人类生态规划	人类生态规划应用生态学基本原理研究人类及其活动与自然和社会环境之间的相互关系；着重研究人口、资源与环境三者之间的平衡关系，涉及人口动态、食物和能源供应、人类与环境的相互作用，以及经济活动产生的生态环境问题分析；提出解决上述问题的途径与措施
	城市生态规划	城市生态规划的目的是在生态学原理的指导下，将自然与人工生态要素按照人的意志进行有序的组合，保证各项建设的合理布局，能动地调控人与自然、人与环境的关系，并给出了一套城市生态规划的工作程序
	乡村生态规划	乡村生态规划运用景观生态学的原理，对乡村土地利用、生态环境及其各种景观要素进行规划设计，整合乡村自然生态环境、农业与工业生产和生活建筑三大系统，使景观格局与自然环境中的各种生态过程和谐统一，协调发展
	生态旅游规划	生态旅游规划是涉及旅游者的旅游活动与其环境间相互关系的规划，是应用生态学的原理和方法将旅游者的旅游活动和环境特性有机地结合起来，进行旅游行为在空间环境上的合理布局
	景观生态规划	景观生态规划广义的理解是景观规划的生态学途径，也就是将广泛意义上的生态学原理，包括生物生态学、系统生态学、景观生态学和人类生态学等各方面的生态学原理和方法及知识作为景观规划的基础；狭义的理解是基于景观生态学的规划，也就是基于景观生态学关于景观格局和空间过程（水平过程或流）的关系原理的规划

（引自：车生泉等，2013）

尽管生态规划有着多种类型，但是无论采用哪种分类体系，其所包含的基本生态学思想和原理是一致的，根本上探索的是不同层次系统发展的动力学机制和控制论方法，辨识系统中局部与整体、眼前与长远、保护与发展、人与自然的矛盾冲突关系，寻找调和这些矛盾的技术手段、规划方法、管理工具。因而，生态规划的主要任务包括：充分了解自然环境与资源的性能；掌握自然过程特点和与人类活动的交互关系，使得系统的发展立足于具体的社会经济条件与自然资源潜力；追求复合系统的功能协调，强调系统发展的高效和可持续，进而改善自我调控与发展潜力。

1.5.2　生态规划在城乡规划建设中的地位

在可持续发展理念、大空间地域观点的指导下，生态规划是将广泛意义上的，生物生态学、系统生态学、城市生态学、区域（流域）生态学、景观生态学和人类生态学等各方面的生态学原理和方法及知识作为景观规划的基础，通过调整系统之间、系统与要素之间的关系，调整系统的结构、功能、协调性，调整系统的时间、空间维度，以使系统发展控制在经济系统支撑力、社会系统容纳力、自然系统承载力的范围内（王光军等，2015）。而以促进城乡经济社会全面协调可持续发展为根本任务的城乡规划，旨在促进土地科学使用、促进人居环境得到根本改善，尤其是在城市与区域规划层面强调要构建生态屏障、生态廊道、生态系统保护格局，以及自然保护地体系。由此可见，生态规划是城乡规划建设的题中应有之义，并随着土地资源的生态化利用，逐渐成了国土空间体系中不可或缺的一部分，演化出了城乡一体化生态规划、城乡生态安全格局规划、乡村生态规划、低碳城市规划、智慧化生态城市规划、气候适应型城市规划等诸多生态类规划。

城镇化是世界范围内一项巨大社会工程，也是中国高质量发展征程上的必经之路。近几十年来，我国城镇化和城乡建设持续高速发展，在此过程中建设用地的无序扩张、土地资源的粗放利用、生态环境的严重破坏，将城乡生态规划、生态建设、生态修复等问题提上了重要议程，并且成了必须直面解决的迫切问题。例如，城乡生态安全格局规划就是在处理好社会、经济、自然系统关系的基础上，统一规划城乡自然生态系统，健全城乡生态环境协调体系，做到空间格局上的相互渗透、相互协调，在维持生态系统服务功能的基础上完善结构的统一性与和谐性（车生泉，1999）。构建城乡生态安全格局，是在城乡一体化背景下把以城市为侧重点转向城市与乡村结合，它结合了生态规划、生态工程、生态恢复等技术，将单一的生物环境、社会、经济组成一个强有力的生命系统，充分体现了生态学的竞争、共生、再生和自生原理，实现资源高效利用，为有效解决与自然的矛盾提供一条新的途径（车生泉，1999）。由此可见，生态规划是当前我国国土空间规划体系的重要组成部分，也是我国生态文明建设的重要支撑性学科，可为我国当前和未来的生态文明建设提供重要的理论支持与技术支撑。

本章小结

生态规划在人与自然关系逐渐背离中孕育而生，并在人类迈向生态文明时代过程中取得蓬勃发展。

生态规划强调了在既定的目标下运用生态学、城乡规划学、环境科学等相关学科的原理与知识，通过生态适宜性分析及系统科学手段去辨识、模拟、设计、调控复合生态系统内部各种生态关系，确定资源开发利用与保护的生态适宜度，探讨改善系统结构与功能，促进人与环境关系可持续、协调发展的一种规划方法。

自 1858 年奥姆斯特德和沃克斯设计的中央公园开始，生态规划已有 160 余年的历史，按照托马斯 · 库恩的科学发展阶段理论，大致可将生态规划划分为萌芽阶段（1910 年代前）、发展阶段（1910—1950年代）、成熟阶段（1960年代至今）三个阶段。我国生态规划虽起步较晚，但发展迅速，吸收了现代生态学的新成果，在理论、方法与实践上均形成了自身特色。

东西方生态思想的最初表现均是顺应自然、敬畏自然，而宗教的发展和自然科学的诞生逐渐使得东西方生态观产生分野。然而，伴随着工业革命的蓬勃发展，不可避免地造成了一系列生态环境问题，使得人类不得不重新审视人与自然关系，西方国家首先开始了一系列生态伦理研究与生态规划实践。当前全球化趋势下，生态问题已成为人类必须共同面对的突出问题，东西方生态观正逐步走向融合。

生态规划可根据空间尺度、生境类型、干扰强度、社会门类等进行划分，也可以根据规划层次、规划对象、规划目标、规划阶段等进行划分。但是，无论采用哪种分类体系，其所包含的基本生态学思想和原理是一致的，均有着近乎相同的规划任务和目标，在我国生态文明建设中拥有不可或缺的重要地位，是国土空间规划体系的重要组成部分。

思考题

1. 简述生态规划产生的背景、概念与内涵。
2. 简述生态规划与其他规划的区别与联系。
3. 简述生态规划的发展阶段，亦可根据自己的认识阐述生态规划的阶段划分，并说明划分的理由以及各个阶段的主要特征。
4. 简述东西方生态观的历史演进与未来趋势。
5. 简述生态规划在城乡规划建设中的地位。
6. 试述近年来国内外生态规划研究与实践取得的最新进展与发展趋势。

参考文献

阿尔伯蒂，2010. 建筑论：阿尔伯蒂建筑十书[M]. 王贵祥，译. 北京：中国建筑工业出版社.

岸根卓郎，1990. 迈向21世纪的国土规划：城市融合系统设计[M]. 高文琛，译. 北京：科学出版社.

柏拉图，1986. 理想国[M]. 郭斌和，张竹明，译. 北京：商务印书馆.

波利奥，2012. 建筑十书[M]. 陈平，译. 北京：北京大学出版社.

车生泉，1999. 城乡一体化过程中的景观生态格局分析[J]. 农业现代化研究，20(3)：140-143.

车生泉，张凯旋，2013. 生态规划设计：原理、方法与应用[M]. 上海：上海交通大学出版社.

恩杜比斯，2013. 生态规划历史比较与分析[M]. 陈蔚镇，王云才，译. 北京：中国建筑工业出版社.

冯向东，1988. 略论城市生态规划[J]. 生态学杂志，7(1)：33-36，40.

傅伯杰，1995. 黄土区农业景观空间格局分析[J]. 生态学报，15(2)：113-120.

傅伯杰，2014. 地理学综合研究的途径与方法：格局与过程耦合[J]. 地理学报，69(8)：1052-1059.

傅伯杰，陈利顶，马诚，1997. 土地可持续利用评价的指标体系与方法[J]. 自然资源学报，12(2)：112-118.

傅伯杰，刘国华，陈利顶，等，2001. 中国生态区划方案[J]. 生态学报，21(1)：1-6.

傅伯杰，欧阳志云，施鹏，等，2021. 青藏高原生态安全屏障状况与保护对策[J]. 中国科学院院刊，36(11)：1298-1306.

关婷，肖作鹏，2009. 城市生态规划的思想流变与概念辨析：基于文献综述的总结[J]. 北京规划建设

(3)：132－134.
何璇，毛惠萍，牛冬杰，等，2013. 生态规划及其相关概念演变和关系辨析[J]. 应用生态学报，24(8)：2360－2368.
黄光宇，陈勇，1997. 生态城市概念及其规划设计方法研究[J]. 城市规划，21(6)：17－20.
黄光宇，陈勇，田玲，等，1999. 生态规划方法在城市规划中的应用：以广州科学城为例[J]. 城市规划，23(6)：47－50＋63.
黄光宇，林锦玲，2006. 山地资源型城市的生态环境空间控制初探：以攀枝花市攀密片区为例[J]. 规划师，22(4)：11－14.
黄光宇，杨培峰，2001. 自然生态资源评价分析与城市空间发展研究：以广州城市为例[J]. 城市规划，25(1)：67－71.
黄光宇，杨培峰，2002. 城乡空间生态规划理论框架试析[J]. 规划师，18(4)：5－9.
李文华，1987. 国际人与生物圈计划及其发展趋势[J]. 北京林业大学学报，9(2)：213－220.
李祖扬，邢子政，1999. 从原始文明到生态文明：关于人与自然关系的回顾和反思[J]. 南开学报(3)：37－44.
刘康，2011. 生态规划——理论、方法与应用[M]. 2版. 北京：化学工业出版社.
骆天庆，王敏，戴代新，2008. 现代生态规划设计的基本理论与方法[M]. 北京：中国建筑工业出版社.
马世骏，1981. 生态规律在环境管理中的作用：略论现代环境管理的发展趋势[J]. 环境科学学报，1(1)：95－100.
马世骏，王如松，1984. 社会-经济-自然复合生态系统[J]. 生态学报，4(1)：1－9.
欧阳志云，刘建国，肖寒，等，2001. 卧龙自然保护区大熊猫生境评价[J]. 生态学报，21(11)：1869－1874.
欧阳志云，王如松，1993. 生态规划：寻求区域持续发展的途径[M]//陈昌笃. 生态学与持续发展. 北京：中国科学技术出版社.
欧阳志云，王如松，1995. 生态规划的回顾与展望[J]. 自然资源学报，10(3)：203－215.
欧阳志云，王如松，符贵南，1996. 生态位适宜度模型及其在土地利用适宜性评价中的应用[J]. 生态学报，16(2)：113－120.
欧阳志云，张和民，谭迎春，等，1995. 地理信息系统在卧龙自然保护区大熊猫生境评价中的应用研究[J]. 中国生物圈保护区(3)：13－18，2.
曲格平，1994. 环境科学词典[M]. 上海：上海辞书出版社.
全国科学技术名词审定委员会，2007. 生态学名词 [M]. 北京：科学出版社.
沈清基，2009. 城市生态规划若干重要议题思考[J]. 城市规划学刊(2)：23－30.
沈清基，2018. 韧性思维与城市生态规划[J]. 上海城市规划(3)：1－7.
斯坦纳，2004. 生命的景观：景观规划的生态学途径[M]. 周年兴，李小凌，俞孔坚等译. 北京：中国建筑工业出版社.
宋永昌，由文辉，王祥荣，2000. 城市生态学[M]. 上海：华东师范大学出版社.
王光军，项文化，2015. 城乡生态规划学[M]. 北京：中国林业出版社.
王如松，1988. 高效·和谐：城市生态调控原则与方法[M]. 长沙：湖南教育出版社.
王如松，1992. 自然科学与社会科学的桥梁——人类生态学研究进展[M]//马世骏. 生态学发展战略. 北京：北京经济出版社.
王如松，欧阳志云，2012. 社会-经济-自然复合生态系统与可持续发展[J]. 中国科学院院刊，27(3)：337－345.
王如松，欧阳志云，1996. 生态整合：人类可持续发展的科学方法[J]. 科学通报，41(S1)：47－67.
王如松，赵景柱，赵秦涛，1989. 再生共生自生：生态调控三原则与持续发展[J]. 生态学杂志，8(5)：

33 - 36.
王如松，周启星，胡聃，2000. 城市生态调控方法[M]. 北京：气象出版社.
王祥荣，1995. 上海浦东新区持续发展的环境评价及生态规划[J]. 城市规划汇刊(5)：46 - 50.
王祥荣，2000. 生态与环境：城市可持续发展与生态环境调控新论[M]. 南京：东南大学出版社.
王祥荣，2001. 论生态城市建设的理论、途径与措施：以上海为例[J]. 复旦学报(自然科学版)，40(4)：349 - 354.
王祥荣，2002. 城市生态规划的概念、内涵与实证研究[J]. 规划师，18(4)：12 - 15.
王祥荣，凌焕然，黄舰，等，2012. 全球气候变化与河口城市气候脆弱性生态区划研究：以上海为例[J]. 上海城市规划(6)：1 - 6.
王云才，2013. 风景园林生态规划方法的发展历程与趋势[J]. 中国园林，29(11)：46 - 51.
王中，2007. 城市规划的三位人本主义大师：霍华德、盖迪斯、芒福德[J]. 建筑设计管理，24(4)：41 - 43.
吴良镛，1996. 芒福德的学术思想及其对人居环境学建设的启示[J]. 城市规划，20(1)：35 - 41，48.
吴志强，李德华，2010. 城市规划原理[M]. 4 版. 北京：中国建筑工业出版社.
肖笃宁，布仁仓，李秀珍，1997. 生态空间理论与景观异质性[J]. 生态学报，17(5)：453 - 461.
肖笃宁，陈文波，郭福良，2002. 论生态安全的基本概念和研究内容[J]. 应用生态学报，13(3)：354 - 358.
杨培峰，2002. 城乡空间生态规划理论与方法研究[D]. 重庆：重庆大学.
杨培峰，2004. 城乡空间生态规划实施制度环境分析及应对[J]. 城市发展研究，11(3)：57 - 62.
杨培峰，2005. 城乡空间生态规划理论与方法研究[M]. 北京：科学出版社.
杨志峰，胡廷兰，苏美蓉，2007. 基于生态承载力的城市生态调控[J]. 生态学报，27(8)：3224 - 3231.
杨志峰，徐俏，何孟常，等，2002. 城市生态敏感性分析[J]. 中国环境科学，22(4)：360 - 364.
于志熙，1992. 城市生态学[M]. 北京：中国林业出版社.
俞孔坚，李迪华，2003. 景观生态规划发展历程：念麦克哈格先生逝世两周年[J]. 中国园林，(1)：1 - 24.
俞孔坚，李迪华，吉庆萍，2001. 景观与城市的生态设计：概念与原理[J]. 中国园林，17(6)：3 - 10.
俞孔坚，李迪华，袁弘，等，2015. “海绵城市”理论与实践[J]. 城市规划，39(6)：26 - 36.
俞孔坚，王思思，李迪华，等，2009. 北京市生态安全格局及城市增长预景[J]. 生态学报，29(3)：1189 - 1204.
岳邦瑞，等，2017. 图解景观生态规划设计原理[M]. 北京：中国建筑工业出版社.
张京祥，黄贤金，2021. 国土空间规划原理[M]. 南京：东南大学出版社.
张泉，叶兴平，2009. 城市生态规划研究动态与展望[J]. 城市规划，33(7)：51 - 58.
Brundtland G H，1987. Our common future：Report of the World Commission on Environment and Development [R]. Geneva：UN-Dokument A/42/427.
Friedmann J，1973. Retracking America：A theory of transactive planning[M]. New York：Anchor Press.
Goist P D，1972. Seeing things whole：A consideration of Lewis Mumford[J]. Journal of the American Institute of Planners，38(6)：379 - 391.
Holl P，1975. Urban and regional planning [M]. London：Oxford Uinversity Press.
Howard E，2003. To-morrow：A peaceful path to real reform[M]. London：Routledge.
Kuhn T S，1962. The structure of scientific revolutions [M]. Chicago：University of Chicago Press.
Leopold A，1933. The conservation ethic [J]. Journal of Forestry，31(6)：634 - 643.
Leopold A，1949. A sand county almanac，and sketches here and there[M]. New York：Oxford University Press.

MacKaye B, 1940. Regional planning and ecology[J]. Ecological Monographs, 10(3): 349 - 353.

Martin L, White M P, Hunt A, et al, 2020. Nature contact, nature connectedness and associations with health, wellbeing and pro-environmental behaviours[J]. Journal of Environmental Psychology, 68: 101389.

McHarg I L, 1969. Design with nature [M]. New York: Doubleday.

Ndubisi F, 2002. Ecological planning: A historical and comparative synthesis[M]. Baltimore: Johns Hopkins University Press.

Steiner F R, 2000. The living landscape: an ecological approach to landscape planning[M]. 2nd ed. New York: McGraw Hill.

Steiner F R, Brooks K, 1981. Ecological planning: A review[J]. Environmental Management, 5(6): 495 - 505.

Steiner F R, Young G, Zube E, 1988. Ecological planning: Retrospect and prospect[J]. Landscape Journal, 7(1): 31 - 39.

Wang X R, Zha P, Lu J, 1998. Ecological planning and sustainable development: A case study of an urban development zone in Shanghai, China[J]. International Journal of Sustainable Development & World Ecology, 5(3): 204 - 216.

Wheeler S, Wheeler S M, 2004. Planning for sustainability[M]. New York: Routledge.

Wilson E O, 1984. Biophilia: The human bond with other species [M]. Cambridge: Harvard University Press.

第2章 生态学的主要分支与主要概念

城市与区域生态规划是城乡规划与生态规划融合的规划，其产生和发展一直与生态科学的发展存在紧密的联系，因而在规划设计与实践中经常会运用各种相关的生态学知识，而正确理解所应用的生态学知识是城市与区域生态规划科学性的重要保障。因此，准确掌握并灵活运用相关的生态学知识是进行生态规划的必要前提。

生态学对人类社会发展具有广泛的实践指导意义，这构成了生态学科不断发展的根本动力，但也使其发展至今形成了庞大而繁杂的理论知识体系，为在城乡规划中的具体应用带来了一定的困难。因此，在介绍生态规划的方法论之前，有必要对生态学的定义、发展阶段及相关分类与研究方法进行系统梳理，并对一些具有重要指导意义的生态学分支以及主要概念进行提炼总结。

2.1 生态学的定义与分类

2.1.1 生态学的定义

“生态学”一词“ecology”源于古希腊语，由词根“oikos”和“logos”演化而来。前者意为“house”或“household”(住所、遮蔽所、栖息地)，后者意为“学问”“科学研究”。学者普遍认为，它首先是由德国生物学家厄尔斯特·赫克尔(Ernst Haeckel)于1866年提出，并被定义为“研究生物与其有机及无机环境之间相互关系的科学”(Haeckel，1866)。然而，起初这一生态学概念较为狭隘，仅局限于对动物的研究。1889年，他又进一步提出：“生态学是一门自然经济学，它涉及所有生物有机体关系的变化，涉及各种生物自身以及他们和其他生物如何在一起共同生活。”这就把生态学的研究范围拓展至对动物、植物、微生物等各类生物与环境相互关系的研究。生态学这一经典定义维持了近一个世纪(图2-1)。二十世纪六七十年代以来，环境、资源、人口、粮食等问题变得愈发严峻，迫使诸多生态学家重新审视了生态学科的发展，为生态学在解决这些与人类前途命运攸关的重大问题中发挥了重要作用。

由于研究背景和研究对象不同，不同学者对生态学提出了不同的定义。英国生态学家埃尔顿(Elton)认为，生态学是研究生物怎样生活和它们为什么按照自己的生活方式生活的科学(Elton，1927)。澳大利亚生态学家安德烈沃斯(Andrewartha)认为，生态学是研究有机体的分布和多度的科学，强调了对种群动态的研究(Andrewartha et al.，1954)。美国生态学家奥德姆(Odum)认为，生态学是研究生态系统的结构和功能的科学，是综合研究有机体、物理环境与人类社会的科学(Odum，1953，1971)。中国生态学会的创始人马世骏认为，生态学是研究生命系统与环境系统之间相互作用规律及其机理的科学(马世骏，1990)。概言之，生态学是研究生物生存条件、生物及其群体与环境相互作用的过程，以及相互作用规律的科学，强调有机体与其栖息环境之间的相互关系。

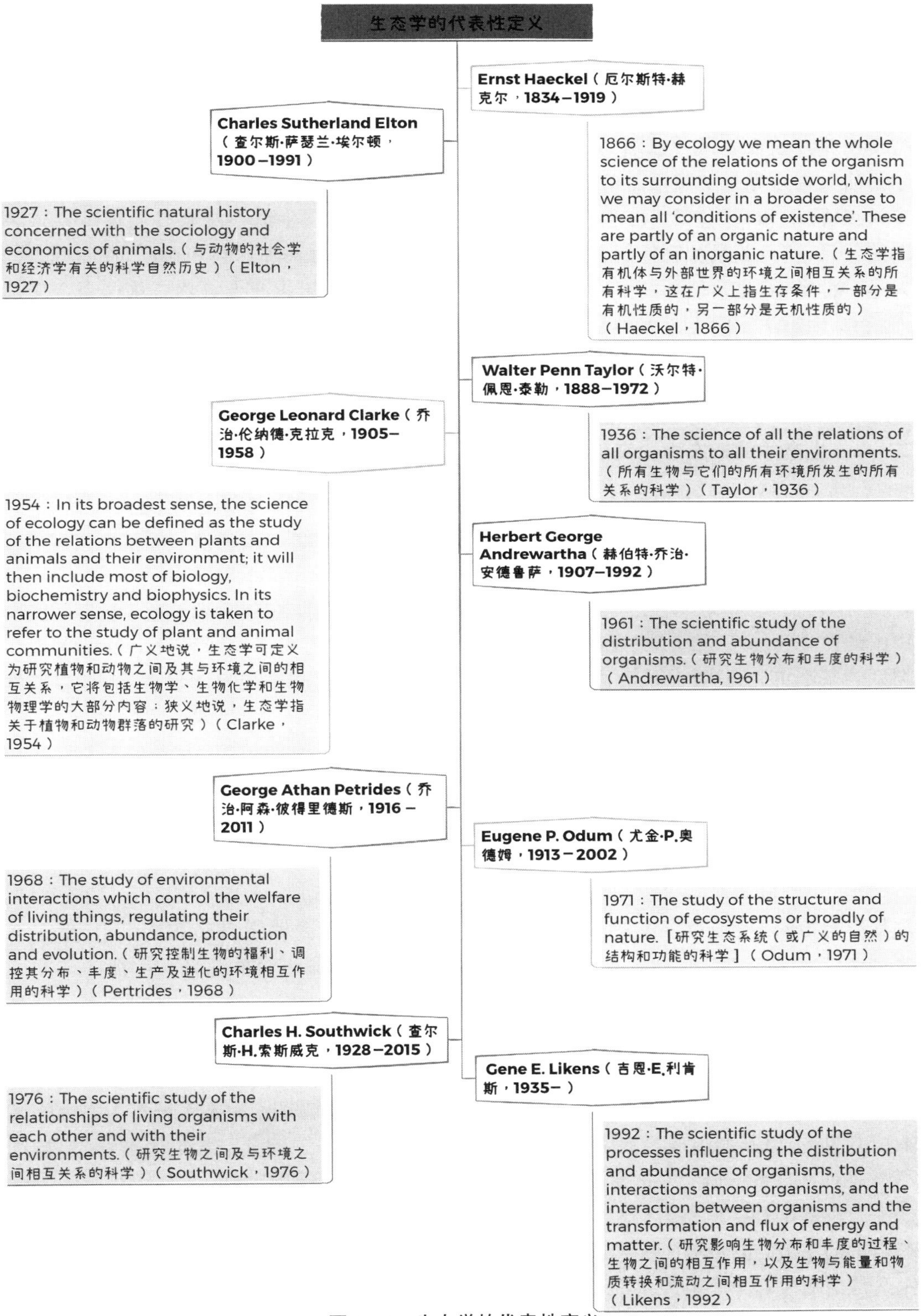

生态学的代表性定义

Ernst Haeckel（厄尔斯特·赫克尔，1834–1919）

1866：By ecology we mean the whole science of the relations of the organism to its surrounding outside world, which we may consider in a broader sense to mean all 'conditions of existence'. These are partly of an organic nature and partly of an inorganic nature.（生态学指有机体与外部世界的环境之间相互关系的所有科学，这在广义上指生存条件，一部分是有机性质的，另一部分是无机性质的）（Haeckel，1866）

Charles Sutherland Elton（查尔斯·萨瑟兰·埃尔顿，1900–1991）

1927：The scientific natural history concerned with the sociology and economics of animals.（与动物的社会学和经济学有关的科学自然历史）（Elton，1927）

Walter Penn Taylor（沃尔特·佩恩·泰勒，1888–1972）

1936：The science of all the relations of all organisms to all their environments.（所有生物与它们的所有环境所发生的所有关系的科学）（Taylor，1936）

George Leonard Clarke（乔治·伦纳德·克拉克，1905–1958）

1954：In its broadest sense, the science of ecology can be defined as the study of the relations between plants and animals and their environment; it will then include most of biology, biochemistry and biophysics. In its narrower sense, ecology is taken to refer to the study of plant and animal communities.（广义地说，生态学可定义为研究植物和动物之间及其与环境之间的相互关系，它将包括生物学、生物化学和生物物理学的大部分内容；狭义地说，生态学指关于植物和动物群落的研究）（Clarke，1954）

Herbert George Andrewartha（赫伯特·乔治·安德鲁萨，1907–1992）

1961：The scientific study of the distribution and abundance of organisms.（研究生物分布和丰度的科学）（Andrewartha, 1961）

George Athan Petrides（乔治·阿森·彼得里德斯，1916 – 2011）

1968：The study of environmental interactions which control the welfare of living things, regulating their distribution, abundance, production and evolution.（研究控制生物的福利、调控其分布、丰度、生产及进化的环境相互作用的科学）（Pertrides，1968）

Eugene P. Odum（尤金·P.奥德姆，1913 – 2002）

1971：The study of the structure and function of ecosystems or broadly of nature.［研究生态系统（或广义的自然）的结构和功能的科学］（Odum，1971）

Charles H. Southwick（查尔斯·H.索斯威克，1928–2015）

1976：The scientific study of the relationships of living organisms with each other and with their environments.（研究生物之间及与环境之间相互关系的科学）（Southwick，1976）

Gene E. Likens（吉恩·E.利肯斯，1935– ）

1992：The scientific study of the processes influencing the distribution and abundance of organisms, the interactions among organisms, and the interaction between organisms and the transformation and flux of energy and matter.（研究影响生物分布和丰度的过程、生物之间的相互作用，以及生物与能量和物质转换和流动之间相互作用的科学）（Likens，1992）

图 2 - 1　生态学的代表性定义

（引自：谢平，2013；笔者自绘）

由于我国对生态文明思想与生态文明建设的日益重视，以及传统生态学内涵与学科体系建设亟须满足社会发展的需要，中国科学院院士方精云在借用生命系统(living system)概念的基础上，赋予了生态学新的定义，即：生态学是研究宏观生命系统的结构、功能及其动态的科学，它为人类认识、保护和利用自然提供理论基础和解决方案，也是生态文明建设的重要科学基础(方精云，2022)。该定义主要包含了如下三层涵义：a. 生态学是研究自然界中宏观生命系统的结构、功能和变化的科学，人类基于生态学研究成果来认识、保护和利用自然；b. 生态学的核心内容是研究宏观生命系统及其与环境系统之间的关系，这种关系相互作用、相互依存、互为因果，使生命系统达到相对稳定的状态；c. 人是一种生物，是自然界的组成部分，又具有主观能动性，可以改变自然。从这个定义及内涵看，生态学实际上是人类认识和改造世界的一种自然观。或者说，生态学既是大自然的认识论，也是保护和改造大自然的实践论，是人类对大自然的认识论和实践论的统一(方精云，2022)。

2.1.2 生态学的三次理论突破

有专家认为，1935 年生态系统概念的提出、1981 年国际景观生态学大会的召开(景观生态学的兴起)、人类生态学分支学科的诞生标志着生态学 3 次理论上的重大突破。

(1) 1935 年生态系统概念的提出

"生态系统"(ecosystem)一词是英国植物生态学家坦斯利(Tansley)于 1935 年首次提出的："生物与环境形成一个自然系统。正是这种系统构成了地球表面上各种大小和类型的基本单元，这就是生态系统"(Tansley，1935)。在生态系统概念出现之前，生态学尤其是植物生态学在描述植被的时候，多使用"vegetation""formation""association""biome""community"等指代我们今天的群落，或者是有所偏重的混用。生态系统概念被提出来以后，坦斯利自己很少使用，学界反响也不强烈。一直到 1942 年，林德曼(Lindeman)把它应用到自然系统的营养动态变化研究中(Lindeman，1942)，才使得生态系统概念引起了一些学者的兴趣。

1953 年，随着奥德姆(Odum)的《生态学基础》(*Fundamentals of Ecology*)的出版，及其影响力的不断扩大，欧美学者对生态系统的研究热潮急剧上升。在该书中，生态系统是这样定义的："任何实体或自然单元都包含生命的和非生命的部分。生命的与非生命的要素之间相互作用，循着环形路径进行物质交换并形成稳定的系统。这个系统就是生态学系统或生态系统。在生态学中，生态系统是最大的功能单元，因为它包含有机体(生物群落)和非生命的环境，其中任何一个都对对方的属性产生影响，两者对于地球生命的维持必不可少。"(Odum ，1953；Golly，1993)这个定义强调了生态系统是生态学的基本功能单元，以及各组成要素之间的相互关系与作用。从 20 世纪 50 年代开始，他持续不懈地对生态系统概念及内涵进行研究界定，提出了五个不同版本的定义及相应的阐释(《生态学基础》共先后修订到第五版)，几乎统领了生态系统生态学的研究，成了公众生态意识的主流，也使得生态系统成为生态学研究中最为重要的概念之一。这些生态系统定义是他对生态学不同发展时期范式演进的反思结果，促成了包括生态系统生态学、人类生态学等分支学科的诞生在内的生态学大发展。

20 世纪 40 年代末至 70 年代初，生态学研究主要集中于生态系统。许多学者不仅把生态系统看成为生物群落及其环境组成的一个自然系统，而且强调它是生物群落和周围环境相互作用的功能系统，周围环境作用到有机体，有机体也作用到环境。经过许多生态学者的逐步完善，形成了目前比较全面的生态系统的概念："在一定时间和空间范围内，生物与生物之间、生物与物理环境之间相互作用，通过物质循环、能量流动和信息传递，形成特定的营养结构和生物多样性，这样一个功能单位就被称为生态系统。"生态系统概念的提出为解释众多生态现象提供了一个思维框架。自从国际生物学计划（International Biological Programme，IBP 1969—1974 年）实施以来，随着大规模的生态学研究的展开，对生态系统的研究始终是生态学研究的主流和前沿。随后，美国 Shugart 等（1979）的《系统生态学》（*Systems Ecology*），以及 Jefers（1978）的《系统分析及其在生态学上的应用》（*An introduction to systems analysis, with ecological applications*）等著作，应用系统分析方法研究生态系统，促进了系统生态学的发展，使生态系统的研究在方法上有了新的突破，从而丰富和发展了生态学的理论（胡萌萌等，2014）。生态系统生态学在其发展过程中，也提出了许多新的概念，如有关结构的关键种（keystone species）、有关功能的功能团、体现能（embodied energy）、能质等，这些都有力地推动了当代生态学的发展。

由此可见，生态系统概念的提出，以及随后生态系统生态学的兴起，是同时期系统科学和计算机科学的发展给生态系统研究提供了一定的方法和思路，使其具备了处理复杂系统和大量数据能力的必然结果。因此，1935 年生态系统概念的提出，被认为是生态学理论上的第一次重大突破。

（2）1981 年国际景观生态学大会的召开

景观生态学作为生态学和地理学领域的一门新兴综合交叉学科，从其诞生[德国著名的地植物学家特罗尔（Troll）于 1939 年在利用航空照片研究东非土地利用问题时首次提出]到现在，已有 80 余年的时间，但是直到 20 世纪 80 年代，这门学科才逐渐获得了蓬勃发展。1981 年，首届国际景观生态学大会在荷兰费尔德霍芬（Vendhoven）举行，以及 1982 年国际景观生态学协会（International Association of Lanscape Ecology, IALE）的成立，标志着景观生态学开始成为国际上的研究热点。首届国际景观生态学大会有 23 个国家的 319 人出席，会后出版了《景观生态学展望》（*Perspective in landscape ecology*）一书，收集论文报告 90 余篇，对景观生态学的理论概念、方法和应用，及其在研究自然区，城乡关系，农村问题等方面的作用进行了全面讨论。

欧洲和北美的景观生态学研究基本上引领了国际景观生态学的发展方向。尽管欧洲和北美两大学派在发展过程中由于所关注的对象、解决问题的方法等方面的差异而表现出鲜明的个性，但是二者也在不断地相互影响、相互渗透，推动着景观生态学学科体系的不断发展和完善（Wu，2006）。概言之，景观生态学研究的重点主要集中在下列几个方面：空间异质性或格局的形成及动态；空间异质性与生态学过程的相互作用；景观的等级结构特征；格局—过程—尺度之间的相互关系；人类活动与景观结构、功能的反馈关系以及景观异质性（或多样性）的维持和管理（Forman et al.，1986；Pickett et al，1995；Wu et al.，1995；Forman，1995）。

与生态学的第一次理论突破相比，景观生态学与生态系统生态学之间存在以下差异（肖笃宁等，1988）：a. 景观是作为一个异质性系统来定义并进行研究的，空间异质性的发展和维持是景观生态学的研究重点之一，而生态系统生态学是作为一个相对同质性系统来定义并加以研究的。b. 景观生态学研究的主要兴趣在于景观镶嵌体上的水平格局，而生态系统研究则强调垂直格局，即能量、水分、养分在生态系统垂直断面上的分布。c. 景观生态学考虑整个景观上的所有生态系统，它们之间的相互作用，如能量、养分和物种在镶嵌体之间的交换。生态系统生态学仅研究分散的岛状系统。一个单个的生态系统在景观水平上可以视为一个相当宽度的镶嵌体或是一条狭窄的走廊，或是背景基质。d. 景观生态学除研究自然系统外，还得更多地考虑经营管理状态下的系统，人类活动对景观的影响是其重要研究课题。e. 只有在景观生态研究中，一些需要大领域活动的动物种群（如鸟类和哺乳动物）才能得到合理的研究。f. 景观生态学重视地貌过程、干扰以及生态系统间的相互关系，着重研究地貌过程和干扰体制（disturbance regime）对景观空间格局的形成和发展所起的作用。

由此可见，景观生态学的发展从一开始就与土地规划、管理和生态恢复等实际问题密切联系。自 20 世纪 80 年代以来，随着景观生态学概念、理论和方法的不断扩展和完善，其应用也越来越广泛，其中最突出的包括在保护生物学、景观规划、自然资源管理等方面的应用。传统的生态学思想强调生态学系统的平衡态、稳定性、均质性、确定性以及可预测性。这一自然均衡范式在自然保护和资源管理的应用中长期以来占有重要地位。但是，生态学系统并非处在“均衡”状态，时间和空间上的缀块性或异质性才是它们的普遍特征。不断增加的人为干扰使这些特征愈为突出。因此，强调多尺度上空间格局和生态学过程相互作用，以及等级结构和功能的景观生态学观点，为解决实际环境和生态学问题提供了一个更合理、更有效的概念构架（邬建国，2000）。因此，首届国际景观生态学大会的召开，以及随后景观生态学的快速兴起与发展，被认为是生态学理论上的第二次重大突破。

（3）人类生态学分支学科的诞生

人类生态学（Human Ecology）是指研究不同文化背景下，人类与环境之间各种关系的一门学科。它是在生态系统和景观的概念基础上发展起来的，更多的研究者愿意将人看作是生态系统或景观的组成部分，这使得生态学成为连接自然科学和社会科学的桥梁。尽管其发源于 1900 年前后英国帕特里克·格迪斯（Patrick Geddes）的学术观点，以及 20 世纪 20 年代美国芝加哥学派的帕克（Park），伯吉斯（Burgess）和麦肯齐（McKenzie）的学术思想，但 1985 年国际人类生态学学会的成立，才真正意义上标志着人类生态学已形成自己的学科优势，成为生态学研究的一个主要方向，也成为一门独立的分支学科。

人类生态学是一门跨自然科学和社会科学的综合性学科，它是生态学发展到现代社会的产物，同时又与社会科学相交叉。人类生态学既要研究作为生物的人，又要研究作为社会的人；既要研究人与环境的辩证统一关系，又要研究人类文化与环境的关系。人类生态学强调生态规律对人类活动的指导作用，并且指出要从科学、政治、社会等方面来协调和解决人类面临的环境问题，促进人类社会与生态环境的协调发展。因此，人类生态学与全球的资源利用、环境问题，与各国的国民经济、国土整治、区域生态、生态政策、环境立法等联系紧密。

进入 20 世纪 90 年代以来，国际生态学界认为，生态学正在从传统生物生态学向人类可持续发展生态学拓展和升华，新世纪的生态学研究的重点将转移到生态系统和人类关系的可持续能力建设上。因而，协调人与自然的关系以改善人类的生存环境，将成为生态学研究的重要动向，即人类生态学将成为生态学发展的新的重要方向。2004 年，一个由 Palmer 等著名生态学家组成的美国生态学会生态远景委员会经过一年多研究完成的一个题为“拥挤地球可持续能力的生态科学”的有关 21 世纪前沿生态学展望和行动方略的战略报告,不仅为生态学指明了发展方向,更是为人类生态学在21世纪的发展和地位做了很好的诠释,即生态学未来的归宿是人类生态学(Palmer et al., 2004)。在报告中,生态学家们普遍认为,生态学特别是人类生态学应该成为未来人类与自然系统共生存、共发展的理论依据。因此,作为连接自然科学和社会科学桥梁的人类生态学分支学科的诞生,被认为是生态学理论上的第三次重大突破。

2.1.3 生态学的生物组织层次

或许生态组织层次(levels of ecological organization)是现代生态学最好的划分方式。生物组织(biological organization)是复杂的生物结构和系统的层次结构,可分成从最低层次的原子到最高层次的生物圈等不同的等级(Biological organization is a hierarchy of complex biological structures and systems, ranging from atoms at the lowest level to biosphere at the highest.),而生态组织(ecological organization)通常是指从生物个体到生物圈的生物组织层次。生物组织的另一部分则包括从单个细胞(individual cells)到生物有机体(organism)的不同的等级。

生态学的研究对象主要是生物个体及其以上的七个系统层次,即生态组织层次通常包括个体(individual species)、种群(population)、群落(communities)、生态系统(ecosystem)、景观(landscape)、区域/生物群区(biome)、生物圈(biosphere)(莫里斯,2019)。个体层次之上,在限制范围内维持波动状态的非定点控制反馈(正和负),称为动态平衡。个体层次之下,在限制范围内维持稳定状态的定点控制反馈(正和负),称为内稳态。

在自然界中,层次理论的嵌套是非常重要的,也就是说,每一个层都是由更低层次的单元群体组成的。为了研究便利,生态学长期以来不断尝试确定和研究独立的群落与生态系统,然而地球上所有的群落与生态系统均是开放的系统,每个群落与生态系统内的物质、能量及生物均会与其他群落和生态系统发生交换。另外,不同生态组织层次之间均存在交互作用,例如种群之间存在的捕食、寄生与竞争等交互作用,且该交互作用对种群结构或生态群落特征均有重要的影响。

特别需要注意的是,生物组织层次也具备涌现性(emergent property)的特点,即组织层次的一个重要意义是组分或者子集合可以联合起来产生更大的功能整体,从而突现新的功能特性,这些特性在较低层次上是不存在的。因此,每个层次上的涌现性是无法通过研究层次的组分来预测的,也就是说整体的特征不能还原成组分特性的综合。尽管对一个层次的研究发现会有助于另一个层次的研究,但却不能完全解释发生在另一层次的现象,另一个层次发现的也只能通过对其详细的研究才能获得。就比如氢气和氧气发生作用成为分子结构水,水的特性完全不同于两种气体;某种藻类和腔肠动物演化成珊瑚,使珊瑚礁拥有高效的营养循环机制。然而,需要指出的是,事物作为系统的根本特征,在于具有整体涌现性(whole emergence),用系统观点看世界,最重要的是把握对象的整体涌现性;涌现现象虽然很难预测,但并不神秘,它来自系统组分之间、系统与环境之间的相互作用,是对事物进行组织的产物,因而其具有可以查寻的客观根源和能够用科学揭示的产生机制,原则上具有可解释性。

2.1.4 生态学的分类

生态学无穷的生命力,在于它与人类生态环境密切相关,融为一体;强大的威力,在于它的实践性与功能性，为解救人类生态环境危机，提供策略思想，提供科学方法。世界上没有哪一种物质形态能像生命这样多姿多彩。不论是在非生命学科还是生命学科，可能也没有哪一个学科能像生态学这样多样(谢平，2013)。但从根本上看，生态(包括生物类群、生境类型、生存环境、生命过程、生命演化等)的复杂性似乎主导性地决定了生态科学的多样性(谢平，2013)。

生态学面对一个庞大而变化多样的生物类群：涵盖地球上现存超过百万的生物物种，个体体型在不足 1 μm 到高于 150 m(植物)或 190 吨(动物)不等，种类极为纷繁，且跨越巨大的生命(体积)尺度。生态学涉及一系列空间跨度极为巨大的生态系统：小到一个烧杯，大可到整个生物圈。生态学涉及一系列事件跨度极为巨大的生态过程：短可仅为数分钟，长可涉及数十亿年的生物演化。生态学面对的生物生存条件跨越巨大的气候梯度：从寒冷的极地冰川，到炎热的热带区域，年平均降雨量从 0.5 mm(南美洲智利共和国最北端的阿里卡)到超过 12 000 mm(印度的乞拉朋齐)。生态学面对的生物生存的垂直梯度：从海拔−416 m 的地表(死海)到海拔超过 8 000 m 的高山(珠穆朗玛峰)，从水陆交接的海岸带到超过 11 000 m 的深海(马里亚纳海沟)，跨越巨大的物理化学等环境梯度。生态学要涉及各种各样地貌特征完全不同的生境，如湖泊、河流、水库、湿地、森林、草地、农田、海洋等，以及这些生境之间异常复杂的交融与相互作用。简言之，可能没有哪一类学科像生态学这样，试图在相当精细的程度上，面对如此繁多的研究对象和生境类型，跨越如此宽广的时空尺度，包含如此之大的气候与环境梯度以及如此之多样的地貌类型(谢平，2013)。

在生态学是“泛指一切关于生物与环境相互关系的科学”的宽泛而抽象的定义下，免不了出现了各式各样的生态学分支(图 2-2)。

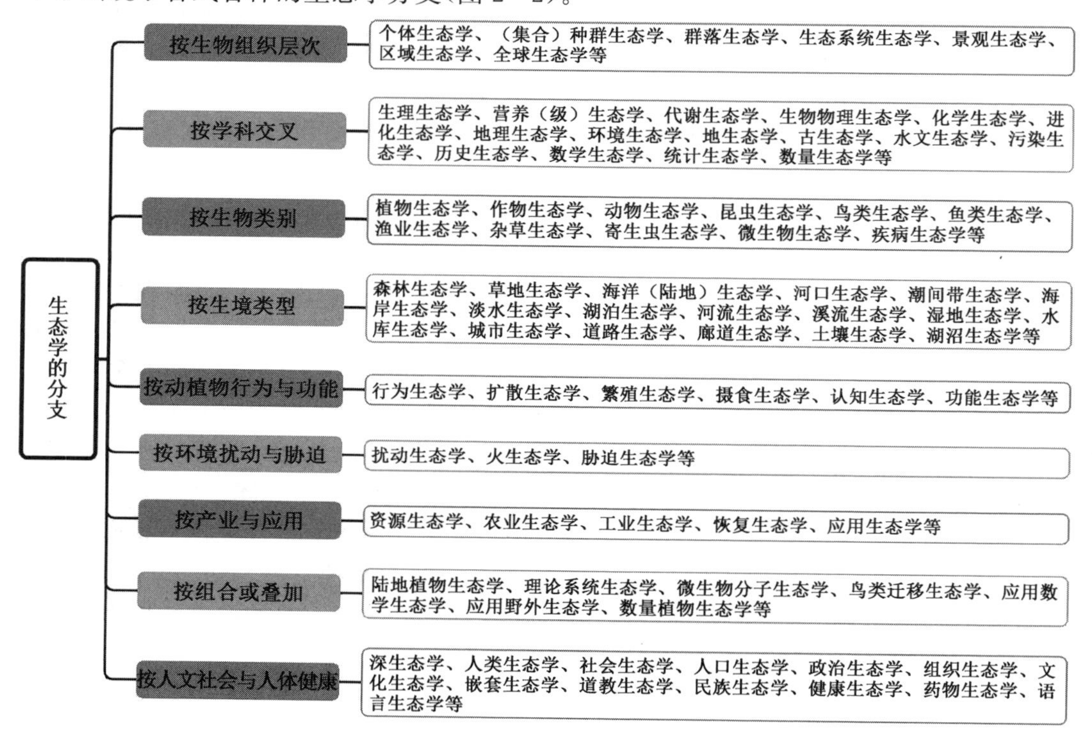

图 2-2 生态学的分类

(引自：谢平，2013；笔者自绘)

2.1.5 生态学的研究方法

一般认为，生态学的研究方法主要包括野外调查、实验研究、模型模拟、空间分析、统计方法五种(图 2-3)：

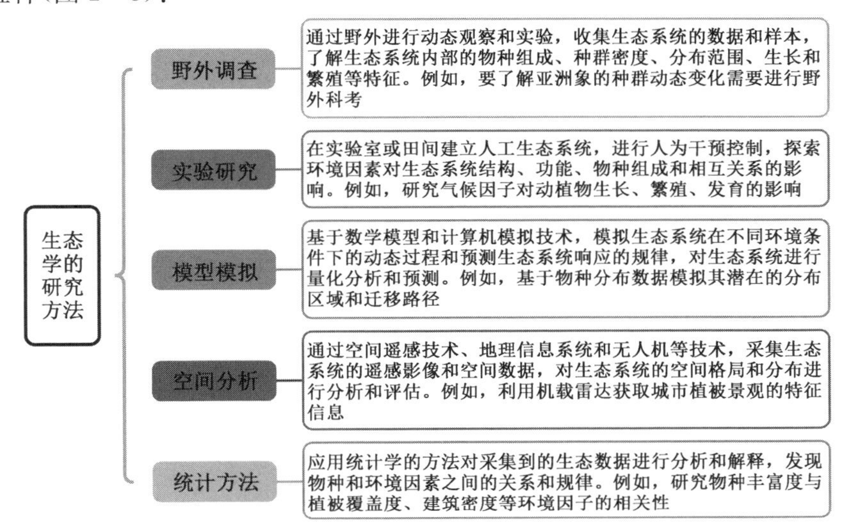

图 2-3 生态学的研究方法

2.2 生态学主要分支

生态学分支众多，但不同的分支学科各有侧重、各有所长，对城市与区域生态规划均有着重要的指导意义。本节主要对与生态规划紧密相关的分支，包括个体生态学、种群生态学、群落生态学、生态系统生态学、景观生态学、人类生态学、城市生态学、区域生态学、恢复生态学、应用生态学的概念定义、研究领域、研究内容、研究目标、主要理论，以及应用意义和发展前景进行了提炼与总结，以便让城市管理人员与规划师能够快速了解与当前生态文明建设、国土空间生态保护与修复等相关的生态学分支学科(表 2-1～表 2-10)。

2.2.1 个体生态学

表 2-1 个体生态学(Autecology / Species Ecology)

概念定义	研究生物个体(individual organism)或单一物种(a single species)及其与环境中生物和非生物因素之间相互作用的学科(梁士楚等，2015)
研究内容	个体生态学以生物个体及其栖息地为研究对象，研究内容包括：生物个体生长发育环境条件之间的关系，环境因子对生物个体的影响以及生物对环境的适应性，生物体与环境的能量和物质间的关系，数量与质量的动态关系，并确定某个物种对各生态因素的稳定性与趋向性的界限，探讨环境对有机体的形态生理和行为的影响(孙丽，2006)
主要理论	① 生物个体的生存受到多种环境因子(温度、水分、能量、营养)的制约，对生物起作用的生态环境因子很多，但是起着限制作用的是其中最小的因子(最小因子定律，law of the minimum)。② 在生物多样性利用中，正确认识生物的生态位是十分重要的，一方面尽量避免生物之间的生态位重复，防止恶性竞争的发生；另一方面尽量安排生态位不同的生物，可以提高资源的利用范围。③ 同种生物长期在不同的环境中生活产生适应，并形成可以遗传的差异，成为该物种不同的生态型；但不同种类的生物长期生活在同一个环境条件下，可能产生趋同适应，形成同类的生活型

（续表）

应用意义	规划人员必须注意控制物种与环境的匹配性。这种匹配既可以通过根据具体环境选择所适宜的物种来实现，也可通过为具体物种营造其适合的局部环境来实现（骆天庆等，2008）。例如，大熊猫生活习性的研究及其生境适宜性评价

2.2.2 种群生态学

表 2-2 种群生态学（Population Ecology）

概念定义	研究种群大小或数量在时间或空间上的变动规律和调节机制的科学
研究内容	种群内个体间的相互关系和种群的数量、结构、分布、动态，以及种群与其栖息地环境中的非生物因素和其他生物种群的相互作用。例如：野生动物种群及其栖息地的保护与恢复；生物入侵（互花米草）；有害生物的综合治理；人口控制
基本理论	种群的大小、年龄结构、空间分布、密度等特征是物种的自身特征、环境条件、种群内个体间的生存竞争状况等综合影响的结果
应用意义	规划设计人员必须先确定目标种群及目标空间区域。一般情况下，目标种群通常是需要进行保护的濒危种群，或是加以控制的有害种群，而目标空间区域则要求能够涵盖目标种群的整个分布区域，以便能够准确判断规划区域之于目标种群的功能意义，从而予以正确的考虑（骆天庆等，2008）。例如，福建兴化湾滨海工业新区的开发与黑脸皮鹭的保护

2.2.3 群落生态学

表 2-3 群落生态学（Community Ecology）

概念定义	群落是栖息在同一地域中的动物、植物和微生物组成的复合体（assemblages）。群落生态学是研究群落与环境之间相互关系的科学
研究内容	群落生态学以生物群落为研究对象，研究群落的结构、演替、形成机理、分类和分布规律，重点是环境对群落结构、变化和稳定性的影响
基本理论	① 群落物种之间通过竞争、互相利用或互相共生的复杂关系互相制约。环境越复杂，群落物种越具有多样性。通过食物链可以清晰地表现整个群落的结构，以及生态系统中物质与能量的流动状况。② 群落不是静止不变的，经常会由于各种干扰、环境变化或系统内部的变化而发生演替改变。演替通常以一个稳定群落的形成而告终。③ 群落的稳定是由于缺少干扰，或是由于群落自身具有较强的抗干扰能力；群落的抗干扰能力通常由更大区域范围内景观结构的合理性决定，而群落的恢复能力则通常由系统环境的资源条件决定
应用意义	规划设计人员必须注意以完整的群落作为基本的空间研究单元，并准确判断当前群落的演替状态，促进群落正向演替以维系其必要的稳定，并通过对自然系统的有效模拟来提升人工生态系统的生态合理性、稳定性（骆天庆等，2008）

2.2.4 生态系统生态学

表 2-4 生态系统生态学（Ecosystem Ecology）

概念定义	研究分布在地球表面特定地理空间范围内的各种类型和空间尺度的生态系统结构、过程和功能状态及其分布和演替机制，以及生态系统与自然和人类福祉之间相互作用关系及调控管理原理的学科

（续表）

研究领域	① 按生态系统类型可以分为陆地生态系统、海洋生态系统及陆地水域生态系统三个生态系统生态学领域；② 从产业应用研究的视角，通常划分城市、农田、森林、草地、湿地、荒漠、湖泊、海湾、岛屿、珊瑚礁等生态系统生态学领域；③ 针对区域和全球生态环境问题，还可将研究领域划分为生物多样性、全球变化、资源环境管理和区域可持续发展等生态系统生态学领域
研究内容	① 生态系统组分—结构—过程—功能格局及形成机制；② 自然环境变化和人类活动对生态系统的影响与反馈关系；③ 生态系统管理与生态安全保障
应用意义	规划研究要集中在全球变化背景下生态系统的生物地球化学循环、动植物对全球变化的响应与适应、退化生态系统的恢复与重建、生态系统服务功能与生态系统健康、生物多样性和生态系统管理等方面；深入在典型生态系统碳循环、生态系统碳—氮—水循环耦合关键过程、生态系统生产力和碳汇时空格局、植被物候、生物多样性维持及系统结构稳定性、陆地生态系统对全球变化响应和适应等方面的探讨；加强在生态系统功能时空格局的动力学和生物地理学机理、物种多样性形成与维持机制、生态系统碳—氮—水循环耦合生物控制机制、地下生态学过程与地上过程交互作用机制、生态系统对极端事件的响应机理、生态系统环境净化与功能退化机制等领域研究。另外，需要将生态规划与生态、景观设计结合起来，加强生态系统功能与价值的评价以及生态系统的管理与预测

2.2.5　景观生态学

表 2－5　景观生态学（Landscape Ecology）

概念定义	研究和改善景观单元的类型组成、空间配置及其与生态学过程相互作用的综合性学科，强调空间格局、生态学过程与尺度之间的相互作用是景观生态学研究核心所在
研究内容	景观生态学以整个景观为研究对象，着重分析由不同生态系统组成的异质性地表空间单元的整体空间结构、相互作用、功能协调以及动态变化，尤其突出空间格局和生态过程的多尺度相互作用研究，有效整合了地理学空间分析和生态学过程分析两种思路，形成了具有自身特色的研究范式。研究内容主要包括：① 空间异质性或格局的形成和动态及其与生态学过程的相互作用；② 格局—过程—尺度之间的相互关系；③ 景观的等级结构和功能特征以及尺度推绎问题；④ 人类活动与景观结构、功能的相互关系；⑤景观异质性（或多样性）的维持和管理
基本理论	① 岛屿生物地理学理论；② 异质种群理论；③ 景观连接度和渗透理论；④ 等级理论和景观复杂性；⑤ 斑块动态理论等
应用意义	规划人员必须在土地利用重组的过程中，结合空间格局与生态学过程的关系，注重从大尺度上对原有景观要素进行合理的优化组合以及重新配置或引入新的成分，调整或构建新的景观格局及功能区域；同时在小尺度上，强调对具体功能区域的具体工程设计和生态技术配置，由生态性质入手，选择合理的利用方式和方向，对划定的景观功能进行细化和落实

（引自：邬建国，2007）

2.2.6　人类生态学

表 2－6　人类生态学（Human Ecology）

概念定义	研究不同文化背景下，人类与其生存环境相互关系的科学，其任务是寻找人与自然和谐发展的最优途径，解决当代人类面临的人口、粮食、能源、资源和环境等问题
研究内容	人类与其环境的相互作用，主要涉及人口、资源与环境问题

（续表）

基本理论	① 自然资源（特别是粮食、能源和耕地这3类关键资源）是环境承载力的主要决定因素。世界人口总量不应超过地球的承载量。② 人类的生活质量取决于每人所能分享的资源数量。人口激增可能降低人们的生活质量。因此，需要探讨区域间的生存公平问题。③ 如果希望在控制人口的同时最合理的开发和利用自然资源，就不仅要研究人与自然资源两者之间的生态关系，还要研究自然资源本身之间的生态关系。④ 环境污染具有作用范围广，作用途经多，影响遗留时间长等特征，为了使环境朝着可持续的方向发展，人类必须对生态伦理进行必要的反思
应用意义	规划设计人员必须深入分析人类社会经济活动对于资源和环境的影响，以适当的方法加以改进或避免，寻求可持续的发展模式

（引自：骆天庆等，2008）

2.2.7　城市生态学

表2－7　城市生态学（Urban Ecology）

概念定义	城市生态学是以生态学理论为基础，应用生态学的方法研究以人为核心的城市生态系统的结构、功能、动态，以及系统组成成分间和系统与周围生态系统间相互作用规律，并利用这些规律优化系统结构，调节系统关系，提高物质转化和能量利用效率以及改善环境质量，实现结构合理、功能高效和关系协调的一门综合性学科
研究内容	① 城市生态系统的结构研究：城市化对环境的影响，诸如城市的气候与大气污染、城市土壤与土壤污染、城市的水体与水污染、城市交通与交通污染、城市的土地利用、城市的噪声、城市的垃圾等；城市化对生物的影响及生物的反应，诸如城市动植物区系和植被及其与人体健康、城市指示植物与生物监测等；城市化对人群的影响，诸如人口动态与城市发展、城市人群的生态处境与身心健康等。② 城市生态系统的功能研究：主要包括城市食物网、城市物质生产和物质循环、城市能源及城市能量流动、城市信息类型及传递方式与效率、城市环境容量等。③ 城市生态学的动态研究：包括城市形成、发展的历史过程，以及与此相应的自然环境和人文环境变化的动因分析。④ 城市生态系统的系统生态学研究：在城市生态系统结构与功能研究的基础上，对城市生态系统进行模拟、评价、预测和优化。⑤ 城市的生态规划、生态建设与生态管理。⑥ 城市生态系统与周围农村生态系统间的关系研究包括人口、物资、信息的交流以及相互影响等，还包括与区域大系统乃至全球环境关系的研究
基本原则	城市生态系统作为一种人工生态系统，有一定特殊性，研究归纳起来有以下一些基本特征：联系性原则（强调各组分间的相互联系与影响）、生态流原则（实现物质再循环是城市发展的主要目标）、生态位原则（重视生态位对人类组织方式和人类生存行为活动的影响）、限制因子原则（抓住显著作用、有限且易变的因子，及其在不同时空上的差异作用）、生态演替原则（以动态的思维划分城市生态系统的若干阶段和发展期）、生态平衡原则（受城市生态系统稳态机制的支配）、人与自然统一性原则（建立人与自然和谐发展的关系）
应用意义	规划人员应根据城市生态系统结构及其功能特点，划分不同类型的单元，研究其结构、特点、环境污染、环境负荷以及承载力问题，综合考虑城市性质、规模和产业结构以及自然要素制约，因地制宜地进行土地利用布局，确定所在区域内近远期的人口规划，提出城区人口密度调整意见及人口规划政策，从整体出发制定好污染综合防治规划、绿地系统规划、资源利用与保护规划等

（引自：宋永昌等，2000）

2.2.8　区域生态学

表2-8　区域生态学(Regional Ecology)

概念定义	区域生态学是一门以实践为导向,以解决区域生态环境问题为目的的生态学分支,即以区域人与自然复合生态系统为研究对象,运用生态学、地理学、环境科学、社会科学等多学科手段,以解决区域生态环境问题、提高区域生态系统服务功能、实现区域生态完整性、生态文明和可持续发展为目的的交叉应用性学科
研究对象	区域生态学的研究对象是具有特定生态环境问题的典型区域[流域生态学(Watershed Ecology)已成为区域生态学的典型代表]。通常具有相对完整的地理空间单元,如青藏高原、黄土高原、喀斯特地区、黄淮海平原等。其基本特征是从某一特定要素或视角出发,空间单元具有均质性和完整性,而从多要素综合角度考虑,这一空间单元又具有异质性、复杂性和动态性
研究目标	区域生态学研究的目的包括:认识区域复合生态系统演变特征及其影响因子,分析区域生态环境问题形成机制及其影响因子,探讨解决区域生态环境问题的理论方法和技术手段。即通过研究区域内部各生态环境要素及社会人文要素之间的时空配置关系,探讨解决区域生态环境问题、提高区域生态系统服务功能、维护区域生态完整性和区域生态安全、实现区域生态文明的理论基础、实现途径和方法体系
应用意义	规划研究应首先对区域生态系统结构、过程与功能的形成背景与历史演变特征形成客观认知,揭示不同空间格局—过程耦合关系及其赋存的生态功能,重点关注生态完整性、生态要素分布异质性及其与生态问题的内在联系,掌握区域生态演变及其驱动机制,优先开展生态承载力和生态适宜性评价,考虑区域生态资产流转与生态资源的空间合理配置,探讨生态补偿主客体和补偿方式,建立适合不同地区的生态补偿机制,提高区域生态系统服务功能与生态安全

(引自:陈利顶等,2019)

2.2.9　恢复生态学

表2-9　恢复生态学(Restoration Ecology)

概念定义	恢复生态学是研究生态系统退化的原因、退化生态系统恢复与重建的技术和方法及其生态学过程和机理的学科
研究内容	① 基础理论研究包括:生态系统结构(包括生物空间组成结构、不同地理单元与要素的空间组成结构及营养结构等)、功能(包括生物功能;地理单元与要素的组成结构对生态系统的影响与作用;能流、物流与信息流的循环过程与平衡机制等)以及生态系统内在的生态学过程与相互作用机制;生态系统的稳定性、多样性、抗逆性、生产力、恢复力与可持续性研究;先锋物种与顶级生态系统发生、发展机理与演替规律研究;不同干扰条件下生态系统的受损过程及其响应机制研究;生态系统退化的景观诊断及其评价指标体系研究;生态系统退化过程的动态监测、模拟、预警及预测研究;生态系统健康研究。② 应用技术研究包括:退化生态系统的恢复与重建的关键技术体系研究;生态系统结构与功能的优化配置与重构及其调控技术研究;物种与生物多样性的恢复与维持技术;生态工程设计与实施技术;环境规划与景观生态规划技术;典型退化生态系统恢复的优化模式试验示范与推广研究
基本理论	基本原理主要包括限制因子原理、生态系统结构与功能原理、生态适宜性原理、生态位理论、群落演替理论、生物多样性原理、斑块—廊道—基质理论等
应用意义	规划人员应从恢复生态学研究目标出发,旨在实现生态系统的地表基底稳定性,能保证生态系统的持续演替与发展,恢复植被和土壤,保证一定的植被覆盖率和土壤肥力,增加种类组成和生物多样性,实现生物群落的恢复,提高生态系统的生产力和自我维持能力,减少或控制环境污染,增加视觉和美学享受

2.2.10 应用生态学

表 2－10 应用生态学(Applied Ecology)

概念定义		应用生态学是指将理论生态学研究所得到的基本规律和关系应用到生态保护、生态管理和生态建设的实践中,使人类社会实践符合自然生态规律,使人与自然和谐相处、协调发展。因此,应用生态学是研究协调人类与生物圈之间的关系和协调此种复杂关系以达到和谐发展目的的科学
研究内容		基本研究内容就是对与人类生产、生活密切相关的生态系统的组成、形态、结构、功能、环境,及它们的变化引起的生态系统生产能力的波动、生态环境的变迁、生态灾害的形成与防范、生态系统管理与调控等方面进行深入的探讨,了解生态系统合理、安全的运行机制,以求生态系统处于最佳运行状态,为人类谋求更大的利益
发展前景	生态系统服务与生态规划设计	研究必须正视人类需求与生态系统需求间的紧张关系,从研究未受到干扰的生态系统转到将由人类影响和管理的生态系统,并将更多的生态学研究集中到生态服务和生态恢复与规划设计中。科学研究需要回答一些关键的问题,如哪些生态系统服务是不可替代的或者即使是可替代但十分昂贵或具有不良后果的?什么样的生境需要保护以确保它们提供关键的生态系统服务?哪些因素会削弱生态系统服务,但可以人为调节这种影响?当保护行动计划不可能实施时,生态学家能够提供什么其他的选择?生态系统服务如何依赖时空的变化?如何设计环境问题的生态学解决方案?生态城市规划设计的原则和评价标准是什么?如何有目的地调节生态系统使之提供人类所必需的生态服务?这些问题都是今后应用生态学需要解决的
	生态过程及其调控	生态过程研究需要借助各种实验技术和观测手段,而长期、大规模的生态学实验、重要生态环境要素的持续观测、跨区域实验观测的联网比较以及遥感、图像、信息技术等的综合应用,则是未来生态过程研究深入发展的必由之路。在生态调控方面,空间调控将成为应用生态学的一个重要内容。应用生态学通常需要回答做什么、哪里做、什么时候做等问题,如森林采伐量的确定、自然保护区的建立、水的调配等。这些问题的本质是空间的优化调控

(引自:梁士楚等,2015)

2.3 生态学主要概念

本节简要总结生态位,个体、种群、群落与顶级群落、生态系统、梯度与生态交错带、边缘效应、生境、生物多样性在内的多个生态学概念及其内涵。熟悉这些概念及其内涵对规划设计人员在生态规划实践中正确使用生态学术语、正确理解生态规划理论与方法必有助益。

2.3.1 生态位

生态位(niche)是指一个种群在自然生态系统中,在时间空间上所占据的位置及其与相关种群之间的功能关系与作用。其又称小生境或是生态龛位,是一个物种所处的环境以及其本身生活习性的总称,也是生态系统中每种生物生活所必需的生境最小阈值。“生态位”这个术语经常被误用和滥用,它常常被草率地用来描述生物有机体的生活场所,例如“林地是啄木鸟的生态位”。但严格来讲,生物有机体所生活的地方是它的生境。生态位不是一个地方,而是一个概念:有机体对生境条件的耐受性以及对生境资源需求的综合。

关于生态位概念的探讨已有百余年的历史。早在 1894 年密歇根大学的斯蒂尔

(Steere)在解释鸟类物种分离而分居于菲律宾各岛现象时就对“生态位”很感兴趣，但未做任何解释（王业蘧，1990；朱春泉，1993）。1910年，约翰逊(Johnon)最早使用了“生态位”一词，他认为“同一地区不同物种可以占据环境中不同的生态位”，但未将其发展为一个完整的概念（马世骏，1990；张光明等，1997）。美国学者Grinell在1917年研究加利福尼亚长尾鸣禽的生态关系时，首次提出并使用了生态位这一术语（生态位为一个物种能够生存和繁衍后代的所有条件的总和）(Grinnell，1917；张光明等，1997)。期间，他使用植被覆盖、栖息地、非生物因子、资源和被捕食者等所有环境中的限制因子来描述物种的生态位，指出在同一动物区系中定居的两个种不可能具有完全相同的生态位，因此将生态位定义为“恰好被一个种或一个亚种所占据的最后分布单位(ultimate distributional unit)”(Grinnell，1917；张光明等，1997)。1927年，动物生态学家查尔斯·埃尔顿(Charles Elton)将其内涵进一步发展，认为“一个动物的生态位表明它在生物环境中的地位及其与食物和天敌的关系”，主要强调了物种在群落营养中的角色(role)和功能(function)(Elton，1927；朱春泉，1993)。由于该定义的重点在于功能关系，故后人称其为“功能生态位”(functional niche)或“营养生态位”(trophic niche)。尽管Grinnell和Elton生态位的构思和强调的侧重点有所不同，但我们也可以清楚地看到两位研究者的观点存在许多共同点，我们今天的生态位概念也是基于他们的开拓性工作而建立的。随后，1934年，Gause在此基础上酝酿产生了高斯竞争排斥原理(competitive exclusion principle)(Gause，1934；朱春泉，1993)。

20世纪30年代以后，生态位概念的探讨处于相对沉寂期，直至50年代，又重新升温。1957年，Hutchinson总结各方观点，在其著名的“Concluding Remarks”一文中提出了超体积生态位(hypervolume niche)的概念，即所有的能够允许物种无限期存在的变量集合(Hutchinson，1957)，并提出了目前广泛使用的基础生态位(fundamental niche，仅考虑非生物性变量，即环境变量)和实际生态位(realized niche，除了非生物变量外，还考虑生物性变量，包括竞争、捕食、疾病和寄生等)概念(Hutchinson，1978；Colwell et al.，2009)。同时，他认为Grinnell的生态位概念更偏重物种与生物或非生物因子的关系，Elton的概念则更加偏重于物种在生态位空间中的地位与角色，两者各有侧重又互有交叉。综合Grinnell和Elton的概念，Hutchinson将影响生态位的因素分为消耗性的生物性变量(biotic variable)和非生物性变量(abiotic/scenopoetic variable)。其中，前者主要指包括食物、饮用水、与巢穴相关的洞穴数目等在内的能与生物体产生能量与物质交换的变量；后者主要是与其他生态因素没有交互性的变量，如温度和湿度等。1959年，Odum认为“生态位是一个生物在群落和生态系统中的位置和状况，而这种位置和状况取决于该生物的形态适应、生理反应和特有行为”。他把生境比作生物的“住址”，而生态位比作生物的“职业”(Odum，1983；尚玉昌，1988；张光明等，1997)。

此后的很长一段时间，不同学者都对生态位概念展开了讨论，但一直未能达成很好的共识。但是经过一系列的变迁，Grinnell生态位和Elton生态位概念的内涵发生了较大的变化，使得生态位的概念更加明确，更具可操作性。对生态学家来说，生态位是影响物种生长、生存和繁殖的环境因子的统称，换句话说，一个物种的生态位由它生存所需的所有生物和非生物因子组成。

表 2-11　生态位的相关定义及内涵要点

学者	年份	生态位定义	内涵要点
Johnson	1910	最早使用生态位术语,但未给出清晰的生态位概念	同一区域的不同物种占据其生境中不同的生态位
Grinnell	1917、1924、1928	指物种最终占据的位置特征,且同一区系中的两个物种占据不同的生态位;随后又修正为:由于结构和天生的局限性,物种得以生存和繁殖的最终分布单元,即空间生态位	强调物种的空间分布,并对生态环境进一步的细致划分;由物种的生态因子的集合决定物种的生态位
Elton	1927	指动物在它的群落中的状态,在生物环境中的位置,尤其是与食物和天敌的关系,即营养生态位	强调物种在系统组织结构中的功能角色,尤其是在食物网中的位置关系
Gause	1934	指特定物种在群落中占据的位置,比如生境、食物和生活方式	采纳了 Elton 的概念,以正态分布理论为基础提出竞争排斥法则
Hutchinson	1957	允许一个物种生存和繁殖的特定环境变量的区间,或一种生物与其他生物和生态环境全部相互作用关系的总和,即超体积生态位,并提出基础生态位和实际生态位两个概念	强调生态位维度的复杂性,综合了物种的生境和功能两个方面进行数学抽象;概念包括生物和非生物维度的变量
MacArthur	1970	提出资源利用函数生态位,指生物的利用量对应于一些数量性资源变量所形成的函数	侧重生物变量的度量;定义限定在多维度的生态环境空间中
Whittaker	1973	指物种在一定生境的群落中有不同于其他物种的自己的时空位置及功能地位,并将生态位划分为功能、生境和二者结合的生境功能三种含义	强调种群在生境中的响应;表征物种沿着环境因素集合上的梯度分布;环境特征的时空分布是连续的
Odum	1953、1959、1983	先在 *Fundamentals of Ecology* 中给出生态位定义:物种在群落和生态系统中的位置或状态决定于该生物的形态适应性、生理响应和特有行为;后来 Odum 综合前人定义,认为物种生态位包括其占有的物理空间、生物群落中的功能地位和对环境要求的总和	侧重生物组织与其周围环境之间的关系,以及生态系统运作的物种修正;把生境和生态位分别比作生物的“位置”和“职业”;并指出微环境因素往往是生态位的重要决定因素
王刚等	1984	提出广义物种生态位概念即表征环境属性特征的向量集到表征物种属性特征的数集上的映射关系	运用集合映射理论提出的概念,含物种与环境之间的关系和种群动态模型两方面
刘建国等	1990	在生态因子变化范围内,能够被生态元实际和潜在占据、利用或适应的部分,称为生态元的生态位,其余部分称为生态元的非生态位	提出扩展的生态位理论,研究生态位的潜在形式和非存在形式,强调生态位结构与功能的统一;生物单元的生态因子包括环境因子和时间因子
朱春全	1997	指特定生态系统中某生物单元的生态位即是该生物单元的态势与该生态系统中所研究的生物单元态势总和的比值,体现了该生物单元的相对地位与作用	指出任何生物单元都包含态和势两个方面的属性;生态位扩充是生物圈演变的动力,是生命发展的本能属性
Shea et al.	2002	指物种对每个生态位空间点的响应和在每个生态位空间点中的效应;生态位空间点是由在特定时空点上的物理因素和生物因素共同决定的	强调生态位受到有机体与生物和物理环境之间相互关系的限制,并要求同时考虑时间因素和空间因素

（续表）

学者	年份	生态位定义	内涵要点
Chase et al.	2003	指在资源空间、影响向量和资源供应点中，物种的零净增长等值线的集合	将生态位看作允许种群生长的资源需求的综合特殊性；包括物种的生态要求和在生态位因素上的影响
Tilman	2004	基于经典竞争理论提出随机的生态位理论，包含三方面内容：即群落集合是入侵者再造成功或失败的结果；成功的再造必须能大量繁殖，并能长成熟；成功入侵的可能性依赖入侵者和已有物种对资源的需求	强调定居的随机性，以及补充限制过程与多样性生物限制之间的相互作用；以统计随机性在稀有入侵上的影响，具体的竞争机制，以及潜在入侵者能生存、生长和繁殖的约束性三种作用机制为核心
Mclnemy et al.	2012	指一个用来描述有机体和生态系统之间关系的抽象术语，并通过有机体直接和间接拥有的部分生态系统的其他生物或者非生物目标共同作用的效果和响应来描述	目的是通过挖掘定位生态位概念合适水平的一般原则，研究更好使用生态位概念的普适论点，并通过生态位的最终目标进行评价

（引自：彭文俊等，2016）

综合来看，生态位概念自提出以来，其内涵在生态学领域中得到了不断发展和深化，可以归纳得出生态学中生态位概念的 5 个方面的内涵特征以及需具备的 4 个要素构成（图 2－4）。

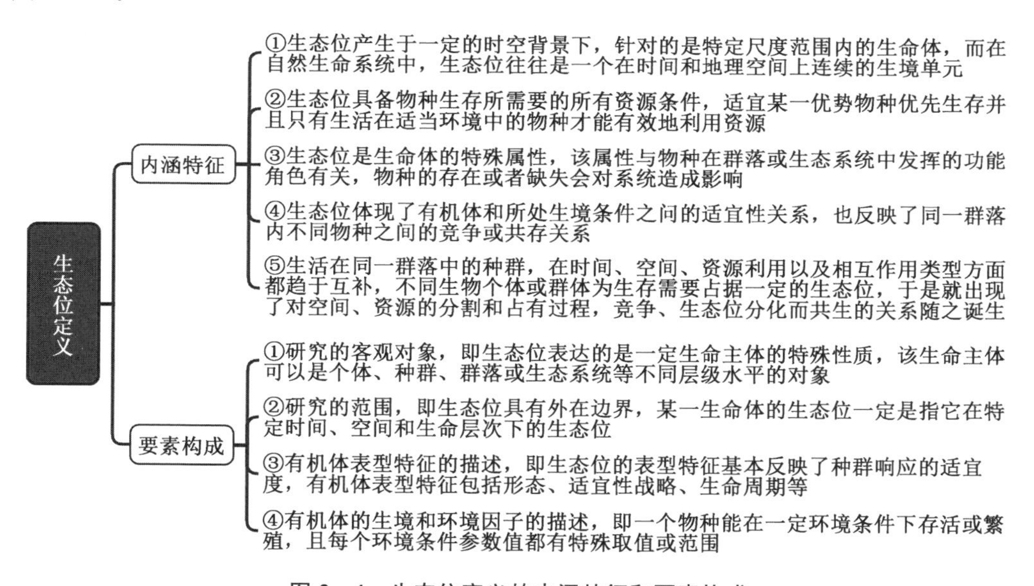

图 2－4　生态位定义的内涵特征和要素构成

（引自：彭文俊等，2016；笔者自绘）

此外，生态位概念在非生命领域中的拓展应用越来越广泛，逐渐被拓展到政治、经济、农业、工业、文化、管理等非传统生态学领域，促使了城市生态位、产业生态位、企业生态位、文化生态位、政治生态位、土地生态位、旅游生态位等一系列专用名词的产生，形成了强有力的理论分析和实践工具。

自从 Hutchinson(1957)的超体积生态位提出开始，就注定生态位是一个难以量化的概念，在其诞生之后的 60 多年中，生态学家不断地试图用数学方法对其进行量化。最初,研究者基于实测数据分析生物体对环境变量的响应曲线(response curve),探讨生态位在多维空间中的数学表达。例如,Birch 研究发现,不同的甲虫(*Rhizopertha dorninica*,*Calandra oryzae* 等)对单一环境变量(温度)的反应曲线均为双侧不对称的类正态分布曲线,而在二维空间中则是不规则的椭圆(Birch,1953a, 1953b,1953c)。由此推断,这些甲虫的基础生态位在多维生态位空间是一个不规则的超体积椭球体。

随着工作的深入,在实验性工作的基础上,发展出了一系列的生态位模型。模型利用物种的已知分布点及其环境变量构成的样本数据,分析样本数据在生态位空间的数学特征,估计其在整个生态位空间的分布规律,并将该规律映射到地理空间,预测物种在更广泛区域的潜在分布。以 BIOCLIM、栖息地分析(HABITAT)和主域分析(DOMAIN)为代表的环境包络(Environmental envelope)理论是最早的生态位量化理论(乔慧捷等,2013)。生态位在该理论中被认为是环境空间中由多个变量的极值组成的包络体,通过已知分布点估计该包络体的边缘,进而预测物种的潜在分布区域。随着数学模型与计算技术的发展,更多的模糊数学与统计机器学习理论被融入这个行列中,发展了更复杂的生态位模型,其中以 GARP(Genetic Algorithm for Rule-Set Prediction)(Stockwell, Peters,1998)、支持向量机(support vector machine,SVM)(Drake et al. ,2006)、MaxEnt (Maximum Entropy Modeling)(Phillips et al. ,2006)和人工神经网络(artificial neural network,ANN)(Tarroso et al. ,2012)等为代表。与前面的模型相比,这些模型建模过程复杂,不能很好地呈现生态位形状,但统计准确率较高,实际应用效果好(Tsoar,2007)。但需要指出的是,即使一个区域的条件均在某一物种可接受的范围内,而且该区域也具备该物种所需的所有资源,使得该物种具备了在这一区域出现和存留的潜能,但是该物种是否能够在这个区域出现和存留还要取决于两个决定性的因素:一是它能够达到这个区域,这依赖于其定居的能力和所迁徙的地点是否偏远;二是它的出现不被其竞争者或者捕食者所阻止。

2.3.2 个体、种群、群落与顶极群落

个体(individual species)是构成种群(population)的基本单位。种群是在某一特定空间中的同种个体的集群。作为一个种群不仅占有一定的空间,而且具有一定的结构,同一种群内的个体间具有交换基因的能力。种群虽然是有同种个体组成,但不等于个体数量的简单相加,从个体层次到种群层次是一个质的飞跃,因为种群具有个体所没有的一些"群体特征"(Population characteristics),如种群分布(Spatial distribution)、种群数量与密度(Population size and density)、种群迁移(Population dispersion,包括迁入率 immigration rate 和迁出率 migration rate)、年龄组成(Age structure)、性别比例(Sex ratio)、出生率(Natality)、死亡率(Mortality)、平均寿命(Life expectancy)等。生物物种的生存、发展和进化都是以种群为基本单位进行的。因此个体与种群的关系是一个部分与整体的关系。

群落(Community)是指具有直接或间接关系的多种生物种群有规律的组合,具有复杂的种间关系。任何群落都有一定的空间结构。构成群落的每个生物种群都需要一个较为特定的生态条件;在不同的结构层次上,有不同的生态条件,如光照强度、温度、湿度、食物和种类等。所以群落中的每个种群都选择生活在群落中具有适宜生态条件的结

构层次上，就构成了群落的空间结构。群落的结构有水平结构和垂直结构之分。群落的结构越复杂，对生态系统中的资源的利用就越充分，群落内部的生态位就越多，群落内部各种生物之间的竞争就相对不那么激烈，群落的结构也就相对稳定。

顶极群落(climax community)就是生物群落经过一系列演替，最后所产生的保持相对稳定的群落；是生态演替的最终阶段，是最稳定的群落阶段，其中各主要种群的出生率和死亡率达到平衡，能量的输入与输出以及产生量和消耗量(如呼吸)也都达到平衡。这是一种稳定的、自我维持的、成熟的生物群落。例如，在水陆交界或湖泊边缘出现的水生演替系列，常以沉水植物群落开始，经浮水植物、挺水植物、湿生草本植物、灌丛疏林植物等过渡群落阶段，最后发展成与当地气候相适应的森林群落，即为该地区的顶极群落。

顶极群落的特征和性质，取决于影响群落演替的外部环境因子和内在生物的遗传特性及其相互作用状况。根据构造顶极群落的关键因素，可将顶极群落分成以下 4 个类型(图 2－5)：

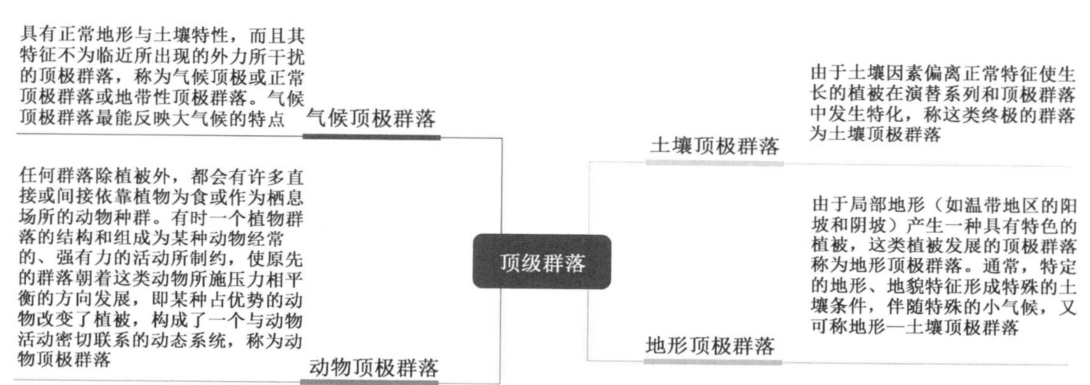

图 2－5　顶极群落的四个类型

2.3.3　生态系统

1935 年，英国生态学家亚瑟·乔治·坦斯利爵士(Sir Arthur George Tansley)明确提出了生态系统(ecosystem)的概念。他把物理学上的系统整体性(system integrity)概念引入生态学，认为生态系统既包括有机复合体，也包括形成环境的整个物理因素的复合体(An ecosystem represents the integration of the biotic community and the abiotic environment.)。因此，他将生态系统定义为“在任何规模的时空单位内由物理－化学－生物学活动所组成的一个系统”。在《中国大百科全书》中，生态系统是指在自然界的一定的空间内，生物与环境构成的统一整体，在这个统一整体中，生物与环境之间相互影响、相互制约，并在一定时期内处于相对稳定的动态平衡状态。

根据生态系统的定义，一个生态系统的组成成分包括：有生命的生物成分，即生物群落(biotic community)；无生命的非生物成分，即无机环境(abiotic environment)。生物群落是指一定空间内全部动物、植物、微生物的种群集合，它们之间构成一定的相互关系。根据各类生物之间的营养关系，可以把它们区分为：生产者(producer)、消费者(consumer)和分解者(decomposer)。无机环境是生态系统的非生物组成部分，包含阳光以及其他所有构成生态系统的基础物质：水、无机盐、空气、有机质、岩石等。阳光是绝大多数生态系统直接的能量来源,水、空气、无机盐与有机质都是生物不可或缺的物质基础。无机环境是一个生态系统的基础,其条件的好坏直接决定生态系统的复杂程度和其中生物群落的丰富度;生物群落反作用于无机环境,生物群落在生态系统中既在适应环境,也在改变着周边环境的面貌,各种基础物质将生物群落与无机环境紧密联系在一起,而生物群落的初生演替甚至可以把一片荒凉的裸地变为水草丰美的绿洲。

生态系统以其结构和功能为特征(Ecosystems are characterized by their structure and function.)。结构反映了生态系统的组织方式,如物理特征(physical feature)、物种组成(species composition)、能量和物质的分布(distribution of energy and matter)以及空间上的营养或功能组织(trophic or functional organization in space)。功能反映了个体之间、群落与非生物库(abiotic pool)之间的能量和物质交换,以及对包括土壤和气候在内的非生物条件的生物修饰/改造(biological modification)。

生态系统类型众多,一般可分为自然生态系统(natural ecosystem)和人工生态系统(artificial ecosystem)。自然生态系统还可进一步分为水域生态系统(aquatic ecosystem)和陆地生态系统(terrestrial ecosystem)。人工生态系统则可以分为农田、城市等生态系统。

生态系统概念的提出为解释众多生态现象提供了一个思维框架。自从国际生物学计划(IBP 1969—1974 年) 实施以来,随着大规模的生态学研究的展开,对生态系统的研究始终是生态学研究的主流和前沿。目前,生态系统的研究越来越关注生态稳定性和可持续发展等问题,这就需要运用数学模拟的方法,建立生态系统的数学模型,以便更深刻地了解其规律性,预测其中各个过程的进程及变化,以便更好地调控它,使之向适合人类的需要发展。

2.3.4 梯度与生态交错带

梯度(gradient)是指一个变量随另一变量变化的幅度。生物圈以物理因子的一系列梯度或带状分布为特征。例如,从南北极到赤道、从山顶到山谷都形成一定的温度梯度。环境条件包括生物对这些条件的适应,都沿着一个梯度逐渐变化,但通常有个突变点,称为生态交错带(ecotone)。生态交错带最早在 1905 年由 Clements 提出,是指由气候决定的植物群丛交叠的应力区(Tension zones between climatically determined plant associations where species overlapped.),主要包括 3 个类型:边缘(local edge or margin)、树线(treeline)和群落交错带(biome ecotone)(Clements,1905;王健锋等,2002)。1971 年,Odum 在《生态学基础》(*Fundamentals of ecology*)一书中则把生态交错带定义为"两个或多个群落之间的交错区"(Odum,1971;王健锋等,2002)。1985 年,SCOPE/MAB① 工作组依据斑块动态理论和等级结构理论,将生态交错带的概念扩充为"在生态系统内不同物质能量、结构、功能体系之间形成的界面"。1986 年,Forman 等又将景观交错带定义为"存在于相邻的不同物质景观单元

---

① SCOPE(Scientific Committee on Problems of the Environment)指国际环境问题科学委员会。MAB(Man and Biosphere)指人与生物圈。

之间的异质性景观，它控制着生物和非生物要素的运移”（Forman et al.，1986）。1987年，在法国巴黎SCOPE会议上确定的生态交错带的定义为“相邻生态系统之间的交错带（transitional areas between adjacent ecological systems），其特征由相邻生态系统相互作用的空间、时间及强度所决定”（Holland，1988；朱芬萌等，2007）。与生态交错带类似的概念还有“生态边界层”（ecological boundary）、“生态过渡带”（ecological transitional area）、“环境梯度带”（environmental gradients），以及国内学者常用的“生态环境脆弱带”。总之，可以认为“生态交错带是指特定尺度下生态系统之间的过渡带”（朱芬萌等，2007）。

目前，生态交错带受到了学界广泛关注，源于其表现了比相邻系统更高的生物多样性。尤其是当下，随着生物多样性丧失的加剧以及全球生态环境保护意识的加强，生态交错带的生物多样性维持能力愈发受到重视。但也有研究认为，生态交错带不一定具有高生物多样性，这一点在一些案例研究中有所证实。此外，生态交错带还存在着丰富的特有种和外来种，这也被认为是生态交错带的基本特征，但并不是每个交错带都会出现特有种和较高比例的外来种，这一定程度取决于特有种和外来种所依赖的生态条件和物种的生态特性。然而，一般认为较高生物多样性、丰富的特有种、大量的外来种、频繁的物质流动、敏感的时空动态性、结构异质性和脆弱性是生态交错带的基本属性，其具有控制或调节横穿景观格局生态流（物质、能量和有机体流动）的功能。关于生态交错带的特征、结构与功能，朱芬萌等（2007）发表于《生态学报》的《生态交错带及其研究进展》一文结合前人研究成果对其进行了归纳总结，如图2-6。

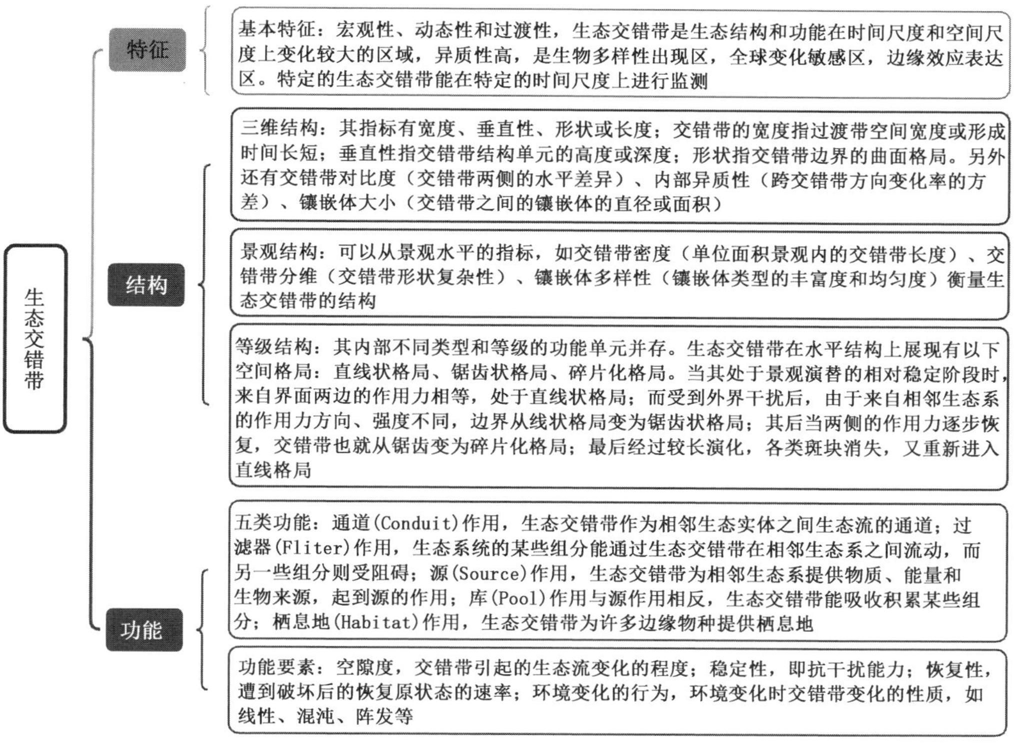

- 生态交错带
  - 特征
    - 基本特征：宏观性、动态性和过渡性，生态交错带是生态结构和功能在时间尺度和空间尺度上变化较大的区域，异质性高，是生物多样性出现区，全球变化敏感区，边缘效应表达区。特定的生态交错带能在特定的时间尺度上进行监测
  - 结构
    - 三维结构：其指标有宽度、垂直性、形状或长度；交错带的宽度指过渡带空间宽度或形成时间长短；垂直性指交错带结构单元的高度或深度；形状指交错带边界的曲面格局。另外还有交错带对比度（交错带两侧的水平差异）、内部异质性（跨交错带方向变化率的方差）、镶嵌体大小（交错带之间的镶嵌体的直径或面积）
    - 景观结构：可以从景观水平的指标，如交错带密度（单位面积景观内的交错带长度）、交错带分维（交错带形状复杂性）、镶嵌体多样性（镶嵌体类型的丰富度和均匀度）衡量生态交错带的结构
    - 等级结构：其内部不同类型和等级的功能单元并存。生态交错带在水平结构上展现有以下空间格局：直线状格局、锯齿状格局、碎片化格局。当其处于景观演替的相对稳定阶段时，来自界面两边的作用力相等，处于直线状格局；而受到外界干扰后，由于来自相邻生态系的作用力方向、强度不同，边界从线状格局变为锯齿状格局；其后当两侧的作用力逐步恢复，交错带也就从锯齿变为碎片化格局；最后经过较长演化，各类斑块消失，又重新进入直线格局
  - 功能
    - 五类功能：通道(Conduit)作用，生态交错带作为相邻生态实体之间生态流的通道；过滤器(Fliter)作用，生态系统的某些组分能通过生态交错带在相邻生态系之间流动，而另一些组分则受阻碍；源(Source)作用，生态交错带为相邻生态系提供物质、能量和生物来源，起到源的作用；库(Pool)作用与源作用相反，生态交错带能吸收积累某些组分；栖息地(Habitat)作用，生态交错带为许多边缘物种提供栖息地
    - 功能要素：空隙度，交错带引起的生态流变化的程度；稳定性，即抗干扰能力；恢复性，遭到破坏后的恢复原状态的速率；环境变化的行为，环境变化时交错带变化的性质，如线性、混沌、阵发等

图2-6　生态交错带的特征、结构与功能

（参考：朱芬萌等，2007）

需要指出的是,生态交错带并不是两个生态实体的机械叠加和混合,它是两个相对均质的生态系相互过渡耦合而构成的有别于该两种生态系统的转换区域,其显著特征为生境的异质化,界面上的突变性和对比度。相邻生态系统相互渗透、连接、区分,其内部的环境因子和生物因子发生梯度上的突变,对比度也增大;而异质化的空间特征导致了其环境特征的相互融合与分异,形成特有的边缘小气候,对应于特有的环境条件出现边缘生物种或特有种。因此,边缘效应(edge effect)是生态交错带的一个关键特征。目前的研究主要集中在与人类关系较密切的几种类型生态交错带,如城乡交错带、林草交错带、农牧交错带、林农交错带、水陆交错带、森林沼泽交错带等。

2.3.5　边缘效应

20 世纪 30 年代,野生生物学家利奥波德(Leopold)将生态交错带内的物种种类和个体数量多于邻近生态系统的现象称为边缘效应(Leopold,1933;田超等,2011)。边缘效应最初是指生态交错带内的物种数与相邻群落的差异。1942 年,植物学家比彻(Beecher)在研究群落的边缘长度与鸟类种群密度的关系中发现,在两个或多个不同地貌单元的生物群落的交界处,群落结构较为复杂,不同生境的物种在此共生,种群变化密度大,某些物种相较活跃,生产力水平也较高,由此他定义这种现象为"边缘效应"(Beecher,1942;田超等,2011)。这一概念侧重对边缘效应现象和结果的陈述。此后,随着认识的逐渐深入,边缘效应的概念和研究领域也在不断完善和拓展。

1985 年,我国著名生态学家王如松和马世骏在前人研究成果的基础上,将边缘效应的定义进行了拓展:在两个或多个不同性质的生态系统(或其他系统)交互作用处,由某些生态因子(例如,物种、能量、信息、时机或地域等)或系统属性的差异和协同作用而引起系统某些组分及行为(例如,种群密度、生产力、多样性等)不同于系统内部的较大变化(王如松等,1985;田超等,2011)。该概念包含了边缘效应产生的原因和结果。肖笃宁等(2003)、邬建国(2007)基于景观生态学理论,将栖息地斑块的边缘效应定义为斑块边缘部分由于受到外界环境的影响而表现出与中心部分不同的生态学特征,如图 2-7。

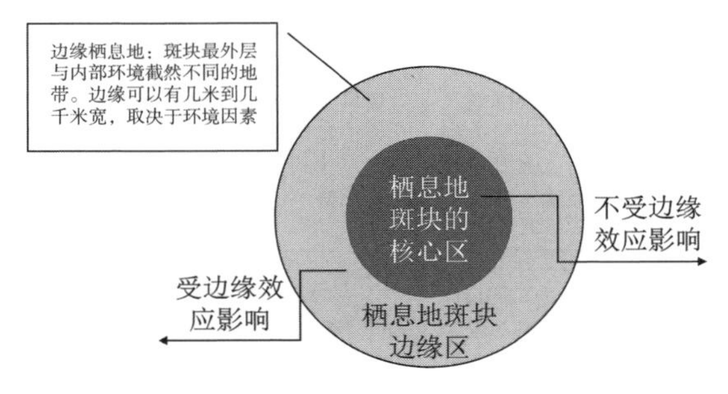

图 2-7　栖息地斑块的边缘效应图示

关于边缘效应的类型,由于不同的研究目的和方法,不同学者对边缘效应产生了不同的分类方法。如 Murcia 将边缘效应划分为三类:a. 非生物效应,指来源于不同结构基质的自然环境条件的变化,包括养分循环、能量流动和边缘小气候变化等;b. 直接生物效应,指边缘附近自然环境的改变直接引起的物种分布和丰富度的改变;c. 间接生物效应,指边缘或边缘附近的物种间相互作用的变化,如捕食、竞争、寄生、生物传粉、种子扩散等

(Murcia,1995;田超等,2011)。渠春梅等(2000)认为边缘效应可以粗略地概述为:生物的边缘效应和非生物的边缘效应。其中,生物的边缘效应包括了物种的分布和丰富度、捕食者与被捕食者之间的关系等;非生物的边缘效应,即边缘小气候,如温度、湿度、气流、光照度、土壤湿度等。

作为一种普遍存在的自然现象,边缘效应具有独有的特征。例如,根据边缘效应稳定与否,可分为动态边缘与静态边缘两种;前者是移动型生态系统边缘,外界有持久的物质、能量输入,因而此类边缘效应相对稳定,能够长期维持较高的生产力;后者是相对静止型生态边缘,外界无稳定的物质、能量输入(阳光、水分等除外),但此类边缘效应是暂时的(王如松等,1985)。然而,边缘效应的主要特征可归纳为:食物链长、生物多样性增加、种群密度提高;系统内部物种与群落之间竞争激烈,彼此消长频率高、幅度大;抗干扰能力差,界面易发生变异,且系统恢复周期长;自然波动与人为干扰相互叠加,易造成系统承载力超过临界阈值而紊乱乃至崩溃(王健锋等,2002)。

此外,边缘效应能够导致景观水平上生态系统的改变,是景观生态学的热点研究内容,在决定生态斑块的结构和动态方向上起到决定性作用。尺度问题作为景观生态学的核心问题之一,同样也是边缘效应不可回避的问题。边缘效应在不同尺度上的机理及相关研究方法都有所不同,只有在明确尺度的基础上,结合相匹配的方法,才能科学探索边缘效应的原因与结果。

2.3.6 生境

生境(habitat)也称栖息地,是指生物的个体、种群或群落生活地域的环境,包括必需的生存条件和其他对生物起作用的生态因素。生境的核心要点在于生物生活的空间和其中全部生态因子的总和、生物的个体或种群居住的场所,例如延龄草的生境是落叶林内的阴湿处。生境也可为整个群落占据的地方,例如梭梭荒漠群落的生境是中亚荒漠地区的沙漠或戈壁,芦苇沼泽群落的生境是在世界各地潮湿的沼泽中。

生境的多样性构成了生物多样性的基础。在一定的地域范围内,生境及其构成要素的丰富与否,很大程度上影响甚至决定着生物的多样性。生境的系统安排和生物群系的组织是生态规划的重要内容之一。在生物群落中,有意识地保护和组织生境系统,将有助于生物多样性的提高和生态品质的改善,进而由点及面地促进整个生态系统的自然生态活力。因此,保护生物多样性的重要内容就是保护生境,生境的丧失是生物多样性丧失的最主要威胁。

生境破碎化是对生境破坏的一部分,表现为生境丧失和生境分割两个方面,既包括生境被彻底的破坏,也包括原本连成一片的大面积生境被分割成小片的生境碎片,对生物多样性有着很大的负效应。传统生境破碎是指由于某种原因,一块大的、连续的生境不但面积减小,而且被分割成两个或者更多片断的过程,破碎化的结果是形成破碎的景观。生境破碎程度可以从一个景观中生境的空间分布格局以及生境总量的减少、生境斑块的增加、生境斑块面积下降和斑块之间隔离程度加剧四个方面的特征来量度,并形成生境破碎化的四大效应:a. 生境丧失,生境从一个连续的景观中消失的方式不同,最后剩下的生境空间分布格局也有差异;b. 生境斑块的数量增加;c. 平均斑块面积减小;d. 平均隔离度增加。这四大效应导致了不同的生境格局。

针对生境破碎所带来的负面效应，生态规划通常以生境再造为突破口进行生境的原生性规划设计，主要步骤包括(图2-8)：

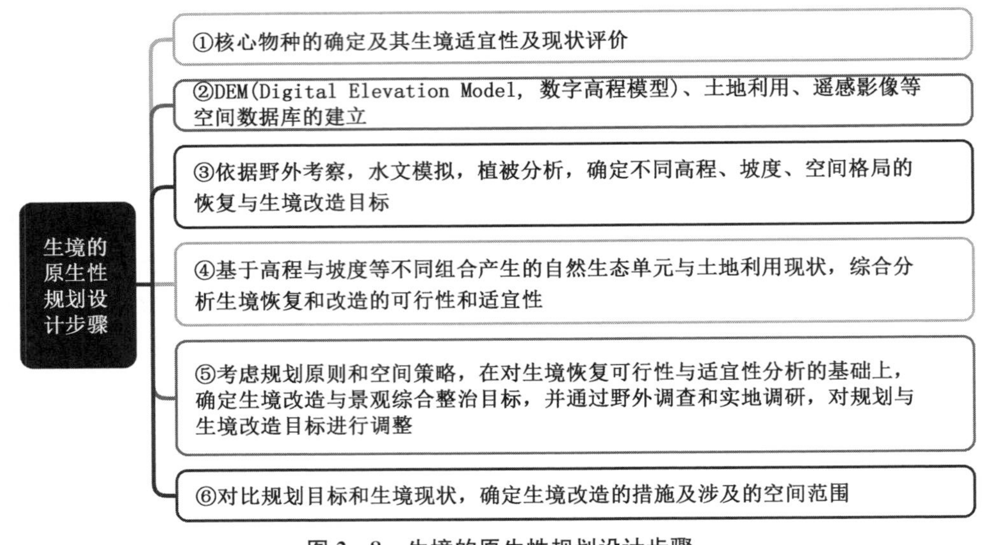

图2-8 生境的原生性规划设计步骤

(引自：王云才，2007；笔者自绘)

2.3.7 生物多样性

生物多样性(biological diversity 或 biodiversity)的概念最初是由 Fisher 等在 1943 年研究昆虫物种与多度关系时提出的，指的是群落的特征或属性(Fisher et al.，1943)。20世纪80年代，生物多样性的概念已由物种和物种丰富度扩展到遗传(种内)、物种(种数)和生态(生物类群)多样性(Norse et al.，1986)。1987年，联合国环境规划署正式引用了"生物多样性"这一概念。20世纪80年代中后期以来，生物多样性问题成为人们关注的热点。特别是1992年在巴西里约热内卢召开的联合国环境与发展大会上，150多个国家签署了《生物多样性公约》，极大地促进了生物多样性的研究与保护实践。

生物多样性至今仍没有形成一个严格、统一的定义。美国国会技术评价办公室(The Office of Technology Assessment，OTA)在1987年将生物多样性定义为：生物多样性是指生命有机体及其借以存在的生态复合体的多样性和变异性(Biodiversity is the variation among living organisms from different sources including terrestrial， marine and desert ecosystems， and the ecological complexes of which they are a part.)。1992年，《生物多样性公约》将生物多样性定义为："所有来源的形形色色的生物体，这些来源包括陆地、海洋和其他水生生态系统及其构成的生态综合体；这包括物种内、物种间和生态系统的多样性。"马克平(1993)认为，生物多样性是生物及其与环境形成的生态复合体，以及与此相关的各种生态过程的总和。综上所述，生物多样性是所有生物种类、种内遗传变异和它们的生存环境的总称，包括所有不同种类的动物、植物和微生物，以及它们拥有的基因，它们与生存环境所组成的生态系统(陈灵芝，1994)。

尽管不同学者对生物多样性概念的表述不同，但他们都有一个共同的特点，即生物多样性至少应考虑三个层次，即：遗传多样性(genetic diversity)、物种多样性(species diversity)与生态系统多样性(ecosystem diversity)。这三个层次是所有生命包括人类在内赖以生存和繁衍的必要条件。

生物多样性的三个经典层次早已被人们所熟知，然而，近年来随着遥感、地理信息系统等现代技术的广泛应用，景观的概念逐渐渗入生态学领域，景观多样性(landscape diversity)作为生物多样性的第四个层次被广为研究(李俊生等，2012)。

(1) 遗传多样性

遗传多样性是生物多样性最为核心的层次，是物种及以上各层次生物多样性的基础。广义的遗传多样性是指地球上所有生物携带的遗传信息的总和。狭义的遗传多样性主要是指种内个体之间或一个群体内不同个体的遗传变异总和。遗传多样性通过物种演化过程中遗传物质突变并累积而形成(Genetic diversity refers to the variations among the genetic resources of the organisms.)。任何一个物种或一个生物个体都保存着大量的遗传基因，因此可被看作是一个基因库(gene pool)。基因的多样性是生命进化和物种分化的基础。一个物种具有的遗传变异越丰富，遗传多样性越高，它对生存环境的适应能力也就越强，进化潜力也越大。而生态系统的多样性是基于物种的多样性，也就离不开不同物种所具有的遗传多样性。可以说，遗传多样性既是生物多样性的重要组成部分，也是生物多样性的重要基础(李俊生等，2012)。

(2) 物种多样性

物种多样性是生物多样性在物种上的表现形式，它既体现了生物之间及环境之间的复杂关系，又体现了生物资源的丰富性(Species diversity refers to the variety of different types of species found in a particular area.)。在空间维度上，受热量、水分、地表等环境因子的影响，物种多样性的分布呈现出纬度地带性、海拔地带性等特点。物种多样性是我们认识生物多样性的最基本的层次，也是生物多样性保护的中心问题(李俊生等，2012)。

从林奈发明双名法命名物种开始到现在已经有200多年的历史，但至今物种的定义仍存在很大的争议。不同的研究领域通常会使用不同的物种概念，如形态学种、生物学种、进化种等。形态学物种定义是根据个体形态来区分不同的物种，生物学物种定义则是根据个体间能否自然交配并产生可育后代来进行划分。目前，生物学界广泛使用的物种概念是“生物学种概念”。

(3) 生态系统多样性

生态系统多样性是指生物圈内生境(habitat)、生物群落(biological community)和生态系统(ecosystem)的多样性以及生态系统内生境、生物群落和生态过程变化的多样性(McNeely et al.，1990)。生态系统是生态学上的一个主要结构和功能单位，对生态系统的研究不仅要关注组成生态系统的生物成分与非生物成分，还需要重视生态系统中的能量流动、物质循环和信息传递。同时，生态系统是一个动态的系统，经历了从简单到复杂的发展过程，并以动态的平衡保持自身稳定。因此，生态系统多样性是一个高度综合的概念，既包含生态系统组成成分的多样化，更强调生态过程及其动态变化的复杂性(李俊生等，2012)。

(4) 景观多样性

景观多样性是指不同类型的景观要素或生态系统构成的景观在空间结构、功能机制和时间动态方面的多样化和变异性，它揭示了景观的复杂性，是对景观水平上生物组成多样性程度的表征,可分为景观斑块多样性(patch diversity)、景观类型多样性(type diversity)和景观格局多样性(pattern diversity)。景观是比生态系统更高层次上的概念,是在一个相当大的区域内由不同类型的生态系统组成的整体。景观多样性的特征对于物质迁移、能量流动、信息交换、生产力以及物种的分布、扩散与觅食等有重要的影响(王云才,2007;李俊生等,2012)。

四个层次上的陆地生物多样性在研究内容和研究方法上均有所不同,它们的调查、监测和评价指标参见表 2-12(傅伯杰等,2011)。

表 2-12 四个层次陆地生物多样性调查、监测和评价指标

层次	组成	结构	功能	调查及监测工具与方法
遗传多样性	等位基因多样性、稀有等位基因的现状、有害的隐形或染色体变种	基因数量普查和有效基因数量、复合体、染色体或显性的多态性、跨代继承性	近亲繁殖的缺陷、远亲繁殖率、基因变异速率、基因流动、突变率、基因选择强度	等位酶电脉分析、染色体分析、DNA 序列分析、母体—子体回归分析、血缘分析、形态分析
物种多样性	绝对和相对丰度、频度、重要性和优势度、生物量、种群密度	物种扩散(微观)、物种分布(宏观)、种群结构(性别比、年龄结构)、生境变异、个体形态变异等	种群动态变化(繁殖力、再生率、存活率、死亡率)群体动态过程、种群基因、种群波动、生理特征、生活史、物候学特征、内禀生长率、富集度、适应能力	物种普查(野外观察、记录统计、捕获、做记号和无线电跟踪)、遥感方法、生境适宜性指数、物种生境模拟、种群生存能力分析
生态系统多样性	识别相对丰度、频度、聚集度、均匀度,种群的多样性,特有种、外来种、受威胁种、濒危种的分布比率,优势度一多样性曲线,生活型比例,相似性系数,C3 — C4 植物物种比例	基质和土壤变异,坡度和坡向,植被生物量与外观特征,叶面密度与分层,垂直缀块性,树冠空旷度和间隙率,物种丰度、密度和主要自然特征及要素分布	生物量,资源生产力,食草动物、寄生动物和捕获率,物种侵入和区域灭绝率,斑块动态变化(小尺度扰动),养分循环速度,人类侵入速度和强度	航空相片和其他遥感资料、地面摄像观测、时间序列分析法、自然生境测定和资源调查、生境适宜指数、复合物种、野外观测普查和物种清查、捕获和其他样地调查法、数学参数模拟法(多样性指数、异质性指数、分层)
景观多样性	识别斑块(生境)类型的比例和分布丰度、复合斑块的景观类型、种群分布的群体结构(丰富度、特有种)	景观异质性,连接度,空间关联性,缀块性,孔隙度,对比度,景观粒级,构造,邻近度,斑块大小、概率分布、边长-面积比	干扰过程(范围、频度或反馈周期、强度、可预测性、严重性、季节性)、养分循环速率、能流速率、斑块稳定性和变化周期、侵蚀速率、地貌和水文过程、土地利用方向	航空相片、卫星图片和其他遥感资料,GIS 技术,时间序列分析方法,空间统计分析方法,数学参数模拟法(景观格局、异质性、连接性、边缘效应、自相关、分维分析)

很多研究表明,城市化过程中的建筑物、道路密度及其他基础设施造成市区植被覆盖率降低是引起城市生物多样性减少的主要原因。对于大多数现代化城市来说,城市中的人流、物流、能流、信息流循环主要是通过城市人工环境系统如建筑物、道路、水暖电网等基础设施及公共服务设施等来实现。因此,在经济繁华的中心区,80%以上的土地是被建筑物、道路及其他基础设施占用,仅仅低于 20%的土地才被保留为绿地,并且这些被保留的绿地还受土壤腐蚀、践踏、污染以及其他人类干扰而大大降低了覆盖率(McKinney,2002)。此外,即使人工培育较好的城市中心区绿地系统也因为引种单一的外来树种、草坪植物而减少植物物种的多样性,从而降低了城市绿地系统中的其他生物

的多样性(Blair et al.,2002)。

此外,对城市鸟类的研究还发现,除绿化覆盖率外,食物可获得性、水源、停歇地、巢位及巢材的可获得性等因素均影响其物种的分布及种群数量(Blair,1996)。城市发展造成了城市生境严重破碎化和岛屿化,使许多天然绿地和城市水域生境往往被隔离形成人工建筑物中的"孤岛"。岛屿化生境对于生物的生存是十分不利的。对于动物来说,根据物种—面积原理,许多大型或需要较大活动领域的动物很难在城市斑块状生境中生存;对于植物,岛屿化生境也不利于花粉和种子的扩散,使很多物种产生遗传衰退,甚至灭绝(李俊生等,2005)。

城市化对生物多样性的影响是明显而剧烈的,并具有很强的空间性、区域性、综合性等特征。因此,其过程很复杂,如一些物种可能数量增加,一些物种数量可能减少甚至消失,另一些外来种可能侵入等。针对这些复杂的问题,目前的研究结果还很难揭示其作用机制。因此,今后应把城市化对生物多样性的影响作为重点研究内容,并尽快把这项研究提高到一个新高度、新水平,使其走向系统化、科学化和实用化,以获取更多有价值的研究成果,为现在和未来越来越多的城市生态规划和建设人与自然和谐相处的城市生态环境提供科学依据(李俊生等,2005)。

本章小结

生态学是研究宏观生命系统的结构、功能及动态的科学,它为人类认识、保护、利用自然提供理论基础和解决方案,也是生态文明建设的重要科学基础。

生态学至今主要经历了三次重要的理论突破,并在生态复杂性与多样性的主导下,成了一门"枝繁叶茂"的学科。

本章提炼总结了与生态规划紧密相关的主要生态学分支以及生态学概念,为规划人员正确理解生态学相关分支学科与生态学相关概念提供支持。

思考题

1. 简述生态学的定义,发展的三次突破、生物组织层次、分类以及研究方法。

2. 请举例分析生态学的主要分支如个体生态学、城市生态学、景观生态学等在生态规划研究与实践中的具体应用思路。

3. 请举例说明生态学的主要概念如生态位、生态交错带、生境等在生态规划研究与实践中的具体体现。

4. 请谈一谈生态学其他分支与概念对于生态规划的指导与借鉴意义。

参考文献

陈利顶,吕一河,赵文武,等,2019. 区域生态学的特点、学科定位及其与相邻学科的关系[J]. 生态学报,39(13):4593-4601.

陈灵芝,1994. 生物多样性保护及其对策[M]//钱迎倩,马克平. 生物多样性研究的原理与方法. 北京:中国科学技术出版社.

方精云. 构建新时代生态学学科体系(大家手笔)[EB/OL].(2021-04-27)[2022-04-27]. http://paper.people.com.cn/rmrb/html/2021-04/27/nw.D110000renmrb_20210427_2-09.htm.
傅伯杰，陈利顶，马克明，等，2011. 景观生态学原理及应用[M]. 2版. 北京：科学出版社.
胡萌萌，张雷刚，吕军利，2014. 从生态学到人类生态学：人类生态觉醒的历史考察[J]. 西北农林科技大学学报(社会科学版)，14(4)：156-160.
李俊生，高吉喜，张晓岚，等，2005. 城市化对生物多样性的影响研究综述[J]. 生态学杂志，24(8)：953-957.
李俊生，李果，吴晓莆，等，2012. 陆地生态系统生物多样性评价技术研究[M]. 北京：中国环境科学出版社.
梁士楚，李铭红，2015. 生态学[M]. 武汉：华中科技大学出版社.
骆天庆，王敏，戴代新，2008. 现代生态规划设计的基本理论与方法[M]. 北京：中国建筑工业出版社.
马克平，1993. 试论生物多样性的概念[J]. 生物多样性，1(1)：20-22.
马世骏，1990. 现代生态学透视[M]. 北京：科学出版社.
莫里斯，2019. 认识生态[M]. 孙振钧，译. 6版. 北京：科学技术文献出版社.
彭文俊，王晓鸣，2016. 生态位概念和内涵的发展及其在生态学中的定位[J]. 应用生态学报，27(1)：327-334.
乔慧捷，胡军华，黄继红，2013. 生态位模型的理论基础、发展方向与挑战[J]. 中国科学：生命科学，43(11)：915-927.
渠春梅，韩兴国，苏波，2000. 片断化森林的边缘效应与自然保护区的设计管理[J]. 生态学报，20(1)：160-167.
尚玉昌，1988. 现代生态学中的生态位理论[J]. 生态学进展，5(2)：77-84.
宋永昌，由文辉，王祥荣，2000. 城市生态学[M]. 上海：华东师范大学出版社.
孙丽，2006. 生态学基础[M]. 天津：南开大学出版社.
田超，杨新兵，刘阳，2011. 边缘效应及其对森林生态系统影响的研究进展[J]. 应用生态学报，22(8)：2184-2192.
王健锋，雷瑞德，2002. 生态交错带研究进展[J]. 西北林学院学报，17(4)：24-28，37.
王如松，马世骏，1985. 边缘效应及其在经济生态学中的应用[J]. 生态学杂志，4(2)：38-42.
王业蘧，1990. 高级生态学[M]. 哈尔滨：东北林业大学出版社.
王云才，2007. 景观生态规划原理[M]. 北京：中国建筑工业出版社.
邬建国，2000. 景观生态学：概念与理论[J]. 生态学杂志，19(1)：42-52.
邬建国，2007. 景观生态学：格局、过程、尺度与等级[M]. 2版. 北京：高等教育出版社.
肖笃宁，李秀珍，高峻，等，2003. 景观生态学[M]. 北京：科学出版社.
肖笃宁，苏文贵，贺红士，1988. 景观生态学的发展和应用[J]. 生态学杂志，7(6)：43-48，55.
谢平，2013. 从生态学透视生命系统的设计、运作与演化：生态、遗传和进化通过生殖的融合[M]. 北京：科学出版社.
张光明，谢寿昌，1997. 生态位概念演变与展望[J]. 生态学杂志，16(6)：47-52.
朱春全，1993. 生态位理论及其在森林生态学研究中的应用[J]. 生态学杂志，12(4)：41-46.
朱芬萌，安树青，关保华，等，2007. 生态交错带及其研究进展[J]. 生态学报，27(7)：3032-3042.
Andrewartha H G，1961. Introduction to the study of animal populations[M]. Chicago：University of Chicago Press.
Andrewartha H G，Birch C，1954. The distribution and abundance of animals[M]. Chicago：University of Chicago Press.
Beecher W J，1942. Nesting birds and the vegetation substrate[M]. Chicago：Chicago ornithological

society.

Birch L C, 1953a. Experimental background to the study of the distribution and abundance of insects: I. The influence of temperature, moisture and food on the innate capacity for increase of three grain beetles[J]. Ecology, 34(4): 698 - 711.

Birch L C, 1953b. Experimental background to the study of the distribution and abundance of insects: II. The relation between innate capacity for increase in numbers and the abundance of three grain beetles in experimental populations[J]. Ecology, 34(4): 712 - 726.

Birch L C, 1953c. Experimental background to the study of the distribution and abundance of insects: III. The relation between innate capacity for increase and survival of different species of beetles living together on the same food[J]. Evolution, 7(2): 136 - 144.

Blair R B, 1996. Land use and avian species diversity along an urban gradient [J]. Ecological Applications, 6(2): 506 - 519.

Blair R B, Launer A E, 1997. Butterfly diversity and human land use: Species assemblages along an urban grandient[J]. Biological Conservation, 80(1): 113 - 125.

Clarke G L, 1954. Elements of ecology[M]. New York: Wiley.

Clements F E, 1905. Research methods in ecology[D]. Lincoln. University of Nebraska Publishing Company.

Colwell R K, 2009. Rangel TF. Hutchinson's duality: The once and future niche[J]. Proceedings of the National Academy of Sciences, 106.

Drake J M, Randin C, Guisan A, 2006. Modelling ecological niches with support vector machines[J]. Journal of Applied Ecology, 43(3): 424 - 432.

Elton C S, 1927. Animal ecology[M]. London: Sidwick& Jackson.

Fisher R A, Corbet A S, Williams C B, 1943. The relation between the number of species and the number of individuals in a random sample of an animal population[J]. The Journal of Animal Ecology, 12(1): 42.

Forman R T T, 1995. Land mosaics: The ecology of landscapes and regions [M]. Cambridge: Cambridge University Press.

Forman R T T, Godron M, 1986. Landscape ecology[M]. New York: Wiley.

Gause G F, 1934. The struggle for existence[M]. Baltimore: The Williams & Wilkins Company.

Golley F B, 1993. A history of the ecosystem concept in ecology: More than the sum of the parts[M]. New Haven: Yale University Press.

Grinnell J, 1917. The niche-relationships of the California thrasher[J]. The Auk, 34(4): 427 - 433.

Haeckel E, 1866. Generelle Morphologie der Organismen: Allgemeine Grundzüge der organischenFormen-Wissenschaft, mechanischbegrndetdurch die von Charles Darwin reformierte Descendenz-Theorie[M]. Berlin: Georg Reimer.

Holland M M. 1988. SCOPE/MAB technical consultations on landscape boundaries: Report of a SCOPE/MAB workshop on ecotones[R].

Hutchinson G E, 1957. Concluding remarks[J]. Cold Spring Harbor Symposia on Quantitative Biology, 22: 415 - 427.

Hutchinson G E, 1978. An introduction to population ecology[M]. New Haven: Yale University Press.

Jeffers J N R, 1978. An introduction to systems analysis, with ecological applications[M]. Baltimore: University Park Press.

Leopold A, Brooks A, 1933. Game management[M]. New York: Charles Scribner's Sons.

Likens G E, 1992. The ecosystem approach: Its use and abuse, xxiv, 166 p. Oldendorf/Luhe: Ecology

Institute, 1992. Price DM59 • 00[J]. Journal of the Marine Biological Association of the United Kingdom, 72(3): 731.

Lindeman R L, 1942. The trophic-dynamic aspect of ecology[J]. Ecology, 23(4): 399 - 417.

McKinney M L, 2002. Urbanization, biodiversity, and conservation[J]. BioScience, 52:883 - 890.

McNeely J A, Miller K R, Reid W V, et al, 1990. Conserving the world's biological diversity[M] Gland: World Bank.

Murcia C, 1995. Edge effects in fragmented forests: Implications for conservation[J]. Trends in Ecology & Evolution, 10(2): 58 - 62.

Norse E A, Rosenbaum K L, Wilcove D S, et al., 1986. Conserving biological diversity in our national forests[M]. Washington, D. C.: The Wilderness Society.

Odum E P, 1953. Fundamentals of ecology [M]. Pennsylvania: Saunders WB Company.

Odum E P, 1969. The strategy of ecosystem development[J]. Science, 164: 262 - 270.

Odum E P, 1971. Fundamentals of ecology [M]. 2nd ed. Pennsylvania: Saunders WB Company.

Odum E P, 1983. Basic ecology[M]. Philadelphia: Saunders College Publishing.

Palmer M, Bernhardt E, Chornesky E, et al., 2004. Ecology for a crowded planet[J]. Science, 304 (5675): 1251 - 1252.

Petrides G A, 1968. Problems in species introductions[J]. IUCN Hull, 2: 70 - 71.

Phillips S J, Anderson R P, Schapire R E, 2006. Maximum entropy modeling of species geographic distributions[J]. Ecological Modelling, 190: 231 - 259.

Pickett S T, Cadenasso M L, 1995. Landscape ecology: Spatial heterogeneity in ecological systems[J]. Science, 269: 331 - 334.

Shugart H H, O'Neill R V, 1979. Systems Ecology [M]. Stroudsburg: Dowden, Hutchinson & Ross.

Southwick C H, 1976. Ecology and the quality of our environment[M]. New York: Van Nostrand Company.

Stockwell D, 1999. The GARP modelling system: Problems and solutions to automated spatial prediction[J]. International Journal of Geographical Information Science, 13(2): 143 - 158.

Tansley A G, 1935. The use and abuse of vegetational concepts and terms[J]. Ecology, 16(3): 284 - 307.

Tarroso P, Carvalho S B, Brito J C, 2012. Simapse-simulation maps for ecological niche modelling[J]. Methods in Ecology and Evolution, 3(5): 787 - 791.

Taylor W P, 1936. What is ecology and what good is it? [J]. Ecology, 17(3): 333 - 346.

Tsoar A, Allouche O, Steinitz O, et al., 2007. A comparative evaluation of presence-only methods for modelling species distribution[J]. Diversity and Distributions, 13(4): 397 - 405.

Wu J G, 2006. Landscape ecology, cross-disciplinarity, and sustainability science[J]. Landscape Ecology, 21(1): 1 - 4.

Wu J G, Loucks O L, 1995. From balance of nature to hierarchical patch dynamics: A paradigm shift in ecology[J]. The Quarterly Review of Biology, 70(4): 439 - 466.

第3章　生态规划的重要理论与主要原理

城市是人类活动高度集中的场所，人类的生存以对资源和环境的消费为基础。提高资源利用效率，尽可能地减少经济行为的负外部性，保持资源与环境利用的可持续性，是保障人类生存健康与福祉的重要前提。因此，城市与区域生态规划应该首先遵循生态学原理，对城市生态系统的各项开发和建设做出科学合理的决策，从而调控城市居民与城市环境的关系，综合运用多种理论与原理以规划、调节城市各种复杂的系统关系，在有限条件下寻找扩大效益、减少风险的可行性对策。

本章主要介绍对于城市与区域生态规划研究具有重要支撑与指导作用的生态学一般理论与原理、景观生态学的相关理论、城市生态学研究中的重要理论与原理，并对城市生态规划学概念、理论基础、研究内容以及新理念、新思想进行了简要概述。

3.1　生态学的一般理论与原理

3.1.1　生态位理论

尽管不少学者对生态位定义进行了扩展和补充（参见第2章第2.3节），但综观各种定义，基本上都包含这样一个基本思想，即生态位是生物单元在特定生态系统中与环境相互作用的过程中所形成的相对地位与作用。高斯的竞争排斥原理（competitive exclusion principle）认为，两个生态位完全相同的物种无法永久共存，这表明共存的物种有着不同的生态位。自高斯的实验与研究之后，描述物种的生态位就成为了解物种间交互作用的敲门砖和了解自然界组织的潜在钥匙。

建立在生态位概念基础上的生态位理论，主要揭示生物间利用资源环境的综合表现以及生物之间相互作用的必然结果，主要包含以下方面内容（车生泉等，2013）：

a. 一个稳定的群落中占据了相同生态位的两个物种，不可能长期共存，其中一个终究要灭亡。

b. 一个稳定的群落中，由于各种群在群落中具有各自的生态位，种群间能避免直接的竞争，从而保证群落的稳定。

c. 一个相互起作用的生态位分化的种群系统，各种群在它们对群落的时间、空间和资源的利用方面，以及相互作用的可能类型方面，都趋向于互相补充而不是直接竞争，因此由多个种群组成的生物群落，要比单一种群的群落更能有效地利用环境资源，维持长期较高的生产力，具有更大的稳定性。

d. 生物的生态位不是一成不变的，可随着外界环境条件、生物间相互作用的改变而改变，即使在同一稳定的生境下，某一特定的生态位也会表现为昼夜变化、季节变化与年际变化。

然而，生态位的概念是抽象模糊的，但生态位能够用具体的数量指标进行刻画，生态位测度主要是对生态位宽度(niche breadth)进行测量。生态位宽度又称生态位广度、生态位大小，是一个有机体单位利用的各种各样资源总和的幅度，即一种生物或生物类群所表现出来的资源利用的多样性。从单维考虑，即是物种在某一维度上所占据的长度。生态位宽度越大，物种能适应的环境梯度(environmental gradient)越大，利用资源的能力就越强，分布范围也会越广。

一般来说，在资源可利用少的情况下，生态位宽度一般应该增加，促使生态位的泛化(generalization)，而在资源丰富的环境里，可选择性大，可导致选择性的采食和狭窄的食物生态位宽度，生态位宽度减少，促进生态位的特化(specialization)。因此，通常泛化意味着具有较宽的生态位，而特化则意味着具有较窄的生态位。

对生物群落中种群生态位宽度的测定，有助于了解各个种群在群落中的优势地位以及彼此间的关系，并在某种程度上反映了生物对生态环境的适应程度。生态位宽度是描述一个物种的生态位与物种生态位间关系的重要数量指标(黄英姿，1994；李挈等，2003；赵维良，2008)。最早提出生态位宽度计测公式的是莱文斯(Levins)，公式如下：

辛普森(Simpson)指数：

$$B_i = 1/\sum_{j=1}^{R} P_{ij}^2 = (\sum_{j=1}^{R} N_{ij})^2 / \sum_{j=1}^{R} N_{ij}^2 \qquad \text{式(3-1)}$$

香农-维纳(Shannon-Wiener)指数：

$$B_i' = -\sum_{j=1}^{R} P_{ij} \log P_{ij} \qquad \text{式(3-2)}$$

式中，B_i 和 B_i' 为物种 i 的生态位宽度，$P_{ij}=N_{ij}/Y_i$ 是第 i 个物种利用资源状态 j 的个体占该个体总数的比例。在物种 i 利用每个资源的个体数都相等的情况下，B_i 和 B_i' 均达到最大值。这说明当物种对所有资源不加区别地利用时，才具有较宽的生态位。

上述公式虽然简单、生态意义明确，但是忽略了种群对环境资源的利用能力或对生态因子适应能力的差异及由此产生对生态的影响，故不能将这两个公式完全看作是对种群生态位宽度的定量分析(杨效文等，1992；黄英姿，1994；李挈等，2003)。因此，其他学者也提出了诸多关于生态位宽度测度的公式，如 Schoener(1968，1974)、Hurlbert(1978)、Smith(1982)。

不同的生物物种在生态系统中占据不同的地位，由于环境的影响，它们的生态位也会出现重叠、分离和移动等现象。随着人们对生态位现象认识的不断深入，生态位理论研究也不断发展，生态位的基本理论主要包括以下几点：

(1) 生态位重叠(niche overlap)

大自然中，亲缘关系接近、具有同样生活习性或生活方式的物种，不会在同一地方出现；如果在同一地方出现，它们必定利用不同的食物，或在不同的时间活动，或以其他方式占据不同的生态位，利用不同的资源。正是这种在生存竞争中形成的自然选择及由此引起的形态改变，使自然界形形色色的生物避免生态位重叠，达到有序的平衡。

关于生态位重叠，目前有各种不同的定义。Abrams(1980)和 Colwell(1971)认为生态位重叠是两个种对一定资源位(resource state)，即 n 维生态因子空间中的一处很小体积的共同利用程度。Hurlbert(1978)认为生态位重叠为同一种在同一资源位上的相遇频率，也就是两个物种(生态元)共同占用同一资源而出现的情况。如果在资源有限的情况下，随着重叠的维数增加，包括在资源维、时间维、空间维上重叠程度的增大，竞争就越激烈，如果在所有维上都出现了重叠，那么必然会有一方被淘汰或出现生态位的分离。生态位重叠是竞争的必要条件但并非绝对条件，竞争与否决定于资源状态。资源丰富，供应充足，生态位重叠也不发生种间竞争；资源贫乏，供应不足，生态位稍有重叠，就会发生激烈的种间竞争。

（2）生态位分离（niche separation）

在生物进化过程中，两个近缘种（有时为两个生态位上接近的种）的激烈竞争，从理论上讲有两个可能的发展方向，一是一个种完全排挤掉另一个种；二是其中一个种占有不同的空间（地理上分隔），捕食不同的食物（食性上的特化），或其他生态习性上的分隔（如活动时间分离），通称为生态位分离，从而使两个种之间形成平衡而共存。

生态位分离是指竞争个体从其部分潜在的生存和发展空间退出，从而消除生态位重叠，实现稳定的共存（赵维良，2008）。生态位分离又称竞争排斥原理或高斯原理（Gause principle），即如果许多物种占据一个特定的环境，他们要共同生活下去，必然要存在某种生态学差别（具有不同的生态位），否则它们不能在相同的生态位内永久共存。

生态位分离实质是对竞争的应对，在一定时间和空间上生存的某一物种，由于种内竞争的加剧，拓展了资源的利用范围，与其它物种的生态位越来越接近，最终出现重叠。如果在资源有限的情况下，随着重叠的维数增加，竞争就越激烈，最终通过竞争排斥作用使某一物种灭绝或通过生态位分离得以共存。生态位分离是物种共存的基础和物种进化的动力，也是物种进化的主要策略，包括“特化”和“泛化”两个层面。“泛化”指当资源不足时，捕食者往往形成杂食性或广食性；相反在食物丰富的环境里，劣质食物将被抛弃，生物只追求质量最优的食物，即“特化”。生物通过这两种策略充分有效地利用资源，保证自身的生存。

专栏 3－1：生态位理论之高斯假说

由于竞争的结果，两个相似的物种不能占有相似的生态位，而是以某种方式彼此取代，使每一物种具有食性或其他生活方式上的特点，从而在生态位上发生分离的现象，这一假说称为高斯假说（Gause's hypothesis）。高斯的这一思想是在他的开创性实验工作基础上形成的。

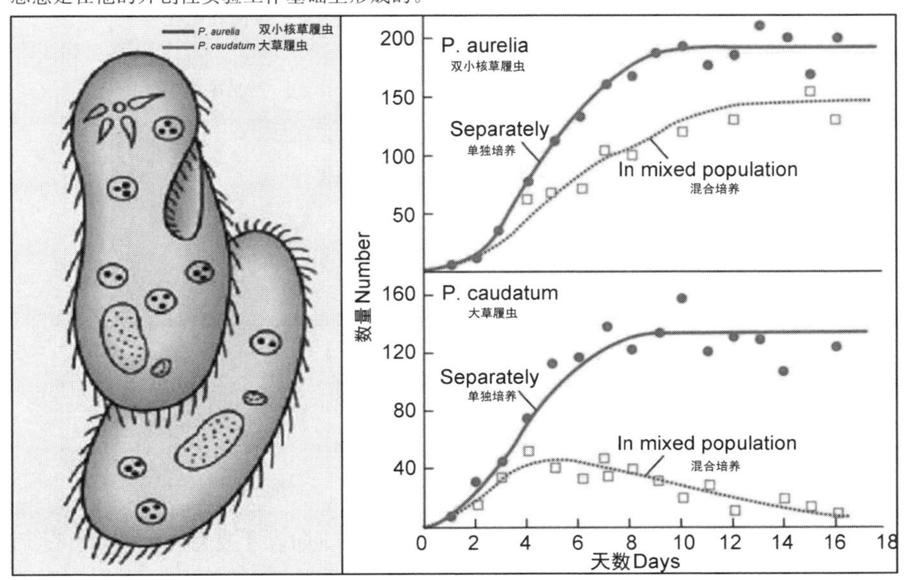

图片来源：http://blog.sciencenet.cn/blog_565899－1056600.html

高斯首次用实验的方法观察了两个物种的竞争现象。他将在分类和生态上极相近的两种草履虫——双小核草履虫(*Paramecium aurelia*，具一大核，两小核)和大草履虫(*Paramecium caudatum*，具一大核、一小核)作为实验材料，以一种杆菌为饲料，进行培养。当单独培养时，两种草履虫都出现典型的逻辑斯蒂增长，当混合在一起时，开始两个种群都有增长，但双小核草履虫增长快些。16 天后，只有双小核草履虫生存，大草履虫完全消亡。由实验条件可以保证，两种草履虫之间只有食物竞争而无其他关系。高斯的解释是，大草履虫的消亡是由于其增长速度(内禀增长率)比双小核草履虫慢。因为竞争食物，增长快的种排挤了增长慢的种。这就是当两个物种利用同一食物资源时产生的竞争排斥现象。近代生态学家用竞争排斥原理对高斯假说进行了简明精确的表述：完全的竞争者(具相同的生态位)不能共存。

(3) 生态位移动(niche drift)

生态位移动是指物种对资源谱利用的变动。物种的生态位移动往往是环境压迫或是激烈竞争的结果。例如，在南亚热带森林演替过程中，先锋树种马尾杉在阔叶树种入侵后渐渐衰亡，物种的生态位向群落边缘地带移动。不同的生物物种在生态系统中占据不同的地位，由于环境的影响，它们的生态位也会出现重叠、分离和移动等现象。生态位理论有两点重要启示：一方面，它强调的是一种趋异性进化。物种在同一生态位争夺有限资源，不如通过改变自身来开拓广泛的资源空间，去利用尚未开发的资源。在生态位分离过程中，各物种在时间、空间、资源的利用以及相互关系方面，都倾向于用相互补充来代替直接竞争，从而使由多个物种组成的生物群落更有效地利用环境资源。另一方面，生态位理论强调的是个体自身不断进化，通过进化来提高自身生存能力。只有自身的生存能力增强，才能很好地应对外部环境变化。20 世纪 70 年代中期以来，有生态学家在原生态位理论的基础上提出了扩展的生态位理论，该理论进一步将生态位划分为存在生态位(包括实际生态位和潜在生态位)和非存在生态位，这对于研究生态元对变化中的生态因子(包括时间因子和环境因子)占据、利用或适应状况具有重要的理论和实践意义(赵维良，2008)。

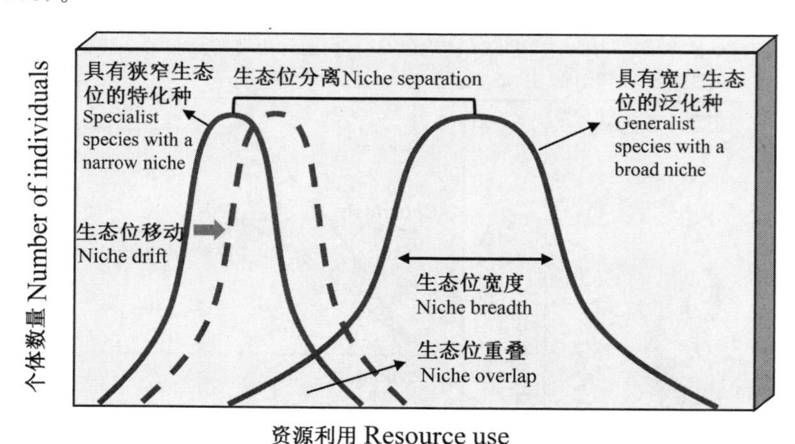

图 3-1 生态位理论的示意图

(来源：笔者自绘)

3.1.2 生态演替理论

生态演替是指随着时间的推移，一种生态系统类型(或阶段)被另一种生态系统类型(或阶段)替代的顺序过程，是生物群落与环境相互作用导致生境变化的过程，依演替趋向可分为进展演替(progressive succession，沿着顺序阶段向着顶极群落的演替过程)和逆行演替(regressive succession,由顶极群落向着先锋群落的演替过程)(马铭等,2009)。进展演替是指随着演替进行,生物群落的结构和种类成分由简单到复杂,群落对环境的利用由不充分到充分,群落生产力由低到高,群落逐渐发展为中生化,群落对环境的改造逐渐强烈。而逆行演替的进程则与顺行演替相反,它导致群落结构简单化,不能充分利用环境,生产力逐渐下降,群落旱生化,对环境的改造较弱。

另外,根据生物群落演替开始时所处的状态可以划分为原生演替(primary succession,在原生裸地上开始的群落演替)和次生演替(secondary succession,在次生裸地上开始的群落演替),两者的主要区别在于演替前期的不同(Shugart,2013; Thompson,2022)(图3-2)。按照演替基质的性质还可以将演替划分为旱生演替系列(xerarch succession/xerosere)和水生演替系列(hydrarch succession/hydrosere)。但是,无论是哪种演替,都可以通过人为手段加以调控,从而改变演替方向或演替速度(车生泉等,2013)。生态系统是动态的,从地球上诞生生命的几十亿年里,各类生态系统一直处于不断的发展、变化和演替之中。生物群落在演替过程中的主要变化包括物种多样性和物种组成的变化;生态系统在演替过程中的变化则主要包括生物量、初级生产量、呼吸作用与养分固持度等的变化。对生态演替理论的理解不仅有助于对自然生态系统和人工生态系统进行有效的控制和管理,而且还是退化生态系统恢复与重建的重要理论基础。

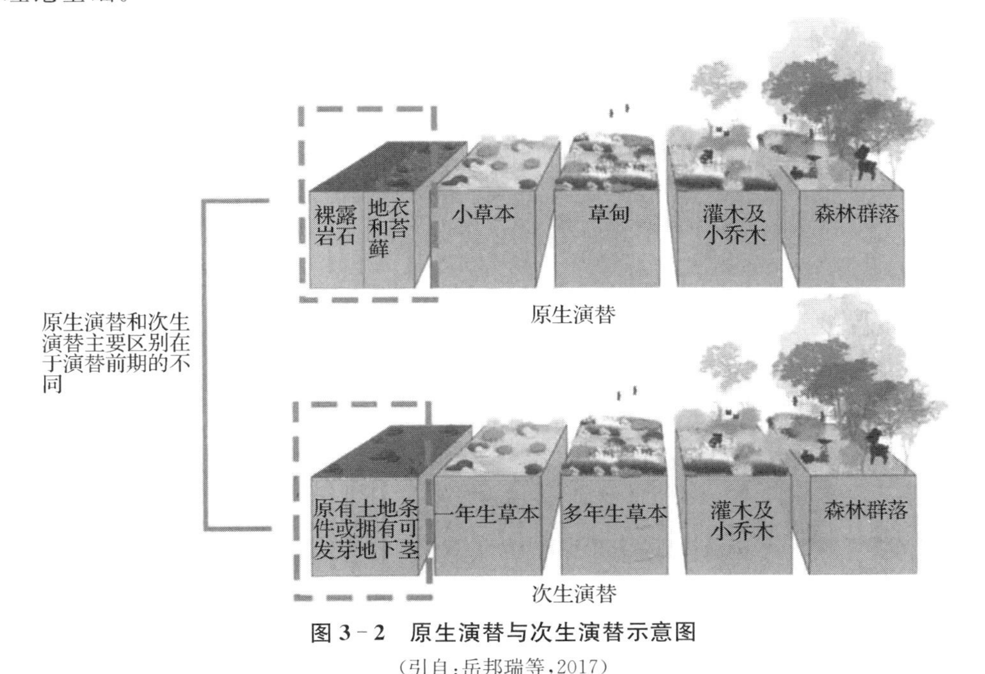

图3-2　原生演替与次生演替示意图

(引自:岳邦瑞等,2017)

生态系统演替的原因可分为外因和内因:

(1) 外因

引起群落与生态系统演替的外因有自然因素和人为因素。海陆变迁、火山喷发、气候演变、雷击火烧、风沙肆虐、山崩海啸、虫、鼠灾害、外地动植物侵入等属于自然因素,砍伐森林、开垦草地、捕捞鱼虾、狩猎动物、撒药施肥等属于人为因素。这些因素或是单一作用或是多个综合作用于生态系统。

（2）内因

内因是生态系统内部各组成成分之间的相互作用，它是生态系统演替的主要动因。以内因为动因的演替，称为内因演替。外因是外界加给生态系统的各种因素。以外因为动因的演替称为外因演替。外因演替虽然是由外界因素引起的，但演替过程本身是一个生物学过程，即外因只能通过使生态系统各组成成分及其相互关系发生改变，进而使系统发生演替。

就群落与生态演替理论的主要内容而言，演替理论认为，在相对稳定的自然状态下，任何生物群落和生态系统都会发生从低级到高级、由简单到复杂的顺行演替，并达到一个成熟稳定的终点——顶极群落和顶极生态系统（climax）。然而，目前关于在某一自然地理带内生态演替是否存在共同终点的问题仍存在不同的观点与学说，主要包括（车生泉等，2013）：

（1）单元顶极学说（monoclimax theory）

该学说由美国生态学家弗雷德里克·克莱门茨（Frederic Clements）提出，他认为一个地区的全部演替都将会聚为一个单一、稳定、成熟的顶极群落或生态系统。这种顶极群落系统的特征只取决于气候，倘若给予充分时间，演替过程和群落造成环境的改变将克服地形位置和母质差异的影响。至少在原则上，在一个气候区域内的所有生境中，最后都将达到统一的顶极群落。该假说把群落和单个有机体相比拟。实际上，只有排水良好、地形平缓、人为影响较小的地带性生境才可能出现气候顶极，而地区内稳定群落的实际复杂性已经证明了单元顶极论的局限性（马铭等，2009）

（2）多元顶极理论（polyclimax theory）

该学说由英国生态学家阿瑟·乔治·坦斯利爵士（Sir Arthur George Tansley）提出，认为如果一个群落在某种生境中基本稳定，能自行繁殖并结束它的演替过程，就可看作是顶极群落。在一个气候区域内，群落演替的最终结果不一定都要汇集于一个共同的气候顶极终点，而是可以同时存在多个顶极群落。除了气候顶极之外，还可有土壤顶极、地形顶极、火烧顶极和动物顶极等。同时，还可存在一些复合型的顶极，如地形—土壤顶极和火烧—动物顶极等。一般来讲，在地带性生境上是气候顶极，在别的生境上可能是其他类型的顶极。因此，只要一个植物群落在某一种或几种环境因子的作用下较长时间保持稳定状态，就可以认为是顶极群落，其与环境之间达到了较好的协调；多元顶极论相比单元顶极论更贴近自然事实（马铭等，2009）。

（3）顶极—格局假说（climax pattern hypothesis）

该学说由美国生态学家罗伯特·惠特克（Robert Whittaker）在多元顶极理论的基础上提出，进一步揭示了一个地区内顶极群落格局及其内在机制。他认为一个气候区内可以存在多种顶极群落，但随着环境梯度的变化，各种类型的顶极群落也会连续变化，彼此之间难以彻底划分开来，最终形成多种顶极群落连续变化的格局。该学说更进一步描述和解释了自然中客观存在的顶极群落分布格局（马铭等，2009）。

植物群落虽然由于地形、土壤的显著差异及干扰，必然产生某些不连续，但从整体上看，生物群落是一个相互交织的连续体。同时，景观中的种分别以自己的方式对环境因素进行独特的反应，种常常以许多不同的方式结合到一个景观的多数群落中去，并以不同方式参与构成不同的群落，种并不是简单地属于特殊群落相应明确的类群。这样，一个景观的植被所包含的与其说是明确的块状镶嵌，不如说是一些由连续交织的物种参与的、彼此相互联系的复杂而精巧的群落配置。

顶极群落的上述三种不同的理论或学说早已被人们所熟知，三种学说各有特点，单元顶极学说强调了区域内大气候对群落演替的作用，多元顶极和顶极—格局学说则同时关注到局部环境差异对顶极群落的影响，更准确地揭示了自然规律。因此，在研究大尺度下的群落演替时，应把注意力放在气候顶极上；研究中小尺度的群落演替时，除了注意气候顶极外，还应注意由于局部环境的差异性导致的其他类型的顶极群落及其之间的连续性变化。

驱动生态演替的机制主要包括促进作用、耐受作用和抑制作用。最早的演替变化模型是由弗雷德里克·克莱门茨于1916年提出的，强调促进作用是生态演替的驱动力（Clements，1916）。1977年，约瑟夫·康奈尔（Joseph Connell）和拉尔夫·斯拉特耶（Ralph Slatyer）提出了促进模型（facilitation model）、耐受模型（tolerance model）和抑制模型（inhibition model）三个模型（Connell et al.，1977），这一经典论文扩大了生态学家研究演替机制的思路——除了促进作用外，也要考虑耐受作用和抑制作用（图3-3）。

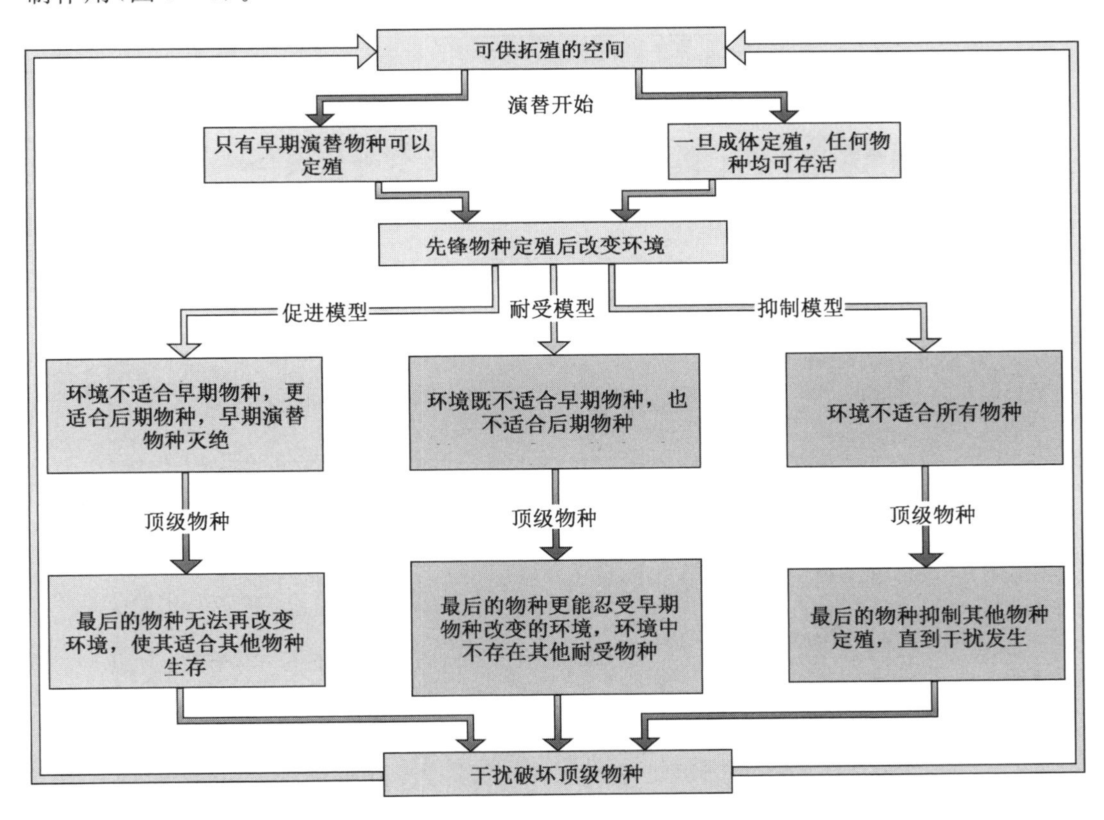

图3-3　生态演替机制的三个模型

（引自：Connell et al.，1977；莫里斯，2019）

促进模型认为，许多物种都会去拓殖新的可用空间，但只有具备某些特征的物种才能定殖。那些能够拓殖新空间的物种称之为先锋物种。先锋物种会改变环境，使环境逐渐变得更适合后期物种特征的演替，不适合它们自身的演替。换言之，早期演替物种促进了后期演替物种的拓殖。当环境变得不适合先锋物种生存时，先锋物种随即消失，取而代之的是更适合环境现状的物种。经过一系列的促进与取代，演替的最后阶段产生顶级群落。

耐受模型认为，拓殖初期不只出现先锋物种，顶级物种的幼小个体也在演替早期出现，且演替早期的物种不会促进后期演替物种的拓殖，因为它们不会改变环境，使其更适合后期演替物种。后期演替物种只是更耐受演替早期的环境条件。当整个植物群落内没有其他耐受物种时，才能建立顶级群落。

和耐受模型一样，抑制模型假设，在演替早期，凡是成体能拓殖的物种都能存活，但是抑制模型认为先锋物种会改变环境，使环境不适合早期物种与后期演替物种。简言之，早到者抑制晚到者的拓殖。只有环境因先锋拓殖者的干扰而产生新的空间时，后期演替物种才能入侵。在这种情形下，演替的顶级生物群落由长寿和具有抵抗力的物种组成。抑制模型认为，后期物种之所以能够成为一个地区的优势种，是因为这些物种长寿，而且可抵御环境中的物理因子和生物因子造成的伤害。

上述哪个模型更能获得自然界的佐证呢？从目前的演替案例来看，大多数演替研究支持促进模型或抑制模型，也有一些研究同时支持两者（莫里斯，2019）。

专栏 3-2：群落原生演替的实例

美国密歇根湖（北美五大湖之一）沙丘上群落的演替是一种原生演替的实例。

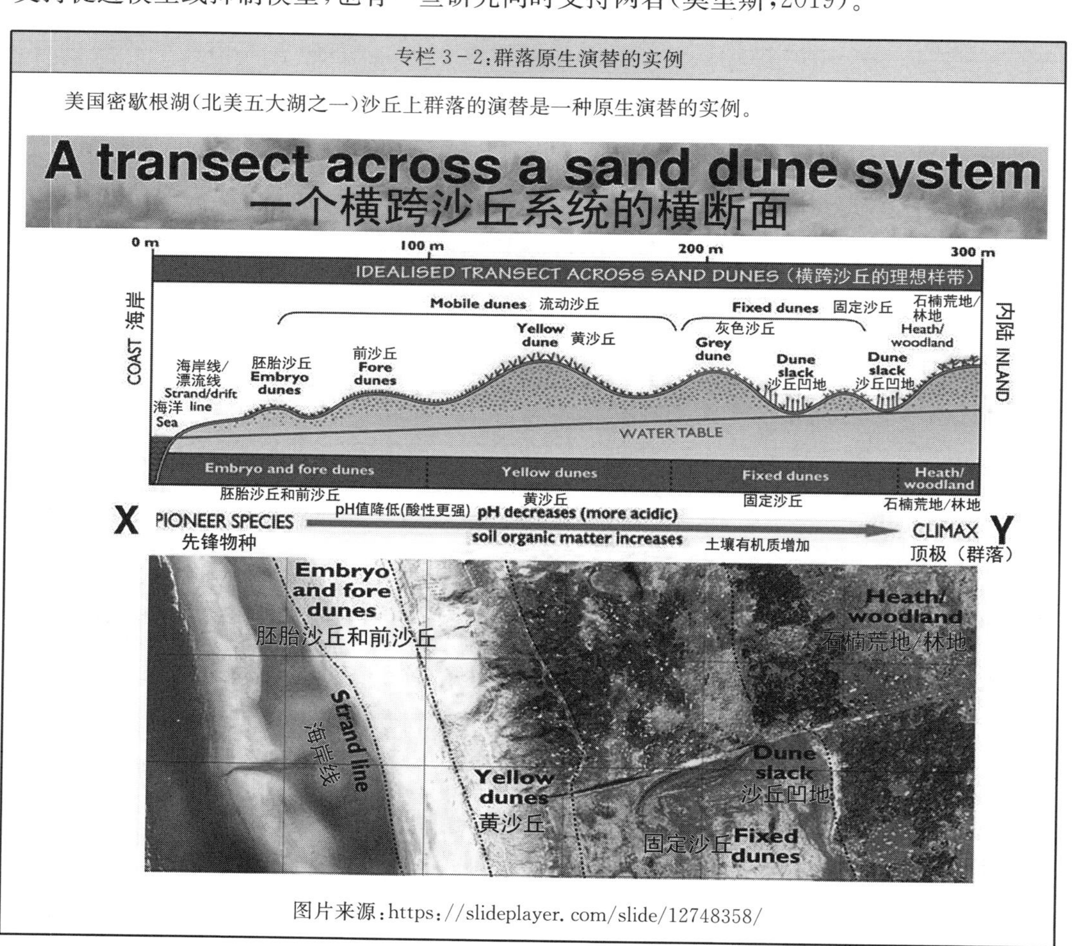

图片来源：https://slideplayer.com/slide/12748358/

由于沙丘是湖水退却后逐渐暴露出来的，因此，沙丘上的基质条件是原生裸地性质的，从未被任何生物群落占据过。沙丘上的先锋群落由一些先锋植物包括沙茅草（*Ammophila*）、冰草（*Agropyron*）、沙柳（*Salix*）等和无脊椎动物（如虎甲、穴蛛和蝗虫等）构成。随着沙丘暴露时间的加长，它上面的先锋群落依次为松柏林、黑栎林、栎一山核桃林所取代，最后发展为稳定的山毛榉一槭树林群落。群落演替开始于干燥的沙丘之上，最后形成冷湿型群落环境，形成富有深厚腐殖质的土壤，土壤中出现了蜗牛和蚯蚓。在此发展过程中，不同演替阶段上的动物种群是不一样的。少数动物可以跨越两个或3个演替阶段，更多的则是只存留一个阶段便消失了。整个演替过程十分缓慢，据估计，从裸露的沙丘到稳定的森林群落（山毛榉一槭树林），大约经历了1 000年的历史。

3.1.3 生物多样性理论

生物多样性（biodiversity）是近年来生物学与生态学研究的热点问题。生物的生态适应与生态进化导致生物多样性产生。一般的定义是“生命有机体及其赖以生存的生态综合体的多样化（variety）和变异性（variability）”。按此定义，生物多样性是指生命形式的多样（从类病毒、病毒、细菌、支原体、真菌到动物界与植物界），各种生命形式之间及其与环境之间的多种相互作用，以及各种生物群落、生态系统及其生境与生态过程的复杂性。此外，生物多样性也可被定义为“生物及其环境形成的生态复合体以及与此相关的各种生态过程的总和”。因此生物多样性包括所有植物、动物和微生物的所有物种和生态系统，以及物种所在生态系统中的生态过程（王光军等，2015）。

生物多样性表现在基因多样性、物种多样性、生态系统多样性和景观多样性等多个层次，而各层次的多样性又是相互联系的。生命自其产生以来，生存环境一直处在不可逆的变化之中，向着多维化方向发展，为生物多样性提供了环境基础。而其自身的多样化，使得单个个体本身内部环境日趋复杂，个体、种群间互为环境，形成的生态系统也进一步加大了环境的多维化，因此生物向着以自身遗传物质为基础，在生物要求的和能适应的环境作用下产生多样性方向进化。生物多样性是生物资源丰富多样的标志。生物资源提供了地球生命的基础，包括人类赖以生存和发展的物质基础。

保护生物多样性，首先是保护地球上的种质资源，同时恢复生物多样性会增加生态系统功能过程的稳定性。具体来说，生物多样性高的生态系统有以下优势（车生泉等，2013）：a. 多样性高的生态系统内具有高生产力种类出现的机会增加。b. 多样性高的生态系统内，营养的相互关系更加多样化，能量流动可选择的途径多，各营养水平间的能量流动趋于稳定。c. 多样性高的生态系统被干扰后对来自系统外物种入侵的抵抗力增强。d. 多样性高的生态系统内某一个种所有个体间的距离增加，植物病体的扩散降低。e. 多样性高的生态系统内，各个种类充分占据已分化的生态位。因此，系统对资源利用的效率有所提高。

然而，目前自然界不少基因、物种、生境正在迅速消失。因此，保护生物的多样性尤为迫切。生物多样性是生命在地球上40多亿年进化的结果，任何物种都不能永远生存下去。科学研究表明，一种生物从诞生到灭绝的平均寿命是500万年左右。《科学进展》杂志指出，过去5.4亿年间，地球上共发生了5次大规模的物种灭绝事件，每次灭绝事件中至少有80%以上的当时生活的物种消失了；而现在我们正处在第六次生物大灭绝的时期，且目前的物种灭绝速度比自然灭绝速度快了1 000倍，比物种形成速度快100万倍。人类出现以前发生的灭绝主要是环境改变的结果，而近代物种灭绝的事件中，超过99%是由人类活动造成的。威胁生物多样性的主要因素包括生境破坏、生境破碎化、生境退化（包括污染）、全球气候变化、外来物种入侵以及疾病的不断扩散。多数受威胁的物种和生态系统，面临至少两个或两个以上的威胁因素，多重因素交互作用加快了物种灭绝的速度，阻碍了生物多样性的保护。

生态恢复中应最大限度地采取技术措施，通过引进新物种、配置好初始种类组成、种植先锋植物、进行肥水管理，加快恢复与地带性生态系统（结构和功能）相似的生态系统；同时利用就地保护的方法，保护自然生境里的生物多样性，促进人类对资源的可持续利用。具体而言，生物多样性保护的具体策略按照被保护物种是否离开原栖息地可以分为就地保护（通过设置各种类型的保护区，对有价值的自然生态系统和野生生物及其栖息地进行保护）和迁地保护（当一个物种的数量极低，或者物种原有的生存环境被自然或者人为因素破坏甚至不复存在时，就需要进行人工繁育和迁地保护）。

专栏 3-3：全球生物多样性丧失的威胁与评估

世界自然基金会（World Wildlife Fund，WWF）每两年发布一次的"地球生命力报告"（Living Planet Report，LPI）记录了地球现状，包括生物多样性、生态系统和对自然资源的需求，以及这对人类和野生动物意味着什么。该报告汇集了各种研究成果，提供了对地球健康状况的全面认识。

世界自然基金会使用地球生命力指数（Living Planet Index，LPI）衡量世界范围内的生物多样性，利用4 000多个不同物种数据，追踪全球哺乳动物、鸟类、鱼类、爬行动物和两栖动物丰度，量化了1970—2016年各地区平均下降情况：

排序	地区	平均下降程度
1	拉丁美洲及加勒比地区	94%
2	非洲	65%
3	亚太地区	45%
4	北美	33%
5	欧洲和中亚	24%

虽然创建一个详尽的清单很有挑战性，但世界自然基金会已经确定了五个主要威胁，并显示了每个威胁在所有地区的平均影响比例：

威胁	比例(所有地区的平均水平)
栖息地退化	50%
过度利用	24%
入侵物种和疾病	13%
污染	7%
气候变化	6%

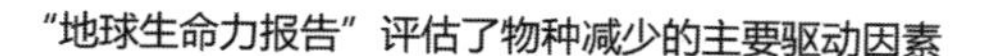

"地球生命力报告"评估了物种减少的主要驱动因素

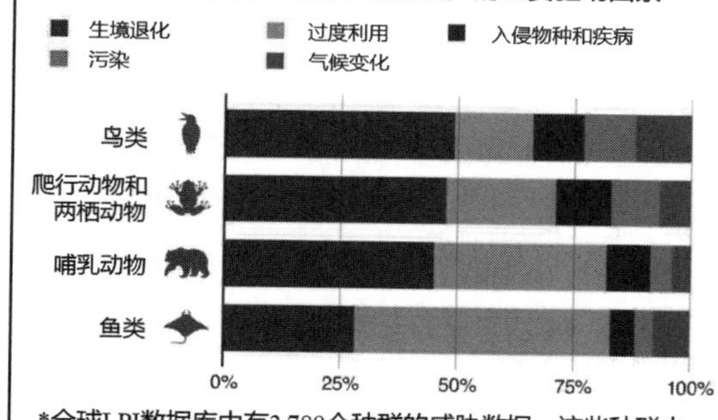

*全球LPI数据库中有3 789个种群的威胁数据。这些种群中的每一个都可能与三种不同的威胁有关。总共记录了6 053起威胁事件。

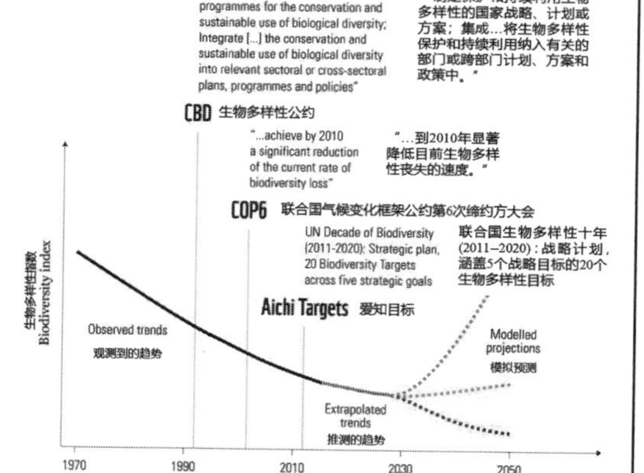

图片来源：http://www.worldwildlife.org/pages/living-planet-report-2018

在 WWF 的《2018 年地球生命力报告》（Living Planet Report 2018）中，指出人类正在把地球推向毁灭的边缘（We are pushing our planet to the brink）。人类活动——我们如何摄食、改善和投资我们的生活——正在给野生动物、野生环境和我们生存所需的自然资源造成前所未有的损失（Human activity—how we feed, fuel, and finance our lives—is taking an unprecedented toll on wildlife, wild places, and the natural resources we need to survive.）。该报告指出，在短短 40 多年里，哺乳动物、鸟类、鱼类、爬行动物和两栖动物的种群数量平均下降了惊人的 60%。报告中确定物种面临的最大威胁与人类活动直接相关，包括栖息地丧失和退化，以及过度捕捞和过度狩猎等过度使用野生动物资源。该报告就人类活动对世界野生动物、森林、海洋、河流和气候的影响提出了一幅发人深省的图景——我们面临着一个迅速关闭的行动窗口，迫切需要每个人共同重新思考和重新定义我们如何重视、保护和恢复自然（We are facing a rapidly closing window for action and the urgent need for everyone—everyone—to collectively rethink and redefine how we value, protect, and restore nature.）。

WWF美国分会主席兼首席执行官卡特·罗伯茨（Carter Roberts）说："这份报告向人类发出了警告。对人类生存至关重要的自然系统——森林、海洋和河流——仍在衰退。世界各地的野生动物数量继续减少。它提醒我们需要改变方向。现在是时候平衡我们的消费和自然的需求，保护我们唯一的地球家园了。"

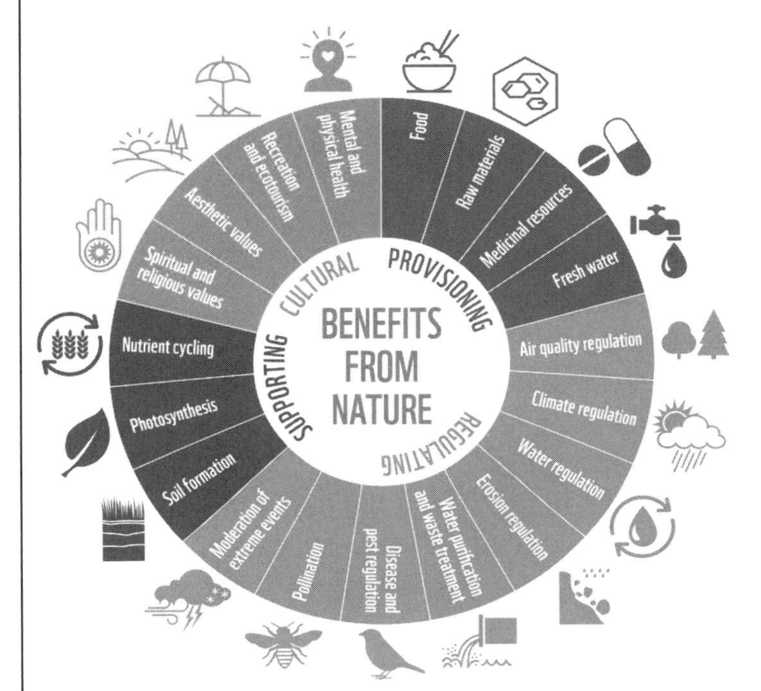

"Biodiversity and nature's contributions to people sound, to many, academic and far removed from our daily lives. Nothing could be further from the truth-they are the bedrock of our food, clean water and energy. They are at the heart not only of our survival, but of our cultures, identities and enjoyment of life. The best available evidence, gathered by the world's leading experts, points us now to a single conclusion: we must act to halt and reverse the unsustainable use of nature - or risk not only the future we want, but even the lives we currently lead. Fortunately, the evidence also shows that we know how to protect and partially restore our vital natural assets."

—— Sir Robert Watson, chair of IPBES

"对许多人来说，生物多样性和自然对人类的贡献听起来像是学术性的，与我们的日常生活相去甚远。它们是我们食物、清洁水和能源的基石。它们不仅是我们生存的核心，也是我们文化、身份和生活乐趣的核心。世界顶尖专家收集的最佳证据让我们得出一个简单的结论：我们必须采取行动，制止和扭转对自然的不可持续利用，否则不仅会危及我们想要的未来，甚至危及我们目前的生活。幸运的是，这些证据还表明，我们知道如何保护和部分恢复我们的重要自然资产。"

——IPBES主席罗伯特·沃森先生

注：IPBES全称为"The Intergovernmental Science-Policy Platform on Biodiversity and Ecosystem Services"，即生物多样性和生态系统服务政府间科学政策平台。

图片来源：http://www.worldwildlife.org/pages/living-planet-report-2018

3.1.4 生态系统服务（与人类福祉）理论

生态系统服务（ecosystem services）是指生态系统与生态过程所形成及所维持的人类赖以生存的自然环境条件与效用（Daily，1997）。它不仅为人类提供了食品、医药及其它生产生活原料，还创造与维持了地球生态支持系统，形成了人类生存所必需的环境条件。生态系统服务的内涵可以包括有机质的合成与生产、生物多样性的产生与维持、调节气候、营养物质贮存与循环、土壤肥力的更新与维持、环境净化与有害有毒物质的降解、植物花粉的传播与种子的扩散、有害生物的控制、减轻自然灾害等许多方面（欧阳志云等，2000）。

生态服务分类系统将主要服务类型归纳为提供产品（供给）、调节、文化和支持4个功能组。产品提供功能是指生态系统生产或提供的产品；调节功能是指调节人类生态环境的生态系统服务功能；文化功能是指人们通过精神感受、知识获取、主观映像、消遣娱乐和美学体验从生态系统中获得的非物质利益；支持功能是保证其他所有生态系统服务功能提供所必需的基础功能。区别于产品提供功能、调节功能和文化服务功能，支持功能对人类的影响是间接的，或者通过较长时间才能发生的，而其他类型的服务则是相对直接和短期影响于人类的。

根据生态系统服务的特点，可将其细分为以下具体服务项目："气体调节，即大气化学成分调节"；"气候调节，即全球温度、降水及其他由生物媒介的全球及地区性气候调节"；"干扰调节，即生态系统对环境波动的容量、衰减和综合反应"；"水调节，即水文流动调节"；"水供应，即水的储存和保持"；"控制侵蚀和沉积物，即生态系统内的土壤保持"；"土壤形成，即土壤形成过程"；"养分循环，即养分的储存、内循环和获取"；"废物处理，即易流失养分再获取，过多或外来养分、化合物的去除或降解"；"传粉，即有花植物配子的运动"；"生物防治，即生物种群的营养动力控制"；"避难所，即为常居和迁徙种群提供生境"；"食物生产，即总初级生产中可用为食物的部分"；"原材料，即总初级生产中可用为原材料部分"；"基因资源，即独一无二的生物材料和产品的来源"；"休闲娱乐，即提供休闲旅游活动机会"；"文化，即提供非商业性用途的机会"。

2001 年 6 月 5 日，联合国秘书长安南宣布启动为期 4 年(2001—2005 年)的国际合作项目——千年生态系统评估(Millennium Ecosystem Assessment，MA)。这是在全球范围内第一个针对生态系统及其服务与人类福祉之间的联系，通过整合各种资源，对各类生态系统进行全面、综合评估的重大项目。它要解决的核心问题包括：生态系统及其服务在过去是怎样变化的？造成这些变化的原因是什么？这些变化是怎样影响人类福祉的？未来生态系统将会怎样变化？未来的这些变化将会对人类福祉造成什么影响？为了加强对生态系统的保护与可持续利用，进而提高它们对人类福祉的贡献，人类具有哪些选择？围绕这些问题，MA 在全球尺度及亚全球尺度上对世界生态系统进行了评估(MA，2005；赵士洞等，2006)。

专栏 3-4：千年生态系统服务评估(MA)的概念框架

MA 指出生态系统服务是指人类从生态系统获得的各种收益，包括对人类具有直接影响的供给服务、调节服务与文化服务，以及维持这些服务所必需的支持服务。

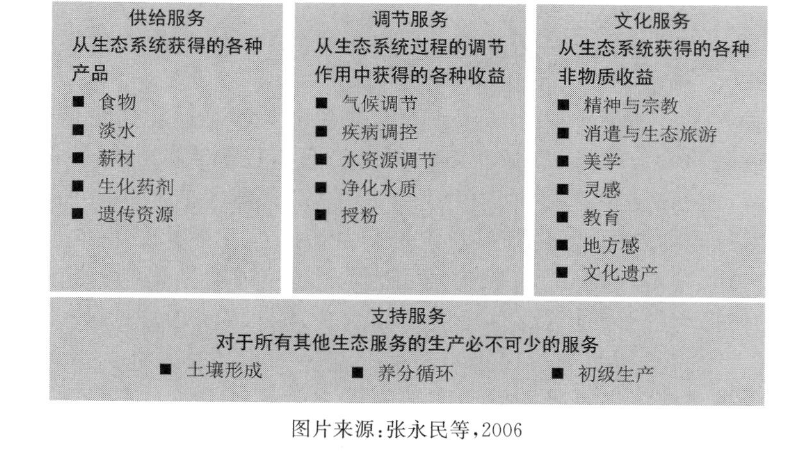

图片来源：张永民等，2006

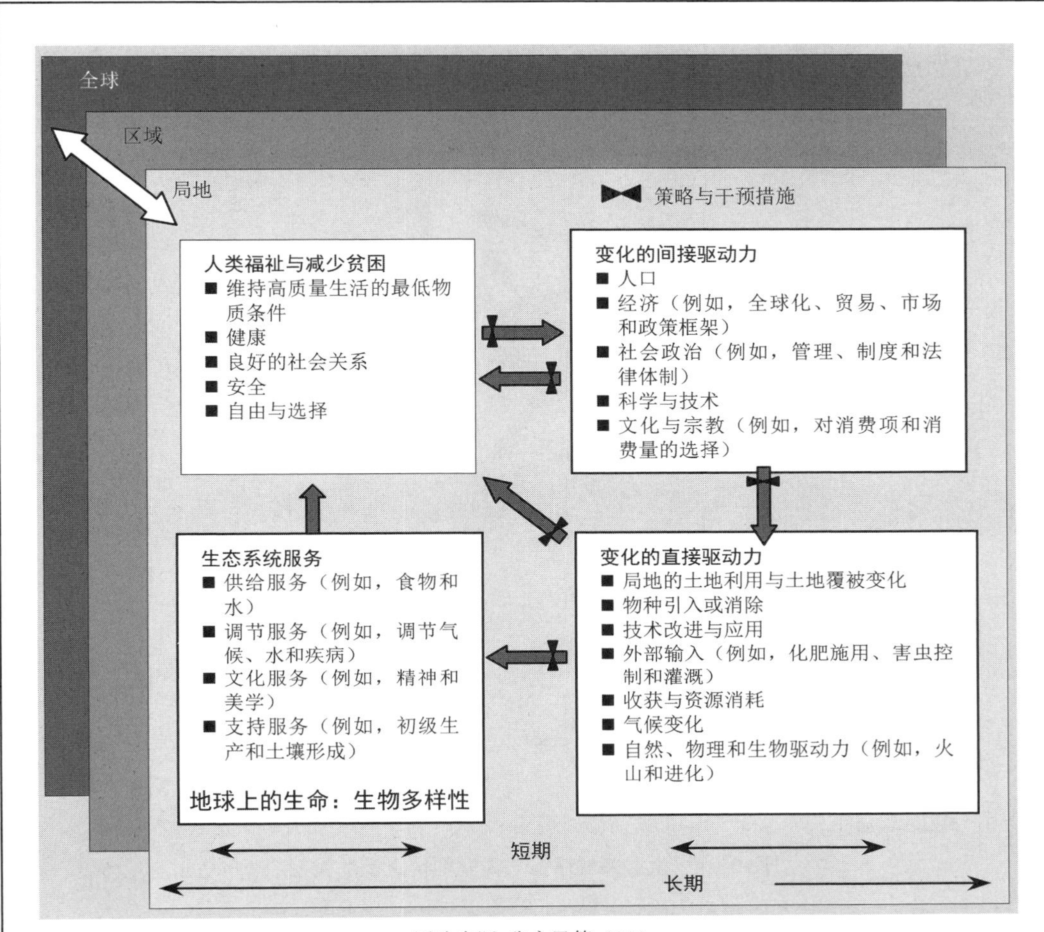

图片来源：张永民等，2006

生态系统间接驱动力的变化，比如人口、技术和生活方式等（上图的右上角），可以导致其直接驱动力发生变化，比如渔场捕鱼或为提高食物生产而进行的施肥等（右下角）。驱动力引起的生态系统变化（左下角）可以导致生态系统服务发生改变，从而对人类的福祉状况产生影响。以上这些相互作用可能会发生于不止一个尺度上，而且可以跨越多个尺度。例如，全球市场的作用可能导致森林覆被出现区域性丧失，森林覆被的丧失则又会增强相关河流局部河段的洪水量。同样，这些相互作用还可以跨越不同的时间尺度。根据具体情况，在MA框架中的几乎所有环节上（以黑色的横杠进行标示），人们都可以采取行动削弱消极的变化或者增强积极的变化。

MA的一项亚全球评估（sub-global assessments）利用上述概念框架，研究亚全球的生态系统状况、变化情景及对策，并同意执行MA制定的关于同行评审、数据处理、利益相关方参与及知识产权的一套标准。

MA明确指出，揭示生态系统服务与人类福祉间的相互关系是其主要目标。为了开展评估工作，MA将以往称之为生态系统的产品和服务统称为生态系统服务，并将其归纳为支持、供给、调节和文化4个方面，使其更贴切、明晰；将人类福祉组成要素定义为安全、维持高质量生活的基本物质需求、健康、良好的社会关系和选择与行动的自由5个方面（MA，2005）。在此基础上，MA创造性地提出了生态系统服务与人类福祉各个要素之间的相互关系（图3-4）。图中箭头的宽窄表示生态系统服务与人类福祉要素之间联系的强弱，而箭头颜色的深浅则表示通过社会经济因素对以上联系进行调节能力的大小。如对于某种退化了的生态系统服务，如果可以在市场上购得其替代产品的话，那么就可以通过社会经济因素调节该服务对人类福祉的影响程度（MA，2005；赵士洞等，2006）。

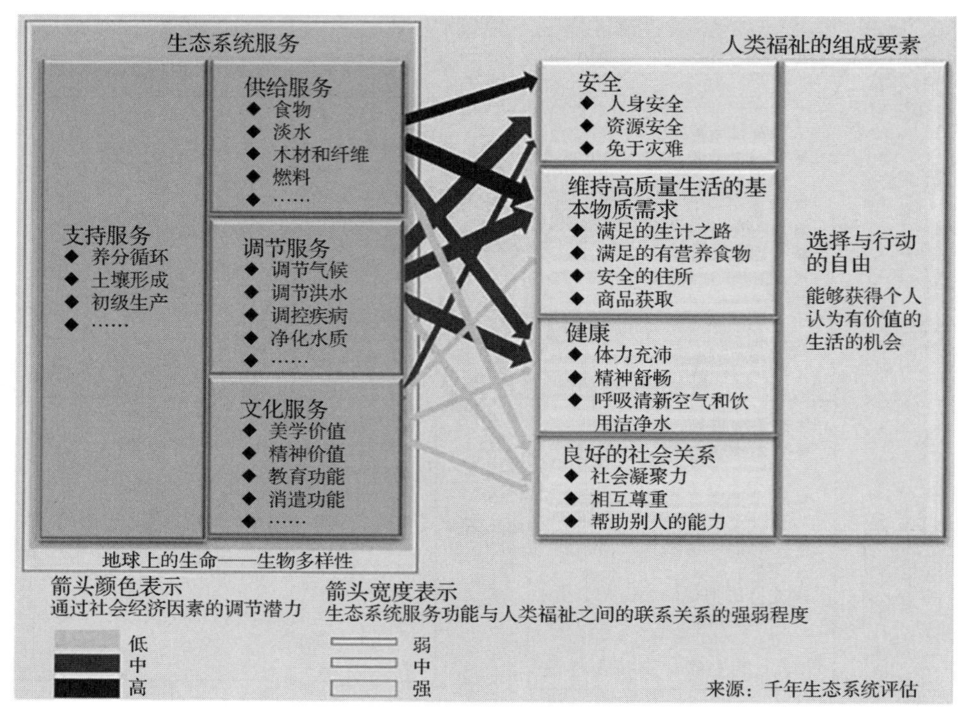

图 3-4　生态系统服务与人类福祉之间的关系

（引自：MA，2005）

传统的生态学没有将人类作为生态系统的一个组分，没有将人类活动对生态系统的影响作为其重要的研究内容，更没有研究生态系统与人类福祉之间的相互关系。自 20 世纪中期以来，随着人类活动的强度急剧增强，影响范围迅速扩展，人们逐渐认识到人类活动对生态系统的格局和过程产生了决定性的影响。在这种背景下，研究人类活动与生态系统变化之间的相互关系就成了生态学研究的一个重点领域。进入 21 世纪后，人类共同的目标是在全球范围内实现社会经济的可持续发展。由于生态系统是地球生命支持系统的基本组成要素，生态系统所提供的各种服务是人类生存和社会经济发展的根本保障，所以研究生态系统与社会经济发展间的相互关系自然就成了全社会关注的重要问题。MA 明确定义了生态系统与人类福祉的定义，阐明了生态系统与人类福祉间的相互关系，并提出了研究生态系统与人类福祉间相互关系的途径与方法，这极大地丰富了生态学研究的内涵，是对生态学发展的重要贡献。MA 的启动，标志着生态学进入了一个以研究生态系统与人类福祉为核心内容，为建立以人为本、社会经济可持续发展的和谐社会服务为目标的新阶段（赵士洞等，2006）。

在生态规划中，生态系统服务理论对生态资源环境的评价、生态功能分区、生态价值评估、生态补偿价格的确定，以及对生态环境保护措施制定、生态规划方案的实施等均具有重要的指导意义（车生泉等，2013）。生态系统服务理念能够有效地帮助规划者和公众定量地了解生态系统服务的价值，从而提高公众对生态系统服务的认识程度与生态环境意识，最终有助于人们对生态规划方案的理解、制订与实施。传统的生态环境与资源评价仅对其自然属性进行评价，而忽视了对其经济价值的评价。同时，常规的国民经济核算体系以国民生产总值或国内生产总值作为主要指标，它只重视经济产值及其增长速度的核算，而忽视国民经济赖以发展的生态资源基础和环境条件，只体现生态系统为人类提供的直接产品的价值，而未能体现其作为生命支持系统的间接价值。

因此，传统的自然资源与生态环境的自然属性评价体系以及常规的国民经济核算体系必然会对经济社会发展和自然资源与生态环境利用产生不良导向作用。其结果是，一是使国民经济产值的增长带有一定的虚假性，夸大了经济效益；二是忽视了作为未来生产潜力的自然资本的耗损贬值和环境退化所造成的损失（负效益）；三是损毁了经济社会赖以发展的资源基础和生态环境条件，使经济社会的持续健康发展难以为继。生态系统服务价值评价为纠正这种偏向提供了一条有效途径。此外，通过区域生态系统服务的定量化研究，能够确切地识别区域内不同类型生态系统的重要性，发现区域内生态系统的敏感性及空间分布特征，确定优先保护的生态系统和优先保护区，为生态功能区的划分和生态建设规划提供科学的依据。

3.2　景观生态学的相关理论

3.2.1　岛屿生物地理学理论

岛屿生物地理学（island biogeography）把物种或种群定居和灭绝以基本过程对待，用于探讨决定岛屿物种丰富程度的影响因素。岛屿有着许多显著特征，如地理隔离、生物类群简单等。这些特点为岛屿生物学特征的重复性研究和统计学分析提供了基础条件，为发展和检验自然选择、物种形成及演化，以及生物地理学及生态学领域的理论和假设提供了相对简化的自然环境——天然的实验室（邬建国，2007）。在假设的岛屿自然环境中，有比较明确的“边界”、不受人为干扰的“体系”、内部相对均一的“介质”、外部差异显著的“邻域”，这不仅符合海洋周围真实的岛屿，而且对于许多大小、形状和隔离程度不同的岛屿状生境，如孤立的山峰，或者具有象征意义的“假岛”，如沙漠中的绿洲、城市包围的山林、陆地中的水体、自然保护区等都成立（傅伯杰等，2011）。岛屿生物地理学理论（island biogeography theory）的应用之广、影响之深、争议之多，都是其他生态学理论难以比拟的（Wu et al.，1995；邬建国，2007）。

（1）岛屿生物地理学的主要理论

岛屿生物地理学的核心是研究物种丰富度与面积及岛屿隔离程度的静态和动态关系（邬建国，1990）。一般认为，在生物群落中，物种的多度呈对数正态分布，而物种的丰富度则随面积增加呈单调增加趋势。广泛采用由弗兰克·普雷斯顿（Frank Preston）提出的物种—面积方程进行表达（Preston，1962）：

$$S=cA^z \qquad 式(3-3)$$

即

$$\log S = \log c + z\log A \quad \text{式}(3-4)$$

式中，S 为物种多样性(物种数目，即丰富度)；A 为生物物种存在的空间面积；c 和 z 为正常数；c 与生物地理区域有关的拟合参数，反映地理位置变化对物种丰富度的影响；z 的理论值为 0.263，通常在 0.18～0.35 之间变化；c 和 z 的值通常采用线性回归方程获得。

然而，上述方程仅仅局限于“物种—面积”关系的揭示，缺乏对两者机理的解释力，且这里的关系本身还存在着一些基本的难以克服的因素(傅伯杰等，2011)。这些因素包括，地球表面的非均一性；景观随着空间范围呈现的异质性差异；生物物种的固有特性以及对于最适宜源地的选择；物种驯化的有限性及保持遗传的能力；物种与环境的协调性，包括物种对环境变化的自适应能力，它的“锻炼”与“忍耐”程度的差异等，所有这些因素都对“物种—面积”方程有着巨大影响，尚未被考虑。现实中，这一经验方程的适用性也受到了严峻挑战，诸多经由实地观测数据推算出来了结果发生了严重背离。

专栏 3-5：岛屿生物地理学理论及研究案例

岛屿生物地理学是生物地理学中的一个领域，它研究孤立的自然群落中物种丰富度和多样性的影响因素。该理论最初是为了解释海岛上的物种—面积关系的模式而发展起来的。现在，该学科研究的“岛屿”可以指任何(在当前或过去)被异质的生态系统包围而孤立的生态系统，其范畴已扩展至山峰、海底山、绿洲、破碎的森林，甚至因人类的土地开发而孤立的自然栖息地。该领域由生态学家罗伯特·赫尔默·麦克阿瑟(Robert Helmer MacArthur)和爱德华·奥斯本·威尔逊(Edward Osborne Wilson)于 1960 年代肇始，他们在普林斯顿种群生物学专著系列的开篇之作中提出了“岛屿生物地理学”一词，这一专著系列试图预测一个新的岛屿上将会出现的物种数量。

1969 年，威尔逊和他的学生丹尼尔·森博洛夫(Daniel Simberloff)的研究成果“Experimental Zoogeography of Islands: The Colonization of Empty Islands”(Simberloff et al.，1969)，介绍了他们在佛罗里达礁岛群的红树林群岛对岛屿生物地理学理论进行的实验检验。他们调查了几个红树林岛上的物种丰富度。这些岛屿被甲基溴熏蒸以清除节肢动物群落。熏蒸后，他们监测了物种迁入岛上的情况。一年之内，这些岛屿被重新定殖到熏蒸前的水平。然而，辛伯洛夫和威尔逊认为，最后的物种丰富度在准均衡中振荡。如岛屿生物地理学理论所预测的那样，靠近大陆的岛屿恢复得更快。由于各个岛屿大小相似，他们没有检验岛屿大小的影响。

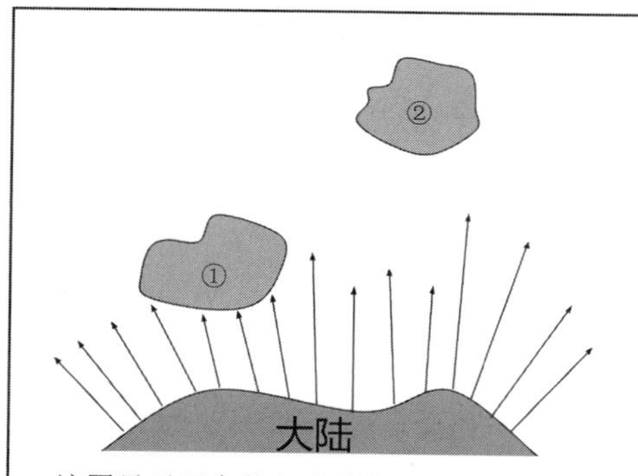

该图显示了岛屿与大陆的距离对物种丰富度的影响。两个岛的大小大致相同。岛屿①接收到更多的生物随机扩散，而岛屿②由于距离较远，接收到的生物随机扩散较少。

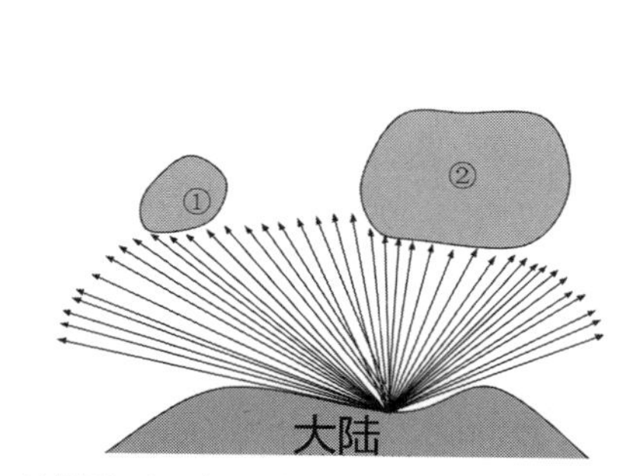

该图显示了岛屿大小对物种丰富度的影响。图中有与大陆距离相等的两个岛屿。岛屿①接受的生物随机扩散较少，而岛屿②接受了更多的箭头，表示能接受更多生物体的随机扩散。

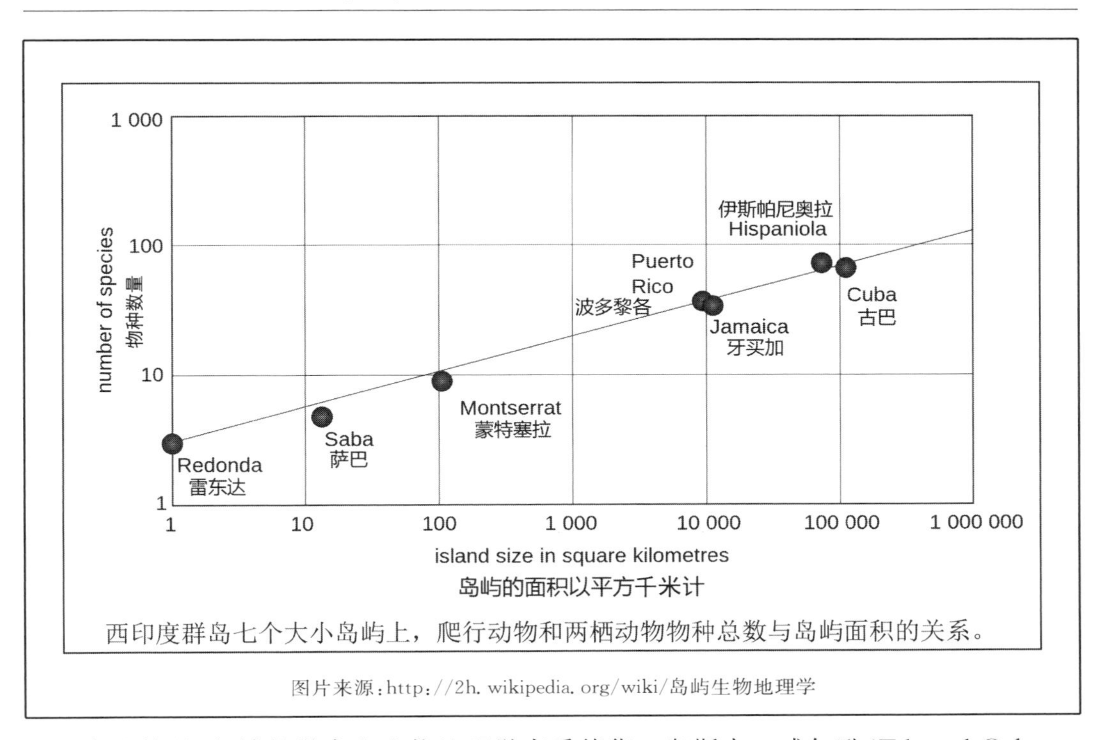

西印度群岛七个大小岛屿上，爬行动物和两栖动物物种总数与岛屿面积的关系。

图片来源：http://2h.wikipedia.org/wiki/岛屿生物地理学

在此情况下，博物学家和生物地理学家爱德华·奥斯本·威尔逊（Edward Osborne Wilson，1929—2021 年）与数学生态学家罗伯特·赫尔默·麦克阿瑟（Robert Helmer MacArthur，1930—1972 年）适时地提出了“均衡理论”（equilibrium theory），综合了“物种——面积”关系而试图以一种更深入的动态原则去弥补这一分析上的缺陷。麦克阿瑟和威尔逊就岛屿生物地理学理论，首次从动态方面阐述了物种丰度与面积及隔离程度之间的关系，认为岛屿的物种丰度取决于两个过程：物种迁入（immigration）和绝灭（extinction）（MacArthur et al.，1963，1967）。这两个过程的消长导致了物种丰度的动态变化，而迁入率和灭绝率与岛屿的面积及隔离程度有关。

在任何岛屿上，生态位或生境的空间有限，将导致在已定居物种数越多的情况下，新迁入物种能够成功定居的概率就越小，而已定居物种的灭绝概率则越大。因此，于某一岛屿而言，迁入率和绝灭率将随岛屿中物种丰富度的增加而分别呈现下降和上升趋势（图 3-5）。当迁入率与绝灭率相等时，岛屿物种丰富度达到动态平衡状态，此时物种组成仍在不断更新，但丰富度数值保持相对不变。物种周转率（turnover rate）或更替率（replacement rate）通常是指单位时间内原有物种被新物种取代的数目。因此，理论上在动态平衡时物种的周转率在数值上等于物种迁入或绝灭率。

然而，就不同岛屿而言，其种迁入率随与大陆种库（物种迁入源）的距离而下降。这一不同种在传播能力上的差异和岛屿隔离程度相互作用所导致的现象称为“距离效应”；与此同时，岛屿面积越小，种群则越小，而由随机因素引起的种绝灭率增加的现象则称为“面积效应”。由此可见，处于不同地理位置，具有不同面积大小的岛屿将会有一个特有的平衡状态下的物种丰富度。

总体而言，岛屿生物地理学理论认为：

a. 面积越大，种绝灭率越小；面积越大生境多样性越大，因此物种丰富度也越大；

b. 隔离程度越高，种迁移率越低，物种丰富度越低；

c. 面积大且隔离度低的“岛屿”具有较高的平衡种丰富度的功能；

d. 面积小而隔离度高的“岛屿”具有较高的种周转率（species turnover rate）。

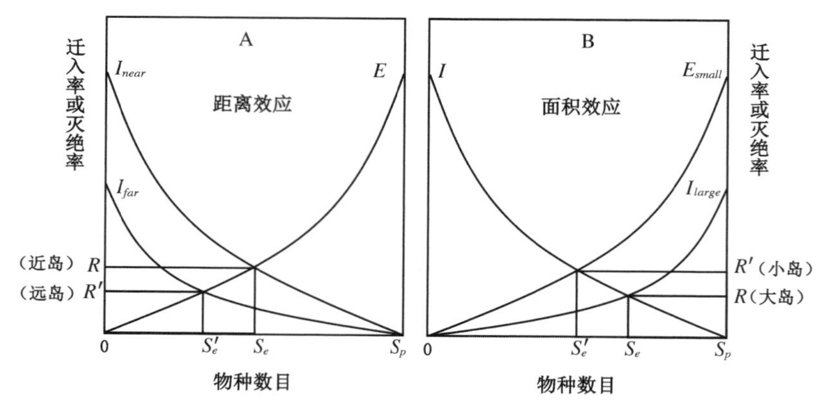

图 3-5　岛屿生物地理学理论图示

（引自：Wu et al.，1995）

注：岛屿上的物种数目由两个过程决定：物种迁入率和绝灭率；离大陆越远的岛屿的物种迁入率越小（距离效应，A）；岛屿的面积越小其绝灭率越大（面积效应，B）。因此，面积较大而距离较近的岛屿比面积较小而距离较远的岛屿的平衡态物种数目（S_e）要大。面积较小和距离较近的岛屿分别比面积较大而遥远的岛屿的平衡态物种周转率（R）要高。I——迁入率；E——绝灭率；R——平衡点物种周转率；S_e——平衡点的物种数目；S_p——定居库中的物种数目。

（2）岛屿生物地理学理论的数学模型

对于某一“岛屿”而言，岛屿生物地理学理论（MacArthur-Wilson 理论）的数学模型可用下列一阶常微分方程表示：

$$\frac{\mathrm{d}S(t)}{\mathrm{d}t}=I(s)-E(s) \qquad \text{式(3-5)}$$

式中，$S(t)$表示 t 时刻的物种丰度，I 是迁入率，E 是绝灭率。

通过修改物种迁入率和绝灭率的数学表达式，该模型可同时包括面积效应和距离效应（邬建国，1989，2007）。例如，迁入率和绝灭率分别表示为两个函数的乘积（Gilpin，Diamond，1976）：

$$\frac{\mathrm{d}S}{\mathrm{d}t}=I(S,D,A)-E(S,A) \qquad \text{式(3-6)}$$

$$\frac{\mathrm{d}S}{\mathrm{d}t}=i(D,A)h(S)-e(A)g(S) \qquad \text{式(3-7)}$$

式中，S 为新迁入的物种数，D 为距离，A 为面积，i、h、e 和 g 分别表示与括号中变量有关的函数。$i(D,A)$表示距离效应和“目标效应”（定义见后），而 $e(A)$表示面积效应。Gilpin 等（1976）根据对所罗门（Solomon）群岛 52 个岛屿的鸟类研究，对 13 组描述迁入率和绝灭率与岛屿种丰富度、面积及其隔离程度关系的数学模型进行了逐对检验，其中与实验数据吻合最佳的是下列参数表达式：

$$I(S,D,A)=\left(1-\frac{S}{S_{\mathrm{p}}}\right)^{m}\exp\left(\frac{-D^{y}}{D_{0}A^{v}}\right) \qquad \text{式(3-8)}$$

$$E(S,D)=\frac{RS^{n}}{A} \qquad \text{式(3-9)}$$

式中，S_P 为大陆种库大小；m、n、y、v、R 和 D_0 均为用统计方法获得的参数。

MacArthur-Wilson 理论假定迁入率与绝灭率是相互独立的，但实际上并非完全如此（邬建国，1989，2007）。同种个体的不断迁入，以及伴随的遗传变异能力的增加，可能减小岛屿种群的绝灭率。该现象称为"援救效应"(rescue effect)。因此，隔离距离不仅会影响迁入率，而且会影响到绝灭率。另一方面，由于岛屿面积越大，其截获传播种的概率就越大，因此，面积不仅影响绝灭率，同时还会影响迁入率。这一现象称为"目标效应"(target effect)。

(3) 岛屿生物地理学理论的应用与局限

岛屿生物地理学理论的提出和迅速发展是生物地理学领域的一次革命(Gilpin，1990)。该学说的产生和发展丰富了生物地理学理论和生态学理论，促进了人们对生物多样性地理分布与动态格局的认知与理解（邬建国，2007）。尽管该理论在定量方面的应用还存在一定的局限性，但其在定性方面的合理应用具有很大的启发性。例如，该理论对异质环境中种群动态模型的发展有着显著促进作用。尤其是在 20 世纪 80 年代兴起的景观生态学中，岛屿生物地理学理论受到了极大的关注，在景观研究中得以广泛应用，如森林景观管理等。Forman 等（1986）试图将景观斑块的物质多样性与斑块的结构特征及其他因素联系起来，即：$S=f$（生境多样性，干扰，面积，年龄，基底异质性，隔离程度，边界特征）。作为一个概念框架，岛屿生物地理学理论构成了景观生态学的重要理论基础，同时也必将对于生态规划等领域研究持续发挥启发与指导作用。

当然，长期以来，围绕着岛屿生物地理学理论是否具有预测性的问题存在着大量争议也不容忽视。需指出，该理论把岛屿的几乎所有生物学特征都简化为一个变量，即物种的数量，并只关注其与面积，不考虑同一物种内部个体的大小与数量，而这恰恰是种群生物学的最本质特征之一，也是物种适应异质性环境的结果（赵淑清等，2001）。尽管在某种程度上种群与面积关系已经反映了对环境异质性的量度，而其作为该理论的核心内容，也体现了麦克阿瑟和威尔逊对环境异质性的认识。但是，环境异质性的量度并非均匀地随面积增加而增加，因此物种与面积关系也难以准确反映环境异质性（赵淑清等，2001）。可以说，这是该理论对于指导生物多样性保护的最大缺憾，但反过来又是该理论得以提出并被广泛探讨的原因之一。因为，环境异质性本身是一个复杂问题，加之与物种发生和群落格局等相结合，定量化描述起来就更加困难（赵淑清等，2001）。

此外，岛屿生物地理学理论的另一局限在于，认为决定岛屿物种平衡的主要过程是随机的，且对所有物种都是均等的。该理论也没有考虑决定岛屿种群结构特征的重要生态学因素，如竞争、捕食、互惠共生和进化等（韩兴国，1994），而且存在着一个永不绝灭的大陆种群假定。显然，这些都难以成立。因此，从事生物多样性保护与生态规划相关研究人员，要正确理解岛屿生物地理学理论的精髓，考虑其产生的特定范畴与应用条件，不能生搬硬套。

3.2.2　复合种群理论

(1) 复合种群的概念

在以均质种群为研究对象的传统种群理论中，种群生境被假定为具有空间连续性和质量均匀性，且所有个体呈现随机或均匀分布，个体之间有着同等的相互作用的机会。

但随着生物地理学家和生态学家广泛意识到生境在时间和空间上的异质性对种群动态、群落结构以及物种多样性和群内遗传多样性有着重要影响，一个十分重要的生境空间异质性理论，即复合种群（metapopulation）理论由美国著名生态学家理查德·莱文斯（Richard Levins）在1970年创建（Levins，1970）。

复合种群是指“由经常局部性绝灭，但又重新定居而再生的种群所组成的种群”。换而言之，复合种群是由空间上彼此隔离，但在功能上又相互联系的两个或以上的亚种群或局部种群组成的种群斑块系统（邬建国，2007）。亚种群之间的功能联系主要是指生境斑块间的繁殖体或生物各种的交流。亚种群所处生境斑块中，而复合种群的生境则对应于景观斑块镶嵌体，具有空间复合体的异质性特征（邬建国，2007）。这里需要指出，复合种群理论与岛屿生物地理学理论有着千丝万缕的联系及深厚的渊源。相关研究对两者基本假设、过程范式和核心思想等进行了对比（高增祥等，2007）。

关于“metapopulation”一词在国内已有几种不同的翻译方式，如碎裂种群、超种群、组合种群、异质种群、集合种群等（叶万辉等1995；傅伯杰等，2011）。根据信、达、雅的翻译原则，邬建国（2007）在其著作中提出了不同译法的疏漏，更倾向于“复合种群”的概念，并进一步分析了关于复合种群定义的两种划分：其一是狭义的传统定义，其二是正在发展中的广义概念（Hanski et al.，1991，1997）。这里狭义的概念即莱文斯的经典定义，强调复合种群必须表现出明显的局部种群周转——局部生境斑块中生物个体的全部消失，而后又重新定居，如此反复过程。由此可见，该定义强调了两个基本条件，一方面是频繁的亚种群（或生境斑块）水平的局部性绝灭，另一方面是种群（或生境斑块）间生物繁殖或个体的交流——迁移和再定居过程（邬建国，2007）。

然而，张大勇等（1999）则建议使用“集合种群”的概念，提出了关于满足典型集合种群研究的四个鉴别条件：a. 适宜的生境以离散斑块形式存在，且这些离散斑块可被局部繁育种群（local breeding populations）占据。b. 即使是最大的局部种群也有灭绝风险，否则，集合种群将会因最大局部种群的永不灭绝而可以一直存在下去，从而形成大陆—岛屿型集合种群。c. 生境斑块不可过于隔离而阻碍局域种群的重新建立。如果生境斑块过于隔绝，就会形成不断趋于集合种群水平上的灭绝（metapopulation-wide extinction）的非平衡集合种群（non-equilibrium metapopulation）。d. 各个局域种群的动态不能完全同步。若不然，集合种群不会比灭绝风险最小的局部种群续存更长的时间。这种异步性足以保证在目前环境条件下不会使所有的局部种群同时灭绝。

由于“集合”（set）属于数学术语，表示由多个元素组成的“整体”，或一个“整体”由多个元素的“总和”，并未考虑不同元素之间的相互作用关系；而“metapopulation”既包含了若干无相互作用的亚种群（或局部种群）的简单组合，最重要的是也包括了不同亚种群之间的相互作用及空间配置关系。换句话说，于“metapopulation”而言，整体并非等于个体总和，而常常是大于或小于。因此，笔者认为使用“复合种群”的概念比较合适。此外，上述提及大陆—岛屿型、非平衡复合种群的概念，将在下面复合种群的类型中进行介绍。

（2）复合种群的类型

参考集合种群的广义定义，Harrison等（1997）将复合种群划分了五种类型（Harrison et al.，1991）：

第一类，经典型复合种群（或称Levins复合种群），是指由许多大小和特征相似的生境斑块组成的一个系统(图 3－6a)。其特点是每个亚种具有同样的绝灭概率，而整个系统的稳定必须来自不同斑块之间生物个体或繁殖个体之间的交流，并且随着生境斑块的数量变大而增加。

第二类，大陆—岛屿型(mainland-island)复合种群(或称核心—卫星复合种群)，是指由少数很大的和众多很小的生境斑块所组成的系统(图 3－6b)。在该系统中，大型生境斑块作为“大陆库”，基本不出现局部绝灭现象，而小斑块内部种群虽绝灭频繁但是来自“大陆库”的交流也频繁，种群能够通过不断繁殖和再定居得以长久延续。此外，少数质量很好地和许多质量很差的生境斑块组成的复合体，或虽没有特大斑块，但斑块大小变异程度很大的生境系统，都可能表现出相似的大陆—岛屿型复合种群特征(邬建国，2007)。因此，这些表现出“源—汇动态”(source-sink dynamic)的种群系统都可认为是大陆—岛屿型复合种群。

第三类，斑块型复合种群(patchy population)，是指由许多相互之间有繁殖个体频繁交流的生境斑块组成的种群系统(图 3－6c)。在此情形下，虽然存在一个空间上非连续的生境斑块系统，但生境斑块间的这种交流发生在同一生命周期(或同一代)之间，功能上形成了一个连续的整体。因此，局部种群的绝灭现象在这类系统中比较罕见(Harrison et al.，1997)。

第四类，非平衡态(nonequilibrium)型复合种群，是指生境的空间结构虽然与 Levins 或斑块型复合种群的类型相似，但由于种群再定居等交流过程不明晰或完全没有，系统处于一种稳定的状态(图 3－6d)。例如，城市无序扩张阻断了自然生境斑块之间的联系，形成了功能上的诸多“孤岛”，由这些“孤岛”组成的集合体，整个复合种群表现为一种单调衰减现象。这一现象也被 Harrison 等(1997)称为“非平衡态下降复合种群”(nonequilibrium declining metapopulation)。另一方面，也可能是因为干扰、生态演替或其他因素造成的部分生境斑块及其种群全部消失，而再定居过程主要由所剩余生境斑块的多度和空间分布所决定。这意味着可以通过补充足够多的新增生境斑块来恢复交流，而新增是额外需要考虑的手段。因此，该种类型的复合种群是不稳定的，随着生境总量和面积的不断减少，种群会全部绝灭。这即是所谓的“非平衡态跟踪生境复合种群”(nonequilibrium-tracking metapopulation)(邬建国，2007)。

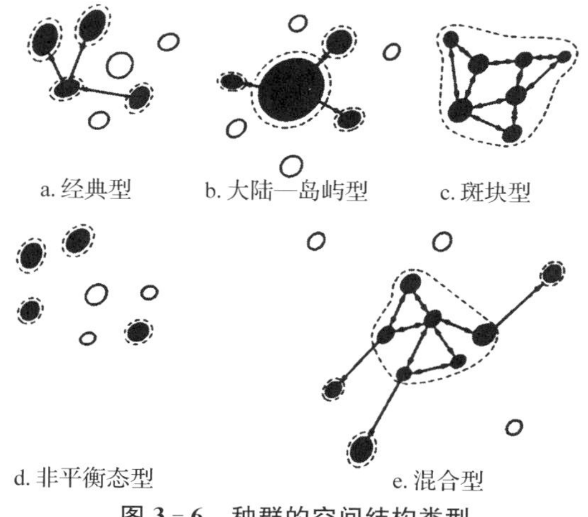

图 3－6　种群的空间结构类型

(引自：Harrison，Taylor，1997；邬建国，2007)

注：图中实心环代表被种群占据的生境，空心圆环则是未被占据的；虚线表示亚种群的边界；箭头表示种群扩散方向。

第五类，混合型(mixed type)或中间型(intermediate type)复合种群，是指在不同空间范围内这些复合种群表现不同结构特征。在这类种群系统中，处于中心部分的斑块相互作用较为密切，而靠近外围的斑块之间的交流则逐渐减弱，以至于局部种群灭绝率高。这种类型复合种群较其他类型的斑块一景观尺度两级层次，有着3级甚至更多的等级层次。例如，图3-6e由一个核心斑块和若干个外围小斑块组成。所谓核心斑块即位于中心处的、在功能上密切连接的斑块复合体，由多个斑块组成(邬建国，2007)。

上述五种类型种群是自然界中种群空间结构多样性与复杂性的体现，其相互之间的关系见图3-7。其中，非平衡型复合种群中生境斑块间的交流强度最弱或趋于零，而斑块性种群最强，两者代表两种极端，而经典型与大陆—岛屿型复合种群居中。从生境斑块的大小、分布差异或亚种群稳定性差异来看，大陆—岛屿型居于首位，而其他类型之间差异不显著。由于不同复合种群具有差异化的结构特征，因此在应用复合种群理论时需加以区别。

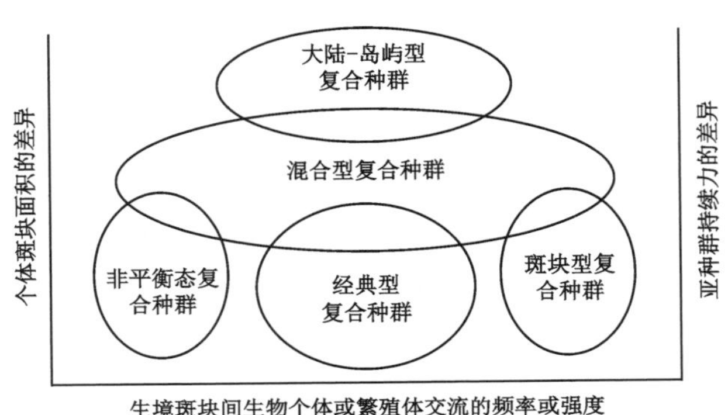

图3-7　不同种群空间结构类型之间的相互关系

(引自：邬建国，2007；Harrison et al.，1997)

另外，必须指出复合种群还可以划分为单物种复合种群(single species metapopulation)和多物种复合种群(multispecies metapopulation)。其中，多物种复合种群理论主要是研究生境斑块系统中不同物种种群间的相互作用，包括种间竞争、捕食者——猎物相互作用、寄生者——寄主相互关系，研究焦点是生境空间非连续性和斑块间相互交流强度影响这些生态过程及整个系统稳定性的机制。因此，上述五种复合种群应用到多物种复合种群时，情况会更加复杂(邬建国，2007)。在生态规划研究中，现实世界涉及多物种复合种群及其生境系统保护，但出于简化研究的需要，通常只聚焦于单一物种。

(3) 复合种群的模型及应用

在复合种群模型研究中，数学模型一直起着主导作用，尤其是当生境空间斑块性和斑块间相互关系的复杂性对复合种群结构和动态的野外观察和实验研究造成了巨大困难。数学模型的广泛应用和迅速发展使得复合种群模型研究的形成和兴起，自经典型(Levins)复合种群模型提出后的几十年内，建立了大量的数学模型。就其空间结构而言，复合种群模型可以分为3类：空间隐式模型(spatial implicit model)、空间显式模型(spatial explicit model)和空间半显式模型(quasi-spatial model)(邬建国，2007)。

空间隐式模型是复合种群动态研究的第一阶段。它不直接考虑生境斑块的空间特征，如空间位置、面积等，只假定局域种群均等地连接在一起，从而使得系统被极大地简化，方便了数学推导和理论研究，但也限制了其真实性。空间显式模型明确地考虑了斑块空间特征及其亚种群动态，其数学形式往往比较复杂，因而限制了其普遍性。空间半显式在这些特征上介于以上两者之间。

Levins模型是公认的经典空间隐式复合种群模型(Levins,1969),其基本形式为:

$$\frac{dp}{dt}=cp(1-p)-ep \quad 式(3-10)$$

式中,p 表示有种群占据的生境斑块的比率(简称斑块占有率),c 和 e 分别表示与所研究物种有关的定居系数和绝灭系数;根据上式,当系统处于平衡态($\frac{dp}{dt}=0$)时,复合种群系统中的斑块占有率为:

$$p^{*}=1-\frac{e}{c} \quad 式(3-11)$$

上式表明,生境斑块占有率随绝灭系数与定居系数之比的减小而增加;只要 $e/c<1$,复合种群就能生存($p^{*}>0$)。该模型帮助认清了物种在破碎化景观中的灭绝机制,即景观破碎化导致生境质量下降使局域种群的定居系数 c 小于或等于绝灭系数 e,局域种群在其生命周期内不能建立一个新种群,结果就造成复合种群的整体绝灭,物种在景观中消失。

Levins模型也代表了一大类所谓"斑块占有率模型"(patch-occupancy model),而且已经被推广到多物种复合种群动态的研究中。这些模型通常假设生境斑块数目很大(或无限大),特征相似(大小相等、生境质量恒定、空白斑块被占据率相同、每个斑块都经历频繁的局部绝灭过程、种群周转现象明显等),生境斑块个体及其集合体的具体空间特征以及亚种群内部动态都可以忽略。这些过于理想化和简单化的假设,无法真实反映破碎化景观中复合种群的动态变化。尽管Levins模型形式如此简单,其分析结果仍具有重要的启发意义。例如,该模型表明,一个复合种群若能持续存在,必须要有足够的斑块间交流以补偿不断发生的局部绝灭过程。因为,根据岛屿生物地理学理论,局部种群绝灭概率随斑块面积减小而增加,再定居的概率随斑块间距离增加而降低,所以,可以推论复合种群在平衡时的斑块占有率应该随着生境斑块平均面积和生境斑块密度的减小而下降(Hanski,1997)。针对上述问题,一些拓展的Levins模型被提出(张育新等,2003)。它们以不同的方式放宽了Levins模型的严格假设,更加适合研究复合种群对景观破碎化的响应。

空间半显式复合种群模型考虑了亚种群的动态以及斑块面积大小和斑块间距离对种群动态的影响。但这类模型中的空间特征往往以分布函数的形式表示,如常采用偏微分方程或与其相似的离散数学方法表示。常见的模型类型包括反应—扩散模型(reaction-diffusion model)和结构化种群模型(structural population model)。空间半显式模型对理解复合种群斑块空间特征、亚种群内部动态以及系统整个稳定性之间的相互关系起到了积极的促进作用,并随着计算机技术的迅速发展以及地理信息系统在生态学中的广泛应用,得到了长足发展。

空间显式复合种群模型为理论和实践的结合提供了一个极为有效的途径。然而,复合种群模型的一个普遍性缺陷是把景观简化为生境(斑块)和非生境(背景)的组合,忽略了景观结构的其他特征。例如,在现实景观中,复合种群动态和稳定性不但与生境斑块的大小、质量和相互距离有关,还往往受到基底异质性、廊道以及由各种景观单元组成的景观镶嵌体空间格局的影响。当景观中生境斑块只占总面积一小部分时,斑块面积和隔离程度对种群过程影响显著,而当生境斑块覆盖景观的大部分面积时,动植物个体行为以区其他景观结构特征则显得更为重要(Hanski et al.,1997)。前者称为低盖度景观(low coverage landscape),后者称为高盖度景观(high coverage landscape)。

生境丧失、退化和隔离是导致物种和种群灭绝的首要因素。当生境破坏比较严重时,一些物种虽然在景观中还能存在一定的时间,但已经丧失了维持稳定复合种群和对新生境的占据能力,成为“活着的死种群”(living dead),这些物种终将走向灭绝(Hanski,1998)。复合种群理论对于退化生境中的生物保护具有重要作用,引入景观生态学理念后,其应用价值大大提高,诸如斑块数量、面积、连通性、基质性质等均已成为生物保护中必须考虑的因素。总之,复合种群理论为研究现实世界中的种群维持提供了有力的理论和方法,成为指导生物保护与生态修复的重要依据。

专栏 3-6:复合种群的灭绝动态

在复合种群中,种群灭绝是一个反复出现的事件,而不是一个独特的事件,这增加了在自然界中具有重要意义的一系列灭绝过程,并迫使我们构建一个越来越机械和生物丰富的灭绝观。下表总结了集合种群灭绝的过程,其中一些将在下文中讨论。这些过程中的大多数都记录在一个经过充分研究的物种格兰维尔贝母蝶(Glanville fritillary butterfly, *Melitaea cinxia*)的大型集合种群中,强调了许多过程通常会导致集合种群的灭绝。

Processes influencing extinction in metapopulations
影响集合种群灭绝的过程

Scale of extinction 灭绝的尺度	Scale of process 过程的尺度	Extinction due to stochasticity 随机性导致的灭绝	Extinction due to extrinsic causes 外在原因导致的灭绝
Local extinction 局部灭绝	Local processes 局部过程	**Demographic* 种群数量** **Environmental 环境** **Genetic* 基因**	**Habitat loss 栖息地丧失** Generalist enemies and competitors 广泛的天敌和竞争种 **Persecution by humans** etc. **人为迫害等**
Metapopulation extinction 集合种群灭绝	Metapopulation processes 集合种群过程	**Migration in small populations 小种群迁移**	**Specialist enemies** and competitors 特定的天敌和竞争种
		Extinction–colonization Regional 灭绝-定居区域	**Habitat loss and fragmentation, extinction typically delayed 生境丧失和破碎化，典型延后的灭绝**

The processes that operate in the well studied Glanville fritillary butterfly metapopulation are printed in bold.
经过充分研究的格兰维尔贝母蝴蝶集合种群中运作的过程以粗体印刷。
* Demographic and genetic stochasticity assume an increased significance in metapopulations with many small local populations.
*种群数量和基因随机性在具有许多小地方种群的集合种群中具有越来越重要的意义。

资料来源:Hanski,1998

影响局部种群数量和环境的随机事件,对整个集合种群的灭绝—迁移过程也会产生影响。如果一个集合种群想要长时间保持稳定或一定的个体数量,那么在区域内需要不断地在新的生境斑块产生新的种群,因为任何一个种群,和个体一样,寿命或者说其存在时间都是有限的。这里可以借鉴流行病学的研究来理解:如果一个病毒要长期存在,那么它一定要不断地寻找宿主去生存,因为被寄生的老宿主要么会因为自身抵抗力消灭掉病毒,要么因为病毒而死亡,那么宿主体内的病毒种群同样会在不久后死亡。这里,新的生境就好比一个新的宿主,将其称之为替代条件。

替代条件是集合种群长期存在的必要不充分条件,对于一些规模较小的集合种群,所有的种群可能在同一时间灭绝,这就好像毒性极高的病毒,还没来得及扩散就把仅有的宿主全毒死了。另外,在自然界中,并非所有的生境斑块网络中的连通性都是相同的,因此,局部斑块将决定替代条件是否能够支持集合种群的延续。

对格兰维尔贝母蝶的研究结果显示,在调查的127个独立的生境斑块网络中,仅有1/3的网络里斑块数量小于15个,此外,所有的大型网络中,都出现了随机的灭绝—迁徙事件。而对于小型的生境斑块网络而言,集合种群的消失部分是因为这些灭绝—定居事件,也有一部分是由于替代条件不成熟。因此,无论替代条件成熟与否,小的生境斑块网络中容易灭绝的集合种群必然比大而连接良好的网络中的集合种群受到更大的威胁。

3.2.3　渗透理论

在介绍渗透理论(percolation theory)之前，首先需要了解临界域现象(critical threshold characteristic)，即某一件事或过程(因变量)在影响因素或环境条件(自变量)达到一定程度(阈值)时突然地进入另一种状态的情形。这事实上是一种量变到质变的过程，从一种状态转入到另一种截然不同的状态的过程。生态学中这种临界域现象十分广泛，例如，流行疾病的传播与感染率、潜在被传染者和传播媒介之间的关系、资源条件(光、水、养分)对植物生长和繁殖的影响(限制因子定律或忍耐极限定律)、最小存活种群(Minimum Viable Population，MVP)，以及许多表现出“突发性饱和”或“突发性衰减”等骤变过程，这些都可视为广义的临界域现象。

在景观生态学中，景观连通度(landscape connectivity)对生态学过程如种群动态、水土流失过程、干扰蔓延等的影响也往往表现出临界域特征(邬建国，2007)。例如，大火蔓延与森林中燃烧物质积累量及空间连续性之间的关系，生物多样性的衰减与生境破碎化程度之间的关系，以及景观中害虫种群空间扩散和外来种入侵等过程都在不同程度上表现出临界阈特征。景观连通度是指景观空间结构单元之间的连续性程度，通常包括结构连通度(structural connectivity)和功能连通度(functional connectivity)两个方面。结构连通度是指景观单元或斑块在空间中表现出来的连续性，可以从卫星图片或航测图中判断，而功能连通度是以研究的生态学对象或过程的特征来确定。

临界阈值特征在物理现象中也十分普遍，例如结晶、超导、混沌(chaos)和物质相变等过程。渗透理论就是专门研究这类现象的理论，其最突出的要点就是当媒介的密度达到某一临界密度时，渗透物突然能够从媒介材料的一端到达另一端。物理学家应用渗透理论来回答这样的问题：在某种不导电的媒介中，加入多少金属材料才能使其导电？在大分子形成过程中，当小分子之间的化学键的数目增加到什么程度分子聚合才会发生？

渗透理论源于物理学中研究多孔介质中流体运动规律的理论(Stauffer，1985)，在景观生态学，特别是非确定性模型的构造方面已经发现了有趣的用途(Gardner，1989)。一个种群动态的例子可以用来说明渗透理论在景观生态学中的应用。假设有一系列景观，其中某一物种的生境面积占景观总面积的比例从小到大，各不相同。一个重要的生态学问题就是：当生境面积增加到何种程度时，该物种的个体可以通过彼此相互连接的生境斑块从景观的一端运动到另一端，从而使景观破碎化对种群动态的影响大大降低？

假设用一系列黑白栅格网来代表这些具有不同生境面积的景观，其中黑色栅格细胞代表生境斑块，白色细胞代表非生境地段(图 3 - 8)。当两个或多个生境细胞相邻时，它们一起形成更大的生境斑块，生物个体可以穿过这些彼此相互连接的生境细胞运动。对于二维栅格网而言，常见的判定细胞是否相邻的邻域规则有两种：四邻规则(four-neighbor rule 或 Neumann neighborhood rule)和八邻规则(eight-neighbor rule 或 Moore neighborhood rule)。四邻规则规定，与所考虑的细胞(或称中心细胞)直接相连接的上下左右 4 个细胞为其相邻细胞，因此整个邻域由 5 个细胞组成。八邻规则规定，与中心细胞直接相连的上下左右以及两个对角线上 8 个细胞都为其相邻细胞，因此整个邻域由 9

个细胞组成。显然，选用不同邻域规则会直接影响到生境斑块边界的划分，从而影响到生境斑块的大小和形状。

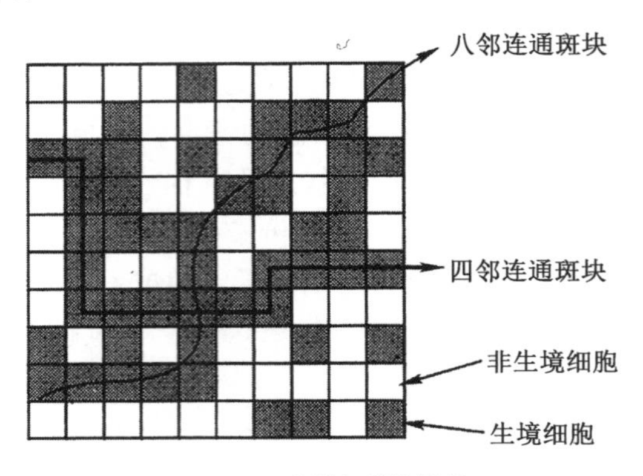

a. 10×10 的随机栅格景观

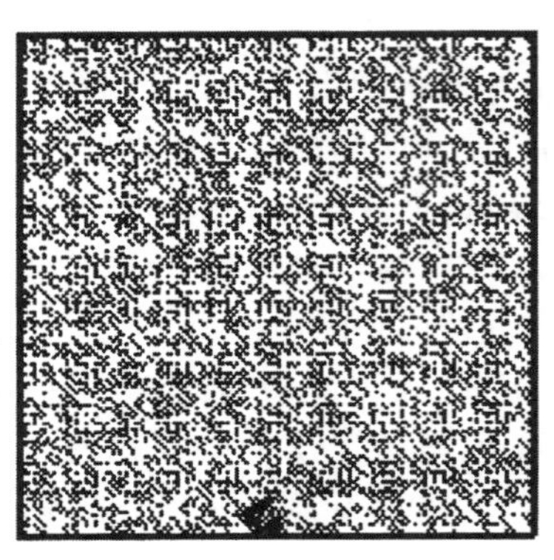

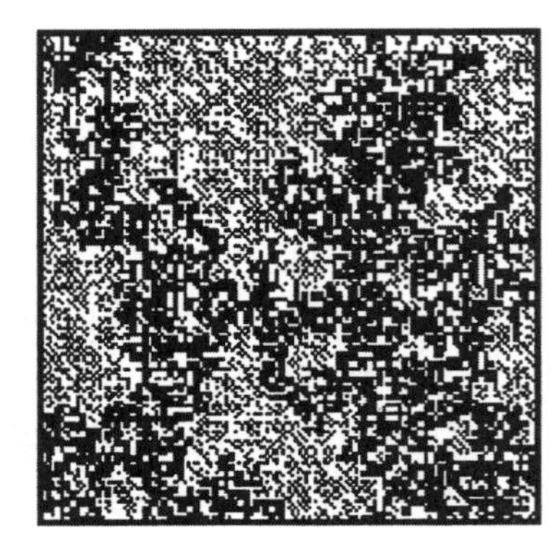

b. 100×100 的随机栅格景观

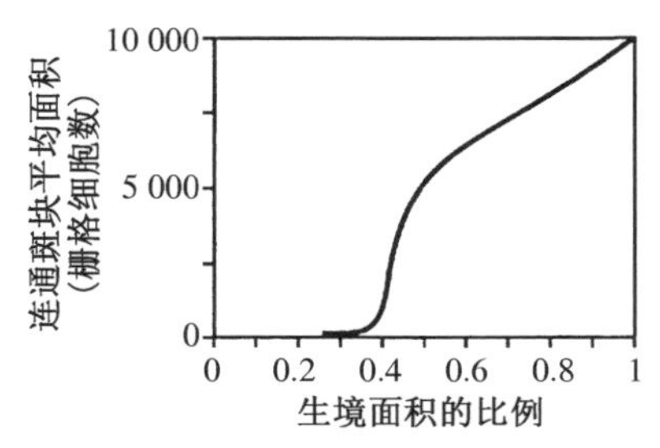

c. 生境面积的比例与连通斑块平均面积的关系

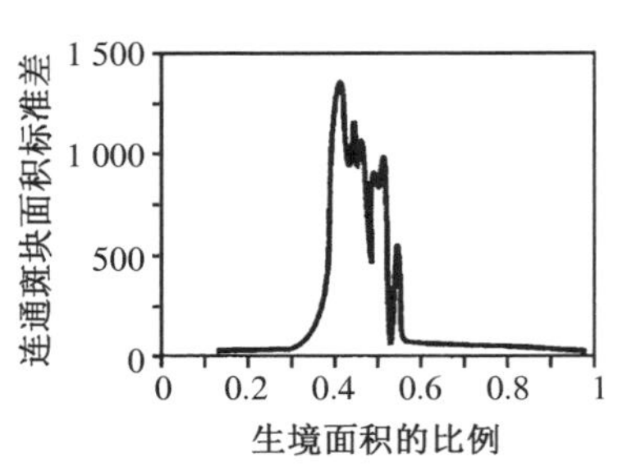

d. 生境面积的比例与连通斑块标准差的关系

图 3-8　渗透理论的基本概念

（引自：邬建国，2007；Green，1994）

图 3-8a 是一个 10×10 的随机栅格景观，其中灰色栅格细胞代表生境（“可渗透”地区），白色栅格细胞代表非生境（“不可渗透”地区）。所谓连通斑块是指当某种物质（或生物个体）能够从栅格的一端渗透（或运动）到另一端时，由所有灰色栅格细胞组成的细胞集合体。连通斑块的形成概率与邻域规则（即四邻或八邻规则）有关。图 3-8b 是 100×100 的随机栅格景观，若采用四邻规则，当栅格景观中灰色栅格细胞所占面积总数小于 60%时，景观中没有连通斑块（黑色区域）形成；但当栅格景观中灰色栅格细胞所占面积总数增至 60%时，景观中连通斑块（黑色区域）的形成概率骤然达到 100%，这种连通斑

块的形成可为生物个体迁移和种群扩散创造一个全新的环境。

假设景观中生境细胞在空间上呈随机分布；所考虑的生物个体只能通过生境细胞运动，不能跳越过非生境细胞（只能在同一生境斑块中运动）；而且，生境细胞之间是否相邻是根据四邻规则来判定。在这种情形下，根据渗透理论，当生境斑块总面积占景观面积的比例小于60%时，景观中生境斑块以面积小、离散性高为主要特征；而当生境斑块总面积占景观面积的比例增加到60%时，景观中突然出现横贯两端的特大生境斑块。这些特大生境斑块是由单个生境细胞（最小的生境斑块）互相连接而形成的生境通道，故称为"连通生境斑块"或"连通斑块"（"spanning cluster"或"percolating cluster"；见图3-8）。连通斑块的形成标志着景观从高度离散状态突然转变为高度连续状态。对于种群动态来说，这意味着生物个体从只能在局部生境范围内运动的情形突然进入能够从景观的一端运动到另一端的状态。显然，这是一个从量变到质变的过程。在渗透理论中，允许连通斑块出现的最小生境面积百分比称为渗透阈值（percolation threshold）或临界密度（critical density）或临界概率（critical probability）。

上述讨论很容易会使我们联想到能量、物质和生物在景观镶嵌体中的运动与景观连接度之间相互关系的许多问题。对于这些生态学过程而言，是否存在某一临界景观连接度，从而产生类似于渗透过程的突变或阈值现象？其生态学意义又是什么呢？比如说，植被覆盖度达到多少时流动沙丘可以被固定？对于某一濒危物种来说，其生境面积占整个景观面积的多少时它才能幸免于生境破碎化作用的强烈影响？

渗透理论基于简单的随机过程，并有显著的和可预测的阈值特征，因而是一种理想的景观中性模型，可以用来研究和验证与景观中的生态流相关的"格局—过程关系"假设，因此对景观结构（特别是连接度）和功能之间关系的研究具有很好的启发性和指导意义。像流体分子的不规则运动一样，扩散过程中任何粒子都能达到介质中的任何位置，渗透过程却有着显著不同特征。渗透过程一般存在一个临界值，即渗透阈值。理论上，如果二维栅格景观很大或无限大时，渗透阈值（P_c）对于四邻规则而言是0.592 8（也就是之前所说的60%的生境面积），对于八邻规则而言是0.407 2。

然而，对有限面积的二维栅格景观来说，P_c 的值会有不同。当生境面积趋于 P_c 值时，连通斑块出现的概率不是立刻从0变为1，而是表现出在生境面积百分比进入 P_c 值的邻域内时骤然变化的趋势（图3-9）。栅格的几何形状也会影响到 P_c 值，例如，由三角形细胞组成的栅格景观 P_c 值为0.50，而六边形细胞组成的栅格景观 P_c 值为0.70。影响渗透阈值的另外一个重要因素是生境斑块在景观中的分布特征。渗透理论假定生境细胞在空间上呈随机分布，但当其分布呈非随机型时，生境细胞的聚集程度会显著地影响渗透阈值（Gardner et al.，1991）。例如，由于实际景观中生境斑块多呈聚集型分布，若景观中存在促进物种迁移的廊道，或者由于生物个体的迁移能力较强，可以跳过一个或几个非生境单元，其渗透阈值会大大降低。Wiens（1997）认为，种群在景观中的渗透不但依赖景观结构，还取决于物种的行为生态学特征（图3-10）。适宜生境占景观面积比例的减少对于生物个体和种群可能有两种影响：生境损失效应（effect of habitat loss），由于生境绝对数量的减少而产生的直接影响；生境隔离效应（effect of habitat isolation），由于生境斑块间隔离程度的增加而产生的间接影响。

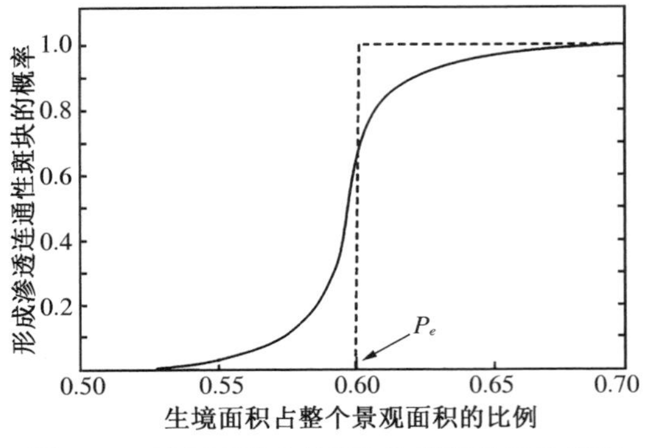

图 3-9　渗透理论中的阈值和连通性斑块概率

(引自:邬建国,2007)

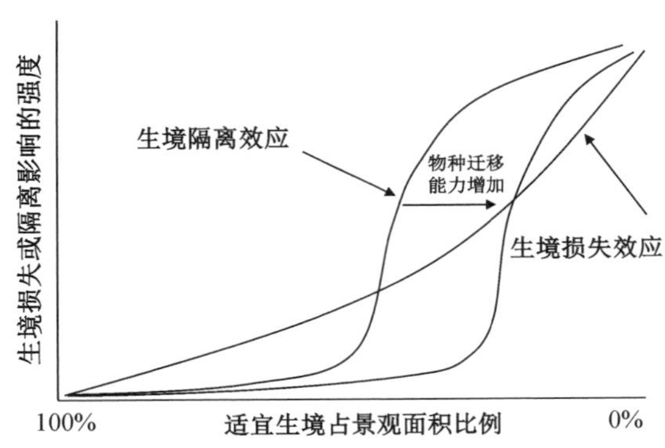

图 3-10　生境面积减少对生物迁移和种群的影响

(引自:Wiens,1997;邬建国,2007)

此外,空间尺度,如栅格景观的幅度(栅格总面积)和粒度(栅格细胞的大小)也会影响 P_c 值。由于景观中生境细胞的空间分布可能随时间发生变化,因此,同一生态学过程在同一景观中的渗透阈值还可能受到时间尺度(幅度与粒度)的影响。

3.2.4　"源""汇"景观理论

"源""汇"是大气污染研究中常用的方法,清楚地反映了大气污染物的来源和去向。景观生态学中研究格局与过程的关系时,可以借用"源""汇"的观念,来达到将格局和过程有机结合在一起的目的(陈利顶等,2006)。强调尺度在研究生态格局和过程中的重要性,是景观生态学研究的特色之一,尤其是研究宏观尺度上人类活动对区域生态系统的影响,揭示景观格局与生态过程之间的关系,更是景观生态学研究的一个重要方面(陈利顶等,2006)。自景观生态学概念提出以来,景观格局指数与定量评价方法得到了迅速发展。为了促进景观生态学的发展和定量化研究,各种各样的指数和景观格局分析模型应运而生。但是大多数研究工作停留在景观格局指数的计算与分析,对于这些格局指数的内涵重视不够。由于景观格局指数受到不同景观类型空间分布的影响,仅仅从数量关系上计算出来的指数往往无法真正反映格局的生态效应。这是因为生态过程往往是一个很难把握的对象,而景观格局指数简单容易计算,将两者有机地联系在一起困难较大。尽管景观生态学重视格局和过程的关系,但是在景观格局指数的实际研究中往往缺乏深入探讨。问题的关键在于这些景观格局指数往往难以较好地反映过程的作用。大气污染研究中的"源""汇"景观理论概念为破局提供了新的思路。

(1)"源""汇"景观的概念及其识别方法

对于大气污染来说,大气污染物的来源,如工厂废气排放、居民生活废气排放、交通尾气排放等均被认为大气污染的源。相对于大气污染的源,"汇"是指可以吸收大气污染物的一些地区或生态系统类型。"源""汇"概念的提出为解析大气污染物的来龙去脉提供了非常有用的手段。研究景观格局与过程时,由于对过程理解上的模糊,格局与过程的研究停滞不前。引入"源""汇"景观的概念,将有助于理解格局与过程的关系。

"源"是指一个过程的源头,"汇"是指一个过程消失的地方。在景观生态学中,如何区分"源"景观和"汇"景观,应该结合具体的过程进行具体分析。"源"景观是指在格局与过程研究中,那些能促进生态过程发展的景观类型;"汇"景观是那些能阻止延缓生态过程发展的景观类型。然而，由于“源”“汇”景观是针对生态过程而言，在识别时必须和待研究的生态过程相结合。只有明确了生态过程的类型，才能确定景观类型的性质。例如，对于非点源污染来说，一些景观类型起到了“源”的作用，如山区的坡耕地、化肥施用量较高的农田、城镇居民点等；一些景观类型起到了汇的作用，如位于“源”景观下游方向的草地、林地、湿地景观等，但同时一些景观类型起到了传输的作用。

对于水土（养分）流失来说，“源”景观将是径流、土壤和养分流失的地方，如果“源”景观下游缺少“汇”景观，那么由“源”景观流失的水土和养分将会直接进入地表或地下水体，形成非点源污染（陈利顶等，2002）。对于大气温室气体排放来说，释放 CO_2、CH_4 等温室气体的景观类型，如城镇居民地区，可以称为 CO_2 的“源”景观；对于城镇地区具有吸收 CO_2 的草地、城市林地等绿地景观，应该是城市地区 CO_2 的“汇”景观。对于生物多样性保护来说，能为目标物种提供栖息环境、满足种群生存基本条件，以及利于物种向外扩散的资源斑块，可以称为“源”景观；不利于物种生存与栖息，以及生存有目标物种天敌的斑块可以称为“汇”景观。“源”“汇”景观是相对的，但对于特定生态过程而言是明确的（陈利顶等，2006）。

比较“源”“汇”景观，可以发现以下特点：

① “源”“汇”景观在概念上是相对的

只有融合了过程的研究，景观格局分析才有意义。“源”“汇”景观理论的提出就是针对目前景观生态学研究中对过程考虑不足，结合特定生态过程，通过对不同景观类型赋予过程的内涵。因此，在分析一种景观类型是“源”景观，还是“汇”景观时，必须首先明确需要研究的生态过程。对于同一种景观类型，针对某一种过程可能是“源”景观，对于另外一种生态过程，可能就是“汇”景观。判断它是“源”景观，还是“汇”景观类型，关键在于对所研究过程的作用，是正向的，还是负向的。对于农田生态系统类型，由于有大量化肥和农药投入，相对于非点源污染来说，就是一种“源”景观类型；但由于作物生长可以从大气中吸收大量的 CO_2，那么它在陆地碳循环过程中，就起到了“汇”景观的作用。

②“源”“汇”景观的识别需要与研究的过程相关联

“源”“汇”景观的根本区别在于，“源”景观对于研究的生态过程起到了正向推动作用；“汇”景观类型对研究的过程起到了负向滞缓作用。“源”“汇”景观的定义对于不同的研究过程可能发生转变。在进行景观格局分析中，如果没有明确生态过程，“源”“汇”景观将无法确定。

③“源”“汇”景观对生态过程中的贡献是有区别的

对于不同类型“源”或“汇”景观，在研究格局对过程的影响时，需要考虑他们的作用大小。对于“源”“汇”景观来说，即使是同一类“源”“汇”景观类型，也需要进一步考虑他们对过程的不同贡献。如农田、菜地、果园，对于农业非点源污染来说，均是“源”景观类型，但是他们在非点源污染形成过程中的贡献不同；同样对于林地和草地，尽管对于非点源污染均是“汇”景观类型，它们在截留养分方面的作用也不同。

（2）“源”“汇”景观的生态学意义

“源”“汇”景观理论的提出主要是基于生态学中的生态平衡理论，从格局和过程出发，将常规意义上的景观赋予一定的过程含义，通过分析“源”“汇”景观在空间上的平衡，来探讨有利于调控生态过程的途径和方法（陈利顶等，2006）。

"源""汇"景观理论可以应用于以下研究领域:

①"源""汇"景观格局设计与非点源污染控制

根据"源""汇"景观理论,在地球表层存在的物质迁移运动中,有的景观单元是物质的迁出源,而另一些景观单元则是作为接纳迁移物质的聚集场所,被称为汇。同样,对于污染物来说,不同的农田景观类型也可以被看作不同的"源""汇"景观。如果能够在流域生态规划中合理地设置这些"源""汇"景观的空间格局,就可以使非点源污染物质在异质景观中重新分配,从而达到控制非点源污染的目的(图 3-11)。非点源污染,尤其是水体的富营养化,归根结底是养分在时空过程上的盈亏不平衡造成的。降低非点源污染形成危险的最可靠方法是控制污染物(养分物质)来源,将非点源污染物的排放控制在最低限度。控制养分进入水体的途径有两个方面:其一是力求使养分在每一个景观单元上达到收支平衡,如此将不会产生富余的营养污染物;其二是让养分元素在空间上(进入水体之前)达到平衡状态,这样可以通过景观合理布局有效地截留进入水体的养分元素。

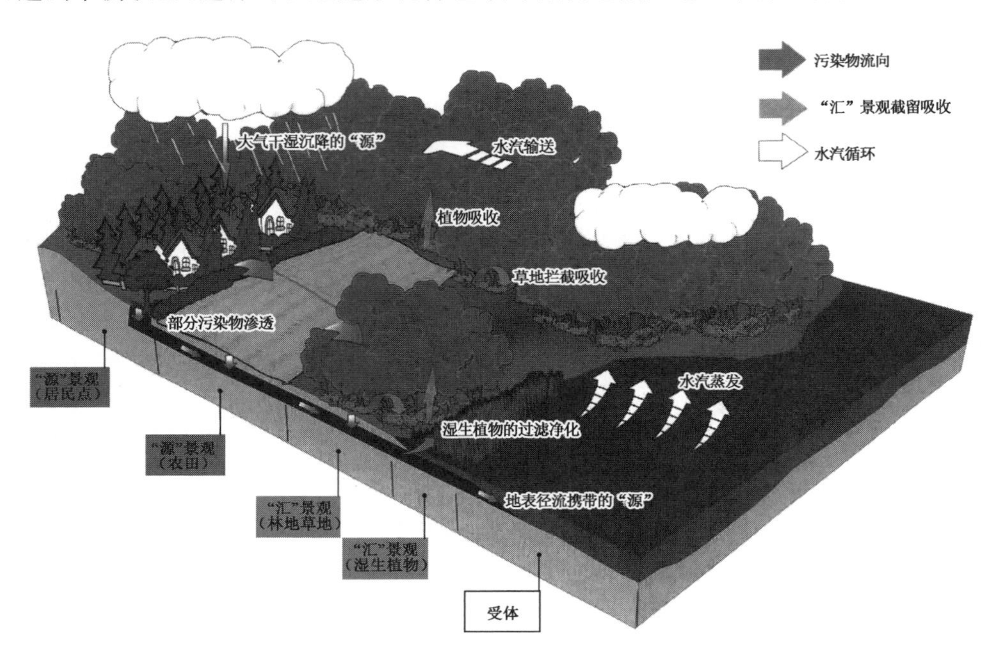

图 3-11　非点源污染的源流汇过程

(引自:岳邦瑞等,2017)

②"源""汇"景观格局设计与生物多样性保护

生物多样性的保护关键在于对濒危物种栖息地的保护,只有保护好物种生存的栖息地,才能有效地保护目标物种。如果将物种栖息斑块与周边的资源斑块看作是目标物种的"源"景观,那么在区域中不适合目标物种生存的斑块,如人类活动占据的斑块、天敌占用的斑块等,在一定意义上可以认为是目标物种的"汇"景观。评价一个地区景观格局是否有利于目标物种的生存和保护,可以通过目标物种生存斑块与周边斑块之间的空间关系来表征。如果目标物种的栖息地周边分布有更多的资源斑块,那么这种景观格局应该更有利于目标物种的生存;如果周边地区分布有较多的"汇"景观,那么这样的景观格局将不利于目标物种的保护和生存。由此,可以通过"源""汇"景观评价模型,通过分析不同景观类型相对于目标物种的作用，评价景观空间格局的适宜性。

专栏3-7："源""汇"景观理论对自然保护区建设的启示

在Pulliam(1988)关于"源""汇"种群动态的研究"Sources，Sinks and Population Regulation"发表后的30多年里，"源""汇"景观理论业已成为生态学理论发展的重要基础，这有利于制定生物多样性保护策略。自然保护区(protected area)是维持自然生态过程和保护当地物种(native species)的重要区域。然而，越来越多的研究实践表明，许多自然保护区并没有像设想的那样发挥作用。"源""汇"景观理论为理解自然保护区功能的实现提供了理论参考。

作为"源""汇"景观理论基础，空间上明确的种群动态通常在自然保护区内部及周围地区(surrounding area)尤为明显，主要原因是：①自然保护区通常是更大生态系统的一部分，当地物种以年为周期从自然保护区内部迁移至较大的生态系统中以获取相应的资源。②自然保护区通常被土地利用更密集的地区所包围，由此产生的土地利用强度梯度和人类与当地物种的相互作用会影响物种出生率和死亡率，从而产生"源""汇"动态(source sink dynamics)，具体表现为自然保护区可能是在周围集约利用土地的"汇"中维持亚种群的"源"。③自然保护区往往位于地形、气候、土壤和其他生物物理因素具有强烈梯度的景观中，这可能导致栖息地质量的差异和更为显著的种群动态。实际上，自然保护区经常位于这些生物物理梯度较为恶劣和栖息地质量相对较低的地区(例如，高山、沙漠、低生产力的土壤)，进而导致种群季节性地或在某些生命阶段迁移到自然保护区以外更好的栖息地。因此，一些自然保护区内低质量栖息地可能导致它们成为某些物种的种群"汇"。

自然保护区的一个关键问题是"源""汇"动态的存在如何影响复合种群的生存能力(the viability of the metapopulation)，见下图：

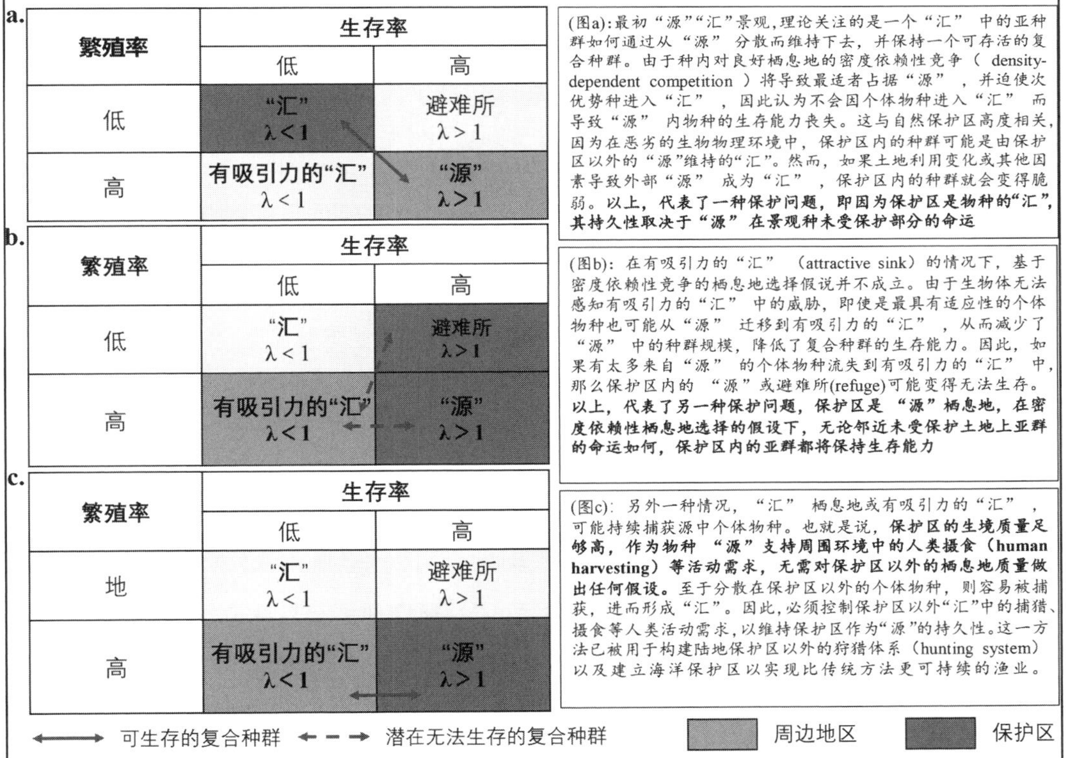

a.

繁殖率	生存率	
	低	高
低	"汇" $\lambda<1$	避难所 $\lambda>1$
高	有吸引力的"汇" $\lambda<1$	"源" $\lambda>1$

(图a)：最初"源""汇"景观，理论关注的是一个"汇"中的亚种群如何通过从"源"分散而维持下去，并保持一个可存活的复合种群。由于种内对良好栖息地的密度依赖性竞争(density-dependent competition)将导致最适者占据"源"，并迫使次优势种进入"汇"，因此认为不会因个体物种进入"汇"而导致"源"内物种的生存能力丧失。这与自然保护区高度相关，因为在恶劣的生物物理环境中，保护区内的种群可能是由保护区以外的"源"维持的"汇"。然而，如果土地利用变化或其他因素导致外部"源"成为"汇"，保护区内的种群就会变得脆弱。**以上，代表了一种保护问题，即因为保护区是物种的"汇"，其持久性取决于"源"在景观种未受保护部分的命运**

b.

繁殖率	生存率	
	低	高
低	"汇" $\lambda<1$	避难所 $\lambda>1$
高	有吸引力的"汇" $\lambda<1$	"源" $\lambda>1$

(图b)：在有吸引力的"汇"(attractive sink)的情况下，基于密度依赖性竞争的栖息地选择假说并不成立。由于生物体无法感知有吸引力的"汇"中的威胁，即使是最具有适应性的个体物种也可能从"源"迁移到有吸引力的"汇"，从而减少了"源"中的种群规模，降低了复合种群的生存能力。因此，如果有太多来自"源"的个体物种流失到有吸引力的"汇"中，那么保护区内的"源"或避难所(refuge)可能变得无法生存。**以上，代表了另一种保护问题，保护区是"源"栖息地，在密度依赖性栖息地选择的假设下，无论邻近未受保护土地上亚群的命运如何，保护区内的亚群都将保持生存能力**

c.

繁殖率	生存率	
	低	高
地	"汇" $\lambda<1$	避难所 $\lambda>1$
高	有吸引力的"汇" $\lambda<1$	"源" $\lambda>1$

(图c)：另外一种情况，"汇"栖息地或有吸引力的"汇"，可能持续捕获源中个体物种。也就是说，**保护区的生境质量足够高，作为物种"源"支持周围环境中的人类摄食(human harvesting)等活动需求，无需对保护区以外的栖息地质量做出任何假设。**至于分散在保护区以外的个体物种，则容易被捕获，进而形成"汇"。因此，必须控制保护区以外"汇"中的捕猎、摄食等人类活动需求，以维持保护区作为"源"的持久性。这一方法已被用于构建陆地保护区以外的狩猎体系(hunting system)以及建立海洋保护区以实现比传统方法更可持续的渔业。

⟷ 可生存的复合种群　⟵ - - ⟶ 潜在无法生存的复合种群　周边地区　保护区

图片来源：参考 Pulliam，1988；Hansen，2011

"Refuge"(避难所)是指种群存活率相对较高但繁殖率相对较低的地方，因此该亚种群是一个较弱的"源"。这种情况通常发生在营养资源匮乏、但人类造成的死亡风险较低、可能允许种群持续存在次优的避难生境地区。而这些种群通常是濒临灭绝的物种，已经被转移到它们以前活动范围的边缘。

"Attractive Sink"(有吸引力的"汇")是指栖息地质量良好，有着潜在的高繁殖和高存活率，但由于生物无法感知到的因素而导致繁殖或存活率降低的地方。因此，生物根据感知的质量选择栖息地，但由于未检测到的危险，如狩猎或杀虫剂的存在，造成了高死亡率或低繁殖率。

以上基于生存率与繁殖率的“源”“汇”动态，主要描述了三种“源”“汇”景观理论在自然保护区建设方面的应用类型：保护区是依赖外部“源”的“汇”(protected areas as sinks dependent upon outside sources)；由于人类活动在周围环境中创造有吸引力的“汇”，保护区是易发生灭绝的“源”(protected areas as sources vulnerable to extinction due to human activity creating attractive sinks in the surroundings)；保护区是支持周围地区可持续获取的来“源”(protected areas as sources supporting sustainable harvest in surrounding areas)。依据这些类型制定各种管理策略可以提高自然保护区内物种的生存能力，促进生物资源获取的可持续性。

③“源”“汇”景观格局设计与城市热岛效应

城市热岛效应的出现，在一定程度上可以认为是城市景观中“源”“汇”景观空间分布失衡造成的。城市景观类型包括灰色景观(人工建筑物，如大楼、道路等)、蓝色景观(如河流、湖泊等)、绿色景观(如城市园林、草坪、植被隔离带等)，不同的景观类型在城市热岛效应中所起的作用明显不同。城市热岛效应主要是由于灰色景观过度集中分布引起的，可以看作热岛效应的“源”，而蓝色景观、绿色景观可以起到缓解城市热岛效应的作用；但是由于城市土地资源的有限性，蓝色景观和绿色景观的发展受到较大限制，为了减少城市热岛效应，如何在有限的土地资源条件下，合理布置各种景观类型空间格局将至关重要。对于一个城市来说，当然是蓝色景观和绿色景观的面积越大越好，但是当蓝色和绿色景观面积一定时，如何进行各种景观的科学布局才能达到最佳功效将十分重要。

(3)“源”“汇”景观格局评价模型与应用

“源”“汇”景观理论的基本前提是在确定研究对象的基础上分析不同景观类型在过程中所起的作用，进行“源”“汇”景观的辨识，之后判断不同性质的景观类型对生态过程的贡献。陈利顶等于 2003 年提出了基于过程的景观空间负荷对比指数(陈利顶等，2003)。通过比较研究不同景观类型在流域非点源污染形成过程中的作用，借用罗伦兹曲线的理论和方法，通过比较不同“源”“汇”景观类型对生态过程的贡献进行赋值，在此基础上，从距离、坡度和相对高度 3 个方面提出了“源”“汇”景观空间负荷对比指数，指数的大小可以反映景观空间格局对生态过程的影响。该模型充分考虑了格局与过程的关系，从而为研究景观格局与生态过程提供了一个新的思路。

陈利顶等(2003)在提出景观空间负荷对比指数时，重点是从研究水土流失和非点源污染出发，具有较强的针对性。对于一般的生态过程，“源”“汇”景观评价模型可以概括为：

$$LLI=\log\left\{\sum_{i=1}^{M}\int_{x}^{D}S_{xi}\cdot\omega_i\cdot \mathrm{d}x\Big/\sum_{j=1}^{N}\int_{x=0}^{D}H_{xj}\cdot\mu_j\,\mathrm{d}x\right\} \qquad 式(3-12)$$

式中，LLI 表示景观空间负荷对比指数，D 表示研究地区至目标斑块(或者是一监测点、流域出口)的最大距离(也可以是坡度或者相对高度等指标)，M、N 分别表示区域所有“源”“汇”景观的类型总数；S_{xi}、H_{xj} 分别表示“源”“汇”景观类型随着距离增加形成的面积累计曲线；ω_i、μ_j 分别表示第 i 种“源”景观类型的权重、第 j 种“汇”景观类型的权重。计算结果取对数主要是为了将计算结果控制在 0 附近。如果 LLI 的值大于 0，那么表明这种景观格局有利于研究过程的发展，否则，景观格局不利于生态过程的发展。

在针对土壤流失这一生态过程研究中，可以将有助于增加土壤侵蚀的坡耕地看成“源”景观；将有助于减少土壤侵蚀的林地、草地等看成“汇”景观，而不同景观类型对土壤侵蚀影响的贡献(可以看作一种“权重”)可以用土壤侵蚀通用方程中的作物覆盖与管理因子来表征。

3.2.5　景观异质性理论

景观异质性(landscape heterogeneity)是景观的基本属性,景观本质上就是一个异质系统,正是因为异质性才形成了景观内部的物质流、能量流、信息流和价值流,导致了景观的演化、发展与动态平衡(Forman,1987)。任何景观都是异质的,城市景观和森林景观是最典型的异质景观。一个景观的结构、功能、性质与地位主要决定于它的时空异质性,景观生态学的核心就是景观异质性的维持与发展,景观生态学的研究即是异质性的研究(Risser,1986,1987),而且景观异质性原理也是景观生态学的核心理论之一。

由于生物的不断进化,物质、能量的不断流动和转化,以及不断发生干扰,使得景观永远也达不到均质性的要求。从生物共生控制论角度提出的异质共生理论,认为异质性、负熵和反馈可以解释生物发展过程中的自组织原理,增加异质性和共生性是生态学和社会学整体论的基本原则。所以景观异质性一直是景观生态学的基本问题,更是人们首要感兴趣的问题之一。近年来,景观生态学家在探讨景观异质性的发生、发展、维持机理以及测度方法上作了大量的工作,取得了大量的研究成果,但是由于景观异质性研究本身所具有的复杂性、不确定性等特点,使得当前景观异质性研究中仍然存在着很多这样或那样的问题(赵玉涛等,2002)。

(1) 景观异质性的产生

异质性是景观组分类型、组合及属性的变异程度,是景观区别于其他生命组织层次的最显著特征。目前对景观异质性的定义较多,比较一致的是"景观异质性是指在景观中对一个物种或更高级生物组织的存在起决定性作用的资源或某种性状在空间时间上的变异程度"(李哈滨等,1998)。

关于景观异质性产生的机理,不同学者有不同的见解(Michael,1987;John,1997)。在开放系统中,能量由一种状态转化为另一种状态,伴随着新结构的建立而增加了异质性,景观异质性产生机制正是基于这种热力学原理(赵羿,1995;郭晋平等,1999;赵羿等,1994)。它首先起源于系统和系统要素的原生差异,也来源于现实系统运动的不平衡和外来干扰,特别是人类错误生态行为的干扰。也就是说,景观异质性的产生同时受到来自复杂的内部和外部因子的综合作用,而且各因子既有自己的运行机制,又有相互间的交叉作用。

景观异质性是随某一景观要素出现的相对频率变化而变化的(赵羿等,1994)。当景观中仅存在某一景观要素或该景观要素完全不存在,对此景观要素来说景观是均质的。当某一景观要素出现在景观中,并占有一定的比例时,景观开始出现异质性,而且异质性会随该景观要素出现相对频率的增加而相应的提高,直至增加到某一临界阈值时,该景观要素在景观中占主导地位,当其相对频率再继续增加时,景观的异质化程度又开始下降,景观重又趋向均质化。

景观总是处于一种不断发展与变化的动态异质中。总的看来,景观异质性是3种互相交叉的不确定性综合作用的结果:一是环境不确定性,主要表现为干扰的不确定性;二是组织不确定性,生态组织系统的非线性相互作用造成系统的行为不确定性;三是人类行为不确定性,在人类对自然不断地认识与改造中,复杂多样的人类行为,包括随环境变化而采取的不同方案、因理性限制而造成的知识不确定性以及非理性行为带来的不可预测结果均会对景观产生不确定性作用，进而导致景观的异质性（赵玉涛等，2002）。

（2）景观异质性的分类

不同学者对景观异质性进行了不同分类，但总的看来异曲同工，实质是一致的，只是分类方式及着眼点不同而已。

大多数学者将景观异质性分为 4 类：a. 空间异质性，既包括二维平面的空间异质性，又包括垂直空间异质性及由二者组成的三维立体空间异质性。空间异质性还可被细分为空间组成（生态系统的类型、数量、面积与比例）、空间型（生态系统空间分布的斑块大小、景观对比度及景观连接度）、空间相关（生态系统的空间关联程度、整体或参数的关联程度、空间梯度和趋势度）3 个组分（李团胜，1998）。也可这么认为，空间异质性主要取决于斑块类型的数量、比例、空间排列形式、形状差异及与相邻斑块的对比情况这个组分的特征变量（李哈滨等，1998）。b. 时间异质性，景观在各时间区段彼此是异质的。c. 时空耦合异质性，用时空耦合异质性可表示时空两种异质性统一的四维运动。d. 边缘效应异质性。空间异质性往往带有边缘效应性质。

福尔曼将景观异质性分为宏观异质性（macroheterogeneity）和微观异质性（microheterogeneity）两类（Forman，1986）。宏观异质性的显著特征是景观异质性随观测尺度的增加而增加；微观异质性的特征是信息水平随观测尺度的增加而有规律的增加。对于宏观异质性与微观异质性的特性、区分方法以及如何测度，福尔曼在其编著的 *Landscape Ecology* 一书中做了详细而系统的阐述（Forman，1986）。

还有的学者提出另一种分类方法，即景观异质性应包括由空间镶嵌体异质引起的景观结构异质性、与强调作为景观连接度的重要生态学意义的景观流动相连的景观功能异质性和反应景观变化的总体趋势、变化波幅、变化韵律 3 个方面共同形成的景观动态异质性 3 类（邱扬等，2000）。

（3）景观异质性的地位与作用

①景观异质性与干扰

景观生态学家的兴趣更注重于景观异质性与干扰的关系（Forman et al.，1986；Turner，1987）。几乎所有的景观都受到了人或自然的干扰，同时干扰的时空传播也在相应的受到景观异质性的影响。干扰是增加还是降低异质性？异质性是增强干扰的传播还是阻碍干扰的传播？当前有限的证据并不一致（Wiens et al.，1985；Forman，1987；Remillard et al.，1987；Risser，1987；Turner et al.，1987），不同的学者在不同的景观研究中得出了不同的甚至是相反的结论（Turner et al.，1987）。

针叶林中，异质性阻碍林火的蔓延；农业景观中，异质性有助于阻碍虫害和侵蚀的传播（Turner et al.，1987），而同质性则增强其传播等各种说法莫衷一是。这些不一致的结论主要起因于自然界干扰的多样性和景观成分的多样性，而且也取决于所考察的异质性的外观是空间的还是非空间的。因为在空间外观异质性中，缺少长距离传播途径的干扰要比非空间外观异质反应强烈而直接（Forman，1987）。干扰是使生态系统、群落或种群结构遭到破坏和使资源、基质的有效性或使物理环境发生变化的任何相对离散的事件，是它引起资源和基质有效性的改变以及物理环境的变化，并直接或间接地影响到景观组织的各个等级层次（White et al.，1985）。由此可见，干扰是异质性产生、维持和消亡的最关键的外部因子。相反,景观本身所具有的异质性并不是完全受到干扰的支配,它本身对干扰的到来是顺应还是阻抗具有一定的自我调节机制。一定条件下,异质性可以与干扰效应耦合,进一步促进干扰的继续,而在另一种条件下景观可能要为了维持原状而抵制和阻挠干扰的传播。

一些研究表明,异质性与干扰频率呈负相关(Almo,1998)。中等干扰假说(intermediate disturbance hypothesis)认为中度干扰会促成较高的生物多样性,在没有干扰存在时,景观水平趋向于均质性,较低的干扰会促进竞争,降低生物多样性,而强烈干扰则群落最终只剩下少数能在频繁干扰下栖息和完成生活史的物种,进而减少生物多样性(Connell,1978;肖笃宁,1991)。适度干扰常可带来更多的镶嵌体或走廊,使物种能对生境充分利用并引起生态位的分化,从而迅速增加景观异质性,对适度干扰的研究也有与此不同的结论(Collins,1992)。有学者认为二者之间的关系是与景观初始状态有关的。若景观初始状态是异质的,干扰可以降低其异质性;若景观初始状态是同质的,随干扰的继续,景观异质性的变化则为一先增后降的曲线(Almo,1998)。由于干扰是无处不在的,所以干扰的不断介入以及每一景观单元变化速率的不同,使得一个同质性的景观是永远达不到的,即景观异质性是绝对的,而同质性是相对的(李团胜,1998)。

②景观异质性与尺度

尺度是研究客体或过程的空间维和时间维,可用分辨率与范围来描述(肖笃宁等,1997)。生态学上的尺度导致的是尺度效应,观察尺度越大,分辨度就越低。在一种尺度下空间变异中的“噪声”成分可在另一种较小尺度下表现为结构性成分,即一个景观单元在小尺度上观察是异质的,而在大尺度上则可能变成均质的。有学者通过对新西兰岛屿景观异质的研究发现,随观测斑块尺度的降低,斑块性质趋向于等同(Nikora et al.,1999)。这些现象的出现并非研究对象的客观属性变化,而是观察效果随尺度的变化而发生了变化的缘故。所以,异质性对尺度具有依赖性,离开尺度去谈异质性是没有意义的。而且描述景观格局与过程的参数的相对重要性是随尺度的变化而变化的,所以对尺度有一定良好认识的前提下,预估不同尺度下参数的重要性也是非常重要的(Anthony,1991;Meetemeyer et al.,1987;Meentemeyer,1989)。

多尺度度量异质性的方法可被用来衡量在何种尺度上的异质性对有机体行为或过程的控制是有效的(Milne et al.,1989)。例如,衡量干扰传播与异质性的关系时,一个合理的方法就是在大量不同景观中比较干扰传播与异质性的变化。但是,若尺度选择过大,则可能丢失干扰进程的信息;若尺度选择过小,则可能无法将干扰与异质性建立联系。

对异质性随尺度变化而变化的观察,可以用来判定是否为等级结构,并能获知其属于哪一等级。为研究景观异质性,就必须选择合理的尺度,而至今景观生态学研究中还没有明确的尺度选择标准,有一基本公认的原则是要能在最小的误差下获取最大的预测力。这就需要最好能实现对景观特征进行尺度转换,更确切地说是使景观异质性整合的问题。即尺度转换的问题在于:如何在小尺度上准确描述时空异质性,如何实现空间异质性在不同尺度上的整合?由于景观异质性的非线性和描述异质性函数的难确定性,使得这些方法均存在着这样或那样的不足,至于把生态信息从大尺度上向小尺度上的转化问题则更难实现。

③景观稳定性与景观异质性

景观稳定性是一种有规律地绕中心波动的过程，反映了一个景观抵抗和适应干扰的能力。景观异质性与景观稳定性之间也是一种相互依存、相互影响的关系。生物正负反馈不稳定性可导致种群区域隔离，增加景观异质性，从而减少干扰的传播；反过来则有利于景观的稳定。另外，资源斑块的内在异质性有利于吸收环境的干扰，提供一种抗干扰的可塑性(Forman et al.，1986)；而均质性一般可促进干扰的蔓延，不利于景观的稳定，促使景观发生变化。景观异质性是保证景观稳定的源泉。实际观察和模拟研究均显示，景观异质性有利于景观的稳定。尽管表面上看异质使得景观显得好像是杂乱无章，但这种状态和交替恰好抹去了景观中的剧烈性变化，而使之趋向一种动态稳定的状态(Turner，1987)。

④景观多样性与景观异质性

生物多样性是现代生态学研究的三大热点之一，它反映在景观生态学中即是景观多样性，也即是说景观多样性是生物多样性的一个层次。景观多样性和景观异质性之间既存在着紧密的联系，又是两个不同的概念。二者均是自然干扰、人类活动和植被内源演替的结果，对物质、能量、物种和信息在景观中的流动均有重要的影响。但景观多样性描述的是景观结构、功能、动态的多样性和复杂性(傅伯杰，1995)，而景观异质性是指景观类型的差异，类似于景观类型的多样性，代表的是景观镶嵌的空间复杂性，是土地镶嵌所固有的特征，存在于任何尺度上，可以被认为是生物多样性发展的结构基质。

景观异质性的存在决定了景观空间格局的多样性和斑块多样性。异质性创造了边界和边缘，因此可以增加边缘种，但却相对减少了内部种，而且还直接影响着动物的迁移、植物种子的传播等过程，进而影响着生物多样性。一般来说，景观异质化程度越高，越有利于保持景观中的生物多样性。维持良好的景观异质性，能够提高景观的多样性与复杂性，有利于景观的持续发展。反过来讲，景观多样性的保存也有利于景观异质性的维持。由于多样性造成的不同斑块间的差别创造了新的生态过程，影响到物质、能量和信息的流动，进而又会对异质性产生促进或抑制作用。

(4) 景观异质性的测度指数

对景观异质性的描述与分析，在景观生态学中运用最多的是景观异质性测度指数，但是到目前为止尚没有一个关于景观异质性准确的判断指标。目前，景观异质性测度指标数量很多，但通用性不高且理论性不强。近年来，在景观生态学家提出的许多景观异质性指数中，使用较多的有以下四大类：a. 多样性指数，反映景观类型的多少和各景观类型占比的变化，即复杂程度；b. 镶嵌度指数，刻画景观内各斑块相对于基质的镶嵌程度；c. 距离指数，主要包括最小临近距离指数和连接度指数；d. 景观破碎化指数，通过对景观分割程度、碎片数量、大小、形状、连续性等方面进行综合分析来表征的破碎化程度。

以上4类测度指数的具体公式与计算方法请参见傅伯杰等(2011)编著的《景观生态学原理及应用》。在实际应用时，这些指数往往只能反映景观异质性的某一个侧面特征，联合使用多种指数和分析方法有助于取长补短，更准确地反映其异质性规律(傅伯杰等，2011)。

3.2.6 景观尺度与等级理论

(1) 尺度的概念及尺度效应

广义地讲，尺度(scale)是指在研究其一物体或现象时所采用的空间或时间单位，同时又可指某一现象或过程在空间和时间上所涉及的范围和发生的频率(邬建国,2007)。前者是从研究者的角度来定义尺度,而后者则是根据所研究的过程或现象的特征来定义尺度。尺度可分为空间尺度和时间尺度。此外,组织尺度是指在由生态学组织层次(如个体、种群、群落、生态系统和景观等)组成的等级系统中的相对位置(如种群尺度、景观尺度等)。

在景观生态学中,尺度往往以粒度(grain)和幅度(extent)表达。空间粒度指景观中最小可辨识单元所代表的特征长度、面积或体积(如样方、像元);时间粒度指某一现象或事件发生的(或取样的)频率或时间间隔。例如,对于空间数据或影像资料而言,其粒度对应于像元大小,与分辨率有直接关系。野外测量生物量的取样时间间隔或某一干扰事件发生的频率,则是时间粒度的例子。幅度是指研究对象在空间或时间上的持续范围或长度。具体地说,所研究区域的总面积决定该研究的空间幅度;而研究项目持续多久,则确定其时间幅度。由此可见,在讨论尺度问题时,有必要将粒度和幅度加以区分。一般而言,从个体、种群、群落、生态系统、景观到全球生态学,粒度和幅度呈逐渐增加趋势。这意味着,组织层次高的研究(如景观和全球生态学)往往是,但不绝对是(也不应该总是)在较大的空间范围和长时期内进行的。而这些大幅度研究的分辨率往往较低,即局部范围和短时间内变化的信息往往被忽略。

尺度在景观生态学中的定义,显然不同于地理学或地图学中的比例尺(尽管尺度和比例尺的英文均为"scale")。在生态学中,大尺度(或粗尺度,coarse-scale)是指大空间范围或时间幅度,往往对应于小比例尺、低分辨率;而小尺度(或细尺度,fine scale)则常指小空间范围或短时间,往往对应于大比例尺、高分辨率。

此外,尺度效应(scale effect)是一种客观存在而用尺度表示的限度效应,只讲逻辑而不管尺度,无条件推理和无限度外延,甚至用微观实验结果推论宏观运动和代替宏观规律,这是许多悖谬理论产生的重要哲学根源。有些学者和文献将景观、系统和生态系统等概念简单混同起来,并且泛化到无穷大或无穷小而完全丧失尺度性,往往造成理论的混乱。现代科学研究的一个关键环节就是尺度选择。在科学大综合时代,由于多元、多层、多次的交叉综合,许多传统学科的边界模糊了(王云才,2007)。因此,尺度选择对许多学科的再界定具有重要意义。

(2) 等级理论及景观的等级性

等级组织是一个尺度科学概念,因此,自然等级组织理论有助于研究自然界的数量思维,对于景观生态学研究的尺度选择和景观生态分类具有重要意义(肖笃宁,1991)。等级理论(hierarchy theory)认为,任何系统皆属于一定的等级,并具有一定的时间和空间尺度(scale)。完整的等级理论是由一些系统理论学家和哲学家创立的(Koestler,1967;Simon,1962),因此它的发展是基于一般系统论、信息论、非平衡态热力学以及现代哲学和数学有关理论之上的。Overton(1972)将该理论引入生态学,他认为生态系统可以分解为不同的等级层次,不同等级层次上的系统具有不同的特征。第一部生态学等级理论的专著出自 Allen 等(1982),该专著详细论述了如何借助等级理论理解复杂的生态系统。O'Neill(1986)的专著《生态系统的等级概念》(*A Hierarchical Concept of Ecosystems*),进一步阐述了生态系统的结构和功能的双重等级性质,并强调时间和空间尺度以及系统约束(constraint)对于生态系统研究的重要性。在探究跨越不同水平时空尺度的许多格局和过程关系方面,等级理论在景观生态学中非常有用。考虑到复杂性是景观的一个内在属性,等级理论能够解释存在于某一尺度内的不同组分与另一分辨率尺度上的其他组分发生联系的现象和规律(傅伯杰等,2011)。

复杂性常常具有等级形式,一个复杂的系统由相互关联的亚系统组成,亚系统又由各自的亚系统组成,以此类推,直到最低的层次(图 3-12)(邬建国,2007)。所谓最低层次依赖于系统的性质和研究的问题和目的。等级系统中每一个层次是由不同的亚系统或整体元(holon)组成的。整体元具有两面性或双向性,即相对于其低层次表现出整体特性,而对其高层次则表现出从属组分的受制约特性。根据等级理论,复杂系统可以看作是由具有离散性等级层次(discrete hierarchical level)组成的等级系统。强调等级系统的这种离散性反映了自然界中各种生物和非生物学过程往往有其特定的时空尺度,也是简化对复杂系统的描述和研究的有效手段。不同等级层次之间具有相互作用的关系,即高层次对低层次有制约作用。由于其低频率、慢速度的特点,在模型中这些制约(constraint)往往可表达为常数。低层次为高层次提供机制和功能,由于其快速度、高频率的特点,低层次的信息则常常用平均值的形式来表达(图 3-13)。概言之,高等级层次上的生态学过程(如全球植被变化)往往是大尺度、低频率、慢速度;而低等级层次的过程(如局部植物群落中物种组成的变化)则常表现为小尺度、高频率、快速率(O'Neill,1986;邬建国,1991;O'Neill,1996;Wu,1999)。

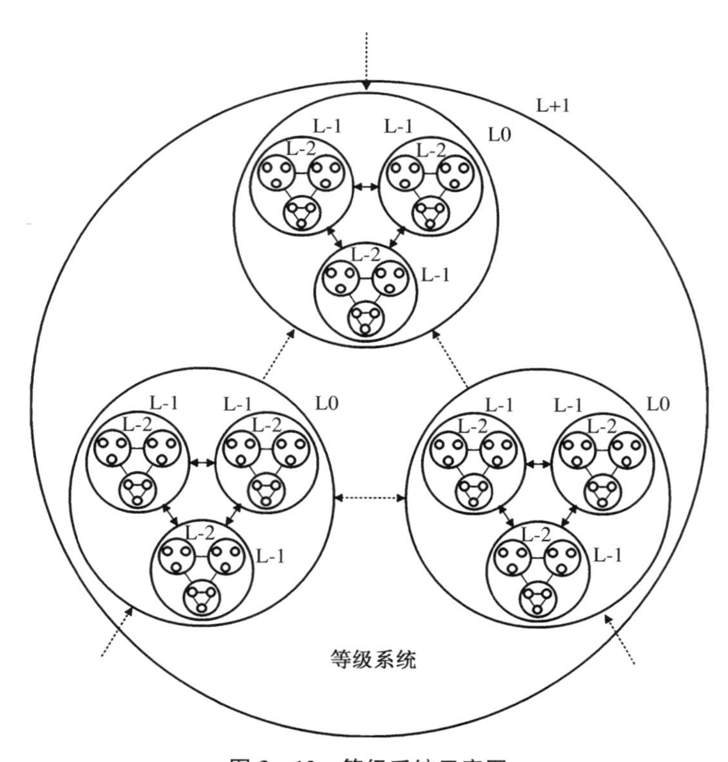

图 3-12 等级系统示意图

(引自:邬建国,2007)

注:L0,L-1,L-2,L+1 表示不同的层次。

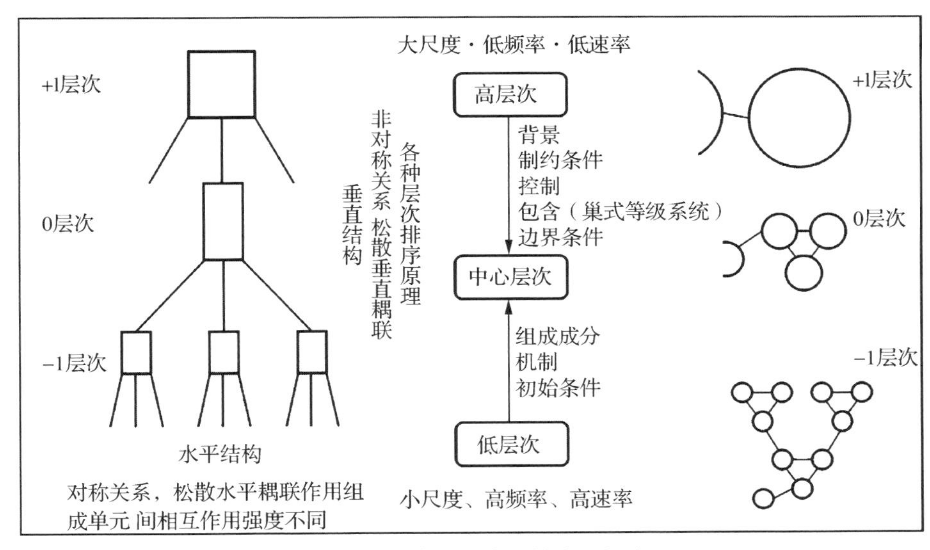

图3-13 等级系统及其主要概念

（引自：Wu，1999；邬建国，2007）

景观是生态系统组成的空间镶嵌体，同样具有等级特征。景观的性质依其所属的等级不同而异。等级理论认为，包括景观在内的任何生物系统，从细胞到生物圈，都具有等级结构。所谓等级结构是指对于任何等级的生物系统，它们都由低一等级水平上的组分组成。每一组分又是在该等级水平上的整体，同样由更低一等级水平的组分所组成。

等级结构的一个重要概念是约束。等级结构的约束来自两个方面，对于某一等级上的生态系统，它受低一等级水平上的组分行为约束。O'Neill(1986)称之为生物约束。同时，生态系统受高一等级水平上的环境约束。这种约束包含生态系统所必需的物理、化学、生物等条件。所以，一个生态系统的约束是低一等级水平上生物约束和高一等级水平上环境约束的总和。约束力的范围和边界构成约束体系(constraint envelope)。这种约束体系在低一等级水平上与生态位具有相似的含义。从普遍意义上理解，约束体系就是限制因素。约束体系的重要性在于它可以用来预测某一生态系统是否属于某一约束体系。这是因为不同的生态系统属于不同约束体系。但由于生态系统的复杂性，人们又很难预测生态系统在约束体系内的具体空间位置。

理解等级理论，需要同时理解不同等级水平上的生态系统是非平衡的，动态是生态系统的普遍现象。作为生物地球化学复合体的生态系统具有物质和能量动态过程。一般认为，生态系统动态服从热力学定律。但用热力学解释生态系统动态是很复杂的，传统热力学认为，封闭系统的熵值只有增加或保持。熵是非负的，当系统取得最大熵值时，系统处于热力学平衡态。生态系统是开放系统，它与外界有能量和物质交换，不断地通过消耗自由能来减少熵值，这种由外部能量维持的生态系统是非平衡的。等级理论同时认为，景观生态系统具有亚稳态性(metastability)，即景观生态系统在一定的时间和空间上能保持相对稳定。而且，当景观生态系统遭受一定程度的干扰后具有恢复能力，景观生态系统的亚稳态性只有在一定条件下，或者说，在约束体系里才能实现。当干扰程度超过一定的阈值时，景观生态系统的性质就会发生改变，失去恢复能力，而亚稳态性也不复存在。此外，时间和空间尺度对景观生态系统的亚稳态和动态相当重要。高等级系统

(如森林小流域景观)的动态,时间尺度要长些,而低等级的系统(如林分或斑块)的动态其时间尺度要短些。所以,从小的时间尺度上观察景观相对处于亚稳态,而斑块则处于动态。动态的空间尺度同样不可忽略。例如,森林的动态和个体树木的生长动态,具有不同的内涵。

等级理论最根本的作用在于简化复杂系统,以便达到对其结构、功能和行为的理解和预测。许多复杂系统,包括景观系统在内,大多可认为具有等级结构。将这些系统中繁多、相互作用的组分按照某一标准进行组合,赋予其层次结构,是等级理论的关键一步。某一复杂系统是否能够被由此而化简或其化简的合理程度通常称为系统的可分解性(decomposability)。显然,系统的可分解性是应用等级理论的前提条件。用来分解复杂系统的标准常包括过程速率(如周期、频率、反应时间等)和其他结构和功能上表现出来的边界或表面特征(如不同等级植被类型分布的温度和湿度范围、食物链关系、景观中不同类型斑块边界等)。基于等级理论,在研究复杂系统时一般至少需要同时考虑3个相邻层次,即核心层、上一层和下一层。只有如此,方能较为全面地了解、认识和预测所研究的对象。近年来,自然等级理论对景观生态学的兴起和发展发挥了重大作用,其最为突出的贡献在于大大增强了生态学家的"尺度感",为深入认识和理解尺度的重要性以及发展多尺度景观研究方法起到了显著的促进作用(邬建国,2007;傅伯杰等,2011)。

3.3　城市生态学中的重要理论与原理

3.3.1　城市生态位原理:促进城市发展的内在原因

在生物界,不同的生物个体或群体为了生存需要占据一定的生态位,于是就出现了对空间、资源的分割和占有过程,其间还有因竞争、生态位分离而产生的共生关系。城市发展具有生态特性,在竞争机制下,城市发展的相关资源在各种尺度上都应遵循通过竞争达到有序分化的原则。城市对其发展空间的选择、竞争与占有过程,正是选择适合其发展的网络节点,创造相应的生态位(赵维良,2008)。

城市是外部条件与内部元素相互联系和制约的动态开放系统,组成区域与城市的经济单元与产业,在激烈的竞争中想要求得生存和发展,需以最小成本、最大利润和最优市场为目标,选择最佳发展区位。经竞争、演替而形成的经济单元和城市体系,构成了合理的地域空间结构。城市结构在时间轴上体现为新兴产业功能取代旧有产业功能,而在空间上则表现为不断进行产业替换,企业的迁出迁入。城市发展动力体现在新与旧、高效与低效的矛盾中,以功能、产业、人口等要素通过区位竞争而得以实现(王如松,1988)。

城市生态位是一个城市给人们生存和活动所提供的生态位。具体来讲,就是城市中的生态因子(如水、食物、能源、土地、气候、交通、建筑等)和生产关系(如生产力、生活质量、环境质量、与外系统的关系等)的集合。它反映了一个城市的现状对于人类各种经济活动和生活活动的适宜程度,反映了一个城市的性质、功能、地位,作用及其人口、资源、环境的优劣势,这从而决定了它对不同类型的经济以及不同职业、年龄人群的吸引力(杨志峰等,2008)。

城市生态位大致可分为生产生态位和生活生态位。生产生态位就是资源、生产条件生态位，包括了城市的经济水平（物质和信息生产及流通水平）、资源丰富度（如水、能源、原材料、资金、劳动力、智力、土地、基础设施等）。生活生态位就是环境质量、生活水平生态位，包括社会环境（如物质生活和精神生活水平以及社会服务水平等）及自然环境（物理环境质量、生物多样性、景观适宜度等）（杨志峰等，2008）。

城市生态位是城市满足人类生存发展所提供的名种条件的完备程度。一个城市既有整体意义上的生态位，如一个城市相对于外部地域的吸引力与辐射力，也有城市空间各组成部分因质量层次不同所体现的生态位的差异。对城市居民个体而言，不断寻找良好的生态位是人们生理和心理的本能。人们向往生态位高的城市和地区的行为，从某种意义上说，是城市发展的动力与客观规律之一（杨志峰等，2008）。

3.3.2　多样性导致稳定性原理：城市稳定、富有活力的原因

自然界的大量事实证明，生态系统的结构越多样、复杂，则其抗干扰的能力越强，系统也就越稳定。也就是说，生态系统的稳定性与其结构的多样性、复杂性呈正相关。这是因为在结构复杂的生态系统中，当食物链（网）上的某一环节发生异常变化，造成能量、物质流动的障碍时，可以由不同生物种群间的代偿作用加以克服。多样、复杂的生态系统即便受到严重的干扰，也会通过群落的自我调节，恢复原来的稳定状态，只是所需时间要比受轻干扰时要长。例如，在热带雨林中，物种十分丰富，因为有其他物种的代偿作用，某些物种的缺失不会对整个生态系统造成很大的影响。与此相对比，在仅有地衣、苔藓的北极苔原地区，这种简单的植被一旦受到破坏，就会使以地衣、苔藓为食的驯鹿和靠捕食驯鹿为生的食肉兽类无法生存，结构极为简单的苔原生态系统是难有代偿作用的（王国宏，2002）。

多样性导致稳定性的原理在城市生态系统中也同样有效。例如，多种不同类型的人力资源保证了城市发展对人力的需求；城市用地的多样属性保证了城市各类活动的开展；多种交通方式的有效结合使城市交通效率高且稳定；城市产业结构的多样性和复杂性导致了城市经济的稳定性和高效率（张全国等，2003）。这些都是多样性导致稳定性原理在城市生态系统的应用和体现。

3.3.3　食物链（网）原理：城市活动的能量、物质利用（流）原理

在生态学里，食物链指以能量和营养物质形成的各种生物之间的联系，食物网（food web）则指许多食物链彼此相互交错连接而形成的复杂营养关系，是群落中各种摄食关系的总称。最早的食物网描述了北极熊岛（Bear Island）的摄食关系。萨默海斯等（Summerhayes et al.，1923）认为北极的物种较少，所以北极是适合研究食物网的最佳地点。然而，他们的研究结果显示，即使在北极这个动物相对稀少的群落中，物种间的摄食关系仍然相当复杂，不易研究，但与物种更多的群落相比，北极群落食物网的可控性更高一些。例如，瓦恩米勒（Winemiller，1990）研究了委内瑞拉卡努弗尔肯河中最常见的10种淡水鱼的摄食关系，结果显示食物网非常复杂（图3－14a），即使只留下较强的营养关系，食物网仍很复杂（图3－14b），但食物网变得更容易理解，也能够有助于识别和强调更有生物意义的营养关系。

广义的食物链原理应用于城市生态系统中，指以产品、下脚料、废料为物流对象，以

利润为动力，将城市生态系统中的企业联系在一起。各企业之间的产品和生产原料是相互提供的，一个企业的产品是另一个企业的原料，某些企业的下脚料或废料也可能是另一些企业的原料。人们可以根据增加利润和保护环境等目的，对城市食物网进行“加链”和“减链”，除掉那些效益低、污染大的链环，增加新的生产链环，例如增加能充分利用物质资料、效益高、无污染的产品和企业。这样可使城市生态系统的物流和能流更加合理、更加完善(邵培仁，2008)。

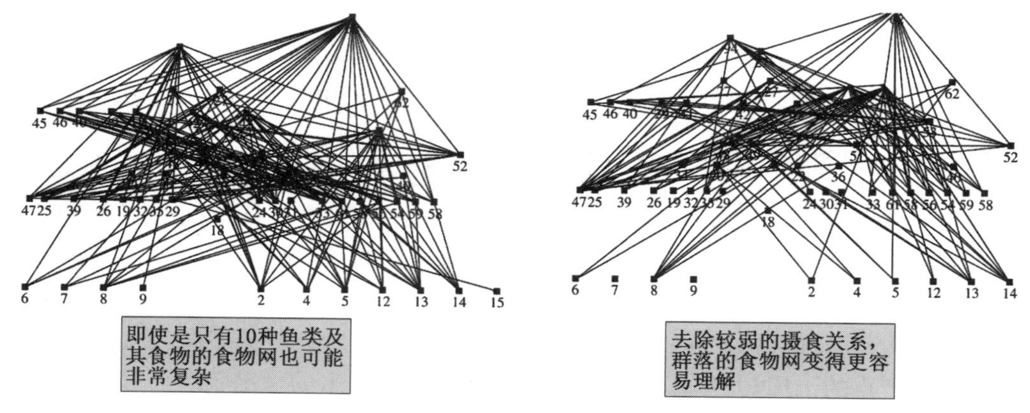

a. 包含所有摄食关系的食物网；　　b. 去除较弱摄食关系的食物网

图 3-14　委内瑞拉卡努弗尔肯河中最常见 10 种鱼的摄食关系构成的食物网

(引自：Winemiller，1990)

城市生态学中的食物链原理还表明，人类居于食物链的顶端，人类对生存环境污染的后果最终会通过食物链的这种富集作用而归结于人类自身。另外，人是城市各种产品的最终消费者，人类需要依靠其他生产者及各营养级的“供养”而生存。因而，城市的生产、建设都应体现“以人为本”的原则。

3.2.4　限制因子原理：城市发展的关键因素原理

耐受性定律(law of tolerance)和最小因子定律(law of the minimum)合称为限制因子原理(law of limiting factors)。当生态因子(一个或者相关的几个)接近或超过某种生物的耐受性极限而阻止其生存、生长、繁殖、扩散或分布时，这些因子就成为限制因子(limiting factors)。一个生物或一群生物的生存和繁荣取决于综合的环境条件状况，任何接近或超过耐性限制的状况都可说是限制状况或限制因子。

1913 年，美国生态学家谢尔福德(Shelford)提出了耐受性法则。他认为因子在最低量时可以成为限制因子，但如果因子过量超过生物体的耐受程度时，也可以成为限制因子。每一种环境因子都有一个生态上的适应范围大小，称之为生态幅(ecological amplitude)，即有一个最低和最高点，两者之间的幅度为耐性限度。在谢尔福德以后，许多学者对这一规律进行了深化和发展，概括如下：a. 每一种生物对不同生态因子的耐受范围存在着差异，可能对某一生态因子耐受性很宽，对另一个因子耐受性很窄，而耐受性还会因年龄、季节、栖息地区等的不同而有差异。对很多生态因子耐受范围都很宽的生物，其分布区一般很广。b. 生物在整个个体发育过程中，对环境因子的耐受限度是不同的。在动物的繁殖期、卵、胚胎期和幼体、种子的萌发期，其耐受性限度一般较低。c. 不同的物种,对同一生态因子的耐受性也是不同的。例如,鲑鱼对温度的耐受范围是 0～12 ℃,最适温是 4℃;而豹蛙对温度的耐受范围是 0～30 ℃,最适温是 22 ℃;南极鳕所能耐受的温度范围最窄,只有 −2～2 ℃。d. 生物对某一生态因子处于非最适状态下时,对其他生态因子的耐受限度也下降。例如,陆地生物对温度的耐受性往往与它们的湿度耐受性密切相关。当生物所处的湿度很低或很高时,该生物所能耐受的温度范围较窄;所处湿度适度时,生物耐受的温度范围比较宽。反之也一样,表明影响生物的各因子间存在明显的相互关联。

总体而言,耐受性定律认为:"任何一个生态因子在数量或质量上不足或过多,当这种不足或过多接近或达到某种生物的耐受上下限时,就会使该生物衰退或不能生存下去。"

1840 年,德国著名化学家李比希(Liebig)发现并提出了最小因子定律,也称李比希定律。他发现作物产量常受到土壤中含量少但作物又大量需要的营养元素的限制,他认为生物的生长发育需要各种基本物质,在稳定状态下,当某种基本物质的可被利用量接近所需临界量时,这种物质将成为一个限制因素。与此定律道理相似的还有水桶效应(buckets effect/cannikin law)。水桶效应是指一只水桶能盛多少水,并不取决于最长的那块木板,而是取决于最短的那块木板,也可称为短板效应(de Baar,1994)。

生态学的最小因子定律和系统论中的水桶效应同样适用于城市生态系统。在城市生态系统中,影响其结构、功能行为的因素很多,但往往有某一个或少数几个处于临界量(最小量)的生态因子,会对城市生态系统功能的发挥起到关键作用,只要改善其量值,就会大大增加系统功能(沈清基,2011)。在城市发展的各个阶段,总存在着影响、制约城市发展的特定因素,当克服了该因素时,城市将进入一个全新的发展阶段。

3.3.5　环境承载力原理:城市发展的局限性原理

Park 于 1921 年从种群数量角度出发,首次将"承载力"(carrying capacity)概念引入生态学领域,他定义承载力的含义是:"在不损害牧场情形下,牧场所能供养的最大牲畜数量"(Park,1921)。随着经济的发展,人口、环境和资源等问题日益突出,基于不同需求和侧重点的承载力研究应运而生,如人口承载力、环境承载力和资源承载力等基于某一方面的承载力研究。

环境承载力(environmental carrying capacity)是指某一环境在不发生对人类生存发展有害变化的前提下,在规模、强度和速度上所能承受的人类社会作用的能力。环境承载力包括资源承载力、技术承载力和污染承载力等。资源承载力包括如淡水、土地、矿藏、生物等自然资源条件和劳动力、交通工具、道路系统、市场因子、经济实力等社会资源条件所能提供的承载能力。资源承载力又可分为现实资源承载力和潜在资源承载力两种类型。技术承载力主要指劳动力素质、文化程度与技术水平等,也分为现实技术承载力和潜在技术承载力两种类型。污染承载力是反映环境容量与自净能力的指标(高吉喜,2001)。

环境承载力会因城市的外部环境条件的变化而变化。环境承载力的变化会引起城市生态系统结构和功能的变化。城市生态系统向结构复杂、能量最优利用、生产力最高的方向演化,称之为正向演替,反之称为逆向演替。城市生态系统的演化方向是与城市生态系统中人类活动强度是否与城市环境承载力相协调密切相关的。当城市活动强度小于环境承载力时，城市生态系统就有条件和有可能向结构复杂、能量最优利用、生产力最高的方向演化（刘晓丽等，2008）。

环境承载力是城市生态规划学的基本原理，目前在城市生态规划中应用更多的是生态承载力（ecological carrying capacity），生态承载力更多地关注生态系统的整合性、持续性和协调性，它反映了城市中人与自然的相互作用关系。一般认为，生态承载力是在资源合理开发利用和环境良性循环的条件下，“自然资源—生态环境—社会经济”复合生态系统的承载能力与承载对象压力的反映。它具有以下几个方面的特性（赵东升等，2019）：a. 动态性。对于一定数量和质量的自然资源来说，生态承载力不是一成不变的，它与生态历史发展阶段有直接的关系。另外，在不同的历史发展阶段，人类活动对生态环境有不同的影响力和治理力度。b. 尺度性和相对极限性。尺度性是由人类活动空间的有限性决定的，因为没有范围限制的生态承载力研究是没有实际意义的。相对极限性是指生态承载力在社会生产力发展的某一历史阶段具有最大值，如果时间阶段改变了，生态承载力也将随之改变。c. 空间异质性。生态系统结构和过程、人类活动都具有明显的空间分异特征，这决定了生态系统提供的服务和消耗、生态承载力也具有空间异质性。例如，我国西北干旱地区水热组合条件不如南方优越，因此生态承载力势必也比南方小。这就要求人们在研究生态承载力和规划经济建设时应立足于实际，统筹考虑不同区域之间的空间异质性。d. 相对性和不确定性。关于承载力研究，首先需要转变学者们的思想观念，承载力是一个长期的、历时性的过程，承载能力应该被看作是一个梯度，而不是一个临界极限。承载能力的衡量应该被认为是相对的，而不是绝对的。另外，生态系统和人类社会的复杂性决定了生态承载力计算的复杂性，加之人类对自然及社会发展规律的认识不足，导致生态承载力具有不确定性。e. 开放性和多样性。没有完全封闭的生态系统，贸易流动和资源跨域配置使得区域生态承载力可通过与外界的物质、能量及信息交流进行提升，一定范围内的生态承载力问题也可通过战争、贸易和行政干预等途径转嫁给其他区域。生态承载力的多样性特征是由生态系统的多样性决定的。人类消费结构随着生产力的不断提高发生着变化，地区之间的经贸关系弥补了区域的资源欠缺，引起生态承载力在区域间的流动，使得生态承载力研究的难度也因贸易的多样性而更加复杂。

目前，常用的生态承载力研究方法有生态足迹法（Ecological Footprint，EF）、人类净初级生产力占用法（Human Appropriation of Net Primary Production，HANPP）、状态空间法、综合评价法、系统模型法和生态系统服务消耗评价法。目前生态承载力研究仍难以定量化表征生态系统的供给容纳能力、区间贸易流动影响、生态系统的弹性、人类活动与生态系统的相互作用关系，仍存在诸多的问题和薄弱环节。未来生态承载力研究需要做好以下六个方面（赵东升等，2019）：a. 完善理论体系，深入研究承载力过程机理与承载机制；b. 将生态系统服务的空间流动因素纳入评估体系，构建完善的评价指标体系；c. 与全球变化相结合，加强生态承载力时空动态评估；d. 从生态承载力入手解决生态脆弱区资源环境问题；e. 建立区域资源环境监测预警机制，并落实到生态规划及生态安全领域；f. 优化整合生态承载力研究方法，开发由多因素耦合的动态研究模型。

生态文明建设离不开科学合理的生态规划，生态系统的复杂性决定了生态承载力的评价研究将会是充满挑战的工作。中国针对区域生态承载力的研究多基于传统方法，忽略了很多重要的影响因素，尚无法满足社会经济发展对承载力的实际需求，亟需进一步完善生态承载力的理论方法与指标体系，深入研究承载过程与承载机制，科学量化生态系统结构和功能与生态服务的关系，解决生态服务协同和权衡问题。

3.3.6 共生原理：城市发展的关系原理

互利共生（mutualism）是指不同生物之间所形成的紧密互利关系，是一种对不同物种个体都有利的交互作用。动物、植物、菌类以及三者中任意两者之间都存在“共生”。在互利共生关系中，一方为另一方提供有利于生存的帮助，同时也获得对方的帮助。两种生物共同生活在一起，相互依赖，彼此有利。有的共生生物需要借助共生关系来维系生命，倘若彼此分开，则双方或其中一方便无法生存，这称为专性互利共生（obligate mutualism）；有的共生关系只是提高了共生生物的生存概率，但并不是必需的，即便离开了互利共生伙伴仍能生存，称为兼性互利共生（facultative mutualism）。共生关系有时是不对称的，在共生关系中很可能出现一种生物是专性共生，而另一种生物是兼性共生的现象。

各种物种的共生现象也一样是以物种“社会”和环境生存的。就某一种类的物种来说，它所面对的环境是一共同的环境（生物圈或某一条生物链），而只能被动地去适应环境的生物种，相对于那些会自己主动改造环境的物种的生存能力弱。如果一种物种只是一味地依赖其他物种所构成的外在环境而生存，那么这种生物物种始终处在唇亡齿寒的被动位置；而主动改造环境的物种会不断使其他物种有利于它自己的生存，也就是说它能不断地使其他物种相对于自己的可依赖性增强。

决定共生特征能否得以传承的关键因素是种群压力——种群压力是指对某种群的个体来说比较艰难的生存环境。在进化的过程中，生物的共生特性和它们的逃脱天敌以及捕获猎物特性同样重要。与物种共生现象同一原理，就某一种类的生物而言，它既要面对由其他物种构成的环境，同时还要面对物种内部由同类个体构成的内在环境。同类个体之间也存在竞争，同一物种的个体如果没有生存能力也会被淘汰，那些进化上会主动去增强个体间可依赖性的个体将有利于本物种发展；所以那些互为有利，会分工合作的物种，比那些种内个体间没有联系起来共同生活的物种的生存能力强，如蚁群、蜂群、狼群、人群。

共生现象不仅存在于生物界，也广泛存在于人类社会体系之中。例如，对城市系统内部而言，各子系统之间的主质参量性质不同，决定了其属于异类共生单元（张旭，2004）。而城市系统中人口、经济、社会、科技子系统中都有人类活动这一重要因素的贯穿，人通过自身的活动与城市资源、环境发生联系，因此，城市各子系统之间有稳定的关联度，城市各共生单元主质参量也同时具有较大的兼容性。此外，城市系统各共生单元之间存在着社会经济制度这一共生面。在社会经济制度范围内，人与自然资源、环境可自由存在。一般而言，城市系统各子系统之间能够满足共生的必要条件（张旭，2004）。城市的整体与部分、政府与市民、不同人群之间，实际上都存在着共生的关系。共生关系比我们过去的等级制关系更符合生态、更符合真实的情况、更符合我们现代的社会（图3-15）（仇保兴，2010）。

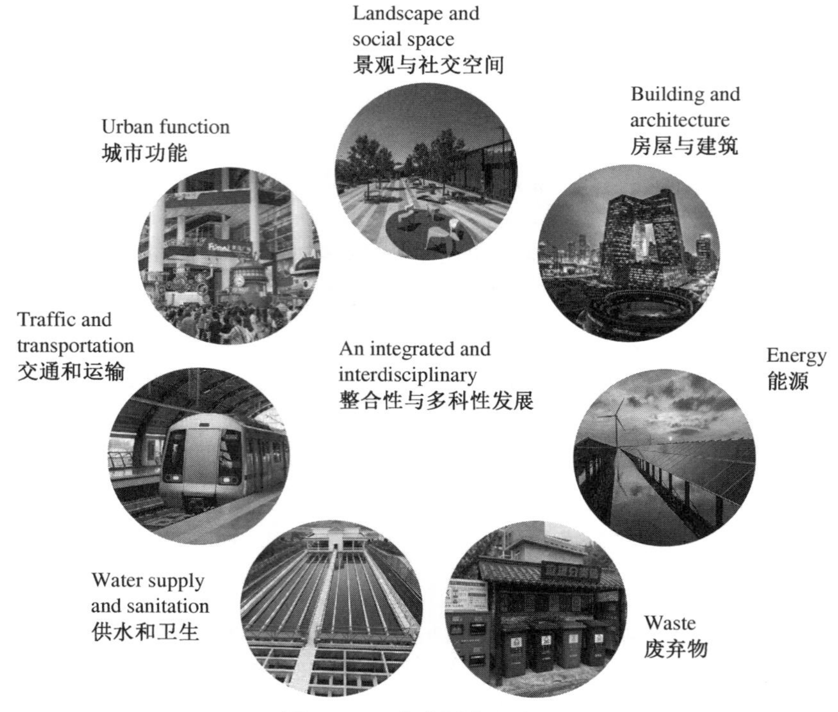

图 3 - 15　共生城市示意图

（引自：仇保兴，2010；笔者自绘）

城市共生关系的构成取决于一定的必要条件和充分条件（王慧钧，2008），必要条件包括：a. 候选共生单元之间存在着功能异质化或需求异质化。这使共生单元之间产生互补性相互作用成为必要、必需或可能。b. 社会宏观制度环境（如习俗惯例、法律、道德、信用体系、信息交流技术体系等）较完善。否则，没有文化传统、没有法律和道德规范，没有信用、没有相互交流的社会容易导致失序和混乱。c. 共生候选单元所生存的外部环境中具有生存资源的有限性、稀缺性及其他生存单元的竞争造成的环境压力。d. 近便的空间距离。这是城市为什么产生和存在的一个关键要素，也是为什么柯布西耶、索莱利、瑞吉斯特以及现代紧缩城市模式都强调城市应该紧凑的原因。充分条件包括：a. 适当的共生界面的存在。共生界面是共生单元相互接触、相互沟通的媒介及前提性设施，它为共生单元通过空间交流信息、物质、能量、利益，形成实质联系与互补合作机制提供了重要的物质基础。例如城市中的广场、街道、公园、市场、学校、通信设施等，都属于城市中的共生界面。b. 存在利益互补关系。任何共生体系的形成都是因为双方或多方参与者能互相满足利益需要、产生更大的共生利益，或降低共生单元的生存成本，才有可能最终结成共生合作伙伴关系。如市场中交换关系之所以发生，必然是因交易行为对双方都更有利。c. 共生利益的分配能使双方明显获利，或者使受损方的损失在其承受限度之内。

在城市中，共生的类型很多。黑川纪章主持的广州珠江口地区城市设计最突出的特色是以共生思想为基础，提出了 10 条共生原则：一是自然和城市（人类）的共生；二是不同时代的共生；三是其他生物和人类的共生；四是历史（传统）和现代的共生；五是经济和文化的共生；六是科学技术和艺术的共生；七是多种功能的共生；八是城市和农业（渔业）的共生；九是异质文化的共生；十是传统产业和先进技术的共生（王蒙徽等，2002）。此外,城市共生还包括:城市与农村的共生;区域与城市的共生;旧城与新城的共生;城市中各种异质文化的共生;城市中各阶层的共生;城市大型设施与生物的共生等(沈清基,2011)。

城市共生原理的内容主要涵盖5个方面(沈清基,2011):a. 健全城市共生单元。共生单元是指构成共生关系的基本能量生产和交换单位,是形成共生系统的基本物质条件。城市系统共生单元从要素角度而言包括:城市人口,经济、科技、社会、资源和环境六大子系统。这些子系统个体质量的健全,对于城市共生关系的形成具有基础的意义。b. 优化城市共生模式。城市系统共生模式是指城市各共生单元相互作用的方式或相互结合的形式,它既反映了城市系统共生单元之间的作用方式,也反映了作用强度。从相互作用方式上可分为共栖、互利共生和偏利共生等。要在城市规划与建设过程中,致力于优化共生模式,使城市运行的综合效益处于较好的状态。c. 改善城市系统共生环境。城市系统共生单元之外所有因素的总和构成城市系统共生环境。其构成往往复杂的,不同种类的环境对共生关系的影响也不相同。按影响方式的不同,可分为城市共生的直接环境和间接环境,按影响程度的不同可分为城市共生的主要环境和次要环境。城市共生环境的影响往往是通过一系列环境变量的作用来实现的,改善共生环境对于共生关系的形成和延续具有积极意义。d. 选择适宜的机制达成共生。城市要在各方面达到真正的共生,必须适时适地选择适宜的共生机制,以城镇群之间的共生关系而言,各城镇之间在产业结构、城市化进程、区域规划建设、基础设施建设、生态环境等方面的战略接轨尤为重要。通过"接轨"增强了城镇群内各城市之间的要素流动和产业协作与分工,优势得到互补;同时,辅以畅通的水陆交通为载体的基础设施联动、以商品和要素流动为基础的市场联动,以及以拓展综合服务功能为网络的城镇联动等,将使城镇群的共生效应得到较大的增强。这里,"接轨"可能是城镇群之间共生关系达成的重要机制(马远军等,2008)。e. 竞争与共生的协调。竞争与共生都是生物与环境之间关系的基本形式,生态系统的发展正是通过竞争和共生的相互作用而发展的。在这种互动作用过程中,竞争是手段,共生是目标,竞争是为了更好地达成共生。同时,共生不是一个被动过程,竞争自然就引发共生,共生抑制旧的竞争,产生新的竞争。新的竞争又引发新的共生,两者之间就这样相互作用、交替上升,从而推进事物的不断向前发展,直至到达一个高水平、有序的平衡态(马远军等,2008)。因此,在城市发展中,要适度调控竞争与共生的关系,使两者达到有机的协调与平衡(沈清基,2011)。

3.4 城市生态规划学

3.4.1 城市生态规划学概述

城市生态规划学是城市生态学与城市规划学的交叉学科,也是环境规划学发展到一定阶段的产物。城市生态规划学是一门应用型学科,它以地理学、生态学、环境学和规划学的概念、理论和方法研究城市生态系统的结构、功能、发展和动态调控。城市生态规划学注重科学理论对实践的指导性和操作性,同时将研究对象扩展到整个城市生态系统,因此既不等同于城市生态学,也不等同于环境规划学,从而自成体系,形成一个新的分支学科。

总体来讲，城市生态规划学是为城市环境建设和城市环境管理提供设计蓝图的一门综合性很强的技术科学，它以城市生态系统为研究对象，对单个城市生态系统的内部空间结构、组织和功能进行解析，并进行科学的再组织和再设计，注重为具体城市寻找合理适用的生态功能分区和生态景观布局等，具有一定的工程性。城市生态规划学至少包括以下几方面的内容：a. 城市生态规划基本原理与程序；b. 城市生态规划关键技术与方法；c. 城市生态功能区划；城市生态规划重点领域或专项规划；d. 城市生态规划方案与评估；e. 城市生态安全与管理等（杨志峰等，2008）。

城市生态规划（urban ecological planning）也可以说是城市规划发展的一个必然过程。其实，早在 20 世纪初，许多国家便意识到开展城市生态规划的重要性。在快速城市化带来的生态环境问题日益严重的背景下，城市生态环境问题得到广泛的重视（刘贵利，2002）。在经济高速增长的过程中，生态环境往往成为衡量城市文明程度的重要指标，人们对环境的关注已不仅仅限于污染防治方面，同时还必须强调环境与发展的互动关系，注意防范由于不当开发行为带来的生态环境问题对城市发展的负面影响；同时人们又认识到城市生态环境问题并不是只靠简单的技术手段就能解决，而更需要通过社会、经济等方面来综合地解决（刘贵利，2002）。因此，城市生态规划应运而生。但作为规划类型的一种，城市生态规划在一些基本规律性方面与其他专业规划具有共通之处，还必须借鉴城市规划的方法，特别是在处理城市复杂问题的经验方面（杨志峰等，2008）。

然而，城市生态规划不同于传统的环境规划和经济规划，它是联系城市总体规划、环境规划及社会经济规划的桥梁，其科学内涵强调规划的能动性、协调性、整体性和层次性，其目标是追求社会的文明、经济的高效和生态环境的和谐。城市生态规划与管理是实施可持续发展战略的重要手段和工具，也是城市生态规划学的核心内容。城市生态规划就是要探索优化的城市生态系统和土地利用的空间结构，实现城市经济、社会、资源、环境的协调持续发展，达到社会、经济、生态三个效益的统一。城市生态规划不仅仅考虑城市环境各组成要素及其关系，也不仅仅局限于将生态学原理应用于城市规划的各方面，使城市规划生态化。概括来讲，城市生态规划可定义为“遵循生态学原理，对城市生态系统的各项开发和建设做出科学合理的决策，从而调控城市居民与城市环境的关系，也就是运用系统分析手段及生态经济学知识和各种社会、自然的信息与规律，来规划、调节城市各种复杂的系统关系，在现有条件下寻找扩大效益、减少风险的可行性对策而进行的规划”（杨志峰等，2008）。这也是一种广义的城市生态规划的概念。

城市是人类活动高度集中的场所，人类的生存以对资源和环境产品的消费为基础。提高资源利用的效率，尽可能地减少经济行为的外部性，保持资源与环境利用的持续性，也就是保持人类活动的可持续性。因此，城市生态规划不仅关注城市的自然生态，而且也关注城市的社会生态。从可持续发展的角度，城市生态规划不仅重视城市现今的生态关系和生态质量，还关注城市未来的生态关系和生态质量。城市生态规划的目的就是依据生态控制论原理去调节系统内部各种不合理的生态关系，提高系统的自我调节能力，在外部投入有限的情况下通过各种技术的、行政的和行为诱导的手段去实现因地制宜的持续发展。城市生态规划的任务是探索不同层次复合生态系统的动力学机制、控制论方法，辨识系统中各种局部与整体、眼前和长远、环境与发展、人与自然的矛盾冲突关系，寻找调和这些矛盾的技术手段、规划方法和管理工具。

城市生态规划理论和方法的提出，可以说是人类为了迎接严峻的环境挑战所做出的一些努力，其积极意义在于体现人类对于良好城市生态环境的追求，同时也说明日益加剧的城市环境问题和生态后果已迫使人们达成共识，为维护与改善人类赖以生存的生态环境条件必须采取协调的行动，促使人与自然、人与环境的和谐。

与传统城市规划相比，城市生态规划在规划对象、规划标准、规划目标和规划方法几个方面都有很大变化。首先，城市生态规划的对象从物到人，着眼于人的动力学机制、人的生态效应、人的社会需求、人的自组织自调节能力以及整个城市复合生态系统的生命力；规划的标准从量到序，着眼于对生态过程和关系的调节及复合生态序的诱导而非系统结构或组分数量的多少；规划的目标从优到适，通过进化式的规划去充分利用和创造适宜的生境条件，引导一种实现可持续发展的进化过程；规划的方法从链到网，强调将整体论与还原论、定量分析与定性分析、理性与悟性、客观评价与主观感受、纵向的链式调控与横向的网状协调、内禀的竞争潜力和系统的共生能力、硬方法与软方法相结合（王国聘，2014）。

总之，城市生态规划学作为一门新兴学科，其理论与方法均在不断发展与完善之中。同时作为一门交叉学科，城市生态规划学力图引入各相关学科的理论与方法，着重解决与人类生产和生活最密切相关的城市生态环境问题，可为优化现代人类的生存与发展模式提供科学指导。

3.4.2 城市生态规划学的理论基础

任何一种新理论的出现，似乎总是建立在对现有理论批判的基础之上。城市生态规划理论很大程度上也是在对传统城市规划进行否定与批判的基础上建立与发展起来的。同样，我国很多规划学者和生态学者在构建其生态规划理论的过程中，往往首先要对传统的城市规划理论加以批判，然后用新的生态规划理论与之对比得出（吕斌和佘高红，2006）。总体上，城市生态规划基于可持续发展理论、社会—经济—自然复合生态系统（Social-Economic-Natural Complex Ecosystem，SENCE）理论、人地和谐共生理论、生态系统控制理论等相关理论基础发展而来。

（1）可持续发展理论

可持续发展理论是城市生态规划的理论基础之一，在规划工作的多个方面、多个层次中发挥作用。可持续发展的核心思想是：健康的经济发展应建立在生态可持续发展、社会公正和人民积极参与自身发展决策的基础上。从这个角度来说可持续包括生态可持续、经济可持续和社会可持续。其间相互关联不可分割，生态持续是基础条件，经济、社会持续是目的。可持续发展是当前世界各国共同倡导的协调人口、资源、环境与经济相互关系的发展战略。不同国家和地区具有不同的社会经济基础、意识形态和环境消费观，所强调的可持续发展的概念模式不尽相同。从本质上说，可持续发展就是要实现人与自然、人与人之间协调与和谐，要求在资源永续利用和环境得以保护的前提下实现经济与社会的发展。所以，生态可持续发展是可持续发展的物质基础和内在保障。城市生态规划要基于可持续发展的系统观、整体效益观、人口观和资源环境观来开展（杨志峰等，2008）。

a. 可持续发展的系统观：将城市作为一个社会—经济—自然复合生态系统而进行整

体规划，从全局着眼，对系统中的生态过程进行综合分析和宏观规划。

b. 可持续发展的整体效益观：规划中追求经济效益、生态效益、社会效益综合发挥作用，把系统整体效益放在首位。

c. 可持续发展的人口观：人口规划建立在资源、环境供给与需求分析的基础之上，并注重提高人口素质和生活质量。

d. 可持续发展的资源环境观：资源、环境是人类赖以生存的基础，是社会经济发展的基本条件。不同类型自然资源的可持续利用有不同的含义。不可再生资源的可持续利用问题是最优耗竭问题，而可再生资源的可持续利用问题则集中表现在资源可再生性的维持和加强方面。

（2）复合生态系统理论

可持续发展问题的实质是以人为主体的生命与其环境间相互关系的协调发展，包括物质代谢关系、能量转换关系及信息反馈关系以及结构、功能和过程的关系。这里的环境包括人的栖息劳作环境（如地理环境、生物环境、构筑物设施环境）、区域生态环境（包括原材料供给的源、产品和废弃物消纳的汇及缓冲调节的库）及文化环境（包括体制、组织、文化、技术等）。它们与作为主体的人一起被称为社会—经济—自然复合生态系统（SENCE）模型（图 3－16）（马世骏等，1984）。复合生态系统理论认为虽然社会、经济和自然是三个不同性质的系统，都有各自的结构、功能及其发展规律，但它们各自的存在和发展，受其他系统结构、功能的制约。此类复杂问题显然不能只单一地被看成是社会问题、经济问题或自然生态问题，而是若干系统相结合的复杂问题，我们称其为社会—经济—自然复合生态系统问题。复合生态系统具有生产、生活、供给、接纳、控制和缓冲功能，构成错综复杂的人类生态关系，它包括人与自然之间的促进、抑制、适应、改造关系，人对资源的开发、利用、储存、扬弃关系以及人类生产和生活活动中的竞争、共生、隶属、乘补关系（王如松等，2012）。发展问题的实质就是复合生态系统的功能代谢、结构耦合及控制行为的失调。

城市作为人类经济和社会活动最集中的场所，是一类典型的社会—经济—自然复合生态系统。城市生态规划需要对城市这一复杂系统的组成结构功能，生态过程及其动力学机制进行辨析，并以此为基础进行生态设计，因此复合生态系统理论，也是城市生态规划学的理论基础之一。

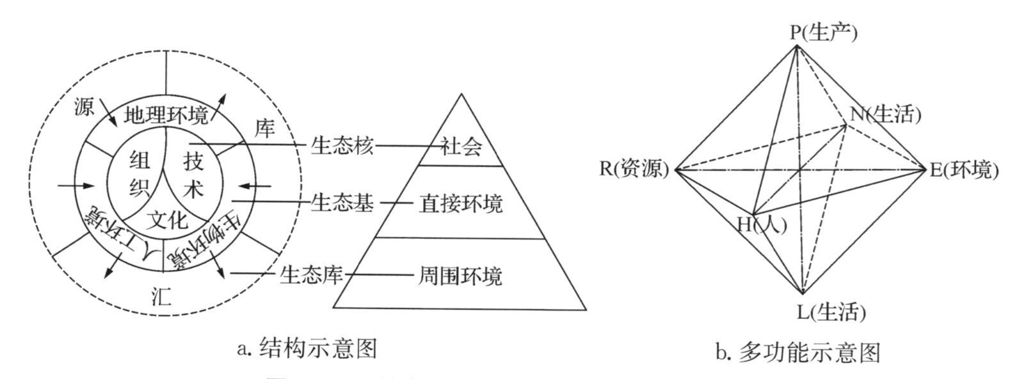

a. 结构示意图　　b. 多功能示意图

图 3－16　社会—经济—自然复合生态系统模型

（引自：王如松等，2012）

(3) 人地和谐共生理论

人地关系和人地系统的理论研究是区域可持续发展实践应用的基础，也是城市生态规划学的基础理论之一(吴传钧，2008)。如何让城市与自然系统共生，使现代城市人能感受自然的过程，是塑造新的和谐人地关系的基本条件。人地关系和人地系统研究的中心目标是要从空间结构、时间过程、整体效应、协同互补等方面去认识和寻求全球的、全国的或区域的人地关系系统的整体优化、综合平衡及有效调控的机理，最终协调人地之间的关系。

1999年第20届世界建筑师大会上，吴良镛教授等在《北京宪章(草案)》中描绘道："我们的时代是个'大发展'和'大破坏'的时代。"我们不但抛弃了祖先们彰显人地和谐的遗产——充满诗意的文化景观，也没有吸取西方国家城市发展的教训，用科学的理论和方法来梳理人与土地的关系。大地的自然系统在城市化过程中遭到彻底或不彻底的摧残。过去20多年来的中国城市建设，在很大程度上是以挥霍和牺牲自然系统的健康和安全为代价的，而这些破坏本可以通过明智的规划和设计来避免。

城市扩张和基础设施建设是必需的，但是必须认识到，自然系统是有结构的，土地也是有限的。协调城市与自然系统的关系绝不是一个量的问题，更重要的是空间格局和质的问题，这意味着只有通过科学、谨慎的土地利用规划，城市和基础设施建设对土地系统的干扰才可能大大减少，许多破坏才可能避免。

我们已经掌握了足够的科学和技术来这样做，关键在于我们是否有善待土地的伦理。我们用各种工程措施来捍卫我们的城市免受自然力的破坏。固若金汤的人类工程，不但耗资惊人，也将城市与大自然隔绝。结果，自然的水平衡系统被打破，洪水的威力却越来越大，而稀缺的雨水资源却瞬间被排入管道、进入河流、流入大海。地球不但具有生产功能，还有消化和自净能力，同时还能自我调节各种自然的盈余和亏缺，这些都是自然系统为人类社会提供的生态服务。然而，在城市建设中，我们却没有领会和珍惜这些无偿的服务，而是对资源进行无休止的开发和对环境进行肆意破坏，从而不断使之丧失服务功能(杨志峰等，2008)。

增强城市对自然灾害的抵御能力和免疫力，妙方不在于用现代高科技来武装自己，而在于充分发挥自然系统的生态服务功能，让自然做功，增强生态系统的免疫力。我们必须纠正现在规划和建设城市的方法——那种依据人口规模和土地需求来推算规模和扩张城市，然后再通过加强城市防御体系来对抗自然灾害的方法。而是应该完全反过来，即根据自然的过程和她所能留给人类的安全空间来适应性地选择我们的栖居地，来确定我们的城市形态和格局。如果说过去我们的城市沿着一条危险的轨道滑向灾难的话，在今天这快速城市化进程中，在这大规模人地关系调整的机会中，我们有条件、也必须逆过来做我们的城市发展规划，即进行"反规划"：首先建立国土和城市生态安全格局，以此来定义城市的空间发展格局(俞孔坚等，2005)。这也是人地和谐共生理论在城市生态规划学中的应用。

(4) 生态系统控制理论

生态系统控制理论是指用控制论的原理和方法来研究生态系统，它为调节城市生态系统中不合理的生态关系、提高系统自我调节能力、改善系统的结构与功能以及确保自然平衡和资源可持续利用提供了理论依据与方法(肖风劲等，2002)。生态系统控制理论也是城市生态规划学的基础理论之一。

控制理论(cybernetics)是美国数学家诺伯特·维纳(Norbert Wiener)在1948年所创立的(Wiener,1948)。它是一门研究机器、生命与社会中有关控制的科学。"控制论"这个词源自"舵手"(kybernetes),意思是操作技术或管理统治的机制。如果现在有两个变化的量,其中一个是我们不能控制的,另一个是我们可以调节的,我们就能根据无法控制的变化量的改变,用来调节另一个可调节的变化量,以符合我们所希望的最适宜的状况,这种方法就被称为控制理论。维纳从生理学家罗森勃吕特那里了解到人的神经系统与火炮控制系统有相似之处,都有反馈不足和过度的问题,本质上是对信息的一种处理,于是开始寻找人、动物与机器在控制、通信方面的共同点。1943年,维纳与阿图罗·罗森勃吕特·斯特恩斯(Arturo Rosenblueth Stearns)、朱利安·毕格罗(Julian Bigelow)合作发表《行为、目的和目的论》(*Behavior, Purpose and Teleology*)一文,论证了目的性就是负反馈活动。1948年,维纳所著的《控制论:或关于在动物和机器中控制和通信的科学》(*Cybernetics: Or Control and Communication in the Animal and the Machine*)一书出版,它标志着控制论的正式建立。1950年,维纳发表《人有人的用处——控制论与社会》(*The Human Use of Human Beings: Cybernetics and Society*)一书,对控制论作了更广泛通俗的阐述(韩京清,1989)。控制理论的基本概念和方法从此被应用于各个具体科学领域,研究对象从人和机器扩展到环境、生态、社会、军事、经济等许多部门,使控制论向应用科学方面迅速发展。

目前控制理论无论在人造技术系统或是在社会系统中,都发挥了无可比拟的优越性。生物控制理论是对生物系统的新陈代谢进行研究,以解释生物活动的内部机能;经济控制理论则结合了经济学与控制理论,主要分析经济活动与管理过程;至于社会控制理论,是利用控制理论的观点来解决社会问题。近年来,生态环境问题日渐严重,许多学者也尝试用控制理论来研究和讨论人类与环境的关系、环境规划、人口发展与能源等议题(王如松,2000;杨志峰等,2008)。

在城市生态系统中,各子系统和系统整体是相互影响的,各子系统的功能状态取决于系统整体功能的状态,而各子系统功能的发挥也会影响系统整体功能的发挥。城市各子系统都具有自身的发展目标和趋势,各子系统之间和与系统整体之间的关系不一定总是一致的。有时会出现相互牵制、相互制约的关系状态,对此应该以提高系统整体功能和综合效益为目标,局部功能与效益应当服务整体功能与效益(杨志峰等,2008)。因此,对于城市而言,它既是一个巨系统,而且也是一个控制论系统,具有控制论系统的特点:可控制性和可观测性(张启人,1992)。可控制性又包括可组织性、因果性、动态性、目的性、环境适应性五个特性,由于城市系统的这些特点使得它可以被控制(邓清华,2001)。

相应地,可以给城市系统控制下一个定义:为了完善城市系统的功能和促进城市系统健康发展,获得并利用相关信息,以这些信息为基础对城市系统及子系统施加作用,以保证城市系统达到预定的目标(邓清华,2001)。城市规划是根据城市系统内社会、经济、文化等现状情况进行分析,为城市制定发展目标和拟定保证目标实现的有效措施。城市规划的编制、审批及实施和管理都要依靠社会多个层次的多个部门,在政府的领导下完成,其实质是城市系统对自身发展的一种自为控制行为。20世纪60年代以来,规划界把城市规划视为对城市发展施加一系列控制作用,从而达到规划目标的连续过程,具体指"目标—连续的信息—各种有关未来的备择方案的预测和模拟—评价—连续的监督"的过程(张兵,1998)。尤其是为城市系统提供空间发展战略并控制城市土地使用及变化,直接或间接地作用于城市各子系统。从图 3-17 可以更清晰地理解城市规划的本质(图 3-17)。

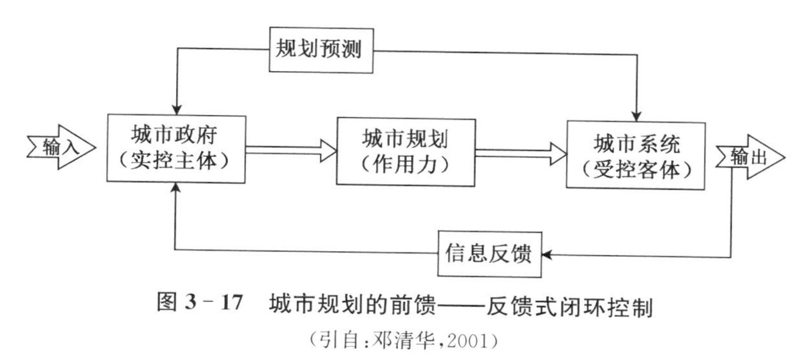

图 3-17 城市规划的前馈——反馈式闭环控制

(引自:邓清华,2001)

3.4.3 城市生态规划学的研究内容

由于城市生态规划的对象是自然一经济一社会复合生态系统,其规划建设的主导目标是建设区城的生态环境与人类活动相互协调且可持续发展。因此,城市生态规划也必然涉及区域生态系统的各个方面,具体包括以下几个主要部分:

a. 生态要素的评价;

b. 环境容量和生态适宜度分析;

c. 评价指标体系的建立及规划目标的研究;

d. 生态功能区规划与土地利用布局;

e. 环境污染综合防治规划;

f. 人口适宜容量规划;

g. 产业结构与布局调整规划;

h. 园林绿地系统规划;

i. 资源利用与保护规划;

j. 城市生态规划管理对策研究。

3.4.4 城市生态规划学应吸纳的新理念与新思想

(1) 习近平生态文明思想

习近平生态文明思想是习近平新时代中国特色社会主义思想的重要组成部分,全面准确地理解和认识习近平生态文明思想有助于从整体上把握习近平新时代中国特色社会主义思想,更好地贯彻党的十九大精神,推进绿色发展,实现中国的绿色崛起。习近平生态文明思想提出了一套相对完善的生态文明思想体系,形成了面向绿色发展的四大核心理念,成为新时代马克思主义中国化的思想武器。习近平生态文明思想不仅关注人类认识和改造自然中的一般规律,还以当代工业文明和科学技术发展现状及其历史趋势为研究对象,所要揭示的是工业文明社会发展到一定阶段后如何建设人与自然和谐共生的现代化社会运行的特殊规律。

从习近平总书记有关生态文明建设的一系列论述中可以看出,发展战略、发展路径、发展目标,构成了习近平生态文明思想的基本方面:

表 3-1 习近平生态文明思想的基本方面

核心思想	内容
生态文明建设是发展战略	党的十八大把生态文明建设纳入中国特色社会主义事业“五位一体”总体布局,明确提出大力推进生态文明建设,努力建设美丽中国,实现中华民族永续发展。这标志着我们对中国特色社会主义规律认识的进一步深化,是新时期中国共产党运用整体文明理论指导当代中国的又一重大理论创新成果。突出生态文明建设在“五位一体”总体布局中的重要地位,表明中国共产党从全局和战略高度解决日益严峻的生态矛盾,确保生态安全,加强生态文明建设的坚定意志和坚强决心。同时,生态文明建设在“五位一体”总体布局中具有突出地位,发挥独特功能,为经济建设、政治建设、文化建设、社会建设奠定坚实的自然基础和提供丰富的生态滋养,推动美丽中国的建设蓝图一步步成为现实
绿色发展方式是发展路径	恩格斯曾经说道:“不要过分陶醉于我们对于自然界的胜利,对于每一次这样的胜利,自然界都报复了我们。”所以人类的发展活动必须尊重自然、顺应自然、保护自然,否则将会自食后果。只有让发展方式绿色转型,才能适应自然的规律。绿色是生命的象征,是大自然的底色;绿色是对美好生活的向往,是人民群众的热切期盼;绿色发展代表了当今科技和产业变革方向,是最有前途的发展领域
发展理念具有战略性、纲领性、引领性	发展是党执政兴国的第一要务。绿色发展理念作为党科学把握发展规律的创新理念,明确了新形势下完成第一要务的重点领域和有力抓手,为党切实担当起新时期执政兴国使命指明了前进方向。必须坚持和贯彻新发展理念,像保护眼睛一样保护生态环境,像对待生命一样对待生态环境。加深对自然规律的认识,自觉以规律的认识指导行动。绿色发展不仅明确了我国发展的目标取向,更丰富了中国梦的伟大蓝图,是生态文明建设中必不可少的部分
建设美丽中国是发展目标	尽管在生态建设方面取得了很大成效,但生态环境保护仍然任重道远。步入新时代,我国社会主要矛盾已经转化为人民日益增长的美好生活需要和不平衡不充分的发展之间的矛盾,而对优美生态环境的需要则是对美好生活需要的重要组成部分。在党的十九大报告中,将“美丽”纳入到了建设社会主义现代化强国的奋斗目标之中,多次提出要建立“美丽中国”。“还自然以宁静、和谐、美丽。”这句富有诗意的表述,实际上反映了党的执政理念,体现了党的责任担当和历史使命。党的十九大报告指出:“到 2035 年基本实现社会主义现代化,生态环境根本好转,美丽中国目标基本实现;到本世纪中叶,建成富强民主文明和谐美丽的社会主义现代化强国,生态文明将全面提升。”

(引自:赵建军,2018)

从习近平生态文明建设系列论述中,可以提炼出四大核心理念(赵建军,2018):

a. 生态兴则文明兴、生态衰则文明衰,人与自然和谐共生的新生态自然观;

b. 绿水青山就是金山银山,保护环境就是保护生产力的新经济发展观;

c. 山水林田湖草沙是一个生命共同体的新系统观;

d. 环境就是民生,人民群众对美好生活的需求就是我们的奋斗目标的新民生政绩观。

党的十八大以来我国生态文明建设取得的突出成就,彰显出习近平生态文明思想的思想活力。建设生态文明,关系人民福祉,关乎民族未来。贯彻新发展理念,推动形成绿色发展方式和生活方式成为全民共识。加快生态文明体制改革,建设美丽中国,成为未来绿色发展的思想遵循。习近平生态文明思想是开放的、发展着的新思想,必将成为我国生态文明建设的指路明灯,因此更加需要在城市生态规划研究领域中全面把握、深刻领会，并在规划实践中发扬光大。

（2）人与自然和谐共处

人与自然和谐共处，是习近平生态文明思想中的一大核心理念。历史上有许多文明古国，都是因为遭受生态破坏而导致文明衰落。所以习近平总书记提出了生态兴则文明兴，生态衰则文明衰这一重要论断，揭示了生态与文明的内在关系，更把生态保护的重要性提升到了关系国家和民族命运的高度。“天育物有时，地生财有限，而人之欲无极。”人类只有遵循自然规律才能有效防止在开发利用自然上走弯路，人类对大自然的伤害最终会伤及人类自身，这是无法抗拒的规律。人类尊重自然、顺应自然、保护自然，自然则滋养人类、哺育人类、启迪人类。因此，人与自然和谐共处的思想也奠定了城市生态规划的思想总基调。

（3）山水林田湖草沙生命共同体

面对全球性的生态问题，修复受损退化的生态系统已经成为当前应对全球气候变化和社会挑战的重要任务。“山水林田湖草沙是一个生命共同体”是习近平总书记生态文明论中的重要观点和科学论断。与过去针对单一目标或单一生态要素开展的生态保护修复工程不同，我国在“生命共同体”理念的指导下积极开展了一系列山水林田湖草沙一体化生态保护修复工程。该工程的实施对贯彻落实习近平生态文明思想、保障国家生态安全与绿色发展起到了重要作用，并于 2022 年 12 月入选联合国首批十大“世界生态恢复旗舰项目”，产生了积极的国际影响。

生命共同体是指同种类两个（或两个以上）生命体或两个种类以上的生命体，由于存在相互依存、互补、共生等关系而组成的生命系统。“山水林田湖草沙生命共同体”揭示的是在多层次国土空间上发生的各种能量、物质、信息传导关系，是密切、频繁而复杂的耦合系统（成金华等，2019；萨娜等，2023）。因此，可以将“山水林田湖草沙生命共同体”理解为：在一定秩序国土空间上为人类提供生态系统服务和生态产品的相互作用、相互依赖、相互制约的自然有机整体（萨娜等，2023）。

长期以来由于中国存在多规冲突等历史积续问题，造成了中国国土空间的割裂，而失序的国土空间难以保障“山水林田湖草沙生命共同体”处于一个平衡与协调的状态。因此，在其概念内涵的阐释过程中，唯有强调国土空间的秩序，方能在国土空间优化过程中以生态文明理念引领顶层设计，营造出生命共同体能量、物质、信息等顺畅传导的稳态空间，实现全生命周期的生态治理与修复。因此，认识生命共同体生态要素之间、生态系统之间以及自然生态系统与人类社会之间的耦合机制，探索生命共同体多要素、多过程、多尺度耦合的定量分析方法是亟待解决的关键问题。

萨娜等（2023）从耦合的视角出发，系统综述了小流域尺度上生态要素的耦合、流域尺度上不同生态系统之间的耦合、区域尺度上人与自然耦合的研究现状，探讨了多尺度山水林田湖草沙耦合理论，提出了一般性的山水林田湖草沙耦合框架。梳理并比较了当前多要素、多过程、多尺度耦合模型，初步探索了“山水林田湖草沙生命共同体”耦合研究方法，为我国“山水工程”的进一步实施提供科学支撑，也为城市生态规划研究提供了重要参考（图 3－18）。

第一个层次是小流域尺度典型生态系统内部水分、土壤、气候、生物要素之间基于生物地球化学循环的耦合。在生态系统尺度上，认识单个生态系统所涵盖的生态要素及其

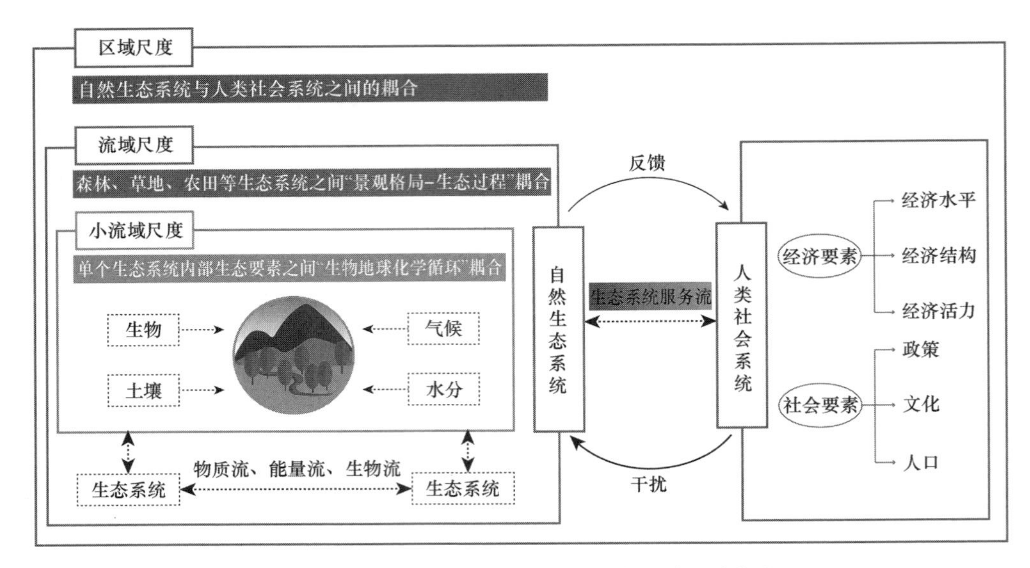

图 3－18　山水林田湖草沙复合生态系统耦合框架

（引自：萨娜等，2023）

相互作用关系、生态过程与功能是"山水林田湖草沙生命共同体"耦合研究的基础；第二个层次是流域尺度多个生态系统之间基于"景观格局—生态过程"的耦合，各类生态系统的空间分布和配置形成流域景观格局，各个生态系统之间通过物质流、能量流、生物流等生态过程连接在一起，分析流域景观格局与生态过程的对应关系，识别关键生态过程和驱动因子，避免因为某个生态系统的改变，导致突破耦合系统的安全阈值而影响生命共同体的稳定，是"山水林田湖草沙生命共同体"耦合研究的关键；第三个层次是区域尺度自然生态系统与人类社会系统之间的耦合，体现在人类活动和社会经济因素对自然生态系统的干扰，如资源利用、土地利用等，以及自然生态系统对这种干扰的反馈，如生态系统服务的变化，这些变化又会影响到人类未来的决策和行为。明确人与自然之间的互动与反馈机制，根据生态系统服务的空间异质性，在重点区域提升生态系统服务功能，实现区域人与自然和谐发展，是"山水林田湖草沙生命共同体"耦合研究的目标。

（4）基于自然的解决方案

与中国近期强化"自然理念"一脉相通的一个国际概念是"基于自然的解决方案"（Nature-based Solution，NbS）。相较于以往绿色基础设施、自然资本、生态设计和设计生态、生态系统方法等相关概念，NbS 并非全新的，而是以往概念的发展与综合（王志芳等，2022）。NbS 最初是由世界银行（World Bank）提出，随后在 2009 年被世界自然保护联盟（International Union for Conservation of Nature，IUCN）正式纳入《联合国气候变化框架公约》（United Nations Framework Convention on Climate Change，UNFCCC），并定义为"为保护、可持续管理和恢复自然或经过改造的生态系统而采取的行动，能够有效和适应性地应对社会挑战，同时为人类福祉和生物多样性带来惠益"（Cohen-Shacham et al.，2019）。2015 年，以欧盟委员会（European Commission，EC）为核心组织的多学科专家团队将 NbS 定义为"来源于自然并依托自然的解决途径，通过高效利用资源且具有较强适应性的方式来应对多样化的挑战，并确保同时带来经济、社会和环境效益"。之后不同的学者和组织赋予 NbS 不同的定义和内涵，但都是以上述 IUCN 和 EC 所提出的定义为基准，前者强调自然保护和恢复，后者强调综合环境、经济和社会等多重利益的平衡与兼顾，两者相辅相成。区别于以往针对某一类具体解决方案的相关概念，NbS涵盖了“生态系统修复”“生态系统保护”“生态系统管理”“解决特定问题”和“基础设施建设”五大范畴。因此，由于NbS具有自身独特的定位和综合优势，国际上十分认可其应对环境问题以及社会经济挑战的潜力，不同组织机构在近十几年来多次发布并更新了NbS全球框架(Cohen-Shacham et al.，2019；Sarabi et al.，2019)。

NbS强调发挥自然生态系统的功能，综合实现经济、环境和社会的可持续发展，高度契合当下中国生态文明建设的发展趋势。因此，NbS适用于国内的各种规划设计，尤其是国土空间规划、生态保护修复、城乡人居环境更新以及城市生态规划等。为将NbS这一笼统概念转为可操作性的实践策略，依据对象、主体、目标和方案4个层面的协同关系，应围绕“‘三生空间’—生态系统—综合挑战—预期效益—实施主体及方法—操作手册及监控标准”的潜在适用实施途径，以落实NbS的中国本土化应用(图3-19)。

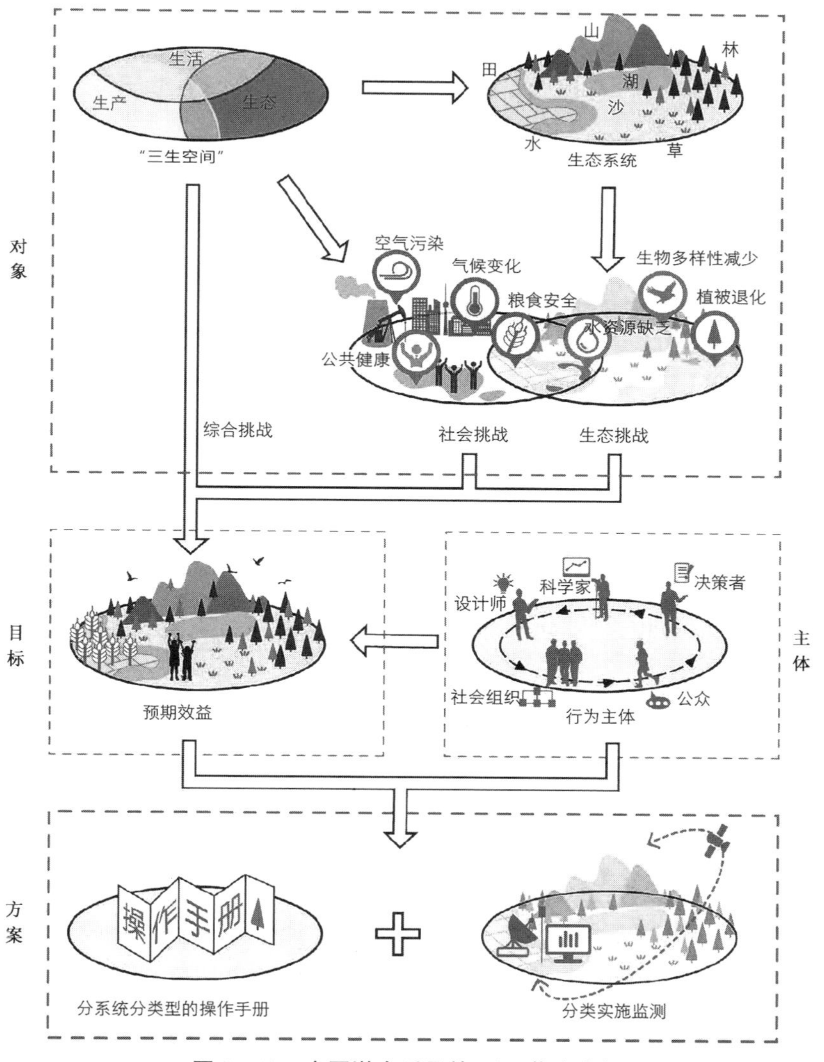

图3-19　中国潜在适用的NbS落实途径

(引自：王志芳等，2022)

结合中国国土空间规划需求，未来的 NbS 对象可以从“三生空间”、生态系统以及综合挑战方面开展。实施对象的选择以落实生态、生产、生活空间的治理格局为整体导向，因为“三生空间”是较大层面的区划，这既是呼应党的十八大报告中构建“生产空间集约高效、生活空间宜居适度、生态空间山清水秀”的“三生空间”的政策要求，也是响应自然资源部近期以自然方式对待“三生空间”的倡导（李广东等，2016；自然资源部，2020）。“三生空间”内部可能存在不同的生态系统，因而可以遵循国土空间的“整体保护、系统修复与综合治理”思想内涵，一方面统筹考虑山水林田湖草沙相应生态系统的现状特征和空间布局，通过识别并解决生态系统的现存问题来实现综合治理。另一方面，以面临的某一特殊困境作为对象，聚焦如粮食安全、工业污染等以及“三生空间”交叉区域存在的相关社会挑战，解决存在的具体问题。需要说明的是，“三生空间”、生态系统和综合挑战三者不是包含与被包含的关系，而是在国土空间规划背景下，在选择 NbS 对象过程中，三者存在着逻辑顺序（王志芳等，2022）。即可以先考虑“三生空间”，再考虑空间内所具有的各种生态系统以及社会挑战。这是因为同样的森林生态系统在生态空间或是生活空间里，未来面对的策略会截然不同。

本章小结

生态学的理论与原理丰富多彩，在城市与区域生态规划的研究与实践中，必须综合运用各类生态学原理与知识来解决实际生态环境问题。

景观生态学突出强调空间异质性与尺度的重要性、空间格局与尺度的相互作用关系、生态系统的等级特征、斑块动态及干扰影响，以及社会经济因素等人为因素与生态过程的密切联系，其相关理论构成了城市与区域生态规划的重要思想源泉。

城市生态学中的重要理论与原理是为规划思路和规划方法服务的，主要包括城市生态位原理、多样性导致稳定性原理、食物链（网）原理、限制因子原理、生态环境承载力原理，以及共生原理。

城市生态规划学是为城市环境建设和城市环境管理提供设计蓝图的一门综合性很强的技术科学，在动态的现实世界中，需提升已有理论基础、深耕已有研究内容，不断汲取国内外新理念与新思想，以期协调经济发展、社会进步和环境保护之间的关系，实现人与自然的和谐共生。

思考题

1. 请简述生态学的一般理论与原理及其核心思想。

2. 请阐述景观生态学中的相关理论，并举例说明其对城市生态规划的启示。

3. 试举例说明城市生态学中某一重要理论与原理在城市生态规划实践案例中的具体应用。

4. 请简述城市生态规划学的概念与主要研究内容。

5. 请概括习近平生态文明思想的主要内容，并就其理论与实践指导意义展开小组讨论。

参考文献

车生泉，张凯旋，2013. 生态规划设计：原理、方法与应用[M]. 上海：上海交通大学出版社.

陈利顶，傅伯杰，徐建英，等，2003. 基于“源-汇”生态过程的景观格局识别方法：景观空间负荷对比指数[J]. 生态学报，23(11)：2406-2413.

陈利顶，傅伯杰，张淑荣，等，2002. 异质景观中非点源污染动态变化比较研究[J]. 生态学报，22(6)：808-816.

陈利顶，傅伯杰，赵文武，2006. “源”“汇”景观理论及其生态学意义[J]. 生态学报，26(5)：1444-1449.

成金华，尤喆，2019. “山水林田湖草是生命共同体”原则的科学内涵与实践路径[J]. 中国人口·资源与环境，29(2)：1-6.

邓清华，2001. 城市系统控制与城市规划[J]. 经济地理，21(S1)：96-100.

傅伯杰，1995. 景观多样性分析及其制图研究[J]. 生态学报，15(4)：345-350.

傅伯杰，陈利顶，马克明，等，2011. 景观生态学原理及应用[M]. 2版. 北京：科学出版社.

高吉喜，2001. 可持续发展理论探索：生态承载力理论、方法与应用[M]. 北京：中国环境科学出版社.

高增祥，陈尚，李典谟，等，2007. 岛屿生物地理学与集合种群理论的本质与渊源[J]. 生态学报，27(1)：304-313.

郭晋平，阳含熙，薛俊杰，等，1999. 关帝山森林景观异质性及其动态的研究[J]. 应用生态学报，10(2)：40-44.

韩京清，1989. 控制理论：模型论还是控制论[J]. 系统科学与数学，9(4)：328-335.

韩兴国，1994. 岛屿生物地理学与生物多样性保护[M]//中国科学院生物多样性委员会. 生物多样性研究的原理和方法. 北京：中国科学技术出版社，83-103.

黄英姿，1994. 生态位理论研究中的数学方法[J]. 应用生态学报，5(3)：331-337.

李广东，方创琳，2016. 城市生态—生产—生活空间功能定量识别与分析[J]. 地理学报，71(1)：49-65.

李哈滨，王政权，王庆成，1998. 空间异质性定量研究理论与方法[J]. 应用生态学报，9(6)：93-99..

李团胜，1998. 城市景观异质性及其维持[J]. 生态学杂志，17(1)：70-72.

李契，朱金兆，朱清科. 生态位理论及其测度研究进展[J]. 北京林业大学学报，2003，25(1)：100-107.

刘贵利，2002. 城市生态规划理论与方法[M]. 南京：东南大学出版社.

刘晓丽，方创琳，2008. 城市群资源环境承载力研究进展及展望[J]. 地理科学进展，27(5)：35-42.

吕斌，佘高红，2006. 城市规划生态化探讨：论生态规划与城市规划的融合[J]. 城市规划学刊(4)：15-19.

马铭，窦菲，刘忠宽，等，2009. 生态演替的理论分析[J]. 河北农业科学，13(8)：68-70.

马世骏，王如松，1984. 社会—经济—自然复合生态系统[J]. 生态学报，4(1)：1-9.

马远军，张小林，2008. 城市群竞争与共生的时空机理分析[J]. 长江流域资源与环境，17(1)：10-15.

莫里斯，2019. 认识生态[M]. 孙振钧，译. 6版. 北京：科学技术文献出版社.

欧阳志云，王如松，2000. 生态系统服务功能、生态价值与可持续发展[J]. 世界科技研究与发展，22(5)：45-50.

仇保兴，2010. 复杂科学与城市的生态化、人性化改造[J]. 城市规划学刊(1)：5-13.

邱扬，张金屯，郑凤英，2000. 景观生态学的核心：生态学系统的时空异质性[J]. 生态学杂志，19(2)：42-49.

萨娜，赵金羽，寇旭阳，等，2023. “山水林田湖草沙生命共同体”耦合框架、模型与展望[J]. 生态学报，43(11)：4333-4343.
邵培仁，2008. 论媒介生态系统的构成、规划与管理[J]. 浙江师范大学学报(社会科学版)，33(2)：1-9.
沈清基，2011. 城市生态环境：原理、方法与优化[M]. 北京：中国建筑工业出版社.
王国宏，2002. 再论生物多样性与生态系统的稳定性[J]. 生物多样性，10(1)：126-134.
王国聘，2014. 生态整合：哲学视野下的生态学方法[J]. 南京工业大学学报(社会科学版)，13(2)：5-11.
王慧钧，2008. 第三章城市共生论[M]// 中国民主建国会河南省委员会，河南省科学技术协会. 中原城市群科学发展研究. 北京：科学出版社：114-156.
王蒙徽，余英，廖绮晶，2002. 广州珠江口地区城市设计国际咨询方案介绍[J]. 城市规划，26(1)：90-92，99.
王如松，1988. 城市生态位势探讨[J]. 城市环境与城市生态，1(1)：20-24.
王如松，2000. 转型期城市生态学前沿研究进展[J]. 生态学报，20(5)：830-840.
王如松，欧阳志云，2012. 社会—经济—自然复合生态系统与可持续发展[J]. 中国科学院院刊，27(3)：337-345，403-404，254.
王云才，2007. 景观生态规划原理[M]. 北京：中国建筑工业出版社.
王志芳，简钰清，黄志彬，等，2022. 基于自然解决方案的研究视角综述及中国应用启示[J]. 风景园林，29(6)：12-19.
邬建国，1989. 岛屿生物地理学理论：模型与应用[J]. 生态学杂志，8(6)：34-39.
邬建国，1990. 自然保护区学说与麦克阿瑟-威尔逊理论[J]. 生态学报，10(2)：187-191.
邬建国，2007. 景观生态学：格局、过程、尺度与等级[M]. 2 版. 北京：高等教育出版社.
吴传钧，2008. 人地关系地域系统的理论研究及调控[J]. 云南师范大学学报(哲学社会科学版)，40(2)：1-3.
肖笃宁，1991. 景观生态学理论、方法及应用[M]. 中国林业出版社.
肖笃宁，布仁仓，李秀珍，1997. 生态空间理论与景观异质性[J]. 生态学报，17(5)：453-461.
肖风劲，欧阳华，2002. 生态系统健康及其评价指标和方法[J]. 自然资源学报，17(2)：203-209.
杨效文，马继盛，1992. 生态位有关术语的定义及计算公式评述[J]. 生态学杂志，11(2)：46-51.
杨志峰，徐琳瑜，2008. 城市生态规划学[M]. 北京：北京师范大学出版社.
叶万辉，关文彬，刘正恩，1995. Metapopulation 的概念及其在植物种群生态学中的应用(I) Metapopulation 概念的理解和辨析[J]. 生态学杂志，14(5)：75-78.
佚名，1999. 国际建协“北京宪章”(草案，提交 1999 年国际建协第 20 次大会讨论)[J]. 建筑学报(6)：4-7.
余世孝，1994. 物种多维生态位宽度测度[J]. 生态学报，14(1)：32-39.
俞孔坚，李迪华，韩西丽，2005. 论“反规划”[J]. 城市规划，(9)：64-69.
岳邦瑞，等，2017. 图解景观生态规划设计原理[M]. 北京：中国建筑工业出版社.
张兵，1998. 城市规划实效论：城市规划实践的分析理论[M]. 北京：中国人民大学出版社.
张大勇，雷光春，Ilkka H，1999. 集合种群动态：理论与应用[J]. 生物多样性，7(2)：81-90.
张启人，1992. 通俗控制论[M]. 北京：中国建筑工业出版社.
张全国，张大勇，2003. 生物多样性与生态系统功能：最新的进展与动向[J]. 生物多样性，11(5)：351-363.
张旭，2004. 基于共生理论的城市可持续发展研究[D]. 哈尔滨：东北农业大学.
张杨，杨洋，江平，等，2022. 山水林田湖草生命共同体的科学认知、路径及制度体系保障[J]. 自然资源学报，37(11)：3005-3018.
张永民，赵士洞，2006. 生态系统与人类福祉：评估框架[M]. 北京：中国环境科学出版社.

张育新，马克明，牛树奎，2003. 异质种群动态模型：破碎化景观动态模拟的新途径[J]. 生态学报，23(9)：1877-1890.

赵东升，郭彩赟，郑度，等，2019. 生态承载力研究进展[J]. 生态学报，39(2)：399-410.

赵建军. 习近平生态文明思想是开放与发展的新思想[EB/OL].（2018-06-02）[2023-11-7]. https://m.cnr.cn/news/20180602/t20180602_524255767.html.

赵士洞，张永民，2006. 生态系统与人类福祉：千年生态系统评估的成就、贡献和展望[J]. 地球科学进展，21(9)：895-902.

赵淑清，方精云，雷光春，2001. 物种保护的理论基础：从岛屿生物地理学理论到集合种群理论[J]. 生态学报，21(7)：1171-1179.

赵维良，2008. 城市生态位评价及应用研究[D]. 大连：大连理工大学.

赵羿，1995. 探索景观异质性的热力学基础和信息论[J]. 生态学杂志，14(2)：7-36+51.

赵羿，吴彦明，1994. 沈阳市东陵区景观异质性变化研究[J]. 地理科学，14(2)：177-185，200.

赵玉涛，余新晓，关文彬，2002. 景观异质性研究评述[J]. 应用生态学报，13(4)：495-500.

中华人民共和国自然资源部. 以自然方式对待“三生空间”[EB/OL].（2020-05-22）[2022-01-11]. https://www.mnr.gov.cn/dt/pl/202005/t20200522_2516281.html.

Abrams P，1980. Some comment on measuring niche overlap[J]. Ecology，61(1)：44-49.

Allen T F H，Starr T B，1982. Hierarchy：perspectives for ecological complexity[M]. Chicago：University of Chicago Press.

Anthony W K，1991. Translating models across scales in the landscape [M]// Tumer M G，Robert H G. Quantitative methods in landscape ecology. New York：Springer，479-517.

Clements F E，1916. Plant succession；an analysis of the development of vegetation[M]. Washington，D. C.：Carnegie Institution of Washington.

Cohen-Shacham E，Andrade A，Dalton J，et al.，2019. Core principles for successfully implementing and upscaling Nature-based Solutions[J]. Environmental Science & Policy，98：20-29.

Collins S L，1992. The use of general circulation models in the analysis of the ecosystem：impacts of climatic change，fire frequency and community heterogeneity in tall grass prairie vegetation[J]. Ecology，73：2001-2003.

Colwell R K，Futuyma D J，1971. On the measurement of niche breadth and overlap[J]. Ecology，52(4)：567-576.

Connell J H，1978. Diversity in tropical rain forests and coral reefs[J]. Science，199(4335)：1302-1310.

Connell J H，Slatyer R O，1977. Mechanisms of succession in natural communities and their role in community stability and organization[J]. The American Naturalist，111(982)：1119-1144.

Daily G C，1997. Nature's services：Societal dependence on natural ecosystems[M]. Washington，D. C.：Island Press.

de Baar H J W，1994. Von Liebig's law of the minimum and plankton ecology (1899 - 1991)[J]. Progress in Oceanography，33(4)：347-386.

Farina A，1998. Principles and methods in landscape ecology[M]. Dordrecht：Springer Netherlands.

Forman R T T，1987. The ethics of isolation，the spread of disturbance，and landscape ecology[M]// Turner M G. Landscape heterogeneity and disturbance. New York：Springer：213-229.

Forman R T T，Godron M，1986. Landscape ecology[M]. New York：Wiley.

Gardner R H，O'Neill R V，1991. Pattern，process，and predictability：The use of neutral models for landscape analysis[M]// Turner M G，Gardner R H. Quantitative methods in landscape ecology. New York：Springer：289-307.

Gardner R H，O'Neill R V，Turner M G，et al.，1989. Quantifying scale-dependent effects of animal

movement with simple percolation models[J]. Landscape Ecology，3(3)：217-227.
Gilpin M E，1990. Extinction of finite metapopulations in correlated environments[M]//Shorrocks B，Swinglend I R. Living in a patchy environment. Oxford：Oxford University Press：177-186.
Gilpin M E，Diamond J M，1976. Calculation of immigration and extinction curves from the species-area-distance relation[J]. Proceedings of the National Academy of Sciences of the United States of America，73(11)：4130-4134.
Green D G，1994. Connectivity and complexity in landscapes and ecosystems[J]. Pacific Conservation Biology，1(3)：194.
Hansen A，2011. Contribution of source - sink theory to protected area science[M]//Liu J G，Hull V，Morzillo A T，et al. Sources，sinks and sustainability. Cambridge：Cambridge University Press：339-360.
Hanski I，1997. Be diverse，be predictable[J]. Nature，390：440-441.
Hanski I，1998. Metapopulation dynamics[J]. Nature，396：41-49.
Hanski I，Gilpin M E，1991. Metapopulation dynamics：Brief history and conceptual domain[J]. Biological Journal of the Linnean Society，42：3-16.
Hanski I，Gilpin M E，1997. Metapopulation biology：ecology，genetics，and evolution[M]. San Diego：Academic Press.
Harrison S，1991. Local extinction in a metapopulation context：An empirical evaluation[J]. Biological Journal of the Linnean Society，42：73-88.
Harrison S，Taylor A D，1997. Empirical evidence for metapopulation dynamics[M]// Hanski I，Gilpin M E. Metapopulation biology. Amsterdam：Elsevier：27-42.
https：//www. britannica. com/science/ecological-succession.
Hurlbert S H，1978. The measurement of niche overlap and some relatives[J]. Ecology，59(1)：67-77.
John A B，1997. Wildlife and landscape ecology[M]. New York：Springer.
Koestler A，1967. The ghost in the machine[M]. New York：Macmillan.
Levins R，1969. Some demographic and genetic consequences of environmental heterogeneity for biological control[J]. Bulletin of the Entomological Society of America，15(3)：237-240.
Levins R，1970. Extinction[M]// Gerstenhaber M. Some mathematical questions in biology. Rhode Island：American Mathematical Society，75-108.
MacArthur R H，Wilson E O，1963. An equilibrium theory of insular zoogeography[J]. Evolution，17(4)：373.
MacArthur R H，Wilson E O，1967. The theory of island biogeography[M]. Princeton，NJ：Princeton University Press.
MA (Millennium Ecosystem Assessment)，2005. Ecosystems and human well-being：synthesis[M]. Washington D. C. ：Island Press.
Meentemeyer V，1989. Geographical perspectives of space，time，and scale[J]. Landscape Ecology，3(3)：163-173.
Meentemeyer V，Box E O，1987. Scale effects in landscape studies[M]//Turner MG. Landscape heterogeneity and disturbance. New York：Springer：15-34.
Michael R M，1987. Landscape ecology and management[M]. Montreal：Polyscience Publications.
Milne B T，Johnston K M，Forman R T T，1989. Scale-dependent proximity of wildlife habitat in a spatially-neutral Bayesian model[J]. Landscape Ecology，2(2)：101-110.
Nikora V I，Pearson C P，Shankar U，1999. Scaling properties in landscape patterns：New Zealand experience[J]. Landscape Ecology，14(1)：17-33.

O'Neill R V，1986. A hierarchical concept of ecosystems[M]. Princeton：Princeton University Press.

O'Neill R V，1996. Recent developments in ecological theory：Hierarchy and scale[M]//Scott JM，Tear T H，Davis F W. GAP analysis：A landscape approach to biodiversity planning. Bethesda：American Society of Photogrammetry & Remote Sensing，7-14.

Overton W S，1972. Toward a general model structure for a forest ecosystem[M]//Franklin J E. Proceedings of the symposium on research on coniferous forest ecosystems northwest forest range station. Portland：U. S. Forest service.

Park R E，1921. Sociology and the social sciences[J]. American Journal of Sociology，26(4)：401-424.

Preston F W，1962. The canonical distribution of commonness and rarity：Part I[J]. Ecology，43(2)：185.

Pulliam H R，1988. Sources，sinks，and population regulation[J]. The American Naturalist，132(5)：652-661.

Remillard M M，Gruendling G K，Bogucki D J，1987. Disturbance by beaver (Castor canadensis kuhl) and increased landscape heterogeneity[M]//Turner M G. Landscape heterogeneity and disturbance. New York：Springer：103-122.

Risser P G，1986. Report of a workshop on the spatial and termporalvariability of biospheric and geospheric processes：Research needed to determine interactions with global environmental change [M]. St. Petersburg：ICSU Press.

Risser P G，1987. Landscape ecology：State of the art[M]//Turner M G. Landscape heterogeneity and disturbance. New York：Springer：3-14.

Saccheri I，Kuussaari M，Kankare M，et al.，1998. Inbreeding and extinction in a butterfly metapopulation[J]. Nature，392：491-494.

Sarabi，Han，Romme，et al.，2019. Key enablers of and barriers to the uptake and implementation of nature-based solutions in urban settings：A review[J]. Resources，8(3)：121.

Schoener T W，1968. The Anolis lizards of Bimini：Resource partitioning in a complex fauna[J]. Ecology，49(4)：704-726.

Schoener T W，1974. Some methods for calculating competition coefficients from resource-utilization spectra[J]. The American Naturalist，108(961)：332-340.

Shugart H H，2013. Ecological succession and community dynamics[M]//Leemans R. Ecological systems. New York：Springer：31-57.

Simberloff D S，Wilson E O，1969. Experimental zoogeography of islands：The colonization of empty islands[J]. Ecology，50(2)：278-296.

Simon H，1962. The architecture of complexity[J]. Processing of American Philosophy Society，106：467-482.

Smith E P，1982. Niche breadth，resource availability，and inference[J]. Ecology，63(6)：1675-1681.

Stauffer D，Aharony A，1985. Introduction to percolation theory[M]. Abingdon：Taylor & Francis.

Summerhayes V S，Elton C S，1923. Contributions to the ecology of Spitsbergen and Bear Island [J]. Journal of Ecology，11：214-286.

Thompson，John N.，2023. Ecological succession [J]，Encyclopedia Britannica，28 Nov. 2022，https://www. britannica. com/science/ecological-succession，Accessed 14 October//Thompson，John N. Ecological succession [EB/OL]. (2022-10-28)[2023-10-14].

Turner M G，1987. Landscape heterogeneity and disturbance[M]. New York：Springer.

Turner M G，Bratton S P，1987. Fire，grazing，and the landscape heterogeneity of a Georgia barrier island[M]//Turner M G. Landscape heterogeneity and disturbance. New York：Springer：85-101.

Turner S J, O'Neill R V, Conley W, et al., 1991. Pattern and scale: Statistics for landscape ecology [M]//Turner M G, Gardner R H. Quantitative methods in landscape ecology. New York: Springer: 17-49.

White P S, Pickett S T A, 1985. Natural disturbance and patch dynamics: An introduction[M]// Pickett S T A, White P S. The ecology of natural disturbance and patch dynamics. New York: Academic Press: 3-13.

Wiener N, 1948. Cybernetics[J]. Scientific American, 179(5): 14-19.

Wiens J A, 1997. Metapopulation dynamics and landscape ecology[M]// Hanski I, Gilpin M E. Metapopulation biology. San Diego: Academic Press: 43-62.

Wiens J A, Crawford C S, Gosz J R, 1985. Boundary dynamics: A conceptual framework for studying landscape ecosystems[J]. Oikos, 45(3): 421.

Winemiller K O, 1990. Spatial and temporal variation in tropical fish trophic networks[J]. Ecological Monographs, 60(3): 331-367.

Wu J, 1999. Hierarchy and scaling: Extrapolating information along a scaling ladder[J]. Canadian Journal of Remote Sensing, 25(4): 367-380.

Wu J, Vankat J L, 1995. Island biogeography: Theory and applications[M]// Nierenberg W A. Encyclopedia of environmental biology. San Diego: Academic Press.

WWF, 2018. Living Planet Report - 2018: Aiming Higher[R]. Gland: WWF.

第二篇

方法篇

科学结论，是点成的金，量终有限；科学方法，是点石的指，可以产生无穷的金。——[中]蔡元培：《社会学方法论》

研究一种问题，若是没有具体的方法，就永远没有解决的日子。——[中]胡适：《研究社会问题的方法》

比起任何特殊的科学理论来，对人类的价值观影响更大的恐怕还是科学的方法。——[英]史蒂芬·芬尼·梅森(Stephen Finney Mason)：《自然科学史》(*A History of the Sciences*)

本篇首先结合当前我国城市发展面临的各种挑战和快速城市化带来的生态问题，引入了生态学的规划和研究方法，介绍了生态规划的内容框架与技术方法，并对现阶段常用的生态规划技术方法作了阐述；然后，从气候、地质、地形地貌、土壤、水文、社会等要素层面介绍了社会生态要素的分析与评价；最后，为了适应当前我国国土空间规划体系重构、学科交叉融合不断深入的发展趋势，从社会生态学整合分析的角度，介绍了生态规划多要素系统分析与评价的框架与技术方法体系。

第 4 章　生态规划的内容框架与技术方法

任何一个学科领域都需要建立独立的内容框架和技术方法体系，以促进该学科的独立发展。这些内容框架为学科知识体系提供支持，而技术方法则为学科研究范式提供支撑。城市生态规划需要考虑多个因素和关注点，如土地利用、气候特征、生物多样性等。技术方法可以提供大量的数据支持，帮助将这些复杂的因素整合起来，构建全面的城市生态系统模型，并对不同因素之间的相互影响进行分析，从而实现规划的系统性和综合性，提高规划的科学性和实施效果，使规划更加符合城市发展的需要和可持续发展的目标。

本章将首先在规划的方法体系和逻辑框架层面，与传统城市规划进行对比，然后结合当前我国城市发展面临的各种挑战和快速城市化带来的系列生态环境问题，引入生态学的规划和研究方法，并简要介绍城市生态规划现有的逻辑框架和方法体系，最后对现阶段常用的生态规划技术方法作详细阐述。

4.1　规划的传统框架与生态规划的新途径

4.1.1　规划的传统框架

传统的规划设计是指在工业社会背景下，注重引介各种新的旨在为人类社会营造更为舒适便捷的活动环境的科学技术，具有功能至上和专家理性特征的规划设计思想方法（罗名海，2003）。在现代规划设计学科从诞生至今的短短二百多年的历史中，这种规划设计思想方法在大部分时间一直占据着主导地位。然而，为了实现生态合理性，现代生态规划设计的思想方法在很多方面都与传统规划设计存在着明显的差异，主要包括考虑问题的出发点和方式、考察对象的地理范围限定、工作团队的人员组织、规划设计师的角色定位、工作过程设计和成果评价方式等。

首先，传统的规划设计一般片面地关注人类自身的需求，强调以人为本，从人类使用的便利性、经济和利益最大化的角度去考虑问题，主观臆断性比较强。生态规划设计则强调进行各种换位思考，除了对人类使用功能的考虑以外，还要从自然的角度出发，客观、科学地考察分析自然的存在方式、人类使用对于自然可能造成的种种危害，以及避免或减少这些危害的科学办法，更要深入到人类社会内部，从不同阶层的角度考察该阶层的切实利益。因此，传统的规划设计通常直接从功能分析入手，而生态规划设计则需要从自然认知和社会调查入手，在很好地理解了自然对象之后，才开始考虑如何恰当地使用的问题，并在深入洞察了各种社会需求后，才开始考虑如何更高效地组织分配的问题。

其次，出于规划设计和实施管理承继性的考虑，传统的规划对研究考察对象进行地理划分时往往以行政区划、土地权属区划为依据，通常是先预测近中远期的城市人口规模，然后根据国家人均用地指标确定用地规模，再依此编制土地利用规划和不同功能区的空间布局，因而自然对象的完整性经常被割裂。典型的如流经城市的河道因为不同的区段分属不同的行政区，滨水区的建设开发经常会因为行政管理方的利益追求，导致多种与河道整体保护相违背的矛盾冲突。为了保持自然系统单元的相对完整并取得系统协调发展的可能性，生态规划设计强调依据自然地理单元来划分考察对象，一般在区域层次将完整的流域作为考察对象，并通过对这一层次自然系统的总体规划来约束更小尺度的规划设计工作。

在工作人员组成方面，传统的规划设计往往依靠专业背景较为单一的专家小组。出于规划设计建设实施的考虑，专家小组会和结构、水电等配套工程的专家进行沟通交流，但非常有限。而生态规划设计必须对自然和人类社会系统进行深入了解，因此非常强调由多学科背景的专家组成工作组共同参与，并且在规划过程中全面增加公众的参与机会，通过多专业、多社会群体的有效沟通、协商来谋求共识，以保证最终方案的自然和社会合理性。

在这种复杂的人员组成情况下，规划设计人员不可能再简单地以专业权威人士的身份出现，而必须身兼组织者、倾听者和教育者等多种角色，为取得最终的共识而采用灵活的工作方式，除了专业知识以外，还需要具备管理、组织、协调和表达沟通等多种能力。

传统规划框架如图4-1所示(骆天庆等，2008)。

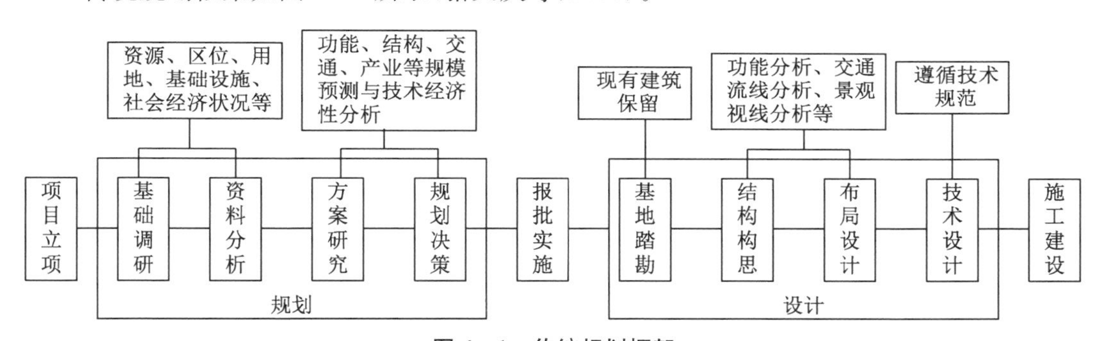

图4-1　传统规划框架

(引自：骆天庆等，2008)

传统规划的工作方法有许多弊端，可归纳为如下三点：

第一，法定的红线明确划定了城市建设边界和各个功能区及地块的边界，甚至连绿地系统也是在一个划定了城市用地红线之后的专项规划。它从根本上忽视了大地景观是一个有机的系统，缺乏区域、城市及单元地块之间应有的连续性和整体性。

第二，城市是一个多变的复杂的巨系统，城市用地规模和功能布局所依赖的自变量(如人口)往往难以预测，从而规划总趋于滞后和被动(周干峙，2002)，同时也有“超前”的规划使大量土地闲置，实际上都导致了城市扩张的无法、无序和土地资源的浪费。

第三，从本质上讲传统的城市规划是一个城市建设用地的规划，城市的绿地系统和生态环境保护规划事实上是被动的、后续的和次级的，从而使自然过程的连续性和完整性得不到保障。

因此，面对变革时代的城市扩张，需要逆向思维的城市规划方法，以不变应万变。即在区域尺度上首先规划和完善非建设用地，设计城市生态基础设施，形成高效的、能够维护城市居民生态服务质量和土地生态过程的、安全的生态景观格局(彭德胜，2005)。

4.1.2　新的规划思想——“反规划”方法

“反规划”概念是在中国快速的城市进程和城市无序扩张背景下提出的，主要是一种物质空间的规划方法论(俞孔坚等，2005a)。“反规划”不是简单的“绿地优先”，更不是反对规划，而是一种应对快速城市化和城市发展不确定性条件下如何进行城市空间发展的系统途径；与通常的“人口—性质—规模—布局”的规划方法相反，“反规划”强调生命土地的完整性和地域景观的真实性是城市发展的基础，是一种强调通过优先进行不建设区域的控制，来进行城市空间规划的方法论。

生态系统服务是人类社会经济系统最根本的依赖，和谐社会及和谐的城市结构和功能关系，最终来源于人和土地的和谐关系。“反规划”就是要从建立和谐的人地关系入手，来建立健康和谐的城市社会和城市形态。国内外生态规划的思想、绿地优先的思想、景观规划的传统都可以作为对“反规划”概念的一种理解，但“反规划”是一种系统的规划途径，它基于前人丰富的成果，而更重要的是在我国当今规划方法论面临危机的情况下提出的，以应对快速的城市化进程和不确定的城市空间发展。任何离开这一背景来讨论“反规划”用语的规范性与合理性都是毫无意义的。

如果把常规的建设规划程序作为“正规划”或“顺规划”的话，那么“反规划”表达了在规划程序上的一种反置：不依赖城市化和人口预测作为城市空间扩展的依据，而是以维护生态服务功能为前提，进行城市空间的布局。基本的观点是：如果已有的知识尚不足以告诉人们做什么，但至少可以告诉人们不做什么。只要将城市与生命的土地之间的“图—底”颠倒过来，理性便可复活(图 4-2、图 4-3)。

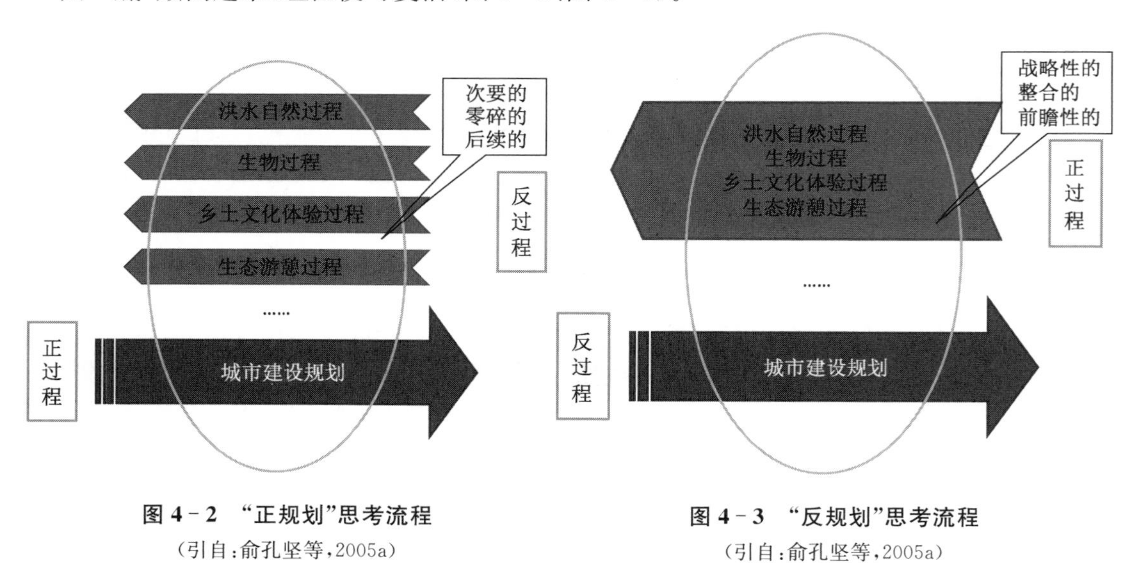

图 4-2　“正规划”思考流程
(引自：俞孔坚等，2005a)

图 4-3　“反规划”思考流程
(引自：俞孔坚等，2005a)

正如赵燕菁(2004)在对深圳规划成功经验的分析中揭示的，一个规划的成功与否，恰恰不在其是否准确预测了社会经济发展规律和是否在此基础上制定了完备的空间规划。规划的科学性似乎在于对不确定的社会经济发展规模和速度的适应能力，特别是“非常发展速度”的适应能力；在于当其空间结构满足不可预测的发展规模和速度情况下，仍然能持续地保持安全和健康的生态条件。

理性并没有错，一个根本的问题在于理性的规划过程是建立在什么基础之上的。传统发展规划将理性建立在城市的发展目标之上，城市的空间格局是建立在不确定基础上的空中楼阁。而“反规划”则将理性建立在确定的土地生命和自然系统之上，作为城市母体的自然山水、自然的过程和格局在很大程度上是可知的或至少不是随意的，也非假设的，建立在生命土地的过程和格局基础上的城市才是坚实而有生机的。

“反规划”作为一种研究思路是为法定规划办法服务的，其成果应该被整合到现行编制体系当中，但不能形成“反规划”对“正规划”异化的局面。因此，“正规划”“反规划”目的、功效、内容是统一的，一个科学的“正规划”不仅是理性发展规划的单一模式。“正规划”正在检讨过去某些方面存在的问题，不要全面否定它、推翻它，它是有用的，是符合现阶段状况的。虽然这种模式可能不是最好的选择，但它是符合现实的必然选择，这种模式通过改良，可提升科学精神，完善程序，积极应对现存的问题和规划实施的症结，加强规划过程分析，形成科学理性发展的多重模式，是能实现预想目标的(叶小群，2007)。

所以，“反规划”作为一种城市物质空间规划的途径，旨在为城市的扩展建立一个真正理性的框架，为混沌而急于增长的城市提供一个渐进的、富有弹性的“答案空间”。这意味着城市规划必须将“图—底”关系颠倒过来，先做一个底——大地生命的健康而安全的格局(security pattern)(Yu，1996)，然后，再在此底上做图——一个与大地的过程与格局相适应的、可以持续增长的城市。

如果把城市的建设用地和市政基础设施建设规划成果作为“正规划”，且具有法律效应的话，那么，相应地可以把土地的非建设区域或对维护生态服务功能具有关键性价值的生态基础设施称为“负规划”，同样应具有法律效应。前者通过红线来体现，而后者则体现为绿线(这里包括界定绿地范围的绿线，界定河流水域的蓝线和界定历史文化遗产的紫线)。这个“负规划”成果与传统规划途径中的非建设区域规划有本质区别(表4-1)。

表4-1　“负规划”成果与传统规划中有关非建设区域的本质差异

比较方面	“负规划”成果	传统规划中有关非建设区域
目的不同	以土地生命系统的内在联系为依据，是建立在自然过程、生物过程和人文过程分析基础上的，以维护这些过程的连续性和完整性为前提的	把绿地作为实现“理想”城市形态和阻止城市扩展的“工事”，而绿地本身的存在与土地生态过程缺乏内在联系
次序不同	主动的优先规划，在城市建设用地规划之前确定，或优先于城市建设规划设计	被动的、滞后的，绿地系统和绿化隔离带的规划是为了满足城市建设总体规划目标和要求进行的，是滞后的；是一项专项规划
功能不同	综合的，包括自然过程、生物过程和人文过程(如文化遗产保护、游憩、视觉体验)	单一功能的，如沿高速环路布置的绿带，缺乏对自然过程、生物过程和文化遗产保护、游憩等功能的考虑
形式不同	系统的，是一个与自然过程、生物过程和遗产保护、游憩过程紧密相关的，是预设的、具有永久价值的网络，是大地生命机体的有机组成部分	零碎的，往往是迫于应付城市扩张的需要并作为城市建设规划的一部分来规划和设计，缺乏长远的、系统的考虑，尤其缺乏与大地肌体的本质联系

(引自：俞孔坚等，2005a)

4.1.3　新的规划途径——生态规划方法

生态规划方法首先要根据某一区域的生物物理特性、社会文化要素及其用地功能定位，来确定最适合的土地利用方式。生态用地适宜性评价与当前我国国土空间规划中"双评价"中的用地适宜性评价内涵基本一致。尽管不同学者及规划工作者乃至政府部门在其生态规划研究与实践中，其方法有各自的特点，但总的来说具有较大影响的仍是1967年McHarg提出的千层饼模式(McHarg,1967)。

McHarg生态规划方法可以分为5个步骤(图4-4)：a. 确立规划范围与规划目标；b. 广泛收集规划区域的自然与人文资料，包括地理、地质、气候、水文、土壤、植被、野生动物、自然景观、土地利用、人口、交通、文化、人的价值观调查，并分别描绘在地图上；c. 根据规划目标综合分析，提取在第二步所收集的资料；d. 对各主要因素及各种资源开发(利用)方式进行适宜性分析，确定适应性等级；e. 综合适宜性图的建立。

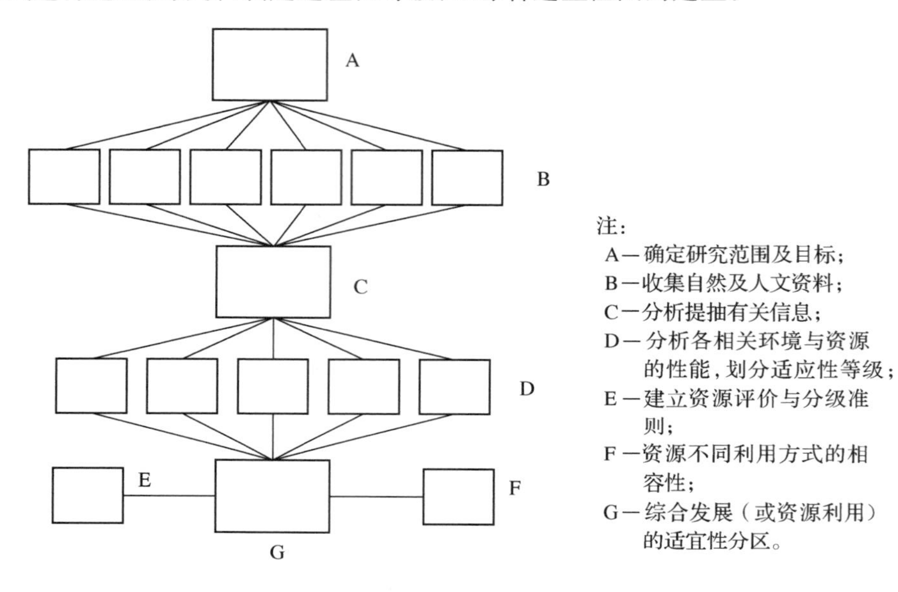

图4-4　McHarg生态规划方法流程图

(引自：欧阳志云等，1995)

McHarg方法的核心是，根据区域自然环境与自然资源性能对其进行生态适宜性分析，以确定利用方式与发展规划，从而使自然的利用与开发及人类其它活动与自然特征、自然过程协调统一起来(欧阳志云等，1995；Rose et al.,1979)，即寻求由土地的水文、地形、地质、生物、人文等特征所决定的土地对某种使用固有的适宜性，从而给出不同地段土地的最佳利用方向。

但在此土地利用结构下，要使规划区人群的生活质量保持一定的水平还必须研究规划区所允许的发展方向和最大发展量，如完成居住用地、工业用地、交通用地、绿化用地和公用设施用地等规划后，还应知道土地的最大允许承载人口。城市生态系统是一个非自给自足的开放系统，其能源、食物和生产资料都由其他系统输入，加上城市经济发展提供的就业机会也有一定的限度，因此其承载人口应有最大值。另外，城市土地存在对社会、经济活动的最大支持能力问题，即能充分利用自然资源又不降低环境质量的问题。这是McHarg土地利用生态规划方法没考虑到的(仝川，1998)。

除McHarg的千层饼模式外，许多生态学家、城市区域规划学家也作了大量探索。德国科学家F. 维斯特(F. Vester)和A. 冯-海斯勒(A. von Hesler)将系统规划与生物控制论相结合，建立了城市与区域规划的灵敏度模型(Sensivity Model)，其基本思路包括：a. 将一个城市或区域作为一个整体，看重分析系统要素之间的相互关系与相互作用，以把握系统的整体行为；b. 根据系统对要素变化反应的基础上，对系统进行动态调控；c. 运用生物控制论原理，调节系统要素的关系(增强或削弱)，以提高系统的自我调控能力(周纪纶等，1990)。

灵敏度模型强调系统要素之间的相互作用关系及其对系统整体行为的影响，以及在规划过程中公众的广泛参与(徐崇刚等，2004)。灵敏度模型也可以说是生物控制论与计算机技术相结合及其在规划上应用的产物，在灵敏度模型中，将规划对象(一个城市或一个区域)描述成由相互联系与相互作用的变量构成的"反馈图"，可以通过对构成变量状态的改变，模拟整个系统的行为，一旦构筑了"反馈图"，就可以在计算机上进行模拟规划，还可以对各种规划方案进行比较，即"政策试验"。灵敏度模型将规划由传统的"野外"工作搬进了实验室，并将规划称为可测试和可验证的过程(图4-5)(欧阳志云等，1995)。灵敏度模型重点关心的是系统结构与功能的时间动态，空间关系与空间格局的动态过程则难以反映出来。

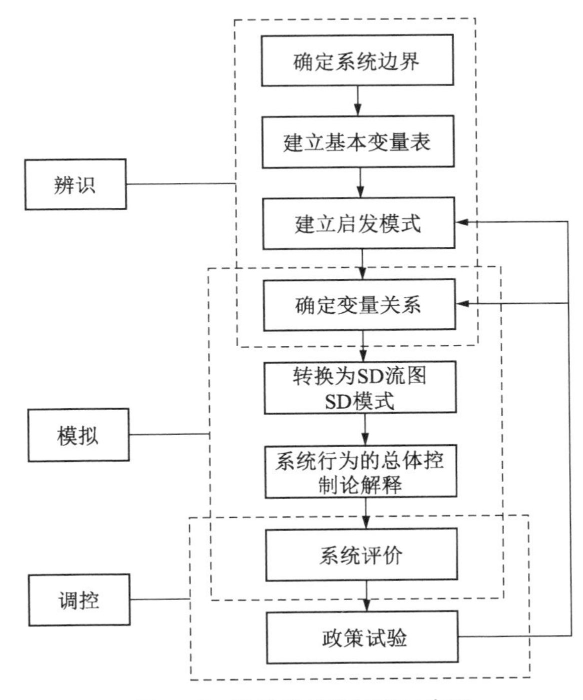

图4-5　灵敏度模型流程示意图

(引自：欧阳志云等，1995)

注：SD(System Dynamics，SD)指系统动力学。

4.2　生态规划的内容框架与规划程序

4.2.1　生态规划的实践工作框架

骆天庆等(2008)指出，生态规划设计的任务涉及用地组织和社会经济活动组织两个层面,但需要强调的是改造的生态合理性。这种合理性以资源的永续使用和环境品质的健康延续为目的。因此,必须基于资源的使用适宜性和再生特征安排具体的开发使用办法,并将环境代价纳入价值核算中,以充分考虑社会经济活动和行为方式对于自然环境的负面影响(图 4 - 6)。生态合理性主要表现在人与自然的和谐、人类社会内部的和谐。

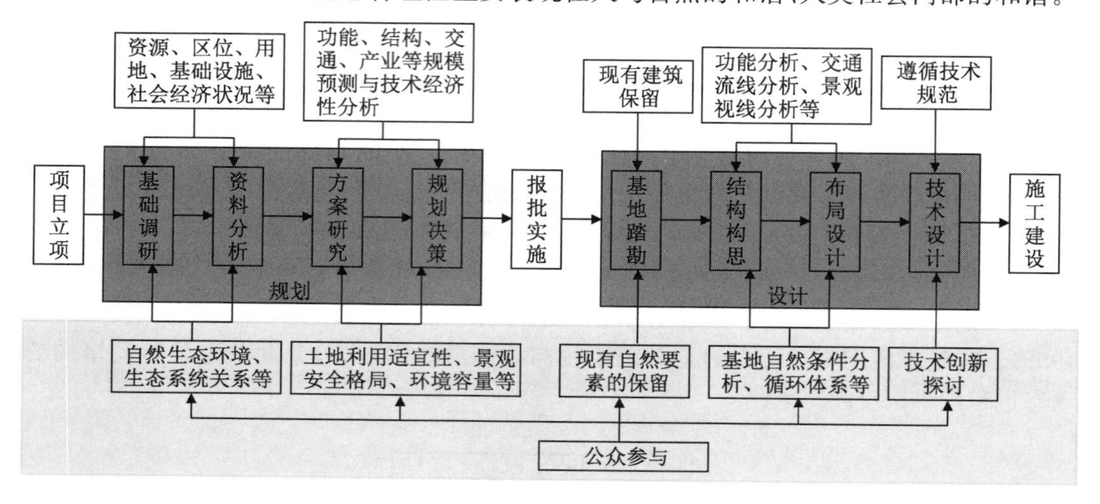

图 4 - 6　生态规划框架

(引自:骆天庆等,2008)

生态规划的实践工作程序是纵向路线与横向路线的结合(图 4 - 7)。纵向路线的各阶段之间可能存在多个反馈环节,而每个横向路线也可能存在交叉和并行。对于生态规划而言,方法研究主要关注如何通过规划程序和技术方法的改进来提升规划内容的生态合理性,需要对规划工作的纵向路线和横向路线同时进行考虑。

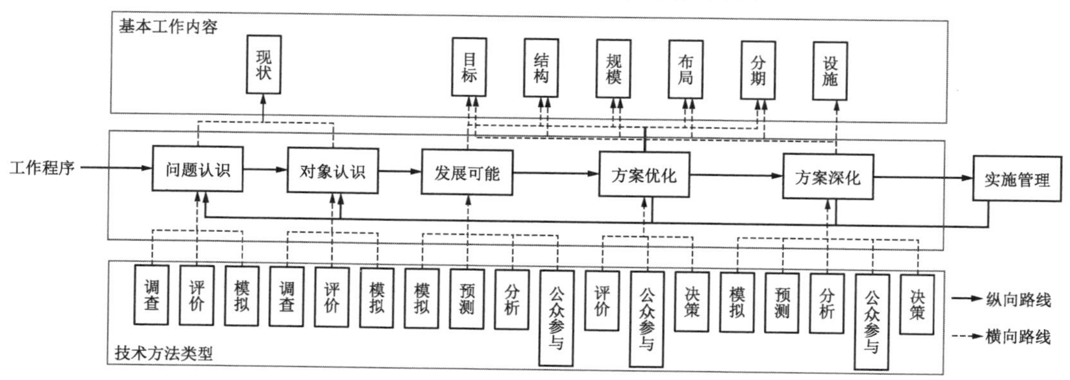

图 4 - 7　生态规划工作程序

(引自:骆天庆等,2008)

在城市—区域协调生态规划领域,城市群生态规划是重要内容之一。城市群生态规划是从空间角度对区域人居环境进行符合生态学原理的规划,是实现经济、社会、环境、人口等要素在城市与区域范围内高度协调发展的规划类型。城市群生态规划注重生态规划与城市规划的融合,关注城市群发展的过程调控和格局优化,其规划内容包括经济、社会、生态要素调查,生态规划目标,生态评价分析,生态优化方案和规划实施与外延五个过程(图 4 - 8)(汪淳等,2008)。

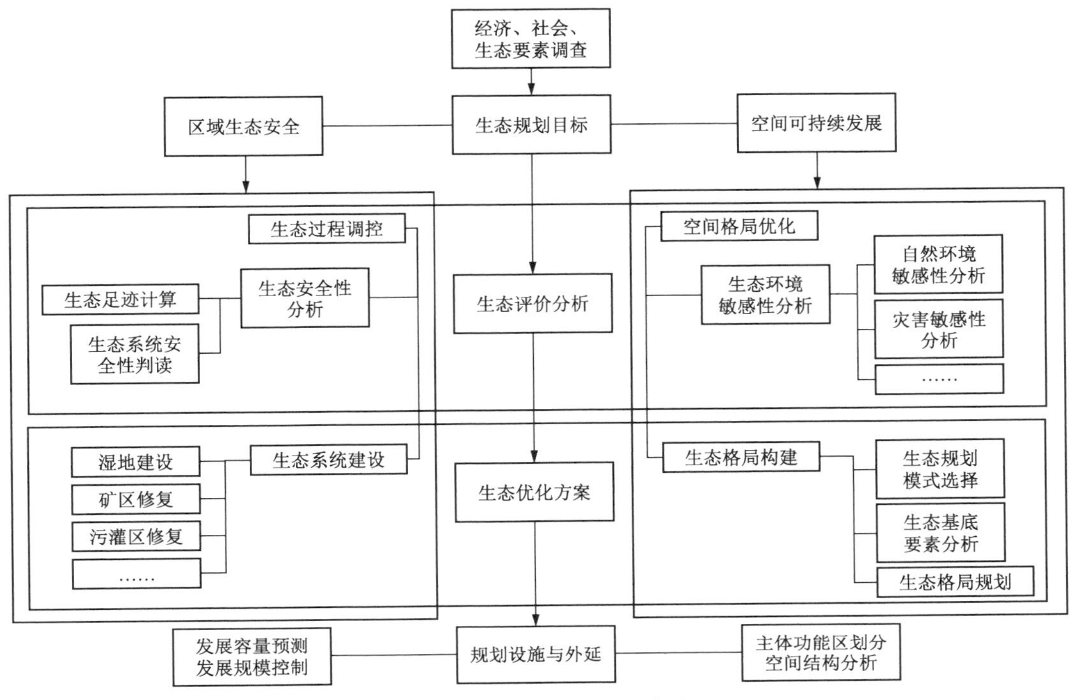

图 4-8　城市群生态规划框架

（引自：汪淳等，2008）

4.2.2　一些既有的生态规划程式

（1）约翰·利里：基于理性分析过程的生态规划模式

约翰·T. 利里(John T. Lyle)基于理性分析过程的生态规划模式，建议根据怀特海德(Alfred North Whitehead)的学习阶段模式，按照理性规划程式中各个步骤的工作特征将整个生态规划过程大致分为3个阶段(Lyle，1985)。

①虚构阶段(Stage of Romance)

这一阶段通过自由的思考、图形素材(手绘草图或照片资料)和讨论来获得对于规划课题的清晰理解，明确规划要做什么、怎么做，包括规划所面临的冲突性问题、规划方案所要体现的价值观、规划工作的具体参与人员，以及规划工作的技术路线等。

②精确化阶段(Stage of Precision)

这一阶段是对规划对象进行准确认识和初步分析的阶段。可以分为信息搜集和建模这两大部分相对独立的工作。其中：信息搜集是对规划对象各组成部分的历史和现状情况进行的调查整理工作，而建模则是通过将调查信息重新拼合成整体模型，来加深对规划对象的认识。这一阶段的工作主要基于调查研究之上。

③归纳阶段(Stage of Generalization)

这一阶段是依靠充实的信息资料和可靠的工作模型，借助洞察力、想象力和创造力提出各种设想，全面展开规划方案研究的阶段。具体工作内容包括提出各种发展的可能性，将各种可能性落实到规划对象的各个部分，通过各部分的发展组合形成多个备选方案，以及通过方案比较来最终确定一个规划方案。这一阶段的工作实际上是一个提出多种可能性，并不断筛选、归纳、精简的过程（图 4－9），比如，“头脑风暴”（Brain Storm）。

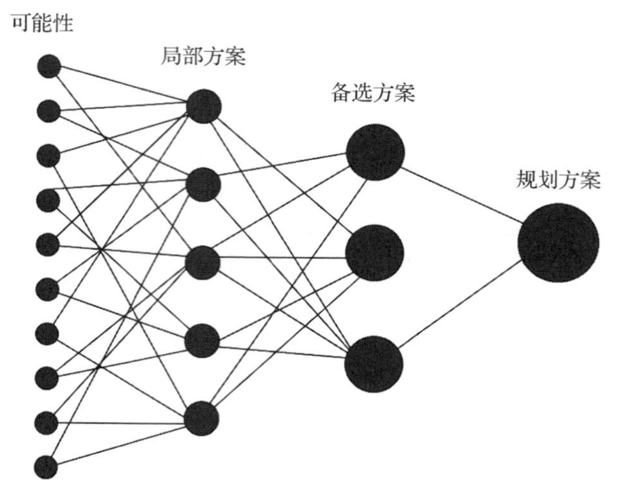

图 4－9　归纳阶段规划方案不断筛选、归纳、精简的过程

目前，基于理性分析过程的生态规划模式主要有两种，两种理性规划程式的简要比较如下（莱尔，2021）：

①传统的理性规划范式（图 4－10）

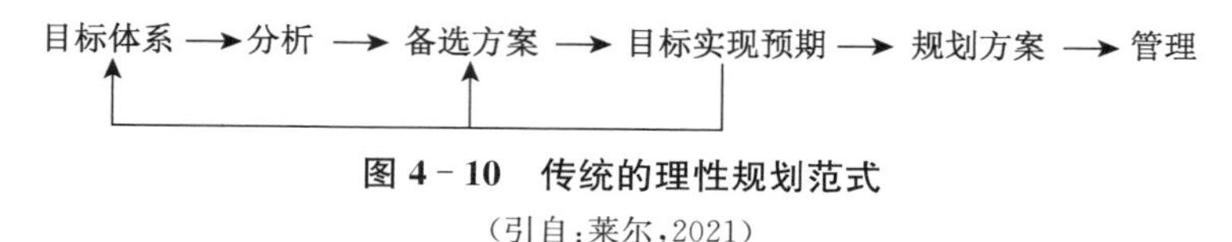

图 4－10　传统的理性规划范式

（引自：莱尔，2021）

传统的理性规划是由一系列明确的规划目标为导向的研究过程（以目标为导向）。由于任何一个方案都不能保证所有规划目标的完美实现，因此只能通过经济理性分析从各种备选方案中进行优化决策，选择最有利于实现最为关键目标的那个方案，但其目标体系是非常明确的。

②生态理性规划范式（图 4－11）

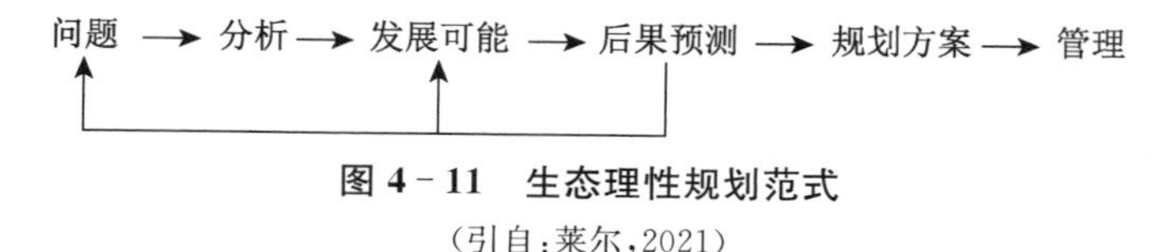

图 4－11　生态理性规划范式

（引自：莱尔，2021）

由于生态保护与社会经济发展之间的固有矛盾，规划必须面对各种彼此冲突的发展问题（以问题为导向），对由此带来的更多发展可能性进行全面的后果预测、分析和评价，而明确的规划目标通常只有在经过一系列分析评价之后，到规划的最后阶段才能达成共识。

（2）斯坦纳生态规划模式

斯坦纳结合美国的实际情况，提出了以全面调查分析为基础、以教育和公众参与为核心的生态规划模式（又称为美国 11 阶段生态规划框架与程序，图 4－12）（斯坦纳，2004）。

明确问题和制定目标是斯坦纳生态规划模式的重要基础。在生态规划设计中，生态问题通常是多种自然本底要素恶化的集中反映，如水土流失、大气污染、土地荒漠化、生物物种锐减等。但实质上，这些问题往往是对象系统的发展由于种种人为原因偏离了自然规律所致。因此，问题的解决必须通过控制、约束那些直接或间接诱使问题发生的人类活动(张宇星，1995)。

从生态规划的内容、程序中可以看出，生态规划始于识别探讨规划对象在发展中所面临的各种生态问题，止于提出预期能够顺利解决或避免这些问题的最佳方案。整个生态规划过程就是一个针对这些问题，以具体方案为结果的求解过程。因此，生态规划的关键在于如何准确地提出生态问题并加以科学解决(唐孝炎等，2005)。

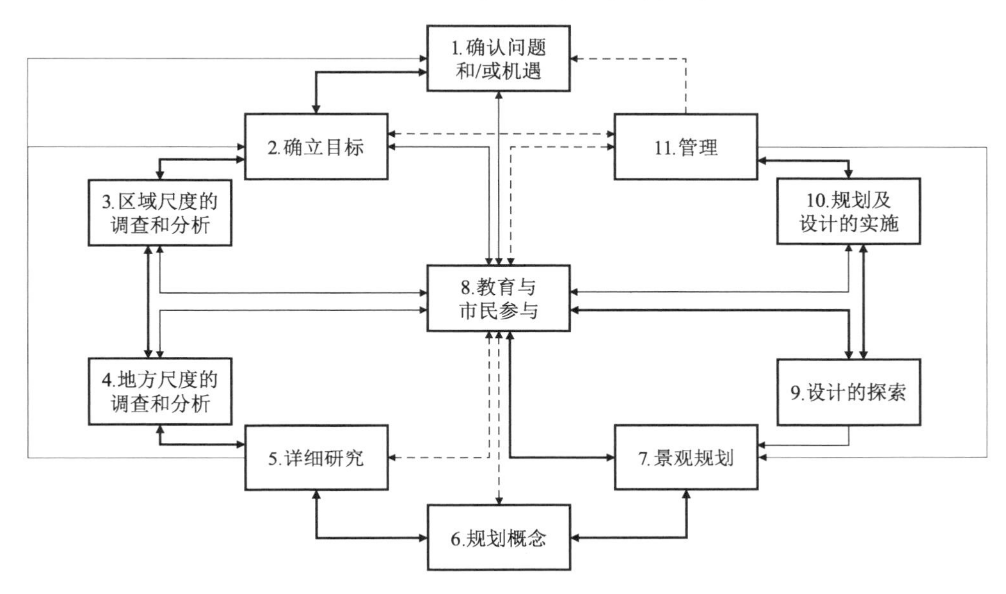

各个步骤的相应工作内容及技术方法：
第1步的工作内容：明确规划所面临的问题及机遇；技术方法是公众参与；
第2步的工作内容：确立清晰描绘未来景象的规划目标；技术方法是公众参与；
第3步的工作内容：流域尺度下的生物物理环境要素及人文社会要素调查和分析；技术方法是分类要素的清单式调查；
第4步的工作内容：具体规划区域中的生物物理环境要素及人文社会要素调查和分析；技术方法是分类要素的清单式调查；
第5步的工作内容：将规划的问题、目标与基础资料联系在一起所作的详细分析研究；技术方法是适宜性分析；
第6步的工作内容：对规划区域发展的概念模型探讨；技术方法包括公众参与、目标-成效矩阵；
第7步的工作内容：将最优的概念和备选方案综合到一起；技术方法包括政策陈述、实施战略研究、规划图纸研究；
第8步的工作内容：通过教育及信息发布，向可能受到规划影响的公众阐述规划方案；技术方法包括社区教育、媒体发布；
第9步的工作内容：对具体场地赋予形体并在空间上布置要素；技术方法是专家研讨会辅助下的概念设计；
第10步的工作内容：采用各种战略、战术及程序，实现规划中确定的目标及政策;技术方法包括综合经济、环境及社会因子的执行标准的运用；
第11步的工作内容：对规划实施的全程监控及评价;技术方法:预算、环境影响评价。

图4-12　斯坦纳生态规划模式

(引自：斯坦纳，2004)

对于生态规划设计而言，能够准确把握和辨识生态问题，是寻求恰当解决方案的必要前提。从实践操作的角度来说，任何规划设计都需要首先确定一个工作目标与方向。传统的规划设计关注的是人类社会系统的发展利益，而这种发展很容易采用一些量化的发展指标(例如人口增长、经济增长、建设量增长等)来描述，并通过简单的成本-效益评价来衡量发展指标的合理性。若发展目标明确，规划目标也就非常明确。因此，传统的规划设计往往在一开始就能迅速研究并获得极为明确的发展目标,以引导接下来对整个方案的研究过程。但是,生态规划设计除了关注人类社会系统的发展利益外,还需要关注这种发展可能造成的生态环境影响,以获得发展的可持续性。由于不同的发展目标可能造成的环境影响不同,而同一发展目标如果通过不同的规划方案来实现,可能造成的环境影响也会不同,并且在发展利益和环境影响之间进行权衡是一个非常复杂的研究过程。因此,在规划设计的开始阶段要明确发展目标显然非常困难,面临的不确定因素太多。在这种情况下,只能通过分析发展目标所可能引发的生态问题,来引导确定接下来的重点研究方向,通过探讨合理的方案来尽量减轻或避免这些生态问题。

由于规划对象类型、尺度、目标确定性等的差别,生态问题的提出会有相当多的不确定性。不同类型的对象往往具有不同的生态健康状况,而不同的生态健康状况所面临的生态问题也就不同。例如,健康状况良好的对象主要应侧重自然环境要素的保全和"因势利导""恰如其分"地利用,而健康状况受损或趋于恶化的对象则主要侧重其生态修复,控制和减少人为干扰,通过各种生态修复技术来重塑健康。

尺度不同生态问题的层次也不同。例如,对于尺度较大的对象,提出的生态问题往往是宏观层次的,如自然栖息地的减少、重要自然资源的枯竭、生态环境状况的恶化等。对于尺度较小的对象,提出的生态问题也往往是微观的、具体的,如透水地面的减少对于地下水回灌的影响、人工种植群落物种多样性下降、河道渠化对生物生境的影响等。另外,由于生态规划在一开始很难明确提出发展目标,只能针对各种发展的可能性分别来分析其可能引发的生态问题,而这些发展可能性中的相当一部分可能最终被舍弃。而生态规划虽然有着明确的开发目标制约,但单一目标的建设开发也会引发多个生态问题,并且问题的主次差别可能非常大,不可能对所有的问题都予以顾全。只有在不断扬弃的过程中,最终获得明确发展目标和理想的解决方案。

生态问题的解决同样具有不确定性。一方面,生态规划设计最终提出的解决方案都是通过对发展的环境影响预测来评价其是否解决了问题以及解决的预期效果。这种预测评价在很多时候只能反映问题后果的减轻程度,而不能代表问题的彻底解决。因此,这种最终的优选方案只是相对的较优解而非绝对的唯一解。规划的过程不必强求最优解,而往往是寻求能被各方接受的较理想的解。另一方面,由于知识、经验和技术水平的制约,一些自认为甚至是公认的非常成功的解决方案,在日后看来,可能也存在种种不足甚至错误(黄光宇等,2002)。例如,互花米草的引种、五大湖区鲱鱼的泛滥成灾等。

因此,提出确切的生态问题并得到最优的解决方案并不是一件容易的事。在很大程度上,这受规划、决策人员的知识素养、创新能力和执着态度所左右。人的知识越丰富,则越容易洞察深层的、主要的生态问题,并了解、探究越多的可行解决办法;人越富有创新能力,则越有可能另辟蹊径,提出新的、更为有效的解决方案,提高方案的优化程度;人越执着于最后的成功,则越有可能为成功创造出各种必要的条件。

要提高规划方案的生态合理性,就必须要对自然的开发适宜性,自然系统的健康存续性及开发利用的高效性加以充分考虑。因此通常遵循以下三个原则:a. 全面掌握规划区域内自然生态的基础资料,以及各个利益集团的发展意向,以便通过分析得到兼具自然和人类社会生态合理性的方案。b. 充分研究规划区域内土地的自然属性、自然物种和生态系统的有效延续、生态阈值的客观制约等对于规划功能结构、用地布局和发展规模等的限制作用，权衡获得自然与人工系统之间的相对均衡协调发展。c. 充分探讨各种发展的可能性、冲突点及利弊关系，以谋求相对合理发展模式。

（3）公众参与为导向的生态规划模式

自20世纪60年代中期开始，城市规划中的公众参与已成为西方社会中城市规划发展的重要内容，同时也是此后城市规划进一步发展的动力。公众参与的兴起是在特定的社会思潮和实践中产生的结果。城市规划界内部针对现代建筑运动主导下的城市规划所出现的弊病和在多元化思想影响下的自觉反省，使相当部分的城市规划工作者从高高的象牙塔走向了社区和民众。城市规划的公众参与直接导致了城市规划的社会化，使城市规划从专业技术领域转向了社会政治领域。随着理论和实践的推进，城市规划中的公众参与，被认为是市民的一项基本权利，在城市规划的过程中必须让广大的城市市民，尤其是受到规划内容影响的市民，参加规划的编制和讨论，规划部门必须听取各种意见并且要将这些意见尽可能地反映在规划决策之中，成为规划行动的组成部分（孙施文等，2009）。

詹姆斯·科雷顿（James Creighton）阐明了公众参与的八大好处（Creighton，2005）：a. 提高决策质量；b. 减少成本；c. 达成共识；d. 减少实施阻力；e. 避免严重的冲突；f. 保证政策的可信度和合法性；g. 预测公众的关注程度和态度；h. 提高公众的专业水平和创造性。

温迪·扎尔基斯安（Wendy Sarkissian）总结了公众参与不可或缺的4个条件（Sarkissian，1976）：a. 公众和政府在政策形成过程中达成了默契或明确的合作。b. 规划过程中应该充满相互信任和尊重的气氛，尽管并不是所有时候都需要协作。c. 双方都能够切实影响公共政策的决策。尽管一方可能比另一方更加强势，但任何一方的力量都不能微不足道。d. 合作作为一个过程而不是某种稳定的状态，它可能发展亦可能退步。合作可能进一步深入，也可能重返冲突。

公共参与规划目标制定的方式很多，最直接的就是投票。然而，在投票确认目标之前，必须要对其进行定义；此外，许多问题并非由投票绝定，而是由立法或政府部门来决定。其他的一些方法包括特别工作组（Task Force）、市民及技术咨询委员会（Citizens' Advisory Committees and Technical Advisory Committees）、邻里规划委员会（Neighborhood Planning Council）、团体活力（Group Dynamic）、名义团体研讨会（Nominal-Group Workshop）、焦点团体（Focus Group）、民意测验（Public Opinion Poll）等（Dillman，et al.，1977）。

4.3　生态规划的主要技术方法

4.3.1　目前业内常用的生态规划技术方法

在生态规划过程中，理论体系及工作程序都需要技术方法的支持，对不同区域的生态规划程序及技术方法的选择与应用是生态规划的关键环节。斯坦纳（2004）的生态规划技术方法注重强调用地适宜性分析，包括适宜性分析、承载力、敏感性、生态安全格局、生态系统服务功能、生态功能分区、生态网络、景观格局等（斯坦纳，2004）。焦胜等

(2006)认为，生态规划技术方法主要包含生态承载力分析、生态足迹分析、生态功能分区等。张洪军(2007)认为，生态规划技术方法主要包含生态适宜性分析、资源承载力分析、生态安全格局分析、生态敏感性分析、生态功能分区等。骆天庆等(2008)认为，生态规划技术方法包含土地利用适宜性分析、景观格局分析、环境容量分析、多方案比较决策等。徐建刚等(2008)认为，生态规划技术方法包含 GIS 地形与建筑环境三维分析、生态敏感性评价、景观指数分析、生态环境承载力评价、环境容量分析、生态足迹建模分析、空间可达性分析、城市宜人度分析模型、生态安全格局与生态功能区划、生态安全风险评估。苏美蓉等(2014)认为，生态规划技术方法主要包括生态系统健康评价、生态系统承载力、生态系统服务功能评价、情景分析方法、生态功能区划、生态适宜性与敏感性分析等。

综上所述，尽管不同学者构建生态规划方法体系的标准和视角不同，但土地利用适宜性分析，生态环境承载力评价，生态环境敏感性分析，生态网络、生态安全格局分析，生态系统服务功能评价、生态功能分区等方法，是学界普遍认可的、常用的生态规划技术与方法。下面我们将选取具有代表性且相对比较成熟完善的生态规划技术方法，作进一步详细介绍。

(1) 土地利用适宜性分析

土地是多功能综合体，其保护与利用情况是影响生态系统、经济和社会发展的重要因素。人类社会对于土地的利用需求是多种多样的，但同一块土地在某一时期内通常只能担负某一种利用方式，因此规划时就必须要探求具体地块利用的合理性，即每块土地是否都得到了最佳的、最适宜的使用。

土地利用适宜性(land-use suitability)是某一块特定的土地相对于各种土地利用方式的适宜程度(史同广等，2007)，是需要在全面调查的基础上，对具体地块多种可能的利用方式进行优选分析的过程。由于土地的开发利用往往需要进行一定的改造，如地形的平整、土壤的改良、植被和水系的重组等，以创造合适的场地条件，因此这种适宜程度实际上反映的是土地利用收益与土地改造成本之间客观与预期的关系，而这种关系主要是由土地的各种自然属性(如坡度、地质条件、土壤类型等)和社会属性(如区位条件、既有设施条件等)决定的。对于收益相似的利用方式，如果土地的自然、社会属性与利用方式越匹配，则土地改造的成本越小，适宜程度就越高。将土地利用适宜性分析结果作为规划功能布局的研究参照，就可以将各种类型的用地尽可能地排布在适宜程度最高的地块上，使得布局研究不仅从人类自身利益需求出发，而且能够客观地考虑到自然条件对用地的限制，从而实现规划布局的生态合理性。

因此，土地利用适宜性分析通常是作为规划功能布局的基础性研究工作来进行。单纯的规划功能布局研究注重的是土地利用方式在空间组织上的合理性，主要从社会经济活动组织的角度来研究用地问题。因此，为了对它形成有效的补充，土地利用适宜性分析通常更多地强调土地自然属性的制约性。

土地利用适宜性分析的方法体系迄今为止，介绍较多、发展较为成熟且具有一定代表性的土地利用适宜性分析方法主要有三种，包括美国自然资源保护局体系、麦克哈格的适宜性分析方法以及荷兰的适宜性分析方法(骆天庆等，2008)。

①美国自然资源保护局体系

美国自然资源保护局体系是一种发展最早、最完善的土地利用适宜性分析方法体系，包括土地评估与场地评价两部分。土地评估是通过单一的土壤评价揭示土地对于各种农业利用的适宜程度，而场地评价则考虑区位、可达性、市场、相邻地段用地情况、政策法规、市政工程等因素对于土地利用适宜程度的影响，其中土地评估方法的开发早在20世纪30年代就开始了，至今已在全美范围形成了较为完善的土壤调查资料、基本农田的评价标准和土地对于农业利用的适宜程度分级体系，是整个适宜性分析体系的基础。

这一分析体系的突出特点在于其对于农田保护的有效性。首先，由于土地评估中统一使用了国家对于基本农田的评价标准，因此可以方便地进行地区间的有效比较，从而实现基本农田的保护；其次，由于在实际应用中土地评估与场地评价通常是结合起来使用的，并且大量的场地评价是在土地评估的基础上进行的，因此能够对于某一地块是否可以转为非农业用地作出较为合理的判定。

②麦克哈格的适宜性分析方法

麦克哈格的适宜性分析方法也称为“宾夕法尼亚大学法”，是一种以叠置分析为特色的土地利用适宜性分析方法。这一方法是在对规划用地进行生态调查的基础上，将研究区域内包括自然和人文属性的各种信息分别绘制成不同色系的图纸，根据其对不同土地利用方式的适宜程度以颜色深浅代表不同的等级，并分别影印在透明纸上，所有透明的影印图叠加后就可方便地获得针对不同土地利用方式的适宜性分析图，再将所有土地利用方式的适宜性分析图叠加后就形成了一张综合的土地利用适宜性分析图。随着计算机技术的发展，这一分析方法可以借助GIS等各种图形数据处理软件更为方便地完成。

麦克哈格的适宜性分析方法主要侧重评判土地的各种自然属性对于土地利用方式的限制，实际上是一种对土地固有适宜性的分析方法，有助于权衡土地及其承载的资源在开发与保护上的矛盾与冲突。麦克哈格受到森林群落有单优种(monodominant speci)和亚优势种(subdominate speci)的启发，提出了土地利用集合(land use community)的概念，也就是共存的土地利用或多重利用方式，并使用土地利用相容度(compatibility)来表征。例如，森林区除了林木生产外，可用于水资源管理、控制土壤侵蚀，也可成为野生动物栖息地，或作为狩猎娱乐的场所。

③荷兰的适宜性分析方法

荷兰的适宜性分析方法体系较为全面，包括了土地实际适宜性分析、土壤适宜性分析和土地潜在适宜性分析三个层次。其中土地实际适宜性是指土地在不需要资本投入和进行改良的条件下，可直接用于某种用途的可能性；土壤适宜性是在特定的社会经济状况下，不考虑经济因素，土壤以及气候条件对种植某种或某一系列农作物或其他特定用途的适宜性；土地潜在适宜性则是土地在改造之后对于某种利用方式的适宜性，这种适宜程度以预期的未来收益，结合未来循环投入和损耗的资本来进行评价。

在荷兰的适宜性分析方法体系中，土地实际适宜性分析和土壤适宜性分析分别类似于麦克哈格的适宜性分析方法与美国自然资源保护局体系的土地评估方法，而土地潜在适宜性分析则是荷兰结合自身的滨海特征，为谋求发展而需要对大量海滨湿地、低洼地进行围垦、建设的情况下所形成的一种特殊的土地利用适宜性分析方法。土地潜在适宜性分析除了要分析自然条件的客观制约，还要研究公共改造措施的可行性，例如如何通过土地利用方式的不断置换来不断地改良自然制约因素，获得更大收益的土地利用可能性。这一分析方法在瑞士、日本、纽约等土地贫乏而土地利用需求强烈的国家和地区得到了广泛应用。

(2) 生态环境敏感性分析

生态环境与社会经济发展的矛盾与冲突是目前全世界面临的共同挑战,保护和改善生态环境已经成为当今世界各国和地区日益重视的重大问题。当前,伴随着我国的快速城市化进程,区域土地利用方式的无序化与粗放性、盲目性日益明显,自然生态系统失衡和区域生态环境恶化在不少地区已经成为阻碍区域可持续发展的主要因子。因此,如何转变经济增长方式,高效合理地利用区域有限地土地资源,充分发挥自然生态系统的服务功能、维持区域生态系统健康、保护区域生物多样性,就成为当前城市与区域规划中必须解决的重大问题。

党的十八大以来,优化国土空间开发格局成为生态文明建设的重要内容之一。城市与区域生态环境是城市与区域赖以生存的根本与基础,是影响城市与区域系统健康发展最为关键的因素之一。城市与区域规划应将生态基底作为城市与区域发展的前提和基础。城市与区域生态环境敏感性分析就是通过综合考虑构成城市与区域生态环境的基本要素,包括地形地貌、河流水系、植被覆盖、地质灾害、矿产资源、生态保护区等,辨识对规划研究区总体生态环境起决定作用的生态要素和生态实体,并对这些生态要素和生态实体进行生态分析,进而综合划定生态环境敏感区域,为规划研究区土地利用总体规划、国民经济与社会发展规划、城市与区域规划、生态环境保护规划等规划中的用地空间布局提供重要的科学依据。

敏感性(sensitivity)是指影响因素(自变量)的变动对被影响因素(因变量)变动的影响程度。如果影响因素较小的变动引起被影响因素较大的变动,称之为被影响因素对该影响因素的敏感性强。生态敏感性(ecological sensitivity)是指在不损失或不降低环境质量情况下,生态因子对外界压力或变化的适应能力。生态环境的敏感性会因生态系统不同而不同。而敏感性与稳定性有着内在的联系。稳定性越强,对外界扰动的敏感性就越低。

生态敏感区(ecologically sensitive area),也称生态环境敏感地带(environmentally sensitive area),是指对区域总体生态环境起决定作用的生态要素和生态实体,这些实体和要素对内外干扰具有较强的恢复功能,其保护、生长、发育等程度决定了区域生态环境的状况。狭义的生态敏感区主要包括自然生态类型的生态要素与生态实体;广义的生态敏感区不仅包括对城市区域具有重要生态意义的自然生态要素或实体,而且包括用来分割城市组团,防止城市无序蔓延的地带以及作为城市可持续发展资源储备的用地区域。

《美国华盛顿州环境政策法》对环境敏感区(也称关键区,critical area)的定义——那些对包括以下但不局限于以下列出的地区有可能产生严重负面影响的区域:不稳定土层、陡坡地、稀有或珍稀动植物、湿地等地区,或位于洪泛区的地区。生态敏感区项目最早始于英国,是英国自然保护区八种类型之一。其面积也由 1987 年的不足 3 万 hm^2 增长为 2004 年的 120 多万 hm^2,增长了 40 多倍。20 世纪 80 年代,英国为了保护具有重要生态环境意义的景观、野生生物栖息地和具有重要历史价值的人文景观,开始实施生态敏感区计划[The Environmentally Sensitive Area (ESA) Scheme]。该计划将生态敏感区定义为那些对本地生境或区域环境的生物多样性、土壤、水体或其他自然资源的长期维持具有重要作用的景观要素或区域，包括野生生物栖息地(wildlife habitat area)、湿地(wetland)、坡地(steep slope)以及重要的农业用地(prime agricultural land)等(Ndubishi，1995)。

加拿大安大略省滑铁卢市对环境敏感区作了如下规定：至少具有一个以下特征的地区属于环境敏感区，需加以严格保护。a. 指定区域中存在重要、稀有或濒危的本土物种；b. 确认植物和/或动物组合以及/或地貌特征在地方、省或国家范围内少见或质量相对较高；c. 该地区物种类别多且未受干扰，有能力为动植物提供不受人类干扰的栖息地；d. 该地区物种类别独特，所在地区较为稀有，或存留有已灭绝物种栖息地的遗迹；e. 因该地区有多样化的地理特征、土壤、水体以及微气候影响，该地区的物种类别具有极高的动植物群落多样性；f. 该地区的物种为原生林提供了一套过渡系统，或为野生动物长距离迁徙活动提供自然庇护；g. 该地区具有重要的生态功能，如维持大面积的自然储水区(或补水区)的水文平衡；h. 具有以上任一特征，却由于人类活动而导致其独特性或稀有性有少许降低的区域。

国内不少学者认为生态敏感区(也称生态敏感地带)对区域具有生态保护意义，一旦受到人为破坏很难短时间内恢复，也是规划用来控制与阻隔城市无序蔓延，防止城市居住环境恶化的非城市化地区，主要包括河流水系、滨水地区、野生生物栖息地、山地丘陵、植被、自然保护区、滩涂湿地、水源涵养区等(彭宏杰等，2022；李振亚等，2022)。国内也有学者认为生态敏感区是指两种或两种以上不同生态系统的结合部，是生态环境条件变化最剧烈和最易出现生态问题的地区，也是区域生态系统可持续发展以及进行生态环境综合整治的关键地区(徐福留等，2000)。而房庆方等(1997)认为，除了上述的主要类型外，将用来阻隔城市无序蔓延、防止城市居住环境恶化的城郊大片农田、果园、鱼塘、山丘保护区以及城市片区之间的长期性控制用地，重要交通干线两侧的控制性长期非建设用地也纳入了生态敏感区类型之中。

根据生态环境敏感性研究对象的不同，可将目前生态环境敏感性分析大致分为两类。一类是针对某一生态因子的敏感性分析，该类研究多针对生态环境问题的某一方面开展比较深入的研究。例如，水土流失与土地退化的动态敏感性分析(钱乐祥等，2002)，滑坡等地质灾害敏感性分析(张军等，2012)。另一类则是基于多因子综合评价的生态敏感性综合分析，该类研究通常根据生态系统的特点和研究区实际遴选出一些生态环境因子，并多采用生态因子评分和GIS空间叠置方法进行研究区的生态环境敏感性综合分析与评价。例如，杨志峰等(2002)选用了土地利用现状、面积、坡度、当地保护区类型和物种多样性5个生态因子，采用生态因子评分和GIS空间叠置方法对广州市生态敏感性进行了定量分析，为广州市生态敏感区的划分和分区空间管制措施的制定提供了重要依据。尹海伟等(2006)借助GIS技术，选择有区域代表性的植被、海拔、坡度、堤防、耕地地力等因子，采用因子叠加法，对吴江东部地区的生态敏感性进行了定量分析，为研究区城市建设用地空间布局提供了重要的科学依据。

影响生态敏感性的因子很多，可归纳为自然因素和人为因素两大类。自然因素造成的敏感性主要是指自然环境的变化，导致某一系统的生态平衡遭受破坏，从而使系统朝着不利的方向发展，包括地形(主要包括海拔、坡度、坡向)、植被、土壤、地质、水文、野生动物等影响因子(陶培峰等，2022；李振亚等，2022)。人为因素造成的敏感性是指造成自然系统敏感的压力来自人类各种社会、经济活动,其表现形式主要是人类对自然生态资源的不合理开发利用,包括垦殖、灌溉、筑堤、建设用地开发、开采地下水、污染物排放等影响因素(方臣等,2022;魏柏浩等,2023)。由于影响生态敏感性的因子有很多,且在不同区域影响生态环境敏感性的主要因子亦不同,因而合理选取生态环境敏感性因子就成为多因子综合评价分析的重要基础。

然而,各种生态因子之间并不是孤立的、毫无联系的,而是相互影响、相互联系的,也就是说,人类活动对某生态环境因子不仅产生直接的干扰或破坏,而且还通过此生态因子对其他的生态因子产生间接的干扰或破坏。例如,人类开发活动对植被的采伐和破坏,使得植被因子遭受直接的干扰,但植被遭到破坏,使得山地丘陵区的水土流失加剧、土壤变得瘠薄,间接地影响了土壤和水土流失等生态因子。因此,在选取生态因子的过程中既不可以面面俱到、不分主次,也不可以偏概全、顾此失彼,必须针对不同区域的具体生态环境问题和实际情况,选取既可以进行单因子分析,又能做综合分析,既便于获取,又易于操作、量化的生态因子构建生态敏感性分析的因子指标体系(尹海伟等,2006)。

城市与区域生态环境问题的形成与发展往往是多因子综合作用的结果,也与影响生态环境问题的各个因子的强度、分布状况和多个因子的组合有关。因此,目前城市与区域生态环境敏感性的定量测度通常采用多因子综合评价与 GIS 空间叠置分析方法,即首先进行各单因子的生态敏感性分析,然后借助 GIS 的空间叠置技术,通过一定的因子综合方法将各单因子进行综合,得到规划研究区总的生态敏感性区划图(杨志峰等,2002;尹海伟等,2006;杨艺苑等,2022;鲁敏等,2022)。

对于单因子的生态敏感性程度的分析判定,通常采用较为主观的赋值方法,例如专家根据研究区实际和自身经验,将某一因子进行分类并赋值。杨志峰等(2002)、尹海伟等(2006)很多学者均采用主观分类赋值的方法确定了研究区的生态环境敏感性各单因子的敏感性程度,并进行了主观类型划分与赋值,构建了在 GIS 中可操作性很强的研究区生态环境敏感性评价赋值体系。由于不同的单因子的值域不同,敏感性的强弱划分的阈值也就各异。这就需要根据不同因子中不同要素对生态敏感度的重要性程度分别赋予不同的等级值。

目前相关研究通常将敏感性单因子(或敏感性总结果)划分为 5 个等级,即极高生态敏感性、高生态敏感性、中生态敏感性、低生态敏感性、非生态敏感性(尹海伟等,2006;李志江等,2006)。国内也有不少学者采用 4 分法(高敏感区、中敏感区、低敏感区、极低敏感区;最敏感区、敏感区、弱敏感区、非敏感区;敏感、较敏感、较不敏感、不敏感),其中高敏感区、最敏感区或敏感区是指生态环境因子将承受永久性、不可恢复的影响;中敏感区、敏感区或较敏感区是指生态环境因子可承受较长时间方可恢复的影响;低敏感区、弱敏感区或较不敏感区是指生态环境因子可承受较短时间方可恢复的影响;极低敏感区、非敏感区或不敏感区是指生态环境因子基本不承受任何影响(杨志峰等,2002;王秀明等,2022)。也有一些学者采用 3 分法,即将敏感性划分为不敏感、较敏感和敏感(朱红云,2005)。

美国学者詹姆士·罗伯兹(James Roberts)将人类活动对生态环境因子的影响程度划分为 6 个等级:极端敏感,生态环境因子将承受永久性、不可恢复的影响;相当敏感,生态环境因子将承受10年以上时间方可恢复的影响，其恢复和重建将非常困难并且代价很高；一般敏感，生态环境因子将承受4～10年时间方可恢复的影响，其恢复和重建将比较困难并且代价较高；轻度敏感，生态环境因子将承受4年以内时间方可恢复的影响，其再生、恢复和重建利用天然或人工方法均可以实现；稍微敏感，生态环境因子将承受短时间暂时性的影响，其再生与重建可由人力较容易地实现；毫不敏感，环境因子基本上不受任何影响。

多因子综合评价通常基于GIS的空间叠置分析来实现。然而，由于不同研究区的影响因子不同，在GIS空间叠置分析时采用的叠置方法亦不同，可以主要分为两大类：取最大值法和因子加权叠置法。赋予敏感性因子权重的合理性很大程度上关系到生态敏感性综合评价结果的正确性和科学性。取最大值方法将所选敏感性因子均视为强限制性因子，然后基于木桶理论来分析研究区的总体生态环境敏感性（例如：尹海伟等，2006）；而加权叠置法是基于不同敏感性因子影响作用的强弱来设置因子权重（权重的计算方法亦有多种，如主观赋权、层次分析法、主成分分析法等），然后加权求和得到研究区的总体生态环境敏感性（例如：杨志峰等，2002；高洁宇，2013；张睿婕等，2022；鲁敏等，2022）。如果所选敏感性因子的约束性较弱，那么取最大值法存在总体生态环境敏感性被高估的风险；而如果所选因子有多个高约束性因子，加权求和法则存在总体生态环境敏感性被低估的可能。因此，建议根据研究区实际情况和所选因子的限制性程度合理选取多因子综合评价分析方法。

(3) 生态网络、生态安全格局分析

①生态网络分析

自现代城市起源与迅速发展以来，人类以前所未有的方式对大地景观进行着改造甚至局部重塑。这一情形在工业化浪潮里愈演愈烈，甚至在相当长的一段时期中，城市几乎被认为是与自然生态系统截然对立的人工景观体系。城市文明被演绎成为排斥自然、崇尚人工建构的“灰色文明”；随着现代城市化进程的加快，连绵的城市实体区域不断扩张，不仅蚕食了大量外围生态空间，城市建成区内部的原生景观也已遭到破坏，自然生态系统的整体功能下降，生态环境急剧恶化。事实证明，人类主导的人工景观体系一旦离开自然生态系统，其生态调蓄功能将难以维系，包括人类自身在内的诸多生物种群的生存发展都将受到严重威胁（马世骏等，1984）。

从20世纪中期开始，景观生态学、恢复生态学等交叉学科蓬勃发展，地理学界与生态学界逐步尝试将系统论和生态学相关理论引入城乡规划研究与实践，旨在探究如何保护现有的自然生态系统、综合整治与恢复已退化的生态系统以及重建可持续的人工生态系统（Forman et al.，1986；肖笃宁等，1997）。另一方面，随着全球范围内日益高涨的可持续发展呼声，城乡规划相关学者、从业人员、城市管理者在城市的发展与建设过程中，先后提出了许多变革性的理念，从花园城市到生态城市、低碳城市，再到最新的海绵城市、韧性城市（resilient city），使得生态空间在城市规划中的地位和重要性不断提升，内涵不断丰富，功能也趋向综合（仇保兴，2003）。在规划理念的演化过程中，生态空间的规划思路也经历了从局部到整体、从单体到网络、从孤立到联系的转型，尤其强调自然生态空间与人工建成空间之间的交互关系，并积极关注城市中的生物（主要是人）与其生境的关系以及自然生态系统对社会经济系统的效应（沈清基，1998；邵大伟等，2011）。因而，运用景观生态学相关原理进行的生态网络规划，从更高角度和更大尺度将生态廊道体系纳入城市发展的框架，引导整个城市景观格局的发展，促进自然景观与人工景观的高度协调，同时以生态空间特有的柔性边界控制建成区规模的无序扩张，引导城市土地的开发与再开发、协调城乡发展，促进城市增长管理的实现，能真正做到"规划尊重自然、设计结合自然"（俞孔坚等，2005b；温全平，2009；李权荃等，2023）。

生态网络构建的实质是以生态廊道为纽带，将散布在城市与区域中相对孤立的城市公园、街头绿地、庭园、苗圃、自然保护地、农地、河流、滨水地带和山地等景观斑块连接起来，构成一个自然、多样、高效、有一定自我维持能力的动态绿色景观结构体系，在城市与区域基底上镶嵌一个连续而完整的生态网络，形成城市与区域的自然骨架（Jongman et al.，2004；张庆费，2002）。目前，遵循自然景观体系的整体性和系统性原则、构建城市生态网络，已成为将自然引入城市、改善城市乃至区域生态环境的有效途径，对于自然生态系统服务、生物多样性保护、景观游憩网络构建、城市空间合理规划布局等方面均具有重要的实践指导意义（裴丹，2012；冯舒等，2022）。

早在19世纪，动物栖息地斑块大小与隔离对物种生存能力和生态演化的重要性便被认识到。生态学家与生物保护学家认为，动物栖息地的丧失和破碎化是生物多样性和生态过程与服务的最大威胁。为了减少破碎生境的孤立，生态学家和生物保护学家开始重视生境斑块之间的空间相互作用，并提出"在景观尺度上，通过发展生态廊道来维持和增加生境的连接，保护生物多样性"（MacArthur et al.，1967；Hehl-Lange，2001）。景观水平的生境连接通过基因流动、协助物种的迁移并开拓新的生存环境，对种群的发育起着极其重要的作用，生境的空间组成与分布在很大程度上决定着物种的分布和迁移。因此，在景观尺度上构建和发展景观生态网络被认为是改善区域自然生态系统价值的一种极其有效的方法（李开然，2010）。

生态网络构建的思路在20世纪逐渐成熟，但生态网络类似概念的流变却已历经了两个多世纪的漫长演变历程，其中以美国为典型又分为三个标志鲜明的阶段（王海珍等，2005）。a. 19世纪的城市公园规划时期，以奥姆斯特德的波士顿公园系统为代表，主张将生物、地质、美学和文化价值较高的自然、历史、文化与风景资源保护起来，建立国家公园和自然保护区，突破了城市方格网布局的局限，对城市自然空间规划产生了深远影响。b. 20世纪的开敞空间规划时期，相对于公园规划时期，将目光更多地转移到区域及更广阔层面的开敞空间，例如1928年诞生的第一个综合性跨州尺度的美国马萨诸塞州绿色空间规划以及随着麦克哈格《设计结合自然》（*Design with Nature*）（McHarg，1969）一书的流行而兴起的流域规划。c. 20世纪80年代综合性生态网络规划兴起，美国总统委员会（President's Commission of American）第一次对生态网络做出阐述和展望："一个充满生机的生态网络……，使居民能自由地进入他们住宅附近的开敞空间，从而在景观上将国家的乡村和城市空间连接起来……，就像一个巨大的循环系统一直延伸至城市和乡村。"据此美国大部分地区开展了州级尺度的生态网络规划与实施，致力于更大范围内生态廊道的串接与功能协调；不少学者更倾向于使用绿色基础设施（Green Infrastructure，GI）的概念，以强调连续开放空间对自然系统生态价值发挥、土地与景观格局保护、人类社会经济活动等的多方面效益（Randolph，2004）。

在上述历程之后，北美的生态网络规划实践主要关注乡野土地、未开垦地、开放空间、自然保护区、历史文化遗产以及国家公园，多是以游憩和风景观赏为主要目的，强调综合功能的发挥（Conine et al.，2004；刘滨谊等，2010），其中新英格兰地区绿地生态网络规划和马里兰州绿色基础设施网络规划与实践（Weber et al.，2006）具有一定的开拓意义，对应于景观生态学中的“景观—生态区—生态因子”，在城市、区域乃至更大的尺度上，尝试制定了连续互通、系统整体的保护战略和多层次格局。

与北美生态网络规划相比，欧洲的生态网络规划实践则更多地将注意力放在如何在高强度开发的土地上减轻人为干扰、进行生态系统和自然环境的保护，尤其是在生物多样性的维持、野生生物栖息地的保护及河流的生境恢复上，关注生物及其生境之间的动态变化关系，多以景观生态学为理论基础，其目标主要为生物栖息、生态平衡和流域保护（Jongman et al.，2004；刘滨谊等，2010）。自1970年代原捷克斯洛伐克在欧洲最早开始生态网络的实践，至1990年代末，生态网络作为一项重要的政策工具在欧洲18个国家被规划设计。鉴于欧洲各国的国土面积多数比较狭小，1995年欧洲国家曾倡议在各国传统生态栖息地保育的基础上，构建泛欧洲生态网络（Jongman et al.，2004；Bonnin et al.，2006），以生态廊道连结各自孤立的大型生态斑块，使在空间上成为一个整体，增强生态网络的稳定性。

与北美和欧洲生态网络的构建相比，亚洲的生态网络规划建设总体尚处于起步阶段，大部分实践还在探索建立区域廊道连接的初期。已有一些实践开始尝试建立多目标多尺度的城市绿地生态网络体系，其中新加坡和日本根据自身国土狭小的实际，在地方和场所尺度的规划实践方面卓有成效（刘滨谊等，2010）。

尽管“天人合一”“仁而爱物”“道法自然”等古代生态伦理思想源远流长（刘志松，2009），但是我国对绿地生态网络的研究起步较晚，历程较短，且多是在借鉴欧洲和北美绿地生态网络理论和成功案例的基础上不断发展起来的。目前生态网络规划研究与规划实践工作尚处在初始阶段，缺乏普遍规范的操作方法与评价体系，难以达到支撑城市与区域规划决策的要求，使得生态空间的保护与营建在城市建设体系中的地位仍显薄弱、功能仍然单一，多数还是停滞在主观定性、模糊定位的景观体系或绿地系统规划阶段（王浩等，2003）。

近年来，随着城市环境恶化、生物多样性减少、城市特色缺失等一系列问题的凸显，加之城市居民游憩需求的日益增加，城市绿地生态网络规划日益受到重视，相关规划研究日益增多（王海珍等，2005；Kong et al.，2010；尹海伟等，2011）。王海珍等（2005）、Kong等（2008）、尹海伟等（2011）采用最小成本路径方法、重力模型和图谱理论，分别对厦门本岛、济南、湖南省城镇群进行了绿地生态网络的多情景规划方案研究，通过廊道结构和网络结构分析对构建的生态网络进行了评价和优选，并适当地将研究结论融入到后续规划中。

目前，生态网络的构建方法主要有4种：GIS空间叠置方法（即千层饼模式方法），最小成本路径（Least-Cost Path，LCP）与重力模型、形态学空间格局分析（Morphological Spatial Pattern Analysis，MSPA）方法、电路理论（Circuit Theory，CT）（表4－2）（李权荃等，2023）。目前，采用电路理论与最小成本路径方法，基于Ciruitscape和Linkage Mapper软件平台进行生态网络构建与优化的研究日益增多。

表 4-2　目前 4 种常用的生态网络构建方法简介

方法	简介	优势	不足
GIS 空间叠置方法	通过分析景观单元内地质—土壤—水文—植被—野生动物与人类活动以及土地利用变化之间的垂直过程与联系，选取多因子进行分析叠置	计算简便，对数据资料的要求相对较少	侧重垂直过程与联系，不能很好地反映水平生态过程
形态学空间格局分析（MSPA）	基于腐蚀、膨胀、开运算、闭运算等数学形态学原理对栅格图像的空间格局进行度量、识别和分割的一种图像处理方法	能够精确分辨出景观的类型与结构，提取出对研究区生态网络构建具有重要生态意义的核心区和桥接区等景观要素	侧重于结构性连接，不能确定连接廊道的优先保护等级
最小成本路径（LCP）	基于 GIS，根据国土空间对不同生物物种的生境适宜性大小构建阻力面，进而采用 LCP 方法模拟潜在的生态廊道	根植于景观生态学与保护生态学等相关理论，考虑了景观的地理学信息和生物体的行为特征，能够反映水平生态过程	不能科学辨识廊道的相对重要性程度
电路理论（CT）	通过类比电子在电路中随机游走的特性来模拟物种个体或基因在景观中的迁移扩散过程，并预测物种的扩散和迁移运动规律，识别景观面中具有一定宽度的可替代路径	计算所需的数据量少、过程简便，且整合了生境斑块间的结构性与功能性廊道，可满足多物种迁徙要求，更符合物种运动规律	尺度效应不明显，且存在一定的边缘效应

尽管国内外城市与区域生态网络规划相应的理论与方法还不统一，不同学科、不同领域学者进行探索的出发点不尽相同，但随着生态理念和城市规划价值观的结合，生态网络构建的目标由从“城市美化与防护功能”向“自然融入城市、生物栖息地保护、塑造城市发展框架”方向演进，已成为一种共同的趋势（王晨旭等，2022）。因此，在未来生态网络构建研究与规划实践中，应以符合国情的、多时空尺度、多功能的原则为导向，既吸取欧美大尺度跨区域生态网络建设的经验（旨在形成结构合理、协同集约的整体生态骨架），又借鉴日本、新加坡等地小尺度生态网络建设的做法（旨在完善城镇密集地带的自然生态循环体系），积极促进生态网络与城乡其他用地的耦合，推进多功能复合生态网络的规划与建设。

②生态安全格局分析

生态环境保护是保障国家和国际安全的重要环节之一，生态退化已经严重威胁到当今国家和国际安全。在这样的宏观背景下，区域生态安全格局概念的提出适应了生态恢复和生物保护的这一发展需求（马克明等，2004）。在我国，生态安全格局（Ecological Security Patterns，ESP）被认为是实现区域或城市生态安全的基本保障和重要途径，是在空间上协调社会经济发展和生态环境保护关系的重要手段，能够保护和恢复生物多样性，维持生态系统结构过程的完整性，从而缓解脆弱的城市生态环境所面临的巨大压力，是实现区域可持续发展、促进生态系统与社会经济系统协调的基础保障（俞孔坚等，2009a）。因而，在当今新型城镇化与城乡一体化发展背景下，尤其在“五位一体”的宏观发展战略背景下，根据不同城市与区域的发展情况和发展背景构建其生态安全格局，对城市与区域的生态环境保护和生态战略安全具有重要的实践意义（王洁，2012）。

在经济快速发展地区，生态安全格局不仅有利于保护生态系统的稳定性，并且通过水平方向的有机链接，为经济的快速增长提供生态保障与环境支撑（李宗尧等，2007）。

在生态脆弱地区，针对其生态环境脆弱性和易变性的特点，通过加强区域景观生态建设和生态安全控制，有利于将景观格局演化导入良性循环（郭明等，2006）。在重大工程建设地区，针对重大工程可能带来的一定生态环境威胁，区域的生态安全格局可以为发展建设和生态保护提供保障。因此，城市与区域生态安全格局研究符合当今生态环境保护和可持续发展的理论与现实需求，为科学解决发展与自然生态保护的矛盾提供了一个相对明晰的视角，为城市与区域规划中生态环境保护研究提供了新的途径。

生态安全格局是在1990年代末生态学者尝试运用景观生态学原理来分析生态安全的基础上提出的新概念。Yu(1996)认为生态安全格局是景观特定构型和少数具有重要生态意义的景观要素，这些结构和景观要素对景观内生态过程具有较好的支持作用，一旦这些位置遭受破坏，生态过程将受到极大影响。在生态安全格局的基础上，马克明等(2004)、俞孔坚等(2009b)、刘洋等(2010)对衍生出来的城市生态安全格局(urban ecological security pattern)、区域生态安全格局(regional ecological security pattern)的相关概念进行了分析解读。通常认为区域生态安全格局指的是针对区域生态环境问题，在排除干扰的基础上，能够保护和恢复生物多样性、维持生态系统结构和过程的完整性、实现对区域生态环境问题有效控制和持续改善的区域性空间格局（马克明等，2004）。城市生态安全格局是指城市自然生命支持系统的关键性格局，是维护城市生态系统结构和过程的健康与完整，维护区域与城市生态安全，实现精明保护与精明增长的刚性格局，也是城市及其居民持续地获得生态系统综合服务的基本保障（俞孔坚等，2009b）。1980年代以来，蓬勃发展的景观生态学为生态安全格局提供了新的理论基础和方法，包括最优景观格局、景观安全格局(landscape security pattem)等。

在我国，生态安全格局被认为是实现区域或城市生态安全的基本保障和重要途径。近年来我国学者在生态安全格局的定义、理论基础和构建方法等方面展开了大量研究。根据目前国内生态安全格局构建的相关研究，可将其分为三大类。

第一类研究以多因子生态环境敏感性评价结果为基础，通过综合生态系统服务功能、社会经济发展潜力等评价结果，构建规划研究区的生态安全格局（李宗尧等，2007；尹海伟等，2013）。该类研究通常将生态系统服务功能、生态敏感性分析作为规划研究区发展的约束因素，而将社会经济发展潜力（基础设施配备水平、交通便捷度等）作为发展的潜力因素，并采用约束—潜力、最小费用阻力(Minimum Cumulative Resistance, MCR)等模型来构建规划研究区的生态安全格局（方臣等，2022）。

第二类研究主要是根据景观生态学的原理（特别是斑块—廊道—基质模式和格局—过程—功能的相互关系），基于RS和GIS平台，采用最小成本路径方法、GAP分析、GIA分析等定量分析方法来进行规划研究区主要生态斑块和重要生态廊道的辨识，从而构建规划研究区的生态安全格局（刘吉平等，2009；尹海伟等，2011；于婧等，2022）。该类研究借助于景观生态学相关原理，考虑了景观的地理学信息和生物体的行为特征，能够反映景观格局与水平生态过程，同时针对生态网络构建(Kong et al.，2010；陈剑阳等，2015)、生态源地的确定（许峰等，2015）等问题提出了新的规划理念和技术方法。

第三类研究是基于GIS多因子空间叠置分析的生态安全格局分析，是目前最常使用的生态安全格局评价方法。该类研究与多因子综合评价的生态环境敏感性分析过程基本一致，首先运用景观生态学相关原理，选取对规划研究区生态安全比较关键的单一生态过程(生态因子),识别对维护区域生态安全具有关键意义的景观要素及其空间位置和空间联系,通过最小成本路径方法进行单因子的生态网络构建,然后基于GIS空间叠置分析方法进行多因子综合评价,得到规划研究区的生态安全总体格局,进而有针对性地提出各级生态安全区的生态保护策略和规划建设指引(孙枫等,2021;姚材仪等,2023)。该方法强调景观单元内地质—土壤—水文—植被—野生动物与人类活动以及土地利用变化之间的垂直过程与联系,已经在我国不同尺度、不同区域上进行了大量的实证研究(俞孔坚等,2009a,2009b),为协调规划研究区的经济发展与生态保护、实现精明增长与精明保护的有机统一提供了新的途径和可操作性框架,也为规划研究区的空间用地布局与空间管制措施制定提供了重要的科学依据。目前,在多因子叠置分析时融合最小成本路径方法的生态安全格局研究日益增多(俞孔坚等,2009a,2009b),使其既能够反映景观格局与水平生态过程,又能反映生态因子之间的垂直过程与联系。

(4) 景观格局动态演变及预测分析

在景观生态学中,景观是指由若干个生态系统(自然的和人工的)组成的具有空间异质性特征的地理单元。因此,生态的景观实质上是多个生态系统的空间复合体,从空中鸟瞰其整体的空间外观具有相对的独立完整性。研究生态的景观,主要是考察其组成、类型、空间分布特征及与生态学过程的相互作用。

在规划设计领域,景观是指土地及土地上的空间,物体和活动所构成的综合体,由规划区域界定,其研究可包括由具象到抽象、由客观到主观的四个层次性内容。a. 客观系统:规划区域上的所有物体(植被、水体、构筑物等)组成了规划景观的有形部分,并以土地为载体在空间上排布,而其排布的合理有序性则是规划研究的主要内容之一。b. 视觉表象:有形的规划景观具有一定的审美特征,而这种审美特征是规划研究的主要内容之一。c. 空间效用:有形物体围合所形成的空间是人类社会活动的主要场所,因此空间使用的合理分类和组织也成为规划研究的主要内容之一。d. 文化载体:规划区域内的人类文化特征最终会通过景观的审美特征和空间组织特征反馈出来,因此景观的文化涵义也必须成为规划研究的内容之一。

因此,生态的景观和规划的景观之间的关系集中反映为以下四点:a. 规划的景观较生态的景观内涵更为广泛。生态的景观仅仅属于规划的景观中的客观系统层次;b. 二者都具有多尺度的特征,研究考察时必须注意尺度的一致性;c. 在同一尺度下考察,二者在空间上往往是不耦合的,规划的景观可能包含多个生态的景观,而生态的景观也可能超出规划的景观的范围;d. 二者都是不断发展变化的。规划通过调整原有的景观构成并引入新的景观要素而成为二者变化的主要动因之一。

在景观生态学界和规划设计界,对景观格局分析方法的研究都有所开展。其中前者主要是出于识别、比较评价现状或历史景观格局的目的,后者主要是出于对现状景观格局进行合理规划改进的目的。由于工作目的的差异,所形成的方法体系也有所不同,针对现状或历史景观格局的分析方法可分为定性分析和定量分析两大类。

①定性分析

定性分析主要是通过区域性地理和植被调查,利用相应的类型图、航片或遥感图像来识别景观单元的组成和分布,并可直观地比较以调查间隔时间段区分的景观动态变化情况。在所有的景观格局分析方法中,这类方法是最早形成的。由于早期景观生态学与区域地理学和植被科学有着密切的关联，因此这类方法实际上是直接借鉴了这两个学科的研究方法。

②定量分析

定量分析则试图利用量化数据来更为精确地识别、描述景观空间格局并进行比较研究。这类分析方法是从20世纪80年代开始，随着北美景观生态学的蓬勃兴起而迅速发展起来的。由于研究目的和数据类型的差异。这类方法一般又可分为格局指数方法和空间统计学方法两类。

a. 格局指数方法是通过少量精选的景观格局指数来抽象地反映景观结构组成和空间分布特征，从而可以方便地实现不同景观之间以及同一景观发展变化的比较研究，并能研究分辨出一些细微的但具有特殊意义的景观结构差异。这类分析方法所采用的景观格局指数主要是一些空间上非连续的类型变量数据，如通过矢量图获得的景观单元面积、周长等统计数据。表4-3列出了一些常用的景观格局指数及其分析意义(邬建国，2007)。

b. 空间统计学方法则试图通过对一些更为详细的、在景观空间中均匀分布的、显示生态因子变化情况的连续变量(如土壤养分、水分分布，植物密度分布，生物量分布，地形变化等)进行数学分析，来揭示多种可能被地理和植被类型掩盖的、切合生态系统本质特征的景观单元的组成和空间情况。表4-4列出了一些常用的空间统计学方法，不同的分析方法有着不同的具体用途(邬建国，2007)。

表4-3　常用的景观格局指数

景观指数	缩写	公式	分析意义
斑块形状指数 (Patch Shape Index)	S	以圆为参照 $S_m=\frac{P}{2\sqrt{\pi A}}$ 以正方形为参照 $S_b=\frac{0.25P}{\sqrt{A}}$ (P—斑块周长；A—斑块面积)	斑块形状为圆形或正方形时，S值为1，斑块的形状越复杂或越扁长，S值越大
景观丰富度指数 (Landscape Richness Index)	R	$R=m$ (m—斑块类型数目)	斑块类型越多，R值越大
景观多样性指数 (Landscape Diversity Index)	H	Shannon多样性指数 $H=-\sum_{k=1}^{n}P_k\ln(P_k)$ (P_k—斑块类型k在景观中的出现概率，n—景观中斑块类型的总数)	用于度量景观结构组成的复杂程度，一般H越大，景观结构组成越复杂
景观优势度指数 (Landscape Dominance Index)	D	$D=H_{\max}+\sum_{i=1}^{m}P_i\ln(P_i)$ ($H_{\max}$—多样性指数的最大值，P_i—斑块类型i在景观中的出现概率，m—景观中斑块类型总数)	是多样性指数的最大值与实际计算值之差。通常较大的D值对应于一个或少数几个斑块类型占主导地位的景观
景观均匀度指数 (Landscape Evenness Index)	E	$E=\frac{H}{H_{\max}}=\frac{-\sum_{k=1}^{n}P_k\ln(P_k)}{\ln(n)}$ (H—Shannon多样性指数，$H_{\max}$—多样性指数的最大值，P_k—斑块类型k在景观中的出现概率，n—景观中斑块类型总数)	通常以多样性指数和其最大值的比，来反映景观中斑块在面积上分布的均匀程度，当E趋近于1时，景观斑块分布的均匀程度也趋于最大

（续表）

景观指数	缩写	公式	分析意义
景观形状指数 (Landscape Shape Index)	LSI	$LSI=\frac{0.25E}{\sqrt{A}}$ （E—景观中所有斑块边界的总长度，A—景观总面积）	类似于斑块形状指数，只是计算尺度上升到整个景观
景观聚集度指数 (Contagion Index)	C	$C=C_{\max}+\sum_{i=1}^{n}\sum_{j=1}^{n}P_{ij}\ln(P_{ij})$ （$C_{\max}$—聚集度指数的最大值[$2\ln(n)$]，n—景观中斑块类型的总数，P_{ij}—斑块类型 i 与 j 相邻的概率）	通过斑块类型之间的相邻关系反映景观组分的空间排布特征，如果景观由许多离散的小斑块组成，C 值较小；当景观中以少数大斑块为主或同一类型的斑块高度连续时，C 值较大
分维 (Fractal Dimension)	F	$F_{\mathrm{d}}=2\ln\left(\frac{P}{k}\right)/\ln(A)$ （P—斑块的周长；A—斑块的面积；k—常数，栅格景观中 $k=4$）	通过考察不规则几何形状的非整数维数来衡量其形状的复杂程度。一般欧几里得几何形状的 F_{d} 为 1；具有复杂边界的形状的 F_{d} 则大于 1，但小于 2

（引自：邬建国，2007）

表 4－4　常用的空间统计学方法

空间统计学方法	作用
空间自相关分析 (Spatial Autocorrelation Analysis)	确定某一变量在空间上的相关性及相关程度，进而分析景观的空间结构特征，判别斑块的大小及某种格局出现的尺度
趋势面分析(Trend Surface Analysis)	确定区域尺度上空间结构的趋势和逐渐的变化
谱分析(Spectral Analysis)	分析一维或二维空间数据中反复出现的斑块性格局及其尺度特征
半方差分析(Semivariance Analysis)	描述和识别景观的空间结构，并可对景观空间局部进行最优化插值
小波分析(Wavelet Analysis)	建立时间上或空间上的景观格局与不同尺度以及具体时空位置的联系

（引自：邬建国，2007）

城市景观格局演变的生态环境效应涉及多个方面，如城市热岛效应、大气环境效应、水环境效应、生态服务效应、生态用地流失和区域生态安全等（沈中健等，2021；刘超等，2021；杨婉清等，2022）。城市景观格局演变与生态环境效应虽然得到了广泛的关注，但许多工作多局限于两者之间定量关系的数理统计分析，尤其是重视城市中各类景观要素与城市生态效应之间的关系，对于景观格局影响城市生态环境的机理缺乏深入研究。

城市化发展过程中出现的所有问题均与城市土地利用结构的改变和景观格局演变密切相关，阐明景观格局演变的环境效应将是解决城市环境问题、提高人居环境质量的基础（陈利顶等，2013）。因此，越来越多的研究开始探究景观格局演变影响机制和驱动因素，基于景观类型，研究斑块类型、形状、大小等景观类型与地表温度、地表径流、水环境、大气环境和生物多样性之间的关系（焦庚英等，2021；刘根林等，2022）；从景观结构出发，研究不同功能区景观类型空间邻接关系和配置对地表热环境、水环境、大气环境等的影响（范建红等，2022；张钧韦等，2023）；从景观格局角度，研究城市景观格局在减缓城市热岛效应、洪涝灾害、面源污染、大气灰霾效应等方面的作用（沈中健等，2021；易阿岚等，2021）。得益于新的生态规划方法和技术的革新，这一类研究越来越受到国内外学者的关注，也将是未来的一个重要发展方向。

（5）环境容量评价

环境容量的概念首先是由日本学者提出的。20世纪60年代末，日本为改善水和大气环境质量状况，提出污染排放总量控制问题。欧美国家的学者较少使用环境容量这一术语，而是用同化容量、最大容许纳污量和水体容许排污水平等概念。我国对环境容量的研究开始于20世纪70年代，虽然起步较晚，但发展迅速。

环境容量（environmental carrying capacity）是指某一环境区域内对该区域人类发展规模及各种活动的最大容纳量，或称容纳阈值。这种最大容纳量实际上是指区域环境系统在其结构不发生质变、环境功能不遭受破坏的前提下所能承受的人类各种社会经济活动的水平，是环境承载力的量化反映。

环境容量研究就是期望通过对环境客观承载力的研究，来判断规划客量的绝对限值，以利于确定合理的开发规模和强度，提升规划的科学性。环境容量的大小取决于两个因素：一是环境本身具备的客观条件，如环境空间的大小，气象、水文、地质、植被等自然条件，生物种群的稳定性特征，污染物的理化和降解特性等；二是人们对特定环境功能的规定，这种规定经常用环境质量标准来表述。由于环境条件在规划时期内可能发生改变，而环境质量标准也会因人们认识的变化和社会经济的发展而改变，因此环境容量同样不可能是一个确定不变的客观数值，只能通过分析研究来努力获得在现实条件下相对较为科学的容量约束（杨期勇等，2016）。

由于研究的出发点和侧重点不同，环境容量又可分为基于自然生态系统中有限资源数量考虑的生态容量（ecological carrying capacity），以及关注更广泛的物质空间景观改变（文化的、建设强度的）和管理机制等制约作用的生物物理容量（biophysical capacity）、社会文化容量（social-cultural capacity）、心理容量（psychological capacity）和管理容量（managerial capacity）等分类容量。

在日常规划研究实践中，通常注重大气环境容量（atmospheric environmental capacity）、水环境容量（water environmental capacity）、土壤环境容量（soil environmental capacity）等（王富强等，2021；李金澄等，2021；孙杰等，2022）。目前，已有大量的大气、水和土壤环境容量的研究，其评价的方法已逐渐成熟，为我国环境综合治理提供了重要的技术方法支撑。

由于研究目的和对象不同，环境容量对规划容量进行的验证可分为两类：第一类是通过考察自然资源的供需平衡情况来进行的，针对需要在规划用地上进行生活消费的总预测人口/人数，如城市中的常住人口/人数和流动人口/人数、旅游区中的食宿游客数和当地居民数等，来考察自然资源消耗与供给的匹配性。第二类是通过考察评价人类对自然的影响程度来进行的，主要针对规划区域内经过一定改造的和计划保护的自然系统部分，来考察预测的相关人口/人数以及活动对它造成的破坏，并判断破坏程度是否合理。这两类验证往往通过不同的方法达成。一般对于资源供需平衡的验证，可通过生态基区测算来进行，对于人类影响的验证，则可通过一些专门的分析方法来进行，典型的如各种游憩影响分析方法等。

（6）多方案比选/情景规划（scenario planning）

规划的主要任务是对未来的发展做出适当的决定，以指导未来的行动。在很大程度上，这种决定是在对一系列发展可能性进行比较、判断和选择之后得到的。因此，规划往往被视为是一种决策行为。在生态规划过程中，由于需要在自然生态、社会、经济和文化等多种利益之间进行取舍，因此通常会面临更多选择的可能。在规划目标的制定过程中，不同的人员可能对于生态和其他目标的相对重要性会有不同的理解，在进行土地利用适宜性分析后，同一块土地可能面临多种适合的用途，在保证景观连通性要求的情况下，景观要素的分布及其格局组成可以有很大的形态差异；在 LAC(Limits of Acceptable Change，可接受改变的极限）等框架下，不同人群对环境品质可能也有不同的要求，由此造成生态格局、环境容量等的预期差异等。

因此，生态规划方案不太可能是一个唯一确定的选择答案，而是根据未来发展的多种可能性，以及不同发展阶段的可能水平进行各种阐释性描述。在这种描述中，直观的图示占据了相当大的比重，这也是规划学科的特色之一。多方案比较决策（也称多情景规划）就是在广开思路、提出一系列选择方案之后，通过科学的比较决策，确定最终的合理方案。这是生态规划过程中非常重要的一个环节，对最终方案的合理程度起着直接的决定作用。多种备选方案可以向人们（包括规划者自身）充分地展示各种可能的发展结果，促使人们从各个角度去思考发展过程中可能要面临的种种问题，而方案比较则可以将所有可能的发展与问题都集中到一起，帮助决策者形成更为全面而清晰的认识，以把握正确的决策方向。目前比较成功的案例当属 Steinitz 等 2003 年在亚利桑那州和索诺拉州的圣佩德罗河上游盆地所做的“变化景观的多解规划”(alternative futures for changing landscapes)(Steinitz et al.，2003)。他们打破了“自然决定论”，并融合水平生态关系研究成果，构建出一套较为完整、可操作性的多解规划框架（图 4－13）。

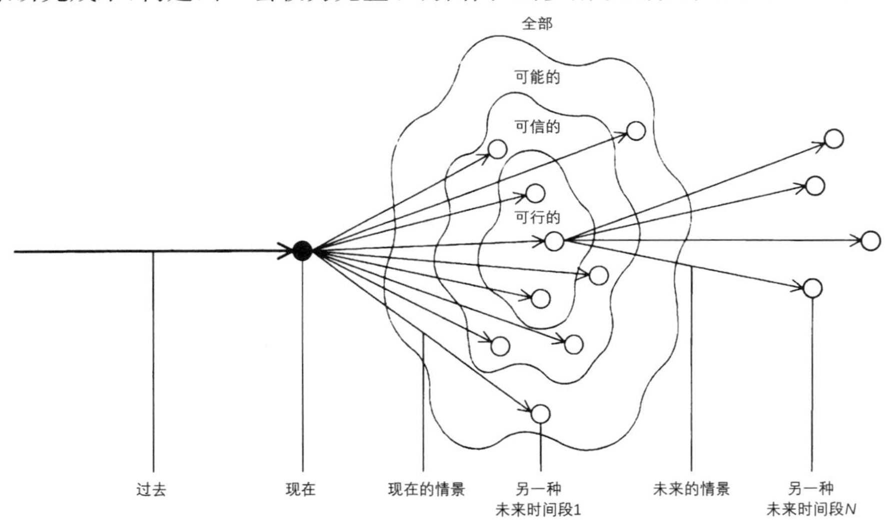

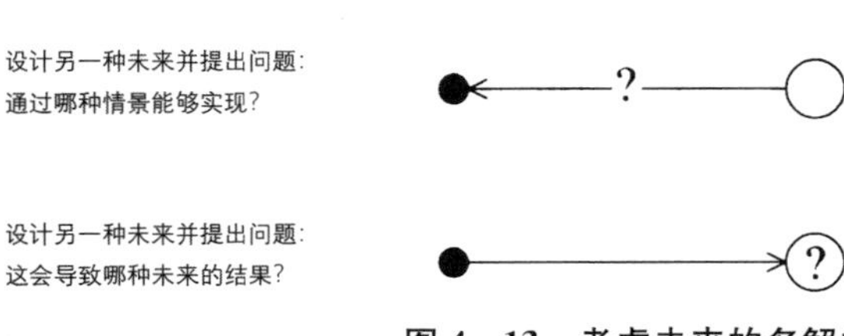

图 4－13　考虑未来的多解规划框架

（引自：Steinitz et al.，2003）

应该注意的是，在生态规划中，提供多种选择方案的目的并不是最终能从中选出一个最佳方案，而是为了帮助更多的人澄清认识。因为在很多情况下，所谓的“最佳方案”并非客观意义上的最佳，而只是与既定的规划目标最具匹配性的最佳（王宏兴等，2003）。而生态规划是从问题研究入手的，其具体的目标是在规划进程中随着认识的不断深化而产生并不断调整形成的，并且往往由于需要兼顾自然生态、社会、经济和文化等多种利益而成为一个复杂的多目标体系，因此最终的决策方案往往会是若干个备选方案的综合产物，几乎不存在直接获得“最佳方案”的可能性。因此，规划者在制定多个选择方案时，应致力于发现所有可能且真正不同的方案，即注重对方案本身及其后果的差异描述，以及方案是否解决了既有的问题并覆盖了所有的发展可能性，而不应沉醉于雕琢某个所谓重点或“完美”的方案。

（7）生态环境承载力评价

生态环境承载力的内涵通常包括资源和环境承载能力、生态系统的弹性以及生态系统可维持的社会经济规模和具有一定水平的人口数量。发达国家在经历工业革命普遍造成的环境污染事件之后，已经总结出了一套比较完善的评价技术方法，即主要通过水资源、污染源分析、交通方式及发展、城市生态绿地保护建设等对城市生态环境承载力进行评价控制和引导城市建设和发展。中国此项评价工作起步较晚，但发展较快，并已逐步引入到城市总体规划、交通发展规划、产业结构调整和环境政策制定等方面，但评价方式和分析方法有待于进一步统一和规范。生态环境承载力（简称“生态承载力”）的研究是从环境（资源）承载力研究的基础上发展起来的，是较综合性的研究（李朝辉等，2005）。

生态承载力是自然体系调节能力的客观反映。然而，自然体系的这种维持能力和调节能力是有一定限度的，也就是有一个最大容载量（承载力），超过最大容载量，自然体系将失去维持平衡的能力，遭到毁灭或濒于灭绝，由高一级别的自然体系（如绿洲）降为低一级别的自然体系（如荒漠）。生态承载力不同于载畜量和土地承载力，后两者只是众多生态因素中的一部分或是某一组分，它们的演化过程虽然也存在强弱不同的生物过程，但仍然强烈地体现着简单的受条件约束的特征，可以通过对草被产量需求或换算成热能计算出来（焦胜等，2006）。

生态承载力由于受众多因素和不同时空条件制约，直接模拟计算十分困难。但是，特定生态地理区域内第一性生产者的生产能力是在一个中心位置上下波动的，而这个生产力是可以测定的，同时可与背景（或本底）数据进行比较。偏离中心位置的某一数值可视为该区域生态系统承载力的阈值，这种偏离一般是由于内外干扰使某一自然体系变化（上升或下降）成为另一等级的自然体系（马振刚等，2020；孙阳等，2022）。因此，可以通过对自然植被净第一性生产力的估测确定该区域生态承载力的指示值。同时通过实测，判定现状生态环境质量偏离本底数据的程度，以此作为自然体系生态承载力的指标，并据此确定区域的开发类型和强度。

生态承载力计算公式为：

$$EC = \sum_{i=1}^{n} w_i(ep_i) = \sum_{i=1}^{n}\left(\frac{ae_i}{p_i}\right) \qquad \text{式(4-1)}$$

式中，EC 为地区生态承载力供给；i 为消费商品或生产生物的类型；w_i 为第 i 种消费品或生物资源土地类型生产力权值；ep_i 为第 i 种生物资源的生产足迹；ae_i 为第 i 种消费商品的消费总量;p_i 为第 i 种商品的生物生产单位面积产量(高鹭等,2007)。

城市生态系统较自然生态系统更为复杂,是不能只靠自然体系调节能力能够完成的。作为人口大量集中的城市,人类充分利用自然资源为己服务,因而容易重视经济建设和工业发展,而忽视自然资源的有限性。随着物质生活的飞速发展,人类逐渐意识到环境对人类的反作用力,特别是可持续发展思想的提出,反映区域城市经济发展对自然环境影响程度的城市生态承载力呼之欲出。如何衡量经济发展对自然环境的影响程度?怎样体现自然资源对经济发展的支持限度?这都是城市生态承载力应该着力回答的问题(高吉喜,2001)。

(8) 生态足迹分析与生态系统服务功能评估

①生态足迹分析

生态足迹分析法(ecological footprint analysis)是1992年加拿大生态经济学家William Rees和其博士生Wackernagel提出的一种度量可持续发展程度的生物物理方法,即基于土地面积的量化指标表征人类与生态的相互关系。其定义为:任何已知人口的生态足迹是生产这些人口所消费的所有资源和吸纳这些人口所产生的所有废弃物所需要的生物生产土地的总面积和水资源量(Rees,1992;徐中民等,2003)。生态足迹分析法从需求面计算生态足迹的大小,从供给面计算生态承载力的大小,经对二者的比较,评价研究对象的可持续发展状况。在计算中,不同的资源和能源消费类型均被折算为耕地、草地、林地、建筑用地、化石燃料用地和水域六种生物生产土地面积类型(这六种土地类型在空间上被假设是互斥的)。考虑到六类土地面积的生态生产力不同,因此将计算得到的各类土地面积乘以一个均衡因子。为了便于直接对比,可以用不同国家或地区某类生物生产面积所代表的局部产量与世界平均产量的差异(产量因子)来进行调整。处于谨慎考虑,在生态承载力计算时,还应扣除12%的生物多样性保护面积。

生态足迹计算公式如下:

$$EF=\sum_{i=1}^{n}w_i(cc_i)=\sum_{i=1}^{n}\left(\frac{ac_i}{p_i}\right) \qquad 式(4-2)$$

式中,EF 为某一地区的生态足迹总量;cc_i 为第 i 种消费商品的生产足迹;ac_i 为第 i 种消费商品的消费总量(高鹭等,2007)。

生态足迹研究法是近年来提出并应用于评价生态承载力的一种新方法,它从一个全新的角度考虑人类及其发展与生态环境的关系。然而,生态足迹研究多侧重于理论和方法的介绍,有一定的局限性,一般以某一年或特定几年的断面资料进行分析,缺少系统动态的研究,计算中缺少处理可降解物质的生物生产面积和水资源所造成的附加的生态足迹面积,所以计算结果通常是乐观的最小值。但是,此方法直观、简便,通过对比自然生态系统所提供的生态承载力和人类需求的生态足迹就可以判断区域中人类对自然生态系统是生态盈余还是生态赤字(周涛等,2015),进而可以表征一个城市或区域的可持续发展能力和人类发展对生态的胁迫强度,得到了众多学者的肯定和采用(李鹏辉等,2022;彭贺等,2023)。尽管对生态足迹概念的理解存在差异使其计算结果受到质疑,然而实践证明生态足迹建模分析技术可以有效地指导城市与生态规划与建设。

②生态系统服务功能评估

生态系统提供了几乎所有的人类福祉要素，但在决策过程中决策者常常忽视生态系统服务(Ecosystem service)的价值。联合国千年生态系统评估(Millennium Ecosystem Assessment，MA)报告认为，生态系统服务是生态系统给人类提供的各种产品和给人类提供服务的能力，包括供给、调节、文化和支持4个服务；将人类福祉(human well－being)组成要素定义为安全、维持高质量生活的基本物质需求、健康、良好的社会关系和选择与行动的自由5个方面；在此基础上，MA创造性地提出了生态系统服务与人类福祉各个要素之间的相互关系。

福祉是一个与人的生活状态、感知、情感等联系紧密的、复杂的多维度概念。生态系统服务无疑对人类福祉具有重要贡献。然而，来自生态系统服务的贡献只是人类福祉体系的子集而非全部，更多的非生态因素如社会经济对福祉的影响更大。人类福祉既依赖生态系统服务，也依赖社会资本的供应及其质量状况、技术条件和人类制度。基本福祉对生态系统服务的依赖更大，而高层次福祉的实现则更多体现了人文因素的贡献。生态系统服务收益分配与消费在社会系统内存在不均衡问题。因而，良好的生态环境(干净的水、清洁的空气等)是最普惠的民生福祉。

生态系统服务是通过生态系统的结构、过程和功能直接或间接得到的生命支持产品和服务，其价值评估是生态环境保护、生态功能区划、环境经济核算和生态补偿决策的重要依据和基础(陈东军等，2023)。目前其价值的定量评估主要包括常规市场评估技术(conventional market approach)(Gilmore et al.，2001)、隐含/替代市场评估技术(implicit/surrogate market approach)(Verhoef，1994)、假想(创建)市场评估技术(hypothetical/created market approach)(Bishop et al.，1979)和单位面积价值当量因子法(value equivalent factor method)(Kutz et al.，1990)4种。

a. 常规市场评估技术(Conventional market approach)。常规市场评估技术把生态系统服务或者环境质量看作是一个生产要素，生产要素的变化导致生产率和生产成本的变化，从而导致产品价格和产出水平的变化，而价格和产出水平的变化是可以预测的。因此，常规市场评估技术通过直接市场价值计算生态系统产品和服务及其变化的经济价值。其评估方法较多，包括生产函数法、机会成本法、防护费用或预防性支出法、恢复成本法、替代成本法、有效成本法以及疾病成本法和人力资本法等。

b. 隐含/替代市场评估技术(implicit/surrogate market approach)。生态系统的某些服务虽然没有直接的市场交易和市场价格，但具有这些服务的替代品的市场和价格，通过估算替代品的花费而代替某些生态服务的经济价值，即以使用技术手段获得与某种生态系统服务相同的结果所需的生产费用为依据间接估算生态系统服务的价值，这种方法以“影子价格”和消费者剩余来估算生态系统服务的经济价值。评估方法主要有旅行成本法、资产价值法或者享乐价格法等。

c. 假想(创建)市场评估技术(hypothetical/created market approach)。对没有市场交易的实际市场价格的生态系统产品和服务(即为纯公共产品)，只有人为地构造假想市场来衡量生态系统服务和环境资源的价值。其代表性的方法是条件价值评估法和选择试验法等。

d. 单位面积价值当量因子法(value equivalent factor method)。单位面积价值当量因子法是在区分不同种类生态系统及其服务功能的基础上,首先基于可量化的标准构建不同类型生态系统各种服务功能的价值当量,然后结合生态系统的空间分布与斑块面积进行评估。相对基于常规、替代或假想市场评估技术的服务价值核算方法而言,当量因子法较为直观易用,数据需求少,特别适用于区域尺度生态系统服务价值的评估。因此,当量因子法成为城市与区域生态系统服务价值评估的最常用方法,在城市与区域生态环境规划中得到了广泛应用(赵晶晶等,2023)。

4.3.2　多源技术融合的生态规划技术方法

在3S、大数据、云计算、物联网等新兴技术不断发展过程中,地理设计(GeoDesign)、城市规划决策支持系统(Urban Planning Decision Support System,UPDSS)、虚拟现实技术(Virtual Reality,VR)和城市仿真(Urban Simulation)等为城市生态规划的多学科交叉与融合提供了新的技术方法,对其未来的发展也产生了深远而广泛的影响。

(1) 地理设计

地理设计(GeoDesign)是一种把规划设计活动与实时的(或准实时的)以地理信息系统为基础的动态环境影响模拟紧密结合在一起的决策支持方法论(马劲武,2013),试图从学术上打破地理学、城市规划学、景观设计学、建筑学与土木工程学等学科之间的界限,并从技术上对人居环境规划中所面临的问题提出解决方法。

地理设计所依循的方法是将设计融入设计对象所依存的地理环境,通过模拟,在设计过程中提供反馈,促使设计结果与地理环境融合。与GIS着重于对设计方案的事后评估不同,地理设计强调"循环导致更好的设计",并通过对设计的反复评估与优化,使最终的设计在循环过程中实现最优。因而,地理设计作为一种全新的规划设计模式,是城乡规划领域的发展方向,遵循"以人为本、因地制宜、循环迭代"三大思想内核,连接规划设计与科学分析之间的桥梁,以实现自然资源的可持续发展。但是,地理设计在城市规划的运用中,需要激发数据的产生,让数据不再成为其设计过程中的最大瓶颈,而这需要与3S、大数据等技术方法的深度融合。

地理设计框架在平衡各种利益关系(矛盾)上具有突出优势,根据该框架的主要内容,可简化为"三循环"(iteration)、"四参与"(partner)和"六步骤"(step)(魏合义等,2022)。"三循环"是指规划师在对区域进行规划时首先应了解规划区域的环境,分别使用了表达模型(representation model)、过程模型(process model)和评价模型(evaluation model);其次,根据上个阶段的评价结果采取措施,分别采用改变模型(change model)和影响模型(impact model)进行评价;最后,根据改变模型和影响模型的评价结果,运用决策模型(decision model)来确定是否实施研究所提出的方案。"四参与"主要是指与规划活动紧密相关的规划师、研究区域居民、信息技术专家和政府部门管理人员。而"六步骤"是指斯坦尼兹在Geodesign框架中提出的6个模型:表达模型(representation model)、过程模型(process model)、评价模型(evaluation model)、改变模型(change model)、影响模型(impact model)和决策模型(decision model)(图4-14)。

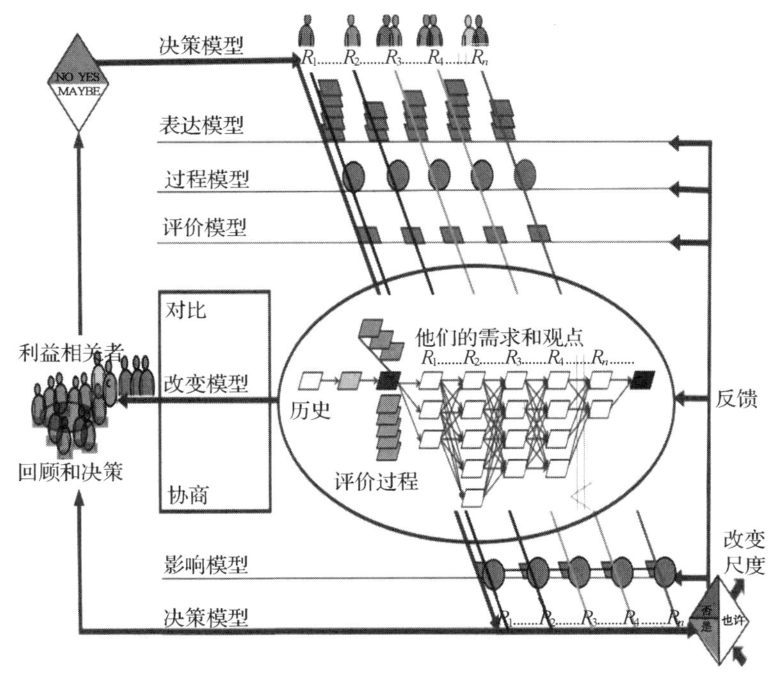

图 4－14　地理设计框架和流程

（引自：魏合义等，2022）

注：R 表示需求；$R_1, \cdots, R_n$ 表示 n 种不同需求。

（2）城市规划决策支持系统

城市规划决策支持系统（UPDSS）是 Densham 在 1989 年最先提出的（Densham et al.，1989）。顾名思义，规划支持系统服务于规划应用，针对特定城市规划设计、管理和研究人员。规划支持系统的角色是支持决策，即并非取代规划师或追求智能化的规划方案自动生成。规划支持系统基于计算机技术的系统，具有规划人员易于掌握的交互界面，能够输入输出满足规划设计和分析的结果。

因此，从目的、服务对象和自身特点角度看，规划支持系统有别于计算机辅助设计系统（Computer Aided Design，CAD）、地理信息系统（GIS）和空间决策支持系统（Spatial Decision Support System，SDSS）。首先，CAD 源于计算机图形学，用于机械、建筑、工程、产品设计和工业制造的机械化制图。现阶段有相当一部分冠以规划支持系统的软件平台是基于 CAD 系统，比如湘源总体规划和控制详细规划支持系统，主要目的是方便规划人员快速制图，通过参数化设计概念在传统 CAD 系统基础上进一步加快制图效率。从测绘科学领域看，CAD 的范畴不仅仅是包括建筑规划人员熟知的 CAD 设计软件（比如天正 CAD），还包括三维表现软件（比如 3D MAX），其最大特点是强大的几何编辑功能，但缺乏属性和语义信息管理。另外一方面，GIS 源于管理信息系统（Management Information System，MIS），特别是针对含有坐标位置的几何对象，通过建立特定的数据存储结构、拓扑关系和索引方法同时管理几何和属性信息。

GIS 具有强大的数据库基础，能够有效管理多源数据和海量、异构、分布存储的空间信息，使其成为规划支持系统构建的核心技术，这也客观要求使用规划支持系统需要有一定GIS应用基础。最后，空间决策支持系统（SDSS）与规划支持系统（Planning Support System，PSS）内涵接近，都是基于GIS技术辅助决策者分析空间数据，具有核心的决策模型，面向特定的决策应用领域，较通用GIS更具专业性，系统平台和操作界面更符合领域专业人员使用。在欧洲，通常认为空间决策支持系统即是规划支持系统，因为规划的主要任务即是空间决策问题。在美国，一般认为规划支持系统强调长期决策和策略性问题，涉及的人群类型多，利益关系复杂，服务主要目标是城市规划的整个过程；而决策支持系统注重短期特定任务，用于可操作层面的政策制定过程（李渊，2010；宋彦等，2017）。

城市规划决策支持系统从本质上是一种规划支持系统（PSS），其目标是实现城市规划信息的采集、传输、存储、加工、维护、使用以及动态更新、统计分析和辅助决策等功能（龙瀛等，2010）。城市规划决策支持系统与我们在城市与区域规划中经常使用的情景规划（scenario planning）紧密相关。城市规划决策支持系统与情景规划思想的结合，使传统的城市规划从“Plan for people”（为公众规划）转变为“Plan with people”（与公众一起规划），使公众利益和各类利益共享者都能参与到规划制定的过程中（钮心毅，2006）。

（3）虚拟现实和城市仿真

城市仿真就是将虚拟现实技术应用在城市规划、建筑设计等领域（陈尚超，2001）。而虚拟现实又称灵境技术是一种用来构建和体验虚拟世界的计算机技术（Burdea et al.，2003）。它具有实时的三维空间表现能力，自然的人机交互式操作系统，并能给人类带来身临其境的感受。虚拟现实技术广泛应用在军事模拟、视景仿真、虚拟制造、科学可视化等领域。虚拟现实技术是20世纪90年代以来兴起的一种可以创建和体验虚拟世界的计算机系统，是集先进的计算机技术、传感与测量技术、仿真技术、微电子技术、人工智能技术等为一体的综合集成技术，具有沉浸感（Immersion）、交互性（Interaction）和想象力（Imagination）“3I”特征（胡明星，2000）。

例如，美国曾利用虚拟现实技术对洛杉矶和拉斯维加斯两个城市的改造进行了虚拟实验，用于评价城市设计和规划的方案，将城市的街道及其建筑物，尤其是高层建筑物根据城市的功能和城市美学的原则，进行了多种方案的对比分析，同时还对街道树种的选择进行比较，包括幼年树和成年树绿化效果及美观情况作了一一比较，最后做出了人行道树种的优化（王健美等，2010）。

城市仿真具备三个特点：a. 良好的交互性，提供了任意角度、速度的漫游方式，可以快速替换不同的建筑；b. 形象直观，为专业人士和非专业人士之间提供了沟通的渠道；c. 采用数字化手段，其维护和更新变得非常容易。在仿真的过程中首先从“顶视图”的角度开始，需要整个仿真区域、区块（Block）和建筑物的精确尺寸和位置数据。原始顶视图数据可以来自DXF文件和地图/航拍正投影像数据，然后构建区块和道路，最后建立建筑物基本三维模型。在此基础上进行纹理贴图和植物、道路、桥梁、高速公路等要素的细化。

在城市仿真的应用中，人们能够在一个虚拟的三维环境中，用动态交互的方式对未来的建筑或城区进行身临其境的全方位审视：可以从任意角度、距离和精细程度观察场景；可以选择并自由切换多种运动模式，如行走、驾驶、飞翔等，并可以自由控制浏览的路线。另外，在漫游过程中还可以实现多种设计方案、多种环境效果的实时切换比较。城市仿真应用系统可被广泛应用于规划设计、方案评估、领导决策、规划审批、市民公示、宣传展示及招商等各方面。城市仿真可以为城市规划提供辅助设计、查询分析、成果展示、模型更新等技术手段。将城市设计方案放入虚拟世界，观察方案是否合理、与周边环境是否和谐，实现城市设计方案的推敲对比、评审，甚至实时的方案修改。同时，结合城市规划、城市建设进程，通过方案评审和成果入库，动态更新城市模型。城市仿真应用系统还可拓展其它领域的应用，如市政管理、公共交通、环境保护、地产开发、公安、消防、救护、旅游等领域的实时应用系统（黄丽娜等，2007）。城市仿真技术同样可以实现各种道路系统设计的三维立体仿真，包括高速公路线路选择、立交体系的仿真、城市交通仿真等。

4.3.3　智慧生态城市规划技术方法

（1）智慧生态城市的特征与内涵

智慧生态城市是将智慧核心特征与生态核心特征融为一体并予以升华，包含所有自然与人类文明精华的智慧与生态主题，顺应城市发展规律，利用综合手段，从能力、结构、系统、关系、环境、心理艺术与美学、美德等方面构建以人类与自然和谐共生境界为目标的城市发展模式和城市类型。智慧化和生态化是智慧生态城市的两个核心主题词。

基于较全面的“智慧”内涵及智慧生态城市定义，可以从“性”（性质）与“力”的视角对智慧生态城市的特征进行阐释（表4－5）（沈清基，2013）。根据对智慧城市和生态城市在哲学、功能、经济、社会、空间几个方面的内涵的归纳，提出了智慧生态城市的若干内涵（表4－6）。

表4－5　智慧生态城市特征及阐释

	智性	慧性	生态性	德性	自由性	美学性
智慧生态城市的“性”	智（技）能性、先进性、经济性、科学性	自主性（自选择、自学习、自组织、自适应、自调整、自循环）；自完善、创造性	活性、多样性、共生性	道德、文化性（城市精神）、自律性，价值观	人的自由能力；人的解放和人的自由发展	欢愉性与幸福感；美学与艺术性
	感知力	决策力和行动力	生态力	生命力	创造力	美学力
智慧生态城市的“力”	整合多元信息的能力；洞察力	直觉行动力；逻辑行动力	生态位、多样度、共生度；影响力、辐射力、吸引力、自净力	生命的尊严，生命的安全性、生长性	发展力、竞争力	智慧可诗化于文学，雅化于艺术；艺术品质和感染力

（引自：沈清基，2013）

表4－6　智慧城市、生态城市、智慧生态城市内涵分析

内涵	智慧城市	生态城市	智慧生态城市
哲学内涵	考虑未来，自我约束，以自律方式协调和处理城市与自然的关系	追求人与自然的和谐共生	采用综合手段，从城市、城市人类的自律化、智慧化，生态化和完善化着手，实现人—人、人—地、人—自然的和谐共生
功能内涵	向自然学习，具有高效率和良好的适应性、平衡性、创造性，所具有的科学性使城市功能强大、生命力强	城市功能类型与功能作用及强度，与自然环境相适应，城市功能与自然功能形成共生系统	城市具有适应性、平衡性、创造性，城市对自然环境负面影响减小，城市与自然环境更易形成共生功能系统。启迪智慧，激发活力，创造奇迹

(续表)

内涵	智慧城市	生态城市	智慧生态城市
经济内涵	追求效率、巧妙解决城市发展过程中的各种问题,从"汗水"经济向创意经济和智慧经济转变	以食物链网原理为指导,以循环经济为核心,强调经济过程中各要素的低耗高效,循环利用	将低碳经济、循环经济、创意经济和智慧经济高度整合,追求经济效益与生态效益的统一,提升生态效益
社会内涵	社会各系统、各阶层和谐相处,杜绝城市内耗	以生态理念指导人及城市的社会生活,协调人类社会活动与自然生态系统的关系	以生态和智慧指导人及城市的社会生活,协调人类社会活动与自然生态系统的关系,使城市内部、城市与外部实现最大限度的和谐与共荣
空间内涵	城市空间集约高效,具有组织结构的逻辑性和美感	强调城市空间的自然性、生态性、多样性、共生性	强调城市空间的组织性、结构性、自然性、生态性、多样性、紧凑性、共生性、美学性,以及空间创新性

(引自:沈清基,2013)

(2)智慧化生态规划的方法基础

从方法上讲,智慧生态城市的建设依赖计算机网络和信息技术的发展。其中科技创新对生态城市的建设有着很重要的作用。智慧生态城市建设要加强城市建设中各类技术的研究,包括共性技术、关键性技术和专门技术。由政府引导的智慧生态城市建设会有相关的立项,对加快生态城市技术体系的建立很有帮助。在智能化生态城市建设中,未来城市生活中的各个领域都会加强信息建设,围绕着"智慧政务""智慧民生""智慧产业"三大板块进行(张佳丽等,2019)。

第一步,采用全面感知,通过现代科技技术发现生活中的各种问题,收集数据,数据的来源非常广泛,几乎涵盖了生活中的所有领域,在智慧生态城市建设中,这些数据就是建设的基础。

第二步,对数据进行分析和处理,通过各种现代新型技术,让数据包含的意义能够更好地表达出来,数据与数据之间进行交换,即信息分享。随着现代科技的发展,人们获取信息资源的途径已经大大增加。这是一个数据共享的时代,我们每天都生活在接收数据和输出数据的环境里。

第三步,开展智能解题、智慧生态城市建设,最重要的是建立的根本目的,智能解题的环节就是用先进的技术和手段处理我们在建设过程中所遇到的问题。

智慧生态城市建设的方法,最根本的一点就是利用现有技术去处理传统问题,然后让城市管理更加智能化和系统化。智慧城市应用技术随着通信技术的进步而发展。我国通信技术正在不断进步,从之前宽带的战略推进,让我国在信息传送以及应用方面得到很大的进步,同时"北斗"导航系统的出现,更是体现了我国在信息方面的进步,不久前5G技术试点的启动,更是让我国未来的基础建设前景广阔。同时随着大数据在我国不断进行普及以及强化,我国人民在生活之中,都能够感受到其带来的魅力,同时生活质量明显提高。遥感卫星与导航技术新成果,拓宽了城市信息获取途径;大数据中心建设日臻完善,提升了城市信息处理能力;时空信息云平台建设,支撑了城市管理与服务决策。

在数字经济时代,新技术的不断涌现与变革,形成了以大数据、物联网、人工智能、区块链、虚拟现实、共享经济等为代表的数字新技术。数字新技术依托数字化信息和信息网络,通过与生态规划领域的紧密融合,为人类社会经济活动提供便利,提高各个领域的运行效率(陈晓红,2018)。新技术与数字经济的融合将颠覆传统生态规划领域的发展模式，为智慧生态城市的发展提供全新的机遇，传统规划将开始向数字化和智能化方向转型升级。

(3) 城市生态规划的智能化发展趋势

从“智慧”内涵的全面性角度来考量，我国不少智慧城市实际上是智能城市或信息城市。在我国尚未解决数字城市发展中所存在问题的背景下，是否能直接发展智慧城市并取得成功值得认真思索。现有智慧城市建设发展中的问题，根本原因包括未从“智慧”全面完整的内涵出发构建智慧城市的规划建设理论体系、未在智慧城市规划建设中对生态因素予以应有的重视(沈清基，2013)。

第一，智慧城市定义基本不考虑“生态环境”因素。有学者统计了来自学者、机构等的研究报告、研究文献等多种智慧城市的定义，发现只有7种定义出现了“环境”“低碳”“绿色”“智慧的环境”的字词。值得特别指出的是，作为“智慧城市”一词提出者的IBM公司，在其发布的《智慧城市白皮书》中认为，智慧城市的核心是“建立一个由新工具、新技术支持的涵盖政府、市民和商业组织的新城市生态系统”(Wiig，2015)，并未提及生态环境，一定程度上表明其智慧城市的定义很明显是以投资为核心的。而欧盟委员会在《*Smart cities ranking of European medium-sized cities*》中指出，当一座城市既重视信息通信技术的重要作用，又重视知识服务、社会基础的应用和质量；既重视自然资源的智能管理，又将参与式管理等融入其中，并将以上要素作为共同推动可持续的经济发展及追求更高品质的市民生活时，这样的城市可以被定义为智慧城市(Giffinger et al.，2007)。这一定义仅提了经济的可持续发展，未提生态环境的可持续发展，一定程度上也反映了对经济的关注超过对生态环境的关注。

第二，智慧城市指标较少考虑生态环境因素。总体而言，我国现有的智慧城市评估指标更注重经济效应，而忽略了环境保护(顾德道等，2012)。具有一定权威性的《国家智慧城市(区、镇)试点指标体系(试行)》(2012年由住房和城乡建设部正式印发)对智慧城市的建设提出详细的标准和要求，指标分为三级，其中一级指标包括保障体系与基础设施、智慧建设与宜居、智慧管理与服务、智慧产业与经济四大项(赖晓冰等，2022)。由此可见，该指标体系至少在一级指标层面未考虑生态环境指标。反观欧洲的智慧城市指标体系，将生态改善作为一种十分重要的内容。

因此，明确提出“智慧生态城市”的概念并对其展开相关理论探索，建构融合智慧内涵与生态内涵的智慧生态城市规划建设理论，具有重要的研究意义和研究价值。这种融合研究，既可能对我国日益恶化的生态环境状况的扭转产生积极作用，又符合生态文明发展的要义。智慧与生态的融合研究，将产生丰富的新的研究命题，如智慧与生态融合程度的表征、两者的最佳融合度等。此外，文明对人类聚居环境也具有重要的作用，将智慧、生态与文明三个因素进行融合研究，应该也是今后值得进一步探讨的重要课题。

本章小结

与传统规划相比，城市与区域生态规划不再是追求单一人文社会角度的需求，而是侧重多视角、多维度的协同规划。“反规划”思想的提出，引发了对传统规划程序无序发展模式和我国城市发展现状的思考，强调规划不能仅仅片面地关注人类使用功能，而忽略了自然生态本身空间和功能的自然完整性。而生态规划方法与传统规划方法不同，将城市作为一个有机协调的整体，强调城市内部各要素的相互结合与作用，实现自然本底空间和人类社会空间的协同分析与规划。

从城市生态规划的内容框架来看，涉及自然生态、社会经济、用地组织、人类需求等方方面面，但最终目的以自然生态资源的可持续利用和人类社会品质的提升为主，不仅要计算社会经济发展的目标成果，还要充分考虑规划建设对生态环境的负面影响。从纵向维度上来看，要强调规划方案的合理性和生态问题的提出与解决；从横向方法上来看，要侧重多目标决策和最佳方案的确定，以及新的城市和生态问题的灵活协调。

以生态学的各项原理为基础，城市与区域生态规划的方法也大多侧重于生态学和传统城市规划的结合：既有自身生态本底层面的生态环境承载力评价、环境容量分析等方法，又有规划行为合理性方面的土地利用适宜性评价、生态安全格局分析等方法，再加以融合地理学、社会学等多学科交叉的技术方法，以及当前智慧城市和数字城市背景下的城市仿真和虚拟现实等新兴技术，多学科技术方法的协同应用将实现城市生态规划方法体系的多元化融合与多维度拓展。

思考题

1. 城市与区域规划的传统框架有何不足之处？新时期城市与区域生态规划有哪些新途径？

2. 传统规划对自然生态的负面影响有哪些？城市与区域生态规划应该从哪些方面规避和解决这些负面影响？

3. 在城市与区域生态规划的内容框架中，哪些研究内容与工作流程体现了人与自然和谐共生的思想？

4. 城市与区域生态规划目前常用的技术方法有哪些？未来如何实现多源技术方法的融合与协同应用？

参考文献

陈东军，钟林生，2023. 生态系统服务价值评估与实现机制研究综述[J]. 中国农业资源与区划，44(1)：84－94.

陈剑阳，尹海伟，孔繁花，等，2015. 环太湖复合型生态网络构建[J]. 生态学报，35(9)：3113－3123.

陈利顶，孙然好，刘海莲，2013. 城市景观格局演变的生态环境效应研究进展[J]. 生态学报，33(4)：1042－1050.

陈尚超，2001. 城市仿真：一种交互式规划和公众参与的创新工具[J]. 城市规划，25(8)：34－36.

陈晓红，2018. 数字经济时代的技术融合与应用创新趋势分析[J]. 中南大学学报(社会科学版)，24(5)：1-8.

范建红，梁肇宏，罗斯瑶，2022. “三生”功能视角下乡村景观时空演变及影响机制研究：以顺德杏坛北七乡为例[J]. 工业建筑，52(5)：24-33.

方臣，匡华，贾琦琪，等，2022. 基于生态系统服务重要性和生态敏感性的武汉市生态安全格局评价[J]. 环境工程技术学报，12(5)：1446-1454.

房庆方，杨细平，蔡瀛，1997. 区域协调和可持续发展：珠江三角洲经济区城市群规划及其实施[J]. 城市规划，21(1)：7-10.

冯舒，唐正宇，俞露，等，2022. 城市群生态网络协同构建场景要素与路径分析：以粤港澳大湾区为例[J]. 生态学报，42(20)：8223-8237.

高吉喜，2001. 可持续发展理论探索：生态承载力理论、方法与应用[M]. 北京：中国环境科学出版社.

高洁宇，2013. 基于生态敏感性的城市土地承载力评估[J]. 城市规划，37(3)：39-42.

高鹭，张宏业，2007. 生态承载力的国内外研究进展[J]. 中国人口·资源与环境，17(2)：19-26.

顾德道，乔雯，2012. 我国智慧城市评价指标体系的构建研究[J]. 未来与发展，35(10)：79-83.

郭明，肖笃宁，李新，2006. 黑河流域酒泉绿洲景观生态安全格局分析[J]. 生态学报，26(2)：457-466.

胡明星，2000. 虚拟现实技术及其在城市规划中的应用[J]. 规划师，16(6)：19-20，18.

黄光宇，陈勇，2002. 生态城市理论与规划设计方法[M]. 北京：科学出版社.

黄丽娜，费立凡，庞前聪，等，2007. 城市规划仿真审批系统开发：以海口市三维仿真规划审批系统为例[J]. 测绘信息与工程，32(1)：18-20.

焦庚英，杨效忠，黄志强，等，2021. 县域“三生空间”格局与功能演变特征及可能影响因素分析：以江西婺源县为例[J]. 自然资源学报，36(5)：1252-1267.

焦胜，曾光明，曹麻茹，2006. 城市生态规划概论[M]. 北京：化学工业出版社.

莱尔，2021. 人类生态系统设计：景观、土地利用与自然资源[M]. 骆天庆，译. 上海：同济大学出版社.

赖晓冰，岳书敬，2022. 智慧城市试点促进了企业数字化转型吗？基于准自然实验的实证研究[J]. 外国经济与管理，44(10)：117-133.

李朝辉，魏贵臣，2005. 生态环境承载力评价方法研究及实例[J]. 环境科学与技术，28(1)：75-76+118.

李金澄，孙吉翠，杨丽，等，2021. 沼液过量还田对土壤环境容量及玉米生长的影响[J]. 河南农业科学，50(5)：49-56.

李开然，2010. 绿道网络的生态廊道功能及其规划原则[J]. 中国园林，26(3)：24-27.

李鹏辉，张茹倩，徐丽萍，2022. 基于生态足迹的土地资源资产负债核算[J]. 自然资源学报，37(1)：149-165.

李权荃，金晓斌，张晓琳，等，2023. 基于景观生态学原理的生态网络构建方法比较与评价[J]. 生态学报，43(4)：1461-1473.

李渊，2010. 规划支持系统：现状与思考[J]. 城市发展研究，17(5)：59-65.

李振亚，魏伟，周亮，等，2022. 中国陆地生态敏感性时空演变特征[J]. 地理学报，77(1)：150-163.

李志江，胡召玲，马晓冬，等，2006. 基于GIS的新沂市生态敏感性分析[J]. 徐州师范大学学报(自然科学版)，24(3)：72-75.

李宗尧，杨桂山，董雅文，2007. 经济快速发展地区生态安全格局的构建：以安徽沿江地区为例[J]. 自然资源学报，22(1)：106-113.

刘滨谊，王鹏，2010. 绿地生态网络规划的发展历程与中国研究前沿[J]. 中国园林，26(3)：1-5.

刘超，王智源，张建华，等，2021. 景观类型与景观格局演变对洪泽湖水质的影响[J]. 环境科学学报，

41(8)：3302－3311.
刘根林，闫冰，赵东升，等，2022. 2003—2018年瑞兴于地区土地利用景观格局时空演变及驱动因素[J]. 水土保持研究，29(3)：235－243.
刘吉平，吕宪国，杨青，等，2009. 三江平原东北部湿地生态安全格局设计[J]. 生态学报，29(3)：1083－1090.
刘洋，蒙吉军，朱利凯，2010. 区域生态安全格局研究进展[J]. 生态学报，30(24)：6980－6989.
刘志松，2009. 中国古代生态伦理及可持续发展思想探析[J]. 天津大学学报(社会科学版)，11(4)：341－344.
龙瀛，沈振江，毛其智，2010. 地块方向：表征城市形态的新指标[J]. 规划师，26(4)：25－29.
鲁敏，穆回港，谭蕾，等，2022. 基于GIS的济西国家湿地公园生态敏感性评价[J]. 中国海洋大学学报(自然科学版)，52(12)：95－103.
罗名海，2003. 城市规划空间环境理论框架研究[J]. 规划师，19(8)：74－78.
骆天庆，王敏，戴代新，2008. 现代生态规划设计的基本理论与方法[M]. 北京：中国建筑工业出版社.
马劲武，2013. 地理设计简述：概念、框架及实例[J]. 风景园林(1)：26－32.
马克明，傅伯杰，黎晓亚，等，2004. 区域生态安全格局：概念与理论基础[J]. 生态学报，24(4)：761－768.
马世骏，王如松，1984. 社会-经济-自然复合生态系统[J]. 生态学报，4(1)：1－9.
马振刚，李黎黎，杨润田，2020. 资源环境承载力研究现状与辨析[J]. 中国农业资源与区划，41(3)：130－137.
钮心毅，2006. 规划支持系统：一种运用计算机辅助规划的新方法[J]. 城市规划学刊(2)：96－101.
欧阳志云，王如松，1995. 生态规划的回顾与展望[J]. 自然资源学报，10(3)：203－215.
裴丹，2012. 绿色基础设施构建方法研究述评[J]. 城市规划，36(5)：84－90.
彭德胜，2005. “反规划”理论在城市总体规划中的应用：以沅江市城市总体规划为例[J]. 城市发展研究，12(1)：31－36.
彭贺，杨灵芝，陈义忠，等，2023. 特大城市集群绿色发展与生态足迹关联特征[J]. 中国环境管理，15(2)：73－85.
彭宏杰，花磊，张雪松，等，2022. 基于生态敏感性评价的城市用地扩张模拟研究[J]. 长江流域资源与环境，31(1)：83－92.
钱乐祥，秦奋，许叔明，2002. 福建土地退化的景观敏感性综合评估与分区特征[J]. 生态学报，22(1)：17－23.
仇保兴，2003. 19世纪以来西方城市规划理论演变的六次转折[J]. 规划师，19(11)：5－10.
邵大伟，张小林，吴殿鸣，2011. 国外开放空间研究的近今进展及启示[J]. 中国园林，27(1)：83－87.
沈清基，1998. 城市生态与城市环境[M]. 上海：同济大学出版社.
沈清基，2013. 智慧生态城市规划建设基本理论探讨[J]. 城市规划学刊(5)：14－22.
沈中健，曾坚，任兰红，2021. 2002—2017年厦门市景观格局与热环境的时空耦合关系[J]. 中国园林，37(3)：100－105.
史同广，郑国强，王智勇，等，2007. 中国土地适宜性评价研究进展[J]. 地理科学进展，26(2)：106－115.
斯坦纳，2004. 生命的景观：景观规划的生态学途径[M]. 周年兴，李小凌，俞孔坚，译. 北京：中国建筑工业出版社.
宋彦，李超骕，陈炎，等，2017. 规划支持系统(PSS)在城市规划与决策中的应用路径：美国的经验与启示[J]. 城市发展研究，24(10)：11－18.
苏美蓉，杨志峰，2014. 城市生态系统健康评价：理论、方法与案例[M]. 北京：科学出版社.

孙枫，章锦河，王培家，等，2021. 城市生态安全格局构建与评价研究：以苏州市区为例[J]. 地理研究，40(9)：2476－2493.

孙杰，任永建，高媛，2022. 长江中游城市群大气环境容量演变特征分析[J]. 长江流域资源与环境，31(1)：202－211.

孙施文，殷悦，2009. 西方城市规划中公众参与的理论基础及其发展[J]. 国际城市规划，24(S1)：233－239.

孙阳，王佳韡，伍世代，2022. 近35年中国资源环境承载力评价：脉络、热点及展望[J]. 自然资源学报，37(1)：34－58.

唐孝炎，王如松，宋豫秦，2005. 我国典型城市生态问题的现状与对策[J]. 国土资源(5)：4－9，3.

陶培峰，李萍，丁忆，等，2022. 基于生态重要性评价与最小累积阻力模型的重庆市生态安全格局构建[J]. 测绘通报(1)：15－20，38.

仝川，1998. 城市生态规划的理论与方法[J]. 环境导报(3)：4－6.

汪淳，张晓明，2008. 城市群生态规划框架研究[M]// 中国城市规划学会. 生态文明视角下的城乡规划：2008中国城市规划年会论文集. 大连：大连出版社：2207－2214.

王晨旭，刘焱序，于超月，等，2022. 面向居民生态福祉的国土空间生态网络构建：以临沂市为例[J]. 生态学报，42(21)：8650－8663.

王富强，李鑫，赵衡，等，2021. 基于水环境容量和综合指标体系的区域水环境承载力评价[J]. 华北水利水电大学学报(自然科学版)，42(2)：24－31.

王海珍，张利权，2005. 基于GIS、景观格局和网络分析法的厦门本岛生态网络规划[J]. 植物生态学报，29(1)：144－152.

王浩，汪辉，李崇富，等，2003. 城市绿地景观体系规划初探[J]. 南京林业大学学报(人文社会科学版)，3(2)：69－73.

王宏兴，王晓，杨秀英，等，2003. 多目标决策灰色关联投影法在小流域水土保持生态工程综合效益评价中的应用[J]. 水土保持研究，10(4)：43－45.

王健美，张旭，王勇，等，2010. 美国虚拟现实技术发展现状、政策及对我国的启示[J]. 科技管理研究，30(14)：37－40，56.

王洁，2012. 城乡一体化生态安全格局构建方法与技术[D]. 南京：南京师范大学.

王秀明，赵鹏，龙颖贤，等，2022. 基于生态安全格局的粤港澳地区陆域空间生态保护修复重点区域识别[J]. 生态学报，42(2)：450－461.

魏柏浩，阿里木江·卡斯木，如克亚·热合曼，等，2023. 天山北坡城市群生态承载力演变与生态敏感性分析[J]. 生态学报，43(4)：1399－1411.

魏合义，刘学军，杨和平，2022. 基于地理设计框架和SDGs评估体系的区域规划方法[J]. 风景园林，29(5)：82－88.

温全平，2009. 论城市绿色开敞空间规划的范式演变[J]. 中国园林，25(9)：11－14.

邬建国，2007. 景观生态学：格局、过程、尺度与等级[M]. 2版. 北京：高等教育出版社.

肖笃宁，李秀珍，1997. 当代景观生态学的进展和展望[J]. 地理科学，17(4)：356－363.

徐崇刚，胡远满，常禹，等，2004. 生态模型的灵敏度分析[J]. 应用生态学报，15(6)：1056－1062.

徐福留，曹军，陶澍，等，2000. 区域生态系统可持续发展敏感因子及敏感区分析[J]. 中国环境科学，20(4)：361－365.

徐建刚，宗跃光，王振波，2008. 城市生态规划关键技术与方法体系初探[J]. 城市发展研究，15(S1)：259－265.

徐中民，张志强，程国栋，等，2003. 中国1999年生态足迹计算与发展能力分析[J]. 应用生态学报，14(2)：280－285.

许峰，尹海伟，孔繁花，等，2015. 基于MSPA与最小路径方法的巴中西部新城生态网络构建[J]. 生态学报，35(19)：6425－6434.
杨期勇，黄南婷，杨云仙，等，2016. 生态城市建设的生态环境容量分析：以江西省共青数字生态城为例[J]. 生态经济，32(11)：165－169，209.
杨婉清，杨鹏，孙晓，等，2022. 北京市景观格局演变及其对多种生态系统服务的影响[J]. 生态学报，42(16)：6487－6498.
杨艺苑，杨存建，2022. 基于GIS的东川区生态环境敏感性分析[J]. 测绘通报(3)：7－12.
杨志峰，徐俏，何孟常，等，2002. 城市生态敏感性分析[J]. 中国环境科学，22(4)：360－364.
姚材仪，何艳梅，程建兄，等，2023. 基于MCR模型和重力模型的岷江流域生态安全格局评价与优化建议研究[J]. 生态学报，(17)：1－14
叶小群，2007. 正反两依依：谈"论'反规划'"[J]. 规划师，23(1)：59－61.
易阿岚，王钧，2021. 上海市湿地景观格局时空演变与驱动机制的量化研究[J]. 生态学报，41(7)：2622－2631.
尹海伟，孔繁花，罗震东，等，2013. 基于潜力-约束模型的冀中南区域建设用地适宜性评价[J]. 应用生态学报，24(8)：2274－2280.
尹海伟，孔繁花，祁毅，等，2011. 湖南省城市群生态网络构建与优化[J]. 生态学报，31(10)：2863－2874.
尹海伟，徐建刚，陈昌勇，等，2006. 基于GIS的吴江东部地区生态敏感性分析[J]. 地理科学，26(1)：64－69.
于婧，汤昇，陈艳红，等，2022. 山水资源型城市景观生态风险评价及生态安全格局构建：以张家界市为例[J]. 生态学报，42(4)：1290－1299.
俞孔坚，李迪华，韩西丽，2005a. 论"反规划"[J]. 城市规划，29(9)：64－69.
俞孔坚，李迪华，刘海龙，等，2005b. "反规划" 途径[M]. 北京：中国建筑工业出版社.
俞孔坚，李海龙，李迪华，等，2009a. 国土尺度生态安全格局[J]. 生态学报，29(10)：5163－5175.
俞孔坚，王思思，李迪华，等，2009b. 北京市生态安全格局及城市增长预景[J]. 生态学报，29(3)：1189－1204.
张洪军，曹福存，刘正恩，2007. 生态规划：尺度、空间布局与可持续发展[M]. 北京：化学工业出版社.
张佳丽，王蔚凡，关兴良，2019. 智慧生态城市的实践基础与理论建构[J]. 城市发展研究，26(5)：4－9.
张军，刘祖强，张正禄，等，2012. 基于神经网络和模糊评判的滑坡敏感性分析[J]. 测绘科学，37(3)：59－62.
张钧韦，夏圣洁，陈慧儒，等，2023. 山西中部城市群景观格局演变对其热环境的影响研究[J]. 生态环境学报，32(5)：943－955.
张庆费. 城市绿色网络及其构建框架，2002[J]. 城市规划汇刊(1)：75－76，78－80.
张睿婕，高元，2022. 多源数据融合下的关中传统村落景观生态敏感度评价[J]. 现代城市研究，37(12)：9－17.
张宇星，1995. 城镇生态空间理论初探[J]. 城市规划，19(2)：17－19，31.
赵晶晶，葛颜祥，李颖，等，2023. 基于生态系统服务价值的大汶河流域生态补偿适度标准研究[J]. 干旱区资源与环境，37(4)：1－8.
赵燕菁，2004. 高速发展与空间演进：深圳城市结构的选择及其评价[J]. 城市规划，28(6)：32－42.
周干峙，2002. 城市及其区域：一个典型的开放的复杂巨系统[J]. 城市发展研究，9(1)：1－4.
周纪伦，王如松，郑师章，1990. 城市生态经济研究方法及实例[M]. 上海：复旦大学出版社.
周涛，王云鹏，龚健周，等，2015. 生态足迹的模型修正与方法改进[J]. 生态学报，35(14)：4592－4603.
朱红云，杨桂山，万荣荣，等，2005. 港口布局中的岸线资源评价与生态敏感性分析：以长江干流南京段为例[J]. 自然资源学报, 20(6): 851 - 857.

Bishop R C, Heberlein T A, 1979. Measuring values of extramarket goods: Are indirect measures biased? [J]. American Journal of Agricultural Economics, 61(5): 926 - 930.

Bonnin M, Richard D, Lethier H, et al. , 2006. Draft report on the assessment of the setting up of the Pan - European ecological network[R]. Strasbourg: Council of Europe.

Burdea G, Coiffet P, 2003. Virtual reality technology[M]. 2nd ed. Hoboken: John Wiley.

Conine A, Xiang W N, Young J, et al. , 2004. Planning for multi - purpose greenways in Concord, North Carolina[J]. Landscape and Urban Planning, 68(2 - 3): 271 - 287.

Creighton J L, 2005. The Public participation handbook: Making better decisions through citizen involvement[M]. San Francisco: Jossey - Bass.

Densham P J, Goodchild M F, 1989. Spatial decision support systems: A research agenda[J]. Journal of Environmental Sciences: 707 - 716.

Dillman D A, Tremblay K R Jr, 1977. The quality of life in rural America[J]. The Annals of the American Academy of Political and Social Science, 429(1): 115 - 129.

Forman R T T, Godron M, 1986. Landscape ecology[M]. New York: Wiley.

Giffinger R, Fertner C, Kramar H, et al. , 2007. Smart cities: Ranking of european medium - sized cities[R]. Vienna: Vienna University of Technology.

Gilmore A, Carson D, Grant K, 2001. SME marketing in practice[J]. Marketing Intelligence & Planning, 19(1): 6 - 11.

Hehl - Lange S, 2001. Structural elements of the visual landscape and their ecological functions[J]. Landscape and Urban Planning, 54: 107 - 115.

Jongman R H G, Külvik M, Kristiansen I, 2004. European ecological networks and greenways[J]. Landscape and Urban Planning, 68: 305 - 319.

Kong F H, Yin H W, Nakagoshi N, et al. , 2010. Urban green space network development for biodiversity conservation: Identification based on graph theory and gravity modeling[J]. Landscape and Urban Planning, 95(1 - 2): 16 - 27.

Kutz F W, Barnes D G, Bottimore D P, et al. , 1990. The international toxicity equivalency factor (I - TEF) method of risk assessment for complex mixtures of dioxins and related compounds[J]. Chemosphere, 20(7 - 9): 751 - 757.

Lyle J T, 1985. The alternating current of design process[J]. Landscape Journal, 4(1): 7 - 13.

MacArthur R H, Wilson E O. The theory of island biogeography[M]. Princeton: Princeton University Press, 1967.

McHarg I L, 1967. An ecological method for landscape architecture [J]. Landscape Architecture, 57 (2):105 - 107.

McHarg I L, 1969. Design with nature[M]. New York: the Natural History Press.

Ndubisi F, DeMeo T, Ditto N D, 1995. Environmentally sensitive areas: A template for developing greenway corridors[J]. Landscape and Urban Planning, 33(1): 159 - 177.

Randolph J, 2004. Environmental land use planning and management [M]. Washington, D. C. : Island Press.

Rees W E, 1992. Ecological footprints and appropriated carrying capacity: What urban economics leaves out[J]. Environment and Urbanization, 4(2): 121 - 130.

Rose D, Steiner F, Jackson J, 1979. An applied human ecological approach to regional planning[J]. Landscape Planning, 5(4): 241 - 261.

Sarkissian W, 1976. The idea of social mix in town planning: An historical review[J]. Urban Studies,

13(3): 231-246.

Steinitz C, Arias H, Bassett S, et al., 2003. Alternative futures for changing landscapes[M], Washington, D. C.: Island Press.

Verhoef E, 1994. External effects and social costs of road transport[J]. Transportation Research Part A: Policy and Practice, 28(4): 273-287.

Weber T, Sloan A, Wolf J, 2006. Maryland's green infrastructure assessment: Development of a comprehensive approach to land conservation[J]. Landscape and Urban Planning, 77(1-2): 94-110.

Wiig A, 2015. IBM's smart city as techno-utopian policy mobility[J]. City, 19(2-3): 258-273.

Yu K J, 1996. Security patterns and surface model in landscape ecological planning[J]. Landscape and Urban Planning, 36(1): 1-17.

第 5 章　生态规划中的要素分析与评价

为了实现生态规划的目标，必须全面、系统地收集所需要的资料和信息。本底调查(inventory)是对资料和信息的系统获取，这些资料和信息用以描述一个地方的特征，并为生态分析提供基础。

好的生态调查是好的生态规划的基石。生态学的一个基本原则是，每一个要素都与其他的任何一个要素相关联。但城市规划师通常只收集那些与特定目标有关的资料，且多数情况下，这些资料互不相关。例如，对洪水的认识与处理方式，如果按照传统的规划方法，规划师仅仅需要确定哪些区域易遭受洪水淹没，然后建议避免在这些区域建造房屋，进行建设限制，强调的是洪水的负面影响。因此，传统的规划目标是单一的，而在生态规划中，需要考虑与洪水相关的复杂的矩阵因子。洪水是由一些自然现象(降雨、河床、地形、土壤、温度、植被等)相互作用的结果，因而规划师必须收集和分析规划区内有关生物物理过程更广泛的资料信息，并以地质学的思考方式在时间和空间上思考问题。

在生态规划中，规划师对信息的系统调查是以对自然过程的理解为目的，而不仅仅是数据的收集。与此同时，在生态调查中，边界的确定具有十分重要的作用。在相同的空间边界和尺度的条件下，就可以对各种生物、自然要素进行对比分析。通常，规划区的边界是由法定目标所划定的，例如新泽西松林地。在理想状态下，规划师要进行从区域尺度到地方尺度的不同层次的调查工作。正如 Forman 所倡导的，我们应该“从全球范围思考，从区域范围规划，在地方范围实施”(Think globally, plan regionally, then act locally)(Forman，1995)。

5.1　城市气候要素的分析与评价

5.1.1　城市气候概述

城市气候是在地理纬度、大气环流、海陆位置和地形所形成的区域气候背景上，在城市下垫面和城市人类活动影响下形成的一种不同于城市周围地区的地方性气候，是城市作为一个整体所具有的气象状况的多年特点(周淑贞等，1994)。城市气候相对郊区农村气候来说是一个气候岛，例如，城市热岛、干岛、雨岛、烟霾岛(混浊岛)、雾岛等(Landsberg，1981)。城市环境对城市气候的影响很大，城市气候是人类活动影响小气候的明显表现。

城市气候可分为两个层次，即：区域气候(大气候)、局地气候[小气候(microclimate)、地形气候]。区域气候是指城市所在区域在一段时期内的各种气象要素特征的总和，它包括极端天气和长期平均天气。区域气候受纬度、山脉、洋流、盛行风向等自然条件的影响，而气候又可以通过对岩层风化和降水来影响本地区自然地理环境的形成和变化(Leung et al.，2003)。局地气候(小气候)是指在很小的尺度内，各种气象要素就可以在垂直方向和水平方向上发生显著的变化。这种小尺度上的变化可能由地表的坡度和坡向、土壤类型和土壤湿度、岩石性质、植被类型和高度，以及人为因素引起。

小气候就是用来描述小范围内的气候变化。当地形的变化对小气候产生显著影响时,称之为地形气候学(topoclimate)。小气候和地形气候如同大气候一样重要,这些微小变化与建筑和开放空间的设计有更直接的联系。一些需要考虑的重要小气候要素包括空气的流通、雾、霜、太阳辐射和地面辐射,以及植被的变化等。

气候是降水和气温的决定因素,也是生态调查与分析的重点之一。一个城市与区域的气候调查应包括(中国地理学会,1985):a. 降水资料。平均(极端)降水量,历年的总降水量、降水日数,分月份降水量,降水量的空间分布特征,降水量的季节变化,降水强度(最大日降水量、暴雨资料等)。b. 气温资料。平均气温、极端气温、初终霜日、无霜期长短等。c. 风情调查。年平均风速、最大风速、各级风速出现的频率、盛行风向、风压等。d. 其他气候资料。如,气压、空气湿度、云量、日照、地温等。

全球气候变暖已是一个不争的事实,而且最近50年来的增温迅猛主要是由人类活动引起;全球极端气候与天气事件已经并将继续增加,与天气和气候灾害有关的经济损失也已将增加,因而亟须有效管理不断变化的极端气候和灾害风险(Reinman,2012)。台风、洪水、飓风、极端干旱等灾害性的气候与天气事件不仅会造成巨大的经济损失,而且还会造成人类生命的损失。人类活动与全球气候和区域气候存在密切的联系。因此,生态调查应首先弄清研究区的气候特点。

我国是受气候变化不利影响最大的国家之一,近些年来,极端天气事件有增无减,特大干旱、特大暴雨、低温冰冻、城市热浪、城市雾霾等发生频率明显提高,已经严重影响了人们的生产生活和生命财产安全,直接经济损失逐年增多,仅2011年的全年直接经济损失就高达3 096亿元,共有4.3亿人次不同程度地受灾(国家发展和改革委员会,2013)。

因此,城市如何在重重挑战中,修复脆弱的城市生态系统,保持城市社会经济发展活力,科学构建与提升城市弹性,成为新时期一个亟待解决的重要问题。

5.1.2 气候变化对人居环境及城市的影响

人类的栖居集中度与气候的适宜度有着密切的关系。一般而言,气候适宜度越高,生态环境质量也越好,人类的栖居集中度也越高。

(1) 对城市选址的影响

城市选址与气候条件有很大关系,全世界绝大多数城市分布在温带上(Day et al.,2021)。早期城市选址的首要考虑因素以水、耕地和能源等物质条件为主,寻求气候温和、物产丰盈的地段进行建设。

我国古代记录城址选择的过程和原理,最早可追溯到《诗经》里所记载的先周时期。《诗·大雅·公刘》篇描述周文王的十二世祖先——公刘,公元前15世纪带领着族人迁徙移居豳地(今陕西旬邑县西南)的经过。公刘登上巘山,仔细察看地形的起伏和水源状况,看见山之南有百泉流过,土地肥沃,而且地形开阔。他设立圭表、景尺测量太阳的影子以定方位,"相其阴阳,观其泉流",认定这里山环水绕,北有高大的巘山阻挡冬季凛冽的北风,两侧泉流潆绕,不虞水旱之灾,非常适合农耕和定居生活,是理想的营建城邑之地。公刘进一步作了规划,划定居民区、农田的范围,确定码头位置等。优越的自然环境,成功的城址选择和规划布局,吸引了四面八方的居民,不久在皇溪两岸,在过溪之源迁居归附的百姓越来越多(曾忠忠等,2014)。

公刘带领周人的这次迁徙，说明周人在人口增多的发展形势下，寻找更理想的地理环境以满足部族的进一步发展。公刘的选址，在对阳光、气候、地形等的直观认识基础上，形成了阴阳概念，就是山之南面能接受太阳光直射的为阳，引申后就形成了高处为阳、低处为阴；山阳、水阴的理念。此则记录充分说明了先人在选择城址之时优先地考虑山水形势及气候特征，辨别其对城市发展所能起到的作用。

曾忠忠等从气候适应性的角度，对我国传统城市选址、城市水系、城市布局进行了考证，认为选址最先考虑因素是日照、通风等气候特征，并形成尊卑等级、礼治秩序等规制。基于气候适应性的城市选址可分为：平原型城市、山丘型城市、盆地型城市、高原型山水城市、山丘型山水城市，并认为最宜选址的三角形地区为华北平原及其邻近地区（曾忠忠等，2014）。

田银生认为"气候温和、水土肥沃适宜耕作、物产丰富以及良好的山川河湖等自然条件是中国古代城市选址首先注重的因素"，古三河（河内、河东、河南）地区的自然环境优越，关中地区富庶，故而产生了诸多重要都城证明了这一观点（田银生等，1999）。

气候适应性方面现有研究较为主观，在聚焦一个要素的同时，忽略了其他的要素。除气候条件外，城市选址还与其地理、文化、政治、历史等多种原因相关联。气候适应性语境下，可以圈出气候温润、开阔平整的多个适宜城市选址的三角地区（如江汉地区、岭南地区等，这些地区同样孕育了史前城市）。事实上，以华北平原为地理核心的中原文明的崛起并成为主流文明，是有其偶然性的，气候并不能在如此大的时空尺度上发挥决定性作用（唐由海等，2019）。

（2）对聚落空间的影响

从世界范围来看，气候深刻影响着全球不同区域的建筑样式和聚落景观风貌。传统聚落通过建筑与自然山水空间结合的形态协同营造，共同构建传统聚落的绿色基础设施，形成良好的生境条件，以适应地域气候变化和抵御自然灾害。

原始社会聚落形成时期，人类通过选择气候适宜的地区聚居，聚落环境的选择依赖环境的气候适宜性。聚落稳定后，人类对聚落环境进一步选择和改造适应，使其能够长期生存和稳定发展。气候适宜性选择成为人类适应气候而生存的重要途径之一（柏春，2009）。

农业社会时期，在人工环境技术和空调技术出现之前，为抵御和有效利用室外气候条件，创造室内的适宜热环境，传统建筑应对环境的适宜性体现出明显的地域气候特征。而传统聚落环境除需要具有防御地域气候灾害和调节改善自然气候条件的作用外，还需依赖农业生产的气候适宜性。此时，对传统聚落环境的气候适宜性选择成为人类适应气候生存的重要保障。

聚落是人类聚居和生活的场所，包含了城市和村落。传统聚落环境是在农业社会传统生活方式下，人类有意识开发利用和改造自然而创造出来的生存环境，包含了传统聚落周边的农业生产土地和其外围的自然环境空间。传统聚落环境的生存和发展依赖于农业生产和自然环境的气候适宜性（巴伯等，2009）。

自古以来，中国东南地狭人稠、西北地广人稀似乎早成事实，但没有人对这种模糊的认识加以有力的佐证。瑷珲—腾冲线的出现则廓清了这一分界，影响深远，成为研究和决策的重要参考依据。多年后，被美国俄亥俄州立大学田心源教授称为"胡焕庸线"，简称为"Hu Line"（Tien et al.，1981）。胡焕庸线是气候变化的产物。近代发现的400 mm等降水量线，是我国半湿润区和半干旱区的分界线，该线与胡焕庸线基本重合，也揭示出气候与人口密度的高度相关性（戚伟等，2022）。

年降水量不足 400 mm，土地便向荒漠化发展，正如西北部的草原、沙漠、高原等以畜牧业为主，东南部降水充沛则地理、气候迥异，农耕经济发达。人口分布胡焕庸线的这一稳定格局是有深刻的地理背景的，有一系列气候、地貌、人文、经济方面的决定因素（陈明星等，2016）。在解释东西人口分布差异时，胡焕庸先生曾提出三个因素：自然环境、经济发展水平和社会历史条件。很明显，这三个因素中，自然环境是最基本的因素，经济发展和社会历史都受制于自然环境，是在一定自然本底上发展形成的。因此，胡焕庸线不仅是一条人口地理界线，而且是一条综合的生态环境界线（王铮等，1995）。

（3）对建筑材料的影响

为了适应不断变化的气候，建筑设计通常会选择不同的建筑材料，以减少高温、不良空气质量和噪声对人类健康的压力，以塑造有弹性的城市。气候变化对城市建筑材料的要求通常会引起城市表面的改变。白色和反射性或绿色和蒸腾性屋顶和墙壁可以防止城市结构升温（Akbari et al.，2009；Georgescu et al.，2014）。光伏和太阳能热装置属于“反射”类别，同时也可以防止底层结构升温（并可产生电能和热能）。此外，绿色外墙和屋顶可以通过干沉积帮助去除城市空气中的颗粒物，道路路面也可以用反光材料代替（Rossi et al.，2016）。改良后的城市表面降低了热岛强度（Urban Heat Island，UHI）和空调的能源需求，与亲自然设计的理念相符合。然而，绿色屋顶和外墙需要充足的供水（Cascone et al.，2019），这在气候变暖的情况下变得更加重要。

现在建筑中使用材料的激增意味着风化和其他降解发生的可能方式也在增加。我们应该对各种材料在不同气候下的性能有所了解，才能有助于保护特定气候下建筑材料的耐久性。对于面临特定材料耐候性能问题的从业者和建筑专业人士来说，应从标准文件中寻求更详细的指导，如果没有标准文件，则应从制造商那里寻求更详细的指导。为了概述典型的风化问题，表 5-1 列出了不同材料类型的耐久性问题及其气候敏感性的一般处理方法（Phillipson et al.，2016）。

尽管气候变化可能导致某些恶化机制发生的风险增加，但对于现有材料来说，新的气候敏感恶化机制发生的风险可以忽略不计（Nijland et al.，2009）。然而，如表 5-1 所示，一些现有的气候敏感耐久性问题的发生率和严重程度会根据地方层面当前的经验而改变。这会增加材料的降解速度和程度，或者对于某些机制（例如霜冻损坏）来说，这可能是有益的改进，减少了某些地方易损材料的问题。气候变化对不同建筑材料影响的风险评估也需要关注特定气候参数的不同方面。

表 5-1 通用材料类型耐久性的气候敏感性

材料种类	耐用性问题	气候依赖性
砖和陶瓷	霜冻伤害	冻融循环
	未烧成材料的收缩	沉淀和干燥
	盐染色	沉淀和干燥
石头	风化和侵蚀	气温、降水量
	酸沉积	降水（有污染）
	盐攻击	沉淀和干燥
木头	生物恶化	气温和降水量
	翘曲和结构运动	干燥不均匀

（续表）

材料种类	耐用性问题	气候依赖性
金属	各种腐蚀机制	气温、降水量
塑料/聚合物	紫外线劣化	紫外线照射、温度
	热老化	温度
混凝土	钢筋腐蚀	二氧化碳、温度、干燥
	化学和盐侵蚀	降水、温度和干燥
玻璃	双层玻璃密封失效	降水量和湿度

（引自：Phillipson et al.，2016）

（4）对城市色彩的影响

城市色彩主要是在城市景观风貌的塑造中承担着重要角色。然而，城市中建筑墙面色彩如若选择不当，容易导致墙面温度过高，致使外墙伸缩变形，造成外墙面粉刷脱落，甚至成为城市热岛效应的温床。在城市色彩方面，寒地城市的总体色彩应该以暖色系为主，并通过鲜艳的点缀色，形成丰富的城市色彩。在哈尔滨市总体城市设计中，规划结合寒地城市的气候特点，以明快、含蓄、温暖、和谐的原则，设计建筑色彩，确定城市总体色彩以明快的暖色系为主基调，以此为基础调整变化颜色的色相、明度和饱和度作为辅助色和点缀色，建筑组合既色彩斑斓，又协调有序，形成既丰富多彩又统一和谐的寒地城市色调。

大多数城市会根据自身的特点、历史文化甚至是地理环境等多重因素进行衡量从而建立相关的色彩规划，或是在整体城市规划要求中推行城市色调。广州是我国第一批开展城市色彩规划的城市之一，并积极影响了一大批国内城市的色彩规划工作。《广州城市色彩规划(2006)》为广州研究制定了“阳光明媚的粉彩画”色系的推荐色谱，提炼了“具有阳光感的黄灰色系”的主色调，以及分层面、分程度的色彩规划与导则，并完成了沙面、一德路、珠江沿线等八个重点地段的色彩设计示例。2020年广州市组织了广州城市色彩工作专家咨询会，邀请来自城市规划、建筑设计、城市设计、色彩规划、城市公共艺术领域的专家，回顾反思广州曾做过的城市色彩研究，并就下一步城市色彩工作如何启动，推进广州实现老城市新活力、“四个出新出彩”进行了讨论。

早在2004年，西安城市建设文化体系规划中指出西安建筑风格定位为历史为表、现代为里。不应简单将水泥建筑复古历史，而是在建造水泥建筑的同时，融合进历朝历代的色彩、风格、文脉、符号等一些元素，还考虑到生活、消费和旅游的需要，形成西安特有的文化走廊。西安作为世界历史名城，城市颜色规划应以灰色、土黄色、赭石色作为主色调。在此基础上，作同色系的变化，如灰、白、黑等色彩，再适当增加一些鲜艳的色彩，体现西安十三朝古都的皇家风范、皇家气魄。到2008年，西安发布《西安市城市总体规划(2008年—2020年)》，提出了“西安将在尊重历史文化、继承历史文脉、保护历史风貌的基础上，通过传统格局的突显、特色空间的整合、文化环境的营造来延续城市特色，促进历史文化和现代文明的有机结合，体现古代文明与现代文明交相辉映、老城区与新城区各展风采、人文资源与生态资源相互依托的城市特色”。不到一年，西安再次发布《西安市南北中轴线提升改造规划》，计划明确对沿街建筑色彩进行统一，以灰色为主，黄色、赭石色为辅。在对沿街建筑进行的整治中，占压道路红线和影响景观的临时建筑将被拆除。对永久性建筑进行清洗粉刷，统一沿街商铺的门头、色彩、照明形式。

法国著名色彩学家让-菲利普·朗克洛(Jean-Philippe Lenclos)于20世纪70年代率先

提出了色彩地理学，其观点是地理环境直接影响着人类习俗和文化，他认为地理环境的不同导致地域气候的差异，从而导致不同的色彩喜好与色彩表现，形成不同的色彩风貌（夏海山等，2006）。事实上，基于地域气候特征，色彩在城市节能方面也有着很大的贡献。

不同颜色对太阳辐射的吸收和反射效率不同，会产生不同的物理效能，故建筑吸热也有差别。黑色、深蓝色等深色热吸收系数较高，吸热效率也高，白色、淡黄色等淡色热吸收系数较低，吸热效率也低；白色的反射率最高，反射效果最好，其次是乳白、浅红、米黄和浅绿，黑色的反射率最低，反射效果最差。除色彩自身的吸收和反射特性外，外界环境也会影响其吸收和反射效率，把颜色暗度（或者亮度）相近的表面放置在不同的空气温度以及太阳辐射条件下，其表面温度和反射率都会有所不同（吉沃尼，2011）。

在城市的色彩规划中，为了营造丰富的色彩景观，一般会依据功能性原则，并参考城市总体规划、分区规划及控制性详细规划，对城市进行色彩景观分区，再进一步确定各分区的色彩主题。而在一座城市中，能量消耗不是均质的，通常建设量大、人流物流高度聚集的区域能耗较大，容易发生“热岛效应”。例如，商业建筑往往不分气候不分季节终年制冷，而且制冷功效在炎热的夏季会达到高峰；而居住建筑除炎热地区的夏季以外，使用空调制冷的频次较少，所以因制冷而大量耗能的主要地域是城市承担商业商务功能的高密度建设中心区域（王婷等，2015）。利用城市色彩节能，可以在确定城市主色调后，依据城市热岛源的地区性分布进行城市色彩分区，从而针对高密度环境进行详细的色彩节能设计。

（5）对人类健康的影响

气候变化可能是 21 世纪最大的健康威胁，通过破坏健康的环境直接和间接影响人们的生活，带来了更加致命的极端高温和野火，引发了非传染性疾病，并促进了传染病的出现和传播，从而引发了卫生紧急情况。气候变化正在影响卫生人力和基础设施，降低提供全民健康覆盖的能力。更根本的是，气候冲击和干旱、海平面上升等日益严重的压力正在破坏自然环境和社会因素，从清洁的空气和水到可持续的粮食系统，再到生计，气候变化直接和间接影响人类健康，并受到环境、社会和公共卫生决定因素的强烈影响（图 5-1）（Zhao et al.，2022）。

图 5-1　气候变化对人类健康的影响路径

（引自：Zhao et al.，2022）

最近一项针对 43 个国家的研究表明，37%的高温相关死亡可归因于人类引起的气候变化（Vicedo-Cabrera et al.，2021），2022 年《柳叶刀人群健康与气候变化倒计时报告》发现，65 岁以上人群与高温相关的死亡率过去二十年增加了几乎 70%。同时由于气候变化，2020 年的报告中度至重度粮食不安全的人数比 1981—2010 年的平均人数增加了 9 800 万人（Romanello et al.，2022）。健康结果检测和归因研究的应用进展也为极端天气事件对气候变化相关健康影响的程度提供了更深入的见解。

对气候变化的总体健康负担进行单一估计具有挑战性。世界卫生组织发布了保守的预测，估计气候变化仅对 2030 年和 2050 年的疟疾、老年人的高温暴露、儿童腹泻病、儿童营养不良和沿海洪水死亡率产生影响。例如，在中高排放情景下，预计到 2030 年，气候变化每年将导致约 25 万人死亡（World Health Organization，2014）。尽管世界卫生组织的评估表明，气候变化已经对人类健康产生了重大不利影响，而且预计未来这种影响还会加剧，但现有模型无法解释主要因果路径，因为不存在可靠的定量模型或者影响广泛的健康结果，以及可能与其他健康风险产生复合影响，例如持续干旱、移民压力和冲突风险等。需要进一步结合方法论的工作来改进定量模型或开发替代评估方法，以准确捕获这些重要风险。

尽管气候变化与一系列不利的健康结果相关，但某些气候条件可能有一些好处（Barbarossa et al.，2021）。例如，尽管降雨和洪水可能在热带和亚热带地区引发病媒传播的疾病，但严重事件可能会破坏病媒及其卵的栖息地，从而减少疾病的暴发。同样，由于气候变化，预计一些干旱和低纬度地区的降水量将减少，这可能会减少昆虫的密度，从而减少病媒传播疾病的流行。

气候变化还可能降低某些国家和地区与寒冷气温相关的疾病的流行率和死亡率。例如，随着气温上升，基线温度较低的国家的劳动生产率可能会提高，从而减少与寒冷相关的劳动力损失。此外，在这个变暖的世界中，某些国家与极端寒冷环境温度相关的过量死亡可能会减少（Gasparrini et al.，2017）。然而，在某些地区，与寒冷相关的死亡人数的下降是否可以抵消与高温相关的死亡率的增加，目前的估算结果仍不一致。此外，气候变化的积极影响因地理位置而异，而且往往是短期的，可能很快就会被负面影响所抵消（Watts et al.，2019）。

5.1.3　城市发展对气候的影响

（1）城市人口规模对气候的影响

在人口规模和气候之间建立明确、直接的联系是复杂的，因为人为排放的影响是一系列驱动力的产物，包括经济增长、技术变革和人口增长。同样，人类对气候变化影响的脆弱性是一个复杂的概念，这些影响的范围和规模将受到多种因素的影响，不仅包括人口变化，还包括地理、基础设施、获得各种形式资本的机会以及社会和文化因素（Jiang et al.，2011）。虽然人口与气候系统之间的关系很复杂，但最近的研究极大地提高了我们对人口与气候相互作用的理解。越来越多的证据表明，最近的气候模型在人口组成部分存在重要局限性，这可能导致低估人口对气候变化的影响。此外，人口因素尚未充分纳入适应战略。

历史统计数据显示，人口与经济增长、能源消耗和温室气体排放同步增长。在过去

200 多年(1800—2000 年)中，能源使用量增加了 35 倍，碳排放量增加了 20 倍，世界人口增长了 6 倍。与此同时，全球收入(国内生产总值)增长了 70 倍。尽管技术变革在过去 200 年中明显提高了能源效率并降低了碳排放强度，但关于人口增长或消费水平的提高是否对温室气体排放的贡献相对较大，仍然存在争议(Dietz et al. ,2007)。

世界上许多地区面临着人口快速增长与气候变化之间的严重冲突，可能对人类的健康产生很大的整体影响。例如，非洲的萨赫勒地区由于自身荒漠化严重，再加上人口的快速增长，可能会遭受气候变化的一些严重影响，预计到 2100 年环境温度将上升高达 5～8 ℃(图 5 - 2)(Campbell et al. ,2014)。

同时，城市化带来的城市规模扩大往往与城市经济规模的扩大、技术创新、信息获取、土地和能源的有效利用有关。因此，从长远来看，城市化可能有助于减少能源消耗和碳排放。另一方面，随着农村人口的城镇化，他们的消费方式和生活方式随着劳动生产率和收入的提高而变化，能源消费的种类和数量也随之变化，特别是当农村和城市居民直接和间接能源使用发生变化时(Pachauri et al. ,2008)。但目前通过城市化对能源消耗和碳排放影响历史数据的统计分析得出的结论并不一致，它取决于所研究的时期和地区，并且考虑的长期和短期影响也有所不同。

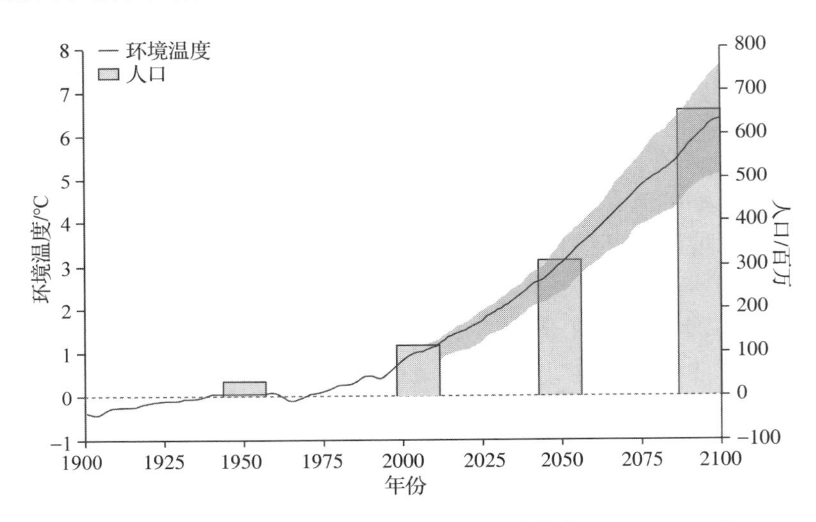

图 5 - 2　萨赫勒地区人口和环境温度的预计变化(1900—2100 年)

(引自：Campbell et al. ,2014)

(2) 城市地表特征对气候的影响

包括城市区域在内的陆地表面类型在气候模型下边界的能量和水分配中发挥着重要作用。与自然表面不同，城市土地特征的植被和渗透性减少，限制了蒸散和渗透。城市表面由沥青路、混凝土路面和建筑物组成，与农村地区相比，其反照率较低，吸收率较高。这些城市表面特性显著改变了城市表面能量和水平衡。城市几何形状也可能影响风速和风向，从而形成城市峡谷，其中空气被限制在被周围建筑墙壁包围的小范围中。建筑物之间的空气受限减少了空气混合，为污染物集中在小区域创造了有利条件，这对健康和基础设施产生了影响。密闭的空气还会减少通风，在城市峡谷内形成较温暖的区域，从而导致城市热不适。不仅建筑表面，而且发热燃料燃烧机(例如汽车)、供暖、通风和空调系统以及其他人为过程都会影响局部和大规模的天气和气候过程(Landsberg,

1981)。

众所周知的城市地表效应包括:a. 与毗邻的非城市地区相比,城市地区的温度更高,这通常被称为城市热岛(Urban Heat Island,UHI)效应(Oke,1982);b. 极端天气频发导致的城市洪涝灾害(Bornstein et al.,2000);c. 城市地区顺风部分降水增加(Shepherd et al.,2002);d. 生长季节长度的增加(Shochat et al.,2006)。

城市中心的气温显著高于公园或湖泊(热岛强度大),热能可能会平流到城市背风面的农村地区,给城市和周边农村居民带来不便(图 5-3)(Fuladlu et al.,2018)。它还可以改变当地的天气和气候,影响空气能见度,增加当地空气污染,扰乱农业,增加水和能源的使用,并影响居民健康。截至 2002 年,世界上超过 54%的人口居住在城市地区,预计到 2050 年这一数字将增至 66%(McKinney,2002)。因此,世界上大多数人口都会经历城市天气和气候变化的影响。

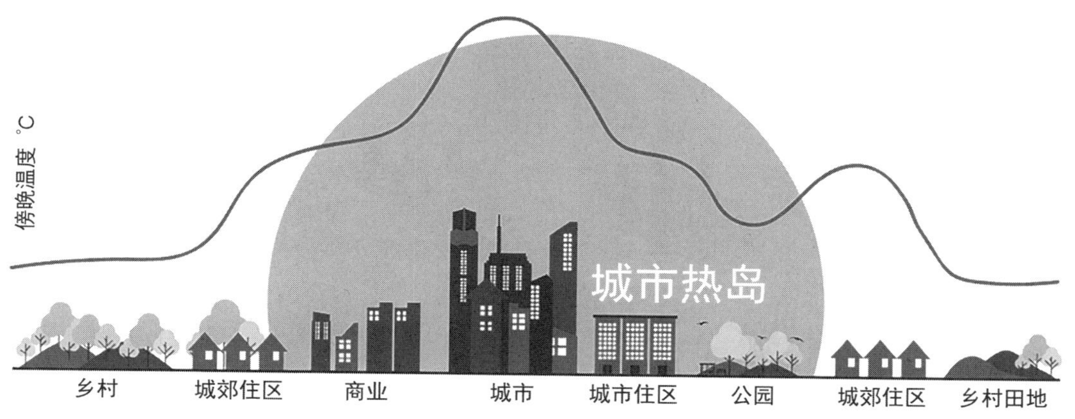

图 5-3 城市热岛效应示意图

(引自:Fuladlu et al.,2018)

此外,城市土地利用和覆盖变化是地球系统尤其是气候变化的主要驱动力之一。据估计,农业土地利用会导致大气中温室气体(Greenhouse Gas,GHG)浓度的变化:非二氧化碳温室气体占全球人为排放总量的 10%~12%(Verburg et al.,2011)。同时,农业用地产生大量进出大气的二氧化碳通量,但净通量很小。以牺牲森林为代价扩大耕地和牧场导致大气中二氧化碳的增加,这显著降低了全球陆地生物圈的碳汇能力,从而导致大气中二氧化碳浓度的上升。

(3) 城市空间形态对气候的影响

城市快速扩张过程中许多不合理的规划和空间布局导致城市小气候恶化(如城市热岛、城市干岛、空气交换减少等),成为制约城市可持续发展的主要因素之一,城市气候与城市形态之间已经建立了密不可分的关系(Middel et al.,2014)。城市形态不仅影响城市居住环境的舒适度,而且对城市能源消耗也有影响。在快速城市化过程中,植被或农田转变为不透水的城市表面,导致下垫面的热特性发生变化,这种变化减少了水的蒸发和蒸腾作用,导致温度升高和湿度降低。同时,由于建筑物的存在,城市下垫面粗糙度增加,导致风速下降。因此,城市街区的空气循环效率下降,加剧了城市地区的空气污染(Liu et al.,2021)。如何优化城市形态以改善城市通风、提高热舒适度、减轻城市热岛效应已成为城市建设和规划中必须考虑的重要生态环境问题。

城市空间形态是城市化影响当地气候的重要驱动因素，近 20 年来城市空间形态与城市气候关系的研究日益受到关注。Stewart 等提出的“局地气候区（Local Climate Zone，LCZ）计划”（Stewart et al.，2012）被认为是该领域的一项重要研究，LCZ 分类系统根据城市结构、土地覆盖、建筑材料和人类活动将城市景观分为 17 个同质类型（图 5－4）（Ma et al.，2021）。该研究利用一系列几何形态参数和地表参数来定义 LCZ 类别，并将其应用于城市气候研究（Ferreira et al.，2019）。这些形态参数主要包括建筑密度（Building Density，BD）、建筑高度（Building Height，BH）、天空可见度或天空可视因子（Sky View Factor，SVF）、高宽比（Height ∶ Width Ratio，H/W）、容积率（Floor Area Ratio，FAR）、锋面面积指数（Frontal Area Index，FAI）和粗糙度长度（Roughness Length，RL）。

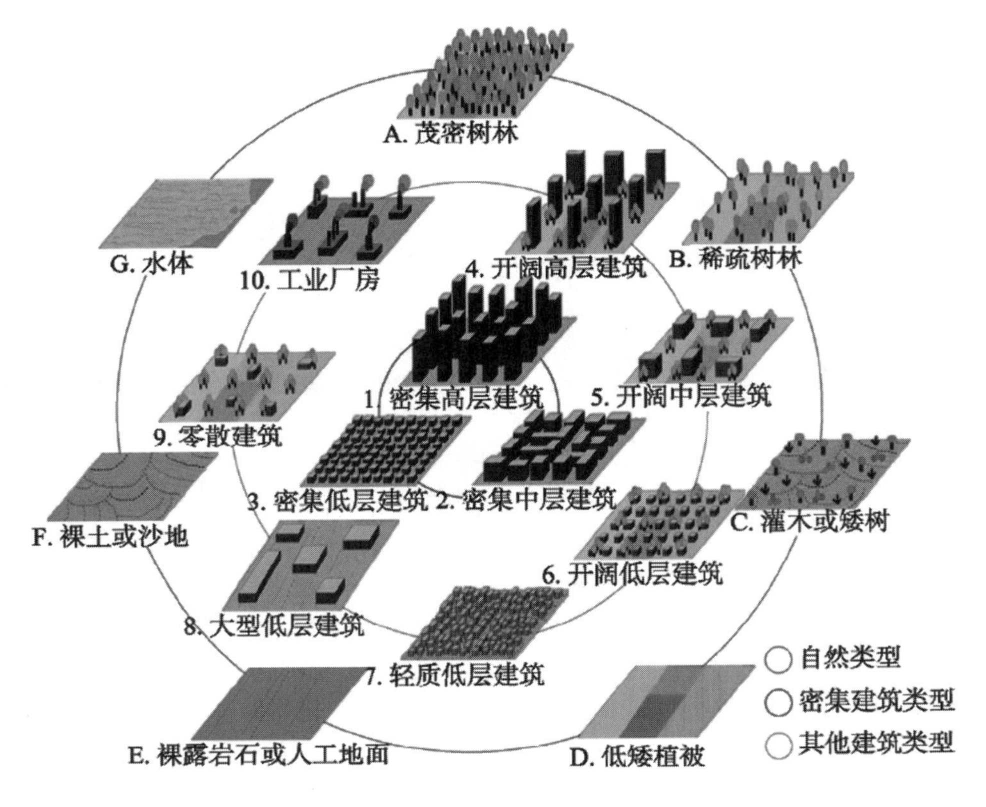

图 5－4　LCZ 体系的基本类型

（引自：江斯达等，2020）

不同的 LCZ 类别对当地气候的影响不同。Middel 等（2014）对亚利桑那州凤凰城五种类型低能区的数值模拟研究表明，城市形态对白天温度的影响可能大于城市景观结构的影响。在午后，密集的城市形态可以创造出当地凉爽的岛屿（Middel et al.，2014）。城市气候地图绘制作为城市规划中流行的城市气候研究类型，将建筑密度、建筑高度、容积率、锋面面积指数和天空可见度作为主要的城市形态参数。相应地，近年来许多关于城市通风廊道图（典型的城市气候地图）的研究都将粗糙度长度、锋面面积指数和天空可见度作为重要的评价指标（Liu et al.，2020）。城市空间形态参数除了对城市气候的适用性外，也是微气候模拟和数值天气预报的重要输入参数，而城市建筑形态参数化的完善对于城市温度和城市热岛指数的数值模拟具有重要意义。因此，获得准确、高空间分辨率的形态参数是城市气候研究及其他相关研究的重要前提。

不同城市空间形态因子对气候因子的影响呈现出时空差异（Sharmin et al.，2017）。在不同的气候区域，这些影响的方向和强度有所不同，有些影响是巨大的。此外，植被覆盖度（Vegetation Coverage，VC）和不透水面覆盖度（Impervious Cover，IC）等地表参数也是重要的城市规划指标，这些参数和空间形态因子通常共同决定当地小气候环境的时空分布。

5.1.4　应对城市气候的若干城市规划内容与方法

城市的发展影响着气候变化，但反过来气候变化也在影响着人居环境质量。随着城市化发展，城市规划建设也需应对气候变化带来的挑战。近年来，应对城市气候变化的城市规划理论和方法主要有提高城市下垫面透水率的海绵城市规划、缓解城市热岛的城市通风廊道规划和改善城市气候环境的低碳城市规划等。

（1）海绵城市规划

当今中国正面临着水资源短缺、水质污染、洪涝灾害、水生物栖息地丧失等多种水问题。我国地理位置与季风气候决定了我国多水患，暴雨、洪涝、干旱等灾害同时并存；快速城镇化过程伴随着水资源的过度开发和水质严重污染；不科学的工程性措施导致水系统功能整体退化；这些水问题综合征是系统性、综合的问题，亟须一个更为综合全面的解决方案（俞孔坚等，2015）。海绵城市理论的提出正是立足这一背景。

海绵城市涉及四个主要原则概念。第一个原则是使城市表面更好地吸收和储存雨水，以便供水并减轻雨水径流，因为后者可能导致洪水。第二个原则是通过水自净化系统和提供生态友好的滨水区设计进行水生态管理。第三个原则是应用绿色基础设施对雨水进行净化、修复、调节和再利用，帮助城市避免水和土壤污染。这将减少城市热岛效应并支持可持续城市化。第四个原则是城市道路建设采用透水路面有利于海绵城市建设（Nguyen et al.，2019）。

海绵城市的实施可分为宏观尺度和微观尺度。在微观尺度上，重点是实施场地层面的设计，包括雨水花园、雨水生物滞留池和人工湿地。从在场地层面和局部层面最大化海绵城市的有效性，进而扩展到流域层面，以提高水文和生物生态效益（Zhang et al.，2019）。在宏观尺度上，雨水基础设施系统与自然水文系统相结合，保护河岸廊道，包括草地、树木、灌木和这些廊道的缓冲区。整合了可用空间数据（社会经济、土地利用、气候、绿色基础设施实践和水文条件信息）的新颖模型在从地块和局部区域到集水区的海绵城市技术升级中发挥着至关重要的作用。表5-2从水文、水质和生物生态效益方面总结了海绵城市方法的微观和宏观尺度。

表5-2　海绵城市方法的微观和宏观尺度

尺度	水文效益	水质效益	生物生态效益
微观尺度	改善水的入渗和补给 减少水面径流峰值和水量 增加蒸散量	水质控制	土壤环境和植被生长改善

（续表）

尺度	水文效益	水质效益	生物生态效益
宏观尺度	改善基流和溪流补给 增强水文连通性 防洪	水质提升	改善城市环境 生物多样性保护 减少侵蚀

（引自：Nguyen et al.，2019）

赵迪先等以国家第一批试点城市——镇江市海绵城市建设试点区为例，运用 GIS 空间分析技术，融合镇江 1∶10 000 地理数据库和微信宜出行热力数据，构建了基于改进两步移动搜索法的居民时空可达性模型，对海绵型公园绿地可达性及其空间集聚特征和配置合理性进行精细化评价（图 5－5）（赵迪先等，2020）。

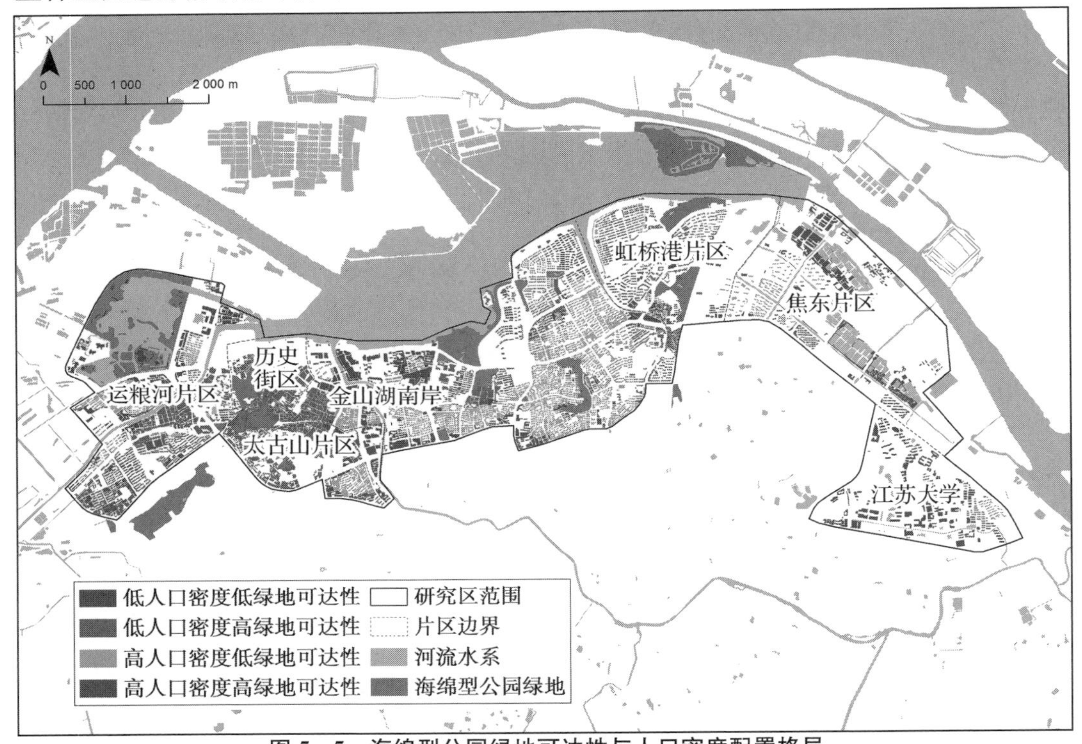

图 5－5　海绵型公园绿地可达性与人口密度配置格局

（引自：赵迪先等，2020）

海绵城市建设的核心是解决城市水问题。一方面，落实水生态可持续发展理念，将海绵城市建设与开展生态修复工作相融合，重视城市流域保护，加强水安全管理。另一方面，将城市灰色基础设施与绿色基础设施结合建设，不仅注重地面上的公园、绿化带、植草沟等绿色基础设施的建设，也重视地下排水管网、蓄水池、雨污分流管道等灰色基础设施的建设，从而将雨洪管理与城市固有的自然生态系统有机融合，实现雨水快排和充分利用的最优目标（徐君等，2021）。

（2）城市通风廊道规划

城市通风廊道作为城市规划的技术手段之一，不仅能对区域气候、风热环境、空气质量、建筑能耗等发挥作用，还能间接影响物质代谢和能量循环等城市生态过程（Yang et al.，2021）。许多地区已将通风廊道纳入城市规划，从而推动了这一课题的进一步研究。

城市通风廊道是提升城市通透性,改善城市微循环,减缓热岛效应的有效途径之一,通过建设通风廊道让城市“呼吸”起来,可以有效减轻热岛效应,增强空气流动性,提高人体舒适度。

目前城市通风廊道的研究主要集中在构建方法上,即城市通风空间载体的选择。在通风廊道的工程规划中,通风空间的选择仍取决于城市的广场、道路、水域、公园等开放空间。以开放空间为载体构建的通风廊道虽然避免了单独设计的高昂成本,但由于通风路径选择的经验性,无法保证建设的可持续性和合理性。为此,相关学者从不同角度探索了城市通风廊道的定量构建方法,包括风洞实验、计算流体力学(Computational Fluid Dynamics, CFD)等方法,以及基于地理信息系统(GIS)技术的数值模拟(Xie et al.,2020)。

随着通风廊道建设理论的不断完善,其环境效益逐渐引起人们的关注。其中,空气污染、热岛效应和蓝绿空间是以往城市通风廊道研究最关注的三个方面,通风廊道可以改善空气流通、消散污染物、稀释污染物(Shi et al.,2015)。空气污染物通过风流输送并通过湍流混合,因此风速越大,排放源下风向污染物浓度越低。在城市地区,规划实施通风廊道被用作城市韧性战略,以解决与交通相关的空气污染和工业废气排放问题。此外,通风廊道通过分散与车辆相关的污染物进一步降低公共健康风险和死亡率。Wong 等(2010)使用最小成本路径(LCP)方法和现场测量的方式,发现城市通风廊道有助于减轻城市热岛效应。Hsieh 等(2016)采用 LCP 与 CFD 模拟验证相结合的方法来分析通风廊道的冷却效益,发现城市中频繁的人类活动加剧了地表温度的升高。另一方面,城市植被空间的利用效率越高,往往会产生更多的环境效益,通风廊道可以加强蓝绿空间的利用,为市中心带来新鲜的冷空气。卢飞红(2016)利用城市建筑 3D(三维)数据、地形数据与气象数据来计算迎风面积指数,该方法能够快速且准确地获得城市的地表粗糙度现状(图 5-6),并应用于南京市城市通风环境的评价,得到南京市主城区潜在重要通风廊道的空间分布(图 5-7)。

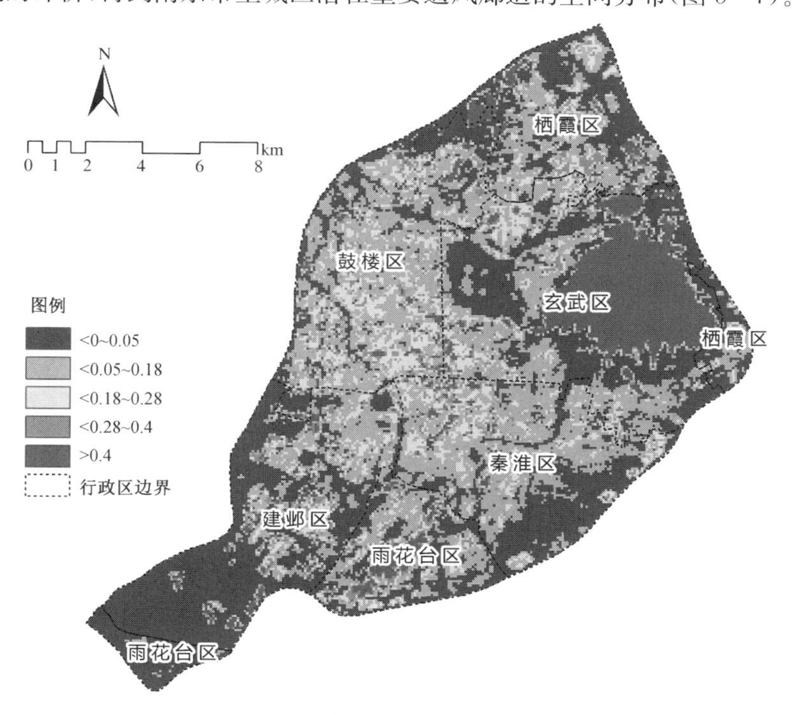

图 5-6　南京市主城区地表粗糙度指数分布图

(引自:卢飞红,2016)

图 5-7　南京市主城区潜在重要通风廊道分布三维视图

（引自：卢飞红，2016）

城市通风在缓解城市空气污染、减轻城市热岛效应、降低建筑物能耗以及提高城市宜居性方面有着不可忽视的作用，同时还应建立科学的通风廊道评价指标和评价体系，对廊道产生的环境效益进行研究，以此为基础不断优化廊道规划方案。此外，还可结合通风廊道规划，对城市空间形态、重点地块开发建设等开展有利于通风的规划指引（王梓茜等，2018），并建立相关管理体制在城市详细规划和城市设计中开展通风效果评估，保证城市总体规划层面的廊道规划方案能够切实落地实施。

（3）低碳城市规划

城市作为人口、工业、交通和基础设施的中心，对全球碳排放有着深远的影响。据估计，城市和城市地区消耗了世界 75％的能源，并产生了高达 80％的温室气体排放（Williams，2007）。因此，建设低碳城市是实现低碳未来的关键，低碳城市要兼顾低碳生产和低碳消费，基于经济快速发展和生活水平不断提高，经济发展方式、消费观念和生活方式的低碳转型，有利于实现低能源消耗、低二氧化碳排放的目标。发展低碳城市是应对全球气候变化的需要，也是我国保障经济社会可持续发展的必然选择。低碳城市就是要推进城市低碳生产、低碳消费的低碳经济，建立节能环保的社会，构建良性可持续的能源生态系统（Han et al. ，2018）。

合理的评估方法不仅有利于协调中央与地方政府的关系，也有利于制定不同地区之间公平的碳减排政策。为了协调中央和地方政府之间的关系，碳排放强度应该通过实物产出（例如吨钢产量）来评估，而不是通过 GDP（Gross Domestic Product，地区生产总值）来评估（Liu et al. ，2013）。例如，图 5-8 为基于废弃物处理、建筑运营、交通出行和绿地碳汇四个维度计算得到的上海左岸中和城的碳排放空间分布格局。

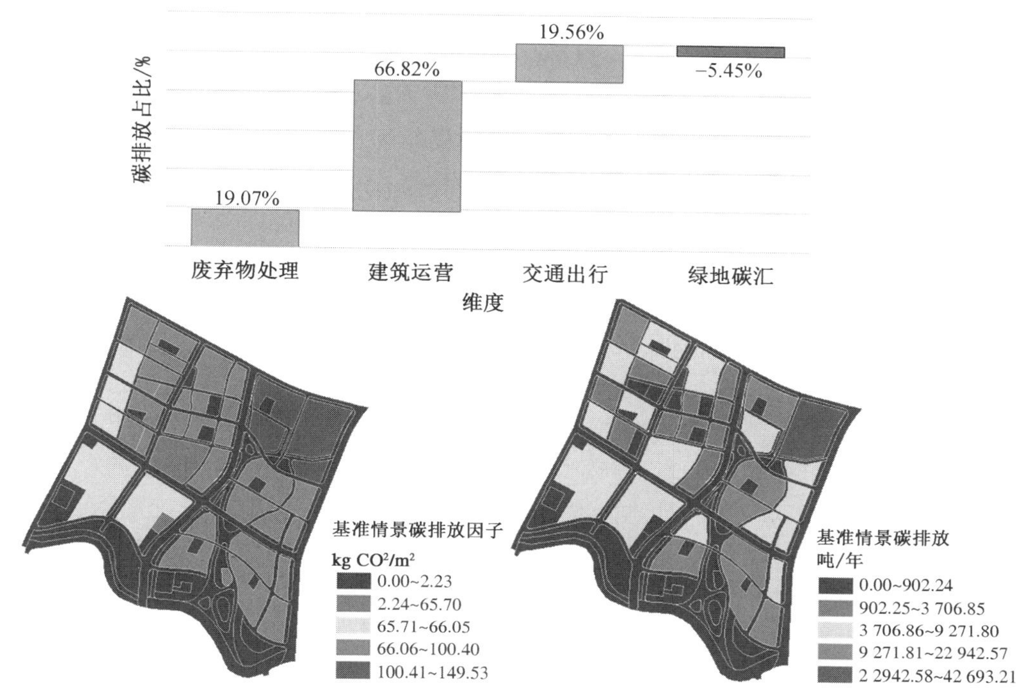

图5-8　上海左岸中和城的碳排放空间分布格局

此外，贫困地区生产的碳密集型产品几乎全部被富裕地区消耗，导致大量的隐含碳排放。为缩小贫富差距，碳排放强度评估机制应考虑隐含碳排放。此外，应针对不同地区建立碳补偿机制，以平衡不公平的经济发展和碳排放。

低碳技术暂时可能很昂贵，但从长远来看，可以极大地减少碳排放并最大限度地降低成本（An et al.，2018）。尽管我国一些企业努力升级落后设备、淘汰落后产能，但低碳技术的发展还远远不能满足未来的需求。因此，相关企业和科研机构应合作探索高效低碳技术。

应进一步加强公众对低碳生活方式的参与。需要制定相关法律法规来鼓励公众参与。因此，政府应加强低碳宣传，促进公众参与未来社会经济的低碳转型。从隐含碳排放来看，资源节约和循环利用将有力地促进碳减排。

（4）城市色彩规划

所谓城市色彩，就是指城市公共空间中物体外部被感知的色彩总和。其中既包括建筑、公共设施、服装等具象色彩，也涵盖了历史、文化、传统等非物质的城市色彩因素，两者共同构成城市色彩的整体意向。色彩作为城市体中重要的构成分支存在，在时间的积淀下汇聚了城市的气候地理、历史文化、民族风俗、宗教伦理、审美习惯等众多城市信息，体现出强烈的城市色彩功能特征（王占柱，2010）。色彩与城市景观、历史文化息息相关，代表了一定的城市印记。尽管城市规划者越来越清晰地认识到色彩在城市建设中的重要作用，然而在全球化思潮和快速发展的经济步伐的影响下，大规模以混凝土、钢化玻璃为主导的城市建设形成了统一沉闷的色调。色彩规划发展至今，越来越多的城市出现整体性缺失、地域性缺失、停留在表面的化妆运动等现象，城市特色和城市文明逐渐消失（郝永刚等，2009）。

色彩在国外的研究应用经历了由活跃的建筑设计元素到装饰就是罪恶的时期,色彩理念由以追求人情化的城市环境转向以环保、多元、人性化的理念为主。国外城市色彩规划多从人文环境和自然环境的保护入手,通过多方面的调查分析,结合城市当地区位、气候、自然条件、建筑材料等,确定城市基调色,用以指导色彩规划实施。如最早进行色彩规划的意大利都灵,为改变原有"都灵黄"的色彩印象,都灵政府采纳了布里诺的建议进行色彩整治,对城市主要街道和广场、建筑立面色彩进行修复,从历史保护的角度出发,影响了全世界以及欧洲的历史遗产保护的方法(苟爱萍等,2011)。城市色彩规划体系内容的研究经历了由宏观到微观的过程,由最初集中在建筑立面色彩整治上的色彩规划内容逐步细化到城市广场,绿化,广告牌、标识牌等建筑小品,如日本京都颁布对户外广告的管理条例,严格控制户外广告的色彩。除了对城市整体色彩基调的确定外,针对不同区域的功能,明确区域所具有的特定景观,为建筑物选定推荐色谱、禁止色谱等(王占柱等,2013)。

国内色彩研究起步相对较晚,多致力于引入和借鉴国外色彩理论,摸索色彩景观在城市空间的应用及色彩规划的具体操作方案。按照总体规划、控制性详细规划、修建性详细规划对色彩规划内容深度和实施层面区分,我国色彩规划大致分为三种具体方法:a. 将规划区分为不同的色彩控制区域,制定相应的控制图则及色谱指导色彩规划;b. 以塑造研究区的特色和个性为目的,进行具体地块的色彩设计;c. 根据研究区的空间感知、建筑单体的结构功能、景观布局等,对建筑立面的色彩进行色彩设计。我国色彩规划的传统思路是从建筑师的角度分析色彩景观的形成影响因素,结合光和气候对城市色彩的影响,依据色彩地理学的色彩调研方法,从研究区的不同层面提出色彩景观规划的控制模式。例如,洛阳市结合历史文化遗存、自然山水景致和人造景观三个方面进行了城市色彩敏感性评价(图 5-9),提出了色彩引导方案并绘制了洛阳市色彩立体效果图(图 5-10)。

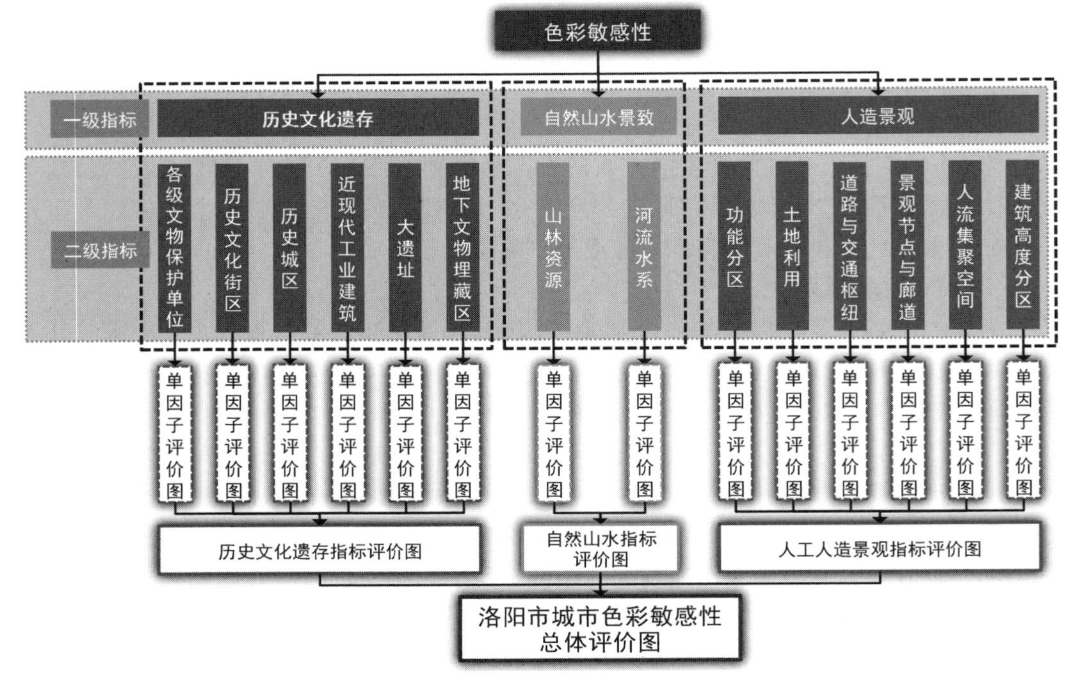

图 5-9　洛阳市色彩敏感性分析总体框架

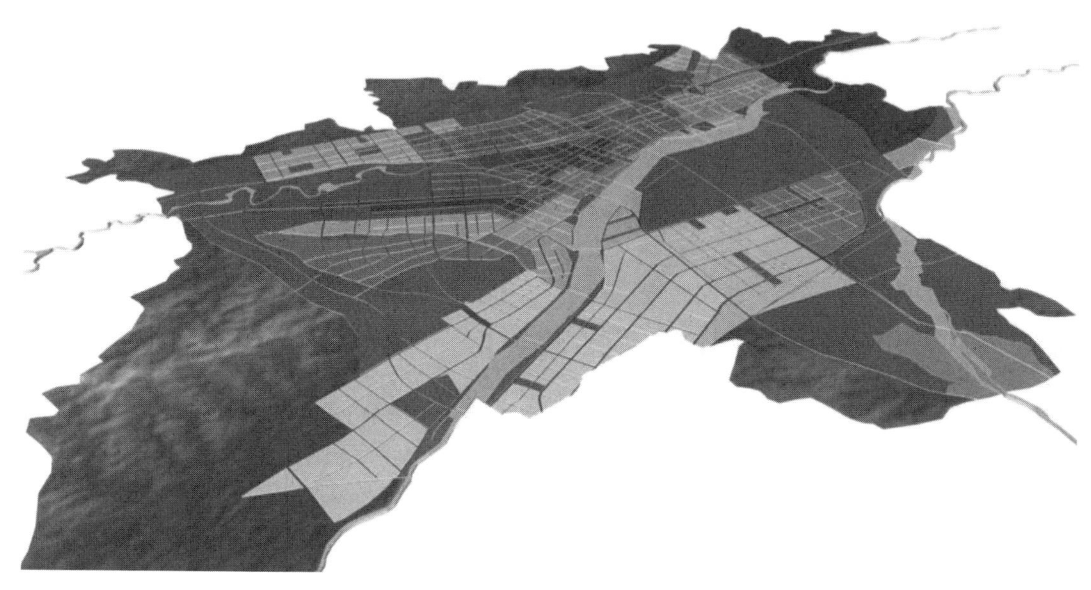

图5-10　洛阳市色彩立体效果图

色彩研究与形体研究是城市研究的两个重要方面，因此，色彩规划必须从城市空间中的点、线、面三要素出发，通过叠加、综合等设计手法，由点及线、以线串面，形成结构清晰、联系紧密的系统（魏薇等，2012）。

然而，我国现有的色彩规划大多数就色彩而论色彩，尽管引入了人文历史、地理环境等方面因素，多是宏观整体上的引导，缺乏对塑造城市个性的完整的具有识别作用的结构体系，研究与实施之间的矛盾导致色彩规划缺乏有效的指导和完整的规范体系。色彩规划往往成为个人意志或长官意志的“速成品”，造成全城“一片灰”“一片红”或“千城一面”的“色彩污染”，传统地域色彩逐渐消亡，城市色彩面貌缺乏对地域历史与传统文化的继承，城市出现代际更替明显的流行色彩，但其品位不高、更新速度较快，使得城市缺乏和谐统一的色彩风格；城市色彩面貌碎片化与商业化，一定程度上导致场所缺乏辨识度（王岳颐等，2017）。

（5）城市树冠与树荫规划（Tree Canopy and Shade Plan）

树木提供了许多环境、社会和经济效益，是宜居和可持续发展城市的重要基础。树木通过蒸腾和提供遮阴来帮助降低城市的环境温度，还可以通过吸收污染物、拦截颗粒物、释放氧气、降低臭氧水平和减少土壤侵蚀来改善空气和水质。树木是城市雨水管理的资产，由于大面积的不透水道路和建筑表面，城市化地区往往会经历大量的雨水径流。树木用树叶捕捉一些落下的雨水，并增加土壤吸收雨水的能力，从而减轻了雨水排放网络的压力。

全球气候变化是由大气中温室气体的增加引起的，并导致长期的气候变化，如气温升高、海平面上升和更极端的天气事件。在过去的几十年里，全球平均气温和平均海平面一直在上升，气候变化模型表明这种情况将持续很久。树木从大气中吸收二氧化碳并将其储存为木材时，可以减少温室气体，这一过程被称为碳封存，对长期应对气候变化的影响至关重要（Donovan et al.，2017）。

许多先前的研究表明，树木具有显著的降温效果，不同城市建成区合适的树木比例能够提高热性能并减轻城市热岛效应(图 5-11)。此外,有大量研究表明,不同密度建成区不同天空可见度下城市植被的影响不同,城市密度水平影响太阳辐射和不同表面之间的热捕获性能(Alobaydi et al.,2016)。高层建筑密集区域的天空可见度系数较小,因此与低密度建筑区域相比,具有更多的阴影和更凉爽的表面;低天空可见度最大限度地减少了暴露在阳光下的面积(Morakinyo et al.,2017)。建筑密度和街道设计可以通过改变表面暴露在阳光下来影响城市热岛效应。

图 5-11　树木在两种不同密度的建筑区域都会对城市环境热性能产生影响

(引自:Aboelata et al.,2020)

城市化通常会导致城市本土动植物群落的损失,树木可以通过为某些本地野生动物群体提供栖息地来减轻这种生物多样性的丧失。鸟类经常在树的庇护所里抚养幼崽并躲避捕食者;一些树木的花朵、果实和叶子也为各种本地鸟类和蝴蝶提供食物;大树枝支撑着各种本地攀缘植物、蕨类植物和兰花。此外,道路沿线茂密的树木形成了绿色走廊,使本地野生动物更容易从一个森林斑块到另一个森林斑块,增加了城市生物多样性(Ulmer et al.,2016)。

国际上许多城市已经形成了较为成熟与完善的树冠摸查与管理体系。美国波士顿开展的树冠评估摸查树木数量,形成的评估报告展示树木数据地图,制定法律规划;每隔五年进行一次树冠覆盖率评估,以监测其变化,同时总结上一轮的树冠保护工作,对下一个五年提出建议。

新加坡将绿色走廊网络的规划空间分为树冠上与树冠下。树冠下关注三个方面:

a. 构建公园连接网络,结合城市绿地与步行基础设施,创造绿色空间。b. 建设 3 km 长的市民树木步道,穿梭于新加坡历史悠久的老城区。c. 利用古树名木资源建设树木遗产道路,树冠上则关注在树顶形成连续的步道。

在我国,广州市越秀区对标国际先进经验,结合自身城市特色与树木资源,创新提出"树冠规划",聚焦绿地系统中最具生态效益的要素——树冠,通过补充增加树冠、保护扩大原有树冠、合理利用冠下空间等措施,从地面走向空间、从绿地走向树冠,走出一条高密度中心城区增加绿色空间的新路径(图 5-12)。利用有限的城市空间,提升城市绿化的碳中和、城市降温、减少雨水径流、空气净化等效能,既为市民提供舒适、健康、魅力的生活体验,也能为野生动物提供广阔的栖息地(广州市城市规划勘测设计研究院,2022)。

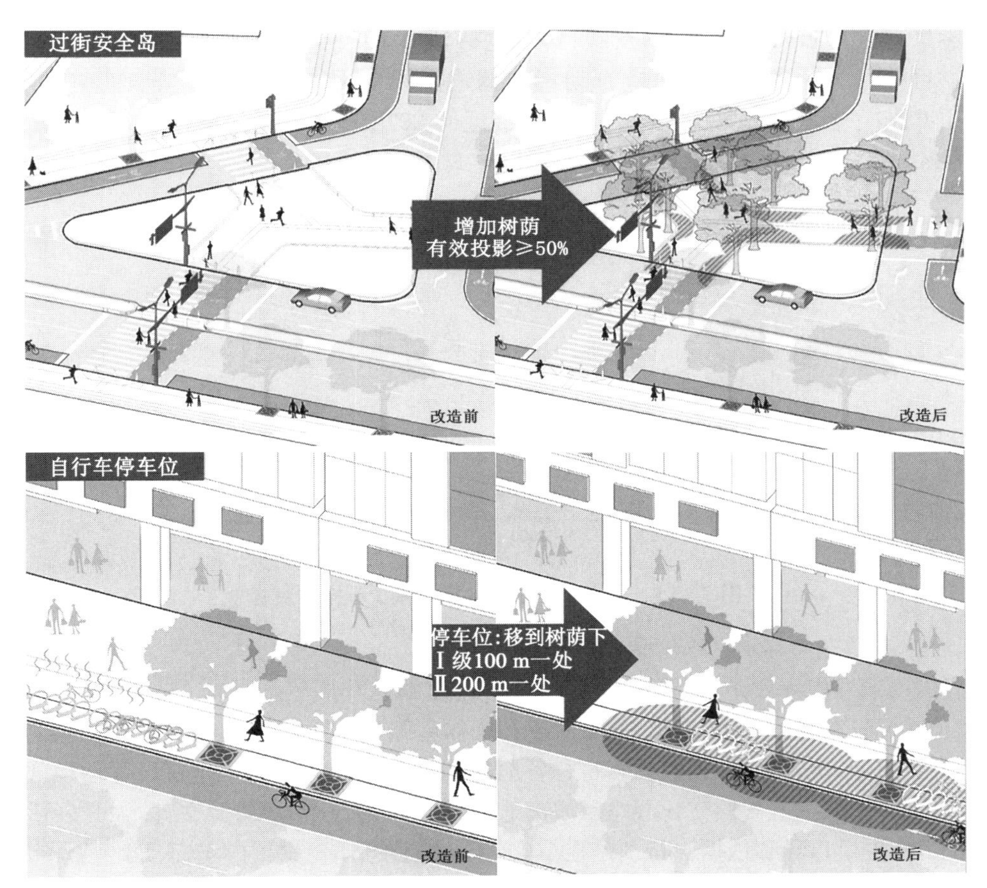

图 5-12　广州越秀区树冠规划

(引自:《越秀树冠规划》)

(6) 气候适应型城市规划(Climate Adaptation Plan)

适应气候变化是一个复杂的过程,政府间气候变化专门委员会(IPCC)将其定义为"自然或人类系统对实际或预期的气候刺激或其影响进行调整,以减轻伤害或利用有益的机会"。它还区分了各种类型的适应,包括预期和反应性适应、私人和公共适应以及自主和计划适应(Change,2007)。一般而言,适应气候变化与减缓气候变化工作一起被视为应对气候变化的两大基本支柱之一。

近年来，人们越来越关注适应气候变化，将其作为一项补充性的风险管理战略。这种关注可归因于：a. 提高对社会和环境系统易受气候多变性影响的认识；b. 在最近的气候趋势和极端气候事件中，人为信号的证据越来越多；c. 无论未来的排放轨迹如何，都致力于一定程度的不可避免的气候变化(Pielke et al.，2007)。

气候适应的主要目标之一是减少人类和自然系统对气候变异和变化影响的脆弱性(或者换句话说，避免危险的气候变化)(Smith et al.，2009)。在实践中，要确保减少这种脆弱性，就需要评估和跟踪适应结果的方法。特别是，这种评价必须确保适应政策和措施的社会、经济和环境效益大于成本，并且不会产生额外的负外部效应。

在过去的 20 年中，哥本哈根已经通过了 3 个气候适应行动规划。2002 年，它通过了一项上限，目标是到 2010 年比 1990 年减少 35%的排放量。2007 年，该市发布了生态大都市愿景，其中包含许多可持续发展目标，包括到 2015 年与 2005 年相比减少 20%的排放量的目标。2009 年的气候适应行动规划概述了为实现这一目标而采取的举措，并为 2025 年制定了额外的碳中和目标，随后在最近的 2012 年气候适应行动规划中扩展了该目标(Damsø et al.，2017)。目标水平如图 5－13 所示。

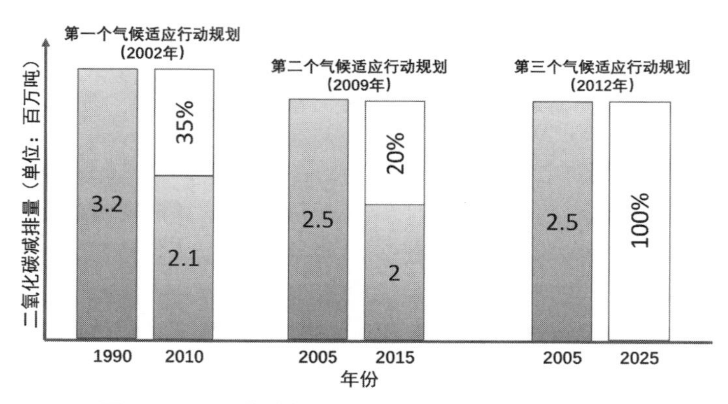

图 5－13　哥本哈根三个阶段的减少碳排放目标

(引自：Damsø et al.，2017)

我国国家发展和改革委员会、住房和城乡建设部也开展气候适应型城市建设试点工作，综合考虑气候类型、地域特征、发展阶段和工作基础，针对城市适应气候变化面临的突出问题，分类指导，统筹推进，积极探索符合各地实际的城市适应气候变化建设管理模式。我国先后出台《国家适应气候变化战略》《城市适应气候变化行动方案》等文件，为开展适应气候变化工作提供指导和依据。特别是在 2017 年，我国在全国范围内遴选了 28 个城市，启动开展气候适应型城市建设试点。这是我国新型城镇化战略的重要组成部分，也将为我国全面推进城市适应气候变化工作提供经验，发挥引领和示范作用。

美国国家环境保护局(United States Environmental Protection Agency，U. S.，EPA)发布应对气候变化以及促进环境正义与公平的战略计划草案，战略计划概述了七个目标和四项跨机构的战略(图 5－14)。这些战略阐明了实现环保局使命成果的基本方法：在决策中恪守科学诚信原则；考虑到儿童的环境健康保护；推动组织追求卓越和劳动力公平；加强伙伴关系，包括尽早与部落和各州进行有意义的接触，并实地接触社区。

图5-14　美国国家环境保护局2022—2026年财年战略计划

(引自:U.S. Environmental Protection Agency,2022)

计划中还包括一套措施,可帮助机构监控进展,并确保落实问责机制,以实现其保护人类健康和环境的优先目标。EPA的最终战略计划首次包括一个专注应对气候变化的新战略目标,以及一个前所未有的促进环境正义和公民权利的目标。这些优先事项被纳入该计划的方案目标和跨机构战略中,这些目标得到了EPA用来监测和沟通进展的长期绩效目标的支持。

5.2　城市地质要素的分析与评价

地质环境是岩石圈上部同人类活动密切相关,又与自然环境其他系统相联系的地球表层岩土空间。地质环境与大气环境、水环境、生态环境共同构成了人类生存与发展的环境系统。地质环境是大地景观形成的基本动力,地质过程是生态过程中最为重要的过程之一。城市地质环境是指包括城市发展所影响的区域和深度范围内地质条件、地质资源、地质灾害、地质环境问题等的总和,是地质环境在城市区域的空间表现。

城市是社会生产力的载体,而城市地质环境是城市社会的载体;城市的发展记录了人类对地质环境的认识、利用、开发和改造的历史进程,是城市地质概念的形成并逐步发展为城市地质学的历史。城市与地质环境的关系突出表现在两方面:一是城市发展要求提供丰富的能源、矿产资源、水资源、土地资源和空间以及优美安全的生活环境和城市环境,这是地质环境对城市的载体作用;二是城市社会生活,特别是工程经济活动作为一种强大的作用力,不断破坏地质环境的原有统一和平衡,促进地质环境变化,造成对城市社会生活的威胁,形成地质灾害,这就是城市对地质环境的反作用。因此,城市与地质环境既矛盾又统一,形成矛盾统一体,即城市—地质环境系统。

随着城市化的快速发展,一方面过量地对城市地质环境的开发和利用带来的能源和资源危机,另一方面社会活动破坏作用造成地质环境质量的恶化,都使城市的存在和发展受到严重威胁。因此,只有在充分认识城市与地质环境之间有机联系、互相作用以及发展演化规律的基础上,才能合理安排和开展各类城市社会经济活动。这就要求我们合理开发和利用城市地质环境,合理规划和控制城市社会经济活动,以保证城市与地质作用之间的互相作用和发展演化向着有利于城市存在和发展的良性循环方向发展,这就形成了城市地质学(中国地质学会城市地质研究会,2005)。

城市地质学是专门研究城市与地质环境的关系及相互作用的学科,是地质学与城市科学交叉而产生的边缘学科,是为城市建设和创造良好的城市环境而进行的地质工作。城市地质工作是应用现代地质科学理论和勘察技术对城市这一人类活动中心,进行全面的综合地质调查和研究,其核心是地质学家要积极参与城市规划、建设和管理。

5.2.1 城市地质环境主要调查内容

城市人口密集,财富集中,社会经济发展对地质环境的依赖性强,人类活动对地质环境的改造强烈,地质环境的承载强度大。因此,城市是一个十分复杂的人工—自然复合系统。保持人和自然的和谐相处、保持城市社会、经济和环境相互协调的可持续发展,是城市地质工作的中心任务(高亚峰等,2007)。我国现有的城市地质工作仍明显滞后于城市发展的需要,因此,我国的城市地质工作任重而道远。

一般认为,城市地质研究的具体任务包括以下几个主要方面(郭培国等,2014):a. 为城市规划建设进行区域地质、区域工程地质和水文地质等综合调查研究,进行地质环境质量的评价和地质环境区划。b. 研究和评价城市各类大型工程建筑(如核电站、机场、码头、港口、大型桥梁、隧道、地下铁路等)、高层建筑群布设区和建筑场地的地基稳定性与安全性。c. 研究各种自然的和由于城市工程建设与经济活动引起的地质灾害现象(如地震、火山、断裂错动、地面侵蚀、沉降或隆起、塌陷、崩塌、滑坡、泥石流、岩土体蠕动、海岸、湖岸或河岸变迁、洪水、海啸、天然气溢出、土地沼泽化或盐渍化等)的分布规律和成因、监测和预报可能造成不良影响或灾害的各种地质作用和现象的发展趋势,评价其可能对城市及其设施的危害程度,提出控制和防治的措施。d. 对城市水资源(尤其是地下水资源)的质与量进行调查、评价和动态预测,对水资源进行合理开发、保护和管理。e. 调查确定城市地区各种矿产资源,特别是天然建材资源(如水泥用灰岩、优质黏土、石英砂、卵砾石、花岗岩、大理岩等)和能源(煤、石油、天然气、地热等)的分布状况,评价各种资源的数量、质量及开发利用条件,分析资源的利用现状与潜力,确定城市所需地质资源从外部调入的合理流向,预测资源开发可能带来的环境问题。f. 地质旅游资源(如溶洞、瀑布、名泉、奇峰、异石等)开发利用的调查评价,调查研究典型地貌景观、地质遗迹的分布、形成过程、开发前景,对地质旅游资源进行成因分析和科学解说,促进地学知识普及和地质旅游业的发展。g. 进行城市水、土、岩石地球化学背景值和污染程度、污染源的调查和监测,研究原生地球化学场和次生环境与人体生理和疾病的关系。h. 选择城市废物、垃圾的排放场地,监测废物排放场地对周围环境的影响,提出对城市废物进行地质处理的方法和措施。i. 城郊农业地质调查和土地规划设计,研究开发或改良各种适宜地质环境的农作物，研究农业生产活动对地质环境产生的影响及对策，评价区域农业生态地质条件，揭示各种名、特、优农林生物产品的最佳生态地质环境，以及为发展区域农林产品，对地球表生带进行最佳改造和利用。j. 编制各类地质资源的分布图、开发适应性评价图、地质资源利用现状图及规划图、各地质环境要素的质量评价图、脆弱性评价图和地质环境保护分区图等相关图件。k. 利用现代信息技术与手段，建设城市地质空间数据库和地理信息系统，实现城市地质数字化、信息三维可视化，及时满足城市建设和发展对地学信息的需求。

由此可见，城市地质学研究的范围十分广泛，已不仅仅限于环境地质学的研究内容，实际上包括：a. 城市工程地质和城市环境工程地质研究；b. 城市水文地质和城市环境水文地质研究；c. 城市环境地球化学研究；d. 城市资源（矿产、建材、能源、景观等）地质研究。

规划师通常收集和使用的是地质环境调查得到的地质图。地质图具有4个方面的用途：a. 用来寻找矿产和能源资源；b. 评价潜在的自然灾害如地震、火山、滑坡等；c. 评价一个地方建筑用地的适宜性；d. 传达一个地区地质历史的信息。通常，关于一个地方的地质环境，可以通过回答以下问题来加以理解：a. 一个地方的区域地质是怎样的？区域地质如何影响地形地貌？b. 该地区各种岩石的年代如何？是否具有矿产价值或能源价值？c. 地质作用和过程是否会对人类的健康和安全造成威胁？d. 基岩的埋深如何？

5.2.2 城市地质环境与城市发展

地质环境不仅为城市提供了大量的天然建筑材料、能源、矿产资源，也为城市提供了宝贵的地上、地下空间资源。地下水资源为城市提供了水源，支撑了城市的发展，特别是北方的城市。地质景观为城市旅游提供了丰富的地质景观资源。矿产资源为资源性城市的建立与发展提供了条件和动力。因此，曾有一位法国地质学家明确指出："城市地质是城市可持续发展的关键。"

国外城市地质环境与城市发展研究与应用工作始于20世纪初，加拿大皇家学会曾发表过相关的学术论文（Bélanger et al.，1999）。20世纪20年代，德国出版了用于城市规划的特殊土壤图系；20世纪30年代末德国又出版了1∶10 000和1∶5 000的各种类型土地利用适宜性地质图，并应用于城市扩建规划。第二次世界大战后，欧洲和北美地区城市地质工作得到发展，德国、捷克、斯洛伐克和荷兰等国家开展了系统的地质制图。

20世纪60年代至70年代是城市地质环境与城市发展研究与应用大发展时期。工作内容扩大到水、土污染调查评价、城市废弃物危害的调查评价及地质相关资源潜力和开发利用的勘查评价。20世纪60年代末，处理城市废弃物造成的污染成为工作的重点，应用地球化学解决废物污染问题迅速成为一种发展趋势。德国绘制出描述土壤潜力与限制的地质潜力图供城市规划者参考。美国的许多城市出版了类似的城市地质图。

20世纪70年代，欧美发达国家的城市地质工作取得了重要进展，涌现出"加利福尼亚州城市地质总体规划""旧金山湾地区定量土地潜力分析"以及"德国下萨克森州和不来梅市自然环境潜力地质科学图系(1∶200 000)”等代表性成果。欧洲开展了针对如何使用最适当的方法在图上展现城市地区地质数据的专门研究。西班牙许多城市开展了用于城市规划工程地质制图工作,荷兰开展了土地复垦对地面沉降影响的研究。这一时期用于获取和处理的地质、地理、地形和水资源数字化信息系统相继建立,加拿大启动了旨在开发能够对地球科学信息进行编辑、处理和显示的计算机系统。苏联国家的城市地质工作也取得了长足的发展,特别注重城市地区土壤和地下水资源污染防护等环境问题。

20 世纪 80 年代,国外城市工程地质工作的典型特征是电子自动化带动了全新的主题制图工作。主题图的编制更多地采用了定量化指标,并尽量简化图面内容,使非地质专业用户能够更加容易地理解图面信息。城市地质工作重点转向更加重视地质环境及其相关资源的保护,并开始引用、普及计算机制图技术建立地下水和地质环境数值模型和管理模型,大大提高了工作效率、提高了成果的质量及可视化程度。

20 世纪 90 年代初期,英国地质调查局启动了“伦敦计算机化地下与地表项目”,以包括 2 万多份钻孔描述资料的数字化数据库为基础,采用 GIS 与模型技术制作了地质和环境的各种主题图件。加拿大地质调查局通过 GIS 系统完成了首都地区各类地图的数字化工作,更新了首都地区的地球科学数据库。城市环境地质工作已经转向重视城市经济可持续发展的综合研究、重视地质指标体系的研究、重视城市环境地质工作超前服务战略的研究。在工作中特别关注地质灾害风险性评估、水土污染风险识别、地下水资源可持续利用和城市脆弱性评价等。在技术方法上强调多学科、多种方法的配合,注重建立 GIS 平台的地学信息空间数据库和自然灾害风险评估决策支持系统等(金江军等,2007)。

随着城市化进程的不断加快,城市人口迅速增加,城市规模不断扩大,城市对粮食、水、建筑材料以及能源的需求也日益增大。人类活动已经参与到自然地质作用中,使城市地质环境所受影响和压力与日俱增。同时,与城市土地利用、资源开发、废物处置、环境保护和灾害防治等有关的地质问题亦日益突出,甚至直接影响和制约着城市的可持续发展(李友枝等,2003)。因此,厘清某一地区地质环境与城市发展的相互关系,可为城市规划提供重要的参考信息与决策依据。

5.2.3 城市发展引发的主要地质问题、地质灾害

依据当前存在的城市环境地质问题的性质,武强等将城市环境地质问题类型划分为五大类别(图 5-15)(武强等,2007)。

(1)“三废”问题

城市环境地质问题中的“三废”即固相废弃物、液相废弃物和气相废弃物。“三废”问题遍布全国各大中小城镇,已经成为我国城市所面临的一个主要城市环境地质问题。

①固相废弃物

城市固相废弃物按照来源可分为城市生活垃圾和城市工业生产所产生的废弃物。其中城市生活垃圾来源于居民的生活垃圾、机关团体的垃圾、社区保洁所产生的垃圾以及当前城市化进程中拆迁建设所产生的建筑垃圾。鉴于居民生活垃圾来源广、成分复杂,长期以来是我国城市生活垃圾污染源的主体。随着近年来我国城镇化步伐的加快,

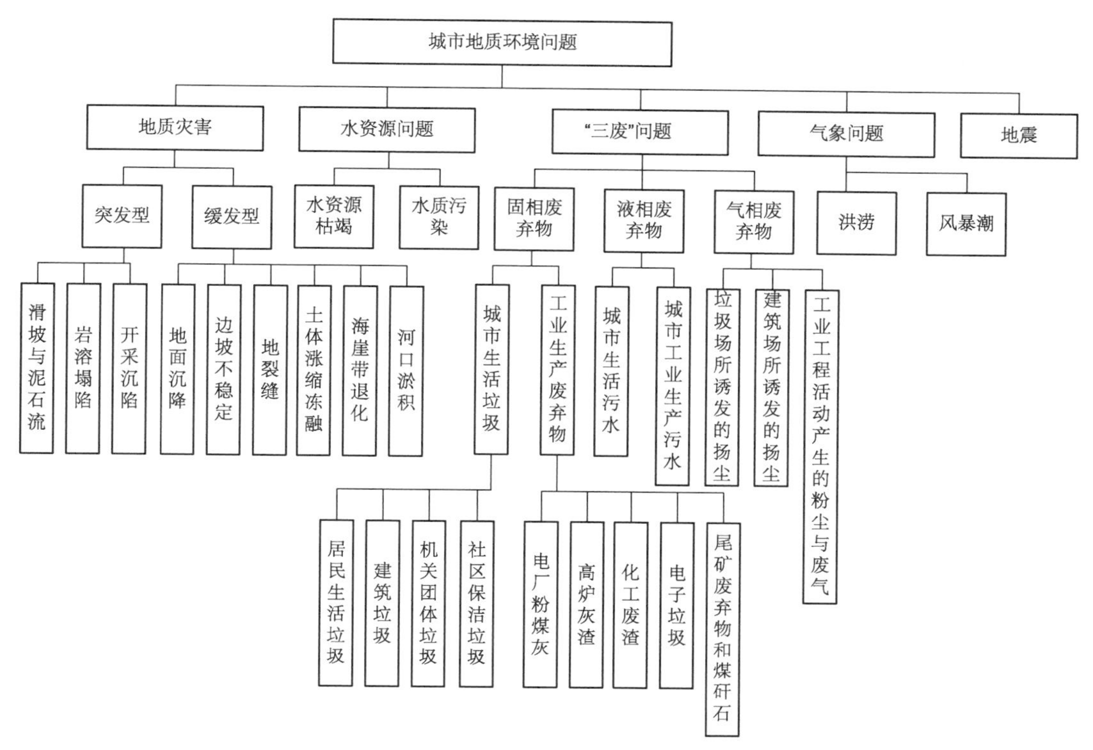

图 5-15 依据城市环境地质问题性质分类方案

（引自：武强等，2007）

建筑垃圾已经成为我国另外一个主要的垃圾来源。工业生产所产生的废弃物主要有电厂燃煤产生的粉煤灰、高炉灰渣和各类化工废渣、电子垃圾以及尾矿废弃物、煤矸石等。伴随着近年来我国工业化进程的日益加快，许多城市的电子垃圾已经成为我们需要日益关注的一类固体废弃物。尾矿废弃物和煤矸石等这类废弃物多出现于矿业城市和重工业城市，造成占地、边坡不稳定、淋滤、风化、扬尘以及自燃等环境效应，成为我国城市环境地质问题中的主要问题之一。

②液相废弃物

城市液相废弃物是指城市工业生产、居民生活中所产生的各类废水。按照废水中所含污染物来源，可将液相废弃物划分为城市居民生活污水、城市工业生产污水。城市居民生活污水成分复杂富含无机、有机物质，是目前中小城市的主要污染源之一。城市工业生产污水同源成分相对单一，但多为有毒污染物，其中包括重金属、氰化物、氟化物、有机氯、苯、芳香烃类、粪大肠菌群数、二氧化氯等物质（徐争启等，2006）。

③气相废弃物

根据气相废弃物的类型可将其划分为工业工程活动产生的粉尘及废弃建筑场所诱发的扬尘，采场、排土场或垃圾场的风化、扬尘等。气相废弃物对大气环境质量的影响主要包括总悬浮颗粒（Total Sespended Particulate，TSP）、硫氧化物、碳氧化物、氮氧化物和碳氢化合物等。

(2) 地质灾害

①滑坡、泥石流

滑坡、泥石流的形成与人类工程活动、地形地貌、水文气象条件和生态系统的破损等因素紧密相关。我国西南、西北地区以及黄土高原地区的河谷斜坡地带或者山地的城市,受地形和集中降雨的双重影响往往会形成滑坡、泥石流灾害。随着我国城市化进程步伐的加快,该类地质问题对于地处西南、西北山区的城市值得引起高度重视,在城市规划、建设过程中应有效预测、合理防范。

②岩溶塌陷

岩溶塌陷是指岩溶受到岩溶地下水作用、降雨及地表水的入渗作用、地震与振动作用、重力和荷载作用以及酸碱液的化学潜蚀作用等各种自然或人为动力因素作用而产生的塌陷。我国广泛发育岩溶地貌,据相关资料统计,全国有 24 个省份有岩溶塌陷事故发生,使得许多城市都面临不同程度的岩溶塌陷地质问题与危害。发生岩溶塌陷的主要原因在于近年来当地过量抽取岩溶地下水,导致地下水位大幅下降;部分受人类工程型活动的扰动而诱发。

③开采沉陷

矿产资源经过开采使得开采区域周围岩体原始地应力平衡遭到破坏,并随着开采工程活动进行重新分布再次达到新的平衡。在此过程中,矿体周围岩层或地表将经历一个连续移动、变形和非连续破坏(开裂、冒落等)的复杂过程。这种现象称之为开采沉陷。开采沉陷可划分为冒落式、沉陷式(属于缓发型地质灾害)和地堑式三种类型。开采沉陷这一地质问题已经成为我国资源型城市主要的一种人为、工程型地质灾害。它直接对耕地、地面建筑物产生破坏,影响当地工农业生产,并诱发生态系统问题。鉴于其危害性的长期性和深远性,开采沉陷已成为环境工程学和环境岩土工程学研究的重要内容。

④地面沉降

液相或气相矿产资源开采过程中,由于液相或气相压力不断降低,根据力学平衡原理,赋存液相或气相矿产资源的多孔介质有效应力将必然增大,使地层固结压缩导致地应力重新分布,从而造成地面沉降。地面沉降的形成有自然的、人为的和自然一人为复合成因三类。自然原因有地壳下沉、土层自然压实等,人为原因有过量开采地下流体(水、石油、天然气)以及上覆建筑物荷载过大等。鉴于地面沉降影响范围广、防治难度大,目前已成为我国多数大中型城市所面临的一个主要城市环境地质问题。

⑤边坡失稳

城市地质的边坡稳定性问题包括有固体废弃物(垃圾场、排土场、尾矿库)边坡和城市填挖工程边坡。在我国尤其是沿海城市建设开发过程中,日益强烈的工程挖掘、开采和堆填活动诱发了多起边坡失稳灾害事故,在上海、天津、广州等大城市中已经出现多起。仅上海一地,在近 10 年内由于建筑深基坑开挖边坡失稳事故就多达 90 余例,带来了巨大的人员和财产伤亡,严重威胁城市安全,造成长期隐患。

⑥地裂缝

地裂缝按照成因可划分为构造地裂缝和非构造地裂缝。其中,构造地裂缝包括地震地裂缝和活动断层蠕动产生的地裂缝。非构造地裂缝是指由自然或者人类工程活动原因而诱发的各类地裂缝,包括有滑坡地裂缝、沉陷地裂缝和特殊土体(膨胀土、冻土、黄土等)变异地裂缝。对城市造成主要威胁的非构造地裂缝多为过度抽取下水资源和采矿所诱致,因而资源型城市多为地裂缝发生的主要区域。目前,受地裂缝灾害威胁和危害较严重的城市有西安、大同、邯郸、临汾、兖州、泰安等。

⑦土体涨缩冻融

根据土体的塑性指数变化可产生土体涨缩冻融的岩土有淤泥、淤泥质土、湿陷性黄土、红黏土、膨胀岩土、冻土、盐渍土以及工程活动产生的各类填土等。该类土体的地基承载力极限荷载不均,引发上伏地基变形,对城市地面、地下工程产生威胁。这类城市环境地质问题多出现于沿海城市、高原高寒地带城市。

⑧海岸带退化、河口淤积

全球气温不断升高,致使海平面上升,进而导致潮位的升高,致使沿海城市地区面临着被淹没的危险,城市港口、码头以及道路交通部分或者全部功能失效,城市排水系统地下管网系统失衡,地下设施和工程功能失效,河口航道淤积加重,海岸蚀退加剧,沿海特有的旅游环境进一步恶化等多种风险。目前,上海、天津、广州、宁波等城市都面临着海平面升高的威胁,而在滨海丘陵山地地区的大连、秦皇岛、青岛、厦门等城市海岸蚀退现象加剧。

(3) 水资源问题

①淡水资源枯竭

城市化进展的加快,使淡水资源面临枯竭,主要表现为河流断流、干涸湖泊萎缩等地表淡水资源的减少以及地下水超量开采而引发的地下水位下降。地下水超采主要发生在城区范围内,特别在一些大城市,如在环渤海区域范围内的大城市群,过量开采地下水使华北平原形成巨大的降落漏斗(刘海燕等,2005)。其中,北京地下水位降落漏斗总面积达 1 000 余 km^2,沧州市地下水位降落漏斗总面积达 2 225 km^2。

②水质污染

城市淡水资源水质污染主要有外排生活污水、工业废水、海咸水入侵以及过度抽取承压水引发地下咸水层入侵等几类影响因素导致的地下水水质恶化。目前,在我国部分地区由于过量抽取地下淡水资源而面临下伏咸水层上侵的威胁。

(4) 气象问题

①洪涝

城市洪涝主要由降雨量、城市泄洪能力这两大影响因素决定。降雨量的异常是造成城市洪涝的直接因素,而城市泄洪能力是城市洪涝的主观因素,主要包括人为挤占河道、围湖造田、河流上游植被破坏以及城市防洪工程建设水平。

②风暴潮

风暴潮是指由剧烈的大气扰动或者洋流变化而导致的海水位异常升高,加之与天文大潮相叠加而形成水位暴涨而成灾的现象。影响风暴潮的主要因素包括区域气压、风向风速、降水、天文大潮、海平面变化、海岸带侵蚀和地面沉降等。风暴潮已经成为沿海城市所面临的发生频率高、危害性极大的自然灾害。

(5) 地震

地震活动与地壳结构、地质构造(特别是深大活动断裂)以及现代构造应力场密切相关,是地壳运动最直接表现形式,在空间上具有明显的区域性、成带性,在时间上具有周期性。我国地处环太平洋地震带和地中海—喜马拉雅地震带之间,是世界上最大的一个大陆地震区,地震活动区域空间分布主要有华东、华南海域及沿海地震区域、青藏高原地震区、华北地震区。

5.2.4 城市地质环境问题若干城市规划内容与方法

城市地质环境分析规划方法主要包括地质环境容量评价、城市地质环境适宜性评价与分区(例如,建筑地基适宜性分区、地下水资源利用适宜性分区、城市垃圾填埋场、港口、码头等适宜性分区、地质材料开采适宜性分区、生态农业适宜性分区、城镇布局及其功能地质环境适宜性评价)。

(1) 地质环境容量评价

地质环境容量作为环境容量的一个分支,由环境容量的概念演变而来。环境容量是指某一环境单元在一定环境标准下,所允许承纳污染物质的最大数量。随着环境容量应用领域的不断拓宽,其内涵也由狭义的"排放容量、纳污容量"演变为广义上的"对人类活动支持能力的大小"。

地质环境容量亦有狭义和广义之分:狭义的地质环境容量是指地质环境对污染物的最大容纳能力,局限于污染物的产生、处理;广义的地质环境容量是指地质环境对人类在城市地质环境中各种活动的承受能力,除了传统的污染承受能力之外,还有一个主要的表现方面就是地质环境对人类工程活动(地上建筑和地下建筑等)的承受限度。也就是说,地质环境容量不仅反映城市地质环境消纳污染物的功能,还反映地质环境提供给人类的资源方面,甚至包括相应的社会经济技术支持水平指标(魏子新等,2009)。

地质环境容量是衡量区域内人地系统协调程度的重要指标,但其概念和评价指标体系的研究还存在不足。首先,对地质环境容量的概念往往缺乏深入细致的分析,导致在许多应用实践中没有体现容量的本质特征,如资源性和污染性的双重属性。其次,现有研究多侧重于某些单要素的容量评价,尤其是某些短缺性的水、土、能源等要素的容量研究,而城市地质环境系统全要素或者多要素容量的综合量化仍未有突破性进展,因此如何在城市地质环境容量研究中将区域经济、社会发展同地质环境紧密结合进行综合研究,在理论上有待进一步完善与深化。再者,城市地区(尤其是地质环境开发程度较高的大型城市、矿业城市等)的地质环境容量有关理论、量化体系和方法的研究有待加强,包括指标体系的选取、建立表征地质环境容量的数学模型及定量化研究。最后,以往城市区域地质环境容量主要偏重于城市区域地质环境单要素容量现状的静态评价分析,而从区域调控、管理的角度出发,人们更关心的是"为什么现在会是这样""将来会发生什么样的变化""人类应当如何应对"诸如此类面向未来的问题(魏子新等,2009)。因此,必须加强对地质环境容量的动态变化过程分析和发展趋势的预测研究,以及针对地质环境容量的研究结果,提出促使地质环境—社会经济—生态环境相互协调与发展的相关对策方面的工作。例如,Xi 等以湖北省黄石市为研究区,基于地质、生态和社会环境共 17 个评价指标,构建了地质环境承载力评价体系(图 5-16)(Xi et al.,2021)。

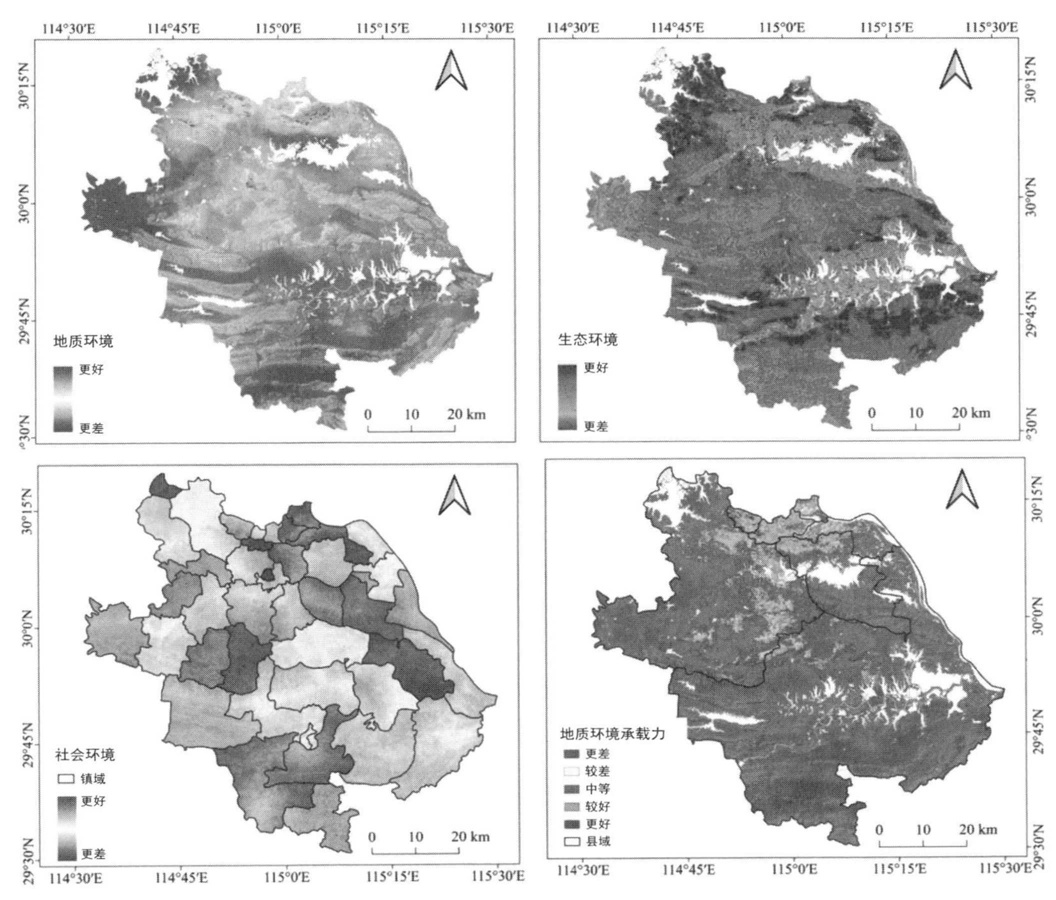

图5-16　湖北省黄石市矿业城市地质环境力评价结果

（引自：Xi et al.，2021）

（2）城市地质环境适宜性评价与分区

近年来我国城市化进程明显加快，现代化水平不断提高，所占用的土地面积不断扩大，城市工程建设也发展较快，各大城市的高层建筑、地下工程向高、重、大、深发展，人类工程活动向地质体（工程岩土体）所施加的作用越来越强烈，成为除了天然的内、外动力地质作用之外的强大的地质应力，是地球表面发生变化和发展的不可忽视的又一动力作用。因此，在城市规划与建设中，必须掌握自然地质环境的客观规律，搞好各项工程建设的可行性论证，并在建设的过程中及时保护、改善、减缓和解决环境工程地质问题。例如，Dou等对杭州市未来科技城的地下空间进行适宜性评价，反映不同深度的三维地质适宜性，从而有利于地下空间的开发决策（图5-17）（Dou et al.，2022）。

城市工程地质环境与城市规划和建设是同处于一个系统之中，在城市规划和建设时，如何充分利用工程地质环境条件，进行城市合理规划与布局；而城市工程地质工作者，如何将自己的工程地质研究成果，转换为规划学家易懂的语言，使之能在规划时加以利用，是地学研究成果应用急待解决的问题。其道理是简单易懂的，假如所获得的地质资料不是采用一种能够容易被利用和懂得的形式，那么这种资料对于决策者或非专业的大众将毫无用处。这意味着报告、图件和其他地质资料必须以一

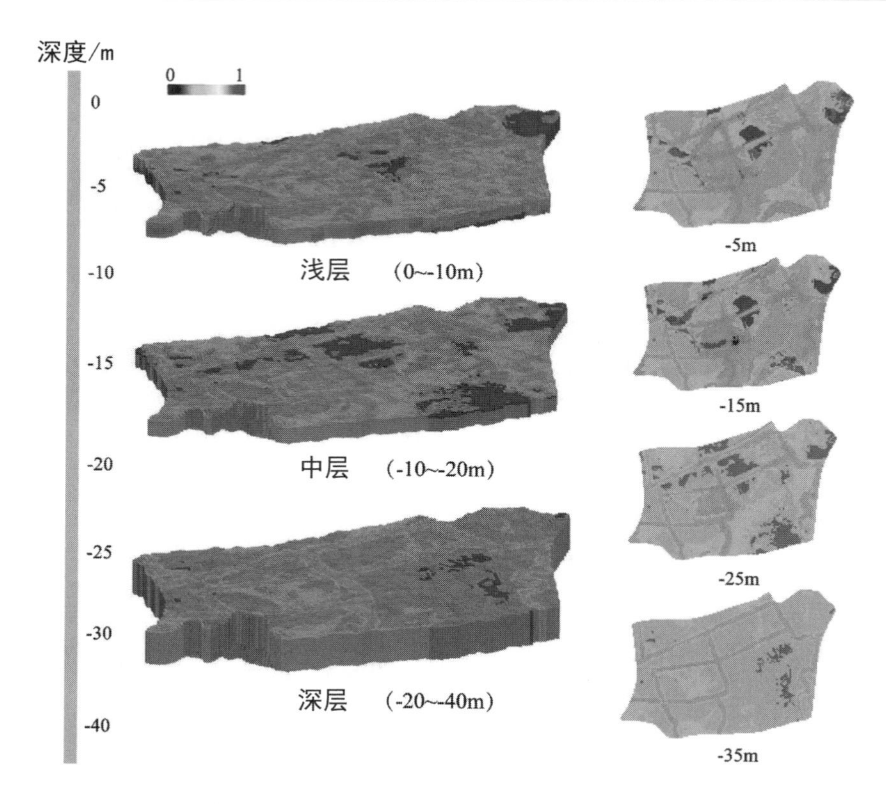

图 5-17　杭州市未来科技城地下空间开发的三维地质适宜性评价

(引自：Dou et al.，2022)

种实用的和非学术味道的术语，以人们可以懂得的语言来表达。美国地质科学研究院前院长(G. M. Brown)认为："近年来，人们对于土地利用规划所使用的系统资料中，忽视地质资料的情况表现出越来越大的关心。人们认为这种情况的出现是传统的地质图和研究报告不很容易为非地质专业的读者所懂得而造成的。"(Masri et al.，1995)因此，在城市规划时，如何做好城市规划学家与地学工作者之间的信息传输问题，使地学工作者的研究成果易于规划学家接受，并应用到规划实践中是一项十分紧迫和有重要意义的工作。

地质环境区划的对象是地质环境，牵涉基础地质、水文地质、工程地质、地质灾害、水土污染等多方面内容，因此必须要分层次进行，即专题区划与综合区划并行，综合区划以专题区划为基础。地质环境区划的核心是在于区划评价指标体系的构建。由于目前我国还没有全国性的、系统完整的、既具有普遍性又具有区域性的区划评价指标体系，因此，针对复杂、多变、脆弱的地质环境和不断加剧的人类工程经济活动，准确地把握地质环境的演化规律，建立一套基于地质环境自然属性和社会属性的评价指标体系是衡量地质环境质量优劣的有效途径。例如，江苏省地质环境区划采用层次分析法，从社会属性和自然属性出发，建立了地质灾害区划评价指标体系(图 5-18)(张丽等，2015)。

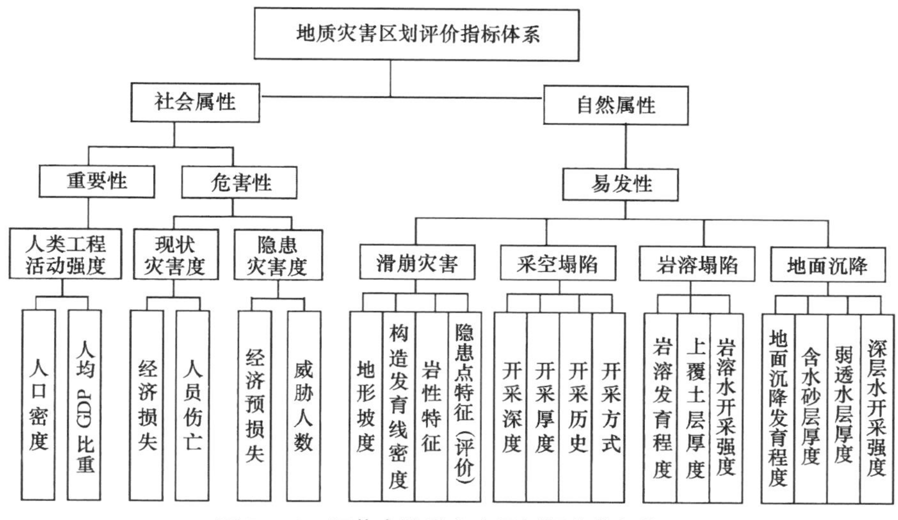

图 5－18　江苏省地质灾害区划评价指标体系

（引自：张丽等，2015）

地质环境是人类生存和发展的物质基础，目前社会经济高速发展，都市化趋势日益明显，城市建设与发展对地质环境条件的依赖性也日益增强。因此，调查摸清地质环境条件、开展地质环境区划工作，将对城市规划、建设与管理提供地质环境方面的依据，是城市建设与发展最基本的先决条件，更是可持续发展的基础。

5.3　城市地形地貌要素的分析与评价

5.3.1　城市地形地貌概念与类型

地形即地表的综合形态，它包括地貌和地质状况。在地貌学中，地形按规模不同大致可分为小地形（决定房屋、构筑物及其综合体）、中地形（决定整个城市及其个别地区）、大地形（决定居民点组群系统）和特大地形（影响发展大区和全国居民分布体系）等四种（徐小东等，2008）。在 GIS 中，地形分析通常包括海拔、坡度、坡向、坡位、坡长和地形起伏度、地表粗糙度、地表切割深度等分析。

地貌是大地景观格局的基本框架，是指地球表面的形态特征，是地球表面各种高低起伏形态的总和，根据其形成性质可分为自然地貌和人工地貌。自然地貌是城市赖以形成和发展的基础，在城市发展过程中，自然地貌从宏观上控制着城市的形态、结构和扩展方向，对城市的地域结构、形态、景观、功能等多方面均有深刻的影响。地貌类型多样，包括平原、丘陵、山地、高原等。随着社会经济发展和科技进步，人类对自然的改造能力不断加强，对地球表层原始地貌形态的影响也越来越突出，在某些方面对地球环境的改造作用在能量量级上甚至已超过了自然营力，并在不同自然地貌基础上形成了各种各样的人工地貌景观（李雪铭等，2003）。人工地貌的形成既依托一定的自然地貌基础，同时又是由一系列人工地貌组成的地貌集合体，具有明显不同于自然地貌的特征，并对自然地貌过程产生明显的影响。人工地貌的组成物质具有不同于自然地貌的特征。除了自然物质外，还包括人类废弃物和人类主观产物，并且后两者在人工地貌物质构成中的比例越来越大（李加林等，2015）。

5.3.2 城市地形地貌对城市发展的影响

城市的气候条件总与一定的地域环境联系在一起，不同地理环境的气候因素会有很大不同，这种多样性在很大程度上是地区总体的地形学差异所引起的。

(1) 地形地貌对城市建设的影响

地形地貌对城市建设有着重要的影响。例如，地形地貌可以影响城市的排水系统、建筑物的设计和交通网络的布局等。

在山区，由于地形陡峭，建筑物的设计必须考虑到地形的高差。此外，山区的降雨量较大，排水系统必须能够有效地排除雨水，以避免洪水。在平原地区，由于地势平坦，建筑物的设计可以更加自由。但是，平原地区的排水系统必须能够有效地排除雨水，以避免洪水。

基于山地城市城市形态的研究，国内的研究主要有：黄光宇研究了地形条件和自然生态环境对城市建筑的影响，并对山地城市空间结构进行了模式化(黄光宇，2005)。汪昭兵等归纳出复杂地形城市的多种组团式结构，并且归纳出这些城市空间拓展多呈现以工业空间或新城规划为先导的跳跃式发展(汪昭兵等，2008)。陈玮提出了山地城市形态发展及变异的阶段性，并对其发展的经济社会背景作了一定的分析(陈玮，2001)。王纪武以重庆和香港为例，列举出了山地城市"上山""下江"和提高空间利用率三种城市空间拓展模式，指出集约式的空间利用方式是创造宜居城市空间的有效方式(王纪武，2003)。

有研究表明，地表分割深度大于 200 m 以上的地形区会对城市空间的总体布局产生强烈影响。地形对城市空间发展的限制不仅仅是直接的地理隔断，狭道式的地形往往使城市发展在土地空间利用上难以整合，或造成城市服务中心距离过长而不易辐射到，同样会强烈地影响城市空间布局。

山地城市多数都是从单中心形态开始发展，所以开始都是通过渐进式的空间扩张来实现城市形态的生长。但山地城市通常地形复杂，城市扩展到一定程度时，地形的限制作用逐渐增强，城市可建设用地捉襟见肘，这时城市发展便到了一个临界期。此时，各种城市问题便接踵而至，如城市人口膨胀、城市空间拥挤、交通拥堵、老城区地价攀升等。由于城市用地紧张，新的大型投资项目往往面临较大的选址难度，同时征用土地往往经过多次开发，面临巨大的拆迁成本和难度，这给城市招商引资带来不利影响。城市的渐进式扩张速度开始放缓，甚至停滞。当城市的经济社会实力增长到一定程度，从而能够突破地形的限制，或者城市发展迎来重大机遇时，城市发展越过临界期，跳跃式发展代替渐进式发展成为城市形态生长的主要方式(张雪原等，2013)。

(2) 地形地貌对城市生态环境的影响

地形地貌决定了局部的自然要素，如气压、温度、湿度、风向、风速、水文条件等，从而影响了局部地区的空气质量、土地利用形态、生物多样性等。不同的地形地貌类型需要采取不同的环境规划和管理措施，以实现局部环境的可持续发展。

①地形地貌与温湿状态

在地形较为复杂时，由于太阳辐射的不同，再加上其他诸多因素的综合作用，而形成城市局部地区特定的温湿状态。地形对太阳辐射的影响由与地形相关的辐射状态的差异所决定。首先，因地理方位、地形、坡度、标高以及太阳直接辐射和天空漫射不同，地面各处的太阳辐射量呈现出明显的差异性。其中，对地区太阳辐射量影响最大的还是坡态。对于东西向延伸凸起的地形可能遮挡用地日照的问题应在方案设计时加以考虑。坡态还影响到基地上建筑物的阴影长度，位于南坡的阴影缩短，而在北坡的则变长。为确保城市室内外空间必要的日照，在选择建筑类型与设计手法时，必须考虑到此类因素。

此外，与太阳光线垂直的法线面有最大的辐射热，因此直接辐射热与地面和太阳光线所形成的角度成正比，它们会随季节和纬度不同而变化。此外，太阳辐射还与当地空气中的水蒸气含量、浮尘含量及云量等大气清晰度有关。例如，湿度高的海岛型气候，就因为空气中的水分吸收太阳辐射而造成太阳辐射量比同纬度的大陆性气候区低。

苏联学者研究发现，高出河谷 50～100 m、朝向较为理想的坡地，由于较少受到有害强风侵袭，再加上它们大多位于那些在低洼地区形成的导致地表冷却或比重大的冷空气沿坡下沉的逆温层和“冷湖”区上方，一般都具有较佳的温湿环境，而坡顶和坡谷则往往形成冷高原和冷气坑，环境不佳。

高大山脉形成潮湿的向风坡，而小的山脉则形成潮湿的背风坡。当遇到高大的山脉坡地，潮湿空气集聚并且快速上升，当空气达到其露点时，就会在向风坡形成湿冷气候。穿过山脊，空气下降并逐渐变暖，低于其相对湿度而使背风坡变得干燥。因而造成“迎风坡多风多雨，而背风坡干旱少风”的局部气候现象；对于小的山体，情况恰恰相反(Chen，2016)。

温湿状态还主要表现为气温与地方海拔高程的规律性关系上。在通常情况下，温度呈现为一定的垂直梯度，当一定体积的空气上升时，每升高 100 m 平均温度大约下降 0.6 ℃；而当一定体积的空气下降时，温度也以同样的速率升高(Givoni，1998)。对许多城市而言，如俄罗斯的第比利斯、意大利的热亚那等，城区之间的局部高差都在 200～400 m 之间，平均温差达 2～4 ℃。作为极端例子，玻利维亚最大的城市拉巴斯，位于很深的峡谷内，其建成区范围内的高差竟达 1 000 m，从而导致城内建筑层次极为复杂，街道形态蜿蜒曲折，局地微气候差异很大。

由此可见，地形高差所形成的城市内部温差对改善居住条件非常有效。寒冷或炎热地区的城市功能布局，如能对地形及其引起的温湿状态变化加以综合考虑和利用，对于提高城市环境的舒适性有着积极作用。

②地形地貌与城市风环境

起伏变化的地形能够明显改变大气总循环中近地气层的方向，再加上前述坡态的冷热温差共同作用，可形成地区性的大气循环，从而对城市风环境产生很大影响，形成局部地形风。丘陵和山区地形对气流的影响比城市建筑物对气流的影响大得多，有关主导风向与风速受地形影响的结论应成为城市设计方案构思和选择的重要依据。山谷风是一种与大气循环无直接关系的特殊地方风，一般产生于长而狭窄的陡峭山谷内，具有昼夜循环的周期性特点。这种风通常比较轻微，是因为夜间空气沿着山坡下降，在与土地接触的过程中被冷却而产生的，在静风情况下对城市局地气候的改善起着很大的作用。虽然山谷风对局部风环境的影响不如海陆风那样显著，但也足以改变一个地区的某一季节的主导风向。如徽州地区，由于群山环抱，各个村落夏季主导风向迥异，不如江淮平原地区那样有规律。

从上述分析中我们发现，影响城市局地微气候环境的基本地形如丘陵、山脊、山坡、谷地等,它们都有着相对独立的自然生态特点(表 5-3)(刘贵利,2002)。分析不同地形及与之相伴的局地微气候条件,能为城市设计提供一定的理论依据。

表 5-3　不同地形共生的生态特点

地形	升高的地势			平坦的地势	下降的地势			
	丘、丘顶	垭口	山脊	坡(台)地	谷地	盆地	冲地	河漫地
风态	改变风向	大风区	改向加速	顺坡风/涡风/背风	谷地风		顺沟风	水陆风
温度	偏高易降	中等易降	中等背风坡高热	谷地逆温	中等	低	低	低
湿度	湿度小,易干旱	小	湿度小,干旱	中等	大	中等	大	最大
日照	时间长	阴影早时间长	时间长	向阳坡多,背阳坡少	阴影早差异大	差异大	阴影早时间短	
雨量				迎风雨多,背风雨少				
地面水	多向径流小	径流小	多向径流小	径流大且冲刷严重	汇水易淤积	最易淤积	受侵蚀	洪涝洪泛
土壤	易流失	易流失	易流失	较易流失			最易流失	
动物生境	差	差	差	一般	好	好	好	好
植被多样性	单一	单一	单一	较多样	多样	多样		多样

(引自:刘贵利,2002)

③地形地貌与城市空气质量

不同的地形地貌会造成不同的气压、温度、湿度、风向和风速等气象要素的变化,从而影响城市的气候类型和特征。例如,山地城市通常比平原城市气温低,湿度高,降水多,而且容易形成山谷风和地形雨等现象。地形地貌还会影响城市的空气质量,因为它会影响空气污染物的扩散和沉降。例如,盆地城市通常比其他类型的城市更容易形成逆温层和气候倒悬,导致空气污染物难以扩散,造成雾霾等问题。

地形起伏会影响地面的摩擦力和湍流,从而影响空气的流动和稳定性。例如,山地地区由于地形起伏大,地面的摩擦力和湍流强,空气的流动和稳定性差,空气污染物容易滞留,造成空气质量下降;而平原地区由于地形起伏小,地面的摩擦力和湍流弱,空气的流动和稳定性好,空气污染物容易扩散,造成空气质量提高。盆地地区由于地形形状凹,空气容易被阻挡和积聚,空气污染物的输送和分布不均匀,造成空气质量下降;而岛屿地区由于地形形状凸,空气容易被引导和加速,空气污染物的输送和分布均匀,造成空气质量提高(Lee et al.,2009)。

在地形复杂的地区,地形对空气质量的影响很大。由于复杂的地形和停滞的天气,世界各地的盆地地区经常观察到冷空气池。这些冷空气池引起稳定的层结和相对较弱的风,截留空气污染物,从而产生严重的空气污染。这些结果凸显了复杂地形在决定山区空气质量方面的重要作用。四川盆地是中国空气污染最严重的四个地区之一。青藏高原毗邻四川盆地的西部,而云贵高原、大巴山和秦岭以及巫山分别位于四川盆地的南部、北部和东部。所有这些高耸的山脉使盆地内部成为一个封闭的区域(Ning et al.,2018)。由于地形封闭,四川盆地地区空气停滞发生频率为中国最高,这限制了空气污染物的扩散,特别是在冬季,逆温频繁,风平浪静。此外,在这些复杂地形的热力和动力作用下,青藏高原东坡常在 700 hPa 形成低压系统,冬季干燥寒冷,会加剧西北地区的空气污染(Ning et al.,2019)。

④地形地貌对城市安全韧性的影响

对于位于复杂地理环境(例如,陆地—水域边界和复杂地形)的城市来说,城市对恶劣天气的影响尚未完全了解。这主要是由于地形引起的大气环流(例如海风、湖风和山谷环流)与城市引起的环流和热力学变量之间复杂的相互作用(Yang et al.,2014)。地形过程和城市引起的环流之间的相互作用可以在城市界面产生频繁的汇聚,城市化通过对持续大气强迫的动力学和热力学扰动来改变地形强迫对流(Freitag et al.,2018)。此外,之前的研究强调了在城市降雨改变研究中考虑流态的重要性,对于靠近复杂地形的城市来说,这是一个特别重要的问题,因为流态(例如,风速和风向)定义了大气强迫与地形相互作用的方式,而地形是对流引发和强降雨过程的关键要素(Yang et al.,2019a)。

由于快速城市化、自然资源过度开发和缺乏土地利用管理,发展中国家面临更多的自然灾害影响。墨西哥城是世界上人口最多的大都市区之一,且由于其地球物理动态和日益增加的脆弱性,经常受到自然灾害的影响。伊斯塔帕拉帕80%的领土位于沼泽平原,几个世纪前这里是湖泊,20%的地表是火山坡,这些地貌和人文特征有利于发生不同的地质和水文气象灾害。伊斯塔帕拉帕的土壤裂缝是由多种相互作用的因素引起的,其中包括湖泊和火山物质的高度异质性、区域断层、地震、沉降和城市基础设施压力(图5-19)(García-Soriano et al.,2020)。

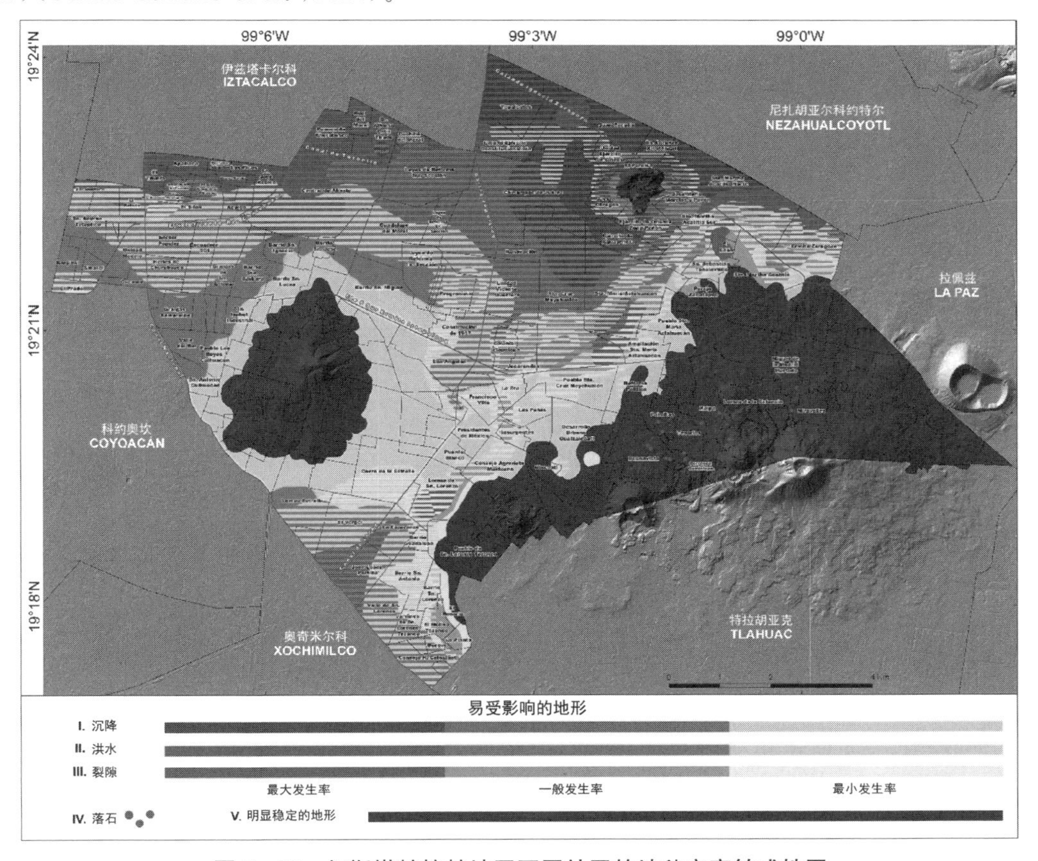

图5-19　伊斯塔帕拉帕地区不同社区的地貌灾害敏感性图

(引自:García-Soriano et al.,2020)

武汉平均每年洪水频率在0.18次以上,与长江流域其他城市相比,属于最高的洪水风险级别。武汉地处长江下游,地势低洼,使得其河漫滩在雨季时常受到江河洪水的威胁。特别是20世纪以来,武汉河漫滩发生特大河流洪水的频率较高(如1931年、1954年、1998年、1999年)。而快速的城市化增加了武汉洪泛区的投资和人口,导致特大江河洪涝灾害的爆发,影响更多的人员,造成更多的财产和基础设施损失(图5-20)(Liu et al.,2017)。

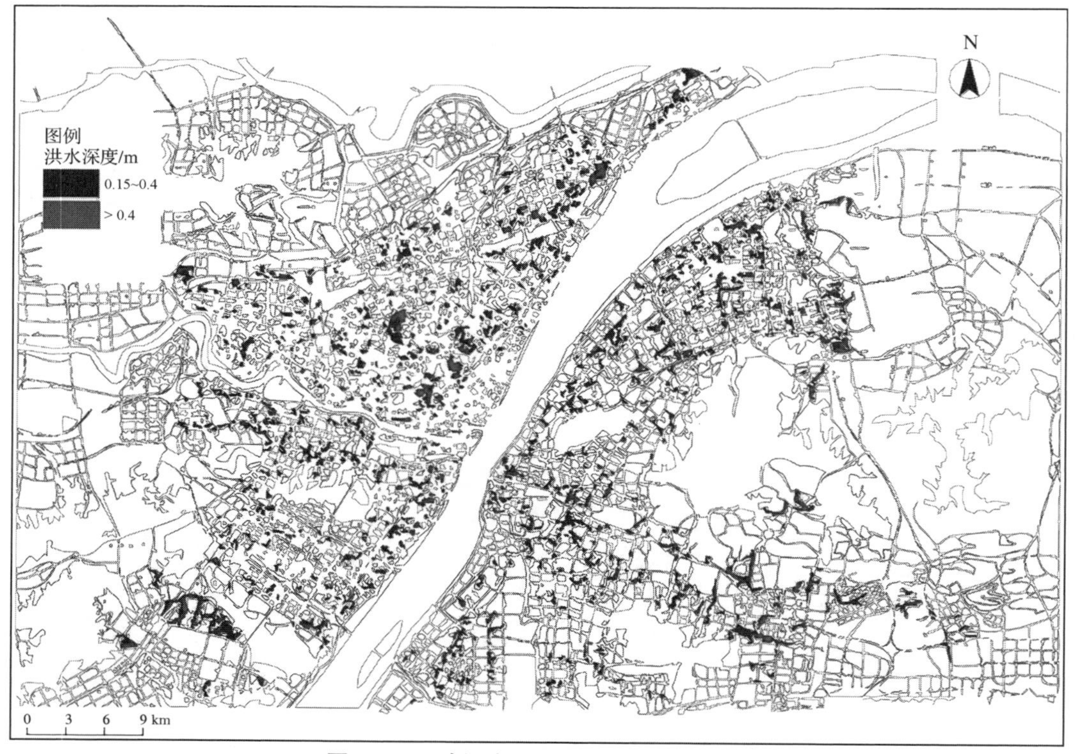

图5-20　武汉市区淹没区域洪水深度图

(引自:Wu et al.,2020)

⑤地形地貌对城市品质的影响

吴良镛先生的“山水城市”指出,地形地貌对塑造城市品质具有一定影响。“山水城市”一般意义是城市要结合自然,强调城市的山水有生态学、城市气候学、美学、环境科学的意义,多尺度综合考虑城市与周边生态区的关系,展现城市规划设计、建筑、景观有机整体的理念,诠释古老的理想人居环境(吴良镛,2001)。

“山水城市”理念的本质可以概括为“自然之境”“如画之境”“理想之境”。“自然状态”要求满足生态系统的需求并保护关键景观资源;“风景如画的国家”旨在利用主要保存的景观元素创造风景如画的艺术;“理想状态”是指营造一种富有想象力的艺术氛围,让人们在视觉、听觉之外,用灵魂去感知和交流如画的城市景观。以生态安全为城市发展的门槛,以中国传统文化原理为基础的山水城市结构和景观设计理念,形成了考虑城市用地背景下开放空间功能要求的景观结构。这种城市景观规划方法将客观分析与艺术设计相结合,为其他城市的景观规划与生态功能、审美视觉和城市需求的整合提供了案例研究。

在重庆的案例研究中，结果证实城市景观的舒适度效果最大，人们会为城市景观的舒适度支付更多的钱，以获得更好的居住环境，特别是山地景观与河流景观的互动效应可以增加城市景观的舒适价值（图5-21）。这一发现反映了与靠近河流或山景的房屋相比，人们愿意为山水景观房屋支付溢价，山水景观的交互作用使房价上涨了21.38%，远高于单独的河流或山地景观的价值（Liu et al.，2019）。河流景观与山景的结合可以通过两者的极致互动增加景观的宜人价值，山水两种景观的结合创造了新的符号。

图5-21 重庆山水景观房的住房单价空间分布

（引自：Liu et al.，2019）

5.3.3 城市发展对城市地形地貌的影响

在城市化进程中，大规模的城市开发建设使得城市与区域的景观变得支离破碎，以致各种生态系统过程都被割裂或受到很大威胁。城市扩张通常会移除农作物和自然植被，并用沥青、混凝土和金属等非蒸发和非蒸腾表面取代（Weng，2003）。城市地区的地表反照率（surface albedo）、植被覆盖率和可用水分普遍较低。然而，城市周边地区的生态系统破碎化可能会被城市主导的保护和休闲用地需求所抵消。城市化带来的永久性土地利用变化改变了陆地生态系统的辐射、生理和空气动力学特性，城市化会显著提高地表温度或空气温度，减少蒸散量，并增加雨水径流（图5-22）（Hao et al.，2023）。

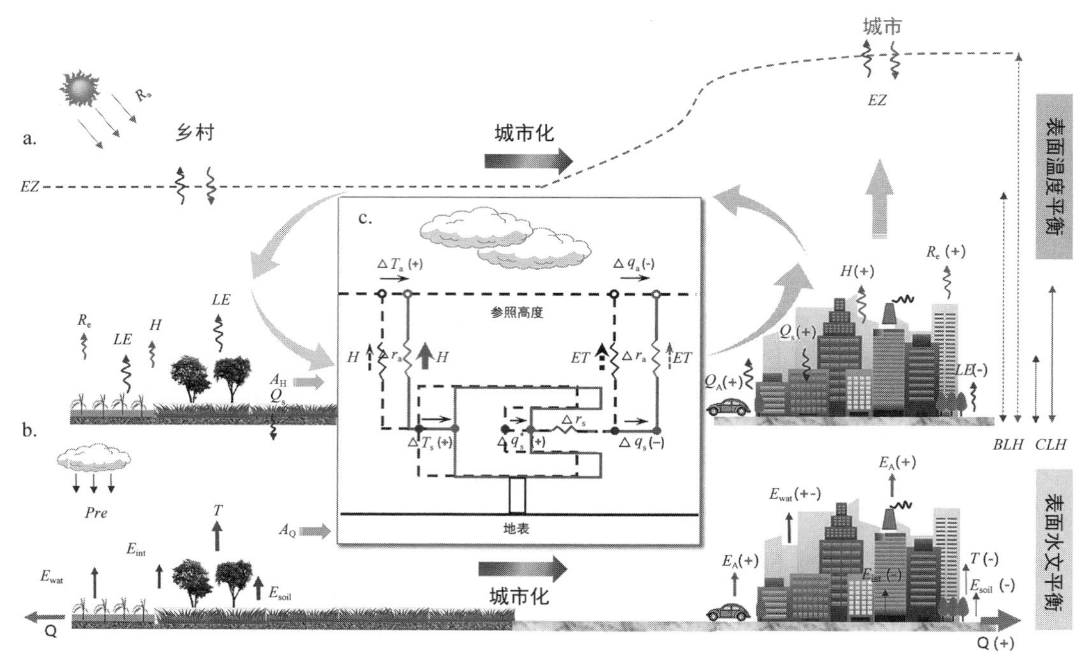

图 5 - 22　导致“城市热岛”和“城市干(湿)岛”的物理城市化过程

(引自：Hao et al.，2023)

注：a 侧重于地表能量平衡，R_a 为辐射，R_e 为反射，H 为显热通量，LE 为潜热通量，Q_s 为蓄热，Q_A 为人为热量，A_H 为来自乡村的吸入热量。EZ 是夹带区，浅蓝色和浅红色箭头表示城乡微风环流。b 侧重于地表水平衡，Pre 是降水量，T 是蒸发量，E_{soil} 是土壤蒸发量，E_{wat} 是水分蒸发量，E_{int} 是截流蒸发量，A_Q 是农村吸入的水分，E_A 是燃烧等引起的人为水汽注入，Q 是径流。r_a 为空气动力阻力，r_s 为地表阻力，T_s 为地表温度，T_a 为近地表气温，q_s^* 为地表饱和比湿，仅是 T_s 的函数，q_s 为地表比湿，q_a 为大气比湿。BLH 是指从地面到夹带区的空气层，CLH 是指从地面到冠层/屋顶层的空气层。BLH 和 CLH 的绿色和红色分别代表农村和城市环境。括号中的正负号分别代表增加或减少。

城市建成区地貌类型不断复杂化使得城市下垫面性质不断变化，水面、湿地、耕地等大幅减少，不透水面不断增加，对原来的地形地貌进行改造，趋向平坦，容易造成水土流失、滑坡、泥石流等地质灾害，也会直接和间接影响水文气候(Zhan et al.，2013)，并且随着城市的不断发展，城市扩张将对当地气候产生更大的影响。

城市化通过造成空气、水和噪声污染以及引发地面沉降和地下水污染等地质灾害而恶化地质环境，从而影响环境。在上海，自 1921 年起就有官方记录地下水抽水量和地面沉降，地下水抽取被认为是上海地面沉降的主要原因。1921—1965 年，地下水抽取量逐年增加，造成地面沉降，改变了上海的地质环境。1966 年以来，采取减少地下水抽取量、调整含水层地下水抽取层、进行人工回灌等措施，将地面沉降控制在 5 mm/年允许值以内。1972—1989 年期间，平均沉降速度(V_{S1})为 3.6 mm/年，在允许范围内。然而，1990—1995 年(V_{S2})的平均沉降速度为 9.97 mm/年，几乎是 V_{S1} 的 2 倍。1996—2009 年(V_{S3})平均沉降速度为 12.09 mm，是 V_{S1} 的 3 倍，远大于允许值(图 5 - 23)。换句话说，在 20 世纪 90 年代，尽管地下水净抽取量(即地下水抽取量与补给量之差)没有增加，但地面沉降却加速了(Xu et al.，2012)。1980 年以来，可将影响上海市地面沉降加速的因素分为以下三类：a. 地基附加荷载，包括建筑荷载和动力荷载；b. 地下结构施工，包括隧道、基坑建设；c. 地下水位长期下降，可能是隧道衬砌渗漏、含水层地下构筑物的存在截断地下水流以及郊区地下水补给减少等造成的。

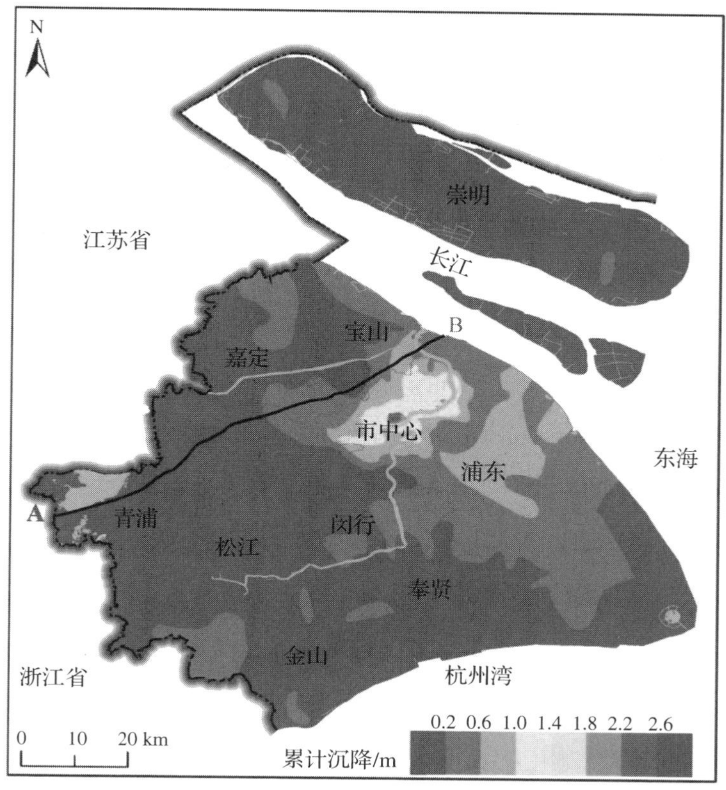

图 5-23　1921—2016 年上海市总体地面沉降情况

(引自:He et al.,2019)

与此同时,上海市中心城区建设了大量高层建筑和燃气管道、供水、污水、电力、地下铁路隧道等市政设施。一些研究人员指出,城市建设是上海地面沉降的原因之一,据报道,城市建设引起的沉降量占地面沉降总量的比例约为 30%(Xu et al.,2009)。

5.3.4　城市地形地貌问题若干城市规划内容与方法

(1) 开展灾害地貌的预测预报和危险区划研究

针对不同目的或服务对象,可进行不同类型的地质灾害风险评价。根据地质灾害风险评价范围或面积,可将地质灾害风险评价分为点评价、面评价、区域评价(表 5-4)(张春山等,2003)。

表 5-4　地质灾害风险评价范围及其特征

评价类型	点评价	面评价	区域评价
评价对象	灾害体或灾害群 灾情与风险	地区地质灾害 综合灾情与风险	区域地质灾害 总体灾情与风险
评价面积	一般不超过几 km^2	几十到几千 km^2	几千到几百万 km^2
评价范围	一般不超过一个县	一个县到几个县	几个县到全国
评价意义	为抗灾、救灾和实施防治工程提供依据	为部署防治工程和地区规划提供依据	为宏观减灾决策和制定规划提供依据
评价手段	专门调查统计和必要的观测、试验	专门调查统计	区域调查统计
比较精确量化	评价精度	一般量化	相对量化

(引自:张春山等,2003)

在我国青藏高原地区，世界上最深的峡谷雅鲁藏布江大峡谷所在地的林芝地区成为陆地上地貌垂直落差较大的地区，巨大的地表起伏和显著的地形变化导致该地区多种气候共存。特殊的热带湿润、半湿润气候，使植被覆盖率高达46%，雅鲁藏布江及其支流形成的水系，降水丰富，但分布不均，这些特殊的地理环境成为该地区地质灾害频发的重要原因。林芝地区地质灾害多发，主要有滑坡、崩塌、泥石流、冻土斜坡、冰川融化等，主要分布在雅鲁藏布江中上游和喜马拉雅断裂带。地震和暴雨的影响导致一种地质灾害的发生引发其他地质灾害和次生灾害。

针对林芝地区地质灾害频发、基础数据缺乏的情况，Wu 等提出了地形、坡度、坡向、相对高差、距水系距离、年均降水量、距断裂带距离、土地利用类型 9 个评价因子，采用 AHP(Analytic Hierarchy Process，层次分析法)和 FAHP(Fuzzy Analytic Hierarchy Process，模糊层次分析法)方法进行分析比较(Wu et al.，2021)。结果表明高风险和极高风险地区约占28%，低风险和极低风险地区占42%，中风险地区占27.62%(图5-24)。总体来看，60%以上的地区不低于中风险级别，有必要加强这些地区自然灾害的防治，这进一步验证了林芝自然灾害风险评估的必要性和重要性。

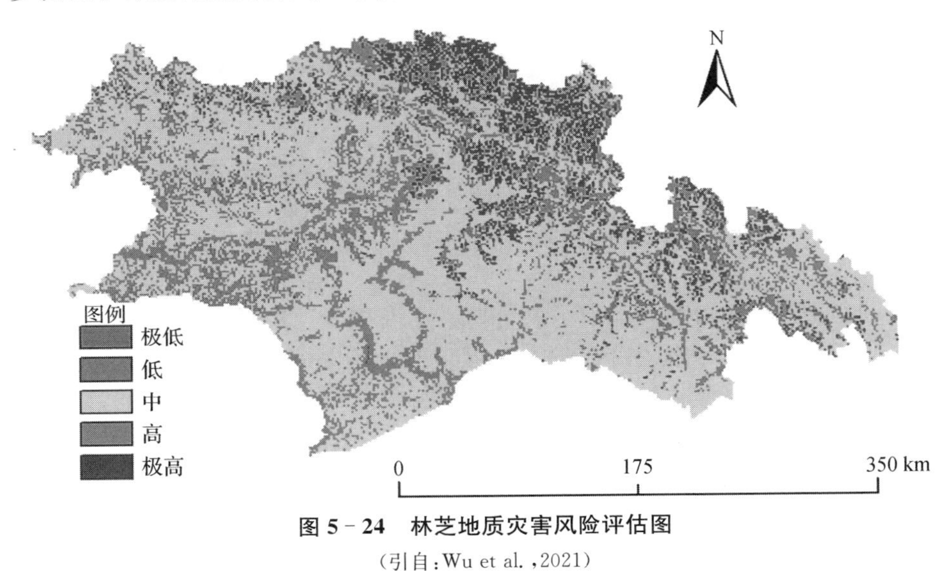

图 5-24　林芝地质灾害风险评估图

(引自：Wu et al.，2021)

(2) 进行城市地形地貌环境质量评价

随着全球城市化的快速发展，人类活动对城市地区的地质和生态环境的影响越来越大。城镇原有的地质结构、大气环境、海洋环境、地形地貌等都因人类的外部干预而发生了巨大变化(Asmare，2016)。因此，城镇受地质灾害影响的人数也急剧增加。地质环境问题和生态环境问题已成为制约和威胁城镇发展的重要影响因素(Wang et al.，2018)。传统的城市规划方法忽视了地质和生态环境可能产生的影响，已不能满足当前城市化发展的要求。如何科学有效地评价城市地质和生态环境质量并给出合理规划，是当前和未来城镇化可持续发展相关研究的关键问题。

与地质环境相关的城市土地利用问题最终涉及城市规划与土木工程的各个方面，影响到具体工程的设计、施工和维护。其中一些问题，例如地震和山体滑坡，是作为地质环境固有的自然灾害而发生的。如果工程规划不当，地下水污染等其他问题也可能造成实际或潜在的威胁，还有一些可能与土地使用或开发的经济学有关。因此，在规划和实施旨在保护环境的补救措施时，必须充分考虑地质环境。

为了最大限度地利用某一区域的土地，规划者应该考虑实际的地质环境，这将使基本信息的准确性和实施的可操作性得到提高，然后应用于规划过程。从技术上讲，地理信息系统(GIS)为地理环境评估提供了强大的工具，以支持国土空间各类规划。利用GIS辅助城市规划的地质环境评价，包含地形、地质、地下水状况和地质灾害等信息，进行多标准分析，并根据适当的测量数据，可以高效评估各种土地利用类别的地质环境的开发适宜性，包括高层建筑、多层建筑、低层建筑、废物处理和自然保护等(Dai et al.，2001)。

地质环境评价的一个重要目标是为政策制定者、规划者和开发商在保护环境的同时优化一个地区的发展提供帮助，评估结果可以帮助规划者做出特定地块的土地利用替代决策，并且可以作为确定各种可能的开发类型的总体趋势和适宜性空间分布的指南。

煤炭资源的粗放开发利用严重威胁着西部地区脆弱的生态环境，高强度开采使榆神府煤矿区原本脆弱的生态地质环境更加恶化。Yang 等对与煤炭开采相关的 13 个因素进行分析和整合，评价榆神府煤矿区生态地质环境质量。利用 FDAHP(Fuzzy Delphi Analytic Hierarchy Process，模糊德尔菲层次分析法)技术、遥感技术、GIS 技术，建立了生态地质环境质量综合评价模型。结果表明榆神府煤矿区生态地质环境质量良好及较好区域占研究总面积的 45.68%，总体处于中等状况(图 5－25)(Yang et al.，2019)。

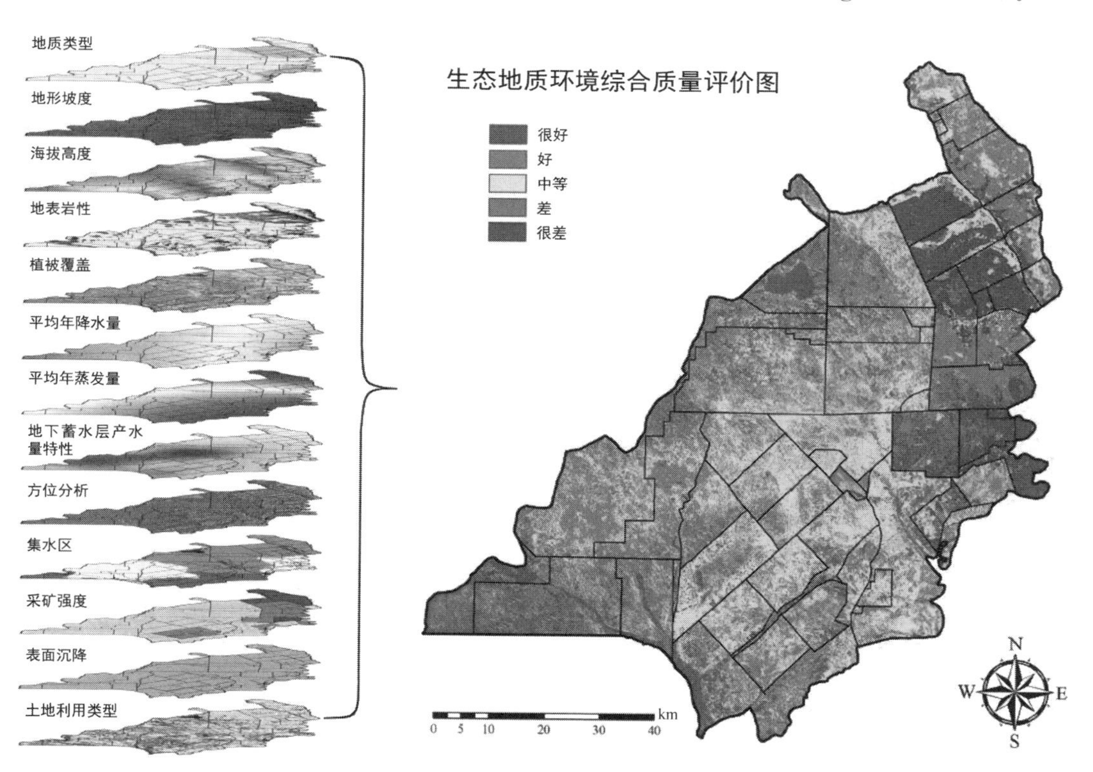

图 5－25　榆神府煤矿区生态地质环境质量综合评价分类图

(引自：Yang et al.，2019b)

5.4　城市土壤要素的分析与评价

5.4.1　城市土壤的概念与类型

土壤圈在地理环境中处于地球大气圈、水圈、生物圈和岩石圈之间的界面上,是地球各圈层中最活跃、最富有生命力的圈层之一,它们之间不断进行物质循环与能量转换。土壤圈与生物圈进行养分元素的循环,土壤支持和调节生物的生长发育过程,提供植物所需的养分、水分与适宜的理化环境,决定自然植被的分布。土壤圈与水圈进行水分平衡和循环,影响降水在陆地和水体的重新分配,影响元素的表生地球化学迁移过程及水平分布,也影响水圈的化学组成。土壤圈与大气圈进行大量及痕量气体交换,影响大气圈的化学组成、水分与热量平衡。土壤圈与岩石圈进行着金属元素和微量元素的循环,土被覆盖在岩石圈表层,对其具有一定的保护作用,减少各种外营力的破坏。由此可见,土壤圈是联结各自然地理要素的枢纽,是非生物的无机界与生物有机界联系的中心环节。

土壤是指地球表面生物、气候、母质、地形、时间等因素综合作用下所形成的能够生长植物,具有生态环境调控功能,处于永恒变化中的矿物质与有机质的疏松混合物。土壤是人类赖以生存的物质基础,是人类不可缺少和不能再生的自然资源,主要由矿物质、有机质、水分、空气和生物组成的生物与非生物混合体,也是一个能从物质组成、形态结构和功能上剖析的自然体。土壤作为一种有限的自然资源,对地球上多种生命的形成和生息繁衍起着至关重要的作用。

城市土壤是所有受城市化影响的土壤的总称,或者是因人类活动而改变其自然状态的土壤(Lehmann et al.,2007),是在原有自然土壤的基础上,处于长期的城市地貌、气候、水文与污染等环境背景下,经过多次直接或间接的人为干扰而组装起来的具有高度时空变异性的一类土壤。城市土壤的成分因城市年龄和位置而异,但具有因人类活动而改变其自然状态的共同特征,例如混合不同深度和区域的土壤、用外来土壤填充自然槽以平整或抬高地面(Elam et al.,2020)。

土壤的基本属性和本质特征是具有肥力。土壤肥力是指土壤供应与协调植物正常生长发育所需的养分、水分、空气和热量的能力。这种能力是由土壤的一系列物理、化学、生物过程所引起的,因而也是土壤的物理、化学、生物性质的反映。土壤的物理学、化学和生物学特性,决定了土壤具有容纳、降解、过滤、缓冲和固定有毒的无机物、有机化合物及城市污染物质的功能。

由于成土因素和成土过程的不同,自然界的土壤是多种多样的,具有多种多样的土体构型、内在性质和肥力水平。世界上许多土类常用颜色命名,例如红壤、黄壤、黑土、黑钙土、栗钙土、灰钙土等(图 5-26)。土壤分类的目的就是通过比较土壤的相似性和差异性,将外部形态和内部性质相同或相近的土壤纳入一定的分类系统。目前世界各国对土壤的研究还不够系统和深入,尚没有统一的土壤分类原则、分类系统和命名。当前我国存在并应用的土壤分类系统有发生学分类系统(一般采用土纲、亚纲、土类、亚类、土属、土种、变种 7 级分类,土纲和亚纲系统见表 5-5)和以诊断层、诊断特性为基础的土壤分类系统(土纲、亚纲、土类、亚类、土族、土系6级分类,土纲和亚纲系统见表5-6)。

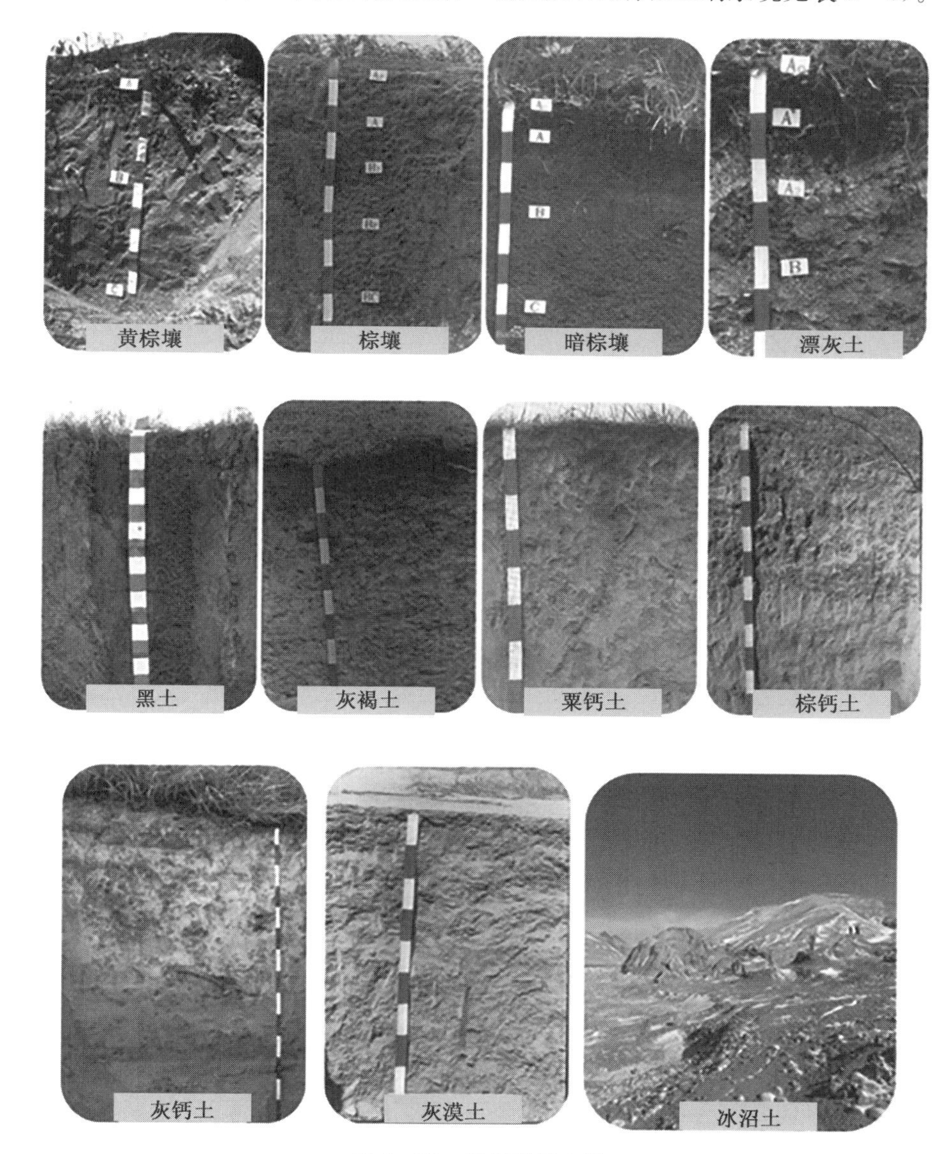

图5-26　世界常见土类

(引自:中国科学院南京土壤研究所,1980)

表5-5　中国土壤发生分类土纲、亚纲系统表

土纲	亚纲	土类	亚类
铁铝土	湿热铁铝土	砖红壤	砖红壤、黄色砖红壤
		赤红壤	赤红壤、黄色赤红壤、赤红壤性土
		红壤	红壤、黄红壤、棕红壤、山原红壤、红壤性土
	湿暖热铁铝土	黄壤	黄壤、漂洗黄壤、表潜黄壤、黄壤性土

(续表)

土纲	亚纲	土类	亚类
淋溶土	湿暖淋溶土	黄棕壤	黄棕壤,暗黄棕壤,黄棕壤性土
		黄褐土	黄褐土,粘盘黄褐土,白演化黄褐土,黄褐土性土
	温暖温淋溶土	棕壤	棕壤白浆化棕壤,潮棕壤,棕壤性土
	湿温淋溶土	暗棕壤	暗棕壤,灰化暗棕壤,白浆化暗棕壤,草甸暗棕壤,潜育暗棕壤,暗棕壤性土
		白浆土	白浆土,草甸白浆土,潜育白浆土
	湿寒温淋溶土	棕色针叶林土	棕色针叶林土,灰化棕色针叶林土,白浆化棕色针叶林土,表潜棕色针叶林土
		漂灰土	漂灰土,暗漂灰土
		灰化土	灰化土
半淋溶土	半湿热半淋溶土	燥红土	燥红土,淋溶燥红土,褐红土
	半湿暖温半淋溶土	褐土	褐土,石灰性褐土,淋溶褐土,潮褐土,楼土,燥褐土,褐土性
	半湿温半淋溶土	灰褐土	灰褐土,暗灰褐土,淋溶灰褐土,石灰性灰褐土,灰褐土性土
		黑土	黑土,草甸黑土,白浆化黑土,表潜黑土
		灰色森林土	灰色森林土,暗灰色森林土
钙层土	半湿温钙层土	黑钙土	黑钙土,淋溶黑钙土,石灰性黑钙土,淡黑钙土,草甸黑钙土,盐化黑钙土,碱化黑钙土
	半干温钙层土	栗钙土	暗栗钙土,栗钙土,淡栗钙土,草甸栗钙土,盐化栗钙土,碱化栗钙土,栗钙土性土
	半干暖温钙层土	栗褐土	栗褐土,淡栗褐土,潮栗褐土
		黑垆土	黑垆土,黏化黑垆土,潮黑垆土,黑麻土
干旱土	干温干旱土	棕钙土	棕钙土,淡棕钙土,草甸棕钙土,盐化棕钙土,碱化棕钙土,棕钙土性土
	干暖温干旱土	灰钙土	灰钙土,淡灰钙土,草甸灰钙土,盐化灰钙土
土漠土	干温漠土	灰漠土	灰漠土,钙质灰漠土,草甸灰漠土.盐化灰漠土,碱化灰漠土,灌耕灰漠土
		灰棕漠土	灰棕漠土,草甸灰棕漠土,石膏灰棕漠土,石膏盐盘灰棕漠土,灌耕灰棕漠
	干暖温漠土	棕漠土	棕漠土,草甸棕漠土,盐化棕漠土,石膏棕漠土,石膏盐盘棕漠土,灌耕棕漠土
初育土	土质初育土	黄绵土	黄绵土
		红黏土	红黏土,积钙红黏土,复盐基红黏土
		新积土	新积土,冲积土,珊瑚砂土
		龟裂土	龟裂土
		风沙土	荒漠风沙土,草原风沙土,草甸风沙土;滨海风沙土
		粗骨土	酸性粗骨土,中性粗骨土,钙质粗骨土,质岩粗骨土
	石质初育土	石灰(岩)土	红色石灰土,黑色石灰土,棕色石灰土,黄色石灰土
		火山灰土	火山灰土,暗火山灰土,基性岩火山灰土
		紫色土	酸性紫色土,中性紫色土,石灰性紫色土
		磷质石灰土	磷质石灰土,硬盘磷质石灰土,盐渍磷质石灰土
		石质土	酸性石质土,中性石质土,钙质石质土,含盐石质土

（续表）

土纲	亚纲	土类	亚类
半水成土	暗半水成土	草甸土	草甸土，石灰性草甸土，白浆化草甸土，潜育草甸土，盐化草甸土，碱化草甸土
	淡半水成土	潮土	潮土，灰潮土，脱潮土，湿潮土，盐化潮土，碱化潮土，灌淤潮土
		砂姜黑土	砂姜黑土，石灰性砂姜黑土，盐化砂姜黑土，碱化砂姜黑土，黑黏土
		林灌草甸土	林灌草甸土，盐化林灌草甸土，碱化林灌草甸土
		山地草甸土	山地草甸土，山地草原草甸土，山地灌丛草甸土
水成土	矿质水成土	沼泽土	沼泽土，腐泥沼泽土，泥炭沼泽土，草甸沼泽土，盐化沼泽土，碱化沼泽土
	有机水成土	泥炭土	低位泥炭土，中位泥炭土，高位泥炭土
盐碱土	盐土	草甸盐土	草甸盐土，结壳盐土，沼泽盐土，碱化盐土
		滨海盐土	滨海盐土，滨海沼泽盐土，滨海潮滩盐土
		酸性硫酸盐土	酸性硫酸盐土，含盐酸性硫酸盐土
		漠境盐土	漠境盐土，干旱盐土，残余盐土
		寒原盐土	寒原盐土，寒原草甸盐土，寒原硼酸盆土，寒原碱化盐土
	碱土	碱土	草甸碱土，草原碱土，龟裂碱土，盐化碱土，荒漠碱土
人为土	人为水成土	潴育水稻土	潴育水稻土，淹育水稻土，渗育水稻土，潜育水稻土，脱潜水稻土，漂洗水稻土，盐渍水稻土，咸酸水稻土
	灌耕土	灌淤土	灌淤土，潮灌淤土，表锈灌淤土，盐化灌淤土
	灌漠土	灰灌漠土	灰灌漠土，潮灌漠土，盐化灌漠土
	湿寒高山土	草毡土（高山草甸土）	草毡土（高山草甸土），薄草毡土（高山草原草甸土），棕草毡土（高山灌丛草甸土），湿草毡土（高山湿草甸土）
		黑毡土（亚高山草甸土）	黑毡土（亚高山草甸土），薄黑毡土（亚高山草原草甸土），棕黑毡土（亚高山灌丛草甸土），湿黑毡土（亚高山湿草甸土）
高山土	半湿寒高山土	寒钙土（高山草原土）	寒钙土（高山草原土），暗寒钙土（高山草甸草原土），淡寒钙土（高山荒漠草原土），盐化寒钙土（亚高山由盐渍草原土）
		冷钙土（亚高山草原土）	冷钙土（亚高山草原土），暗冷钙土（亚高山草甸草原土），淡冷钙土（亚高山荒漠草原土），盐化冷钙土（亚高山盐渍草原土）
		冷棕钙土（山地灌丛草原土）	冷棕钙土（山地灌丛草原土），淋淀冷棕钙土（山地淋溶灌草原土）
	干寒高山土	寒漠土（高山漠土）	寒漠土（高山漠土）
		冷漠土（亚高山漠土）	冷漠土（亚高山漠土）
	寒冻高山土	寒冻土（高山寒漠土）	寒冻土（高山寒漠土）

（引自：龚子同等，2007）

表 5-6　中国土壤系统分类土纲、亚纲系统表

土纲	亚纲	土类
初育土	石质初育土	粗骨土、薄层土
	土质初育土	冲积土、风沙土、黄绵土、紫色土、红色土
	人为初育土	扰动土
干旱土	正常干旱土	龟裂土、雏漠土、雏钙土
	石膏盐积干旱土	棕漠土、灰漠土
	钙质干旱土	棕钙土、灰钙土
	高寒干旱土	寒漠土、冷漠土、寒冻钙土、寒钙土
均腐殖土	半干润均腐殖土	黑垆土、栗钙土、黑钙土、灰褐土、灰黑土
	湿润均腐殖土	黑土、热黑土
	岩性均腐殖土	磷积石灰土、黑色石灰土
	高寒均腐殖土	寒黑土、寒冻毡土、寒毡土
灰土	正常灰土	灰壤
硅铝土	半干润硅铝土	褐土
	湿润硅铝土	棕壤、酸性棕壤、暗棕壤、寒棕壤
	常湿润硅铝土	腐棕土、灰棕壤
	滞水硅铝土	白浆土
铁硅铝土	半干润铁硅铝土	黄褐土、红褐土
	湿润铁硅铝土	黄棕壤、棕红壤、准红壤、棕色灰石灰土、红色石灰土
	常湿润铁硅铝土	灰黄棕壤、准黄壤、黄色灰石土
铁铝土	半干润铁铝土	燥红土
	湿润铁铝土	红壤、赤红壤、砖红壤
	常湿润铁铝土	黄壤酸、赤黄壤、砖黄壤
盐成土	盐积土盐成土	盐土、干盐土
	碱积盐成土	碱土
潮湿土	正常潮湿土	潮土、暗潮土、砂姜黑土、叶垫潮土
	常潮湿土	潜育土
	永冻潮湿土	冰潜育土
有机土	正常有机土	泥炭土
	永冻有机土	冰泥炭土
变性土	潮湿变性土	黑黏土
	湿润变性土	浊黏土、艳黏土
火山灰土	火山灰土	火山灰土
人为土	水耕人为土	水稻土
	旱耕人为土	堆垫土、楼土、灌淤土、厚熟土

(引自:龚子同等,2007)

5.4.2 城市土壤主要调查内容

土壤调查是通过野外观测、土壤采样和化验分析了解土壤资源与质量性状，土壤调查工作按其目标、内容和产出可大致分为土壤分类调查、农田土壤基础地力调查与评价、科学施肥与耕地保育土壤采样调查、土壤环境质量调查四大类型。

土壤分类调查指通过土壤剖面采样和观测，依据土壤发生分类学或系统分类学，将不同土壤进行归类和命名。土壤分类调查的主要产出是土壤图和土壤剖面理化性状表。因而，狭义上的土壤调查亦指土壤分类调查。分类调查的主要产出——土壤图展现了各地不同土壤类型的分布状况，而土壤类型名则概括表达了各类土壤的主要成土过程以及综合性的典型特征。例如，黑土是指温带半湿润草甸草原条件下形成的，具深厚腐殖质层的土壤类型，土壤呈黑色，富含有机质和各种养分；褐土是指在暖温带半湿润区形成的，具有弱腐殖质表层和黏化层土壤，土壤呈棕褐色，盐基饱和度较高。一般而言，土壤类型归为同类的土壤，其成土过程接近，土体构造、理化性状也比较接近。土壤分类名是土壤最基本的属性之一，直接影响土壤生物和环境过程。在狭义的土壤调查中，调查更关注观测和记载与成土过程相关的土壤理化性状。

农田土壤基础地力调查与评价则是通过土壤采样调查，对每个田块的土壤基础地力进行等级评价，主要产出是每个地块的地力等级值和该地块的农田土壤基础地力理化性状表。德国、奥地利等欧洲国家实施的农田土壤地力调查与以百分位指数表示的肥力等级评价，中国在国土资源调查中开展的农用地分等定级工作均属于此种类型(张维理等，2022b)。农用地的基础地力等级指标在农田管理与保护、土地交易、租赁、税收、农业补贴等多方面有大量应用。由于农田土壤基础地力等级与作物产量关系密切，这一指标在科学施肥、耕地保育和农业环境技术政策实施中也有大量应用。各国在农田土壤地力调查与评价中，更侧重对土层厚度、土壤质地、土体构造、土壤持水性状等土壤质量稳定性指标的获取和评价。

20世纪末以来，随着对水、土、气环境污染，气候变化，生物多样性下降，农产品污染等问题关注度的提升，各国陆续开展了以环境质量为主题的土壤调查。这类土壤调查主要包括土壤重金属、有机污染物调查，面源污染，土壤有机碳储量，生物多样性变化等，便于了解环境变化，了解人类生产、生活方式对环境的影响。这类调查既有重点区域的，也有全国范围的调查(张维理等，2022a)，主要产出为专题图和评价报告，供相关科研和管理部门了解和研究环境问题，制定环境政策参考和使用。

通常，关于一个地方的土壤情况，可以通过回答以下问题来加以理解：a. 为什么各种土壤在颜色上会存在不同？ b. 是不是有些地方的土壤比另一些地方更容易受到侵蚀？ c. 哪些地方的土壤排水快？ 哪些地方的土壤排水慢？ d. 某些地区的植物是否比其他地区的生长得更好？ 为什么？ e. 在过去该地区种植什么植物？ 该地区适宜种植哪些植物？

5.4.3 城市发展对土壤系统的影响

城市扩张将大面积的耕地、草原和森林转变为以不透水面为主的建成区，包括道路、屋顶和停车场等，不透水面的增加通常涉及去除植被和表土，并导致土壤压实和密封。土壤压实是城市化后最普遍的土壤退化形式之一，土壤密封可以有效地限制城市土壤与大气之间的水、气和生物质的交换,并显著改变转化土壤的生物地球化学特性,在建造建筑物或整个社区的过程中,土壤会受到干扰(Scalenghe et al.,2009)。首先,城市建设通常通过添加土壤或去除表土来平整场地。其次,建筑设施被广泛使用,它们通常非常大而重,可以是移动的(例如拖拉机和推土机)或固定的(起重机或工人的临时住宿和办公室),这会导致严重的土壤压实,场地也可以有意压实,为道路或建筑物提供稳定的基础。最后,在城市环境中,土壤压实可能是由于人类日常活动造成的,例如球类运动或步行需要一定的硬质铺装(Devigne et al.,2016)。因此,土壤压实可能会极大地影响城市建设不同阶段和城市社区不同位置的土壤生态系统,并且这种影响可能是长期的。

在许多没有足够城市垃圾处理系统的城市中,城市土壤在接收和净化固体、液体和气体废物中所含的各种污染物方面发挥着重要作用。在此背景下,城市土壤提供生态服务的能力面临严重威胁,环境负荷过重,土壤环境容量不断下降。换言之,城市地区的土壤在超出环境容量时,可能会从污染汇转变为污染源,从而可能带来长期的环境风险。

城市化带来了城市土壤的显著物理、化学和生物变化,随着原生和农业用地向城市环境转移,土壤发育轨迹受到直接干扰甚至转移,人类活动在土壤形成和成土过程中起着主导作用(图 5-27)(Yang et al.,2015)。城市化驱动的土地利用变化与土壤封闭和土地占用导致的不透水面的增加有关,土地占用是指将农业、自然或半自然土地覆盖转变为"人工"区域,而土壤封闭是指用完全或部分不渗透的人造材料(例如沥青)破坏或永久覆盖一块土地及其土壤。封闭作为最强烈的土地利用形式,会导致土壤性质不可逆转的退化或丧失,并严重限制土壤提供的生态系统。由于封闭将地上和地下环境完全分开,它切断了土壤与大气的联系,并对土壤特性和服务产生连锁效应(Delibas et al.,

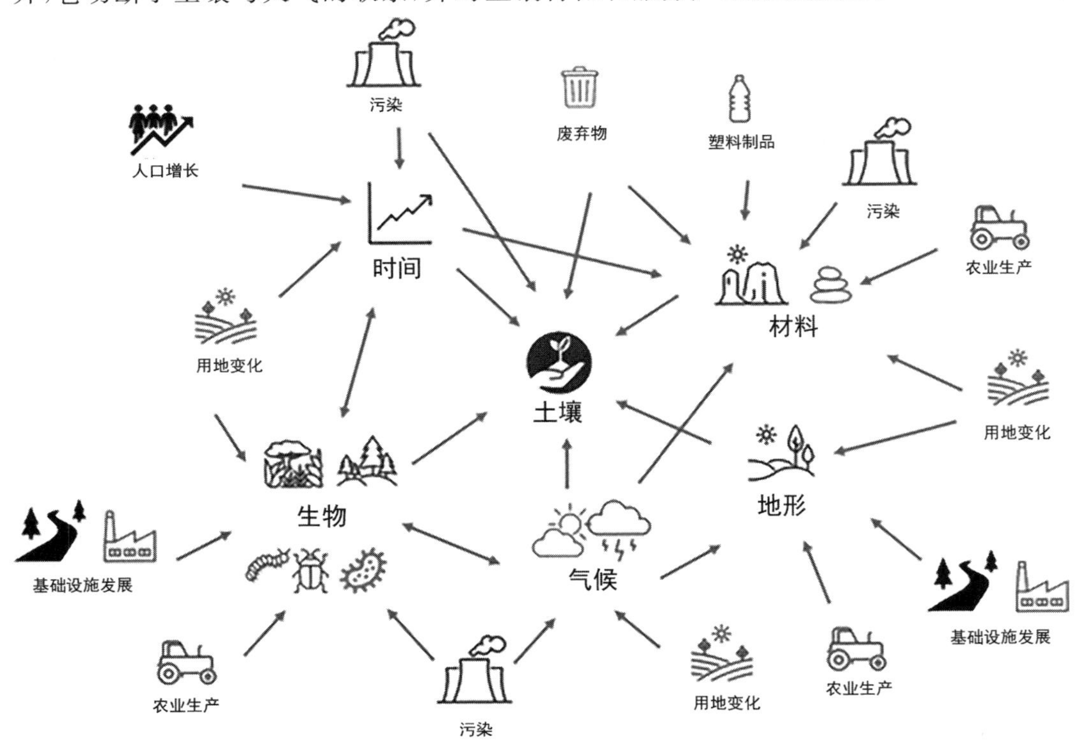

图 5-27 人类活动对土壤生态系统产生的直接和间接影响

(引自:Dror et al.,2021)

2021)。包括：

a. 防止气体交换和雨水渗透。

b. 土壤-水过程的变化；土壤水状况改变，水净化、蒸散、排水和地下水补给减少，水循环发生变化，洪水和缺水风险增加。

c. 土壤碳固存、储存和气候减缓的功能下降；改变表面温度和微气候。

d. 由于生境破碎和丧失，土壤生物多样性及其活动下降。

e. 根系生长、土壤肥力、粮食和生物量产量下降/丧失。

f. 营养循环、化学反应和能量流受到干扰。

土壤会受到某种程度的直接或间接的人类干扰，尽管区分自然威胁和人为威胁并不总是那么简单，但一些人类活动对土壤有直接影响和巨大影响，其中包括土地利用变化、土壤封闭和土地利用强度，这些主要与城市化和人口增长有关。城市扩张是城市和城郊地区土壤退化的主要原因之一，造成了大量的土壤损害，例如封闭、污染、栖息地和生物多样性丧失以及水和养分损失。城市扩张对社会(例如压力增加、疾病)和经济(例如基础设施和医疗费用增加)产生非常负面的影响(van den Bosch et al.,2017)。需要基于自然解决方案(例如绿色和蓝色基础设施)的新形式城市规划，以减少人类活动和城市对土壤服务的影响，减少土地消耗、慢性病的可能性和相关成本。

5.4.4　恢复城市土壤生态功能的城市规划方法

土壤资源是土地资源的重要组成部分，是土地资源的基础。然而，除了土壤作为城市基础设施和土木工程结构的基础、地热能和考古学的来源等作用外，城市规划中并未充分考虑土壤资源。Teixeira da Silva 等(2018)通过分析最近的七份城市规划报告得出的结论是，即使对于全球领先的城市，土壤和与土壤相关的生态系统在城市规划的实施和监测阶段也很少受到关注(Teixeira da Silva et al.,2018)。显然，需要提高和广泛地认识城市规划中的土壤功能和服务，将土壤生态系统服务相关策略与空间规划联系起来对于制定框架以预防、减少和扭转土地利用对土壤的恶化影响至关重要。

这可以从定义和理解城市环境中的土壤开始。Pouyat(2015)通过不同的特征描述了人类主导景观中的土壤(Pouyat et al.,2015)。不利的人类影响、对自然土壤景观的时空改变和不断变化的气候条件形成了一种新的、物理、化学和生物改变的土壤结构。将自然系统视为灰色基础设施(建成的、设计的、有形基础设施)一部分的想法首次在州长报告中提到，涉及土地保护(Firehock,2010)。在景观连通性大大降低的城市中，绿色基础设施建立了多功能景观网络，并从多尺度空间角度增强了生态系统服务功能。除了以植被为导向的结构外，该概念还提到了池塘、水道和湿地等水元素，因为它们在自然界中存在复杂的相互作用。

在一些城市地区，需要在被移除的地方(例如，为了处理污染或用于建造地下室、游泳池、人行道、花园和其他基础设施)或无法在人类时间尺度上自然形成的高质量土壤(例如垃圾场上方、密集铺砌区域内、屋顶上等区域)。为这些地方从头创造土壤可以被视为城市土壤恢复的一种形式，因为这样做将提高景观提供相关生态系统服务的能力，特别是通过增加可渗透的表面积。这里回顾了两个具体的研究领域，重点是恢复土壤以支持行道树和绿色屋顶，这两者都提供了宝贵的生态系统服务(图5-28)。对于所有城市土壤,结构性土壤可能会被雨水径流中的污染物降解,考虑到这一点以及可能不受欢迎的成土变化,行道树土壤和其他城市技术土本身最终可能需要恢复以改善其条件和服务,这是未来研究需要探索的领域(Bühler et al.,2017)。为绿色屋顶建造的技术土壤也会受到成土过程的影响,绿色屋顶(包括植物)的特定地点特征对其生物群的影响大于周围景观,导致屋顶之间存在不同的群落。尽管绿色屋顶为不同的土壤群落提供栖息地,但在大多数情况下,相对于其他生态系统服务的主要目标(包括为地上生物群提供栖息地),这是一个未被重视的副产品。以专门恢复和保护目标土壤种群的方式创建绿色屋顶土壤值得进一步探索。例如,Drive 等发现伦敦绿色屋顶上收集的地面节肢动物物种中有 10%具有保护意义,可以从额外的绿色屋顶栖息地中受益(Drive et al.,2006)。

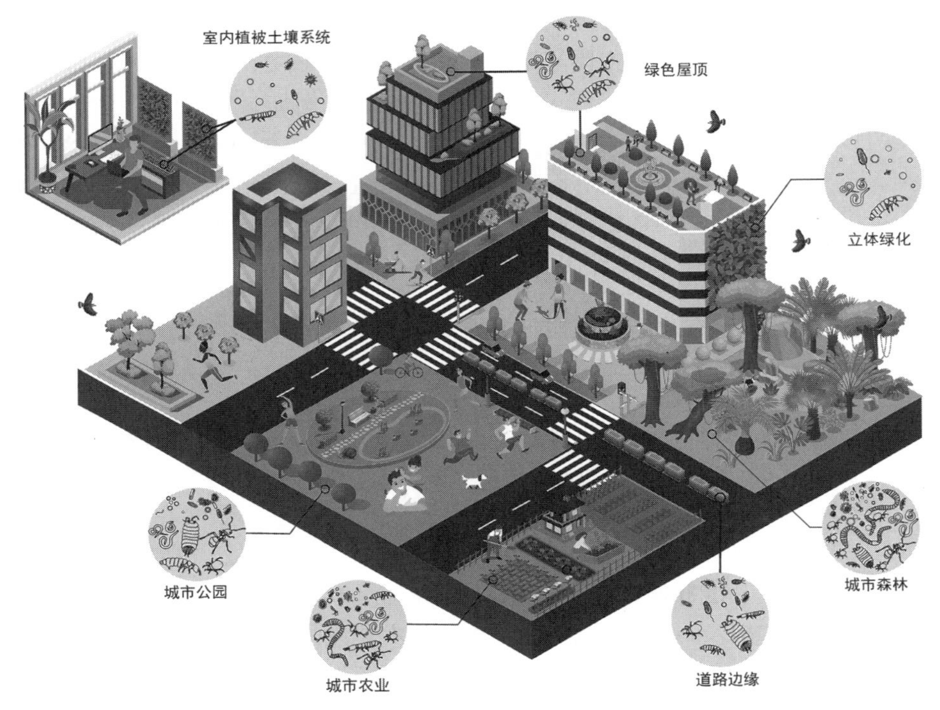

图 5-28　绿色屋顶和墙壁、室内栖息地、公园绿地等城市土壤恢复的多种途径

(引自:Sun et al.,2023)

土壤密封通过不可渗透和半不可渗透的人造材料永久覆盖一个区域,从而危及土壤的可持续利用。土壤封闭与土地占用或土地消耗密切相关,土地占用或土地消耗被理解为将森林或农业区等开放区域转变为居住区或道路等建设区域。例如,图 5-29 表示了西班牙萨拉曼卡省自 1956 年以来,城市扩张所造成的土壤封闭现象,建成区的过度增加导致了不必要的土壤封闭,影响了粮食生产和通过管理土壤碳循环来缓解气候变化的能力。由于土壤封闭已成为最强烈的土地占用形式,因此需要采取干预措施来减少土壤封闭。Artmann 等以德国为例探究了哪些生态可持续管理措施可以有效解决城市土壤封闭,研究结果表明气候变化带来的挑战,例如改善小气候调节和减少洪水,是减少进一步土壤封闭和保护城市绿化的最重要论据(Artmann et al.,2014)。这项研究将土壤作为生态系统服务提供者纳入进一步研究,并检测生态系统服务提供与土地利用变化之间的复杂联系。这项研究表明,城市土壤封闭控制的生态可持续管理的基础是有保证的,特别是通过法律和非正式的规划策略。然而，由于欧洲的封锁进一步增加导致策略缺乏有效的实施效果评估。因此，进一步的研究应侧重于通过将中观和微观尺度的参与者作为主要的指导对象纳入评估过程来评估这些响应的指导潜力。

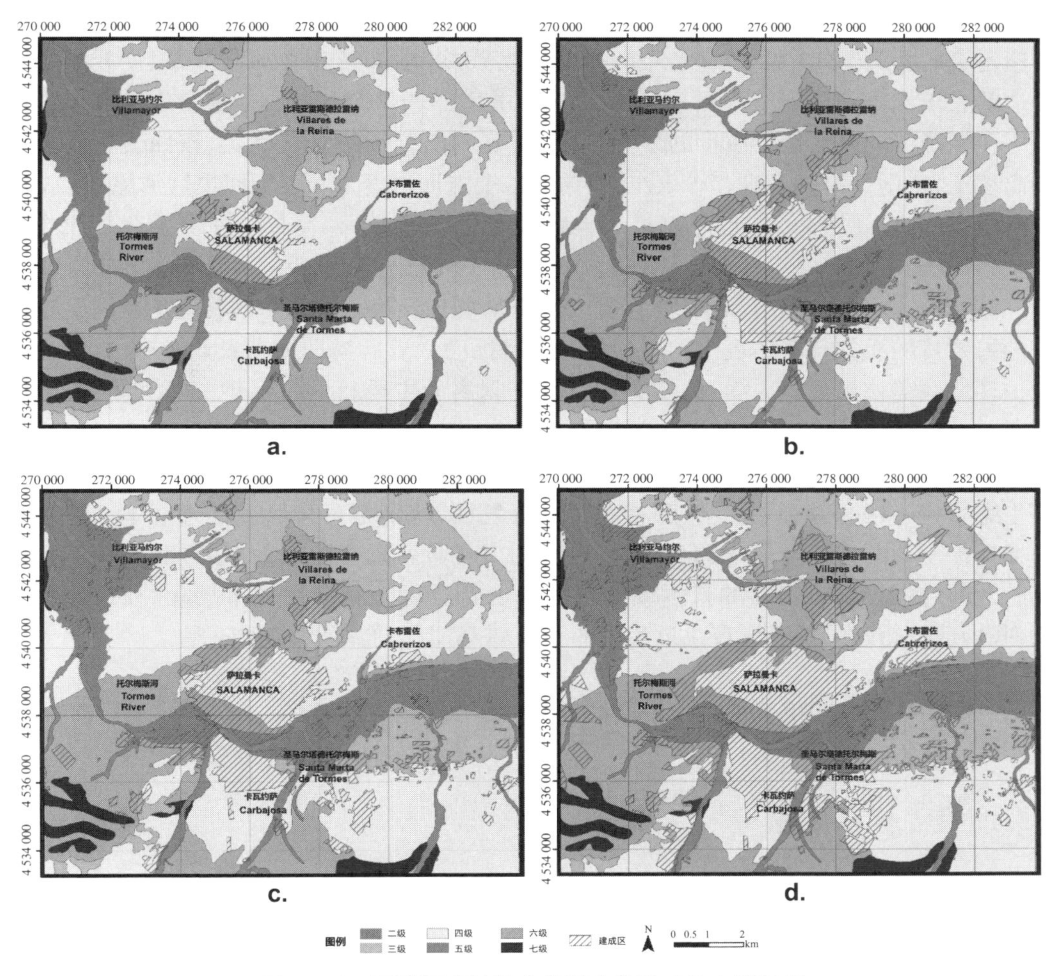

图 5－29　西班牙萨拉曼卡省城市化造成的土壤封闭

（引自：Criado et al.，2020）

注：a 至 1956 年；b 至 1985 年；c 至 1998 年；d 至 2018 年。

在城市环境中，土地利用是环境健康和土壤生态系统服务供应的重要决定因素。土地利用可以提高或降低土壤生态系统提供的服务的质量和数量。例如，在气候变化的背景下，植树造林通过增加储存的碳来提高土壤抵消温室气体排放的能力。因此，它对土壤在气候变化中的减缓作用做出了积极贡献。相比之下，由于自然土地转变为建成区或进行耕作等一些农业实践，土壤中储存的碳减少，甚至可能释放回大气中。在这种情况下，土地利用和土地覆被变化逆转了土壤在气候变化中的作用。土壤是重要的碳汇，但也有可能成为碳源。

空间规划在管理此类土地冲突方面发挥着关键作用，特别是土壤生态系统服务、气候变化和土地利用框架等复杂系统研究中提到的土地冲突的多维问题，这些问题可以通过高效和包容性的空间规划策略转化为社会、经济、环境效益。在此背景下，通过空间规划决策过程建立土壤生态系统服务和气候变化之间的联系,对于预防或减少土地利用变化的有害影响,确保土壤功能并最大限度地发挥土壤生态系统服务的效益和缓解气候变化并管理城市地区的灾害风险等方面至关重要(Delibas et al. ,2021)。

表土剥离常见于矿产资源开发和各类建设活动中,也见于旨在提高土地质量和治理土壤污染的相关工作中。经过多年的研究和实践,各国都结合本国实际,建立或规定了合适的表土剥离和再利用流程,以高效推进相关工作和规范管理。如加拿大的表土剥离程序包括确定剥离数量和质量的勘查规划、明确剥离范围的表土确定、按照要求和规定剥离表土、科学选择并合理存贮表土、按照复垦要求回填表土和表土回填后清除杂质等 6 个阶段:a. 勘查规划;b. 表土确定;c. 表土剥离;d. 表土存放;e. 表土置放;f. 清除表土中的杂质(朱先云,2009)。

纵观各国的表土剥离和再利用,追求经济效益、社会效益或生态效益是开展此项工作的主要目的。如日本的表土剥离和再利用目标已从战后初期提高农业生产力,转变到保护环境和美化景观等方面;加拿大进行表土剥离的主要目的是保护资源和生态环境,而不只是一味地保护耕地;英国伦敦发展署规定所有建设活动的表土剥离都要考虑生态环境影响,在表土搬移和复原过程中要积极防止入侵物种的扩散,以免带来不可逆的负面生态影响(朱先云,2009)。但随着经济社会发展,特别是可持续发展理念下人们生态环境保护意识的不断增强,表土剥离和再利用工作日益重视生态效益,并且贯穿此项工作的全部过程。表土剥离的技术成熟且不断创新且表土剥离呈现市场化、社会化的趋势,我们或许错过了快速城市化过程中的表土剥离,但亡羊补牢、为时不晚。

5.5 城市水文要素的分析与评价

5.5.1 城市水文的概念

水文学(hydrology)是一门关于地表水和地下水运动的学科。地下水的水位深度、水质、含水层的出水量、水的运动方向、水井的位置都是影响地下水的重要因子。植被、坡度、土壤的透水性和土壤的饱和度都是地表水进入含水层过程的渗入率的影响因子。地表水主要包括河流、湖泊、湿地、沼泽等。流域系统及其周围的洪泛平原和滨水植物,可为地下水提供补给,为植物提供水分,为野生动物提供栖息地,而且为人类提供了美丽的风景。

城市水文学(urban hydrology)是水文学应用于城市的特例,即人类对自然过程干扰程度非常高的地区。它是水文学的一个重要分支,20 世纪 80 年代正式独立成为一门学科,发展早期重点关注城市供排水工程设计等水文计算问题。随着全球城市化进程的推进,城市水文过程演化及其伴生效应日益凸显,城市水循环机理发生了深刻变化。城市雨岛效应、干/湿岛效应等现象日益明显,城市暴雨内涝、水污染等事件频繁发生,这些新问题使城市水文学研究出现了新任务和新领域。目前城市水文学基础研究大体可分为两大主要方向:城市化的水文过程及其伴生效应识别与描述,城市水文过程机理解析与模拟计算。

城市地区与水有关的基础设施需要持续的经济投入来维持其功能。此外,它还对流域内任何城市和周边地区的水力、环境、经济和社会功能产生巨大影响。城市中的水文基础设施会在城市和农村地区之间产生水流和物质流。这些水流是流域内各类生活的基本要素，但在数量和质量上都受到人类活动的严重干扰。城市水文学的作用就是对这些水流进行量化，并按预期的方向进行管理。在流域范围内对城市地区的环境影响进行预测建模，并找到最佳的缓解方法，是现代城市水文学中一个具有挑战性的新兴研究领域。然而，城市中在与水有关的结构设计中使用的技术解决方案的性能取决于气候以及社会、经济和文化条件。有些方案和技术在某些国家可能很有意义，也能很好地发挥作用，但在不同的条件下应用就可能会失败。

城市水文学将在人类社会的可持续发展中发挥越来越重要的作用。城市人口正在加速增长，与此同时，供水源却在减少，或者充其量保持数量不变但质量下降。城市地区的增长带来了地表物理性质的显著变化。由于铺装表面面积的增加，土壤的渗透性和渗透率降低，地表径流加速。自然溪流的渠化导致径流速度加快，峰值流量增大。城市相对较小区域内的自然状况变化会给城市下游的整个河流流域带来重大且往往是灾难性的影响(Niemczynowicz，1999)。

5.5.2　城市水文条件对城市发展的影响

鉴于全球正在迅速城市化，城市和郊区的扩张对水资源的需求不断变化，随着时间的推移，适应包括水资源短缺和洪水在内的环境变化对于人类住区的生存至关重要(Costanza et al.，2007)。例如，有历史记载的罗马等帝国的衰亡，很可能是快速城市化时期城市中水和食物短缺造成的。了解人类与城市水域互动方式的演变对于指导未来水资源管理的创新非常重要(Pastore et al.，2010)。这对于提高我们对城市供水系统如何随着人口增长、基础设施老化和社会政治价值观改变而在几秒到几个世纪的时间尺度上演变的科学理解也很重要。有学者提出，建成环境往往会随着人类活动而迅速变化，从而随着时间的推移促进人类住区结构、功能和服务的“城市演变”(Kaushal et al.，2014)。

在有记录的历史中，水推动了城市结构、功能和服务的演变。例如，大多数工业城市最初都位于交通、电力和贸易的水源附近。工业城市的特点是工厂以商品生产为主，城市水体的点源和面源污染以制造业和工业过程为主(Barles，2007)。后来，对清洁饮用水和集中污水基础设施的需求，推动了结构、功能和服务从工业城市向“卫生城市”的转变。最近，人们开始关注从卫生城市向可持续城市的转变，重点关注绿色基础设施和生态系统恢复(Childers et al.，2014)。许多城市现在正在实施可持续发展计划以及新法规(例如美国的每日最大总负荷)以实现经济、社会和环境效益的最大化。城市可持续发展计划可以包括下水道升级、创新雨水管理以及流域、溪流和河流恢复。

(1) 水文条件对城市选址的影响

城市的选址大多数位于河流的沿岸，绝不是偶然，而是普遍规律。我国非农业人口超过30万的117个城市无一不是靠水筑城的，其中大多数都是靠近大中河流。25个人口100万以上的城市，除了北京，全部沿主要江河和海岸线分布。

早在Cerda创造“城市化”一词之前，古代文献就将河流与城市住区联系起来。在中国古代，对城市选址的理想位置的描述包括以河为南界，以山为北侧的保护；巴比伦城的城墙中部有幼发拉底河流过；罗马定居点位于河流附近，有两个主要的循环结构轴与河流走廊平行和垂直。这些沿河城镇的早期例子以及城市形态的早期原则推动了城市选址学科的发展(Pattacini，2021)。Cerda将路径、河流、山谷、海岸线和海洋视为古代定居点背景的主要自然方式，并认为它们是所有“urbe”(城市定居点)的起源(Cerda，2005)。

一般来说，城镇建设的有利条件与获取自然资源有关，但也与提供防御系统的需要有关。此外，还有贸易需求，这与货物和人员运输的便利性有关，河畔地区有助于满足所有这些需求。Reclus提到河谷是耕种的最佳地点，也是在“高出淹没水位的人工夯土台”上建造第一批城市的理想地点。首选的地点是从山中涌出的洪流变宽并分成不同的支流，或者是河流的交汇处，这样可以提供更多的保护和更广阔的航行选择。河水较深，水流较大的地方往往是首选，居民点通常位于较高、较干燥的河岸，而避开潮湿、易受洪水侵袭的一侧(Reclus，1995)。Poëte指出，最容易渡河的地点也是城市发展的战略环境。他认为理想的环境还应包括岛屿，以便从河岸一侧到另一侧通行。公路和河流这两条主要交通路线的交汇处是商业活动的有利地点。另一个有利的地理特征是河口受潮汐影响较小的地方，或者是河流改变方向形成弯道的地方(Poëte，1929)。

水是城市的灵魂，不管是江南水乡城市还是西北干旱地区绿洲城市，河流水系都是城市在最初选址时的重要依据，城市的位置、规模等或多或少都与水系的形态、分布和数量有关。

(2) 水文条件对城市生命力和特色的影响

有些城市河流水系是城市的主框架，城市发展和道路布局大多沿河流展开。我国古代四大名镇：昌江河畔的江西景德镇、珠江三角洲上的广东佛山镇、长江与汉江汇合处的湖北汉口镇、古运河畔的河南朱仙镇。前三个镇因水而兴，兴旺发展，而朱仙镇因运河堵塞，水运不畅，已湮没无闻。此外还有杭州因西湖名扬天下，苏州有水城之美称，济南有泉城之美誉等，虽然水系形态各不相同，但都形成了别具一格的城市特色。

Robinson认为“风景如画”是河流对城市发展功能的固有价值，并强调了河岸位置的吸引力。他谈到了“景观在临水处理中的价值”，认为河岸位置为建筑提供了一个更具纪念意义的环境(Robinson，1916)。Saarinen赞美周围城市环境在水中的倒影：“在水镜中倒映公园和建筑”(Saarinen，1943)。Sitte倡导的风景如画运动将城市规划视为一种艺术形式，提倡使用自然和不规则的线条。他认为，城市化的实践应受到中世纪城镇的启发，并顺应场地的特点和用户的需求，而不是强加人为的几何形状。他们认为河道走廊在城市环境的渐进发展中起着重要作用，认为河道走廊应顺应水的线性流动，并提供与桥梁垂直的通道和景观。他称赞城市中的水是打破单调建筑环境的重要元素，并认为巴黎、布达佩斯或科隆等杰出城市都离不开各自的河流(Sitte，1965)。在Cullen看来，城市河流应该成为创造独特生活环境的契机。他谈到“创造一种装饰性的欢乐气氛，一种独特的河畔城市气质”。他在泰晤士河沿岸的城市河流景观提案中描绘了一种充满活力的社会生活，包括与河流的接触、船只空间、水上居民；这意味着在这种氛围—社会生活的框架内吃饭、喝酒、聊天的可能性(Cullen，1961)。

水系是城市的命脉，是城市发展的主要动力因素，是塑造城市景观空间环境的载体，是体现城市资源、生态环境和空间景观质量的重要标志，也是影响城市空间结构的重要因素。

5.5.3　城市发展对城市水文的影响

（1）城市发展对流域特征的影响

在自然流域中，水文过程表现出高度的时空复杂性和异质性。城市化可以通过清除植被、增加不透水面的比例和连通性以及改变坡度、方向和长度等自然地形来改变流域特征，从而降低复杂性和异质性。建成环境的不透水程度与城市化的生态水文影响有关，与自然系统相比，不透水面的高比例以及坡度和坡向的相关变化大大增加了城市化流域的径流系数。在降雨径流分析和建模中，径流系数表明土地利用对渗透的影响，不透水路面、道路和屋顶的径流系数范围为 0.8～0.95（Kuang et al.，2013），表明渗透率低，因此径流产生量高。

城市化通过从根本上改变流域降水量、产水量（Q）和蒸散量（ET）之间的平衡来影响生态系统功能和服务，且由于气候和土地利用的巨大空间变异性，城市化的水文影响并不相同。通过对比气候、土地利用和土地覆盖说明了城市化对两个流域的影响（图 5－30）（Li et al.，2020）。

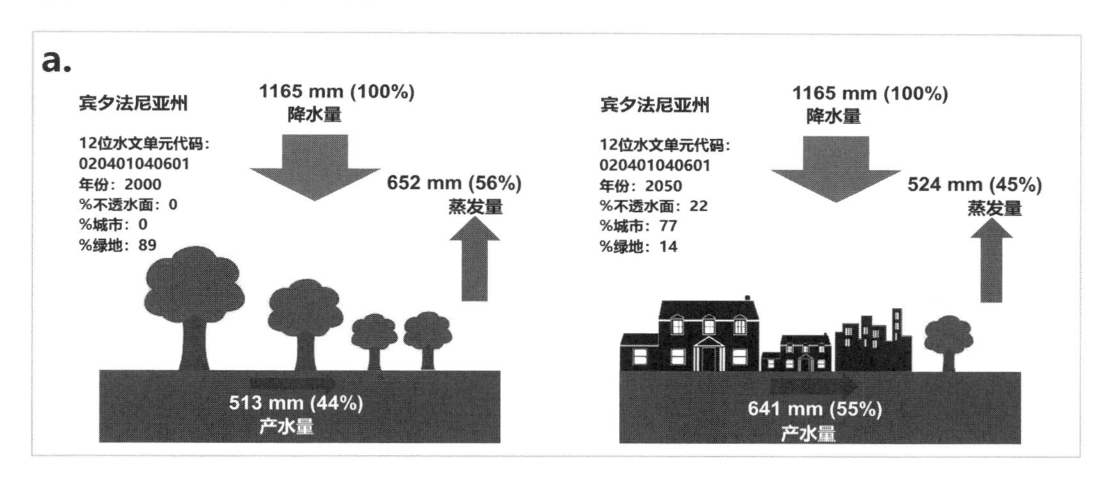

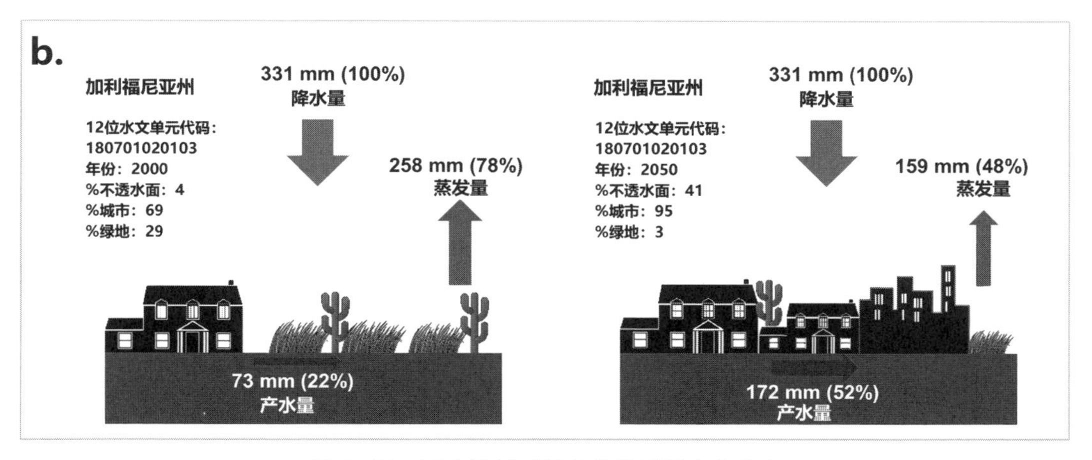

图 5－30　两个流域对城市化的不同水文响应

（引自：Li et al.，2020）

（注：a. 美国东部宾夕法尼亚州的森林地区，气候凉爽湿润；b. 美国西部加利福尼亚州的城市地区，气候温暖干燥）

此外，城市建筑、人行道和道路也比自然集水区具有更高的热体积特性和表面辐射特性，加上来自汽车、工业生产、家庭供暖和空调的废热，城市地区地表和整体环境空气温度升高，这种现象被称为城市热岛效应（Taha et al.，1991）。这种城市热岛效应会引起对流气团的发展，从而导致雷暴，蒸气压不足时会减少水蒸气通量，尤其是在湿度不受限制的情况下。总体而言，流域径流系数、热力状况和屋顶径流转移是城市化和城市屋顶集水系统对降雨分配和水文行为影响的关键机制。

（2）城市发展对降雨径流的影响

在世界上大多数缺水地区，降水主要以降雨形式出现，其特点是空间和时间变化较大。研究表明，由于空气湿度低、城市热岛强度、大气不稳定和云凝结核的存在，城市化会导致降雨模式和降雨量的变化（Shepherd，2005），城市表面粗糙度和城市冠层（例如建筑物、基础设施和树木等）也会影响气团的循环。城市热岛效应改变了气团的对流，增加了夏季高强度风暴的强度和频率。例如，在亚特兰大，城市热岛效应占夏季对流风暴事件的 50%，并在 5 年研究期内平均每年引发 15 起风暴事件（Dixon et al.，2003）。其他研究也表明，与城市化前的情况相比，城市化使总降雨量增加了 30%～59%（Burian et al.，2005）。关于其他缺水地区[包括经常发生高强度风暴的 SSA（Sub-Saharan Africa，撒哈拉以南的非洲）]城市化集水区的城市降雨的信息有限，在这些地区，城市化和城市热岛的影响可能会叠加并增强降雨固有的时空变化。

降雨量和强度以及地表条件控制渗透，城市引发的高强度风暴落在不透水面上产生的渗透量较低，因此径流系数比自然流域更高（Furusho et al.，2014）。城市雨洪管理问题的根源在于人口集中在相对较小的区域。为了使生活和交通成为可能，建造了大片不透水区域，这导致了水文循环的变化。渗透和地下水补给减少，地表径流和河流径流格局发生改变，造成高峰值流量、大径流量以及城市地区污染物和沉积物加速输送。因此，城市不仅影响城市区域内的径流格局和生态系统的状态，而且影响下游整个河流系统及其周围的径流格局和生态系统状态。

世界 60%以上的河道结构因城市化而发生改变，人类一直利用河流来支持经济发展活动，河流系统不再是仅受地球系统的控制，而且还受到日益增加的人为力量的影响。人类活动直接改变河流结构，包括与河流有关的工程（如堤坝、堰、闸门、管道、运河、池塘、疏浚、采砂、道路、建筑物、护岸、石笼、抛石防护、垃圾等）和工程引起的灾害（如山体滑坡、外来物种入侵、栖息地破坏或退化等）。例如，截断是蜿蜒河道的物理演化过程，而人工截流是出于防洪、基础设施保护或通航目的而人为拉直蜿蜒河道的过程，是河道重新调整的主要措施（图 5-31）。人工截流后，南流江的形态复杂性、水动力过程和长度均有所降低（Zhao et al.，2020）。

（3）城市发展对地表水和地下水的污染

工业排放、下水道和卫生系统、与城市化相关的固体废物处理设施是水污染的弥散源和点源。城市径流可能含有沉积物和营养物、重金属和有机污染物的复杂化学成分，包括药物、石油碳氢化合物、激素或内分泌干扰化合物（Haggard et al.，2009）。研究表明，城市地表径流中悬浮固体、营养物、重金属和有机污染物的负荷和浓度高于非城市化流域未经处理的径流（Egodawatta et al.，2009）。在城市地区，石油碳氢化合物的长期排放源包括道路和高速公路径流、水和废水处理厂、工业排放和大气沉降物。

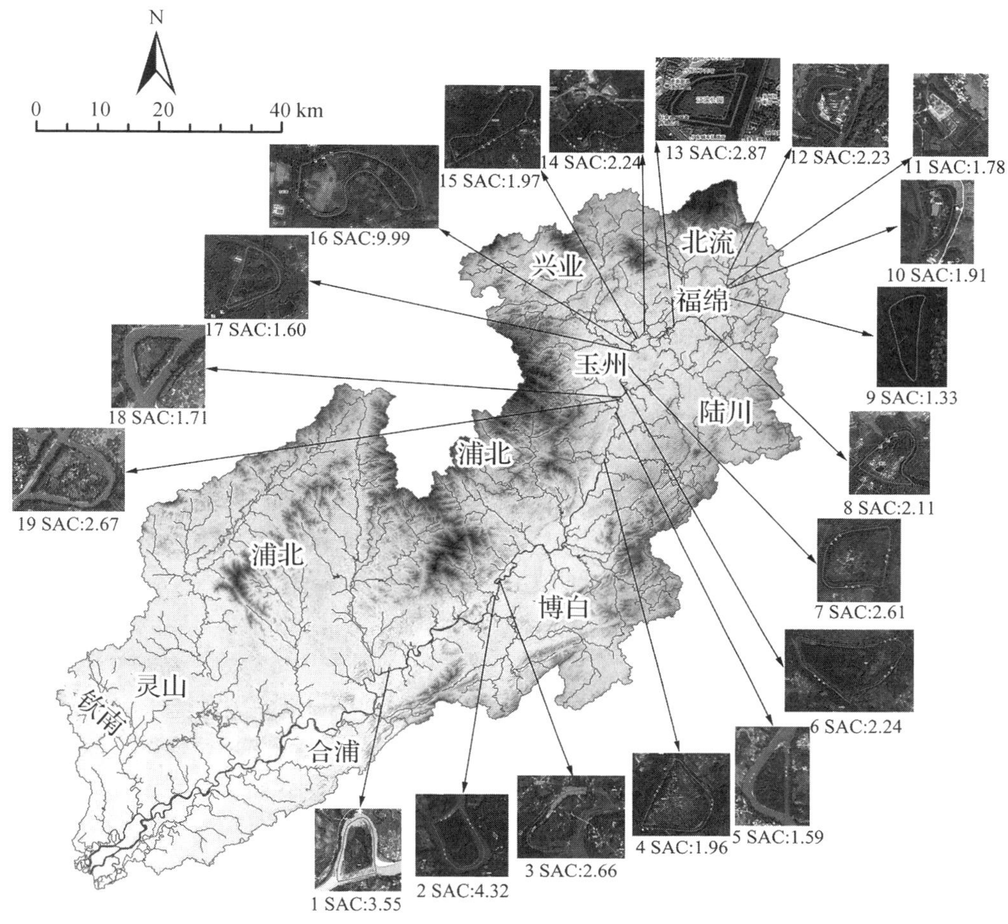

图 5-31　广西南流江流域人工截流工程及其蜿蜒度值分布

(引自:Zhao et al.,2020)

注:人工截流蜿蜒度(Sinuosity of Artificial Cutoff, SAC)反映了河道系统的缩短程度。

尽管关于发展中国家缺水地区城市径流水质的研究数据较少,但由于多种原因,径流污染的可能性相当高。例如,由于缺乏适当的卫生垃圾填埋场和焚烧炉,工业和市政来源、非正规家庭工业、农产品加工和医疗设施产生的固体废物被共同处置在不卫生的露天垃圾场、露天掩埋或焚烧(Gwenzi et al.,2014)。同样,雨水、未经处理和部分处理的工业废水以及来自老化、维护不善和超负荷处理设施的废水在最终排入地表水体之前被共同排放到单一的城市排水系统中。通过流域输送的污染物会导致生物蓄积和富营养化等生态问题。例如,撒哈拉以南非洲的一些天然和人造湖泊,如津巴布韦的奇韦罗湖和坦桑尼亚的坦噶尼喀湖,由于未经处理或部分处理的污水流入而出现过度富营养化(Nhapi et al.,2002)。

城市化通过间接和局部过程引入了新的地下水补给来源,例如管道泄漏和废水分配网络的爆裂,这可能成为地下水污染的扩散源和点源。尽管关于发展中国家城市流域点源和分散源地下水污染的信息有限,但现有的少数研究表明,固体废物和污水处理以及工业、商业和住宅活动导致了地下水污染。例如,研究人员在津巴布韦布拉瓦约居民区的地下水样本中检测到高浓度的总大肠菌群和粪便大肠菌群,这可能是下水道管道和化粪池泄漏造成的(Mangore et al.,2004)。同样，长期应用废水和污泥、无衬里的固体废物堆放场和墓地以及非正式城郊住区的卫生设施(例如坑式厕所)显著增加了地下水中营养物质、大肠菌和重金属的浓度。最近的全球文献综述中还介绍了其他案例研究，记录了坑式厕所对城市和城郊地区地下水化学和细菌质量的影响(Graham et al.,2013)。地表水与地下水的相互作用进一步加剧了城市流域的地下水污染，这在具有高孔隙度和渗透率的裂隙和浅层含水层中最为明显。一旦污染进入地下水系统，与城市喀斯特系统的高渗透性相关的快速水流可能会促进含水层内污染物的运输和分布。因此，这种污染造成的环境和公共卫生风险可能非常严重，尤其是在缺水地区，那里的大多数城市和城郊社区依靠地下水来提供生活用水。

随着城市人口的增长，城市地区，特别是发展中国家的特大城市的饮用水需求正在迅速增长，并占世界水资源总量的比例越来越大。提供足够的水量却构成了一个困难的后勤和经济问题，仍有大量人口无法获得安全健康的饮用水。

(4) 城市发展对地下水系统的影响

土地沉降(Land Subsidence，LS)是指沉积物的固结而导致的地表离散区段的平缓沉降或快速下沉，从而导致有效应力增加而引起的地球材料的地下运动。如今，从社会经济、环境和保护等不同角度来看，受土地沉降影响的地区是一个备受关注的问题，尤其是人口稠密的三角洲地区。美国有45个州和中国有95个以上的城市受到土地沉降的影响，下沉总面积分别超过17 000 km^2 和79 000 km^2(Wu et al.,2008)。21世纪末，全球有11座低洼沿海城市将因地面沉降而面临被淹没的危险：印度尼西亚的雅加达(17 cm/年)、尼日利亚的拉各斯(到21世纪末可达200 cm)、美国得克萨斯州的休斯敦(约5 cm/年)、孟加拉国的达卡、意大利的威尼斯(约0.2 cm/年)、弗吉尼亚州的弗吉尼亚海滩(到21世纪末可达360 cm)、泰国的曼谷(约1.0 cm/年)、美国路易斯安那州的新奥尔良(约5 cm/年)、荷兰的鹿特丹、埃及的亚历山大(到21世纪末可达60 cm)和佛罗里达州的迈阿密(Bendarzsevszkij et al.,2021)。城市和农业发展对地下水资源日益增长的需求是造成地下水位下降的主要原因，尤其是在干旱和半干旱地区。如今，土地沉降已成为全球范围内由人类和自然引起的地质灾害，许多国家(如美国、英国、澳大利亚、中国等)都需要对其进行仔细考虑(Liu et al.,2017)。

一个多世纪前的1921年，中国上海市首次发现了土地沉降。自第二次世界大战以来，由于从地下水层中加速抽取水、石油和天然气，尤其是细粒物质，土地沉降现象普遍存在。自20世纪40年代以来，人们就清楚地认识到抽水在增加过载有效应力和减少土层空隙方面的作用(Figueroa-Miranda et al.,2018)。许多研究人员做出了巨大努力，对土地沉降的各种重要问题进行评估，包括沉降原因、沉降监测、测量技术、沉降建模、社会经济影响、环境问题和补救技术等(Bagheri-Gavkosh et al.,2021)。Gambolati等全面回顾了因人口和经济增长从地下水层(地下水、石油和天然气)抽取流体而引发的人为土地沉降的发生、监测、机制、预测和补救(Gambolati et al.,2015)。以往有关土地沉降的综述文章主要集中在中国、日本和墨西哥中部等地区。最近，在许多人口稠密地区(如墨西哥城、上海和曼谷)，土地沉降对环境和经济的影响经常被视为威胁城市基础设施的问题(Lyu et al.,2020)。因此，对土地沉降引发的基础设施破坏进行预测和风险评估，对于减轻这种地质灾害的影响起着至关重要的作用。由于土地沉降与损害之间的相互作用所带来的不确定性，对土地沉降引起的城市基础设施风险进行评估具有挑战性。

近年来，地下水位过高的问题引起了人们的关注，高地下水位主要对建筑物、基础设施和污水系统等建筑环境产生不利影响。首先是地下水本身，当地下水渗透地下室墙壁或地下室地板时，其次是建筑构件上的静水压力的变化，此外污染物可以在高地下水位下流动。导致地下水位过高的过程有水文过程（暴雨或长时间降雨和洪水事件）或人为过程（地下水开采量减少、与下水道网络的相互作用、水利工程措施、对水平衡的结构干预以及采矿活动）。

5.5.4　城市水文问题的若干规划内容与方法

（1）城市水源地生态风险评价

随着人口增长、经济发展和环境变化，水资源面临着越来越多的压力和威胁。水污染、水短缺、水生态退化等问题已经成为全球性的挑战，需要更多的关注和应对。美国国家环境保护局在其国家水资源调查（National Aquatic Resource Survey）中采用了较为系统的指标，这些指标涵盖了不同类型的水体（河流、湖泊、沿海水域和湿地），并从生物、化学、物理和景观等方面对水资源进行了综合评估（U. S. Environmental Protection Agency，2010）。

①生物指标

生物指标是指用水体中的生物群落（如鱼类、无脊椎动物、浮游生物和植物）来反映水资源健康状况的指标。生物群落是水体中最直接受到环境影响的部分，它们可以综合反映水体中的各种污染物和干扰因素对水生态系统的影响。生物指标通常包括以下几个方面：

a. 物种丰富度：指在一定范围内出现的不同物种的数量，反映了生物群落的多样性和复杂性。一般来说，物种丰富度越高，表明水体健康状况越好。

b. 物种组成：指在一定范围内出现的不同物种的相对比例，反映了生物群落的结构和功能。一般来说，物种组成越均衡，表明水体健康状况越好。

c. 敏感物种：指对环境变化或污染物敏感的物种，它们通常需要较高的水质和适宜的栖息地才能生存。一般来说，敏感物种越多，表明水体健康状况越好。

d. 容忍物种：指对环境变化或污染物容忍的物种，它们通常可以在较差的水质和栖息地中生存。一般来说，容忍物种越少，表明水体健康状况越好。

②化学指标

化学指标是指用水体中的化学成分（如溶解氧、氮、磷、重金属等）来反映水资源健康状况的指标。化学成分是水体中最基本的物质，它们直接影响水体的物理性质（如颜色、透明度、味道等）和生物活动（如呼吸、光合作用、营养循环等）。化学指标通常包括以下几个方面：

a. 溶解氧：指水体中溶解的氧气，是水生生物呼吸的必需品。一般来说，溶解氧越高，表明水体健康状况越好。

b. 氮：指水体中以不同形式存在的氮元素，是水生生物生长的重要营养素。一般来说，氮越低，表明水体健康状况越好。

c. 磷：指水体中以不同形式存在的磷元素，是水生生物生长的重要营养素。一般来说，磷越低，表明水体健康状况越好。

d. 重金属：指水体中以不同形式存在的金属元素，如铅、汞、镉等，它们对水生生物和人类健康有毒害作用。一般来说，重金属越低，表明水体健康状况越好。

③物理指标

物理指标是指用水体的物理特征（如温度、流量、深度、湿度等）来反映水资源健康状况的指标。物理特征是水体的外在表现，它们直接影响水体的动态变化（如流动、蒸发、沉积等）和生物适应（如分布、迁移、繁殖等）。物理指标通常包括以下几个方面：

a. 温度：指水体的热度，是影响水体密度、溶解氧和生物代谢的重要因素。一般来说，温度越稳定，表明水体健康状况越好。

b. 流量：指水体的流动速度和方向，是影响水体输送能力和生物分布的重要因素。一般来说，流量越适中，表明水体健康状况越好。

c. 深度：指水体的垂直范围，是影响水体光照条件和生物栖息层次的重要因素。一般来说，深度越适宜，表明水体健康状况越好。

d. 湿度：指水体周围空气中的水分含量，是影响水体蒸发速率和温差的重要因素。一般来说，湿度越适宜，表明水体健康状况越好。

④景观指标

景观指标是指用水体周边的自然和人为特征（如植被覆盖、土地利用、人口密度等）来反映水资源健康状况的指标。景观特征是水体与外界联系的桥梁，它们直接或间接影响水体受到的输入（如降雨、径流、污染物等）和输出（如蒸发、渗透、排放等）。景观指标通常包括以下几个方面：

a. 植被覆盖：指水体周边土地上植物的种类和数量，是影响土壤保持、水土流失和水体营养物质的重要因素。一般来说，植被覆盖越高，表明水体健康状况越好。

b. 土地利用：指水体周边土地上人类活动的类型和强度，是影响水体受到的人为干扰和污染的重要因素。一般来说，土地利用越自然，表明水体健康状况越好。

c. 人口密度：指水体周边土地上人口的数量和分布，是影响水体需求和压力的重要因素。一般来说，人口密度越低，表明水体健康状况越好。

这些评价水资源健康状况的指标，可以从不同的角度和层次对水资源进行全面和客观地评估。当然，这些指标并不是固定不变的，它们可能随着时间、空间和目标的变化而有所调整和优化。

（2）可持续的城市水文系统规划

雨洪管理是城市规划建设中重要的一环。随着近年全球极端天气频次增加，如何避免极端天气带来"城市内海"，已经成为包括中国在内的许多国家和地区面对的课题。现代"雨洪管理理论"包括有：低影响开发（Low Impact Development，LID）理念、最佳管理措施（Best Management Practice，BMP）、可持续城市排水系统（Sustainable Urban Drainage System，SUDS）及海绵城市（Sponge City，SC）模式等。它们的核心理念基本相同，就是通过工程手段与生态手段的有机结合，在建设、修复、完善传统排水基础设施的同时，进一步引入绿地、园林、植被等城市景观要素，在城市空间中创设一种集水资源合理处置与有效利用于一体的管理系统，既避免突发性雨洪灾害对城市造成严重破坏，又能实现对降水的有效利用。

城市化进程的加快、人口增长和气候变化加剧了城市洪水的频率和严重程度(Visitacion et al.,2009)。城市雨水管理方法必须不断发展,以满足城市化、气候变化和预算限制带来的日益增长的需求。一种新兴的雨水管理理念是低影响开发(LID)(Eckart et al.,2017)。LID最雄心勃勃的目标是使已开发的流域恢复到开发前的水文条件(模仿自然水循环或实现水文中性)(Damodaram et al.,2010)。LID通常被用作一项改造措施,旨在减轻城市雨水基础设施的压力和/或创造适应气候变化的弹性。雨水质量法规是采用LID的另一个主要驱动力,因为还实施了一些控制措施来改善水质。为了实现雨水目标,LID严重依赖渗透和蒸散,并尝试将自然特征融入设计中。与传统的城市雨水管理模式相比,LID替代方案具有使径流回归自然水文循环的功能,包括减少径流量、改善入渗、减少峰值流量、延长滞后时间、减少污染物负荷以及增加基流(Eckart et al.,2017)。

低影响开发首先在美国马里兰州引入,作为减轻不透水面增加所带来的不利影响的一种手段,尽管在"低影响开发"一词被创造之前,一些单独的技术已经到位(Programs et al.,1999)。乔治王子县为了提高LID的采用率,制定了市政低影响开发设计手册。低影响开发是北美术语,表示一种设计理念,已在世界许多地方流行,LID的其他名称或至少类似的设计理念包括新西兰的低影响城市设计与开发(Low Impact Urban Design and Development,LIUDD)、澳大利亚的水敏感城市设计(Water Sensitive Urban Design,WSUD)以及欧洲的可持续城市排水系统(SUDS),这些方法还可能包括综合城市雨水管理(Integrated Urban Stormwater Management,IUSM)和综合城市水管理(Integrated Urban Water Management,IUWM)等策略(Eckart et al.,2017)。Fletcher等讨论城市排水领域使用的这些术语和其他术语的发展和应用,LID旨在通过在设计中考虑场地的自然特征来降低雨水管理成本,鼓励渗透和蒸发,位于径流源处或附近的小型雨水处理装置被视为LID控制(Fletcher et al.,2015)。

城市雨洪管理与雨水资源利用的思想进入中国后,受到了政府部门的高度关注,一系列相关政策陆续推出。2014年,国家住房和城乡建设部发布《海绵城市建设技术指南低影响开发雨水系统构建》,提出了海绵城市——以低影响开发理念为核心的新型城市建设、发展模式。2015年,国务院办公厅印发《关于推进海绵城市建设的指导意见》,住房和城乡建设部、水利部、财政部分两批次共确定30个大中小城市开展海绵城市试点建设。上海临港地区作为首个国家级海绵城市建设试点地区,规划了包括海绵型小区、海绵型绿地、海绵型道路、水系整治与生态修复等在内的系统工程。例如,滴水湖环湖景观带采用透水铺装,达到雨水就地下渗消纳的海绵城市要求,在降雨时有效减少地表径流,为游客提供舒适安全的活动空间。四涟河道工程采用生态护岸、雨水排放口水质净化措施、植被缓冲带等多项海绵城市措施,达到水系整治与生态修复的目的。新芦苑老城区海绵化改造,实施了雨水花园、高位花坛、调蓄净化设施、生态停车场、透水铺装、雨水落管断接、植草沟、地下储水设施等海绵化举措(吕永鹏,2019)。

国内外为应对城市雨洪管理难题已进行了一系列自然渗水储水的可持续发展方法探索,如美国的雨洪最佳管理措施(BMP)、低影响开发(LID)和绿色基础设施(GI)理念、英国的可持续城市排水系统(SUDS)、澳大利亚的水敏感城市设计(WSUD)、新西兰的低影响城市设计与开发体系(LIUDD)、日本的雨水储存渗透计划，以及我国新兴的海绵城市建设等。面对城市复杂的水生态、水环境和水安全问题，这些政策反思以往灰色基础设施这类单一的工程措施，认为应寻找更加多样、多尺度的自然生态方法，通过模拟自然生态系统特征，在源头吸收、减缓和过滤雨水，实现良性的城市水循环。

5.6 城市生物要素的分析与评价

5.6.1 城市生物的主要调查内容

城市生物是指生存于城市地区的生物，包括城市动物、城市植物、城市微生物，其对于城市物质转化和能量循环、城市生产与生活都具有较重要的影响和作用。城市是以人为主，具有高度人工化的形态和空间，但天然的生态环境，包括各种生物仍是城市发展的物质基础。

(1) 城市植物要素

从植物所处生境出发，“城市”为城市植物限定了范畴，是以城市环境为背景，涉及城市的建筑、小气候、地形、土壤等综合因素；同时，由于高度人工化的城市形态与空间，城市植物多是出自多元化的功能与服务等考虑，并在一定自然环境条件下按照人的意愿进行配置。概念上，城市植物包括城市植物群落与城市植被两种涵义。前者指城市区域内各种植物的总和，包括一切自然生长和人工栽培的各类植物类型，如森林、灌丛、绿篱、花坛、草地、粮食作物和果园等，强调在特征环境下植物的一种有规律的组合；后者泛指城市内地表植物的总体，与城市植物群落所指的对象相同，但一般不涉及群落范围、群落结构等特征。通过文献整理，发现以下几个标准可对城市植物进行分类(表 5-7)。

表 5-7　城市植物分类

分类标准	植被类别
与城市人为干扰环境的密切相关性	自然植被
	半自然植被
	人工植被
根据绿地景观表现形式	耕地
	林地
	草地
以“生境—群落”生态学特征为标准	耐践踏植物群落
	一年或多年生喜氮植物群落
	多年生湿润宅旁植物群落
	宅旁半干旱植物群落
	墙头植物群落

（续表）

分类标准	植被类别
根据人为活动强弱对植被影响的程度	人工栽培群落
	残存自然群落
	城市杂草群落
按植物对环境的适应能力	极嫌城市植物
	嫌城市植物
	中性城市植物
	适生城市植物
	极适生城市植物

（引自：沈清基，2011）

宏观上，城市植物呈现出四个方面的特征（沈清基，2011）：

①城市植物区系群落结构单一化

植物区系指一定地区范围内全部植物的分类单位，包括所有的科、属和种的数量。城市植物的区系种类组成较少。无论是水平结构还是垂直结构都较简单。在城市行道树的区系组成上更体现出这种特色，如悬铃木、香樟和广玉兰是我国华东城市行道树中最常见的种类（王祥荣，2000）。

②城市植被归化率高

城市范围内，由人类引进的或伴人植物的比例明显较多，外来种对原植物区系成分的比率，即归化率的比重越来越大，并已成为城市化程度的标志之一。因此，在城市绿化的过程中，最大程度地保留和选择反映地方特色的树种是城市生态学工作者关心的问题，亦是城市生态建设的标志之一。

③城市植物园林化格局

城市植物在人类的规划、设计、布局和管理下，大多呈园林化格局。乔、灌、草、藤等各类植物的配置，城市森林、树丛、绿篱、草坪或草地、花坛等皆是按人的意愿进行布局的。人工园林养护措施减弱了环境对城市植物的胁迫。

④城市植物全球范围内的趋同性

人类的偏好使城市中植物种类的组成在全球尺度上趋同。此外，相似的干扰模式（如人工土壤和城市热岛）也是使城市之间的植物种类组成和植被具有一定的相似性的原因。

微观上，城市植物可以从群落结构属性进行特征分析：

在城市生态规划中，那些对植物特性认识和考虑不到位的植物种植设计，导致所形成的植物群落难以经受时间的考验。故植物种植设计与管理的科学性与合理性与否取决于对城市环境中的植物群落生长与发育状况及规律的认知程度。城市绿地植物群落结构主要具有以下属性：

①景观属性（艺术性）

城市绿地植物群落结构是人为地为实现某种艺术形式或效果而形成，并非不同种类植物数量的无序堆砌。自然植物群落是通过长期地自然选择而出现不同外貌结构的植物景观，城市绿地植物群落则是满足植物生理生态特性的基础上，通过艺术构图、人为选择与设计而成的具有自然群落特质的植物景观，前者显露了大自然的艺术，后者则体现了城市独有的人文艺术。

②空间属性（异质性）

不同的植物群落结构类型具有不同的空间属性。应城市不同绿地功能的需求导致植物群落数量特征、分布格局以及配置形式等方面的差异，从而形成了具有不同空间属性的植物群落结构，围合、通透、封闭、开阔等都是对植物群落空间异质性特征的体现。

②生理属性（需求性）

不同种类的植物群落对生境的需求具有明显差异，植物群落就是满足植物个体不同生理需求的有机综合体。合理的植物群落结构使得植物能充分利用光照、水分和土壤等资源，最大限度地提升植物群落对资源与空间的利用率。

④形态属性（独特性）

植物群落外貌与形态是个体形态的综合表现。不同种类植物之间形态上有其相似性与差异性，同种植物种类的形态也存在差异。植物形态的独特性通过树型、冠型、枝型以及叶型等表达。植物种类的多样性极大地丰富了植物景观的语言。

⑤生态属性（联系性）

植物群落结构是不同种类植物在空间上的组合，群落个体间存在某种联系性，这种相互关系造就了群落的结构，并推动群落结构的变化与发展。植物群落个体间的生态联系通过选择、适应、竞争与互利共生等形式表达，体现了植物群落种间的联结性与相关性。

⑥动态属性（过程性）

变化与发展是植物群落的基本属性。伴随植物个体生长的过程，植物群落生长发育也经历着初期、中期、后期等阶段。植物群落个体之间以及与环境之间是一个动态变化的过程，随着时间、空间、环境等因素的变化而变化。在城市特定的生境下，经过一定阶段生长发育，植物群落个体间经过资源的争夺使其结构产生分化，逐步向稳定状态过渡。这个转变的过程不仅是动态的，同时也是人工选择与自然进程共同作用的。

在生态规划设计中，城市植物种植设计是由一定数量、不同种类与规格的园林植物在空间组织关系的体现，其本质就是解决一个“种什么（种类）、种多少（数量）、如何种（组合）”的问题。种植设计决定了植物群落结构特征，进而影响其功能与效益的发挥。因此，城市规划设计师有必要针对城市绿地植物群落构建过程中的关键要素特征（数量、格局、组合、过程）进行分析与总结，并研究审视可能出现的问题。

（2）城市动物要素

在城市中生活的动物物种比自然生态系统要低得多，且以鸟类、昆虫、小型兽类以及土壤动物为主。

①城市鸟类

鸟类对栖息地的组成和环境变化非常敏感，是城市生态环境和城市生物多样性的重要指示物种，对城市生态系统具有重要价值。同时，鸟类是城市环境中最为常见的野生动物，分布广泛，易于接近，是居民在城市环境中亲近自然的重要媒介，具有教育和娱乐等社会功能，对城市居民的身心健康和人类福祉有重要作用（张征恺等，2018）。

城市鸟类的生态习性、分布特点、群落结构是城市鸟类基础研究的主要内容。有学者通过128篇文献综述发现，鸟类生态习性研究主要集中在城市常见鸟类的行为生态和种群生态两个方面（张征恺等，2018）。前者主要包括繁殖、取食、鸣叫、惊飞距离，后者主要包括数量变化与分布。研究对象的种类包括麻雀（*Passer montanus*）、喜鹊（*Pica pica*）、鸳鸯（*Aix galericulata*）、黑头鸭（*Sitta villosa*）、白鹡鸰（*Motacilla alba*）等。其中除黑头鸭、秃鼻乌鸦以外皆为所在城市的常见种。此类研究多属于描述性调查，是城市鸟类研究中最基础的部分（陈水华等，2000；张征恺和黄甘霖，2018）。

鸟类群落结构及其动态变化，是人们了解城市鸟类、探究鸟类与城市环境关系的基础和依据，为基于物种多样性的生态规划研究与实践提供了数据支持。相关调查内容主要包括城市的鸟类区系与群落结构、鸟类群落调查、鸟类群落对比、城市鸟类群落结构的季相或年际动态等。其中不同城市绿地或生境的鸟类群落对比是探讨的热点话题。有研究发现，不同生境类型中鸟类物种多样性有明显的差异。城市的不同生境中，苗圃、学校等以阔叶乔木林为优势的生境鸟类物种数和物种多样性通常最高，而建成区和居民区最低，且群落结构单一。少数研究由于地区优势生境类型不同，发现灌丛鸟类物种多样性最高或湿地的鸟类多样性最高。

此外，在调查城市常见鸟类和城市鸟类群落结构的同时，许多研究也揭示了城市鸟类与生境的关系，以及鸟类群落受到城市化影响后的响应。例如，在乔木层和地被层都发达的生境，鸟类种类和数量最多；乔木层和灌木层都发达的生境，鸟类种数最低；灌木层和地被层都发达的生境鸟类数量最低（杨刚等 2015）。例如，河滩生境以涉禽（鹤形目、鹳形目、鸻形目）为优势，积水沙坑生境以游禽（雁形目、鸥形目、䴙䴘目）为优势，而滨岸生境则主要分布一些城市常见鸟类（王凤等，2007）。对于不同城市环带的绿地，研究发现城郊绿地的鸟类多样性和均匀度最高，其次是远郊，而中心城区绿地的鸟类多样性和均匀度最低；相近城市化梯度的不同城市绿地中，在植被层次丰富、面积大的绿地斑块中鸟类种数和多样性较高，但是鸟类遇见率与绿地斑块面积的统计关系并不显著。

②城市昆虫

城市生态系统是脆弱的生态系统，是以人为核心的次生生态系统并包含众多子系统。城市昆虫则多分布在城市仓储、园林、卫生等子系统中。按照对人类的直接经济利益昆虫可分为有害昆虫和有益昆虫，常见的城市有害昆虫类别及其害处见表5-8。其中，有益昆虫包括供人们赏玩的蟋蟀等，作为观赏鸟类饲料的黄粉虫等，帮助植物授粉的蜜蜂、甲虫、蝇虻等。目前，虽有一些关于特定城市子系统中害虫基础生物学的研究，但是不同城市生态子系统中害虫多样性分布规律的研究相对较少，特别是城市生境中非有害昆虫研究少之又少（魏丹丹等，2019）。事实上，影响城市昆虫存亡的生态因子与农业和其他自然环境中的因子较为类似，但城市昆虫受到人类活动的直接或间接影响更多。在城市生态中，一些昆虫的种群密度会比其在自然生境中更高，这种现象就可能与人类的活动有关。如使用农药灭杀蚊虫的同时，造成蚧类昆虫天敌大量死亡，从而致使蚧类的种群密度在城市生境中进高于自然生态系统。如埃及伊蚊（*Aedes aegpti*）已高度适应城市的生态环境，其遗传多样性在不同城市栖境中发生了分化，可形成不同的生态型。

可见，昆虫对城市环境的适应既是一个过程也是一种条件，许多昆虫可能预先适应了城市环境，这种现象也称为预适应性(preadaptation)。

表 5－8　常见的城市有害昆虫类别及其害处

害虫类别	分类和常见种类	特点
卫生类有害昆虫	蚊、蝇、蜚蠊(俗名蟑螂)、蚤、虱子、臭虫、蚂蚁、螨、隐翅虫、蜈蚣等	与人类关系密切、适应人类生活环境能力强，直接为害和干扰人类的生活，传播各类疾病，危害人体、宠物健康，如虫媒传染病(莱姆病、西尼罗病毒病、登革热等)
绿化和园艺类有害昆虫	以鳞翅目为主的咀食类；以蚧、蚜、虱、叶螨等同翅目为主的吸食汁液类；以鞘翅目天牛类为主的钻蛀类；以危害根部为主的地下害虫类	广泛分布于城市园林园艺植物中，种类繁多、数量庞大、食性各异，为害方式多种多样
建筑类有害昆虫	白蚁、天牛、粉蠹、长蠹、窃蠹、木蜂等	危害建筑房屋、木装饰、家具等，其数量增加与城市化进程加快有着重要的关系。如，旧城改造和拆迁使得新建大楼中白蚁获得了更优越的栖息繁衍环境，对于基础防蚁或旧材灭蚁的忽视使得白蚁可以大量迁移；而在新的环境中，各类天敌十分缺乏，白蚁等有害昆虫提高了适应新环境的能力
仓库类有害昆虫	蚁、衣鱼、书虱、窃蠹、皮蠹等	危害仓库、图书、干药材，多为定居型有害昆虫，缺乏天敌，繁殖较快
食物类有害昆虫	米象、麦蛾、谷蠹、印度斑螟、黄粉虫、黑粉虫、粉螨、米扁虫等	多隐藏于粮食之中，体型均较小，多为定居型有害昆虫

(引自：沈清基，2011)

城市化也会导致一些本地昆虫种群的衰退，并在沿郊区至城市中心梯度的景观环境中，其丰富度明显下降，部分种类甚至灭绝。一般而言，单食性昆虫种群数量下降，而多食性昆虫如蟑螂、白蚁、蚜虫等种群数量反而上升。就城市昆虫的生态系统服务功能而言，植食性、寄生性、腐食性和访花性昆虫对城市化的负面响应更为明显，因此其功能会有所下降(叶水送等，2013)。此外，城市化造成的生境破碎化、均质化、环境污染以及植物引种等诸多环境问题远比城市热岛效应对昆虫的影响更深刻和长远。例如，环境污染(大气污染、水体污染、光污染、生境破碎化、重金属、粉尘颗粒等)和入侵植物等因素影响昆虫的生长发育或繁殖，且大多表现为种群数量下降；雾霾对鳞翅目昆虫的生长发育、生存以及成虫体型大小等有一定的危害；二氧化硫对蜜蜂等传粉昆虫有害，对刺吸式口器害虫(如蚜虫和粉虱等)的繁殖有利。

在了解城市化对昆虫影响规律的基础上，目前关于城市化与昆虫多样性之间关系的科学假设有：a. 昆虫物种多样性与城市污染存在负相关性，即污染加重会导致昆虫种类减少；b. 昆虫在适应栖息地缺失或高度分散的环境后，往往会具有更高的生态适合度；c. 新近实现城市化的地区往往具有相对较多的预适应性强的昆虫类群(如蚁类和蜚蠊等)；d. 随着城市年龄的增长，昆虫多样性会增加且外来物种的多样性也会增加；e. 与市中心相比，未开发的城市边缘地区往往拥有更高的昆虫多样性。就城市害虫而言，体型较小、运动能力弱且世代重叠的刺吸式害虫(如介壳虫、叶螨、蚜虫等)种群数量一般会随着城市景观格局梯度的增加而增加,且易暴发成灾。总之,城市昆虫的发生与种群动态变化与昆虫所处环境的小气候、寄主、食物、天敌以及人类活动等物理、生物和人为因素密切相关,并且城市化对昆虫的丰富度、空间分布、食性及生态系统服务功能等方面也会产生影响。

③城市小型兽类

城市小型兽类以哺乳动物、两栖动物和爬行动物数量和种类居多,与城市环境性状密切相关。与鸟类相比,城市化发展对哺乳动物造成的冲击更为显著。事实上,在被人类大规模改造后的环境中,中大型兽类基本上消失了。尽管一些国家和地区,大型兽类如美国的白尾鹿、黑尾鹿,印度孟买的豹等,有时出现在人类城市生活空间,但这些情形具有一定特殊性,前提条件是这些城市附近的生境依然满足这些大型兽类的生存需求,且进入城市边缘地带是它们种群扩张、个体竞争的结果(何鑫,2022)。整体而言,它们仍然是城市环境的偶入者和游荡者。对于世界上更多的城市而言,生存在其中的兽类,更多是一些体型较小、行动灵活、适应能力较强的种类,如刺猬、野兔、松鼠、鼬类、獾类、蝙蝠等,属于城市环境的适应者这一层级,倾向夜间活动。

相对而言,在不同城市绿地中生活的小型哺乳动物面临的孤岛效应更为严重,生活环境被片段化分割造成了种群的隔离。因此,更多情况下,城市哺乳动物只能出现在较大型、植被保存较完整的城市绿地中。对于一些适应能力较强的哺乳动物,拥有不挑食习性是其在城市生存的关键,例如浣熊之于北美、赤狐之于英国、长尾叶猴之于印度,便是野生哺乳动物对城市良好适应的成功典范(何鑫,2022)。在某些区域,这些哺乳动物已经从机会主义者向伴人种转变。在中国,上海的貉是一个较为典型的案例。作为一个建设用地急剧扩张的城市,上海的陆生兽类的种类和数量持续下降,例如,百余年前,在青浦、奉贤等地区种群数量尚可的獐现在已经消失殆尽;21世纪初,野生动物调查中还有踪迹可寻的豹猫也没了踪影;幸存的狗獾只能蜗居在一小片待开发的荒地中等待未知的命运。然而,尽管貉在城市发展中也逐渐失去了原有生境,但它们的种群依旧存在上海松江、青浦、闵行和浦东等地,并开始向人类营造的人工绿地和林地挺进。事实上,在人类城市的发展进程中,以褐家鼠、小家鼠为代表的狭义的家鼠类动物受益最大。作为典型的伴人物种,家鼠虽然不被人类待见,但它们在错综复杂的城市空间中所展现出的高超适应能力,却是现代哺乳动物的祖先在恐龙时代顽强生存的生动体现。同时,鼠类是城市野生动物食物链的基础,城市里的黄鼬等小型肉食兽类、蛇类和猛禽都不会放弃在它们身上展现自己的捕食者本色(何鑫,2022)。

反观城市中大多数两栖动物和爬行动物,它们对生存环境的要求更加苛刻,需要合适的水源和隐蔽的场所。在热带地区的城市,由于有利的物候条件,两栖动物和爬行动物可以找到足够的生存空间,数量相对居多,甚至可以与人类和谐共存。但世界上大多数地区,尤其是城市密布的温带环境中,种类和数量有限的两栖动物和爬行动物正面临巨大生存危机。例如,残存于城市河流与池塘内的、以蛙类为代表的两栖动物、龟鳖类为代表的爬行动物,需面临渠道化的水体和边缘垂直固岸的挑战。

④城市土壤动物

土壤动物按其体型大小,一般分为小型土壤动物(体宽小于0.2 mm,如原生动物和线虫）、中型土壤动物（体宽 0.2～2 mm，如跳虫和螨类）和大型土壤动物（体宽 2～20 mm，如蚯蚓和蚂蚁）（邵元虎等，2015）。根据它们在土壤中执行的功能，可将其划分为不同的功能类群，主要包括：①分解者，如跳虫、螨类及鼠妇，能够吞食破碎凋落物并产生粪便颗粒刺激微生物活性，从而参与物质分解和养分循环过程；②食微生物者，如原生动物、线虫和跳虫，主要通过取食微生物来控制微生物群落，参与养分循环、控制病原菌及调节植物生长；③植食者，如植食性线虫、跳虫及鞘翅目昆虫，能够取食植物根系进而影响植物生长和土壤养分循环；④捕食者，如捕食性线虫、螨类、甲虫及蜈蚣，可以通过捕食其他土壤动物起到对害虫的生物防治作用；⑤生态系统工程师（ecosystem engineer），主要是蚯蚓、蚂蚁和白蚁，能够吞食土壤或在土壤中穿梭掘穴而产生生物扰动，从而影响土壤有机质和微生物的分布，参与土壤的形成以及养分循环（Nielsen，2019）。总体来说，土壤动物种类繁多，数量巨大（表 5-9），绝大多数土壤动物个体很小，而由于分类学家和分类手段都十分缺乏，研究土壤生物多样性面临巨大挑战（邵元虎等，2015）。

表 5-9　主要土壤动物类群的物种数和密度

土壤动物类群	已命名物种数	预计总物种数	密度
原生动物（Protozoa）	已命名 8 000 多种；土壤中已命 1 500 多种	36 000 多种	一般每克土 1 000～10 000 条；10×10^6～$1\ 000\times10^6$ 条/m^2 或 0.05～3 g 鲜重
线虫（Nematode）	已知约 30 000 种	约 1 000 000 种	10^6～10^7 条/m^2 或 1～10 g 鲜重
螨类（Acari）	已知约 50 000 种	约 1 000 000 种	1 000～1 000 000 只/m^2，大多数为 20 000～200 000 只或 0.5～60 g 鲜重
跳虫（Collembola）	已知约为 7 600 种	超 50 000 种	100～670 000 只/m^2，大多数为 10 000～100 000 只/m^2 或 0.03～6 g 鲜重
蚯蚓（Earthworm）	已知约 4 000 种	超过 8 000 种	100～500 条/m^2，30～100 g 鲜重
蜘蛛（Spider）	已知 43 678 种	76 000～170 000 种	不确定
地表甲虫（Ground Beetle）	已知 40 000 多种	不确定	在少于 1 只/m^2 到多于 1 000 只/m^2 波动

（引自：邵元虎等，2015）

在城市生态系统中，土壤动物在支持城市地上植被生长、调节城市气候及水文循环、污染物降解和病原体控制以及维护人类健康福祉等方面发挥着重要生态功能。例如，凋落物转化者可以破碎凋落物，增加其表面积并提高分解速率，促进养分循环，从而影响城市植物群落的生长；微生物捕食者通过捕食可以释放被微生物固持的养分，刺激微生物活性，促进植物对养分的吸收；蚯蚓、白蚁等生态系统工程师可以通过影响土壤孔隙来影响水分的入渗速率，从而缓解城市排水系统的压力；原生动物、线虫以及蚯蚓等土壤动物可通过参与病原体的控制及污染物的转化，提升动植物及人类生存环境的安全性。由于土壤动物种类繁多，取食行为及生活史策略多种多样，这些特征使它们常常被用作反映土壤养分与扰动状态的指示生物（图 5-32）。

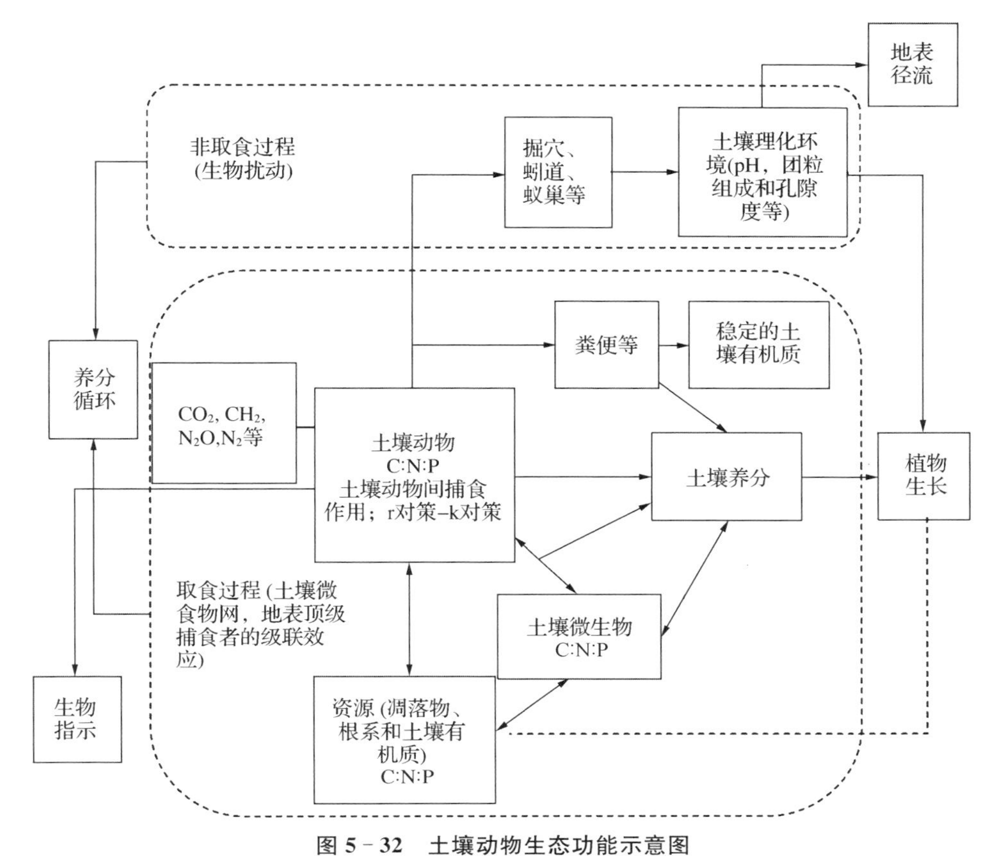

图5-32　土壤动物生态功能示意图

(引自：邵元虎等，2015)

(3) 城市微生物要素

微生物在城市生态系统中占有极其重要的地位，它们既是许多疾病的病原，又是能量流动和物质循环不可缺少的环节。城市各种固体废弃物的排出量日益增多，已造成了城市环境的严重污染，危及人体健康，而通过微生物处理，许多废弃物可以作为宝贵资源加以利用。

空气中微生物包括细菌、霉菌、放线菌等等。有些细菌、霉菌等能使人、动物、植物致病，很多细菌、霉菌使工农业原料和产品腐败霉烂。空气中无固定的微生物丛，由于空气中缺乏微生物直接利用的养料，微生物不能独立地在空气中生长繁殖。空气中的微生物丛是由暂时悬浮于空气中的尘埃上携带着的微生物构成的。人类和动物的活动乃至植物的生长繁殖都向空气中散播微生物，它们的种类和数量受人类和动植物的影响。从环境保护角度看，它们是空气污染物。空气微生物是空气洁净度的一个重要标志，也是大气污染状况的一个重要参数。

水中微生物来源是多方面的，包括大气、土壤、植物、动物和人。生活于水中的微生物种类很多，有细菌、病毒、真菌、藻类以及钩端螺旋体和原生动物等。水中细菌丛的组成差别甚大，取决于水中的有机物成分、无机物成分、pH值、浊度、光、温度、氧气、压力等。地下水由于土壤过滤的结果，营养成分相对较少，细菌比地面水(河、江、湖)中含量少。

土壤是微生物生长发育的良好环境，溶解在土壤中的有机物和无机物为微生物提供了丰富的营养来源和能量来源。土壤经常保持着适当的水分和酸碱度，氧气充足，温度适宜稳定，而且土壤覆盖防止了太阳紫外线对微生物的杀害，故土壤又有“微生物天然培养基”的称谓。土壤中微生物的数量最大，类型最多，是人类利用微生物资源的主要来源，但土壤也经常受病原体污染，在传播疾病中起着重要作用。土壤中的微生物群落包括细菌、放线菌、真菌、螺旋体、藻类、病毒和原生动物，其中以细菌为最多，占土壤微生物总数量的70%～90%，放线菌、真菌次之，藻类和原生动物等的数量较少。绝大多数微生物对人类是有益的，它们有的能分解动植物的尸体及排泄物为简单的化合物，供植物吸收；有的能将大气中的氮固定，使土壤肥沃，有利城市植被生长；有的能产生各种抗生素。但也有一部分土壤微生物是人类及动植物的病原体。

5.6.2 城市化对城市生物多样性的影响

随着城市化水平的迅速提高，城市化对生物多样性的影响日益成为人们关注的焦点问题，也是当前生态学研究的热点问题。2008年在德国波恩举办的《生物多样性公约》第九次缔约方大会上，地方和城市作为生物多样性保护重要力量的地位得到各缔约方的确认。2010年，《生物多样性公约》第十次缔约方大会进一步支持地方和城市参与2011—2020年生物多样性保护战略计划，并推荐使用“新加坡城市生物多样性指数”作为监测工具。2008年以后，国内关于城市生物多样性的研究也大幅增长。为了应对城市化带来的挑战，我国在城市规划和相关城市发展工作中开始重视城市生物多样性保护工作，例如《中国生物多样性保护战略与行动计划(2011—2020年)》将“城市生物多样性保护”纳入生物多样性保护优先项目，强调在城市绿地系统规划建设中体现生物多样性要素(彭羽等，2012；WWF，2022)。

生物多样性是生物及其与环境形成的生态复合体以及与此相关的各种生态过程的总和，包括数以百万计的动物、植物、微生物和它们所拥有的基因以及它们与其生存环境形成的复杂的生态系统。生物多样性内涵广泛，包括多个层次或水平：基因、细胞、组织、器官、种群、物种、群落、生态系统、景观。国内也有部分学者认为理论与实践上重要、研究较多的主要有基因多样性(或遗传多样性)、物种多样性、生态系统多样性和景观多样性。生物多样性是一个复合概念，根据《生物多样性公约》，目前国际上普遍认为生物多样性主要包括生态系统、物种和基因三个层次。

相比生物多样性，城市生物多样性更聚焦城市，并且，由于城市景观的均质性，城市生物要素更是构成了城市生物多样性的基本内容。1995年，联合国环境署发布的《全球生物多样性评估》报告指出，城市生物多样性作为生物多样性的特殊组成部分，是城市生物之间、生物与生境之间、生态环境与人类之间复杂关系的体现，体现城市生物的丰富度和变异的程度。毛齐正指出，城市生物多样性既包括那些在本地自然发生和进化的物种，也包括那些从其他地区传播或迁徙并在城市中生长和繁殖的物种，如引进的园林绿化树种和花卉；既包括通过自然演替形成的生态系统，也包括那些由于城市建设需要，人工建成的生态系统，如城市公园、人工湖泊等(毛齐正等，2013)。

在我国，自然保护区的空间分布在西部地区面积最大，东中部地区则显著细碎许多，与我国人口分布特征形成鲜明对比。然而，近年来越来越多的学者认为，东部人口稠密的城市地区，其生物多样性价值要远高于我们以往的认识（闻丞等，2015）。因此，从生物多样性保护的整体格局看，城市是不可或缺的重要组成部分。缺乏城市支持的生物多样性战略是不完整、不系统、不合理的。与此同时，城市高度发达的经济社会体系在对生物多样性形成胁迫和压力的同时，也是生物多样性保护能力建设的重要动力和资金来源。

一般而言，物种灭绝的过程总是会先经过种群数量减少，进入灭绝漩涡（extinction vortex）之后消失（Gilpin et al.，1986）。所谓“灭绝漩涡”是指小种群由衰退到灭绝过程中的变化就像一个漩涡一样，越接近漩涡的中心这种灭绝的趋势越明显，而一旦被卷入这个漩涡，就难逃灭绝的厄运。也就是说，基因多样性的减少给小数量的种群（或小种群）恢复带来巨大障碍，小种群比大数量的种群（或大种群）基因丰富度小；如果没有其他生物个体与之发生基因交流，则其他个体基因将无法汇入，致使该小种群的基因数量固定，进而导致其生物多样性减少，最终无法适应条件的变化。因种群数量较少而产生基因的漂移，并且基因在后代中逐渐丧失，从而使得基因多样性减少（图 5 - 33），这种趋势被称为灭绝旋涡。这是多个因素互相作用造成的，比如小种群容易产生近亲繁殖，导致后代先天不良，同时小种群更经受不起数量的波动，稍大的波动可能就意味着灭绝（李俊清，2012）。

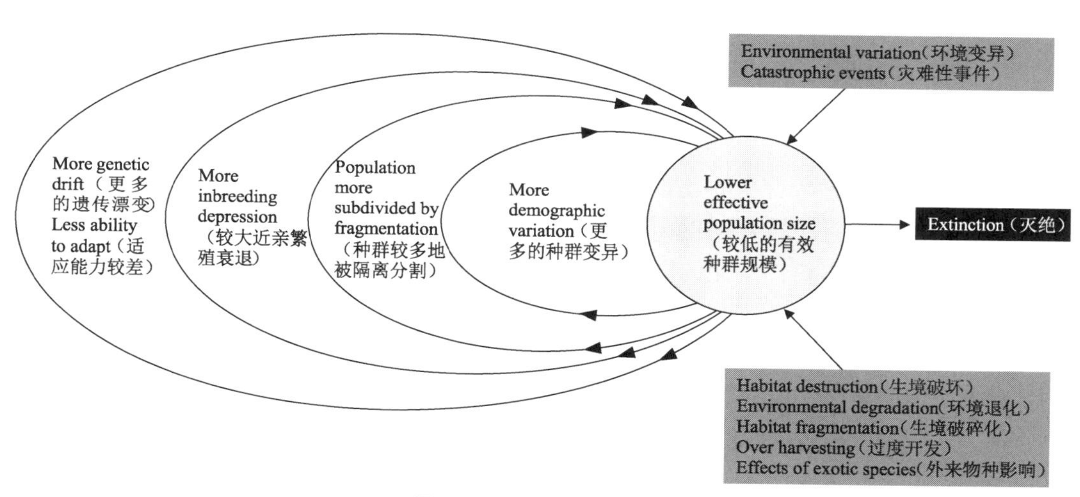

图 5 - 33　物种灭绝漩涡

（引自：Gilpin et al.，1986）

作为生物多样性的重要组分，城市生物多样性不仅与自然界的生物多样性共同维持着地球上的生命系统，同时它也与人类社会联系更为密切。城市生物多样性与大气、水、土壤环境等共同构成了城市居民赖以生存的生态环境基础，为城市提供了调节气候、净化空气、美化环境等生态服务，也让城市的生态文化变得更加丰富。可以说城市生物多样性在保障居民健康、提升居民福祉等方面作用显著（WWF，2022）。尽管有诸多价值，我们也不得不承认，城市化背景下城市生物多样性正在面临灭绝的威胁。例如，姚海凤等（2022）从土地利用、土壤性质、地上植被特征、外来生物四个方面探讨了城市化对土壤动物多样性和群落组成的主要途径（图 5 - 34）。

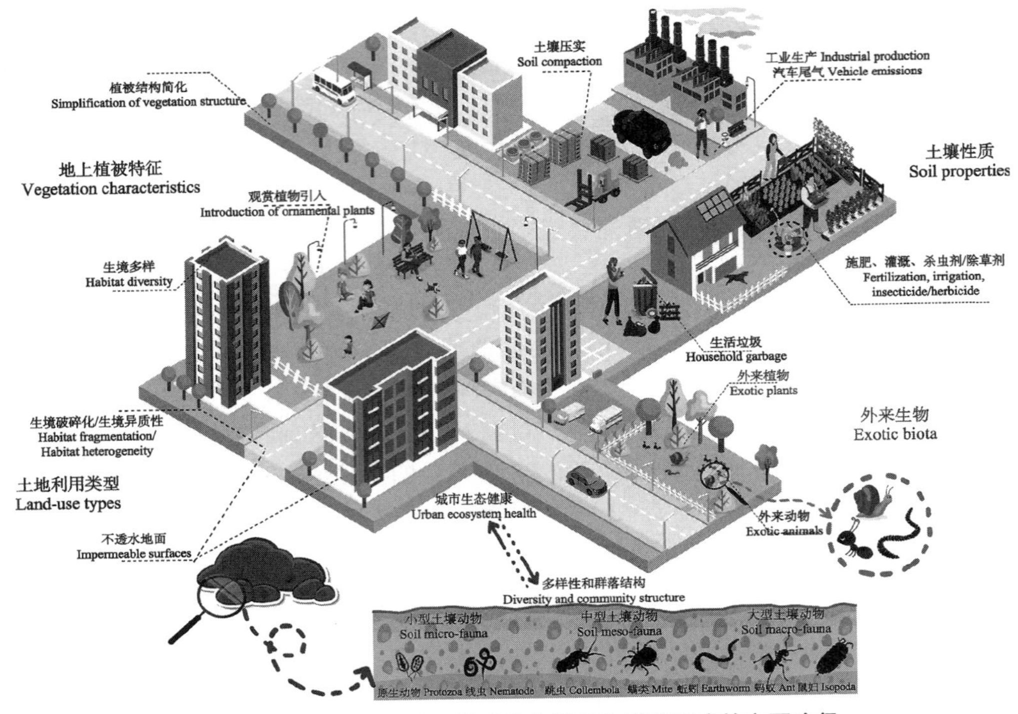

图 5－34　城市化影响土壤动物多样性和群落组成的主要途径

（引自：姚海凤等，2022）

一般理论认为，干扰以及由干扰引起的生境破碎化是生物多样性减少甚至灭绝的主要原因。城市发展意味着新的建设，改变原有的生境是毫无疑问的，由此对生物多样性也产生巨大的影响，使城市中特别是城市中心区生物多样性明显减少。实践证明，影响城市发展以及生物多样性变化的因素很多，城市本身又是一个巨大的复合生态系统，而且不同城市的社会经济和自然环境差异较大，加上城市所处的地形、气候、水文、土壤条件的多样，所以各城市发展对生物多样性的影响存在很明显的差异。但城市化对生物多样性的影响存在着一定的共性。根据李俊生等(2005)的总结，这些共性特征包括以下三个方面：

第一，城市生物多样性由市郊向中心区梯度性减少。很多研究证实，随着人类干扰强度由乡村或城市周边保护区向城市中心区逐渐增大，城市中许多分类单元包括植物、鸟类、昆虫以及哺乳动物，其物种多样性空间分布方式上由市郊向城市中心呈明显的递减趋势。

第二，野生动物多样性由城市中心向郊区逐渐增加。城市发展促进了城市基础设施的建设，造成了城市生境的严重破碎化和岛屿化，使许多天然绿地和城市水域生境往往被隔离形成人工建筑物中的“孤岛”。岛屿化生境对于生物的生存是十分不利的。根据物种一面积原理，许多大型或需要较大活动领域的动物很难在城市斑块状生境中生存；对于植物而言，岛屿化生境也不利于花粉和种子的扩散，使很多物种产生遗传衰退，甚至灭绝。

第三，城市化增加了外来种入侵的概率。这主要表现在三个方面：一是在城市环境中，由于物质流动和人类流动量巨大，因此为外来物种的入侵提供了许多便利条件。二是在城市绿地建设中，大面积人为引种外来植物品种造成大量本地原生植被逐渐被外来种替代，甚至造成本地原生植被消失，给当地生物多样性带来极大的危害。三是随着外来植物的引进，一方面为许多外来动物，特别是各种低等动物如昆虫、土壤动物等创造了适宜的生存环境，形成新的群落结构，改变了当地动物区系组成，另一方面外来植被改变了原生态系统结构和功能，造成当地的动物数量和种类减少，甚至灭绝，为其它外来物种的入侵提供了更大的生存空间。

总体而言，城市生物多样性存在的主要问题包括物种数量减少、物种特化、结构简化和功能退化等。这些问题或直接或间接地由城市开发建设导致的景观格局破碎化、生物生存环境恶化、人为干扰加剧以及不当的管理等造成。

5.6.3　生物多样性评价与分析的方法

(1) 基于适宜性模型的物种生境识别

大多数物种在环境中不是随机分布的，生境越适宜，物种越可能分布于该区域，基于物种分布的这一选择性特点，国内外学者已经开发出多种生境适宜性模型，模拟评价物种生境状况和预测物种潜在分布范围。至 2022 年，已有的物种分布模型超过 25 种，但应用在物种生境适宜性评价的常用模型只有近 10 种(白君君等，2022)。一些用来研究物种分布状况的模型也可以用来评价物种的生境适宜程度，但在具体应用时，不能直接套用，需要根据生境适宜性评价的特点做出适当调整。物种分布模型和物种生境适宜性模型主要区别在于研究目的的不同，物种分布模型可以用来预测多个物种分布状况，判断研究区内的生物多样性热点区域，其结果可以是分布和不分布的布尔值或者概率值；而物种生境适宜性模型一般是用来评价某一物种生境是否适宜生存，对研究区域进行分级，通常可以分为最适宜、次适宜、较不适宜和不适宜区域。

依照模型建立时是否需要物种分布样本数据将生境适宜性模型分为以下 3 类：a. 不需要物种出现点和不出现点数据的机理模型，在 GIS 技术的辅助下，以生境适宜度指数模型(Habitat Suitability Index，HSI)为主(金龙如等，2008)；b. 需要物种出现点和不出现点数据的统计模型，包括基于统计学原理建立的回归模型和机器学习模型；c. 只需要物种出现点数据的生态位模型。由于研究对象和研究区域的不同，运用生境适宜性模型时，要对模型的适用性和可靠性进行评估。过去，很多学者在评价生境适宜性时并未对模型预测结果进行验证，得出的结果虽然可以为生物多样性保护和保护区规划提供参考建议，但其有效性和生态学意义还有待商榷和说明(白君君等，2022)。

①机理模型

物种对生境的选择具有偏好性，生境越适宜，越可能分布在该区域。早期，由于技术等原因的限制，物种出现和不出现点的数据难以统计，因此一些学者对物种生境进行分析时，主要通过确定研究区域内的主要限制因子，获取相关的环境变量数据，根据专家经验或已有的研究案例来对各个环境变量进行权重赋值，遵循相应准则对各个因子进行叠加，最后综合分析该物种的生境适宜程度。这种依据专家经验来确定主要环境变量，从而建立的物种生境适宜性模型称为机理模型。机理模型又称经验模型或理论模型，模型建立时主要受到主观因素影响，不需要物种出现与不出现点数据。若主要环境变量选择得当，则模型预测的结果可信度更高，更能准确评价物种与生境之间的关系，预测物种的分布及在该生境中的适宜程度，因此模型的适用性较强。由于机理模型建立时需要依据专家经验来确定主要环境变量，因此存在专家经验不同而带来的主观性差异，物种对其中某一环境变量的依赖程度可能较弱，在该研究区域所选的环境变量不具代表性。

机理模型主要以 HSI 为主，HSI 在土地管理规划和野生动物生境评价中得到大量应用，由美国渔业与野生动物局开发，最早用于描述水生生物与环境变量之间的关系及偏好程度，随着 GIS 技术的发展，在评价动物生境方面有很好的应用（金龙如等，2008；Knudson et al.，2015；Withanage et al.，2023）。应用 HSI 展开生境适宜状况评价时，也可以从多模型方法的耦合、环境因子选择依据、尺度效应等问题出发对其进行修正。例如，王志强等（2009）考虑不同环境因子，利用误差矩阵方法判断建立的两种 HSI 模型的预测状况；Zhang 等（2017）利用 HSI 模型确定山东半岛周围适合养殖海参的生境，强调模型建立时环境变量如泥沙、季节、水温等选择的重要性。曹铭昌等（2010）在研究黄河三角洲丹顶鹤生境时，证实了环境因子的拟合能力和模型的预测精度均存在尺度效应，确定了特定空间尺度下最佳的单尺度模型，提出多尺度模型优于所有单尺度模型。此外，也有研究尝试将 HSI 模型与不同方法和视角进行整合，从而提出更为有效的方法以支持具有优先性的生境斑块识别。例如，Tang 等（2021）将 HSI 与网络分析相结合，应用于大型野生动物的栖息地规划，技术流程见图 5 - 35。

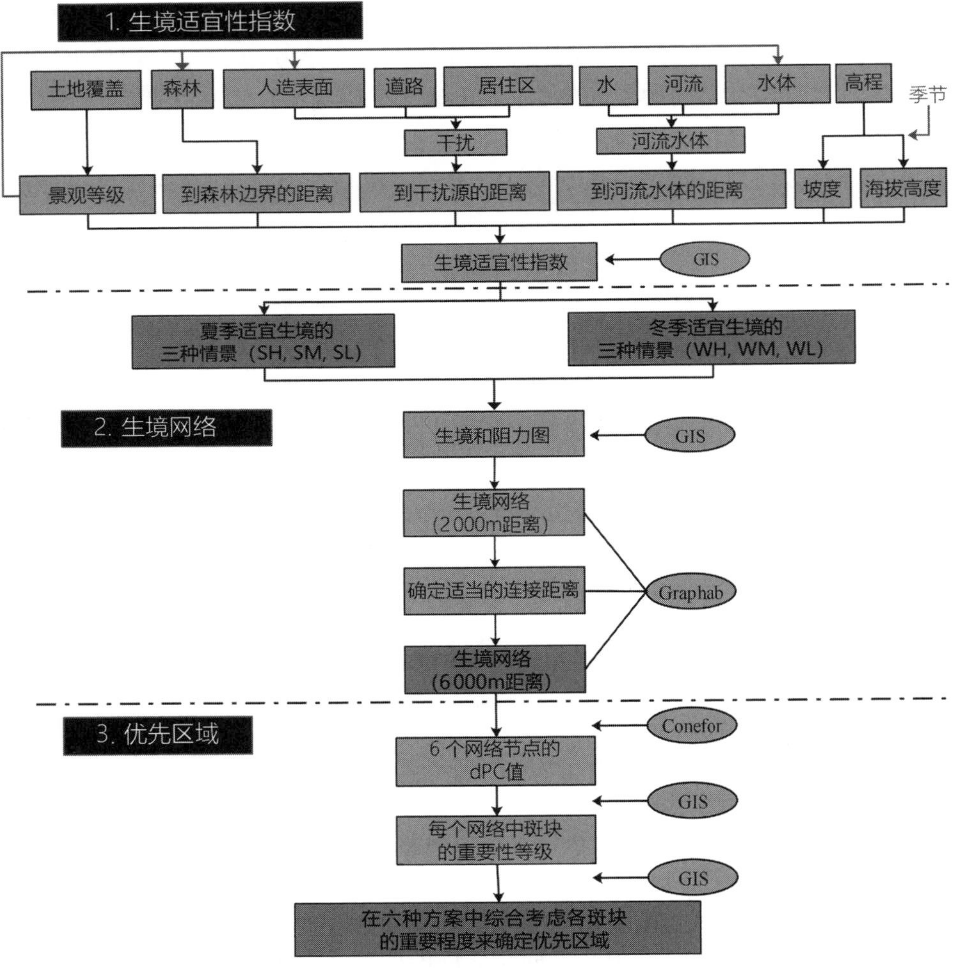

图 5 - 35　结合空间生境适宜性指数和网络分析确定优先保护区域的技术流程

（引自：Tang et al.，2021）

注：GIS 表示地理信息系统软件，Graphab 表示基于图论的生态网络分析软件，Conefor 表示景观连通性指标计算软件。

②统计模型

随着3S技术的发展,物种出现点和不出现点数据更易获取,因此学者们建立了更多可靠的模型来评价物种的生境适宜程度(Lehmann et al.,2002)。需要物种出现点和不出现点数据的统计模型,包括基于统计学原理建立的回归模型和机器学习模型。

回归模型主要包括逻辑斯蒂回归模型(Logistic Regression Model,LRM)、广义线性模型(Generalized Linear Model,GLM)、广义可加模型(Generalized Additive model,GAM)和多元适应回归样条模型(Multivariate Adaptive Regression Splines,MARS)。回归模型的建立基于数学中的回归分析原理,需要物种出现点和物种不出现点两方面的数据,将研究区域内影响物种生存的主要环境变量作为自变量,将研究区域内每一栅格物种出现频率或物种是否出现作为因变量,分析二者之间的相关性,通过回归分析对物种生境进行模型运算,预测物种潜在分布状况和评价生境适宜程度。例如,李文军等(2000)运用逻辑斯蒂回归模型来预测盐城自然保护区丹顶鹤越冬栖息地的分布状况。

机器学习模型,主要包括人工神经网络模型(Artificial Neural Network,ANN)、分类回归树(Classification and Regression Tree,CART)、支持向量机(Support Vector Machine,SVM)、随机森林(Random Forest,RF)。人工神经网络模型基于其内部复杂的系统,需要不断输入信息,反复训练调整模型精度(Lek and Guégan, 1999),多用于处理气候变化及生态系统内部与气候因子的非线性关系,在水生生物生境适宜度评价方面应用较多(刘泽麟等,2010;易雨君等,2019)。

事实上,当物种出现点和不出现点两方面的数据能够获取且可信度较高时,运用统计模型进行生境评价预测精度较高,会有较好的效果。而且回归模型可以分析各个环境变量之间的相关性,通过统计学方法确定主要环境因子以及剔除次要环境因子。但统计模型也有其不足之处,物种不出现点往往难以判断,数据不易获取,且高质量数据的获取存在一定问题(白君君等,2022)。

③生态位模型

由于物种不出现点的数据不易判断和获取,因此学者们结合生态位相关理论,基于已有的物种出现点数据建立了生态位模型。生态位模型的建立基于Hutchinson的生态位概念,物种受到多个环境变量共同作用,由这些环境变量定义的多维空间中存在着分布阈值,在此范围内,各种生物可以共存(Hutchinson,1957)。运用生态位模型时,只需要物种出现点数据和该区域内影响物种分布的主要环境变量数据,与统计模型需要的数据相比,生态位模型的优势显现出来。但生态位模型过于重视物种的分布情况,却忽视了物种之间的相互作用、种群动态迁移和物种进化等生态过程。而且生态位模型在进行生境评价时,物种出现点数据的选择如果在空间上过于接近,存在空间自相关现象,则会在一定程度上影响模型的精度(Wisz et al.,2008;Phillips et al.,2009)。

生态位模型主要包括生物气候分析与预测系统(bioclimate analysis and prediction system, Bioclim)(Busby, 1991)、生态位因子分析模型(Ecological Niche Factor Analysis,ENFA)(Hirzel et al., 2001)、最大熵模型(Maximum Entropy Modeling, MaxEnt)(Phillips et al.,2006)、基于遗传算法的规则组合预测模型(Genetic Algorithm for Rule-Set Prediction,GARP)(Peterson et al.,2001)。其中,MaxEnt模型适用性强,样本数据不充分时也能获得较好的预测效果,受到了国内外学者的广泛应用。

(2) 基于指标体系的生物多样性关键区域识别

尽管过去的几十年中已经发展出许多技术和方法用于识别对生物多样性具有关键作用的区域，但是这些方法通常都使用各自不同的评估标准并应用在不同的地理空间尺度上，且往往针对不同的生物组合（物种或群落）和生态系统类型，因而往往会产生彼此之间不太一致的结果，这一定程度了阻碍了政策制定，并可能会产生大量的重复性工作。为了解决这个问题并提供一致性的方法，世界自然保护联盟（International Union for Conservation of Nature，IUCN）成员组织共同积极推进全球范围的协商合作进程，努力在生物多样性关键区域（Key Biodiversity Area，KBA）识别的总体方法上达成一致。

生物多样性关键区域（KBA）是指对全球生物多样性可持续性做出重大贡献的区域，涵盖对陆地、淡水和海洋生态系统中的濒危动植物至关重要的栖息地。通过对 KBA 进行识别、制图、监测和保护，一方面能够帮助保护地球上从沙漠到沼泽、从深海到高山、从雪域高原到热带雨林最重要的自然生态景观以及物种赖以生存的栖息地，另一方面也有助于生物多样性续存和生态系统的健康可持续发展。

KBA 作为由 IUCN 提出并被国际社会广泛认可的生态保护优先区域，在保护生物多样性方面发挥着重要作用。该方法已经在多个国家应用于多个生物分类群，最初是建立在国际鸟盟（BirdLife International）已发展近 40 年的重要鸟类和生物多样性地区（Important Bird and Biodiversity Area，IBA）的识别方法之上，后来将其应用于识别对多种不同分类单元具有重要意义的地点。因此，KBA 识别也可以看作是重要鸟类和生物多样性地区识别的扩展和延伸。

为了能够更加科学和一致地识别全球各个国家和地区的 KBA，IUCN 和 KBA 标准和上诉委员会分别发布了“KBA 识别标准”和“KBA 识别应用指南”，这无疑为 KBA 的应用和实践提供了技术和方法上的支撑。两个文件详细介绍了 KBA 的定义内涵、识别标准、评估参数、触发阈值以及划定的步骤和程序等。“KBA 识别标准”通过采用 5 个一级标准来识别 KBA，标准明确涵盖了生态组织的各个层面，包括遗传多样性、物种多样性和生态系统多样性，分别是：受威胁的生物多样性（标准 A）、地理上受到限制的生物多样性（标准 B）、生态完整性（标准 C）、生物过程（标准 D）以及通过定量分析的不可替代性（标准 D），而且每个一级标准下还分别设置了数量不等的二级标准。其中，标准 A 包括 2 个子标准，标准 B 包括 4 个子标准，标准 C 包括 1 个子标准，标准 D 包括 3 个子标准，标准 E 包括 1 个子标准，而且针对不同的二级标准都设置有与之对应的定量阈值，如果相应的评估参数（如成熟个体数量和独特的遗传多样性等）中任何一个可以达到阈值，则表明研究区域可以成功触发相应标准且符合成为 KBA 的条件或要求（图 5－36）。

KBA 的识别标准、评估参数以及研究的基本流程如表 5－10 所示。KBA 识别需要基于基因、物种和生态系统 3 个层次的数据，而对相应的识别标准设置生物多样性识别要素、触发阈值以及评估参数，能够使 KBA 识别更加具有操作性，进而为从事生物多样性保护的管理人员以及政策制定者提供强有力的措施指导实践，以促进和实现全球生物多样性的续存。KBA 识别标准与评估参数体系分为一级指标、二级指标、生物多样性要素与阈值、评估参数 4 个层次 11 项评估参数（表 5－10）。基于物种层面的评估参数是开展KBA识别的主要方法与途径，其中：A_{P1}—A_{P5} 以及 A_{P8}—A_{P10} 均为物种层面上的评估参数；A_{P6} 为基因层面上的评估参数；A_{P7} 为生态系统层面上的评估参数；A_{P11} 为综合评估参数。

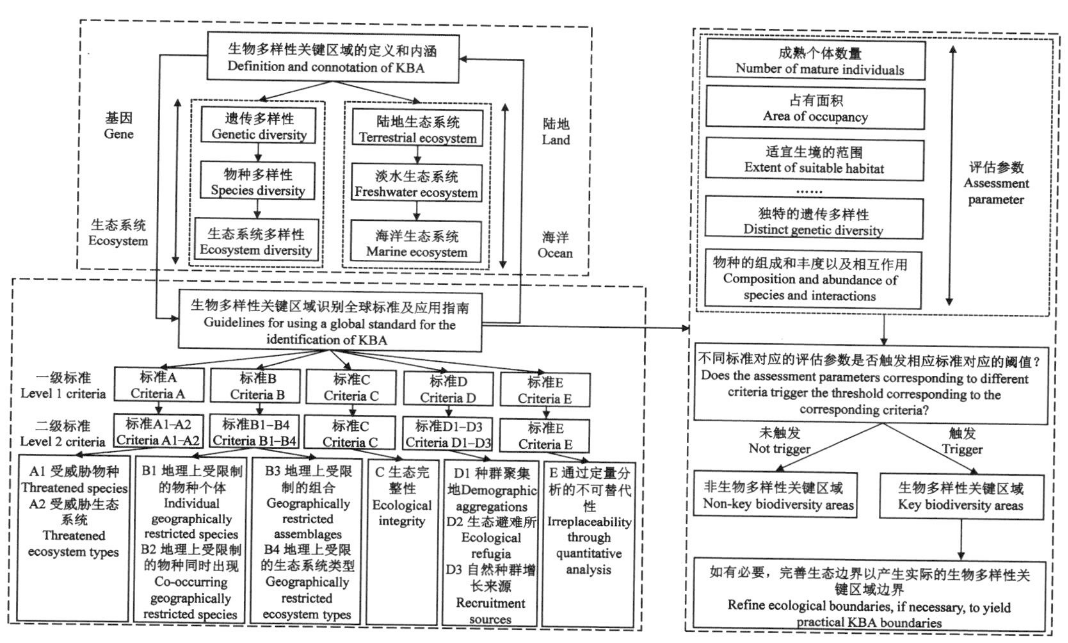

图5－36　生物多样性关键区域理论框架及其研究的基本流程

（引自：叶鹏程等，2023）

表5－10 生物多样性重要区域（KBA）标准和阈值

一级指标 Level 1 criteria	二级指标 Level 2 criteria	生物多样性要素与阈值 Biodiversity element and threshold	评估参数 Assessment parameter
A受威胁的生物多样性 Threatened biodiversity	A_1 受威胁物种	A_{1a} CR/EN物种≥全球种群大小的0.5%和≥5个繁殖单元（RU）*	A_{P1} 成熟个体数量 A_{P2} 占有面积
		A_{1b} VU物种≥全球种群大小的1%和≥10个繁殖单元（RU）	A_{P3} 适宜生境的范围 A_{P4} 范围
		A_{1c} 仅因过去/当前的种群大小下降而被列为CR/EN的物种［仅依据IUCN红色名录标准A，而非标准A_3］≥全球种群大小的0.1%和≥5个繁殖单元（RU）	A_{P5} 聚居地数量 A_{P6} 独特的遗传多样性
		A_{1d} 仅因过去/当前的种群大小下降而被列为VU的物种［仅依据IUCN红色名录标准A，而非标准A3］≥全球种群大小的0.2%和≥10个繁殖单元（RU）	
		A_{1e} 实际上是CR/EN物种的整个种群大小	A_{P7} 生态系统的面积范围
	A_2 受威胁生态系统	A_{2a} CR/EN生态系统类型≥全球范围的5%	
		A_{2b} VU生态系统类型≥全球范围的10%	

（续表）

一级指标 Level 1 criteria	二级指标 Level 2 criteria	生物多样性要素与阈值 Biodiversity element and threshold	评估参数 Assessment parameter
B 地理上受到限制的生物多样性 Geographically restricted biodiversity	B_1 地理上受限制的物种个体	任何物种≥全球种群大小的 10%和≥10 个繁殖单元(RU)	A_{P1} 成熟个体数量
			A_{P2} 占有面积
			A_{P3} 适宜生境的范围
			A_{P4} 范围
			A_{P5} 聚居地数量
			A_{P6} 独特的遗传多样性
	B_2 地理上受限制的物种同时出现	一个分类群中若干地理上受限制物种中的每一种≥全球种群大小的 1%:≥2 种或分类群中总种数的 0.02%,以较大者为准	
	B_3 地理上受限制的组合	B_{3a} 在一个分类组中,许多生态区域限制物种中的每一个物种≥全球种群大小的 0.5%:≥5 种或限于生态区的 10%的物种,以较大者为准	A_{P1} 成熟个体数量
			A_{P2} 占有面积
			A_{P3} 适宜生境的范围
			A_{P4} 范围
			A_{P5} 聚居地数量
		B_{3b} 至少 5 个生物区域限制物种≥5 个繁殖单元(RU)或该国已知 30%的生物区域限制物种≥5 个繁殖单元(RU),以较大者为准	
		B_{3c} 该地点是分类群中≥5 种的全球最重要的 5%的栖息地的一部分	A_{P8} 成熟个体的相对密度
			A_{P9} 成熟个体的相对数量
	B_4 地理上受限的生态系统类型	≥某一生态系统类型全球范围的 20%	
C 生态完整性 Ecological integrity	C 每个生态区域≤2 个地点且生态群落完整		A_{P10} 物种的组成和丰度以及相互作用
D 生物过程 Biological process	D_1 种群聚集地	D_{1a} 在一个季节内,在≥1 个生命周期的关键阶段,物种的全球种群大小≥1%	A_{P1} 成熟个体数量
		D_{1b} 该地点是该物种最大的 10 个聚集地之一	A_{P1} 成熟个体数量
	D_2 生态避难所	在环境压力时期≥10%的全球种群	A_{P1} 成熟个体数量
	D_3 自然种群增长来源	产生繁殖体、幼体或亚成体,保持≥10%的全球种群大小	A_{P1} 成熟个体数量
E 通过定量分析的不可替代性 Irreplaceability through quantitative analysis	E 空间定量分析表明,地点具有较高的不可替代性	不可替代性在 0～1 范围内且≥0.90 和 CR/EN 物种≥5 个繁殖单元(RU)或其他物种≥10 个繁殖单元(RU)	A_{P1} 成熟个体数量
			A_{P11} 不可替代性

(引自:陈慧等,2019)

注 * 在某一区域触发成功繁殖事件所必需的成熟个体的最小数量和组合。IUCN 表示世界自然保护联盟,CR 表示极危物种,EN 表示濒危物种,VU 表示易危物种。

此外，针对不同的阈值或者评估参数都需要结合野外调查数据和不同的算法与模型，以确定目标区域的相应评估参数是否能够达到相应的阈值，例如针对物种适宜生境的范围这一评估参数来说，可以通过物种分布模型中的最大熵模型(MaxEnt)来进行分析和计算。此外，对于任何一个地点，若能够依据获取到的最新数据通过计算并得到相应的评估参数，只要该评估参数能够达到相应的阈值，且符合任何 KBA 识别标准与评估参数体系中的某个一级标准或二级标准，那么该地点就有资格申请成为 KBA。

值得注意的是，“KBA 识别标准”在一段时间内会保持稳定不变，以便能够在不同地区和不同时间内对确定的 KBA 进行比较，未来随着经验的积累以及技术的进步和发展，可能需要对识别标准和相应的阈值设定进行修订或完善；另一方面，随着 KBA 标准使用经验的提高，“KBA 识别应用指南”也将会进行定期的审查和修订，目前已经有 1.0、1.1 和 1.2 这 3 个版本，这些信息资料均可以在 KBA 的官方网站(https://www.Keybiodiversityareas.org/)进行查阅。

(3) 基于系统保护规划方法的生物多样性热点地区和保护空缺分析

为了减缓生物多样性丧失的趋势、将有限的保护资源用于关键区域，Margules 等(2000)提出了系统保护规划(Systematic Conservation Planning，SCP)概念和方法，目前该方法已成为国际主流保护规划方法。与传统基于专家决策的保护体系规划方法不同，系统保护规划拥有量化的保护目标、保护成本，并综合考虑保护体系连通性、人为干扰因素，使用优化算法计算，从而获得空间明晰的生物多样性保护体系(张路等，2015)。

SCP 的基本思路是，首先将研究区划为若干独立的规划单元，通过目标函数为每个单元赋值，通过迭代运算选择备选单元集合中的最优解，结果代表在达到既定保护目标的同时保护成本最低的规划单元集合。在传统的保护区分类体系中涉及物种层次的大多仅根据某些旗舰物种建立保护体系，并未系统考虑生物多样性或其它综合性生态指标。而系统保护规划为每个生物多样性衡量指标都设立了明确的保护目标，同时在规划前默认，除已建保护区外，其他任何区域都是新建保护区的备选区域。系统保护规划还需要量化每个备选区参与保护体系建设的经济成本，从而选择满足保护目标的最低成本备选区集合，这类似于经济学中效率前缘的搜寻过程。如果保护成本和选区数量呈线性关系，则该过程可以用整数线性规划来描述(张路等，2015)。

SCP 过程透明，公众可以直接监督和理解规划决策过程。结果易于解释和修改，能包容保护生物学、生态学、经济学的多元数据输入，并具有解释生态过程和人为干扰威胁的能力，被广泛认为是当前保护体系设计的最优方法(Pressey et al.，2007)。作为一个当前的热点研究课题，基于系统保护规划理念的保护体系设计有很多问题还需要继续深入研究。系统保护规划流程通常包括收集生物多样性数据及生物多样性制图、确定规划目标、评价现存保护体系、选择补充区域、保护规划的实施管理及监测等步骤(图 5-37)。

当描述规划过程的模型函数建立后，可以使用 MATLAB、1stOpt 等科学计算软件或其他编程语言进行计算，但对于大多数非数学专业的人员而言确实存在一定难度(张路等，2015)。为简化工作过程，提高效率，多个研究机构已经开发了诸如 SITES、WORLDMAP、CLUZ(Conservation Land Use Zoning)、PANDA(Protected Areas

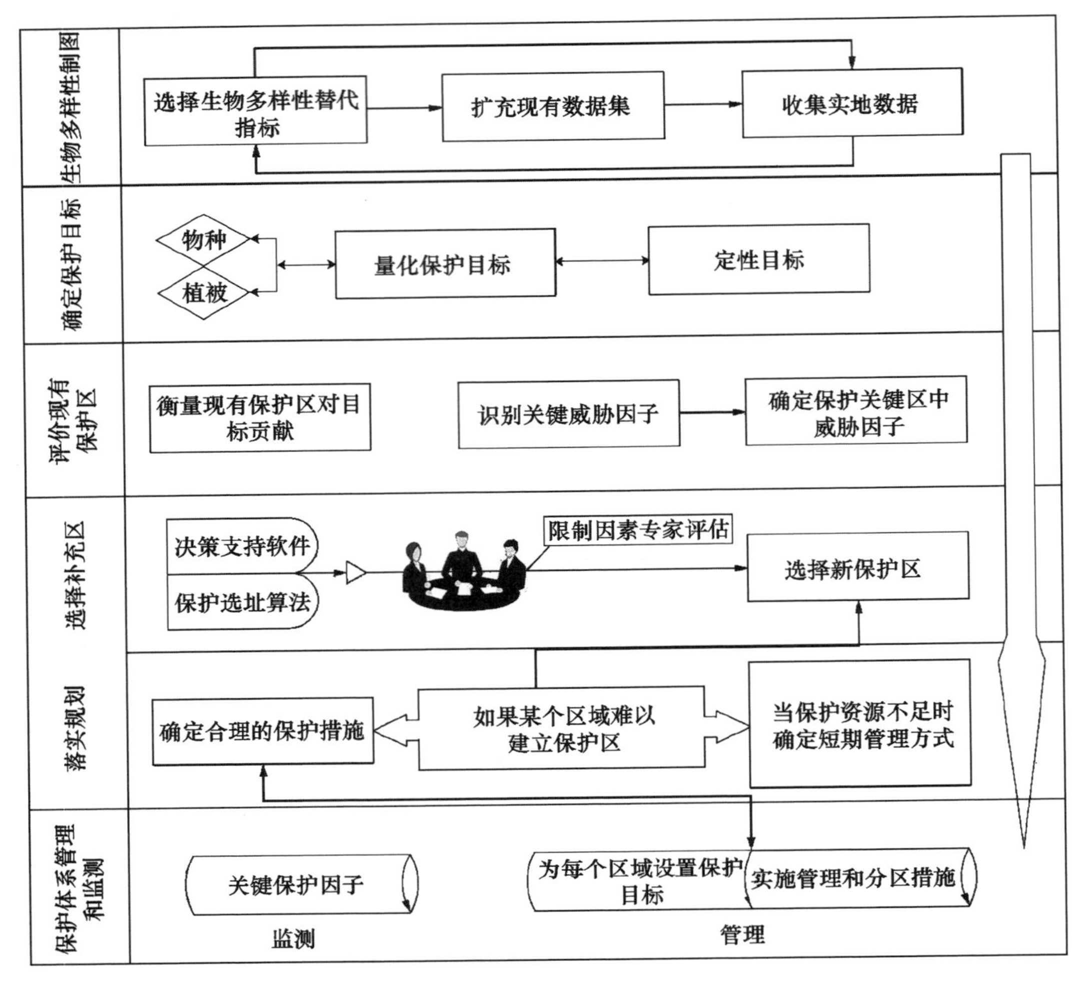

图 5-37 系统保护规划的工作流程

(引自:张路等,2015)

Network Design Application)、C-Plan、Marxan(Marine Reserve Design using Spatially Explicit Annealing)、ZONATION 等嵌入模拟算法的决策支持软件,并逐渐完善。多数都具有交互操作界面,便于操作,可以免费下载。其中,SITES 较早用于系统保护规划,使用贪婪算法在较小尺度上选择备选单元中具有保护意义的集合作为保护优先区。WORLDMAP 多用于解决较大尺度上的保护生物学保护优先集合问题,输入数据通常覆盖大尺度生物地理范围。CLUZ 用于保护优先区的区划和保护体系连接度的测量,与其他多个模型有动态连接界面,可以利用 CLUZ 与其他软件联合运算。PANDA 软件是用 Visual Basic 语言在 ArcObjects 软件中编写的用来建立保护网络的系统保护规划工具,具有较强的计算和可视化功能,可以独立完成系统保护规划,具有完整的运行框架。C-Plan 与 Marxan 是当前系统保护规划主流软件,在研究中都得到广泛应用。C-Plan 采用启发式算法自动完成选择运算,首先用于南非弗洛勒尔角(Cape Floristic)地区政府保护体系规划中,具有完整规划功能,能够在量化的保护目标下获得最优集运算结果。Marxan 采用模拟退火算法,最早用于海洋保护网络规划,随着模型的完善,在陆地保护规划中也得到了较多应用，其后续版本 Marxan with Zones 将土地利用类型作为参数之一，在地理区域内为生物多样性保护提供了土地利用分区决策支持。ZONATION 是近年新开发的系统保护规划软件，相比之前的软件，ZONATION 应用更为灵活，内置 4 个运算函数，其中的目标导向规划（target-based planning）模块支持固定成本，将保护目标最大化的思路，可以在一定程度上降低制定保护目标的难度。软件之间并无绝对的优劣之分，规划中应当进一步探究各软件内置算法所体现的生态过程，选择与目标区域生态特征相符的软件。

5.6.4　面向生物多样性保护的城市生态规划

城市生物多样性对维护城市系统生态安全、生态平衡和改善城市人居环境具有重要意义。城市生物多样性的保护离不开城市规划，城市规划也需要通过对城市生物多样性的保护，在城市生态建设方面有所作为（徐溯源等，2009）。

（1）生物多样性的景观规划途径

①以物种为出发点的景观规划途径

该规划方法强调，使景观生态规划具有意义的充分必要条件是选准保护对象并对其习性、运动规律和所有相关信息有充分的了解（俞孔坚等，1998）。以此为基础来设计针对特定物种的景观保护格局。一个整体优化的生物保护景观格局是由多个以单一物种保护为对象的景观最佳格局的叠加与谐调。这一途径一般可分为下列五个步骤：第一，根据物种的重要性，选择目前的或潜在的保护对象；第二，收集关于保护对象的信息包括查阅文献，明确适合于每一保护对象的最佳景观结构；第三，汇总和比较所有保护对象对景观的需要；第四，修改保护物种清单以取得保护的谐调与一致性；第五，综合以单一物种保护为目的的景观规划来获得某一地域的总体生物保护景观规划。

如果有足够详尽的关于物种及其相关联的信息的话，以物种为中心的景观规划途径可以说是最有效和科学的生物保护途径。但是，这一途径一开始就将可能遇到规划师和生物学家都无法解决的问题，即什么物种应优先保护的问题。一般用三个方面的标准来选择优先保护的物种：a. 目前的稀有、特有性、受威胁状态及其实用性，大型哺乳动物和那些被列入国际濒危物种名单之列的物种显然应作为首选的保护对象；b. 物种在生态系统及群落中的地位，保护对象应对维护整体生态平衡有关键作用；c. 物种的进化意义。一种杂草可能本身很不起眼，在群落内也表现不出重要意义，但却有可能对进化史及未来生物多样性的发展有重要价值。用进化的观点来进行生物多样性保护比被动地保护现存的濒危物种更具有意义

②以景观元素保护为出发点的途径

这一途径并不基于对单一物种的深入研究来做景观规划，而是把生物空间等级系统作为一个整体来对待（俞孔坚等，1998）。集中针对景观的整体特征如景观的连续性、异质性和景观的动态变化来进行规划设计。该途径认为，现实的生态过程发生在一个时空镶嵌体中，包含生物等级系统的各个层次。而批评以物种或群落保护为对象的规划只是片面地解决了一个连续的复杂系列的局部和片段。因此，以景观元素为核心的整体规划途径强调以下的步骤：首先，生态过程和生物多样性成分包含在一个广泛的时空尺度上，因此，一个全面的规划应该以生物等级系统的各个层次的受威胁成分或节点（node）作为

保护对象。强调节点的多样性，这些节点小到一棵孤树或一个森林斑块，大到国家公园和自然保护区。而对单一物种本身则不做深入考察。其次，因为景观的破碎和分割被认为是威胁生物多样性的一个最重要因素，所以，规划强调景观的连接关系和格局设计。规划的目标是将每一景观中各种大小的节点连接成为整体的保护网络，并在区域和大陆尺度上建立景观保护体系。最后，景观及其保护必须从时空系统和动态的、飘移的镶嵌体(shifting mosaic)角度来认识和理解。所以，生物多样性保护的景观规划旨在维护镶嵌体的稳定性，综合考虑保护及发展规划，以实现景观的可持续性。

与以物种为核心的规划不同，以景观元素为核心的规划的第一步不是确定单一物种作为保护对象与研究其特性，而是首先分析现存景观元素及相互间的空间联系或障碍，然后提出方案来利用和改进现存的格局，建立景观保护基础设施(conservation infrastructure)。包括在现有景观格局基础上，加宽景观元素间的连接廊道、增加景观的多样性、引入新的景观斑块和调整土地利用格局。以景观元素为核心的规划途径的理论指导包括岛屿生物地理学和景观生态学。景观的连续性、异质性、动态和飘移等是规划着重考虑的景观特性。

(2) 城市规划中生物多样性保护的实现途径

①科学设立并积极开展城市生物多样性保护规划

第一，政府联合生态专家和规划专家研究出台城市生物多样性保护规划编制的规范，详细规定规划编制的内容、方法、标准、审批程序等，使其具有规划实施的可操作性；另一方面，积极出台关于保护城市生物多样性的法律法规，使城市生物多样性保护有法可依。

第二，城市生物多样性保护规划的编制和审批过程需要有生态专家的指导与生态工作者的积极参与，城市生物多样性保护规划应由规划、园林，土地及资源环境等相关部门共同合作完成。

第三，城市生物多样性保护规划的具体内容应在控制性详细规划中明确，并在修建性详细规划中予以落实，可将城市生物多样性保护内容作为控制性详细规划控制要素的组成部分，在控制性详细规划中不仅考虑城市设计的因素，同时也要体现保护城市生态环境的思想。

②重视城市绿地系统规划中生物多样性保护

目前在城市生物多样性保护规划编制规范还不完善的情况下，城市绿地系统规划更需要充分考虑城市生物多样性的保护。

第一，调查当地的树种状况，在此基础上选取具有当地代表性的易栽培的树种作为城市绿化建设的主要树种，这样可以保证树种的成活率，能较快地形成城市绿化空间结构，而且可以很好地展现当地的城市风貌特色；充分开发地方树种，慎重引入外来树种，以免对本地树种构成威胁；在树种配置上，选取互利、互生关系的树种进行搭配，符合植物生长规律；努力营造适合植物的生存环境，并避免人为干扰对环境的破坏。

第二，提高城市生态景观的多样性，景观多样性也是生物多样性的一种表现形式，主要体现在景观异质性与紧凑性两个方面：一方面，城市绿地系统规划应努力营造多样化的绿化空间环境，为不同种生物提供适宜的生存空间；另一方面，绿化用地布局尽量使各地块相邻或由生态廊道联接，建立廊道系统。对生态廊道应严格保护，划定禁止开发建设的绿线和蓝线。另外，城市绿地不宜划分得过碎，各种绿地应有一定的规模，虽然整个城市范围内的绿地面积很大，但对于某种特定的生物来说，它能够生活的绿地相对面积很少或处于被其他植物和植被隔离的状态，从而导致其栖息环境和迁移通道遭到破坏（俞青青等，2006）。

第三，严格保护城市郊区自然生态环境，因为只有大型自然植被斑块才可能涵养水源，连接河流水系和维持林中物种的安全和健康，庇护大型生物并使之保持一定的种群数量，并允许自然干扰的发生（俞孔坚等，1997）。所以对城市郊区自然生态环境良好的地方可设立自然保护区，防止由于城市蔓延导致的郊区自然生态环境的破坏，为野生物种提供栖息地，并可为城市居民提供生态休闲及生态教育场所。同时对城市中的自然遗留地（荒地）和人工遗留地（废弃的工厂、车站等）也应加以保护，这些地方往往受人为影响较小，生物多样性程度高，对整个区域的生态环境恢复能起到重要作用的可对其划定自然保护区（姬晓娜，2006），开展有效管理，发挥其保护、科研、培训、资源开发和生态旅游等多功能的作用，并防止城市建设性的破坏（如德国鲁尔工业区的生态化改造）。

③运用生物多样性信息指导城市规划

城市规划中生物多样性保护的基本思路就是将生物多样性信息应用到城市规划工作中，利用城市规划对城市发展的调控作用，落实城市生物多样性的保护。生物多样性信息既包括精确的科学信息，如物种组成、物种多样性、物种生存环境条件及特征、物种数量规模等；也包括非科学信息，如当地居民及自然主义者的意见。生物多样性信息可以通过与当地自然资源、生态环境、林业等相关部门联系、查阅文献或对专家进行访谈获得，获得的生物多样性信息可利用GIS，制作生物多样性评价图，为城市规划提供依据；还可建立城市多样性信息系统（包括数据库、图形库、专家系统库等），方便城市生物多样性信息管理。需要注意的是，生物多样性信息需要长期的积累，及时收集最新信息对原有信息进行更新，从中发现当地生物多样性的变化规律，以更好地指导城市规划工作。在规划编制过程中，开展广泛的公众参与，有利于生物多样性信息的收集与应用。前期调研和方案公示应认真听取当地居民对生物多样性保护的意见和建议，若有重要的生物多样性信息在规划中没有考虑，则需对规划方案做出及时的调整。在规划方案审批阶段还应建立生物多样性评价体系，作为规划方案生态评估的一项重要内容。

④制定城市生物多样性保护策略与行动计划

基于系统、深入、科学的城市生物多样性调查工作，城市管理者就更容易了解城市生物多样性的现状，分析其中与城市发展和建设管理的关联性，尤其是与经济活动和居民生活等可能相关的问题，分析提出其内在原因和应对要点。以解决这些问题为导向，应全面系统制定和部署城市生物多样性战略，推动相关战略纳入政策制定和各类决策过程，形成各部门实施细则，推动形成多方参与的城市生物多样性保护与管理体系，纲举目张，为后续制定有关策略与行动计划奠定基础（图5－38）。将城市生物多样性调查应用于城市管理，建立分类调查、分级规划、链式管理的管理体系，实现从调查渗透到管理。其中，分类调查是指分门别类进行调查；分级规划是指将规划分为区域级、市域级、市区级，在不同级别上实施不同策略；链式管理是指建立执法链条清晰透明的分部门管理机制，做到公开透明、法规严格。

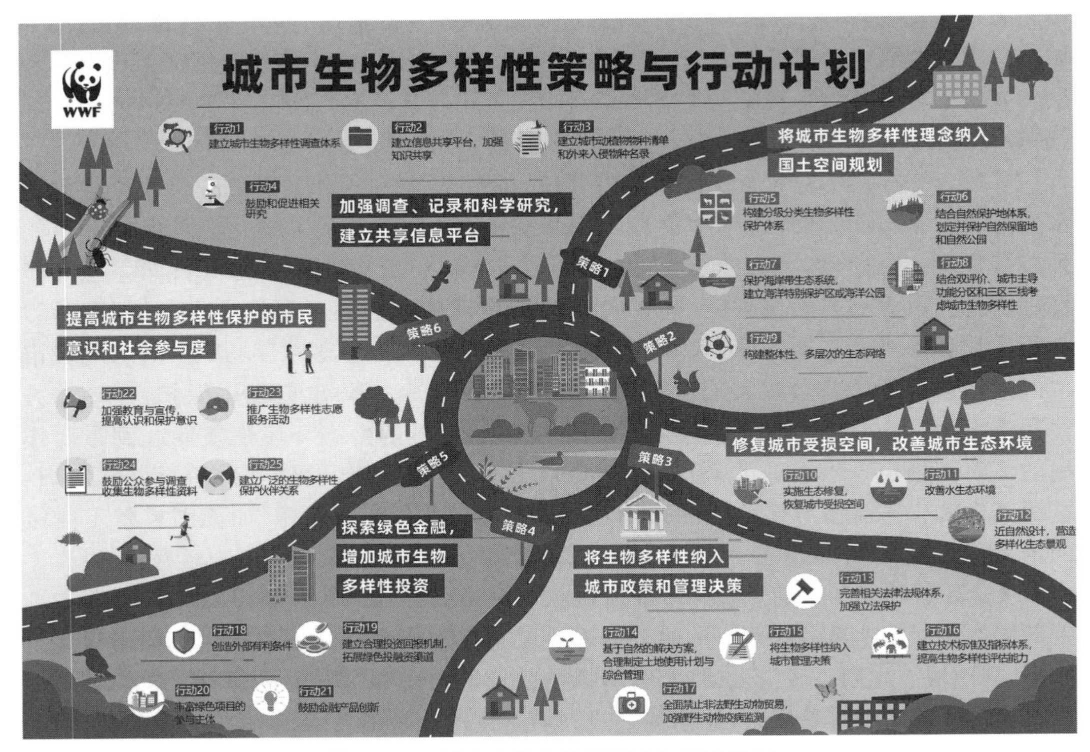

图 5-38　城市生物多样性策略与行动计划

（引自：WWF，2022）

（3）不同层级城市生物多样性规划对策思考

①总体规划——保量、划区、定级、联网

城市总体规划是城市宏观战略层级协调城市空间资源的总量配置和结构性布局的重要一环，在中国高密度城市建设背景下，总体规划层级对于城市建成环境生物多样性绩效提升的首要议题在于保护，即针对土地、水、环境等城市发展的瓶颈制约要素，在有限的城市资源中尽可能维持和保护尚未遭到人工环境侵蚀的残存自然与近自然生物栖息地，构建有利于实现城市人居环境建设与生物栖居之间动态平衡关系的空间布局结构，维护整个生态系统的稳定和演化。其规划对策包括（干靓等，2018）：

a. 保量。人类的城市建设过程从某种程度上说是在蚕食原生生物的家园，因此城市生物多样性规划的首要任务就是合理分配人类活动和生物栖居的土地空间资源，将生物生境空间视为规划资源调配的底线之一进行优先考虑，设定保障既有生物资源的基本空间阈值目标，尽可能保证以生物多样性保护为主要生态系统服务功能的土地空间资源在所有用地中占据相当比例，水域、湿地、耕地与林地等生态用地实现分类均衡，在较长的规划期限内不再进一步受到人类建设活动的侵占，并将相关要求纳入城市增长边界和建设用地规模指标中。

b. 划区。在确定生物空间资源需求的基础上，基于充分的生物多样性观察和监测信息，分析城乡用地的生物空间承载属性，评估生物多样性影响绩效，划定对保护生物多样性具有不可替代意义的自然和近自然生物生境重要斑块，确定它们的位置、范围和规模，形成外围生态环境屏障，纳入城市规划禁建区、限建区与适建区的生态控制红线。

c. 定级。对红线内的保护区进行分级细化，确定保护级别和相应的空间管制措施（禁建、限建）及对人类活动频率进行限制，提出周边社区与保护区的安全距离及准入建设项目要求。对保护红线以外的半自然生境，如城区中规模较大的公园绿地，可以人类休闲活动与生物栖居互动的双重视角设定适建管制要求，并考虑作为补充性的生物栖息地，与保护性栖息地共同构成保护体系。

d. 联网。孤立的栖息地片区只能维护单一种群的生存，不利于种群间的基因交流与能量交换，因此需要通过集聚间有离析（Aggregate-with-Outliers）的生态学原理，将不同级别、不同大小的自然、近自然、半自然斑块沿主要自然边界地带的“踏脚石”串接起来，形成网络化的生物空间基底，并将人类活动地带布置在沿主要的自然边界地带的“飞地”上，减少对主要自然生境区的干扰，保障生物物种的生存、迁徙和进化。

②控制性详细规划——增量、集绿、控距、通廊

控制性详细规划层级的生物多样性规划在目前的规划体系中最为薄弱，是最需要强化的一环。根据控制性详细规划的定线、定界与控量的基本职能，这一层级的生物多样性规划对策包括（干靓等，2018）：

a. 增量。根据总体规划确定的发展目标、保护性生物生境重要斑块和补充性生物生境斑块控制要求，针对集中建成区和非集中建成区分层落实指标，在高密度、高强度开发模式下，尽可能增加承载生物生境的绿色基础设施和蓝色基础设施的基层空间规模，提出不同功能区块的生态基础设施控制指标和建设要求。

b. 集绿。基于保护生态学理论，倡导以集中式绿色基础设施（绿地、水体）为核心的生态绿地系统布局结构，并提出相应的位置、尺度和形状要求，将重要绿地和水体纳入城市绿线与蓝线进行边界控制管理。

c. 控距。依据目标物种的行动半径以及对觅食、筑巢等活动空间上的趋近需求，确定具有不同生物生境承载功能的生态绿地之间的间距。

d. 通廊。通过沿道路、河道的线性生态廊道连通不同尺度的绿色基础设施，形成点、线、面、廊的生态绿网，并确定廊道的等级、功能、宽度及建设要求。

③修建性详细规划——提效、适植、降扰、共生

提升城市生物多样性的修建性详细规划，重点在于调控各种直接面对生物基质空间的形态布局，并在所有的地面和垂直空间为生物提供生存所需的觅食、筑巢及休憩场所，形成网络化的微自然系统，提升人居空间承载生物栖居的能力。其规划对策包括（干靓等，2018）：

a. 提效。基于不同的生态系统服务主导功能，对地块内部微观生境的生态效益进行研究，结合景观视觉功能，确定提高生态效益的建设与更新要求。

b. 适植。对生境斑块提出种植引导要求，包括植被种数、复层种植结构、植被高度与选种要求等。

c. 降扰。对与人居环境高度重叠的都市型生物生境斑块，提出降低人类干扰的空间布局和植被配置引导要求，尽可能实现生物空间与人居环境的隔而不分。

d. 共生。在人工构筑物表面为生物创造一定的微生境停留、觅食甚至巢居空间，提出相应的设计要求，增加生物的栖居空间界面，实现生物与人在城市立体空间中的时空错位和双赢共生。例如，设立绿色屋顶及具有一定高度的绿墙和绿色立面，从生物多样

性的角度看,其潜在的好处是脱离地面的种植环境能够大大远离高强度的人类干扰,并有可能成为生物多样性的庇护所。

5.7 城市人文社会要素的分析与评价

规划师要用到大量的社会信息,这些信息概括起来可分为 3 类:现有数据、从现有数据中提取的新信息和原始资料。不同的规划项目需要不同的社会信息。由于规划项目的多样性,不可能给出一个对任何项目都适合的人文要素清单,规划过程中的关键问题和规划目标将决定所需要收集和分析的数据类型。

传统的规划过程考虑了人口和经济的调查,但是在传统的规划方法中,社会特征并不总是与景观联系在一起,这就是其与生态规划方法的主要区别。在生态规划方法中,社会过程与景观特征紧密相连,比如农业与特定的生境要素相关,相对于酸果,小麦需要不同的气候、水、土壤条件;乡村住宅不同于高层公寓(使用者对景观有不同的要求或偏好)。

5.7.1 城市人文社会的主要调查内容

城市人文社会调查是一种对城市多方面进行系统研究的方法,它可以提高城市的规划、建设和管理的水平,塑造城市的特色风貌并提高城市品质,促进区域之间的交流合作,提升城市的自我评价与改进的能力。城市人文社会的主要调查内容是指对城市的人口、文化、经济、政治、生态等方面的系统研究,以了解城市的发展状况、问题和趋势。城市人文社会的主要调查内容有以下几个方面:

a. 城市人口的规模、结构、分布、流动、增长等特征,以及人口与城市规划、建设、管理、服务等的关系。

b. 城市文化的形成、发展、变迁、传承、创新等过程,以及文化与城市的认同、形象、氛围、品质等的关系。

c. 城市经济的产业结构、空间布局、竞争力、创新能力、可持续发展等方面,以及经济与城市的资源、环境、社会、治理等的关系。

d. 城市政治的体制、机制、组织、参与、治理等方面,以及政治与城市的权力、公共事务、民主、法治等的关系。

e. 城市生态的自然环境、人工环境、社会环境等方面,以及生态与城市的健康、安全、美观、和谐等的关系。

21 世纪是时空大数据时代,随着遥感、传感网、移动通信及相关技术的飞速发展,遥感和地理信息科学领域的学者从研究传统的自然环境科学发展到人文社会科学,人文社会科学领域的学者也采用了时空大数据分析方法,并提出了计算社会科学等新方向,遥感、地理信息科学与人文社会科学的跨学科研究促进了一些新的交叉学科方向的蓬勃发展(Kun et al. ,2022)。

5.7.2 城市人文社会的主要信息来源

定量城市研究依赖于来自人口普查、社会调查和专业传感器系统的数据。虽然这些数据来源将继续在城市分析中发挥重要作用，但传统社会调查的投入产出比例不断下降，十年一次的人口普查的管理成本以及传感器系统的维护和更换成本不断增加，都给城市研究、规划和运营所需的高质量数据带来了巨大挑战。

城市社会人文大数据指的是在交易、运营、规划和社会活动中自然生成的结构化和非结构化数据，或将这些数据与有目的设计的数据联系起来。这些数据的使用带来了技术和方法上的挑战，以及科学范式和政治经济学支持调查的复杂性，表5-11总结了城市社会人文大数据的既有来源和新兴来源。虽然有很多数据和方法可以用于城市研究和人文社会调查，但这里的分组主要参考了与每类数据相关的用户群体，同时也考虑了其他因素，如生成方法、所有权和访问问题。分组并不相互排斥，例如，传感器系统可能由公共机构拥有，用于行政和运营目的，也可能由私营公司拥有，用于协助交易(Thakuriah et al.,2017)。

表5-11　城市社会人文大数据类型

数据类型	应用实例	数据的使用群体
传感器系统 (基于基础设施或移动载体的传感器)	环境、水务、交通、建筑管理传感器系统；连接的系统；物联网	公共或私营的城市运营和管理组织、独立信息通信技术开发商、工程科学研究人员
用户生成的内容 (社交或人类活动感知)	参与式传感系统、公民科学项目、社交媒体、网络使用、GPS(Global Positioning System，全球定位系统)数据、在线社交网络和其他社会生成的数据	私营企业、以客户为中心的公共组织、独立开发商、数据科学和城市社会科学研究人员
行政(政府)数据 (公开和机密的微观数据)	开放有关交易、税收和收入、付款和登记的管理数据；有关就业、健康、福利支付、教育记录的机密个人微观数据	开放数据：创新者、"黑客"、研究人员 机密数据：政府数据机构、参与经济和社会政策研究的城市社会科学家、公共卫生和医学研究人员
私营部门数据 (客户和交易记录)	来自商店卡和业务记录的客户交易数据；车队管理系统；申请表中的客户资料数据；来自公用事业和金融机构的使用数据；产品采购和服务条款协议	私营企业、公共机构、独立开发商、数据科学和城市社会科学研究人员
艺术与人文数据	文本、图像、录音、语言数据、电影、艺术和物质文化、数字对象和其他媒体的存储库	城市设计社区、历史、艺术、建筑和数字人文组织、社区组织、数据科学家和开发人员、私人组织
混合数据 (链接数据和合成数据)	关联数据，包括调查传感器、人口普查行政记录	城市规划和社会政策界、政府数据组织、私营企业和顾问

(引自：Thakuriah et al.,2017)

在信息城市与数字城市的建设过程中，城市的信息基础设施在提供信息服务功能的同时，也积累了海量的城市动态数据。位置或活动传感技术和基于位置服务的日益普及导致产生了大量且种类繁多的基于位置的大数据(LocBigData)，例如位置跟踪或传感数据、社交媒体数据和众包地理数据信息等。新兴的LocBigData，特别是在城市系统中和与城市系统相关的数据，为更好地理解城市结构和动态、人类流动和社会互动提供了新的手段(图5-39)(Huang et al.,2021)。城市动态数据种类繁多，难以尽述，在这里，我们对在现有智慧城市研究工作中较为常用的城市社会人文数据类型进行简要的介绍。

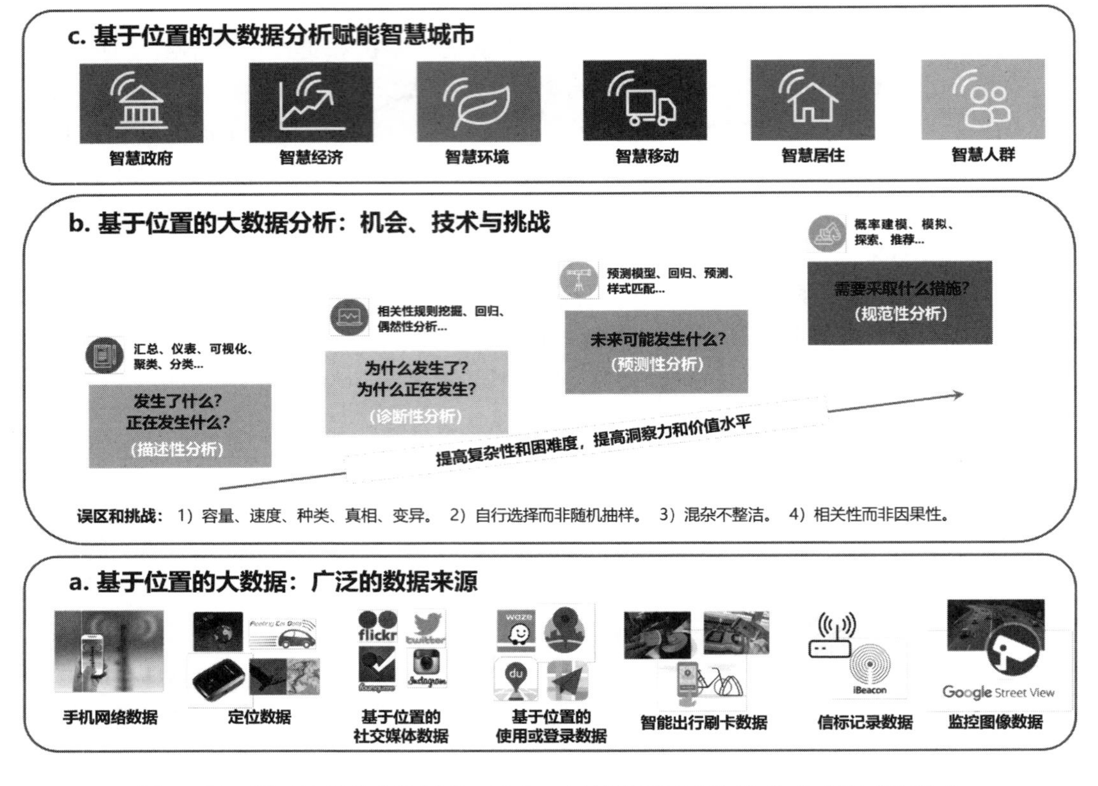

图 5-39　基于位置的大数据(LocBigData)的通用数据源、机遇、分析技术和挑战

(引自:Huang et al.,2021)

(1) 地图与兴趣点数据

街道与建筑是城市的基本构架,地图数据是对城市构架进行描述的基本方式,而兴趣点(Point of Interest,POI)数据则是介绍城市各功能单元的基本信息(Ye et al.,2011)。因此,城市地图和兴趣点数据是进行以数据为中心的智慧城市研究的最基本原料,也是在对其他类型城市数据进行融合时的空间锚点数据。

(2) GPS 数据

安装有 GPS(Global Positioning System,全球定位系统)接收芯片的移动设备可以收集城市中人、车等流动物体活动信息。例如目前应用比较广泛的浮动车技术就是将出租车、公交车等公共交通工具上安装 GPS 设备,将其作为传感器对于城市的交通情况进行采样(Messelodi et al.,2009)。安装有 GPS 接收芯片的智能手机也可以当作个人行为轨迹的收集设备。但是由于隐私、安全等诸多问题,手机 GPS 数据很难大规模收集应用,目前只能依靠志愿者进行小范围收集和研究。

(3) 客流数据

城市中市民采用不同交通工具进行日常通勤的数据称为客流数据。出租车的客流数据可以使用浮动车 GPS 数据配合出租车计费表的乘客状态获得。公交车与地铁的客流数据则可以使用市政交通一卡通的刷卡记录进行收集。客流数据包含的城市活动信息非常丰富,可以被用于城区功能分析、人口流动监测、城市交通系统评估、多交通工具人类行为研究、城市交通经济学研究等领域。

(4) 手机数据

手机是人们日常生活必不可少的通信工具,其所能提供的数据类型很多,包括通讯录、通话记录、GPS定位信息、与基站间的信令记录、上网记录和APP(Application,应用程序)使用记录等。这些数据可以反映城市中居民活动的兴趣偏好、活动范围、规模频率、社交关系等内容,因此具有非常巨大的应用潜力。

(5) 位置服务数据

位置服务(location Based Service,LBS)是移动互联网时代一种新兴的网络服务方式,通过LBS应用所收集到的数据具有明确的地理位置坐标并兼具传统Web(网络)服务的语义特性(D'Roza et al.,2003)。LBS数据是对POI数据的一种深度的描述和补充,与地图和POI等简单的城市地理数据相比,LBS数据包含有大量的语义信息,可以帮助人们更加深刻地理解城市运行动态。

(6) 视频监控数据

视频监控技术已经被广泛地应用在交通管理、社区安保、室内安防、娱乐、通信等城市生活的各个方面。视频监控设备所采集的海量视频数据记录着城市中居民生活的分分秒秒,在数字空间中形成了对物理城市的虚拟"映像"。充分利用这些视频数据可以从某种程度再现城市生活的历史,具有巨大的理论研究与应用价值。

(7) 环境与气象数据

气象数据很早便受到城市科学研究的充分关注,近些年,随着人们对于环境与健康问题的日渐重视,以空气质量为代表的城市环境数据也开始成为人们关注的焦点。城市环境与气象数据的一个重要特点是其地理与时间采样密度低。如何实现细粒度、高精度的环境与天气数据收集和分析是该应用类数据的一个重要挑战。

(8) 社会活动数据

城市社会活动数据包括城市中的人口户籍、金融物价、医疗卫生、能源消耗等各种社会动态数据。社会活动数据是深入理解和分析城市社会化行为的必备原料。城市社会活动数据行业性较强,容易受到行业条块分割的影响,往往彼此分割孤立(王静远等,2014)。打破行业条块分割、实现多源异构城市数据的融合,是深度利用城市社会活动数据所面临的首要任务。

(9) 人口普查数据

在城市发展过程中,人口普查数据起到了关键作用,既是生成各类人口数据的基础,也是制定城市发展规划和决策的重要参考依据。涉及城市人口结构、城市人口密度、社区基础设施、教育及医疗资源、就业与产业布局、城市环境与生态以及社会发展与公平等多个方面。

人口普查数据对城市规划起到了至关重要的作用。首先,人口普查数据可以揭示城市发展的趋势和方向。通过对人口普查数据的分析,可以了解人口迁移的情况、城市扩张的方向等,从而为城市的发展规划提供依据。其次,人口普查数据可以揭示城市的需求和问题。例如,通过分析人口普查数据可得出有关住房需求、教育需求、医疗保健需求等信息,有助于制定相关政策和规划。此外,人口普查数据还能够揭示城市的社会经济状况、人口分布等情况,为城市规划者提供全面的参考依据。人口普查数据与城市规划密切相关,为城市规划提供了宝贵的数据支持,帮助我们更好地了解城市的人口状况和发展需求。

5.7.3 数据支撑技术

城市为人类提供生存繁衍、经济发展、社会交往和文化享受这四大类职能，而智慧城市将在这四个方面为人类提供各种智能化的应用和服务，从而使得人与社会、人与自然更加协调的发展。

智慧城市依托数字城市技术将城市中的人和物按照地理位置进行组织，通过物联网获取并传输数据和信息，将海量实时运算交由云计算进行处理，并将结果反馈到控制系统，进而通过物联网进行智能化和自动化控制，最终让城市达到智慧的状态。智慧城市的总体架构主要由获取数据的感知层，对信息进行传输交互的网络层，提供海量数据存储、实时分析和处理的服务层，以及面向最终用户的应用层组成。

（1）数字城市技术

数字城市是一个无缝的覆盖整个城市的信息模型，把分散在城市各处的各类信息按城市的地理坐标组织起来，既能体现出城市中各种信息（自然、人文、社会等）内在的有机联系，又便于按地理坐标进行检索和利用。可将基础地理数据、正射影像数据、街景影像数据、全景影像数据、三维模型数据、专题数据等各类数据按照地理位置在数字城市里进行整合，通过面向服务的架构，把各类空间和属性数据通过网络服务发布并提供给用户（Shao et al.，2011）。各类用户通过网络注册共享自己的信息，并以服务的形式在数字城市地理空间框架平台上进行发布，政府、行业和公众等各类用户都通过网络方便地获取交通、旅游、医疗、教育、应急等相关服务（李德仁等，2012）。

（2）物联网技术

通过射频识别、红外感应器、全球定位系统、激光扫描器等信息传感设备，按约定的协议把任何物品与互联网连接起来进行信息交换和通信，以实现智能化识别、定位、跟踪、监控和管理的一种网络。具体地说，就是把感应器嵌入和装备到电网、铁路、桥梁、隧道、公路、建筑、供水系统、大坝、油气管道等各种物体中，并且被普遍连接，形成物联网。物联网实现了人与人、人与机器、机器与机器的互联互通（李德仁等，2014）。

（3）云计算技术

云计算是一种基于互联网的大众参与的计算模式，其计算资源（包括计算能力、存储能力、交互能力等）是动态、可伸缩、被虚拟化的，而且以服务的方式提供。云计算是一种基于互联网模式的计算，是分布式计算和网格计算的进一步延伸和发展（李德毅，2010）。云计算能够支撑信息服务社会化、集约化和专业化，云计算中心通过软件的重用和柔性重组进行服务流程的优化与重构，提高利用率和促进软件之间的资源聚合、信息共享和协同工作，形成面向服务的计算。云计算能够快速处理全球的海量数据，并同时向上千万的用户提供服务。

（4）数据挖掘技术

数据挖掘技术是大数据时代进行数据利用和知识发现的另一项核心关键技术，构建以数据为中心的智慧城市也必然需要数据挖掘技术的大力支持。该领域一个主要的挑战在于如何在海量多源的城市数据当中寻找合适具体应用的数据子集（Behnisch et al.，2009）。例如，城市动态检测研究往往需要所使用的城市数据子集尽可能多地涵盖城市动态特性的各个方面，而具体的附加行业应用则要求数据所包含的信息尽可能地单一纯粹。这些互斥性的数据需求给城市数据的收集、管理和挖掘都带来了巨大挑战。解决好数据子集的选择问题与子集间不同数据的融合问题，是在智慧城市领域进行数据挖掘研究的关键所在。

5.7.4　城市社会人文评价与分析

城市社会人文要素数据多用于人类行为评价等方面的研究，目的在于揭示人类行为的内在规律，采用的研究手段以复杂网络、复杂系统等物理学工具为主，并综合融入了信息科学、社会学等多学科研究工具。该类研究与智能交通、城市计算等信息学科研究的不同之处在于其更加关注揭示数据背后所蕴含的自然规律。

(1) 城市交通网络分析

与城市交通网络分析相关的统计力学研究来源于复杂网络的相关研究，1998 年 Watts 等提出了小世界(small world)网络模型(Watts et al.，1998)，该模型描述了从完全规则的网络到完全随机网络的网络转变。小世界网络既具有与规则网络类似的聚类特性，又具有与随机网络类似的较小直径。随后，1999 年 Barabási 等指出许多实际的复杂网络的连接度分布都具有幂律形式，由于幂律分布没有明显的特征长度，该类网络又被称为无标度(scale free)网络(Barabási et al.，1999)。在两篇经典网络研究论文的推动之下，复杂网络理论开始在各个学科显现出巨大的能量，并逐渐成为交叉学科研究的热点之一。

在城市研究领域，道路交通网络特别是轨道交通网络成为复杂网络理论应用的主要领域。Jung 等采用公共交通数据和私人交通数据对韩国的高速公路网络进行了研究(Jung et al.，2008)。研究结果显示，公共高速公路网络为无标度网络，但与私人交通网络合并后，网络不再具备无标度网络特点，而是符合重力模型。Soh 等对新加坡公共交通网络进行了分析。结果显示，就网络拓扑特性而言，轨道交通网络更接近于随机网络，但在考虑客流网络后，网络整体呈现出无标度网络特性(Soh et al.，2010)。

由于我国城市轨道交通发展相对较晚，国内城市交通网络的研究目前主要集中于公交网络(Lu et al.，2007)，涉及地铁网络的只有对北京和上海地铁网络的研究，但这些研究大多局限于利用仿真模拟方法讨论网络抗毁性方面的特性等(Cajueiro，2010)。

(2) 城市居民行为学研究

城市居民的行为建模是人类时空动力学研究的一个子集，是统计物理学和复杂性科学交叉研究的热点领域(周涛等，2013)。而城市作为人类活动最为密集的区域之一，在该研究领域中必然不会缺席。在众多城市数据当中，最先被用来分析人类时空行为的是手机数据。Hong 等使用志愿者 3～6 个月的短消息通信记录进行了人类活动的时间分析，发现其行为符合幂指数在 1.2～1.7 之间的幂律分布(Hong et al.，2009)。

2012 年 Simini 等提出了一种关于城市间市民通勤活动范围的“辐射”模型，该模型相比交通领域中传统的引力模型更加准确且没有参数，该文很快引起了学术界对城市交通通勤行为的关注(Simini et al.，2012)。人们对于城市的人类活动行为的研究重点也开始从出行距离的标度律研究扩展到了城市或城区之间的人口移动流量研究。

综合上述研究可以看出，利用来源丰富的城市多源数据以及强大的统计物理工具，我们可以深刻地理解城市道路、交通结构以及人类活动行为的本质特性。相对于基于机器学习、数据挖掘等计算机技术的城市计算研究，该类研究领域的研究结论具有很强的可解释性。在应用方面，该领域的文献虽然很少介绍具体的应用方式，但是我们可以看出，相关的理论研究成果可以很好地为交通规划建设、政策定制、传染病防控等应用服务。

(3) 城市现象实证研究

城市学科中嵌入的大量实证工作是城市数据最活跃的来源之一，用于更好地理解、假设检验和推断城市现象。其中，需要专门数据源、模型和工具的一个广阔的研究领域是环境可持续性以及与清洁空气、不可再生能源依赖和气候变化有关的问题。传感器技术的重大发展导致了从家用电器到智能建筑等智能商品的出现，这反过来又带来了效率提高和能源节约。

评价社会正义以及交通、住房、土地使用、环境和公共卫生的分配方面相关差异的城市模型是此类数据的相关应用方向。这些方法提供了对城市的社会包容性和宜居性方面的评估以及解决社会差异所需的运营决策和政策战略的实证理解，这一工作重点关注社会排斥、老龄化、健康和残疾人需求等问题(Thakuriah et al.，2013)。行政数据在这类研究中发挥了重要作用，有助于发现有关城市发展的信息，以及评估福利改革和经济衰退后紧缩措施等政府行动的绩效。

基于信息与通信技术(Information and Communications Technology，ICT)的解决方案用于跟踪和监控活动，可以在更精细粒度的水平上评估城市质量和居民健康福祉。由辅助技术、环境辅助生活(Abascal et al.，2008)和相关信息与通信技术应用生成的个性化数据可以有助于提高城市生活质量以及设计支持城市健康的解决方案。移动健康感知技术以及众多移动、可穿戴和其他基于传感器的身体健康评估系统(Lin et al.，2011)，为城市研究人员利用大量数据来了解整体建成环境以及促进健康和福祉的规划行为提供了可能性。

(4) 对城市空间的协同感知

城市信息生成和数据分析策略越来越涉及信息通信技术解决方案和用户的积极参与。焦点小组、基于内外部竞争环境和竞争条件下的态势分析[SWOT 分析法，S(Strengths)指优势，W(Weeknesses)指劣势，O(Opportunities)指机会、T(Threats)指威胁]、战略方法、未来研讨会和其他方法等策略在过去已被广泛使用，作为城市参与实践的一部分，以产生想法并寻找问题的解决方案。然而，信息通信技术解决方案的进步导致了公民参与问题解决、规划和设计采购、项目投票以及项目想法分享等新模式的出现。案例包括公民通过分析来自开放数据门户的数据以产生解决城市问题的想法，以及使用游戏和参与式模拟来进行构思的过程(Poplin，2014)。

通过“感知”城市及其不同的行为和使用模式，数据驱动模型促进了对于了解城市相关广泛社会问题的研究，包括构建用于城市参与的参与式感知系统、基于位置的社交网络、主动旅行以及健康和保健应用程序，以及移动性和流量分析。其他目标包括城市资产和基础设施的动态资源管理、辅助生活和流动性的社会包容，以及社区和危机信息学。例如，社交媒体分析的主要优点之一是能够以前所未有的程度即时、高效地感知观点和情绪，以及这些情绪在空间和时间上的传播方式，从而使政策界能够监测公众舆论并预测社会趋势(Golbeck et al.,2014)。

数据驱动的焦点也出现在学习分析、基于位置的社交网络、基于旅行信息协同过滤的推荐系统以及检测社交媒体的干扰等方面(Sasaki et al.,2021;Zellner et al.,2009)。因此,如果收集这些随着时间推移的信息流并与其他社会人口统计数据联系起来,就可以更好地反映变化趋势,更大程度地捕捉城市动态。

本章小结

城市环境对城市气候的影响很大,城市气候是人类活动影响小气候的明显表现,城市的人口变化、地理条件、基础设施以及社会和文化因素等均会对城市气候产生一定的影响。

城市发展要求地质作为载体提供能源、矿产、水、土地、空间和环境,同时城市发展会不断破坏原有地质环境平衡,形成地质灾害,反作用于城市并对城市社会生活构成威胁。

人类改造地形的能力远远超出了地形自然演变的速度,导致不同地理环境的气候因素会有很大不同,这种多样性在很大程度上是由地区总体的地形学差异所引起的。

土壤会受到某种程度的直接或间接的人类干扰,城市化驱动的土地利用变化、土壤封闭、土地占用导致的不透水面增加等人类活动对土壤有直接的影响,是城市和城郊地区土壤退化的主要原因之一,造成了大量的土壤损害。

水资源短缺和洪水在内的环境变化对于人类住区的生存至关重要,水文条件决定了城市的位置选址,而城市的发展建造了大片不透水区域,这导致了水文循环的变化,造成了水污染和水资源短缺等问题。

城市扩张的规模、空间配置和城市土地利用的异质性对生物多样性很重要,城市规划通常以减少生境破碎化和增强生态连通性等手段来保护生物多样性。

社会人文要素与景观特征紧密相连,结合大数据和遥感等多元技术的应用,能够捕获城市社会人文的动态特征,用以量化和评估人们对城市生态空间的需求以及人类活动对生态要素产生的影响。

思考题

1. 城市各要素之间有何内在的关联和影响机制?
2. 在规划决策时,各要素的规划优先级和重要性排名该如何确定?
3. 在规划建设过程中,哪些要素受规划行为影响的敏感性较强,该如何平衡要素本底的保护以及规划政策的顺利实施?
4. 规划建设完成后,如何针对各要素进行城市规划实施后的绩效评价?
5. 如何进行城市多种要素的综合性评价?在各项要素评价和分析标准不同的前提下,该如何构建综合评价体系?

参考文献

WWF，2022. 城市生物多样性框架研究[R]. 北京：清华同衡规划设计研究院.

艾伦·巴伯，谢军芳，薛晓飞，2009. 绿色基础设施在气候变化中的作用[J]. 中国园林，25(2)：9－14.

白君君，侯鹏，赵燕红，等，2022. 物种生境适宜性模型及验证的研究进展[J]. 生态学杂志，41(7)：1423－1432.

柏春，2009. 城市气候设计：城市空间形态气候合理性实现的途径[M]. 北京：中国建筑工业出版社.

曹铭昌，刘高焕，单凯，等，2010. 基于多尺度的丹顶鹤生境适宜性评价：以黄河三角洲自然保护区为例[J]. 生物多样性，18(3)：283－291.

陈明星，李扬，龚颖华，等，2016. 胡焕庸线两侧的人口分布与城镇化格局趋势：尝试回答李克强总理之问[J]. 地理学报，71(2)：179－193.

陈水华，丁平，郑光美，等，2000. 城市鸟类群落生态学研究展望[J]. 动物学研究，21(2)：165－169.

陈玮，2001. 城市形态与山地地形[J]. 南方建筑(2)：12－14.

干靓，吴志强，2018. 城市生物多样性规划研究进展评述与对策[J]. 规划师，34(1)：87－91.

高亚峰，高亚伟，2007. 我国城市地质调查研究现状及发展方向[J]. 城市地质，2(2)：1－8.

龚子同，张甘霖，陈志诚，等，2007. 土壤发生与系统分类[M]. 北京：科学出版社.

苟爱萍，王江波，2011. 国外色彩规划与设计研究综述[J]. 建筑学报(7)：53－57.

广州市城市规划勘测设计研究院. 提升市民福祉：广州市越秀区开展树冠规划[EB/OL].(2022-08-31)[2023-11-7]. https://www.sohu.com/a/581460644_100098692.

郭培国，戴志强，聂道忠，等，2014. 城市地质的研究内容和发展现状[J]. 资源环境与工程，28(3)：304－307.

国家发展和改革委员会，2013. 中国应对气候变化的政策与行动2012年度报告(下)[J]. 北京周报(英文版).

郝永刚，贾安强，郭宏朝，等，2009. 我国城市色彩规划初探[J]. 四川建筑科学研究，35(5)：267－269.

何鑫，2022. 城市哺乳动物、爬行动物和两栖动物的生活[J]. 天天爱科学(10)：8－13.

黄光宇，2005. 山地城市主义[J]. 重庆建筑，4(1)：2－12.

姬晓娜，2006. 城市生物多样性保护的景观规划途径[J]. 城市问题(6)：16－20.

吉沃尼，2011. 建筑设计和城市设计中的气候因素[M]. 汪芳，阚俊杰，张书海. 等译. 北京：中国建筑工业出版社.

江斯达，占文凤，杨俊，等，2020. 局地气候分区框架下城市热岛时空分异特征研究进展[J]. 地理学报，75(9)：1860－1878.

金江军，潘懋，2007. 近10年来城市地质学研究和城市地质工作进展述评[J]. 地质通报，26(3)：366－371.

金龙如，孙克萍，贺红士，等，2008. 生境适宜度指数模型研究进展[J]. 生态学杂志，27(5)：841－846.

李德仁，姚远，邵振峰，2012. 智慧地球时代测绘地理信息学的新使命[J]. 测绘科学，37(6)：5－8.

李德仁，姚远，邵振峰，2014. 智慧城市中的大数据[J]. 武汉大学学报(信息科学版)，39(6)：631－640.

李德毅，2010. 云计算支撑信息服务社会化、集约化和专业化[J]. 重庆邮电大学学报(自然科学版)，22(6)：698－702.

李加林，杨磊，杨晓平，2015. 人工地貌学研究进展[J]. 地理学报，70(3)：447－460.
李俊清，2012. 保护生物学[M]. 北京：科学出版社.
李俊生，高吉喜，张晓岚，等，2005. 城市化对生物多样性的影响研究综述[J]. 生态学杂志，24(8)：953－957.
李文军，王子健，2000. 丹顶鹤越冬栖息地数学模型的建立[J]. 应用生态学报，11(6)：839－842.
李相然，1999. 城市规划学与地质学之间的信息传输问题探讨[J]. 城市规划，23(12)：48－50，60.
李雪铭，周连义，王建，等，2003. 城市人工地貌演变过程及机制的研究：以大连市为例[J]. 地理研究，22(1)：13－20.
李友枝，庄育勋，蔡纲，等，2003. 城市地质：国家地质工作的新领域[J]. 地质通报，22(8)：589－596.
刘贵利，2002. 城市生态规划理论与方法[M]. 南京：东南大学出版社.
刘海燕，伍法权，李淑进，2005. 地质工程建设与环境的协调发展[J]. 地球与环境，33(S1)：199－204.
刘泽麟，彭长辉，项文化，等，2010. 人工神经网络在全球气候变化和生态学中的应用研究[J]. 科学通报，55(31)：2987－2997.
卢飞红，2016. 基于GIS和地表粗糙度评价的南京市主城区通风廊道识别研究[D]. 南京：南京大学.
吕永鹏，莫祖澜，张辰，等，2019. 流域尺度海绵城市专项规划的方法研究：以上海临港国家试点区为例[J]. 城乡规划(2)：18－24.
毛齐正，马克明，邬建国，等，2013. 城市生物多样性分布格局研究进展[J]. 生态学报，33(4)：1051－1064.
彭羽，张淑萍，薛达元，等，2012. 城市生物多样性保护案例研究[M]. 北京：中国环境科学出版社.
戚伟，刘盛和，刘振，2022. 基于"七普"的"胡焕庸线"两侧人口集疏新态势及影响因素[J]. 地理学报，77(12)：3023－3040.
邵元虎，张卫信，刘胜杰，等，2015. 土壤动物多样性及其生态功能[J]. 生态学报，35(20)：6614－6625.
沈清基，2011. 城市生态环境：原理、方法与优化[M]. 北京：中国建筑工业出版社.
宋永昌，2000. 城市生态学[M]. 上海：华东师范大学出版社.
唐由海，邱建，2019. 多视角下的中国古代城市选址研究[J]. 西部人居环境学刊，34(4)：97－105.
田银生，1999. 自然环境：中国古代城市选址的首重因素[J]. 城市规划汇刊(4)：28－29，13－79.
汪昭兵，杨永春，2008. 城市规划引导下空间拓展的主导模式：以复杂地形条件下的城市为例[J]. 城市规划学刊(5)：106－114.
王凤琴，覃雪波，2007. 天津地区鸟类组成及多样性分析[J]. 河北大学学报(自然科学版)，27(4)：417－422.
王纪武，2003. 山地都市空间拓展研究：以重庆、香港为例[J]. 重庆建筑，2(6)：21－23.
王静远，李超，熊璋，等，2014. 以数据为中心的智慧城市研究综述[J]. 计算机研究与发展，51(2)：239－259.
王婷，曾坚，2015. 高密度环境下城市色彩的节能效用[J]. 城市问题(3)：47－53，104.
王祥荣，2000. 生态与环境：城市可持续发展与生态环境调控新论[M]. 南京：东南大学出版社.
王岳颐，李煜，2017. 城市更新背景下色彩规划的困境与改进策略[J]. 城市规划，41(12)：35－44.
王占柱，2010. 对城市色彩规划的思考[J]. 同济大学学报(社会科学版)，21(4)：31－37.
王占柱，吴雅默，2013. 日本城市色彩营造研究[J]. 城市规划，37(4)：89－96.
王铮，张丕远，刘啸雷，等，1995. 中国生态环境过渡的一个重要地带[J]. 生态学报，15(3)：319－326.
王志强，陈志超，郝成元，2009. 基于HSI模型的扎龙国家级自然保护区丹顶鹤繁殖生境适宜性评价[J]. 湿地科学，7(3)：197－201.

王梓茜，程宸，杨袁慧，等，2018. 基于多元数据分析的城市通风廊道规划策略研究：以北京副中心为例[J]. 城市发展研究，25(1)：87－96.
魏丹丹，苗泽青，涂艳清，等，2019. 我国城市昆虫学研究的回顾与展望[J]. 应用昆虫学报，56(6)：1193－1205.
魏薇，胡明杰，2012. 我国色彩规划研究评述：兼论新时期色彩规划研究创新[J]. 规划师，28(1)：96－99.
魏子新，周爱国，王寒梅，等，2009. 地质环境容量与评价研究[J]. 上海地质，30(1)：40－44.
闻丞，顾垒，王昊，等，2015. 基于最受关注濒危物种分布的国家级自然保护区空缺分析[J]. 生物多样性，23(5)：591－600.
吴良镛，2001. 关于山水城市[J]. 城市发展研究，8(2)：17－18.
武强，李瑞军，2007. 我国城市环境地质问题类型划分研究[J]. 有色金属(3)：103－106.
夏海山，王凌绪，2006. 气候因素影响下的城市色彩[C]// 提高全民科学素质、建设创新型国家——2006 中国科协年会论文集(下册). 北京：680－684.
徐君，贾倩，王曦，2021. 国内外海绵城市建设经验镜鉴及比较[J]. 当代经济管理，43(3)：57－62.
徐溯源，沈清基，2009. 城市生物多样性保护：规划理想与实现途径[J]. 现代城市研究，24(9)：12－18.
徐小东，徐宁，2008. 地形对城市环境的影响及其规划设计应对策略[J]. 建筑学报(1)：25－28.
徐争启，倪师军，张成江，等，2006. 我国城市环境地质研究现状及应注意的几个问题[J]. 国土资源科技管理，23(1)：100－103.
杨刚，王勇，许洁，等，2015. 城市公园生境类型对鸟类群落的影响[J]. 生态学报，35(12)：4186－4195.
姚海凤，张赛超，上官华媛，等，2022. 城市化对土壤动物群落结构和多样性的影响[J]. 生物多样性，30(12)：222－233.
叶鹏程，刘灿，王爱华，等，2023. 生物多样性关键区域的理论框架、指标体系与应用实践[J]. 应用生态学报，34(3)：835－845.
叶水送，方燕，李恺，2013. 城市化对昆虫多样性的影响[J]. 生物多样性，21(3)：260－268.
易雨君，张尚弘，2019. 水生生物栖息地模拟方法及模型综述[J]. 中国科学：技术科学，49(4)：363－377.
俞孔坚，李迪华，1997. 城乡与区域规划的景观生态模式[J]. 国外城市规划，12(3)：27－31.
俞孔坚，李迪华，段铁武，1998. 生物多样性保护的景观规划途径[J]. 生物多样性，6(3)：45－52.
俞孔坚，李迪华，袁弘，等，2015. “海绵城市”理论与实践[J]. 城市规划，39(6)：26－36.
俞青青，包志毅，2006. 城市生物多样性保护规划认识上的若干问题[J]. 华中建筑，24(9)：90－91.
曾忠忠，李保峰，2014. 基于气候适应性的中国古代城市形态研究[J]. 华中建筑，32(7)：15－20.
张春山，吴满路，张业成，2003. 地质灾害风险评价方法及展望[J]. 自然灾害学报，12(1)：96－102.
张丽，黄敬军，缪世贤，2015. 江苏省地质环境调查与区划主要研究成果综述[J]. 中国地质调查，2(4)：62－70.
张路，欧阳志云，徐卫华，2015. 系统保护规划的理论、方法及关键问题[J]. 生态学报，35(4)：1284－1295.
张维理，Kolbe H，张认连，等，2022. 世界主要国家土壤调查工作回顾[J]. 中国农业科学，55(18)：3565－3583.
张维理，傅伯杰，徐爱国，等，2022. 中国土壤调查结果的地统计特征[J]. 中国农业科学，55(13)：2572－2583.
张雪原，翟国方，2013. 山地城市空间形态生长特征分析[J]. 现代城市研究，28(2)：45－50，56.
张征恺，黄甘霖，2018. 中国城市鸟类学研究进展[J]. 生态学报，38(10)：3357－3367.

赵迪先，徐建刚，高尚，等，2020. 基于改进2SFCA可达性建模的海绵型公园绿地空间社会效益评价：以镇江市海绵城市建设试点区为例[J]. 生态经济，36(11)：221-227.

中国地理学会，1985. 城市气候与城市规划[M]. 北京：科学出版社.

中国地质学会城市地质研究会，2005. 中国城市地质[M]. 北京：中国大地出版社.

中国科学院南京土壤研究所，1980. 中国土壤图[M]. 北京：科学出版社.

周淑贞，束炯，1994. 城市气候学[M]. 北京：气象.

周涛，韩筱璞，闫小勇，等，2013. 人类行为时空特性的统计力学[J]. 电子科技大学学报，42(4)：481-540.

朱先云，2009. 国外表土剥离实践及其特征[J]. 中国国土资源经济，22(9)：24-26，47.

Abascal J, Bonail B, Marco Á, et al, 2008. AmbienNet: an intelligent environment to support people with disabilities and elderly people[C]//Proceedings of the 10th international ACM SIGACCESS conference on Computers and accessibility. Halifax Nova Scotia Canada. ACM: 293-294.

Aboelata A, Sodoudi S, 2020. Evaluating the effect of trees on UHI mitigation and reduction of energy usage in different built up areas in Cairo[J]. Building and Environment, 168: 106490.

Akbari H, Menon S, Rosenfeld A, 2009. Global cooling: Increasing world-wide urban albedos to offset CO_2[J]. Climatic Change, 94(3): 275-286.

Alobaydi D, Bakarman M A, Obeidat B, 2016. The impact of urban form configuration on the urban heat island: The case study of Baghdad, Iraq[J]. Procedia Engineering, 145: 820-827.

Anderies J M, Katti M, Shochat E, 2007. Living in the city: Resource availability, predation, and bird population dynamics in urban areas[J]. Journal of Theoretical Biology, 247(1): 36-49.

Angold P G, Sadler J P, Hill M O, et al, 2006. Biodiversity in urban habitat patches[J]. The Science of the Total Environment, 360(1): 196-204.

An R Y, Yu B Y, Li R, et al, 2018. Potential of energy savings and CO_2 emission reduction in China's iron and steel industry[J]. Applied Energy, 226: 862-880.

Artmann M, 2014. Assessment of soil sealing management responses, strategies, and targets toward ecologically sustainable urban land use management[J]. A Journal of the Human Environment, 43(4): 530-541.

Asmare B A, 2016. Pitfalls of tourism development in Ethiopia: The case of Bahir Dar town and its surroundings[J]. Korean Social Science Journal, 43(1): 15-28.

Bagheri-Gavkosh M, Hosseini S M, Ataie-Ashtiani B, et al., 2021. Land subsidence: A global challenge[J]. The Science of the Total Environment, 778: 146193.

Barabasi A L, Albert R, 1999. Emergence of scaling in random networks[J]. Science, 286(5439): 509-512.

Barbarossa V, Bosmans J, Wanders N, et al, 2021. Threats of global warming to the world's freshwater fishes[J]. Nature Communications, 12: 1701.

Barles S, 2007. Urban metabolism and river systems: An historical perspective - Paris and the Seine, 1790 - 1970[J]. Hydrology and Earth System Sciences, 11(6): 1757-1769.

Behnisch M, Ultsch A, 2009. Urban data-mining: Spatiotemporal exploration of multidimensional data[J]. Building Research & Information, 37(5-6): 520-532.

Bendarzsevszkij A, Eszterha V, Ger L., et al, 2021. World economic forum 2017[J]. International Journal of Research in Engineering, Science and Management, 4(2).

Bühler O, Ingerslev M, Skov S, et al., 2017. Tree development in structural soil - an empirical below-ground in situ study of urban trees in Copenhagen, Denmark[J]. Plant and Soil, 413(1): 29-44.

Bélanger J R, Moore C W, 1999. The use and value of urban geology in Canada: A case study in the

National Capital Region[J]. Geoscience Canada, 26(3).

Bornstein R, Lin Q L, 2000. Urban heat islands and summertime convective thunderstorms in Atlanta: Three case studies[J]. Atmospheric Environment, 34(3): 507 - 516.

Burian S J, Shepherd J M, 2005. Effect of urbanization on the diurnal rainfall pattern in Houston[J]. Hydrological Processes, 19(5): 1089 - 1103.

Busby J, 1991. BIOCLIM:A bioclimate analysis and prediction system[J]. Plant protection quarterly: 8 - 9.

Cajueiro D O, 2010. Optimal navigation for characterizing the role of the nodes in complex networks[J]. Physica A: Statistical Mechanics and Its Applications, 389(9): 1945 - 1954.

Campbell M M, Casterline J, Castillo F, et al., 2014. Population and climate change: Who will the grand convergence leave behind? [J]. The Lancet Global Health, 2(5): e253 - e254.

Cascone S, Coma J, Gagliano A, et al., 2019. The evapotranspiration process in green roofs: A review [J]. Building and Environment, 147: 337 - 355.

Cerda A, 2005. Teoria general de urbanizacion[M]. Paris: Les Editions de l'Imprimeur.

Change O C, 2007. Intergovernmental panel on climate change[R]. Geneva: World Meteorological Organization: 52.

Chen X, 2016. An analysis of climate impact on lanscape design[J]. Atmospheric and climate sciences, 6(3), 475 - 481.

Childers D L, Pickett S T A, Grove J M, et al., 2014. Advancing urban sustainability theory and action: Challenges and opportunities[J]. Landscape and Urban Planning, 125: 320 - 328.

Costanza R, Graumlich L, Steffen W, et al, 2007. Sustainability or collapse: What can we learn from integrating the history of humans and the rest of nature? [J]. A Journal of the Human Environment, 36(7): 522 - 527.

Criado M, Santos-Francés F, Martínez-Graña A, et al., 2020. Multitemporal analysis of soil sealing and land use changes linked to urban expansion of Salamanca (spain) using landsat images and soil carbon management as a mitigating tool for climate change[J]. Remote Sensing, 12(7): 1131.

Cullen G, 1961. The concise townscape[M]. Abingdon :The Architectural Press.

Dai F C, Lee C F, Zhang X H, 2001. GIS-based geo-environmental evaluation for urban land-use planning: A case study[J]. Engineering Geology, 61(4): 257 - 271.

Damsø T, Kjær T, Christensen T B, 2017. Implementation of local climate action plans: Copenhagen - Towards a carbon-neutral capital[J]. Journal of Cleaner Production, 167: 406 - 415.

Day J W, Gunn J D, Burger J R, 2021. Diminishing opportunities for sustainability of coastal cities in the anthropocene: A review[J]. Frontiers in Environmental Science, 9: 663275.

DeKay M, Brown G Z, 2014. Sun, wind & light: architectural design strategies[M]. Array Hoboken: Wiley.

Delibas M, Tezer A, KuzniecowBacchin T, 2021. Towards embedding soil ecosystem services in spatial planning[J]. Cities, 113: 103150.

Devigne C, Mouchon P, Vanhee B, 2016. Impact of soil compaction on soil biodiversity - does it matter in urban context? [J]. Urban Ecosystems, 19(3): 1163 - 1178.

Dietz T, Rosa E A, York R, 2007. Driving the human ecological footprint[J]. Frontiers in Ecology and the Environment, 5(1): 13 - 18.

Dixon P G, Mote T L, 2003. Patterns and causes of Atlanta's urban heat island - initiated precipitation [J]. Journal of Applied Meteorology, 42(9): 1273 - 1284.

Donovan G H, 2017. Including public-health benefits of trees in urban-forestry decision making[J].

Urban Forestry & Urban Greening, 22: 120 - 123.

Dou F F, Xing H X, Li X H, et al., 2022. 3D geological suitability evaluation for urban underground space development based on combined weighting and improved TOPSIS[J]. Natural Resources Research, 31(1): 693 - 711.

Drive W H, Kadas G, 2006. Rare invertebrates colonizing green roofs in london[J]. Urban Habitats, 4 (1): 66 - 86.

Dror I, Yaron B, Berkowitz B, 2021. The human impact on all soil-forming factors during the anthropocene[J]. ACS Environmental Au, 2(1): 11 - 19.

D'Roza T, Bilchev G, 2003. An overview of location-based services[J]. BT Technology Journal, 21(1): 20 - 27.

Eckart K, McPhee Z, Bolisetti T, 2017. Performance and implementation of low impact development: A review[J]. The Science of the Total Environment, 607 - 608: 413 - 432.

Egodawatta P, Thomas E, Goonetilleke A, 2009. Understanding the physical processes of pollutant build-up and wash-off on roof surfaces[J]. The Science of the Total Environment, 407(6): 1834 - 1841.

Elam J, Björdal C, 2020. A review and case studies of factors affecting the stability of wooden foundation piles in urban environments exposed to construction work [J]. International Biodeterioration & Biodegradation, 148: 104913.

Faeth S H, Warren P S, Shochat E, et al., 2005. Trophic dynamics in urban communities[J]. BioScience, 55(5): 399 - 407.

Ferrara A, Salvati L, Sabbi A, et al., 2014. Soil resources, land cover changes and rural areas: Towards a spatial mismatch? [J]. The Science of The Total Environment, 478: 116 - 122.

Ferreira L S, Duarte D H S, 2019. Exploring the relationship between urban form, land surface temperature and vegetation indices in a subtropical megacity[J]. Urban Climate, 27: 105 - 123.

Figueroa-Miranda S, Tuxpan-Vargas J, Ramos-Leal J A, et al., 2018. Land subsidence by groundwater over-exploitation from aquifers in tectonic valleys of Central Mexico: A review[J]. Engineering Geology, 246: 91 - 106.

Firehock K, 2010. A short history of the term green infrastructure and selected literature[R]. ScottsVille: Green Infrastructure Center.

Fletcher T D, Shuster W, Hunt W F, et al., 2015. SUDS, LID, BMPs, WSUD and more—The evolution and application of terminology surrounding urban drainage[J]. Urban Water Journal, 12 (7): 525 - 542.

Forman R T T, 1995. Some general principles of landscape and regional ecology[J]. Landscape Ecology, 10(3): 133 - 142.

Freitag B M, Nair U S, Niyogi D, 2018. Urban modification of convection and rainfall in complex terrain[J]. Geophysical Research Letters, 45(5): 2507 - 2515.

Fuladlu K, Riza M, ilkan M, 2018. The effect of rapid urbanization on the physical modification of urban area [C]//The 5th International Conference on Architecture and Built Environment with AWARDsin: Conference Papers and Presentations - SCT, RENECON International: 2198 - 7688.

Fuller R A, Irvine K N, Devine-Wright P, et al., 2007. Psychological benefits of greenspace increase with biodiversity[J]. Biology Letters, 3(4): 390 - 394.

Furusho C, Andrieu H, Chancibault K, 2014. Analysis of the hydrological behaviour of an urbanizing basin[J]. Hydrological Processes, 28(4): 1809 - 1819.

Gambolati G, Teatini P, 2015. Geomechanics of subsurface water withdrawal and injection[J]. Water

Resources Research, 51(6): 3922 - 3955.

García-Soriano D, Quesada-Román A, Zamorano-Orozco J J, 2020. Geomorphological hazards susceptibility in high-density urban areas: A case study of Mexico City[J]. Journal of South American Earth Sciences, 102: 102667.

Gasparrini A, Guo Y M, Sera F, et al. , 2017. Projections of temperature-related excess mortality under climate change scenarios[J]. The Lancet Planetary Health, 1(9): e360 - e367.

Georgescu M, Morefield P E, Bierwagen B G, et al. , 2014. Urban adaptation can roll back warming of emerging megapolitan regions[J]. Proceedings of the National Academy of Sciences of the United States of America, 111(8): 2909 - 2914.

Gilpin M E, Soulé M E, 1986. Minimum viable populations: Processes of species extinction [M]//Soulé ME. Conservation biology: The science of scarcity and diversity. Sunderland: Sinauer Associates: 19 - 34.

Givoni B, 1998. Climate considerations in building and urban design[M]. New York: Wiley.

Golbeck J, Hansen D, 2014. A method for computing political preference among Twitter followers[J]. Social Networks, 36: 177 - 184.

Graham J P, Polizzotto M L, 2013. Pit latrines and their impacts on groundwater quality: A systematic review[J]. Environmental Health Perspectives, 121(5): 521 - 530.

Grimm N B, Faeth S H, Golubiewski N E, et al. , 2008. Global change and the ecology of cities[J]. Science, 319(5864): 756 - 760.

Gwenzi W, Nyamadzawo G, 2014. Hydrological impacts of urbanization and urban roof water harvesting in water-limited catchments: A review[J]. Environmental Processes, 1(4): 573 - 593.

Haggard B E, Bartsch L D, 2009. Net changes in antibiotic concentrations downstream from an effluent discharge[J]. Journal of Environmental Quality, 38(1): 343 - 352.

Han W Y, Geng Y, Lu Y, et al. , 2018. Urban metabolism of megacities: A comparative analysis of Shanghai, Tokyo, London and Paris to inform low carbon and sustainable development pathways [J]. Energy, 155: 887 - 898.

Hao L, Sun G, Huang X L, et al. , 2023. Urbanization alters atmospheric dryness through land evapotranspiration[J]. NPJ Climate and Atmospheric Science, 6: 149.

Heink U, Kowarik I, 2010. What criteria should be used to select biodiversity indicators? [J]. Biodiversity and Conservation, 19(13): 3769 - 3797.

He X C, Yang T L, Shen S L, et al. , 2019. Land subsidence control zone and policy for the environmental protection of Shanghai[J]. International Journal of Environmental Research and Public Health, 16(15): 2729.

Hirzel A H, Helfer V, Metral F, 2001. Assessing habitat-suitability models with a virtual species[J]. Ecological Modelling, 145(2): 111 - 121.

Hong W, Han X P, Zhou T, et al, 2009. Heavy-tailed statistics in short-message communication[J]. Chinese Physics Letters, 26(2): 028902.

Hsieh C M, Huang H C, 2016. Mitigating urban heat islands: A method to identify potential wind corridor for cooling and ventilation[J]. Computers, Environment and Urban Systems, 57: 130 - 143.

Huang H S, Yao X A, Krisp J M, et al. , 2021. Analytics of location-based big data for smart cities: Opportunities, challenges, and future directions[J]. Computers, Environment and Urban Systems, 90: 101712.

Hutchinson G E, 1957. Concluding remarks[J]. Cold Spring Harbor Symposia on Quantitative Biology,

22：415 - 427.

Jiang L W，Hardee K，2011. How do recent population trends matter to climate change? [J]. Population Research and Policy Review，30(2)：287 - 312.

Jung W S，Wang F Z，Stanley H E，2008. Gravity model in the Korean highway[J]. EPL (Europhysics Letters)，81(4)：48005.

Kaushal S S，McDowell W H，Wollheim W M，2014. Tracking evolution of urban biogeochemical cycles：Past，present，and future[J]. Biogeochemistry，121(1)：1 - 21.

Kühn I，Brandl R，Klotz S，2004. The flora of German cities is naturally species rich[J]. Evolutionary Ecology Research，6：749 - 764.

Knudson M D，VanLooy J A，Hill M J，2015. A habitat suitability index (HSI) for the western prairie fringed orchid (Platantherapraeclara) on the Sheyenne national grassland，North Dakota，USA[J]. Ecological Indicators，57：536 - 545.

Kowarik I，2011. Novel urban ecosystems，biodiversity，and conservation[J]. Environmental Pollution，159(8)：1974 - 1983.

Kowarik I，2005. Wild urban woodlands：Towards a conceptual framework[M]//Kowarik I，K? rner S. Wild Urban Woodlands. Berlin：Springer - Verlag：1 - 32.

Kuang X H，Fu Y R，2013. Coupled infiltration and filtration behaviours of concrete porous pavement for stormwater management[J]. Hydrological Processes，27(4)：532 - 540.

Kun Q，Hui L，Yang Y，et al.，2022. Spatial humanities and geo-computation for social sciences：Advances and applications[J]. Journal of Geodesy and Geoinformation Science，5(2)：1 - 6.

Landsberg H E，1981. The urban climate[M]. New York：Academic Press.

Lee S M，Princevac M，Mitsutomi S，et al.，2009. MM5 simulations for air quality modeling：An application to a coastal area with complex terrain[J]. Atmospheric Environment，43(2)：447 - 457.

Lehmann A，Overton J M，Leathwick J R，2003. GRASP：Generalized regression analysis and spatial prediction[J]. Ecological Modelling，160(1)：165 - 183.

Lehmann A，Stahr K，2007. Nature and significance of anthropogenic urban soils[J]. Journal of Soils and Sediments，7(4)：247 - 260.

Lek S，Guégan J F，1999. Artificial neural networks as a tool in ecological modelling，an introduction [J]. Ecological Modelling，120(2)：65 - 73.

Leung L R，Mearns L O，Giorgi F，et al.，2003. Regional climate research：Needs and opportunities [J]. Bulletin of the American Meteorological Society，84(1)：89 - 95.

Li C，Sun G，Caldwell P，et al.，2020. Impacts of urbanization on watershed water balances across the conterminous United States[J]，Water Resources Research，56(7).

Lin Y Z，Jessurun J，de Vries B，et al.，2011. Motivate：Towards context-aware recommendation mobile system for healthy living[C]//2011 5th International Conference on Pervasive Computing Technologies for Healthcare (PervasiveHealth) and Workshops. Dublin. IEEE：250 - 253.

Liu G W，Wang X Z，Gu J P，et al.，2019. Temporal and spatial effects of a 'Shan Shui' landscape on housing price：A case study of Chongqing，China[J]. Habitat International，94：102068.

Liu J，Shi Z W，2017. Quantifying land-use change impacts on the dynamic evolution of flood vulnerability[J]. Land Use Policy，65：198 - 210.

Liu Y H，Cheng P F，Chen P，et al.，2020. Detection of wind corridors based on "Climatopes"：A study in central Ji'nan[J]. Theoretical and Applied Climatology，142(3)：869 - 884.

Liu Y H，Xu Y M，Weng F Z，et al.，2021. Impacts of urban spatial layout and scale on local climate：A case study in Beijing[J]. Sustainable Cities and Society，68：102767.

Liu Y J, Ma T, Du Y, 2017. Compaction of muddy sediment and its significance to groundwater chemistry[J]. Procedia Earth and Planetary Science, 17: 392 - 395.

Liu Z, Guan D B, Crawford-Brown D, et al., 2013. A low-carbon road map for China[J]. Nature, 500: 143 - 145.

Lu H P, Shi Y, 2007. Complexity of public transport networks[J]. Tsinghua Science and Technology, 12(2): 204 - 213.

Lyu H M, Shen S L, Zhou A N, et al., 2020. Risk assessment of mega-city infrastructures related to land subsidence using improved trapezoidal FAHP[J]. The Science of the Total Environment, 717: 135310.

MacDougall A S, Turkington R., 2005. Are invasive species the drivers or passengers of change in degraded ecosystems? [J]. Ecology, 86(1): 42 - 55.

Ma L, Zhu X X, Qiu C P, et al., 2021. Advances of local climate zone mapping and its practice using object-based image analysis[J]. Atmosphere, 12(9): 1146.

Mangore E, Taigbenu A E, 2004. Land-use impacts on the quality of groundwater in Bulawayo[J]. Water SA, 30(4): :453 - 464.

Margules C R, Pressey R L, 2000. Systematic conservation planning[J]. Nature, 405: 243 - 253.

Marzluff J M, 2005. Island biogeography for an urbanizing world: How extinction and colonization may determine biological diversity in human-dominated landscapes[J]. Urban Ecosystems, 8(2): 157 - 177.

Masri A, Moore J E, 1995. Integrated planning information systems: Disaster planning analysis[J]. Journal of Urban Planning and Development, 121(1): 19 - 39.

McIntyre N E, Rango J, Fagan W F, et al., 2001. Ground arthropod community structure in a heterogeneous urban environment[J]. Landscape and Urban Planning, 52(4): 257 - 274.

McKinney M L, 2006. Urbanization as a major cause of biotic homogenization[J]. Biological Conservation, 127(3): 247 - 260.

McKinney M L, 2002. Urbanization, biodiversity, and conservation: The impacts of urbanization on native species are poorly studied, but educating a highly urbanized human population about these impacts can greatly improve species conservation in all ecosystems[J]. Bioscience, 52(10): 883 - 890.

Messelodi S, Modena C M, Zanin M, et al., 2009. Intelligent extended floating car data collection[J]. Expert Systems with Applications, 36(3): 4213 - 4227.

Middel A, H? b K, Brazel A J, et al., 2014. Impact of urban form and design on mid-afternoon microclimate in Phoenix Local Climate Zones[J]. Landscape and Urban Planning, 122: 16 - 28.

Miller J R, 2005. Biodiversity conservation and the extinction of experience[J]. Trends in Ecology & Evolution, 20(8): 430 - 434.

Morakinyo T E, Kong L, Lau K K L, et al., 2017. A study on the impact of shadow-cast and tree species on in-canyon and neighborhood's thermal comfort[J]. Building and Environment, 115: 1 - 17.

Navara K J, Nelson R J, 2007. The dark side of light at night: Physiological, epidemiological, and ecological consequences[J]. Journal of Pineal Research, 43(3): 215 - 224.

Nguyen T T, Ngo H H, Guo W S, et al., 2019. Implementation of a specific urban water management-Sponge City[J]. The Science of the Total Environment, 652: 147 - 162.

Nhapi I, Hoko Z, Siebel M A, et al., 2002. Assessment of the major water and nutrient flows in the Chivero Catchment Area, Zimbabwe[J]. Physics And Chemistry Earth, Parts A/B/C, 27(11):

783 - 792.

Nielsen U, 2019. Soil fauna assemblages: Global to local scales (ecology, biodiversity and conservation) [M]. Cambridge: Cambridge University Press.

Niemczynowicz J, 1999. Urban hydrology and water management: Present and future challenges[J]. Urban Water, 1(1): 1 - 14.

Nijland TG, Adan O C, Van Hees R P, et al., 2009. Evaluation of the effects of expected climate change on the durability of building materials with suggestions for adaptation[J]. Heron, 54(1): 37 - 48.

Ning G C, Wang S G, Ma M J, et al., 2018. Characteristics of air pollution in different zones of Sichuan Basin, China[J]. The Science of the Total Environment, 612: 975 - 984.

Ning G C, Yim S H L, Wang S G, et al., 2019. Synergistic effects of synoptic weather patterns and topography on air quality: A case of the Sichuan Basin of China[J]. Climate Dynamics, 53(11): 6729 - 6744.

Oke T R, 1982. The energetic basis of the urban heat island[J]. Quarterly Journal of the Royal Meteorological Society, 108(455): 1 - 24.

Olden J D, 2006. Biotic homogenization: A new research agenda for conservation biogeography[J]. Journal of Biogeography, 33(12): 2027 - 2039.

Pachauri S, Jiang L W, 2008. The household energy transition in India and China[J]. Energy Policy, 36(11): 4022 - 4035.

Partecke J, Gwinner E, 2007. Increased sedentariness in European Blackbirds following urbanization: A consequence of local adaptation? [J]. Ecology, 88(4): 882 - 890.

Pastore C L, Green M B, Bain D J, et al., 2010. Tapping environmental history to recreate America's colonial hydrology[J]. Environmental Science & Technology, 44(23): 8798 - 8803.

Pattacini L, 2021. Urban design and rivers: A critical review of theories devising planning and design concepts to define riverside urbanity[J]. Sustainability, 13(13): 7039.

Peterson A T, Vieglais D A, 2001. Predicting species invasions using ecological niche modeling: New approaches from bioinformatics attack a pressing problem[J]. BioScience, 51(5): 363.

Phillipson M C, Emmanuel R, Baker P H, 2016. The durability of building materials under a changing climate[J]. Wiley Interdisciplinary Reviews: Climate Change, 7(4): 590 - 599.

Phillips S J, Anderson R P, Schapire R E, 2006. Maximum entropy modeling of species geographic distributions[J]. Ecological Modelling, 190(3): 231 - 259.

Phillips S J, Dudík M, Elith J, et al., 2009. Sample selection bias and presence-only distribution models: Implications for background and pseudo-absence data[J]. Ecological Applications: A Publication of the Ecological Society of America, 19(1): 181 - 197.

Pielke R, Prins G, Rayner S, et al., 2007. Lifting the taboo on adaptation[J]. Nature, 445: 597 - 598.

Poplin A, 2014. Digital serious game for urban planning: "B3—Design your marketplace!" [J]. Environment and Planning B: Planning and Design, 41(3): 493 - 511.

Poëte M, 1929. Introduction à l'urbanisme: L'évolution des villes la le? on de l'antiquité[M]. Paris: Boivin & Cie.

Pouyat R V, Szlavecz K, Yesilonis I D, et al., 2015. Chemical, physical, and biological characteristics of urban soils[J]. Urban Ecosystem Ecology: 119 - 152.

Pressey R L, Cabeza M, Watts M E, et al., 2007. Conservation planning in a changing world[J]. Trends in Ecology & Evolution, 22(11): 583 - 592.

Prince George's County, 1999. Department of environmental resources. programs, & planning division, low-impact development: An integrated design approach [M]. Berkeley: The Department, University of California.

Reclus E, 1995. The evolution of cities[M]. Jura Media, Sidney, Australia.

Reinman S L, 2012. Intergovernmental panel on climate change (IPCC)[J]. Reference Reviews, 26(2): 41 - 42.

Robinson C M, 1916. City planning: With special reference to the planning of streets and lots[M]. New York: GP Putnam's Sons.

Romanello M, Di Napoli C, Drummond P, et al., 2022. The 2022 report of the Lancet Countdown on health and climate change: Health at the mercy of fossil fuels [J]. Lancet, 400 (10363): 1619 - 1654.

Rossi F, Castellani B, Presciutti A, et al., 2016. Experimental evaluation of urban heat island mitigation potential of retro-reflective pavement in urban canyons[J]. Energy and Buildings, 126: 340 - 352.

Saarinen E, 1943. The city: Its gowth, its decay, its future[M]. Cambridge: The MIT Press.

Salvati L, Carlucci M, 2014. Zero Net Land Degradation in Italy: The role of socioeconomic and agro-forest factors[J]. Journal of Environmental Management, 145: 299 - 306.

Sasaki K, Nagano S, Ueno K, et al., 2021. Feasibility study on detection of transportation information exploiting twitter as a sensor[J]. Proceedings of the International AAAI Conference on Web and Social Media, 6(5): 30 - 35.

Scalenghe R, Marsan F A, 2009. The anthropogenic sealing of soils in urban areas[J]. Landscape and Urban Planning, 90(1 - 2): 1 - 10.

Shao Z F, Li D R, 2011. Image City sharing platform and its typical applications[J]. Science China Information Sciences, 54(8): 1738 - 1746.

Sharmin T, Steemers K, Matzarakis A, 2017. Microclimatic modelling in assessing the impact of urban geometry on urban thermal environment[J]. Sustainable Cities and Society, 34: 293 - 308.

Shepherd J M, 2005. A review of current investigations of urban-induced rainfall and recommendations for the future[J]. Earth Interactions, 9(12): 1 - 27.

Shepherd J M, Pierce H, Negri A J, 2002. Rainfall modification by major urban areas: Observations from spaceborne rain radar on the TRMM satellite[J]. Journal of Applied Meteorology, 41(7): 689 - 701.

Shi X, Zhu Y Y, Duan J, et al., 2015. Assessment of pedestrian wind environment in urban planning design[J]. Landscape and Urban Planning, 140: 17 - 28.

Shochat E, Warren P S, Faeth S H, et al., 2006. From patterns to emerging processes in mechanistic urban ecology[J]. Trends in Ecology & Evolution, 21(4): 186 - 191.

Simini F, González M C, Maritan A, et al, 2012. A universal model for mobility and migration patterns [J]. Nature, 484: 96 - 100.

Sitte C, 1965. City planning according to artistic principles[M]. New York: Random House.

Smith J B, Schneider S H, Oppenheimer M, et al., 2009. Assessing dangerous climate change through an update of the Intergovernmental Panel on Climate Change (IPCC) "reasons for concern"[J]. Proceedings of the National Academy of Sciences of the United States of America, 106(11): 4133 - 4137.

Soh H, Lim S, Zhang T Y, et al., 2010. Weighted complex network analysis of travel routes on the Singapore public transportation system[J]. Physica A: Statistical Mechanics and Its Applications, 389(24): 5852 - 5863.

Stewart I D, Oke T R, 2012. Local climate zones for urban temperature studies[J]. Bulletin of the American Meteorological Society, 93(12): 1879 - 1900.

Sun B, Lu Y L, Yang Y F, et al., 2022. Urbanization affects spatial variation and species similarity of bird diversity distribution[J]. Science Advances, 8(49): eade3061.

Sun X, Liddicoat C, Tiunov A, et al., 2023. Harnessing soil biodiversity to promote human health in cities[J]. NPJ Urban Sustainability, 3: 5.

Taha H, Akbari H, Rosenfeld A, 1991. Heat island and oasis effects of vegetative canopies: Micro-meteorological field-measurements[J]. Theoretical and Applied Climatology, 44(2): 123 - 138.

Tang T, Li J P, Sun H, et al., 2021. Priority areas identified through spatial habitat suitability index and network analysis: Wild boar populations as proxies for tigers in and around the Hupingshan and Houhe National Nature Reserves[J]. Science of the Total Environment, 774: 145067.

Teixeira da Silva R, Fleskens L, van Delden H, et al., 2018. Incorporating soil ecosystem services into urban planning: Status, challenges and opportunities[J]. Landscape Ecology, 33(7): 1087 - 1102.

Tezer A, Turkay Z, Uzun O, et al., 2020. Ecosystem services-based multi-criteria assessment for ecologically sensitive watershed management[J]. Environment, Development and Sustainability, 22(3): 2431 - 2450.

Thakuriah P, Tilahun N Y, Zellner M., 2017 Big data and urban informatics: Innovations and challenges to urban planning and knowledge discovery[M]//Thakuriah P, Tilahun N, Zellner M. Seeing Cities Through Big Data. Cham: Springer: 11 - 45.

ThakuriahVonu P, Persky J, Soot S, et al., 2013. Costs and benefits of employment transportation for low-wage workers: An assessment of job access public transportation services[J]. Evaluation and Program Planning, 37: 31 - 42.

Tien H Y, 1981. Demography in China: From zero to now[J]. Population Index, 47(4): 683 - 710.

Ulmer J M, Wolf K L, Backman D R, et al., 2016. Multiple health benefits of urban tree canopy: The mounting evidence for a green prescription[J]. Health & Place, 42: 54 - 62.

U. S, 2010. Environmental Protection Agency. National Aquatic Resource Surveys[R]. Washington, D. C.: U. S. Environmental Protection Agency.

U. S. Environmental Protection Agency, 2022. Strategic research action plans fiscal years 2023—2026 [R]. Washington, D. C.: U. S. Environmental Protection Agency.

Valiela I, Martinetto P, 2007. Changes in bird abundance in eastern North America: Urban sprawl and global footprint? [J]. BioScience, 57(4): 360 - 370.

van den Bosch M, Sang ? O, 2017. Urban natural environments as nature-based solutions for improved public health—A systematic review of reviews[J]. Environmental Research, 158: 373 - 384.

Verburg P H, Neumann K, Nol L, 2011. Challenges in using land use and land cover data for global change studies[J]. Global Change Biology, 17(2): 974 - 989.

Vicedo-Cabrera A M, Scovronick N, Sera F, et al., 2021. The burden of heat-related mortality attributable to recent human-induced climate change[J]. Nature Climate Change, 11: 492 - 500.

Visitacion B J, Booth D B, Steinemann A C, 2009. Costs and benefits of storm-water management: Case study of the puget sound region[J]. Journal of Urban Planning and Development, 135(4): 150 - 158.

Wang J, Yang S, Ou G Q, et al., 2018. Debris flow hazard assessment by combining numerical simulation and land utilization[J]. Bulletin of Engineering Geology and the Environment, 77(1): 13 - 27.

Watts D J, Strogatz S H, 1998. Collective dynamics of 'small-world' networks[J]. Nature, 393: 440 -

442.

Watts N, Amann M, Arnell N, et al, 2019. The 2019 report of The Lancet Countdown on health and climate change: Ensuring that the health of a child born today is not defined by a changing climate [J]. Lancet, 394(10211): 1836 - 1878.

Weng Q H, 2003. Fractal analysis of satellite-detected urban heat island effect[J]. Photogrammetric Engineering & Remote Sensing, 69(5): 555 - 566.

Williams B, 2007. Statement on climate change at the UN commission on sustainable development 15th session [R]. New York: [s. n.]: 30.

Wisz M S, Hijmans R J, Li J, et al. , 2008. Effects of sample size on the performance of species distribution models[J]. Diversity and Distributions, 14(5): 763 - 773.

Withanage W K N C, Gunathilaka M D K L, Mishra P K, et al. , 2023. Indexing habitat suitability and human-elephant conflicts using GIS-MCDA in a human-dominated landscape[J]. Geography and Sustainability, 4(4): 343 - 355.

Wong M S, Nichol J E, To P H, et al. , 2010. A simple method for designation of urban ventilation corridors and its application to urban heat island analysis[J]. Building and Environment, 45(8): 1880 - 1889.

World Health Organization, 2014. Quantitative risk assessment of the effects of climate change on selected causes of death, 2030s and 2050s[R]. Geneva: World Health Organization.

Wu C S, Guo Y G, Su L B, 2021. Risk assessment of geological disasters in Nyingchi, Tibet[J]. Open Geosciences, 13(1): 219 - 232.

Wu H L, Cheng W C, Shen S L, et al. , 2020. Variation of hydro-environment during past four decades with underground sponge city planning to control flash floods in Wuhan, China: An overview[J]. Underground Space, 5(2): 184 - 198.

Wu J C, Shi X Q, Xue Y Q, et al. , 2008. The development and control of the land subsidence in the Yangtze Delta, China[J]. Environmental Geology, 55(8): 1725 - 1735.

Xie P, Yang J, Wang H Y, et al. , 2020. A New method of simulating urban ventilation corridors using circuit theory[J]. Sustainable Cities and Society, 59: 102162.

Xi X, Wang S X, Yao L W, et al. , 2021. Evaluation on geological environment carrying capacity of mining city: A case study in Huangshi City, Hubei Province, China[J]. International Journal of Applied Earth Observation and Geoinformation, 102: 102410.

Xu Y S, Ma L, Du Y J, et al, 2012. Analysis of urbanisation-induced land subsidence in Shanghai[J]. Natural Hazards, 63(2): 1255 - 1267.

Xu Y S, Shen S L, Du Y J, 2009. Geological and hydrogeological environment in Shanghai with geohazards to construction and maintenance of infrastructures[J]. Engineering Geology, 109(3 - 4): 241 - 254.

Yang J L, Zhang G L, 2015. Formation, characteristics and eco-environmental implications of urban soils—A review[J]. Soil Science and Plant Nutrition, 61(supl): 30 - 46.

Yang J, Wang Y C, Xue B, et al. , 2021. Contribution of urban ventilation to the thermal environment and urban energy demand: Different climate background perspectives[J]. The Science of the Total Environment, 795: 148791.

Yang L, Smith J, Niyogi D, 2019. Urban impacts on extreme monsoon rainfall and flooding in complex terrain[J]. Geophysical Research Letters, 46(11): 5918 - 5927.

Yang L, Tian F Q, Smith J A, et al. , 2014. Urban signatures in the spatial clustering of summer heavy rainfall events over the Beijing metropolitan region [J]. Journal of Geophysical Research:

Atmospheres，119(3)：1203－1217.

Yang Z，Li W，Li X，et al.，2019. Assessment of eco-geo-environment quality using multivariate data：A case study in a coal mining area of Western China[J]. Ecological Indicators，107，105651.

Ye M，Yin P F，Lee W C，et al.，2011. Exploiting geographical influence for collaborative point-of-interest recommendation[C]//Proceedings of the 34th international ACM SIGIR conference on Research and development in Information Retrieval. July 24－28，2011，Beijing，China. ACM：325－334.

Zellner M L，Page S E，Rand W，et al.，2009. The emergence of zoning policy games in exurban jurisdictions：Informing collective action theory[J]. Land Use Policy，26(2)：356－367.

Zhang K，Chui T F M，2019. Linking hydrological and bioecological benefits of green infrastructures across spatial scales—A literature review[J]. The Science of the Total Environment，646：1219－1231.

Zhang Z P，Zhou J，Song J J，et al.，2017. Habitat suitability index model of the sea cucumber Apostichopus japonicus (Selenka)：A case study of Shandong Peninsula，China[J]. Marine Pollution Bulletin，122(1)：65－76.

Zhan J Y，Huang J，Zhao T，et al.，2013. Modeling the impacts of urbanization on regional climate change：A case study in the beijing-Tianjin-Tangshan metropolitan area[J]. Advances in Meteorology，2013：849479.

Zhao Q，Yu P，Mahendran R，et al.，2022. Global climate change and human health：Pathways and possible solutions[J]. Eco-Environment & Health，1(2)：53－62.

Zhao Y J，Zeng L，Wei Y P，et al.，2020. An indicator system for assessing the impact of human activities on river structure[J]. Journal of Hydrology，582：124547.

第 6 章　生态规划多要素系统分析与评价

快速城镇化深刻改变了人类及其共存物种赖以生存的环境条件，导致自然生态空间被大量侵占，致使城市生态系统的结构与功能发生显著改变，造成城市热岛效应增强、热舒适度降低、环境污染加重、洪涝灾害频发、生境破碎化程度增加、生物多样性丧失、生态系统功能与服务下降、城市社区宜居性降低等一系列社会、经济与生态环境问题，严重威胁到城市居民的身心健康和福祉，加剧了城市人地关系矛盾，削弱了城市可持续发展能力(Grimm et al. ,2008)。与此同时，全球气候变化使得极端天气事件显著增多，特大干旱、特大暴雨、低温冰冻、城市热浪、城市雾霾等发生频率明显提高，由此带来的社会、经济、生态环境影响会在城市形成明显的“累积效应”和“倍增效应”，在造成重大经济损失的同时，亦会显著影响城市公共安全和环境健康，降低城市宜居性与可持续性(Elmqvist et al. ,2018;IPCC,2022)。

现代城市作为复杂的巨系统，人口集中、功能复杂，但当面临越来越频发的极端天气事件与灾害时，城市生态系统的脆弱性暴露无遗(邹德慈,2009)。因此，城市如何在重重挑战中，修复脆弱的城市生态系统，保持城市发展活力，已成为新时期一个亟待解决的重要问题(蔡建明等,2012)。生态学理论被认为是人类解决当代重大社会生态环境问题的科学基础之一(马世骏等,1984)，而生态学的一个基本原则是，每个要素都与其他任何一个要素相关联。虽然城市与区域的社会、经济和自然是三个不同性质的系统，但是三个系统之间相互关联、不可分割，共同构成了社会—经济—自然复合生态系统(马世骏,1981;马世骏等,1984)。因此，从复合生态系统的观点出发，研究各子系统之间纵横交错的复杂相互关系:其间物质、能量、信息的变动规律，其效益、风险和机会之间的动态关系，应是一切社会、经济、生态学工作者以及规划、管理、决策部门的工作人员所面临的共同任务，也是解决当代重大社会生态环境问题的关键所在(马世骏等,1984)。

面对错综复杂的城市问题，需要进行城市科学革命和探索城市科学研究的新范式，即复杂性科学(science of complexity)(吴良镛,2004)。在当前人类世(Anthropocene)和城市时代，城市复合生态系统的复杂性愈发显著，与此同时，学科体系不断交叉，技术方法不断融合，人们越来越多地以系统论思想和系统科学为指导，来系统解决现实世界中所面临的一系列复杂社会、经济与生态系统问题。为此，本章将首先介绍生态规划的系统论思想，并在此基础上尝试构建生态规划系统分析的研究框架与技术体系，最后对生态规划未来研究进行展望，以期为我国生态文明新时期的城市与区域生态规划提供一个便于操作的研究框架与技术体系，为生态规划学从经典科学向系统科学的范式转换提供技术支撑。

6.1　生态规划的系统论思想

6.1.1　系统论思想与系统科学

系统思想源远流长，早在东西方古代，哲学家就意识到了整体与部分之间的关系并萌芽了系统思维。德谟克利特(Demokritos)把宇宙看成是一个大系统，写出《宇宙大系统》(*The Great World-system*)一书，提出了"系统"概念；亚里士多德(Aristotle)把各门科学系统化，提出了"整体大于各部分总和"的著名论断，论述了系统思想。中国古代自然哲学中也包含着许多整体性的系统思想，并在老子的《道德经》中得到高度概括和提炼。《道德经》中的"道"或"一"超越了时空界限："独立而不改，周行而不殆，可以为天下母。"老子认为，只有按照"道"的原则，才能实现既定的目标。"天得一以清，地得一以宁，神得一以灵，谷得一以盈，万物得一以生，侯王得一以为天下正。"这里的"道"或"一"在某种意义上即是一个整体系统。战国时期的荀况进一步发展了老子的整体系统思想，提出天是列星、日月、四时、风雨、万物等自然现象互相协调、互相作用、不断生成的功能系统，一物为万物的一部分，万物又是道的一部分，这就揭示了部分与整体之间的辩证关系，提出了系统结构性思想。

当代系统理论的研究开始于1930年代，它是为了解决当时经典分析技术(寻找线性因果关系的方法、还原论的方法等)在应对不断增长的系统复杂性时存在局限性而提出来的。随着自然科学和社会科学的发展，系统思想开始由哲学家的定性概括向定量的科学思维方式转变。推动这种转变的关键因素是现代科学技术提供了一套数学工具，使定量分析和计算系统各要素之间相互联系与作用成为可能和现实，从而推进和加快了系统科学的形成。1925年，美籍奥地利理论生物学家冯·贝塔朗菲(von Bertalanffy)提出了系统论的思想，并于1937提出一般系统论原理，为系统论奠定了理论基础；1945年，他发表了《关于一般系统论》(*Zu einer allgemeinen Systemlehre*)一文，一般系统论作为一个崭新的跨学科研究领域而正式问世；1973年，他对自己数十年来形成的思想作了系统归纳，出版了《一般系统论：基础、发展和应用》(*General System Theory: Foundation, Development, Applications*)一书，进一步完善了一般系统论的概念、原理、范式、原则和体系等。贝塔朗菲反对生物学中的机械决定论思想，他指出机械论的错误有三：一是简单相加的观点；二是机器的观点；三是被动反馈观点。作为系统运动的开创者，贝塔朗菲创立的一般系统论被看做是系统科学的开始，其在创立系统论时，引申了亚里士多德的一个论断，即整体大于部分之和。系统理论的重点在于将系统视为一个整体，而不是被当作分离的各部分，系统不只是它的组成部分的简单相加总和(贝塔朗菲，1987)，而是由相互联系、相互作用的各要素形成的具有一定功能并处于一定环境中的有机整体(David and Julia，1991，陈平等，2015)。纵观国外系统科学理论的发展，已逐渐开始从20世纪50年代的百家争鸣向体系化方向转变，并逐渐与其他具体学科相结合。

系统科学的兴起是20世纪科学革命第五项伟大成就，它是以系统、特别是复杂系统为研究对象，从各个侧面探索系统的存在方式和变化规律的新型学科群的统称。它随系统理论的出现与发展而不断发展，是人类科学的一个新维度，它的出现使人类进入了整体论时代,因此,其区别于古典科学维度的特征是整体论而非还原论,复杂性而非简单性,关系导向而非实体导向,随机论而非决定论,采用系统建模、找到数学同构性并由计算机模拟的动态方法而非在实验室对实物做解析、变革、计量和计算的静态实验方法。拉兹洛(Laszlo)认为系统科学不是一个学科专业,是超学科的,是渗透到许多不同领域的一个宽广的研究方向。系统科学可以被看做是一个探索的领域,而不是专门学科的集合,它的优势在于其具有提供一个跨学科框架的潜能,这个框架可以实现人类的社会、文化、自然环境之间关系的同步标准化探讨,从而克服自然科学和人文科学两种文化之间的鸿沟(Laszlo,1983;Laszlo et al.,1997)。在拉兹洛看来,系统科学等同于复杂性科学,他认为一般系统论、控制论、信息论、耗散结构理论、协同学、突变论、博弈论、一般进化论等都归属于系统科学范畴(拉兹洛,1998)。至20世纪末,系统科学已成长为由系统哲学、系统方式、系统理论、系统科学诸学科、系统方法、系统技术和系统工程组成的庞大科学体系。

国内系统科学发端于20世纪50年代中期,学者钱学森与许国志将运筹学从西方引入中国,并在中国科学院力学研究所组建了中国最早的运筹学研究组。20世纪70年代,在钱学森、宋健等的大力倡导下,中国出现了新的系统科学研究热潮,一批在数学、工程、经济等领域有影响的专家率先转入系统科学研究。钱学森于1979年底在国内率先提出系统科学研究,倡导"尽早建立系统科学的体系"(钱学森,1979),他认为"系统科学就是从事物的整体与部分、局部与全局以及层次关系的角度来研究客观世界"(钱学森,2005),"系统科学的特征是系统的观点,或说系统科学是从系统的着眼点或角度去看整个客观世界"(钱学森,2007)。钱学森提出的包括系统论、系统学、系统技术科学、系统工程技术的系统科学体系作为国内第一个系统化的系统科学体系,为系统科学在我国的发展打下了坚实基础。他提炼总结出的开放复杂巨系统概念,以及处理这类系统的从定性到定量的综合集成法,构成了一个科学新领域——开放的复杂巨系统及其方法论,成为中国系统科学及其哲学研究的一大特色。

许国志(2000)主编的《系统科学》是国内较有代表性的系统科学教材,诸多国内系统科学研究的专家学者参与了该书的编写工作,该书对系统科学的理论及应用进行了系统探讨。该书以体现钱学森关于系统科学4个层次体系作为编写的基本原则,切实践行了钱学森体系的内涵与要求,认为系统科学是探索整体涌现性发生的条件、机制、规律以及如何利用它来造福人类的方法的知识体系。苗东升基本赞同钱学森的观点并在此基础上有所发展,他认为系统科学是以还原论为根本方法论的第一维科学相对应的以涌现论为根本方法论的第二维科学,是为新型科学建立方法论的学科(苗东升,2006)。他进一步指出系统科学是由分属于不同层次的诸多学科组成的一大门类新型科学,从一般系统论、信息论、控制论、运筹学、博弈论和系统工程,到耗散结构理论、协同学、突变论、超循环理论、混沌理论、分形理论以及模糊系统理论、灰色系统理论,再到复杂适应系统理论、开放复杂巨系统理论和复杂网络理论都归属于系统科学的分支学科(苗东升,2007)。然而,20世纪90年代以来,随着以信息技术为引领的各项高新技术广泛应用,系统与系统之间的联系和交互日益频繁和密切,复杂系统、复杂巨系统问题日益凸显。

近现代以还原论为核心的,部分与部分以及部分与环境割裂的认识论,忽略了事物与事物之间的复杂的相互关系,并在研究问题时表现出明显的局限性和片面性(黄小寒

2006)。系统的观念作为一种认知范式的提出和建构,正是为解决既往科学哲学研究的局限性,应对多元化世界日益增长的复杂性问题的科学范式转变(邱建等,2017)。由此可见,系统科学相对于经典科学而言,最重要的理论突破之一即"从还原论到整体论",即超越还原论,实现还原论与整体论的互补。系统科学改变了人类的思维方式,为人们研究现代社会、经济和各个科学领域中的复杂问题提供了新思路、新途径,正在成为21世纪学术研究的重要领域,其理论与方法已经渗透到各个学科,重要性日益凸显。

当前科学的发展正在经历着从经典科学向系统科学的范式转换,系统科学范式已进入管理学、教育学、生物学、物理学、地学、经济学等诸多社会和自然科学领域。系统科学是一门具有极强方法论性质的学科,因此,在使用经典科学方法面临困境的诸多领域,系统科学方法正日益成为其重要补充,并逐渐占据主体地位。此外,系统科学作为一种范式源于各门具体学科,随其发展和完善还必将回到各门学科中去,该范式区别于之前的学科范式之处在于其会渗透进包括自然科学、人文社会科学在内的所有学科,体现其跨学科、非科学特征。具体而言,系统科学新范式渗透到其他学科通常有两种途径,系统思维和系统科学方法论:a. 系统思维方面,系统科学思维是超越还原论、机械论的系统论、整体论思想,擅长解决和分析各个学科中的复杂问题,甚至直接生成某个新学科,如系统生物学、系统经济学等;b. 系统方法论方面,系统科学提供了一系列不同于传统方法论的方法体系,如系统方法、信息方法、功能模拟方法、综合集成方法等。未来系统科学的研究可从以下三个方面深入:a. 系统科学理论和方法的进一步发展和完善,这是系统科学新范式形成与广泛应用的前提和基础;b. 对系统科学范式进行深入具体研究,能有效促进系统科学思维和方法体系的扩展和利用;c. 不同学科或跨学科领域的具体范例研究,在某个学科或研究领域中,一个好的系统科学范式的"范例",对于相关学科与研究领域利用系统科学的理论和方法具有重要指导价值,反过来也能促进系统科学范式自身的进一步发展和完善。

6.1.2 系统论思想与生态规划

系统科学范式已经得到广泛应用,几乎渗透到各个学科。在生态学方面有 Odum 的《系统生态学:导论》(*Systems Ecology: An Introduction*)(Odum,1983)、Kitching 的《系统生态学:生态建模导论》(*Systems Ecology: An Introduction to Ecological Modelling*)(Kitching,1983)、Jørgensen 的《生态系统理论的整合:一种模式》(*Integration of Ecosystem Theories: A Pattern*)(Jørgensen,2002)。在生态学与复杂网络研究方面有 Jongman 等的《生态网络与绿道:概念、设计与实施》(*Ecological Networks and Greenways: Concept, Design, Implementation*)(Jongman and Pungetti,2004)、Pascual 等的《生态网络:连接食物网的结构与动态》(*Ecological Networks: Linking Structure to Dynamics in Food Webs*)(Pascual and Dunne,2006)等。

运用系统思想和复杂科学来分析城市这一典型的复杂巨系统,是21世纪城市科学发展的重要趋势,呈现出综合性、集约性,自然科学、社会科学相互关联的特征(吴良镛,2004)。城市复合生态系统是一个规模庞大、结构复杂、变量众多的动态开放大系统,由此带来的各种复杂性问题严重制约了城市的可持续发展(焦胜,2005)。此类复杂性问题显然不能只单一地看成是社会问题、经济问题或自然生态学问题,而是若干系统相结合的复杂问题，我们称其为社会—经济—自然复合生态系统问题（马世骏等，1984）。组成此复合系统的三个系统，都有各自的结构、功能及其发展规律，但它们各自的存在和发展，又受其它系统结构、功能的制约。因此，对城市中任何要素或子系统的认识和调控都应将其置于城市复合生态系统的整体背景中进行考察、分析，全面掌握其自身运行规律及其与城市整体、其他要素或子系统间的相互关系，坚持把系统论思想作为城市生态规划辨识问题、解决问题的重要理论支撑。

系统论思想在我国生态规划中的经典应用是学者马世骏和王如松创建的社会—经济—自然复合生态系统理论，为认识和调控人与自然的耦合关系提供了新方法，为我国可持续发展与生态文明建设奠定了理论基础。该理论认为，人类社会是一类以人的行为为主导、自然环境为依托、资源流动为命脉、社会文化为经络的社会—经济—自然复合生态系统；自然子系统是由水、土、气、生、矿及其间的相互关系来构成的人类赖以生存、繁衍的生存环境；经济子系统是指人类主动地为自身生存和发展组织有目的的生产、流通、消费、还原和调控活动；社会子系统是指人的观念、体制及文化（王如松等，2012）。这三个子系统相生相克，相辅相成，三个子系统之间在时间、空间、数量、结构、秩序（即时空量构序）方面的生态耦合关系和相互作用机制，共同决定了复合生态系统的发展与演替方向。

复合生态系统理论的核心是生态整合，通过结构整合和功能整合，协调三个子系统及其内部组分的关系，使三个子系统的耦合关系和谐有序，实现人类社会、经济与环境间复合生态关系的可持续发展。因此，研究、规划和管理人员的职责就是要了解每一个子系统内部以及三个子系统之间在时间、空间、数量、结构、秩序方面的生态耦合关系。其中，时间关系包括地质演化、地理变迁、生物进化、文化传承、城市建设和经济发展等变化；空间关系包括大的区域、流域、市域直至小街区等尺度；数量关系包括规模、速度、密度、容量、足迹、承载力等量化关系；结构关系包括人口结构、产业结构、景观结构、资源结构、社会结构等内容；此外，每个子系统都包含自身的序，包括竞争序、共生序、自生序、再生序和进化序（王如松等，2012）。

在新的时代背景下，以数据驱动为导向带来的数据语境变化使得人们对整个复合生态系统的认知发生了革命性变化。在经历了近些年来数字技术的不断发展和创新后，大数据、人工智能、移动物联网、云计算等新兴数据体系和以统计数据和实地调研数据相结合的精细化数据的不断革新，新时期的社会—经济—自然复合生态系统开始呈现出新的特征，研究对象逐渐从单一要素向多要素耦合方向转变，支撑量化研究的数据体系更多样化、数据来源更广泛化、数据表达更具可视化（薛冰等，2022）。另外，在对数据的识别、表达和可视化的过程中，时间、空间、结构、数量和秩序的耦合进一步加强，并开始注重决策制定和地方服务的结合。马世骏等（1984）最初指出，衡量复合生态系统的指标分别为自然系统的合理、经济系统的利润和社会系统的效益，与之相比，目前的复合生态系统更加注重和强调过程的关联性、复杂性、耦合性，也更加侧重研究多尺度、多要素耦合作用过程与机理的识别、表达及可视化（薛冰等，2022）。因此，未来对数据驱动下复合生态系统的分析，还应从数据的获取、表达和转化等方面深入拓展，注重加强对多源数据、长期监测和时间序列的认知，对资源禀赋的再分析、对资源流和价值流的优化创造以及对生态社会福利的再分配。复合生态系统的深层次变革，在与国家政策与地方规划的深入结合下，可为生态系统的服务和可持续发展提供技术支撑（薛冰等，2022）。

系统论思想在国际生态规划中的经典应用是社会—生态系统（Social-Ecological System，SES）。随着地球进入拥挤的"人类世"，地表生态过程逐渐受人类行为主导，社会与生态之间互馈形成的耦合系统具有复杂性、非线性、不确定性和多层嵌套等特性，为可持续管理带来了新的挑战（Vitousek，et al.，1997）。该理论是当前可持续性和全球变化研究的热点与核心议题（Costanza，1992），其尝试将自然环境与人类社会刻画为复杂耦合的整体系统，为解决全球生态问题提供新思路，是极具潜力的分析框架，被认为是科学实现可持续的重要途径。它以脆弱性、韧性与适应性为切入点，指出社会—生态系统适应性治理途径，强调了建立具有适应性的社会权利分配与行为决策机制，为缓解生态系统退化、恢复生态系统功能和服务、解决社会贫困等诸多跨系统问题提供了解决方案（Turner et al.，2003；Potschin et al.，2011）。

社会—生态系统是人类社会存在和发展的基础，是一个由生物、地理、自然元素以及相关社会行为者、社会体制所组成的复杂交互系统（Resilience Alliance，2010），具有不可预期、自组织、非线性、多稳态、阈值效应、历史依赖等特征（Turner et al.，2003）。社会—生态系统由社会子系统、生态子系统以及两者的交互作用构成，具有不同于单独社会系统或生态系统的结构、功能和复杂特征（宋爽等，2019）。2009 年，Ostrom 的社会—生态系统可持续性研究框架文献，将社会—生态系统研究提上了新的高度，吸引了全球可持续性领域众多学者的广泛参与，他认为社会—生态系统由资源系统（resource system）、资源单元（resource unit）、治理系统（governance system）、用户（user）或行动者（actor）4 个子系统及其相互作用组成，具有不同于社会系统或生态系统的结构和功能，是典型的复杂适应系统（Ostrom，2009）。社会—生态系统强调人类社会与自然环境之间的整体性和协调性，这意味着不是将社会系统机械地嵌入到生态系统里，也不是把将生态系统生硬地纳入到人类社会中，而是两种不同系统的耦合。尽管其社会与生态成分可单独识别，但不可轻易将其分开（Walker et al.，2006），因此，在高强度人类活动和全球环境快速变化的双重驱动下，研究社会—生态系统的动态变化，对加深理解全球环境变化、维持复杂世界各组成系统的稳定发展、实现自然生态和人类社会可持续发展、制定区域协调发展政策具有重要的理论和现实意义。

系统论思想在国际生态规划中的另一个经典应用是复杂适应系统（Complex Adaptive System，CAS）理论。霍兰（Holland）的著作《自然系统和人工系统中的适应》（*Adaptation in Natural and Artificial Systems*）、《涌现——从混沌到有序》（*Emergence：From Chaos to Order*）及《隐秩序——适应性造就复杂》（*Hidden Order：How Adaptation Builds Complexity*）等，为人们研究复杂系统打开了一个全新的视野。他提出的复杂适应系统理论，揭示了适应性主体组成的复杂系统如何演化、适应、凝聚、竞争、合作并产生多样性、新颖性和复杂性。复杂适应系统具有聚集、非线性、流、多样性 4 个特性，以及标识、内部模型、积木 3 个机制（表 6－1）（霍兰，2000），通过这 7 个基本点的适当组合可以派生出复杂系统的其他性质和特征。孙小涛等（2016）从复杂性科学视角出发，认为现代城市系统是一种高度融合了社会与文化多元化、生产与服务市场化、信息与交通网络化、建筑与街巷场所化、用地与景观破碎化、自然与生态脆弱化等特征的开放复杂巨系统，并结合复杂适应系统的 7 个基本特征，给出了城市复杂适应系统的基本特征（表 6－2）。

表 6－1　霍兰复杂适应系统理论中的 4 个特性和 3 个机制

特征与机制	7 个基本点	具体涵义
4 个特性	聚集	指个体可以相互粘住，形成更大的多个体的聚集体，新聚集体如同个体般运动，如市场经济条件下消费习惯与消费群体的形成
	非线性	指个体以及他们的特性在变化时，不完全遵循线性关系，涉及非线性因素
	流	指个体之间的信息、能量和物质交换过程中以及市场主体的经济交换过程中出现的信息流、能量流、物流、货币流等
	多样性	指个体之间存在着差异性，而且有不断分化和扩大的趋势
3 个机制	标识机制	指帮助进行信息识别和选择指示
	内部模型机制	指复杂系统内部可分为多个层次，由低级层次组合产生高级层次，每个层次都可视为一个内部模型
	积木机制	指形成复杂系统的基本构件和简单个体

（引自：霍兰，2000）

表 6－2　城市复杂系统的基本特征

基本点	关键词	基于城市复杂系统的注释
聚集	涌现	城市的形成与发展依赖于人的聚集，从早期的聚落到小村庄再到小城镇，城市的产生与发展的直接动力就是人的空间聚集效应，人的聚集产生新的城市功能，产业的聚集带来巨大的规模效应等等，这些都是城市的聚集特性
标识	选择	标识是主体相互作用的基础。微观尺度上，在城市中，不同的产业部门、不同的政府部门之间的协调工作正是依赖于部门的标识特性；宏观尺度上，区域中的城市职能分工也依赖于城市资源这一标识开展
非线性	复杂	非线性的内涵是整体大于部分之和。在对城市问题本质的探索中，学者们逐渐发现理性主义和还原论在解决城市问题上的乏力，传统的线性思维并不适用于城市这样的复杂系统，城市的非线性和复杂性特征已经得到越来越多的认同
流	循环	流的本质是主体间的物质、能量和信息交换，在城市内部也具备流的特性，类似资金流、物流、车流和信息流的空间形态研究已经得到了广泛重视。流的一个重要特性是其循环效应，从资金流的角度很容易理解，循环流动的资金流才是活力的经济系统，这也为我们构建绿色城市提供了新的理论依据
多样性	协调	在城市系统中，多样性随处可见。从微观角度看，城市包含了各种不同功能，不同组织结构；从宏观角度看，每个城市都有其发展特色，没有两座城市是完全一样的，这种多样性构成了合理的城镇体系结构
内部模型	预知	“拼贴城市”理论认为城市规划从来就不是在一张白纸上进行的，而是在历史的记忆和渐进的城市积淀中所产生出来的城市的背景上进行，这正是城市在发展过程中对经验的学习过程，并可为城市未来发展做出决策。对城市内部模型的研究，将有助于城市发展模式的选择
积木	组合	积木是内部模型的基本组成要素，内部模型的多样性来自积木的多种组合形式，这类似于城市在不同发展阶段采用不同的发展模式，有些城市可以跳过某些阶段形成跨越式发展，这正是积木的不同组合造成的

（引自：孙小涛等，2016）

20 世纪 80 年代，美国圣菲研究所（the Santa Fe Institute，SFI）掀起了一股复杂性科学研究浪潮，其研究对象包括了诸如全球气候变暖、可持续发展、全球化经济等复杂系统问题，旨在通过建立一个冲破学科界限的学术机构来进行一次深入的跨学科研究，以一种新的视野和计算机手段探索"整体真的可以大于部分之和""人类究竟是如何认识和处理复杂性"等核心问题，力图建构一个关于复杂系统突现的理论范式。圣菲研究所的著名学者霍兰、米勒(Miller)等提出的复杂适应系统(CAS)理论，试图探寻复杂现象背后的简单规则与机制，借助于功能强大的计算机来揭示由简单规则支配下的复杂性突现现象。霍兰在总结他的理论观点时指出，建立CAS理论的可能性主要来自CAS具有的共同特征，即主体的相互适应性、自组织产生的层次性和突现行为。作为第三代系统论的CAS理论，是在第一代系统论(又称为老三论，包括一般系统论、控制论和信息论)和第二代系统论(又称为新三论，包括耗散结构论、协同论、突变论)的基础上演变和完善的结果(仇保兴，2018)。CAS理论认为，系统中的每个主体都会对外界干扰作出自适应反应，且各种异质的自适应主体相互之间也会发生复杂作用，二者均会对系统的演化路径和结构产生影响(图6-1)。它强调任何系统的变革、演进和发展都是主体对外部世界的主动认知所产生的集体结果，而这种存在于持续演进的系统内的"隐秩序"是前两代系统论未能认识到的。

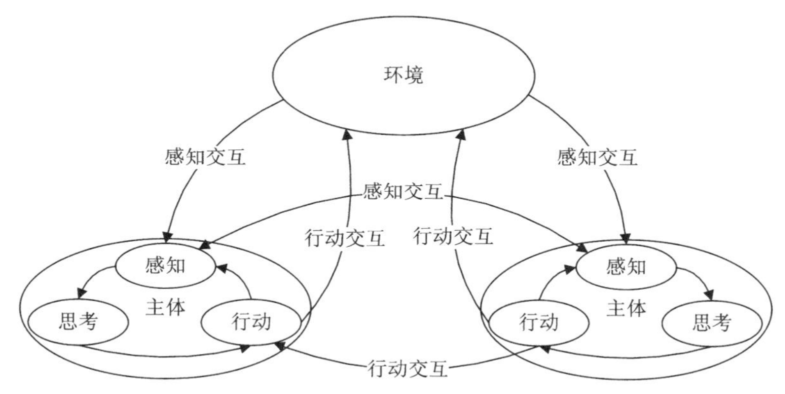

图6-1 CAS理论中各主体的相互作用关系

(引自：成琨，2015)

CAS的适应性主体及其之间的非线性作用机制是复杂适应系统理论的核心观点。复杂系统的行为是由适应性主体的互动产生的，并且在一个层次的主体所进行的特定组合将成为下一个层次的适应性主体，由此突现出新的系统性质和新的行为。社会—生态系统的显著特征是作为适应性主体子系统间的非线性作用所产生的适应性和突现性，因而其是一种兼具组分关联性(constituted relationally)、自适应能力(adaptive capacity)、动态交互性(dynamic interaction)、模糊边界性(unclear boundary)、语境依赖性(contextual dependency)和复杂因果性(complex causality)等特性的典型复杂适应系统(Preiser et al.，2018)。综上所述，复杂适应系统理论的提出对于解决、解释城市复杂系统中的各种复杂问题和现象具有重要的指导意义和应用价值。

生态规划的对象就是由自然、资源、人口、经济、环境等组成的城市复合生态系统，这就要求城市生态规划需要兼顾生态环境保护与城市品质提升，同时也要为城市社会经济的高质量发展提供服务支持。因此，城市生态规划不仅存在保护与发展的博弈，也存在城市生态要素之间的权衡，城市生态系统涵盖了城市公园、森林、湖泊、湿地、河流等多样的生态元素，它们相互交织、相互影响，构成了一个错综复杂的网络。这些要素构成了城市生态系统的多样性，每一个都具有独特的生态特征和功能，而城市的多样性使得城市生态系统在提供生态服务、维护生态平衡和支持物种多样性方面具有重要作用。城市内的生态系统之间通常不是孤立存在的,它们通过各种途径相互联系,这种生态系统的互联性是城市生态系统性的核心。例如,生态廊道和城市绿地可以连接不同的生态系统,促进物种迁徙和遗传流动,有助于生态系统的适应和恢复;城市湖泊和河流可以与下游的自然水体相连,影响水质和水资源管理;这种互联性反映了城市生态系统与周边自然环境之间的紧密联系。城市的社会经济系统也是城市生态系统性的一部分,人口增长、城市化、就业机会和社会需求都会影响城市的生态环境,城市居民的行为和生活方式也与城市生态系统有关。因此,城市生态系统研究需要综合考虑社会和经济因素,以更好地理解城市可持续性发展中的挑战和机遇。

随着全球城市化进程的加速,城市生态系统的复杂性愈发显著。城市内部的生态组成要素相互交织、相互影响,其功能涵盖了生态多样性维护、资源管理、社会服务等多方面,使得城市规划与管理在保障生态健康和人类福祉方面面临着极大的挑战。面对城市生态系统的多样性和相互依赖性,城市生态规划需要更具综合性,不同生态元素之间的联系必须被充分考虑,规划应涵盖自然保护、绿化覆盖、水资源管理等多个方面,以维护整个生态系统的健康。城市生态系统作为城市环境的重要组成部分,其复杂性在不断增加,为有效规划城市的生态系统,需要建立复杂系统性思维、涵盖多要素的综合分析框架,以确保城市在经济、社会和环境方面的健康发展。

6.1.3　系统论方法与生态规划

系统科学是一门具有极强方法论性质的学科,在系统科学界历来比较重视方法论的研究。系统论方法是指用系统科学的观点和理论解决认识和实践中各种复杂问题的方法体系,具有整体性、动态性、最优化和模型化四个基本原则,前两者是系统方法的依据和出发点,后两者则分别是基本目的及实现目的的手段与途径。由于生态规划的重要特点之一是所有要素均相互关联,并且生态规划的对象是由各个系统有机结合的整体,因此首先需从总体上开展系统综合规律和综合功能研究,然后考察各个子系统的功能搭配,每个子系统的规划方案都应服从总体最佳要求,以取得最好的总体综合效应。然而,传统的单要素分析、朴素的系统观点和简单的系统分析方法很难满足生态规划实际工作的需要,必须使用更为周密的量化手段,从城市系统的构架、模拟、预测、调控、评价等各个方面全方位地深入研究,这需要将系统论方法应用到生态规划的全过程之中。

20世纪50年代以来,系统科学界形成了一批以“系统思考”为大标题的系统方法论,有硬系统方法论(Hard Systems Methodology,HSM)、软系统方法论(Soft Systems Methodology,SSM)、系统动力学(System Dynamic, SD)、批判系统思考(Critical Systems Thinking,CST)等。硬系统方法论主要是指开始于20世纪30年代,在20世纪中叶发展起来的运筹学、系统工程和系统分析等提供的方法论内容。1981年,切克兰德(Checkland)发表了《系统思想,系统实践(含30年回顾)》(*Systems Thinking, Systems Practice: Introduce a 30-Year Retrospective*),提出了软系统方法论,即通过比较和学习解决目标具有不确定性问题的方法论。在硬系统方法论基础上发展起来了系统动力学方法论,是由福瑞斯特(Forrester)开创的。系统动力学是“借助于现代数字计算机的威力,利用反馈学说解开复杂的多重环路非线性系统的奥秘”(杰克逊,2005)。在批判系统思考研究方面,1983年,乌尔里克(Ulrich)的《批判性社会规划启发法:实践哲学的新方法》(*Critical Heuristics of Social Planning: A new Approach to Pratical Philosophy*)一书开启了批判系统思考方法论的大幕。2005年,杰克逊创建一种基于CST,用于规划、设计、问题解决及评价的新方法,这个新方法被称为全面系统干预(Total Systems Intervention,TSI),被认为是第一个比较成熟的批判系统思考方法论(杰克逊,2005)。

在系统科学方法论研究中产生了较大影响的方法论体系还有美国圣菲研究所提出的复杂适应系统理论和Klir的系统科学方法论。20世纪80年代,以霍兰为代表的一批学者提出了建立在"涌现"概念基础上研究复杂系统的"复杂适应系统理论"(CAS),主要代表性文献有霍兰的《隐秩序——适应性造就复杂性》和《涌现——从混沌到有序》,以及盖尔曼(Gell-Mann)的《复杂适应系统》(*Complex Adaptive Systems*)(Gell-Mann,1999)。复杂系统哲学的理论范式力图将非线性、整体、非平衡、不可预测、突现、层级、适应性等核心观点和规则结合起来,运用动态模型和方法,为理解由复杂系统革命引发的基础性和哲学性论题提供一个完备的知识框架。复杂适应系统是一类常见且重要的复杂系统,对于这样一类系统,霍兰教授在他首先提出的遗传算法(genetic algorithm)基础上,建立了所谓"回声"(Echo)模型,用以模拟和研究一般的复杂适应系统的行为。随后,美国圣菲研究所的研究人员基于霍兰的模型,建立了相应的建模工具——SWARM仿真平台。作为复杂系统中的重要的一类,复杂适应系统的建模和研究目前已经成为一个热点。斯蒂恩·勒勒尔(Steen Leleur)创立的"系统规划"(systemic planning)方法论也是近些年涌现的较有影响的系统方法论,代表作是《系统规划:在复杂世界中进行规划的原理和方法论》(*Systemic Planning: Principles and Methodology for Planning in a Complex World*)。复杂网络理论的发展为处理复杂系统提供了一种新的方法论模式,但是复杂网络研究作为一个新的研究领域,理论的发展尚处于形成阶段,因此对理论本身及其应用的研究较多,方法论方面的系统研究较少。

本节仅对生态规划系统分析具有重要支撑作用的系统动力学模型(SD)、多智能体系统(Multi-Agent System,MAS)和元胞自动机模型(Cellular Automata,CA)模型加以简要介绍。

(1) 系统动力学模型

系统动力学是1956年由美国麻省理工学院杰伊·W. 福瑞斯特(Jay W. Forrester)教授首次提出的,是系统科学理论与计算机仿真紧密结合、研究系统反馈结构与行为的一门科学。它主要以反馈理论、控制理论、信息论、非线性理论和大系统理论为基础,将定性与定量分析相结合,以计算机仿真技术为手段,从微观结构入手建立模型,构造系统的基本结构,进而模拟、分析系统的动态行为(Forrester,1969)。故此,系统动力学模型可作为实际系统的"实验室",特别是社会、经济、生态复杂大系统,用于研究复杂系统的结构、功能与动态行为之间的关系。系统动力学强调整体地考虑系统,了解系统的组成及各部分的交互作用,并能对系统进行动态仿真实验,考察系统在不同参数或不同策略因素输入时的系统动态变化行为和趋势,使决策者可借由尝试各种情境下采取不同措施并观察模拟结果(王其藩,1988,1992,1995)。

系统动力学方法本质上是基于系统思维的一种计算机模型方法,是一阶时滞微分方程组,可认为是一种面向实际的结构型的建模方法,其主要特征是能便捷地处理非线性和时变现象,并作长期的、动态的、战略性的仿真分析与研究。系统动力学建模有3个重要组件:因果反馈图、流图和方程式。因果反馈图描述变量之间的因果关系,是系统动力学的重要工具；流图帮助研究者用符号表达模型的复杂概念；方程式可连接状态变量和速率。由于城市复合生态系统是一个高阶、复杂、开放的大系统，涉及的问题和指标庞大，为使模型更加准确高效地反映问题，同时考虑到数据海量收集的困难，在建模时设定了3个原则：a. 明确问题；b. 抓住关键指标；c. 剔除不具有动态特性的部分。

目前，常用的系统动力学软件有：a. DYNAMO，是"Dynamic Model"的缩写，是由麻省理工学院的企业动态学研究小组研究开发，用于在计算机上进行系统动力学模型建立及仿真的程序语言，目前已有众多的版本；b. Stella，是"Structure Thinking Experimental Learning Laboratory with Animation"的缩写，为图形导向的系统动力学模型发展软件，提供拖放式的图形界面进行模型构建，也支持图形化的控件组件，如输入框、开关、转盘等，使得其他使用者透过控件将参数输入模型，再通过动画或控件显示仿真结果；c. Ithink，与Stella具有相同的图形化使用界面，功能也基本相同，但Ithink主要是提供企业及组织流程模型的建构及仿真；d. Powersim，除了拖放式图形界面外，还可以将组件自工具列拖放至图板外，也提供模型的显示、组件及模型管理的相关功能；e. Vensim，主要用于企业、科学及教育等方面，能够同时以图形与编辑语言的方式建立系统动力学模型，具有模型易于构建和能够人工编辑DYNAMO方程式的优点，并且具有政策最佳化的功能。

城市复合生态系统是一个以人为中心，高度开放的、功能不完善且受人类控制的社会—经济—自然复合生态系统，其系统组成要素的数量众多，系统以及要素间的联系复杂，并涉及政策影响(王俭等，2012)。例如，陈媛媛等(2018)以西安市为例，基于系统动力学理论，将城市复合生态系统划分为"社会(sociology)—经济(economy)—水资源(water resources)—土地资源(land resources)—生态环境(ecological environment)"5个子系统(图6-2)，并借助Vensim软件，构建了城市复合生态系统开发利用流图，通过设置经济优先、环境保护和协调发展3种情景，分析对比了不同情景下西安市复合生态系统的变化趋势，对协调发展方案下的水土资源利用、经济社会发展以及生态环境状况进行仿真分析，为城市水资源和土地资源的综合规划以及高效利用提供了依据。

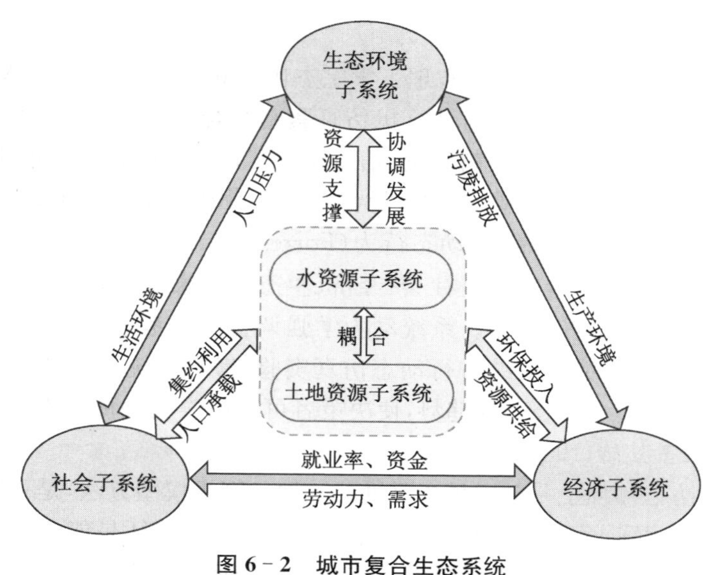

图6-2 城市复合生态系统

(引自：陈媛媛等，2018)

虽然系统动力学在各个领域的应用取得了一定的成就,但质疑和批评的声音也在系统动力学理论发展与应用的过程中持续出现。系统动力学的批评者认为,系统动力学存在着如下缺陷:a. 精确度有待提高,系统动力学利用仿真软件对其模型的仿真模拟善于处理长期非线性问题,但总体来说,系统动力学属于一种从系统角度进行建模和模拟的方法,对离散事件和事件网络效应的估计和模拟均存在不足;b. 建模的过程缺乏严密性;c. 较容易忽视所讨论领域中既存的各种理论;d. 对数据的要求不够严格;e. 系统动力学的使用者往往使用判断而不是科学的研究来填补空白。因此,应用系统动力学进行研究的学者们在不断扩展系统动力学应用领域的同时,试图通过将系统动力学与其他方法进行结合来规避系统动力学存在的缺陷。例如,He 等(2015)展示了一种将系统动力学和元胞自动机模型耦合的另一种未来分析法,对 2009—2030 年北京—天津—唐山大都市聚集区内,在不同气候变化情景中城市景观动态所受的潜在影响进行了模拟与评估。张家瑞等(2017)将多主体建模方法(Agent Based Modeling,ABM)和系统动力学进行耦合,对水资源承载力约束下的滇池流域水价政策进行复杂系统建模。上述研究中,通过将系统动力学与其他仿真模拟方法的结合,在一定程度上解决了系统动力学对离散事件和事件网络效应的估计和模拟不足的问题,部分研究还解决了系统动力学与其他仿真模拟方法结合时的内化耦合等问题。

综上所述,城市社会—经济—自然复合生态系统中不确定性、任意性、随机性以及不可控性的因素众多,其相互作用和影响关系复杂,因此对这类复杂系统的定量研究和分析必须首先建立在较全面、较深入和广泛的定性研究和分析的基础之上,确定整体工作的框架,并对某些问题的性质、规律和部分模型参数有总体把握。此外,由于城市社会—经济—自然复合生态系统的复杂性,任一单独理论与方法往往难以全面地揭示复杂的现实问题,因此,国内外研究人员普遍采用定性与定量方法结合,以系统动力学、系统理论为指导,以系统动力学的动态模型为主框架,汲取其他定量理论与方法的精髓,最终建立起综合集成的模型体系。

(2) 多智能体系统

多智能体系统(MAS)作为基于复杂适应系统(CAS)理论的自下而上的研究方法,开始于 20 世纪 80 年代中期,Rao 等在布拉特曼(Bratman)的哲学思想的基础上提出了面向智能体的 BDI(Belief-Desire-Intention,信念—愿望—意图)模型,使用信念—愿望—意图哲学思想描述智能体的思维状态,刻画了最初的 MAS 系统智能体的行为分析,提高了智能体的推理和决策能力(Rao and Georgeff,1998)。近些年来,多智能体技术呈明显增长趋势,已成为分布式人工智能(Distributed Artificial Intelligence)研究的热点之一。

MAS 中的智能体是由多个可计算的智能体组成的集合,其中,每个智能体是一个物理的或抽象的实体,能作用于自身和环境,并与其他智能体通信。多智能体技术具有自主性、分布性、协调性,并具有自组织能力、学习能力和推理能力(Draa et al.,1992;张鸿辉等,2008;黎夏等,2009;龙瀛等,2011)。采用多智能体系统解决实际应用问题,具有很强的鲁棒性、可靠性和灵活性,并可保持较高的问题求解效率。

对于规划师和政府决策者而言,理解规划问题所涉及的每个关系主体(模型中的多智能体)间的相互作用极其重要。目前多智能体模拟在反映复杂系统中个人决策上被证明是非常有效的工具,因而被广泛应用于城市规划的政策分析和决策支持中(Batty et al.，2005；Filatova et al.，2008；张鸿辉等，2008；Ma et al.，2013；Wang et al.，2020）（图 6－3）。例如，Ligtenberg 等结合多智能体系统与元胞自动机模型，建立了多智能体共同进行空间决策的土地利用情景模拟模型（Ligtenberg et al.，2001，2004）；Monticino 等建立了表现人类与环境交互的多智能体模型，并基于该模型分析了土地利用与生态环境系统变化的关系（Monticino et al.，2006）；Zellner 等在假想空间基于 MAS 开发了用于评估不同城市政策的模型，模拟了 6 种情景下其对城市形态、开发密度以及空气质量的影响（Zellner et al.，2008）；Wang 等基于多智能体和系统动力学（System Dynamics，SD）模型，对中国城市通勤相关二氧化碳减排政策进行了综合仿真（Wang et al.，2020）；张鸿辉等构建了一个动态且能描述影响城市土地扩张的智能体间互动关系的城市土地扩张模型，并以长沙市区为例，应用所建模型进行了多智能体城市土地扩张模型的实证研究（张鸿辉等，2008）；黄秀兰以深圳市为例，融合元胞自动机与多智能体模型探索了城市生态用地的演变规律（黄秀兰，2008）。然而，目前很少有研究探讨多智能体模拟究竟在空间规划相关政策的制定过程中发挥怎样的作用，规划师怎样理解和应用模拟结果，这在一定程度上限制了该模型在城市生态规划中的应用。

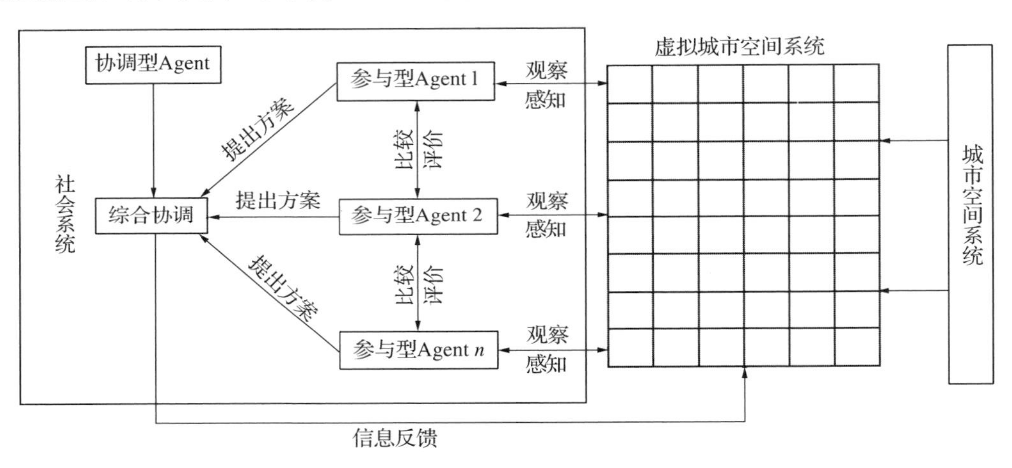

图 6－3　多智能体交互式城市空间规划模型框架

（引自：张鸿辉等，2012）

注：Agent 表示智能体。

多智能体技术常用来对复杂系统进行建模，当不具备任何实际经验的情况下，面向多智能体的仿真平台通常是研究人员探索复杂系统不可或缺的工具。但由于仿真系统规模庞大，智能体数量众多，在仿真过程中需要大量的计算，若采用 1999 年由尤里·威伦斯基（Uri Wilensky）创建的 NetLogo 等传统多智能体仿真平台，极易遇到计算瓶颈。近年来，在分布式共享存储、多核 CPU（Central Processing Unit，中央处理器）、并行 GPU 等分布式硬件平台日趋成熟的基础上，研究人员将并行计算相关技术运用在多智能体仿真中，构建了 PDMAS 平台（李杨等，2018）。PDMAS 一方面将多智能体建模中出现的庞大计算量分散到计算集群中各计算节点中，突破计算瓶颈，另一方面对仿真人员屏蔽底层的并行计算实现细节，使得仿真人员在无需具备专业并行编程能力的条件下仍可使用 PDMAS 平台提供的接口进行分布式并行仿真，降低了 MAS 技术的使用门槛。目前，具有代表性 PDMAS 仿真平台有：意大利萨莱诺大学 ISIS 实验室（ISIS Lab at University of Salerno)基于 Java 开发的 D-MASON，英国谢菲尔德大学(University of Sheffield)开发的 Flame，美国阿贡国家实验室(Argonne National Laboratory)开发的 RepastHPC(基于 C++ 和 Java)，美国伯明翰大学分布式系统实验室(Distributed Systems Lab at the University of Birmingham)开发的 PDES-Mas，AnyLogic 公司基于 Java 开发的跨平台软件 AnyLogic 等(Rousset et al.，2016)。

(3) 元胞自动机模型

模拟土地利用/覆被变化(Land Use/Cover Change，LUCC)过程及其驱动力对区域生态过程、土地可持续利用和生态安全的影响机理具有重要科学意义。CA 模型具有空间、时间、状态同时离散的特点，将空间相互作用和时间因果作用视为局部特征，多用来模拟复杂系统的时空演化过程，是实现城市格局模拟和预测的有效工具。该模型最早是由 Ulan 和 Neumann 于 20 世纪 40 年代提出。1979 年 Tobler 以美国底特律城市为例，首次将元胞自动机原理应用于地理建模，验证了 CA 在城市演变研究中的可行性(Tobler，1979)。Batty 等从生物学的 CA 中得到启发，将城市划分为若干大小相同并具有生命体征的元胞，通过定义元胞的繁殖、成熟以及死亡等行为，构建了 DUEM (Dynamic Urban Evolutionary Modelling，动态城市演化模型)模型，并以美国布法罗城市为例，对土地利用变化进行了动态模拟，成为首个模拟城市扩展的城市 CA 模型(Batty et al.，1994)。

然而，仅基于 CA 模型的城市扩张模拟存在诸如缺乏实际制度和规划考虑、时空衰减效应强烈、城市扩张机制解析不合理等问题。因而，1990 年代以来，随着元胞自动机理论研究的不断深入以及计算机性能的不断发展，将 CA 模型与其他模型相结合逐渐成为新的研究趋势(Santé et al.，2010)。以 SLEUTH (Slope，Land cover，Exclusion，Urbanization，Transportation，and Hillshade)模型为典型，该模型是 CA 与土地利用变化模型的松散集成，最早被应用于美国加利福尼亚州旧金山湾地区和美国东部华盛顿/巴尔的摩城市增长的动态模拟和预测(Clarke et al.，1997)。在该模型中，地理元胞对邻域没有任何约束条件，通过基于交通、地形、生态等约束条件计算每个元胞单元的发展可能性，把已城市化的元胞作为种子点，通过其扩散带动整个区域的发展，来模拟城市变化轨迹(Jantz et al.，2010)。

CA 模型一直在不断地扩展与完善，在模拟城市用地时空演化方面显示了强大的生命力。Waddell 结合了 CA 和多主体模型(MAS)，在元胞自动机模拟城市空间演变的基础上，用多智能体模拟就业流动、居住、就业选址和房地产开发选址行为等，集成发展了城市仿真 UrbanSim 模型(Waddell，2002)。Deal 等运用城市生态学方法，综合集成生态学模型、CA 和环境影响评价模型，提出了土地利用演化与影响评价模型(Land use Evolution and impact Assessment Model，LEAM)(Deal et al.，2005)。该模型是一个扩展的元胞自动机模型，涉及多个交叉学科的分布式模型，通过对重大政策的情景模拟，预测其对土地利用变化及环境的影响，已成功应用于 Peoria IL 区域规划。Elisabete 等以欧洲葡萄牙的波尔图和里斯本两个大都市区为例，将景观生态战略融入 SLEUTH 模型构建了 CVCA(countervailing cellular automata，对抗元胞自动机)模型，是景观生态相关理论与模型和 SLEUTH 模型的松散集成，可将景观指数等景观格局信息与景观生态战略融入 SLEUTH 中，实现城市物质空间和自然生态环境空间演化分析的整合(Elisabete et al.,2008)。刘天林等(2021)为了避免传统CA在城市扩张模拟中存在的城市元胞密集区域团簇现象，耦合随机森林(Random Forest,RF)与基于斑块扩张的CA模型，在顾及驱动因子重要性的基础上，构建了一种基于斑块最大面积与城市扩张总量的双约束RF-Patch-CA城市扩张模拟方法，并利用该方法模拟了重庆主城都市区2010—2017年的城市扩张情况。何青松等(2021)针对传统CA难以捕捉城市增长的扩散过程和飞地式扩张模式等问题，提出一种改进的CA模型——APCA(Affinity Propagation Cellular Automata，近邻传播聚类元胞自动机)，即在传统CA基础上利用近邻传播聚类算法(Affinity Propagation,AP)搜寻城市扩散增长的"种子点"，实现城市增长扩散过程和聚合过程的同步模拟。

总的来看，上述系统论方法虽然在城市与区域生态规划等工程技术领域具备指导性和实用性，但在"软因素"的分析处理方面则往往难以胜任，而这些因素对城市发展有时具有重要意义。因此，对于系统方法在城市与区域生态规划领域的引入还需把握适度范围，对其作用与功能应有恰当的认识和评价，不应单纯地用系统方法涵盖一些本就难以涵盖的内容，而应从总体角度运用系统思想对城市这个社会—经济—自然复合生态系统(城市复杂巨系统)进行分析与把握，将系统科学合理地与生态规划相结合，使城市与区域生态规划更科学、更有效、更实用。

6.2 生态规划系统分析的研究框架

尽管学界和业界均普遍认为系统分析是深入理解城市社会—经济—自然复合生态系统耦合关联机制和科学评价其协同与权衡关系的重要途径，但目前尚缺乏城市与区域生态规划系统分析的总体框架和研究范式，难以满足前瞻制定复合生态系统多维格局、多目标协同优化策略与调控模式的研究需要与实践需求。然而，如果没有一个研究框架来组织理论和实证研究中确定的相关变量，生态学家和社会学家从不同国家、不同资源系统的研究中获得的孤立知识就难以积累与关联起来(Ostrom,2009)。因此，在本章的后续内容中，笔者试图基于系统论思想，介绍目前城市与区域生态规划系统分析的总体框架和研究范式，以期更好地指导新时代生态文明建设背景下的生态规划理论创新、研究范式构建与实践探索。

6.2.1 生态规划系统分析的总体框架

(1) 基于社会—经济—自然复合生态系统理论的生态规划总体框架

城市是一类以人类技术和社会行为为主导，生态代谢过程为经络，受自然生命支持系统所供养的人工生态系统，是一个社会—经济—自然复合生态系统(马世骏和王如松，1984)。基于社会—经济—自然复合生态系统理论，马世骏等(1984)提出了目标制定—本底调查—系统分析—决策支持的生态规划操作流程与总体框架(图6-4)。

具体而言，目标制定就是根据研究对象的范围(空间、时间、问题的侧重点等)，现有的人力、物力、政策、资料和其他条件拟定初步方案，确立要达到的基本目标(社会目标、经济目标、生态目标)。本底调查就是通过收集自然本底、次生本底、社会经济状况和生态环境状况等资料，从庞杂的数据中去粗取精，去伪存真，抽象出与研究项目有关、信息量尽量大而数目又尽量小的变量集或关键因子集。系统分析是通过各类模型的构建与模拟，揭示系统组分之间、各亚系统间以及亚系统与系统整体间的相互作用关系及基本规律，主要包括模型建立、系统评价及决策分析等过程。各亚系统之间的关系通常包括土壤—植物—大气亚系统的物质循环、资源开拓—经济发展—环境质量间的关系、农业—工业—商业建设的协调比例、生产—加工—消费的平衡系统、废物回收—转化—再生数量的协调与分配等(马世骏等，1984)。决策支持是指通过系统分析为规划研究区提供实现未来发展目标的一套满意决策集，并通过评估政策的实施效果持续调整优化决策集，也可通过系统分析与政策反馈进一步修正最初设定的规划目标，形成生态规划流程的完整闭环。

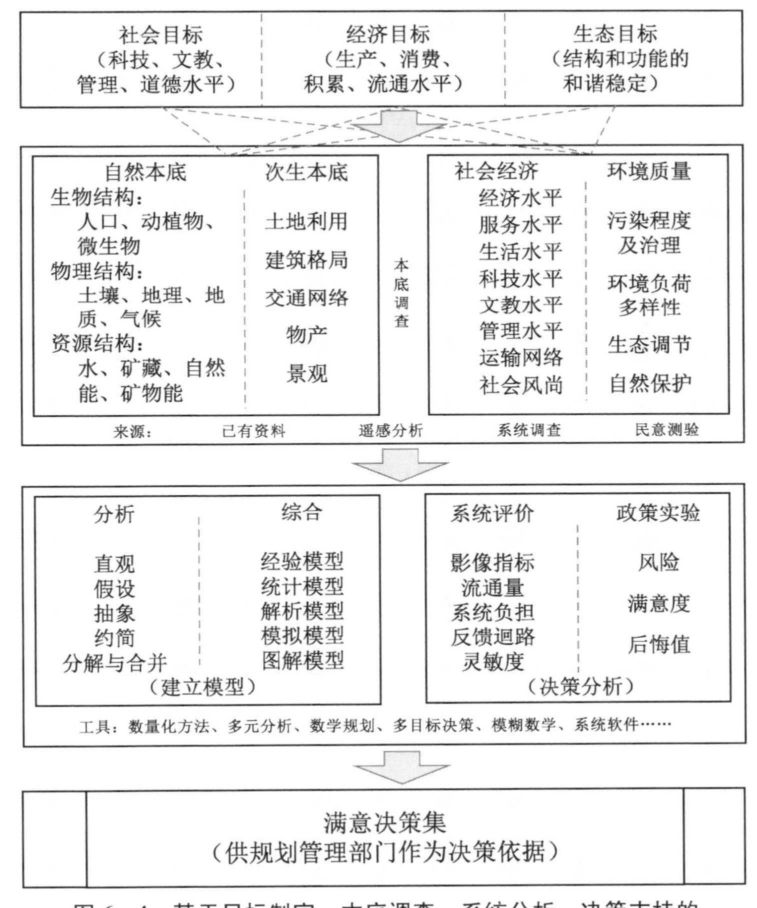

图 6-4　基于目标制定—本底调查—系统分析—决策支持的生态规划操作流程与总体框架

(引自：马世骏等，1984)

(2) 基于社会—生态系统理论的生态规划总体框架

社会—生态系统具有复杂性、地域性和动态性等特点，研究内容涵盖自然生态系统、气候变化、土地利用、社会治理与管理政策等主题，是综合了生态学、环境科学、地理学等自然科学与经济学、政治学和社会学等社会科学的多学科交叉领域。社会—生态的互馈机制是社会—生态系统研究的核心内容，在全球变化和人类活动驱动下，社会系统与生态系统均处在不断加剧的动态变化中，揭示耦合系统的互馈机制是保持和增强其可持续性的科学基础。因而,将社会系统与生态系统要素综合分析,可以更好地理解人类活动与自然环境的耦合关系,而不仅仅关注单向关系(如人类活动对自然环境、生态系统服务等的影响)或单一要素。

目前影响较广的社会—生态系统研究框架主要有 Redman 等(2004)提出的社会模式与过程和生态格局与过程耦合概念框架(图 6-5),以及 Ostrom(2009)提出的面向自然资源保护与可持续利用的社会—生态系统研究框架(图 6-6)。这些研究框架在大量观测与实践案例研究的基础上总结提出,为社会—生态系统理论与实践探索提供了指导,引起了全球可持续性领域众多学者的广泛关注。

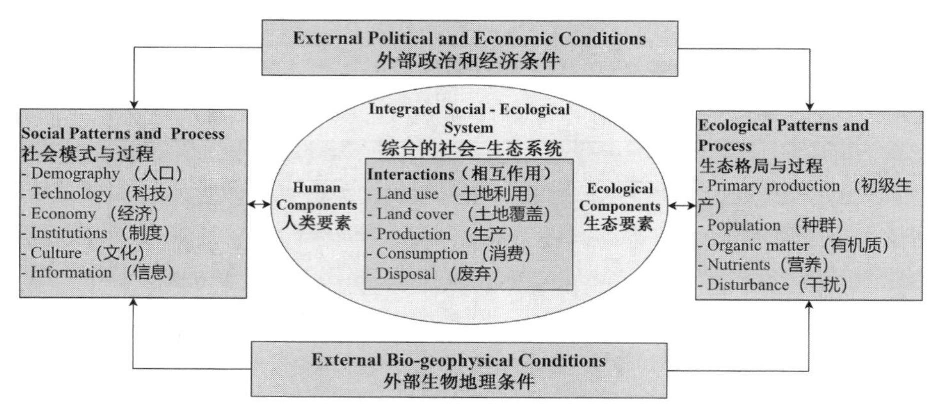

图 6-5　社会模式与过程和生态格局与过程耦合概念框架

(引自 Redman et al.,2004)

Redman 等提出的概念框架是通过将社会科学融入长期生态学研究(Long-Term Ecological Research,LTER)网络,融合生态变化的社会维度与社会变革的生态维度,构建了社会模式与过程和生态格局与过程耦合的框架(图 6-5)。为了促进跨学科研究和综合解释(to promote interdisciplinary research and integrated interpretations),该框架将重点关注系统的社会和生态组成部分的交互作用(交互作用是指在更广泛的社会—生态系统中社会和生态要素之间进行调解的具体活动),主要包括以下 5 个方面:a. 土地使用决定,特别是与建成环境有关的决定(land-use decisions, especially those relating to the built environment);b. 土地覆盖、地表和生物多样性的变化(changes in land cover, land surface, and biodiversity);c. 生产系统(production systems);d. 消费模式(consumption patterns);e. 处理网络(disposal networks)。虽然这些活动可以独立进行,但它们是相互依存的。

生态格局和过程包括但不限于以下 5 个一般生物地球物理核心领域,这些领域自 LTER 创始以来一直指导着 LTER 的研究:a. 初级生产模式与控制(pattern and control of primary production);b. 代表营养结构的种群时空分布(spatial and temporal distribution of populations selected to represent trophic structure);c. 表层和沉积物有机质富集模式与控制(pattern and control of organic matter accumulation in surface layers and sediments);d. 通过土壤、地下水和地表水流动的无机物输入模式和营养物质的运动(patterns of inorganic inputs and movements of nutrients through soils, groundwater, and surface waters);e. 场地干扰的模式和频率(patterns and frequency of site disturbances)。

社会模式与过程包括但不限于以下 6 个方面：a. 人口统计学(demography)，人口的增长、规模、组成、分布和流动；b. 技术变革(technological change)，关于如何适应、利用和作用于生物物理环境及其物质资源以满足人类需求的文化知识的积累；c. 经济增长(economic growth)，生产和分配商品和服务的一系列制度安排；d. 政治和社会制度(political and social institutions)，关于如何实现社会公认的重要目标的一系列持久的理念(enduring sets of ideas)，例如，大多数社会都有某种形式的家庭、宗教、经济、教育、卫生和政治制度，这些制度是其生活方式的特征；e. 文化(culture)，由文化决定的态度、信仰和价值观，旨在表征不同规模、时间和地点的不同群体的集体现实、情感和偏好的各个方面；f. 知识和信息交换(knowledge and information exchange)，指令、数据、想法等的遗传和文化交流(the genetic and cultural communication of instructions, data, ideas, and so on)。

另外，该框架区分了"外部"生物地球物理、政治和经济条件("external" biogeophysical, political, and economic conditions)，并指出，从外部条件指向模式/格局和过程的箭头不仅是单向，并且政治和经济条件对社会模式和过程的影响更大，生物地球物理条件对生态格局和过程的影响更大(图 6 - 5)。

Ostrom(2009)提出的面向自然资源保护和利用的社会—生态系统(Social-Ecological Systems, SES)分析框架，是在大量实践案例研究的基础上提出的一种多层嵌套体系，具有很强的解释、诊断并解决问题的功能，为解决生态治理问题提供了强有力的工具。该理论框架包括资源系统(Resource Systems, RS，例如一个指定的受保护的公园，包含有森林地区、野生动物和水系的特定区域)、资源单位(Resource Units, RU，例如公园里的树木、灌木和植物，野生动物的种类，水的数量和流量)、管理系统(Governance Systems, GS，例如管理公园的政府和其他组织，与公园使用有关的具体规则，以及如何制定这些规则)、用户(Users, U，例如以各种方式使用公园以维持生计、娱乐或商业目的的个人)四个一级核心子系统(core subsystems)。这些子系统在社会—生态系统(SES)水平上相互作用(Interactions, I)产生一系列结果(Outcomes, O)，这些结果反过来又反馈影响这些子系统及其组件(图 6 - 6)。

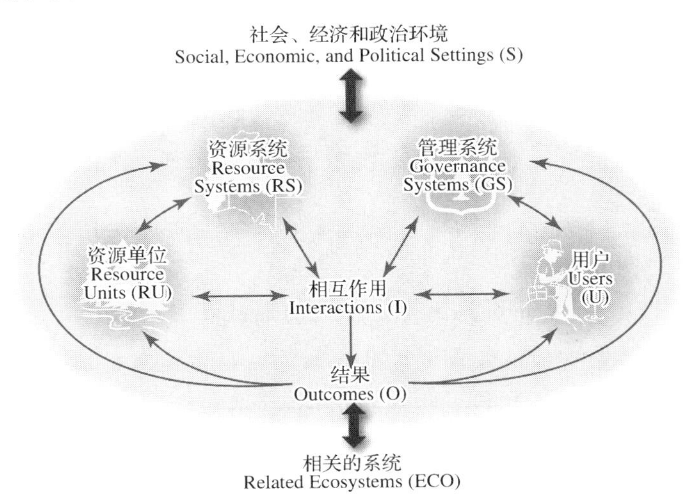

图 6 - 6　社会生态系统分析框架中的核心子系统

(引自：Ostrom，2009)

每个核心子系统是由许多实证研究中确定的影响相互作用和结果的多个二级变量组成，例如，资源系统的大小、资源单元的可移动性、治理水平、用户对资源系统的了解程度(图 6 - 7)。如何选择相关的第二级或更深层次的变量进行分析取决于所研究的特定问题、SES 的类型以及分析的时空尺度。十个二级变量(图 6 - 7 中用星号表示)经常被

社会、经济和政治环境(Social Economic and Political Settings，S)

S1 经济发展(Economic development)；S2 人口趋势(Demographic trends)；S3 政治稳定(Political stability)；S4 政府资源政策(Government resource policies)；S5 市场激励(Market incentives)；S6 媒体组织(Media organization)；

资源系统(Resource Systems，RS)

RS1 部门，例如水、森林、牧场、鱼类(Sector，e. g.，water，forests，pasture，fish)
RS2 系统边界的清晰度(Clarity of system boundaries)
RS3 系统资源的大小(Size of resource system) *
RS4 人类建设的设施(Human-constructed facilities)
RS5 系统的生产力(Productivity of system) *
RS6 均衡属性(Equilibriumn properties)
RS7 系统动力学的可预测性(Predictability of system dynamics) *
RS8 存储特性(Storage characteristics)
RS9 位置(Location)

管理系统(Governance Systems，GS)

GS1 政府组织(Government organizations)
GS2 非政府组织(Nongovernment organizations)
GS3 网络结构(Network structure)
GS4 产权制度(Property-rights systems)
GS5 运行规则(Operational rules)
GS6 集体决策规则(Collective-choice rules) *
GS7 宪法规定的规则(Constitutional rules)
GS8 监督和制裁程序(Monitoring and sanctioning processes)

资源单元(Resource Units，RU)

RU1 资源单元的可移动性(Resource unit mobiliy) *
RU2 增长率或更替率(Growth or replacement rate)
RU3 资源单元之间的相互作用(Interaction among resource units)
RU4 经济价值(Economic value)
RU5 单元数量(Number of units)
RU6 特色标记(Distinctive markings)
RU7 时空分布(Spatial and temporal distribution)

用户(Users，U)

U1 用户数量(Number of users) *
U2 用户的社会经济属性(Sociocconomic-attributes of users)
U3 使用历史(History of use)
U4 位置(Location)
U5 领导力/企业家精神(Leadership/entrepreneurship) *
U6 规范/社会资本(Norms/social capital) *
U7 SES 的知识/心智模型(Knowledge of SES/mental models) *
U8 资源的重要性(Importance of resoure) *
U9 使用的科技(Technology used)

相互作用(Interactions，I)→结果(Outcomes，O)

I1 不同用户的收获水平(Harvesting levels of diverse users)
I2 用户间信息共享(Information sharing among users)
I3 审议过程(Deliberation processes)
I4 用户矛盾(Conlicts among users)
I5 投资活动(Investment activities)
I6 游说活动(Lobbying activities)
I7 自组织活动(Self-organizing activities)
I8 社交活动(Networking activities)

O1 社会表现量度，如效率、公平、责任、可持续(Social performance measures，e. g.，efficiency，equity，accountability，sustainability)
O2 生态表现量度，过度采伐，适应力，生物多样性，可持续性(Ecological performance measures，e. g. overharvested，resilience，biodiversity，sustainability)
O3 其他 SESs 的外部性(Externalities to other SESs)

相关的系统(Related Ecosystems，ECO)

ECO1 气候模式(Climate patterns)；ECO2 污染模式(Pollution patterns)；ECO3 焦点 SES 的流入和流出(Flows into and out of focal SES)

图 6 - 7　社会生态系统分析框架中第一级核心子系统(S、RS、GS、RU、U、I、O 和 ECO)下的第二级变量示例

(引自：Ostrom，2009)

注：* 表示与自组织相关的变量子集(Subset of variables found to be associated with self-organization)。该框架没有按重要程度列出变量，因为它们的重要性在不同的研究中有所不同(The framework does not list variables in an order of importance，because their importance varies in different studies)。

确定为积极或消极地影响用户自组织管理资源的可能性。例如，系统动力学的可预测性（RS7），系统动力学需要足够的可预测性，以便用户可以预测如果他们要建立的特定收获规则或禁止进入区域将会发生什么（System dynamics need to be sufficiently predictable that users can estimate what would happen if they were to establish particular harvesting rules or noentry territories）。森林往往比水系统更容易预测；一些渔业系统接近数学混沌，对用户或政府官员来说特别具有挑战性（Forests tend to be more predictable than water systems; some fishery systems approach mathematical chaos and are particularly challenging for users or government officials）。小尺度的不可预测性可能导致牧区系统的用户在更大的尺度上组织起来，以提高整体的可预测性（Unpredictability at a small scale may lead users of pastoral systems to organize at larger scales to increase overall predictability）。例如，资源的重要性（U8），即在自组织的成功案例中，用户要么在很大程度上依赖 RS 维持生计，要么高度重视资源的可持续性（In successful cases of self-organization, users are either dependent on the RS for a substantial portion of their livelihoods or attach high value to the sustainability of the resource）。否则，组织和维护自治系统的成本可能不值得付出努力（Otherwise, the costs of organizing and maintaining a self-governing system may not be worth the effort）。

需要注意的是，上述 SES 分析框架仍需努力修订和进一步发展，旨在建立可比较的数据库，从而加强收集关于影响世界各地森林、牧场、沿海地区和水系统可持续性过程的研究结果。因此，跨学科和跨问题的研究将更快地积累起来，并增加提高复杂社会经济可持续发展所需的知识（Research across disciplines and questions will thus cumulate more rapidly and increase the knowledge needed to enhance the sustainability of complex SESs）。同时，还需要关于跨资源系统的 SES 核心变量集的定量和定性数据，使学者能够建立和测试政府、社区和个人之间异质性成本和收益的理论模型，从而促进政策完善（Ostrom，2009）。

除 SES 分析框架之外，Endlicher 等（2007）围绕城市生态学的跨学科领域，即在地理学、社会学、城市规划、景观建筑学、工程学、经济学、人类学、气候学、公共卫生和生态学等诸多学科中的深厚基础，总结了城市生态系统的基本组成部分，提出了用于描述城市中的人类、城市中的自然以及人类与自然耦合关系的框架（图 6－8）。该框架有助于研究城市地区的生物模式和相关环境过程，分析植物和动物种群及其群落之间的关系，以及它们与包括人类影响在内的环境因素之间的关系。与此同时，Endlicher 等（2007）强调了研究尺度的重要性，尤其是在特大城市中，城市生态学及生态规划应该区分三种不同尺度：微观尺度，即进行研究或实地实验的具有特殊建成区特征的场地/社区；中观尺度，即社区街道，其特征是不同土地利用（建成区）的组合；宏观尺度，即城市，有时由不同的行政实体甚至城市组成（图 6－9）。

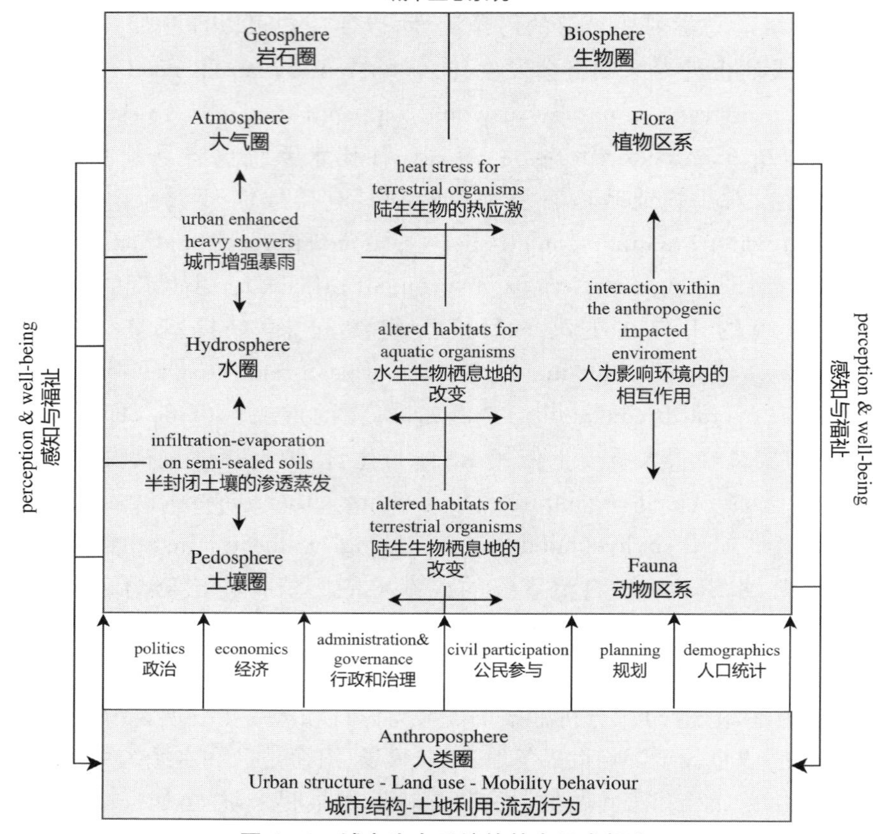

图 6-8　城市生态系统的基本组成部分

（引自：Endlicher et al.，2007）

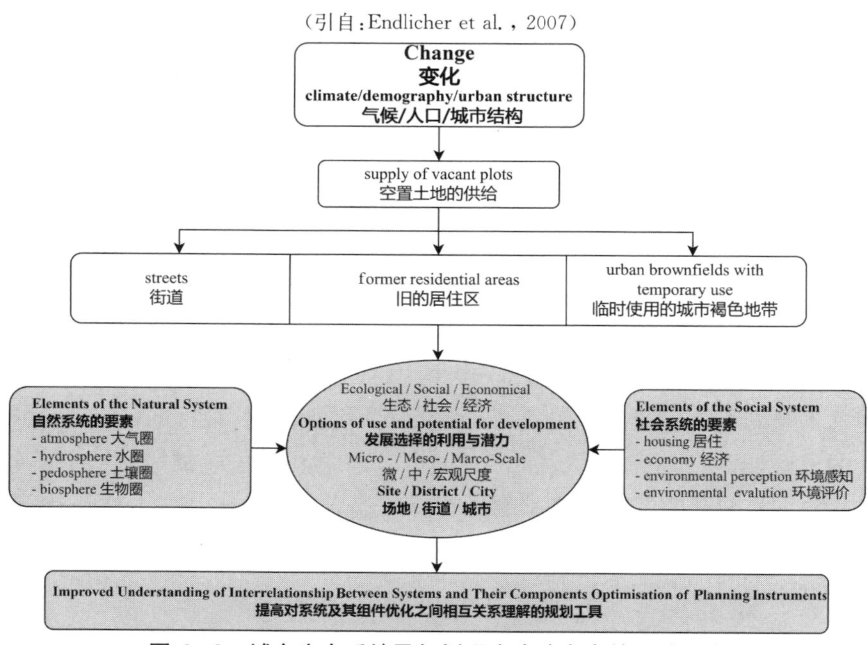

图 6-9　城市生态系统及规划研究应该考虑的三种尺度

（引自：Endlicher et al.，2007）

(3) 基于CAS理论的生态规划总体框架

复杂适应系统(Complex Adaptive System,CAS)理论作为复杂性科学的重要分支,是复杂系统理论的升华和结晶。自1994年由霍兰(Holland)提出后已引起了学术界的广泛关注,在经济系统、生态系统和社会系统等领域都获得了广泛的运用。Holland总结了复杂适应系统的7个基本特征,包括4个特性(聚集、非线性、流、多样性)和3个机制(标识、内部模型、积木)(Holland著,周晓牧和韩晖译,2000)。这7个基本特征是复杂适应系统的充要条件,每个复杂适应系统都具备这7个基本点,具备这7个基本特征的系统也必然是复杂适应系统。

在我国快速城市化过程中,城市数量增加,城市规模增大,城市环境在短时间内发生剧烈变化。从复杂性科学视角来看,现代城市系统是一种高度融合了社会与文化多元化、生产与服务市场化、信息与交通网络化、建筑与街巷场所化、用地与景观破碎化、自然与生态脆弱化等特征的开放的复杂巨系统。

城市复杂适应系统按照城市的物质形态和非物质形态可以分为两大子系统:物质子系统和非物质子系统。物质子系统可以分为用地、建筑、道路、市政和园林五部分;非物质子系统可以分为社会、经济、文化、生态和管理五部分。物质子系统中,用地主题处于统领地位,是其他主题的空间载体和基础。同样,以人为本的城市五种非物质要素相互耦合,共同构成了高度关联的非物质子系统(图6-10)。

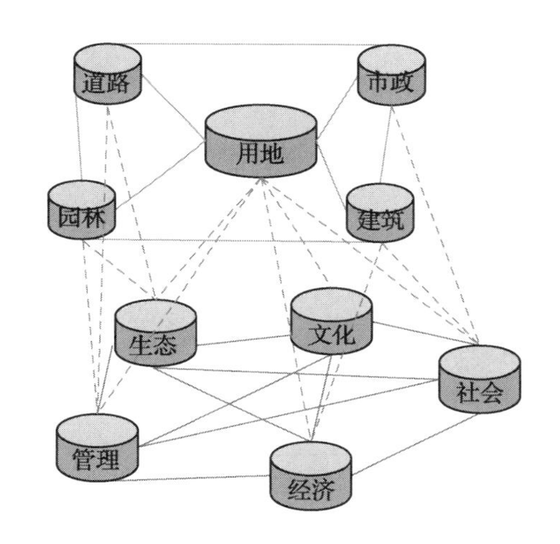

图6-10　物质子系统之间、非物质子系统之间以及两个子系统之间相互关系
(引自:孙小涛等,2016;作者改绘)

CAS理论的核心思想是"适应性造就复杂性",系统中的成员是具有适应性的主体,主体在与环境的交互作用中不断"学习"和"积累经验",以适应环境和其他主体,促进系统发展和演化。城市复杂适应系统是由一系列适应性主体相互作用、相互适应形成的。适应具有普遍性、相对性、交互性和复杂性的特点。一方面,适应主体都存在于一定环境中,"优胜劣汰,适者生存",适应主体为了延续自身而适应环境(包括自然环境和人文环境),这是适应的普遍性;另一方面,适应的过程是适应主体对环境条件的变化所作的反应,随着适应主体和环境条件的不同,适应的程度和过程也千变万化,这是适应的相对多样性(戈峰,2008)。以城市用地为例,城市用地扩张都需要适应其自然基底条件,这是城市化适应自然的普遍性;随着城市的规模等级和功能定位不同,城市用地形态也千变万化,这是城市化适应自然的相对多样性。同理,人口城市化过程中,外来人口普遍需要适应新的城市环境,但适应的内容和程度因其教育程度、收入水平、职业类型等而异。

适应的过程是适应主体与环境的交互作用过程,也是需求与供给的平衡过程。环境变化对适应主体产生影响,适应主体通过不断学习和经验积累,达到在变化的环境中自我生存和自我发展,即被动适应(适应主体被动适应环境变化或环境供给)。同时,适应主体的自身发展需要特定的环境供给,适应主体通过对环境产生反馈,改造已有环境,即主动适应(适应主体主动改变环境来满足自身需求)(方修琦等,2007)。被动适应体现的是适应主体面对环境(其他适应主体)发展变化的反应能力,而主动适应体现的是干预能力。通过反应和干预,适应会衍生出新的内容。因此,适应是适应主体对外部变化所做出的一系列主动和被动调节的过程,其目标是谋求自身的生存和发展。从环境变化到重新适应,适应主体要经历环境变化认知、自我调节、环境反馈3个阶段,具体运行机制如图6-11。

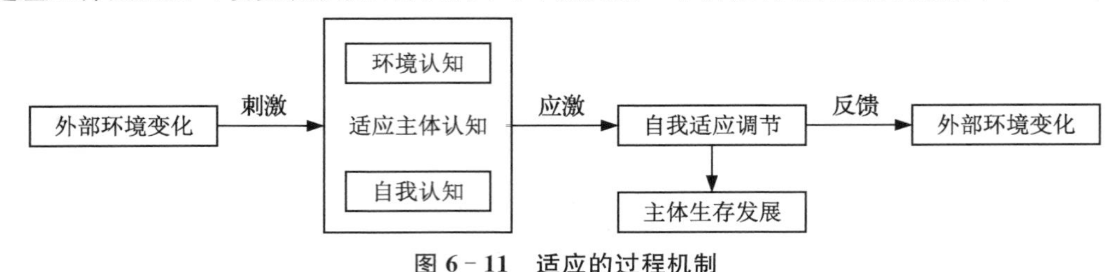

图6-11　适应的过程机制

(引自:孙小涛等,2016)

CAS理论对于认识、理解、控制和管理城市复杂系统提供了新思路、新框架。然而,CAS理论提出的7个基本点过于抽象,需要在不同领域进行转化和重构,且其在指导城市生态规划实践中尚处于总结经验时期,描述框架差异较大。城市规划作为一项公共政策,对城市的未来发展具有指导性作用。而城市是一个开放性的复杂适应系统,城市规划必然遵循复杂性科学范式进行适应性调整。一般而言,以城市为研究对象,生态规划或许可以遵循如下总体框架(图6-12)。

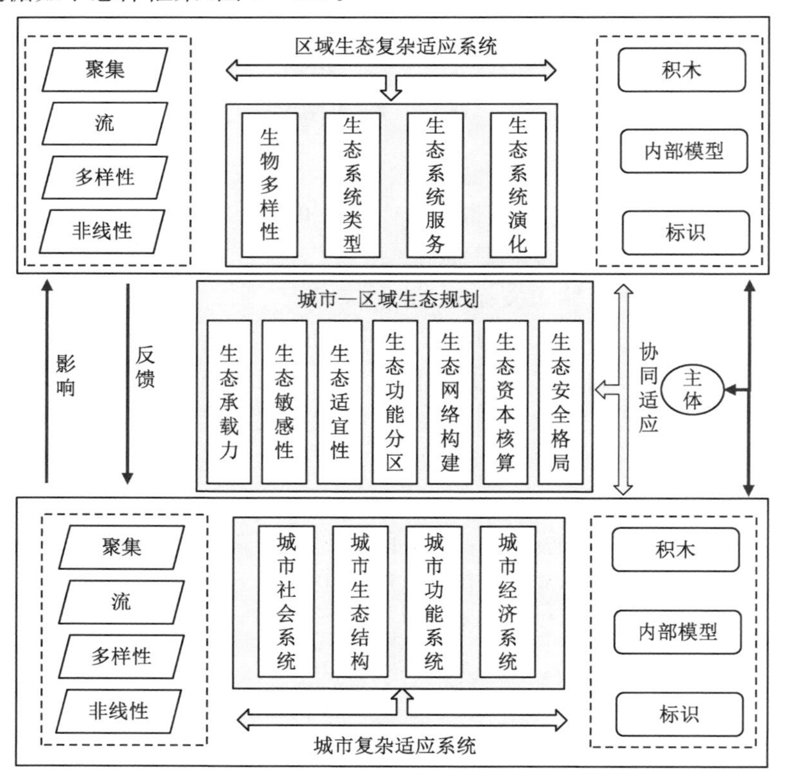

图6-12　基于复杂适应系统理论的生态规划框架

6.2.2 生态规划系统分析的研究范式

城市生态规划立足于城市生态学。随着城市在人类生存和发展中的地位不断提升，城市生态学进入了快速发展阶段，来自生态学、环境科学、城乡规划学、风景园林学和社会学等专业的学者纷纷加入城市生态学的研究队伍，极大地推动了城市生态学的发展。对于城市这样一个由自然环境、生物和人类构成的复杂生态系统，生态规划可采用多种思路和方法开展研究，特别是构建具有一定适应性的、统一的科学研究范式(Paradigm)，将有利于促进不同学科研究工作的交流和研究成果的比较(王效科等，2020)。

从科学研究角度，范式就是一种公认的模型或模式(Kuhn，1962)，是一种对本体论、认识论和方法论的基本认知，是科学家群体所共同接受的一组假说、理论、准则和方法的总和。在传统生态学研究中，已经形成了许多研究范式，如组织层级水平、生态系统结构、群落演替、顶级群落、食物链等。这些范式对于指导生态学家开展生物与环境关系研究发挥了很大作用。城市生态学及生态规划等研究，同样需要一些研究范式来规范和指导。王效科等(2020)从生态系统角度，系统总结了两大重要的城市生态学研究范式，即黑箱范式、结构—过程—功能—服务级联范式，为科学地认识、表征、模拟、诊断和预测城市生态系统及其变化提供了方法学基础。

(1) 黑箱范式

在控制论中，通常把所不知的系统称为“黑箱”，而把已知的系统称为“白箱”，介于黑箱和白箱之间或部分可知的黑箱称为“灰箱”。由于城市是一个复杂的巨系统，如果试图打开过多的黑箱，将面对“复杂性灾难”，因此多数情况下不能(以现有技术手段暂时没有办法打开)或不必(没有必要)打开黑箱。对于“不能”的对象，可将黑箱作为一种认知的手段，而对于“不必”的对象，则把黑箱作为一种管理复杂性的策略。因此，常将结构复杂的系统作为黑箱，通过分析输入与输出间的响应关系，了解如何管理控制一个系统，使其产生人类所需要的功能。城市生态系统需要消费大量能源和材料，具有庞大能量物质的输入和输出，但如果将城市生态系统作为一个黑箱看待，不考虑其内部复杂结构，则只需研究其能量物质的输入输出特征，就可直接评价城市的资源需求、环境影响和生态效率。

在1965年，Wolman就提出了“城市代谢”的概念，即通过量化城市的输入(如水、原料和燃料)和输出(如排泄物、固体废物和空气污染物)物质及其转化和流动，就可以分析评价城市和社区特征(Wolman，1965)。通过分析与城市能量资源消费、生产增长和废弃物排放紧密相关的技术和社会经济过程，研究城市的能量、水、养分、产品和废弃物输入、输出和贮存，探讨物资和能量消费与社会经济驱动力的关系，并采用合适的工具和指标，建立起城市代谢模型，以探索城市资源利用效率和生产力提高的优化途径，辨识城市可持续发展的关键过程和改进措施。为了评价城市对土地利用、水资源和气候的影响，有时会采取更简单的城市生态系统输入输出量化评价指标。如生态足迹指标(人类消费和废物处理需要的土地面积)被较早应用到城市对环境的影响评价中。该指标又演化成水足迹、食物足迹、废弃物足迹、碳足迹，都已经被应用到城市对生态的影响评价中。总之，黑箱范式虽然不能反映城市生态系统能量流动和物质循环过程的详细特征，但对城市管理来说，该范式简单、直接且结果易于理解与应用(王效科等，2020)。

（2）生态系统结构—过程—功能—服务级联范式

生态系统的研究，首先是从生态系统中的生物与环境的结构关系研究开始（Tansley，1935），逐渐发展到生态系统中的物质能量流动过程和功能研究（营养级、有机质分解、生产力），再到生态系统服务研究（Daily，1997）。要完整理解一个生态系统，就需要从生态系统结构—过程—功能—服务全方面开展研究（de Groot et al.，2002），这构成了生态系统的一种研究范式，即生态系统结构—过程—功能—服务之间具有逐级关联关系的生态系统级联范式（王效科等，2020）。

城市作为一个复合生态系统，需要开展从城市生态系统结构到生态系统服务的全面研究（Endlicher，2011），即采用生态系统结构—过程—功能—服务的生态系统级联范式来描述分析（图 6－13）。城市生态系统的主要特征包括结构、过程、功能和服务四个方面（王效科等，2020）：

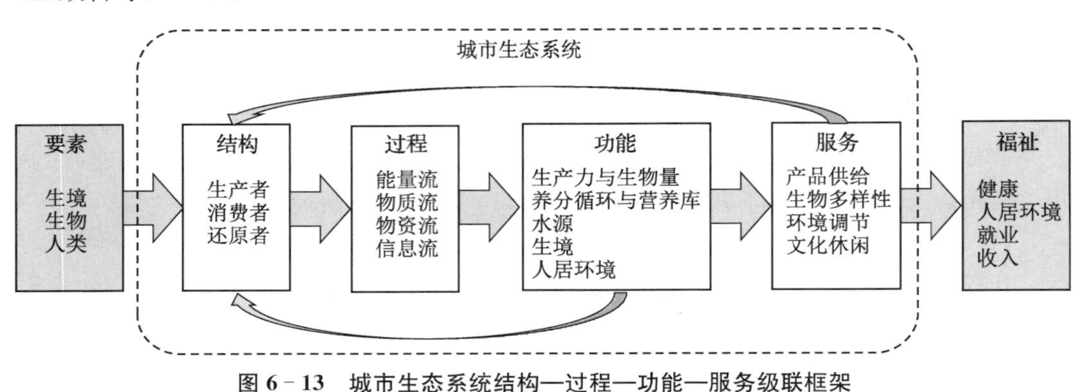

图 6－13　城市生态系统结构—过程—功能—服务级联框架

（引自：王效科等，2020）

①结构特征

生产者—消费者—还原者构成了生态系统能量传输和物质循环的完整过程，在城市生态系统中，人类占据主导地位。人类作为城市的主要消费者，需要大量的生产者提供食物和能源；高效的还原者分解废弃物，例如建设污水处理厂和垃圾焚烧炉。

②过程特征

生态系统功能维持需要连续不断的能量流、物质流和信息流。在城市生态系统中，参与能量流和物质流的物质形态多种多样，除太阳能外，化石能源和其他外来能源是主要能源；建筑材料、生活用品和食品是主要物质输送形态（可以称为物资流）；城市生态系统的能量和物质流动的方式和方向主要由社会经济目的决定。城市生态系统具有高度的对外依赖性，需要大量外部物质能量输入才能够维持，信息流已经在城市生态系统中变得越来越重要，人类通过生产、收集、传输和解译各种信息，能够提高能量流和物质流的效率，增强城市生态系统功能和服务。

③功能特征

生态系统的基本功能主要有生产力与生物量、养分循环与营养库、水源、生境和人居环境。在城市生态系统中，植被等自然地表的减少，会造成生产力与生物量、养分循环与营养库、水源和自然生境的减少。但城市高密度的人口和高效率的经济社会活动，不但能够保证人类的能量和营养需求，而且能够为城市提供优质的生活质量等功能，部分弥补了城市生态系统中自然功能的不足。

④服务特征

生态系统能够提供产品(供给)、调节、文化和支持四大服务功能。由于城市植被减少和城市社会经济功能需要,城市生态系统提供的服务种类和数量都发生了变化,提供的产品以加工过的食物和各种生活用品为主,提供调节功能的方式以各种人工环境调节和净化设施(如空调、污水和垃圾处理等)为主,提供文化服务的种类更加多样和强大,包括各种学校、医院和政府等。城市居民最关心的生态系统服务是降温、洪涝灾害减轻和人体健康保障等。

生态系统的结构、过程、功能和服务不是相互孤立存在的,而是关联的。系统的结构决定过程、过程决定功能、功能决定其影响(服务),具有逐级关联关系和先后依赖关系,即级联效应(cascade effect)。系统结构的变化可以通过这种级联效应传递到服务的变化。近些年来,在生态系统评价中,生态系统的结构、过程、功能和服务间的级联效应已经得到广泛应用。对于城市生态系统,这种级联效应也存在。由于城市生态系统的复杂性,这种级联效应不是简单线性或唯一函数关系。但无论如何,理解这种级联效应对研究城市生态系统的结构和过程调控以及功能和服务提升具有重要科学价值。特别是在城市生态系统中,级联效应深受强大的人为调控作用的影响,包括人类可以为了获得需要的服务而改变生态系统结构和过程,通过各种政策和措施将这种单向的级联关系改变成具有回路的循环反馈的网络关系。级联效应能够很好地反映城市生态系统服务的形成机制,解释城市生态系统的内在联系和指导城市规划管理者制定生态系统服务提升措施和对策,但相应的实例研究目前还很少(Luederitz et al., 2015)。

(3) 面向国土空间系统性修复实践的生态规划范式

国土空间生态保护修复的对象是山水林田湖草生命共同体,其本质是景观综合体。在"共同抓好大保护,协同推进大治理"系统思路下,必须将国土空间看作一个完整、独立的自然区域,注重保护和治理的系统性、整体性、协同性,从生命共同体的系统性出发,根据要素耦合作用机制协调各类型要素,对生命共同体的修复目标、主导功能、环境影响、成本效益等进行综合分析,采取多要素关联、多过程耦合、多空间协同的系统治理措施,使国土空间的整体结构与功能达到预期目标,实现系统的可持续发展。

面向国土空间系统性修复实践的生态规划应以现状分析—格局构建—整治修复—行动计划—反馈机制为总体框架与规划范式开展规划实践(图 6-14):

①现状分析:对国土空间进行全面评价,包括地质条件、生态环境、资源分布、社会经济等等,了解当前国土空间的整体状况和预期发展目标。

②格局构建:在现状分析的基础上,结合生态重要性、敏感性分析,生态网络与生态安全格局构建等,确定国土空间开发与保护的合理格局,确保国土资源的合理利用和社会经济可持续发展。

③整治修复:对国土空间中存在的问题进行系统整治与修复,包括涵盖生态系统服务功能提升在内的多个方面。

④行动计划:制定具体的行动计划,明确修复国土空间的目标、任务和时间表,明确各个部门和责任主体的职责和任务,确保修复工作的有序推进。

⑤反馈机制:对国土空间系统性修复实践的效果进行评估,包括评估修复工作的进展情况、修复效果的实际情况,以及修复工作对经济发展、生态保护等方面的影响,为进

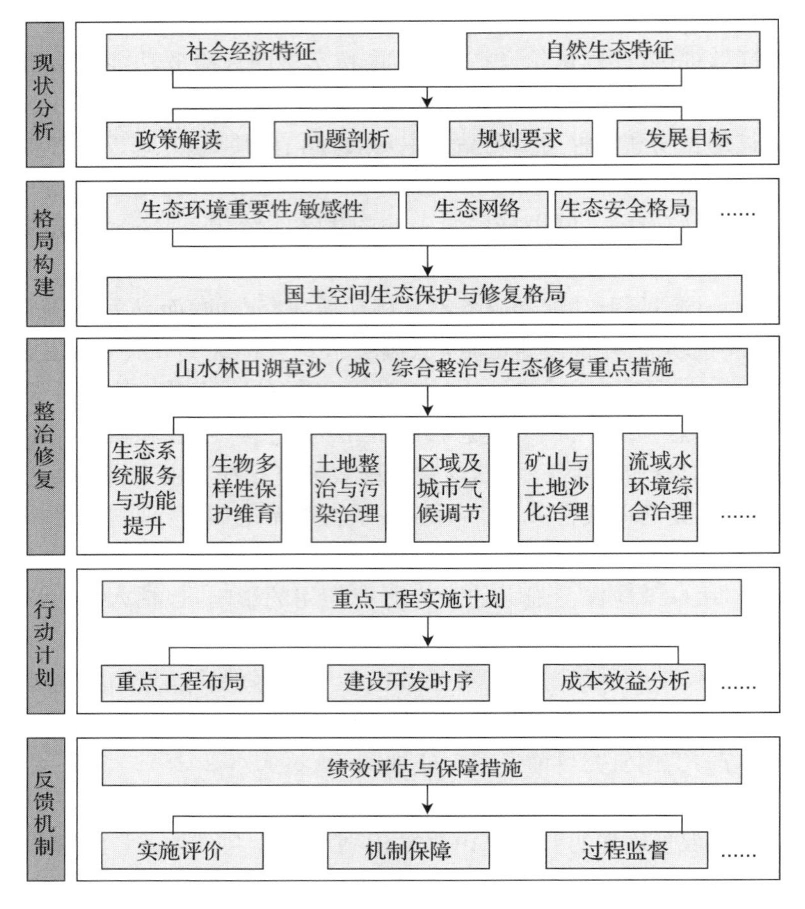

图 6-14　面向国土空间系统性修复实践的生态规划框架

一步优化修复方案提供成效反馈。

该总体框架与规划范式的实践案例请读者详见第 10 章的相关内容。

6.2.3　生态规划系统分析的技术体系

生态文明背景下,“以空间换发展”逻辑下的增长规划成了一种反思。当下,对城市进行规划时,需要厘清土地、人口和生态要素的基本关系,形成一种“基于生态约束条件”下的规划方法。基于空间规划的技术方法,可以分为空间与非空间方法(空间增长模拟、系统动力学模型)、数据驱动与系统模型驱动方法(大数据分析、规划支持系统)、现状评价与未来预测方法(空间分析、空间模拟和情景分析)、传统数据支持与新数据支持方法(中低分辨率遥感数据、手机信令等数据)、传统方法与新兴方法(计量分析、深度学习)、简单直接方法与综合方法(基于规则建模、空间均衡模型)等。这些技术方法将城市增长的可行性与科学性置入更广阔的生态系统中进行考虑,从数据获取、分析方法、模拟技术、评价体系与预测模型等各个层面扩展了城市生态规划的技术方法体系,以定量化的数据分析对规划方案的生态效应进行评价、模拟和预测。从系统论视角出发,生态规划现已形成了基于系统辨识—系统建模—系统决策三位一体的总体技术框架(图 6-15)。

当前的城市生态空间规划与设计方法，是通过统一化、等量化的空间指标作为规划设计的标准、规范，而对于规划指标在不同环境下所能实现的生态效应，是以具体案例来分析现有城市空间特征对生态过程与效应的影响，对于不同的城市空间往往会得到不同的结论，无法得到能够实现最优生态效应的普适性规律（周诗文等，2021）。因此，构建一个系统性的生态规划技术体系显得特别重要（图6－16）。

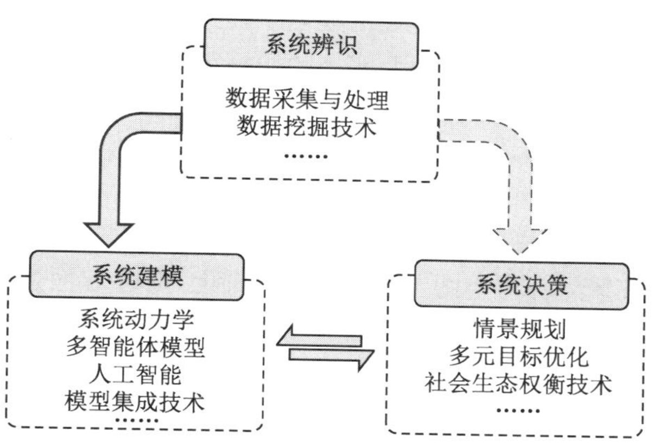

图6－15　生态规划系统分析的技术框架

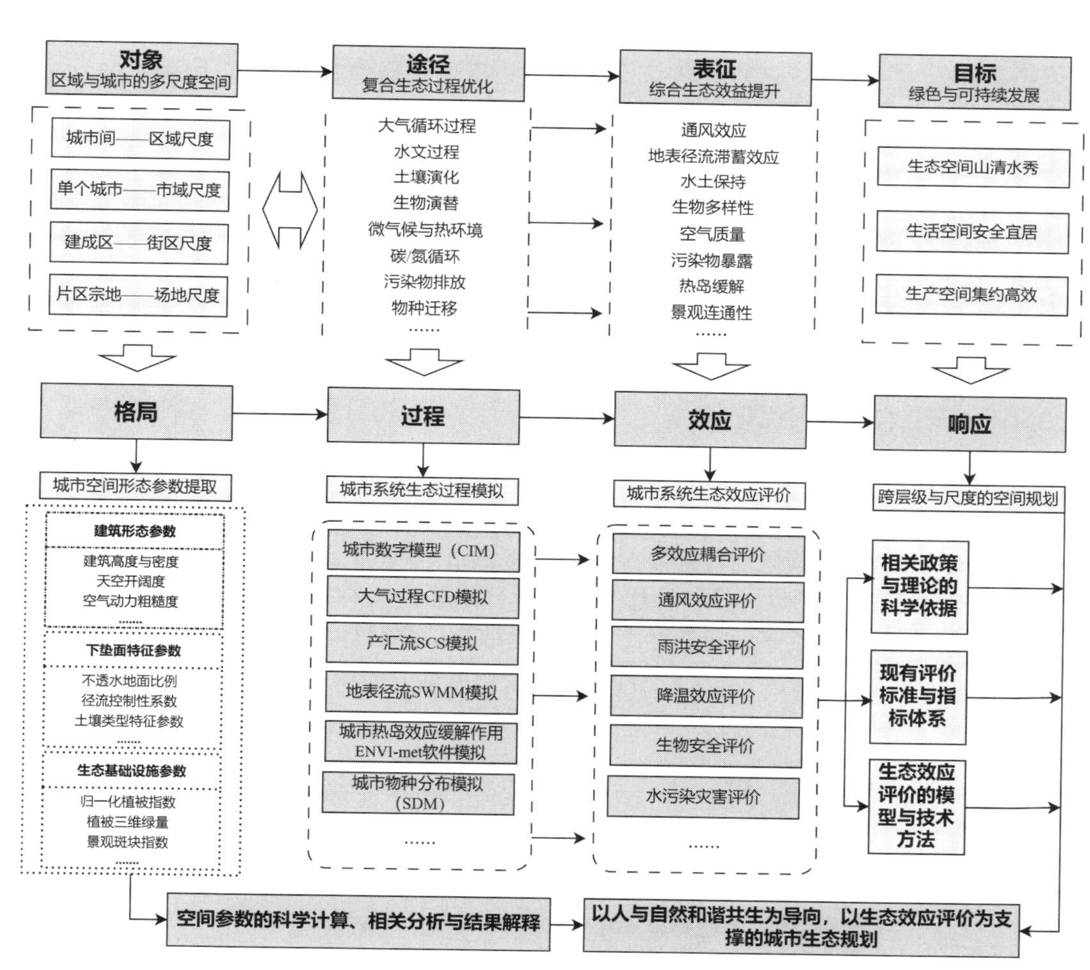

图6－16　基于系统思想的多尺度生态规划技术体系

（引自：周诗文等，2021；作者改绘）

注：CIM指“City Information Modeling”；CFD指“Computational Fluid Dynamics”，计算流体动力学，城市信息模型；SCS指“Soil Conservation Service”，土壤保持服务；SWMM指“Storm Water Management Model”，雨洪管理模型；SDM指“Species Distribution Model”，物种分布模型。

在指导城市建设的规划中，已有的相关专项规划是从解决生态环境问题作为优化目标，如海绵城市规划，实体的操控对象是蓝绿空间，优化的是水文过程、地表径流；城市通风廊道规划设计，调整的对象是实体空间和潜在的风道路径，优化的目标是提升空气质量；生物多样性规划设计，包含的内容是保护区域、生物迁移廊道和保护物种等，优化的目标是保护生物物种。现有的城市生态专项规划大多从单一或两种关联性强的生态效应入手，操控实体的设计要素也无外乎是空间形态、开敞空间、绿地、水体，所以我们需要在统筹考虑空间要素配置的基础上，对多方面生态效应进行评价分析，建立多效应评价体系，既满足相关规划，又能把有限的空间要素最大化的进行科学合理配置。另一方面，生态要素会通过调节生态过程，形成不同的生态效应，即两者是有内在关联的，如绿地系统布局规划，不仅影响着释氧、降尘、净化污染空气等生态过程，也具有滞蓄功能，能够缓解城市内涝。实际上每调控一种生态要素，它的多方面生态过程与效应都会联动改变。所以，对要素本身的构成、结构、规模等内在过程的深度剖析，有助于形成多效应耦合评价的机制（周诗文等，2021）。

6.3　未来研究展望

从系统工程和全局角度寻求新的治理之道，必须统筹兼顾、整体施策、多措并举，多尺度、多维度、多目标地开展生态规划建设。随着社会经济的持续发展和环境问题的不断加剧，生态规划作为一种综合管理手段和决策支持工具，具有日渐重要的实践价值。在未来的规划研究中，多元目标的协同优化、多源数据的整合集成、多种尺度的级联嵌套以及多样技术的深度融合是生态规划研究与实践的主要趋势。

6.3.1　多元目标的协同优化

多目标优化起源于实践中复杂的设计、权衡和规划问题，现实中规划师都要在各种约束条件和耦合关系下协同解决诸多问题或者完成多个目标。例如，国土空间规划作为国家规划体系的基础，其规划目标涉及社会经济发展、自然资源保护等与人类福祉密切相关的众多维度（图 6－17）。同时，作为以土地要素为主要对象的全域-全要素-全过程的国土空间规划，生态系统的复杂性决定了构建综合的多目标优化模型辅助规划决策的必要性（图 6－18）。这对作为国土空间规划重要组成部分的城市生态空间规划提出了同样的要求。

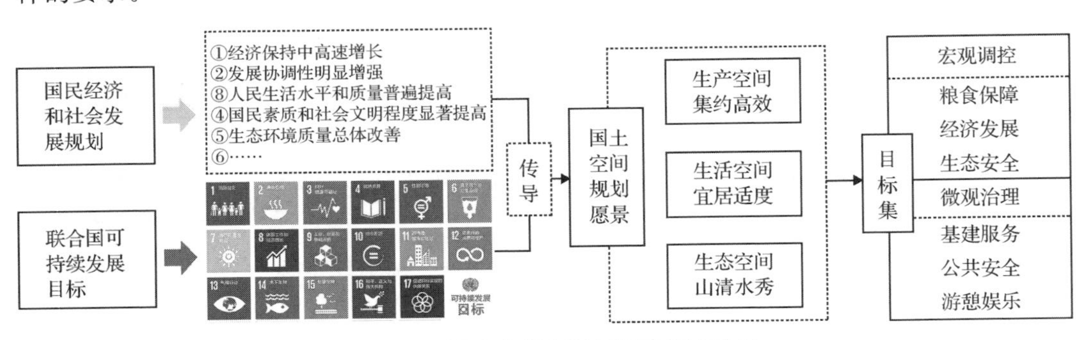

图 6－17　国土空间规划目标集构建路径

（引自：欧名豪等，2020）

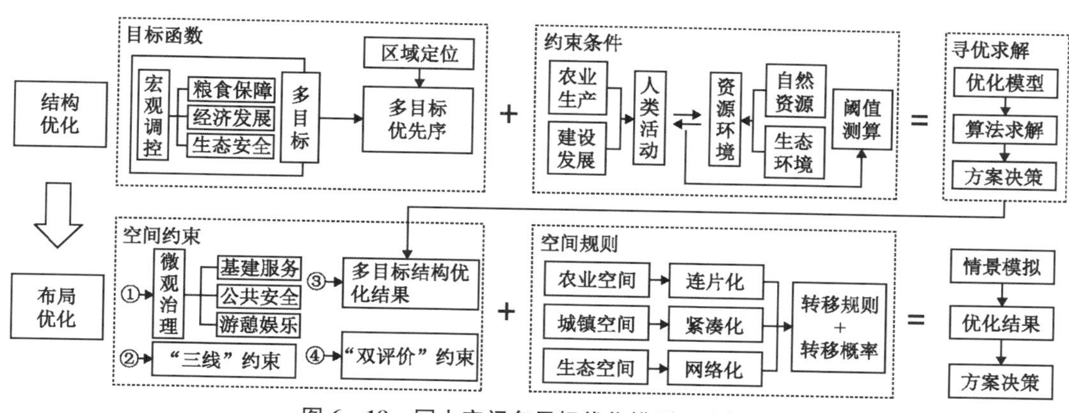

图 6-18 国土空间多目标优化模型理论框架

(引自:欧名豪等,2020)

城市生态规划是一项系统工程,旨在保护和改善城市环境的基础上,实现城市的可持续发展和生态平衡,促使城市自然生态、经济和社会等系统的有机统一。城市复合生态系统的自然生态过程、经济过程和社会过程相互联系、相互制约,因此,统筹协调城市社会、经济和生态等多元目标,形成系统论指导下的城市生态规划多元目标统筹协调方法势在必行。然而,在城市生态规划领域,目前多目标规划中常用的决策支持方法有待进一步完善,未来研究需要探索更准确、灵活、可靠的决策支持方法,如多准则决策、模糊决策等,以更好地解决城市生态规划中的多目标协同优化问题。例如,现有规划通常将多目标规划问题转化为一组线性约束条件下的单一目标线性规划问题,而城市生态规划中的目标常常涉及非线性关系,因而亟须将非线性因素纳入多目标规划决策模型中。

6.3.2 多源数据的整合集成

在空间规划中使用多源(时空)数据,能够为我们提供时空本底信息(影像信息、定位信息和地理信息)和时空专题信息(资源的数量、分布和资料信息,资产的产权关系和权属信息,资源的资本和生态价值信息)等,更精确地反映现实世界各类实体与现象的空间分布、时间变化及属性特征。以时空大数据融合应用为基础的规划新技术,能够为城市空间的功能、品质提供更细尺度、更高动态的特征画像,提高空间问题诊断与空间资源供需匹配的精准性,从而更好地支撑规划决策和实施监督的科学性,全面提升城市生态规划与空间治理的水平。

目前,时空大数据已较为广泛地应用于国土空间规划的编制、审批、修改和实施监督工作中。《国土空间规划城市时空大数据应用基本规定》(TD/T 1073—2023)首次构建了时空大数据应用的统一标准,以业务需求为导向,明确数据类型、口径要求与技术方法,既是对数据应用要求的明确,也是对数据应用的指导,是全面提升时空大数据在国土空间规划中应用成效的关键基础性工作(图 6-19)。

随着城市生态环境问题的日益凸显和信息技术的快速发展,越来越多的数据来源和观测手段被应用于生态规划研究中。然而,这些数据通常来自不同的部门、平台,或是观测方法,存在数据异构性、时空分辨率不一致性等问题,给多源数据的整合带来了巨大的挑战。因而,城市生态规划研究与实践同样需要通过数据清洗(剔除数据噪声、排除无效冗余数据）、质量控制（统一采集渠道、方式、口径、类型、地区、数量结构与空间覆盖范围）、数据校核（多源数据交叉验证）等关键环节，有力提高数据的可靠性和有效性，在此基础上，才能进一步开展多源数据融合，实现在空间功能识别、问题诊断和空间模拟推演等不同应用场景的融合应用，全面提升时空大数据对城市生态规划与治理的支撑力度。

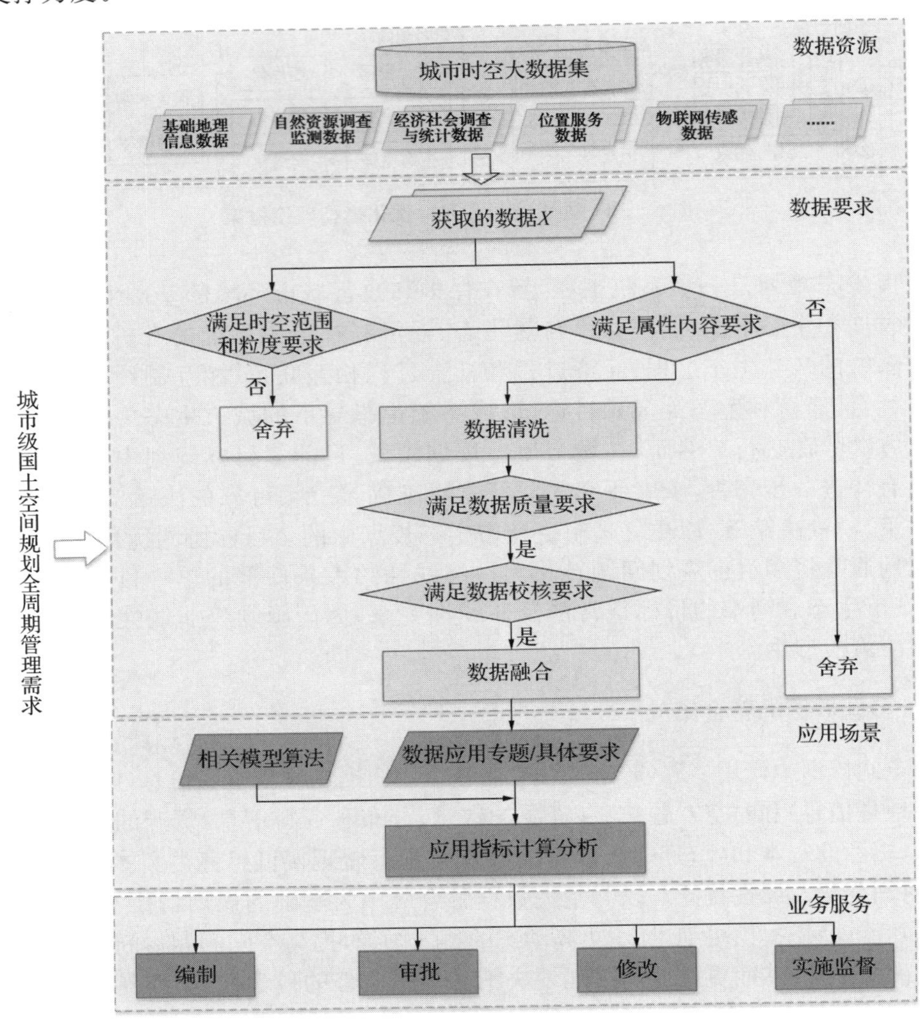

图 6-19 城市时空大数据应用技术流程

［引自：《国土空间规划城市时空大数据应用基本规定》(TD/T 1073—2023)］

6.3.3 多种尺度的级联嵌套

城市化是一个在多尺度发挥作用的过程，由于不同尺度上人类系统和自然系统占据的空间主体具有内在差异性，人类系统构建的活动网络与生态系统发生的关系、作用随时空尺度的变化也呈现出明显的规律性特征。近年来，随着城市发展与自然保护矛盾的日趋激烈，学界对城市生态规划的重视程度不断提高，一些重要的研究对象与实践措施，如生态网络、绿色基础设施、生态安全格局的构建与优化，不断提升了城市生态系统结构与功能的完整性。例如,有学者聚焦市域、都市区、中心城区尺度提出了生态网络构建与优化的空间保护与修复路径(图6-20)。当前,在新的国土空间规划体系下,基于不同城市与区域城市化所处的阶段及特征和不同空间尺度上的生态分异规律,构建以尺度级联和自然资源整体保护为特征的多尺度、系统性生态规划方案,对于城市与区域内部复杂生态矛盾缓解以及自然生态系统质量的整体提升具有重要作用。

研究过程中,生态规划应该根据规划对象在不同尺度上可能发生的变化来决定采取何种尺度,但是变化的程度取决于人们所描述的尺度。当然,在面临现实生态规划问题时,并不可能完全自由地选择描述尺度。在生态规划的具体要求下,针对不同规划对象的空间尺度和时间尺度,通过系统分析确定合理的分析方法,在生态功能分区与生态经济区划的基础上,合理进行重点建设项目的空间布局,修复优化城市生态空间,使规划最终达到复合系统不同等级层次间的调控与和谐关系。

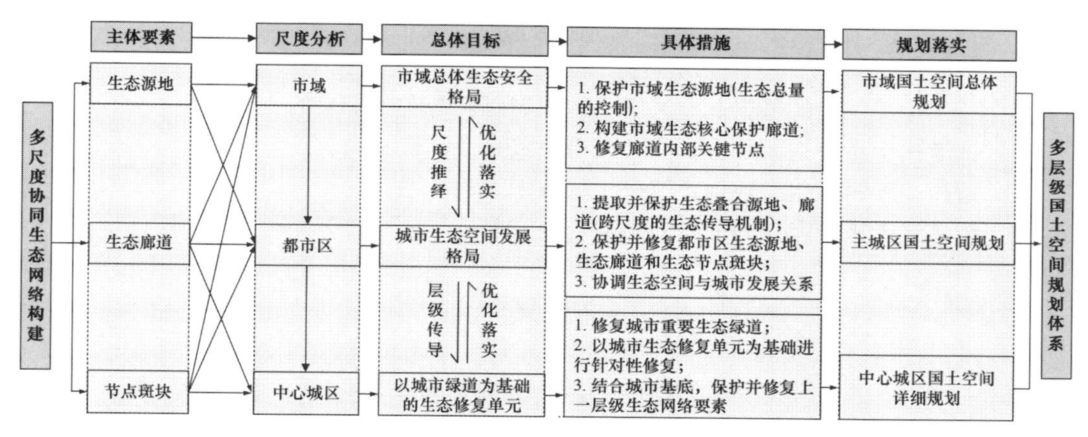

图6-20　多尺度生态网络空间保护与修复路径

(引自:卢洁等,2023)

6.3.4　多样技术的深度融合

随着科学技术的快速发展和信息技术的广泛应用,各种新兴技术正逐渐渗透进入生态规划领域,为研究和应用提供了更多的可能性和更强的技术支撑。首先,遥感技术能够提供高分辨率的空间信息和多时相的观测数据,有助于了解生态系统的状态和演变过程,更好地开展生态系统的监测、评估和规划。其次,加强人工智能技术在生态规划中的应用,例如机器学习、深度学习、智能优化等,这些技术具有强大的数据分析和决策能力,可以促进对生态系统的理解和管理。在生态规划中,人工智能技术可以应用于种群建模、物种分布预测、生态环境风险评估等方面,将人工智能技术与生态规划相结合,开展相关研究并构建智能化的生态规划决策支持系统具有重要意义。此外,深入研究生态模型与仿真技术可以帮助我们模拟和预测生态系统的演变过程,评估不同规划方案的效果,并进行虚拟实验,包括生态系统模型的构建、参数优化方法的研究、模型验证等方面,通过与其他技术的融合,可以更准确、全面地分析和预测生态变化,为生态规划提供科学依据。

本章小结

运用系统思想和复杂科学来分析城市这一典型的复杂巨系统，是21世纪城市科学发展以及城市生态规划理论与实践的重要趋势。

前瞻性地制定复合生态系统的多目标协同优化策略与调控模式，需要一个生态规划系统分析的研究框架来组织理论和实证研究中确定的相关变量，从而更好地指导新时代生态文明建设背景下的生态规划理论创新、研究范式构建与实践探索。

从系统工程和全局角度寻求新的治理之道，必须统筹兼顾、整体施策、多措并举，多尺度、多维度、多目标地开展城市与区域生态规划建设。

思考题

1. 请试述系统论的思想和方法给生态规划研究与实践带来的主要影响。
2. 请简述生态规划系统分析的几大研究范式及其核心内容。
3. 请简述新时期生态规划系统分析的技术方法体系。
4. 请试述未来生态规划的发展趋势与研究前景。

参考文献

贝塔朗菲，1987. 一般系统论：基础、发展和应用[M]. 林康义魏宏森，译. 北京：清华大学出版社：44-45.

蔡建明，郭华，汪德根，2012. 国外弹性城市研究述评[J]. 地理科学进展，31(10)：1245-1255.

陈平，杨波，王利钢，2015. 管理信息系统实践教程[M]. 南京：东南大学出版社.

陈媛媛，朱记伟，周蓓，等，2018. 基于系统动力学的西安市复合生态系统情景分析[J]. 水资源与水工程学报，29(6)：31-40.

成琨，2015. 基于复杂适应系统理论的区域水土资源优化配置与粮食安全风险分析[D]. 哈尔滨：东北农业大学.

方修琦，殷培红，2007. 弹性、脆弱性和适应：IHDP三个核心概念综述[J]. 地理科学进展，26(5)：11-22.

戈峰，2008. 现代生态学[M]. 2版. 北京：科学出版社.

何青松，谭荣辉，杨俊，2021. 基于近邻传播聚类元胞自动机模型的武汉城市扩散和聚合过程同步模拟[J]. 地理学报，76(10)：2522-2535.

黄小寒，2006. 世界视野中的系统哲学[M]. 北京：商务印书馆.

黄秀兰，2008. 基于多智能体与元胞自动机的城市生态用地演变研究[D]. 长沙：中南大学.

霍兰，2000. 隐秩序：适应性造就复杂性[M]. 周晓牧，韩晖，译. 上海：上海科技教育出版社.

焦胜，2005. 基于复杂性理论的城市生态规划研究的理论与方法[D]. 长沙：湖南大学.

杰克逊，2005. 系统思考：适于管理者的创造性整体论[M]. 高飞，李萌，译. 北京：中国人民大学出版社.

拉兹洛，1998. 系统哲学引论：一种当代思想的新范式[M]. 钱兆华，等译. 北京：商务印书馆：12，24.

黎夏，李丹，刘小平，等，2009. 地理模拟优化系统 GeoSOS 及前沿研究[J]. 地球科学进展，24(8)：899-907.

李杨，徐峰，谢光强，等，2018. 多智能体技术发展及其应用综述[J]. 计算机工程与应用，54(9)：13-21.

刘天林，刘明皓，荆磊，等，2021. 一种顾及驱动因子重要性的双约束 RF-Patch-CA 城市扩张模拟方法[J]. 地理与地理信息科学，37(2)：63-70.

龙瀛，毛其智，杨东峰，等，2011. 城市形态、交通能耗和环境影响集成的多智能体模型[J]. 地理学报，66(8)：1033-1044.

卢洁，焦胜，胡加琦，等，2023. 基于多尺度协同的长沙市生态网络构建与层级优化[J]. 生态学报，43(15)：6332-6344.

马世骏，1981. 生态规律在环境管理中的作用：略论现代环境管理的发展趋势[J]. 环境科学学报，1(1)：95-100.

马世骏，王如松，1984. 社会—经济—自然复合生态系统[J]. 生态学报，4(1)：1-9.

苗东升，2006. 系统科学精要[M]. 2 版. 北京：中国人民大学出版社.

苗东升，2007. 系统科学大学讲稿[M]. 北京：中国人民大学出版社.

欧名豪，丁冠乔，郭杰，等，2020. 国土空间规划的多目标协同治理机制[J]. 中国土地科学，34(5)：8-17.

钱学森，1979-11-10. 大力发展系统工程，尽早建立系统科学体系[N]. 光明日报.

钱学森，2007. 论系统工程(新世纪版)[M]. 上海：上海交通大学出版社.

仇保兴，2018. 基于复杂适应系统理论的韧性城市设计方法及原则[J]. 城市发展研究，25(10)：1-3.

邱建，曾帆，贾刘强，2017. 震后重建规划实践的系统辨析及思维模型[J]. 城市发展研究，24(4)：14-21.

上海交通大学，2005. 智慧的钥匙：钱学森论系统科学[M]. 上海：上海交通大学出版社：48.

宋爽，王帅，傅伯杰，等，2019. 社会—生态系统适应性治理研究进展与展望[J]. 地理学报，74(11)：2401-2410.

孙小涛，徐建刚，张翔，等，2016. 基于复杂适应系统理论的城市规划[J]. 生态学报，36(2)：463-471.

王俭，韩婧男，胡成，等，2012. 城市复合生态系统共生模型及应用研究[J]. 中国人口·资源与环境，22(S2)：291-296.

王其藩，1988. 系统动力学[M]. 北京：清华大学出版社.

王其藩，1992. 社会经济复杂系统动态分析[M]. 上海：复旦大学出版社.

王其藩，1995. 高级系统动力学[M]. 北京：清华大学出版社.

王如松，欧阳志云，2012. 社会—经济—自然复合生态系统与可持续发展[J]. 中国科学院院刊，27(3)：337-345.

王效科，苏跃波，任玉芬，等，2020. 城市生态系统：人与自然复合[J]. 生态学报，40(15)：5093-5102.

吴良镛，2004. 中国城市发展的科学问题[J]. 城市发展研究，11(1)：9-13.

许国志，2000. 系统科学[M]. 上海：上海科技教育出版社.

薛冰，李宏庆，黄蓓佳，等，2022. 数据驱动的社会—经济—自然复合生态系统研究：尺度、过程及其决策关联[J]. 应用生态学报，33(12)：3169-3176.

张鸿辉，尹长林，2012. 多智能体交互式城市空间规划模型研究[C]// 多元与包容——2012 中国城市规划年会论文集(14. 城市规划技术与方法). 昆明：90-103.

张鸿辉，曾永年，金晓斌，等，2008. 多智能体城市土地扩张模型及其应用[J]. 地理学报，63(8)：869-881.

张家瑞，王慧慧，曾维华，2017. 基于ABM+SD耦合模型的滇池流域水价政策仿真[J]. 中国环境科学，37(10)：3991－4000.
周诗文，石铁矛，李绥，等，2021. 以复合生态效应评价为支撑的绿色城市新区规划框架研究[J]. 城市发展研究，28(4)：29－36.
邹德慈，2009. 设防的城市[J]. 城市规划，2009，33(9)：14－16.
Batty M，Torrens P M，2005. Modelling and prediction in a complex world[J]. Futures，37(7)：745－766.
Batty M，Xie Y，1994. From Cells to Cities[J]. Environment and Planning B：Planning and Design，21(7)：S31－S48.
Chaib-Draa B，Moulin B，Mandiau R，et al.，1992. Trends in distributed artificial intelligence[J]. Artificial Intelligence Review，6(1)：35－66.
Clarke K C，Hoppen S，Gaydos L，1997. A self-modifying cellular automaton model of historical urbanization in the San Francisco Bay Area[J]. Environment and Planning B：Planning and Design，24(2)：247－261.
Costanza R，1992. The science and management of sustainability[M]. New York：Columbia University Press.
Cowan G A，Pines D，Meltzer D，1999. Complexity：metaphors，models，and reality[M]. Cambridge：Perseus Books.
Daily G C，1997. Nature's services：societal dependence on natural ecosystems[M]. Washington，D.C.：Island Press.
David J，Julia J，1991. Collins：Dictionary of Sociology[M]. New York：Harper Collins Publisher.
Deal B，Pallathucheril V，Sun Z，et al，2005. LEAM technical document：overview of the LEAM approach[M]. Urbana-Champaign：University of Illinois at Urbana-Champaign：76.
de Groot R S，Wilson M A，Boumans R M J，2002. A typology for the classification，description and valuation of ecosystem functions，goods and services[J]. Ecological Economics，41(3)：393－408.
Elmqvist T，Bai X M，Frantzeskaki N，2018. Urban planet knowledge towards sustainable cities[M]. Cambridge：Cambridge University Press.
Endlicher W，2011. Introduction：from urban nature studies to ecosystem services[M]//Endlicher W. Perspectives in urban ecology. Berlin：Springer：1－13.
Endlicher W，Langner M，Hesse M，et al.，2007. Urban ecology definitions and concepts[M]//Langner M，EndlicherW. Shrinking cities：Effects on urban ecology and challenges for urban development. Frankfurt am Main：[s:n].
Filatova T，Parker D，van der Veen A，2008. Agent-based urban land markets：Agent's pricing behavior，land prices and urban land use change[J]. Journal of Artificial Societies and Social Simulation，12(13)：75－83.
Forrester J W，1969. Urban dynamics[M]. Cambridge：The MIT Press.
Grimm N B，Faeth S H，Golubiewski N E，et al.，2008. Global change and the ecology of cities[J]. Science，319(5864)：756－760.
He C Y，Zhao Y Y，Huang Q X，et al.，2015. Alternative future analysis for assessing the potential impact of climate change on urban landscape dynamics[J]. The Science of the Total Environment，532：48－60.
IPCC，2022. Climate change：The physical science basis[M]. Cambridge：Cambridge University Press.
Jantz C A，Goetz S J，Donato D，et al.，2010. Designing and implementing a regional urban modeling system using the SLEUTH cellular urban model[J]. Computers，Environment and Urban

Systems, 34(1): 1 - 16.

Jongman R, Pungetti G, 2004. Ecological networks and greenways: Concept, design, implementation (Cambridge studies in landscape ecology) [M]. Cambridge: Cambridge University Press.

Jørgensen S E, 2002. A tentative pattern of ecosystem theories [M]//Integration of Ecosystem Theories: A Pattern. Dordrecht: Springer Netherlands: 343 - 363.

Kitching R L, 1983. Systems ecology: An Introduction to ecological modelling[M]. International Specialized Book Services.

Kuhn T S, 1962. The Structure of scientific revolutions[M]. Chicago: University of Chicago Press.

Laszlo E, Laszlo A, 1997. The contribution of the systems sciences to the humanities[J]. Systems Research and Behavioral Science, 14(1): 5 - 19.

Laszlo E, 1983. Systems science and world order: selected studies[M]. Oxford: Pergamon Press.

Ligtenberg A, Bregt A K, van Lammeren R, 2001. Multi-actor-based land use modelling: Spatial planning using agents[J]. Landscape and Urban Planning, 56(1): 21 - 33.

Ligtenberg A, Wachowicz M, Bregt A K, et al., 2004. A design and application of a multi-agent system for simulation of multi-actor spatial planning[J]. Journal of Environmental Management, 72: 43 - 55.

Luederitz C, Brink E, Gralla F, et al., 2015. A review of urban ecosystem services: Six key challenges for future research[J]. Ecosystem Services, 14: 98 - 112.

Ma Y, Shen Z J, Kawakami M, 2013. Agent-based simulation of residential promoting policy effects on downtown revitalization[J]. Journal of Artificial Societies and Social Simulation, 16(2): 2 - 12.

Monticino M, Acevedo M, Callicott B, et al., 2007. Coupled human and natural systems: A multi-agent-based approach[J]. Environmental Modelling & Software, 22(5): 656 - 663.

Odum H T, 1983. Systems ecology: An introductio[M]. New York: Wiley.

Ostrom E, 2009. A general framework for analyzing sustainability of social-ecological systems[J]. Science, 325(5939): 419 - 422.

Pascual M, Dunne J A, 2006. Ecological networks: Linking structure to dynamics in food webs[M]. New York: Oxford University Press.

Potschin M B, Haines-Young R H, 2011. Ecosystem services[J]. Progress in Physical Geography: Earth and Environment, 35(5): 575 - 594.

Preiser R, Biggs R, De Vos A, et al., 2018. Social-ecological systems as complex adaptive systems: Organizing principles for advancing research methods and approaches[J]. Ecology and Society, 23 (4): 46.

Rao A S, Georgeff M P, 1998. Decision procedures for BDI logics[J]. Journal of Logic and Computation, 8(3): 293 - 343.

Redman C L, Grove J M, Kuby L H, 2004. Integrating social science into the long-term ecological research (LTER) network: Social dimensions of ecological change and ecological dimensions of social change[J]. Ecosystems, 7(2): 161 - 171.

Rousset A, Herrmann B, Lang C, et al., 2016. A survey on parallel and distributed multi-agent systems for high performance computing simulations[J]. Computer Science Review, 22: 27 - 46.

Santé I, García A M, Miranda D, et al., 2010. Cellular automata models for the simulation of real-world urban processes: A review and analysis[J]. Landscape and Urban Planning, 96(2): 108 - 122.

Silva E A, Ahern J, Wileden J, 2008. Strategies for landscape ecology: An application using cellular automata models[J]. Progress in Planning, 70(4): 133 - 177.

Tansley A G, 1935. The use and abuse of vegetational concepts and terms[J]. Ecology, 16(3): 284 - 307.

Tobler W R, 1979. Cellular geography[M]//Gale S, Olsson G. Philosophy in Geography. Dordrecht: Springer: 379 - 386.

Turner B L, Kasperson R E, Matson P A, et al., 2003. A framework for vulnerability analysis in sustainability science[J]. Proceedings of the National Academy of Sciences of the United States of America, 100(14): 8074 - 8079.

Vitousek P M, Mooney H A, Lubchenco J, et al., 1997. Human domination of earth's ecosystems[J]. Science, 277(5325): 494 - 499.

Waddell P, 2002. UrbanSim: Modeling urban development for land use, transportation, and environmental planning[J]. Journal of the American Planning Association, 68(3): 297 - 314.

Walker B, Salt D, 2006. Resilience thinking: Sustaining ecosystems and people in a changing world [M]. Washington: Island Press.

Wang H H, Cao R X, Zeng W H, 2020. Multi-agent based and system dynamics models integrated simulation of urban commuting relevant carbon dioxide emission reduction policy in China[J]. Journal of Cleaner Production, 272: 122620.

Wolman A, 1965. The metabolism of cities[J]. Scientific American, 213: 179 - 190.

Zellner M L, Theis T L, Karunanithi A T, et al., 2008. A new framework for urban sustainability assessments: Linking complexity, information and policy[J]. Computers, Environment and Urban Systems, 32(6): 474 - 488.

第三篇

实践篇

纸上得来终觉浅，绝知此事要躬行。——[中]陆游:《冬夜读书示子聿》

所有的理论法则都依赖于实践法则；如果只有一条实践法则，那么它们就都依赖这一条实践法则。——[德]费希特

理论所不能解决的疑难问题，实践将为你解决。——[德]费尔巴哈

本篇将通过介绍南京大学生态环境规划课题组二十余年来主持或参与的四个不同时期的生态规划实践项目，展现富有南大规划学科特色的、多学科理论与技术方法融合下的生态规划实践，以期为规划实践从业者与城市管理者提供案例借鉴、技术框架与决策参考。每一个生态规划实践案例都代表着课题组在新背景下的一些新思考，也反映了当时生态规划技术方法体系发展的阶段。

第 7 章:吴江东部次区域生态环境专题研究

第 8 章:湖南省“3＋5”城市群生态规划研究

第 9 章:多元目标融合的环太湖绿廊规划研究

第 10 章:柳州市全域国土综合整治与生态修复

第 7 章　吴江东部次区域生态环境专题研究

吴江东部次区域东部毗邻我国经济中心上海市，南接我国私营经济最活跃的浙江省，是江苏与沪、浙“两省一市”交汇的“金三角”地区，也是长三角区域一体化发展国家战略的中心区域。2002 年，苏州市吴江市(现吴江区)根据沿沪地理位置的区划和原有经济基础，整合优化资源，将芦墟镇、北厍镇(2003 年并入黎里镇)、黎里镇和金家坝镇(2003 年并入芦墟镇)及省级汾湖旅游度假区组建成“江苏吴江市临沪经济区”。为了整体打造好临沪外向型经济板块，吴江市委、市政府作出了重要部署，要求高起点做好规划，在建设中以芦墟为核心，实现芦墟、北厍、金家坝、黎里四镇有机联动、相互促进，以位于芦墟镇的汾湖旅游度假区为支撑，带动其他三块区域，实现整体推进。

在此背景下，2003 年以来南京大学徐建刚教授团队先后承担了吴江市临沪经济区委托的“吴江东部次区域发展战略规划(2004—2025 年)”(徐建刚等，2004)、“临沪经济区总体规划(2005—2025 年)”等一系列规划项目，为规划研究区的健康可持续发展献计献策，得到了吴江市委、市政府的高度认可。当时笔者作为博士研究生参与并负责了这些规划项目中与生态环境相关的专题研究，在国内城市与区域规划研究中较早使用了生态环境敏感性(简称“生态敏感性”)分析和用地适宜性分区等生态规划技术方法，为规划研究区规划方案的科学制定提供了较好的技术支撑。虽时间比较久远，但笔者认为该专题中使用的生态环境敏感性分析和用地适宜性分区等方法，在当前生态文明建设的新时代仍具有一定的借鉴意义和参考价值，故将其作为案例呈现给读者。

7.1　规划背景

7.1.1　城市经济增长快速，但区域竞争日趋激烈

吴江以其独特辐射经济、集群经济、民营经济的发展道路，打造出了为国人瞩目的“吴江速度”，并与“昆山模式”“江阴板块”等一起为“苏南模式”谱写了新的篇章。吴江东部次区域是吴江经济快速发展的三大“主战场”之一。1998 年、2000 年吴江对乡镇企业进行了转制、改制，规划研究区的民营经济已基本取代集体经济的地位，已经“三分天下有其二”。与此同时，区域块状经济迅速崛起，产业集群不断形成，江苏省重点扶持的 20 个县域产业集群中，吴江就有 6 个，东部次区域有 2 个。总体而言，自 20 世纪 90 年代以来，在投资的推动下，乘“吴江速度”快车、显“块状经济”优势，吴江东部次区域持续了 10 余年的年均 20%以上的经济高速增长，至 2003 年人均 GDP 接近4 000 美元。

然而，由于国家宏观调控政策的不断加强，地区对于经济发展的影响逐步减弱。国家普惠政策向其他区域转移，致使吴江东部次区域先前的比较优势不复存在。与此同

时，江浙两省均提出了“接轨上海”的发展战略，而上海自身则提出了“173 计划”，这表明区域内、区域间的竞争将会日益激烈。另外，随着长三角区域内部交通条件的持续改善，吴江东部次区域的交通优势不断弱化。面对日益激烈的区域竞争，当地政府部门尚未从社会、经济、生态等整体视角提出科学合理的区域发展目标，新时期吴江东部次区域的发展问题亟待破题。

7.1.2　传统经济增长方式难以为继，亟须变革

改革开放 20 余年来主要靠高投入、高物耗、高能耗来维持的经济快速增长方式难以为继，经济增长对生态环境的负面影响日益显现，转变经济增长方式迫在眉睫。2002 年，《中华人民共和国清洁生产促进法》出台，标志着污染治理由末端向全过程控制转变。2003 年，在中央人口资源环境工作座谈会上，胡锦涛同志强调，环保工作要着眼于人民喝上干净的水，呼吸清洁的空气和吃上放心的食物，在良好的环境中生产生活，集中力量先行解决危害人民群众健康的突出问题。与此同时，经济周刊、光明日报等许多媒体先后发表了《增长并不等于发展——管窥江苏的经济增长方式》等报道，指出“许多经济专家对江苏经济提出了‘经济增长不经济’的看法，并认为近年来的经济效益不是提高，而是下降了”，GDP 并不能精确反映环境污染和资源消耗的情况。因而，各级政府必须树立和践行正确的政绩观，贯彻落实科学发展观，变革经济增长方式，推进可持续发展。

7.1.3　苏南地区生态环境可持续发展的现实需要

吴江东部地区自然生态本底优良，具有“小桥流水人家”的典型江南水乡特色，然而随着城镇化的快速发展，自然生态系统的完整性受到一定程度的破坏，环境污染问题日趋严重，致使地域水乡特色逐渐丧失，景观破碎化程度不断增强，景观连通性持续下降，城市与区域可持续发展面临很大挑战。为了统筹自然生态保护与社会经济发展的关系，吴江市委、市政府要求高起点做好规划研究区规划，贯彻落实科学发展观，决不能以牺牲自然生态环境来换取经济的一时增长。

鉴于此，规划研究团队通过吴江东部地区生态环境敏感性分析和用地适宜性评价，构建并优化吴江东部地区的生态格局与用地布局，以期为规划研究区的可持续发展以及生态环境保护提供决策参考。

7.2　规划研究区概况

规划研究区吴江东部次区域，面积 256.3 km^2，占吴江的 21.9%；2003 年，人口 18.8 万人，占 18.5%；GDP 46.48 亿元，占 16.54%。气候属北亚热带湿润季风气候，年平均气温为 15.7℃，平均年降水量为 1 094 mm；是吴江水网最密集、土壤最肥沃的地区，湖荡、河流和鱼塘(水面面积)合占总面积的 49.5%(图 7－1)；属平原地区，地势十分平缓，由东北向西南略微倾斜，海拔低，平均海拔仅 2.11 m(上海吴淞高程)；耕地总面积 75.2 km^2，占总面积的 27.56%，土地生产能力优良，三等地以上的耕地占 66.15%；植被类型比较单一，除少量原生植被芦苇外，绝大部分为农田等人工植被，景观破碎化程度很高。

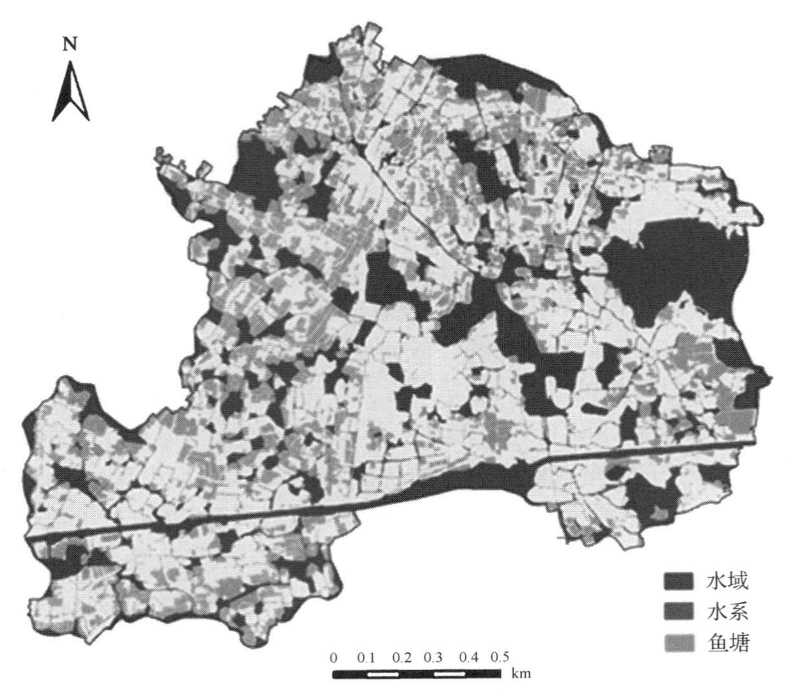

图 7-1　吴江东部次区域水域水系鱼塘分布图

7.3　发展困境与机遇

7.3.1　发展困境

(1) 周边都市圈建设导致规划区的边缘化

规划研究区地处上海都市区、苏锡常都市圈、杭嘉湖城市群三大城市圈的边缘地区，不仅在接受核心城市辐射方面处于较低能级，还要面对由核心城市吸引而产生的资金、技术、人才等要素的流失。也就是说，规划研究区在面对三大都市圈资源袭夺的同时，还要参与圈域经济竞争，因而需要智慧处理与周边不同都市圈的竞合关系，以趋利避害、扬长避短。另外，"大苏州"框架规划了四个城镇集结区域，即苏州市区—常熟—昆山为核心的新市域中心，张家港—江阴城镇群、太仓—嘉定城镇群、盛泽—嘉兴城镇群(图 7-2a)，而吴江东部次区域在宏观的空间布局中仅承担着城镇集结区之间生态、开敞空间的职能，主要发挥水乡基底的生态涵养功能(图 7-2b)。这就要求规划研究区的发展必须处理好生态环境保护与社会经济发展的关系。

(2) 粗放型发展模式侵占了规划区的大量自然生态资源

粗放型模式下的高速增长，已造成规划研究区耕地、水域等大量自然生态资源被侵占，生境斑块的破碎化与隔离程度不断增加，致使其生态承载力不断降低，生态赤字逐年递增。2004 年，吴江东部次区域的人均生态承载力只有 0.38 hm^2/cap，不足全国平均水平的 3/5，不到世界平均水平的 1/5。2000—2004 年吴江东部次区域人均生态承载力与可利用的生态承载力逐年递减，而人均生态足迹与生态赤字却逐年递增，说明该区域社会经济发展对生态环境的胁迫程度不断加深。与此同时，规划研究区工业化初期的粗放

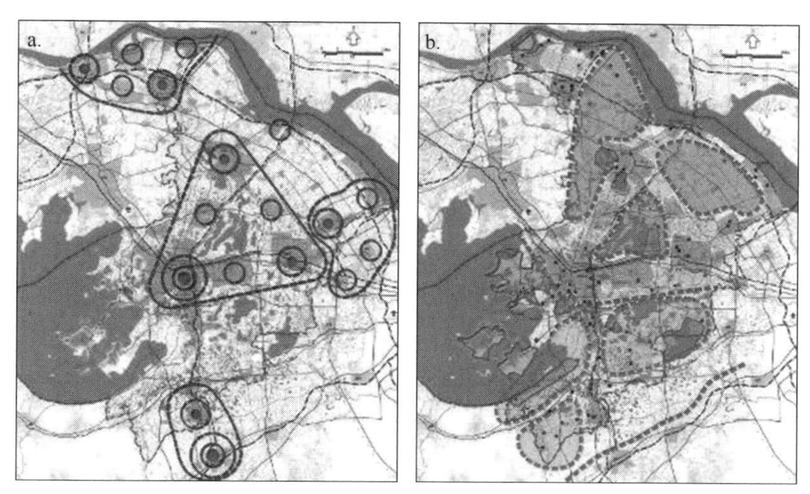

图 7-2　吴江东部次区域在苏州发展中的区域地位示意图

型经济发展还造成了比较严重的空气污染、水污染和土壤污染，致使生态环境问题日益成为本区域发展的重要制约因素。

(3) 用地空间碎化与城镇化集聚发展的矛盾突出

规划研究区的产业布局和人口分布在空间上均表现出“破碎化”的特点，建设用地总体上呈现“大分散、小集中”的分布格局（图 7-3）。其中，工业用地在镇区和社区的蔓延度指数（Contagion index，CONTAG）为 54.4，居住用地在镇区和社区的蔓延度指数 48.5，表明规划研究区的工业用地和居住用地的团聚程度不高，用地空间比较破碎。然而，城镇化则要求用地布局相对集中、集聚发展，以更好地发挥土地的集约效益。因此，规划研究区如何在动态发展过程中实现用地的集约集聚，减少用地空间的破碎化程度，

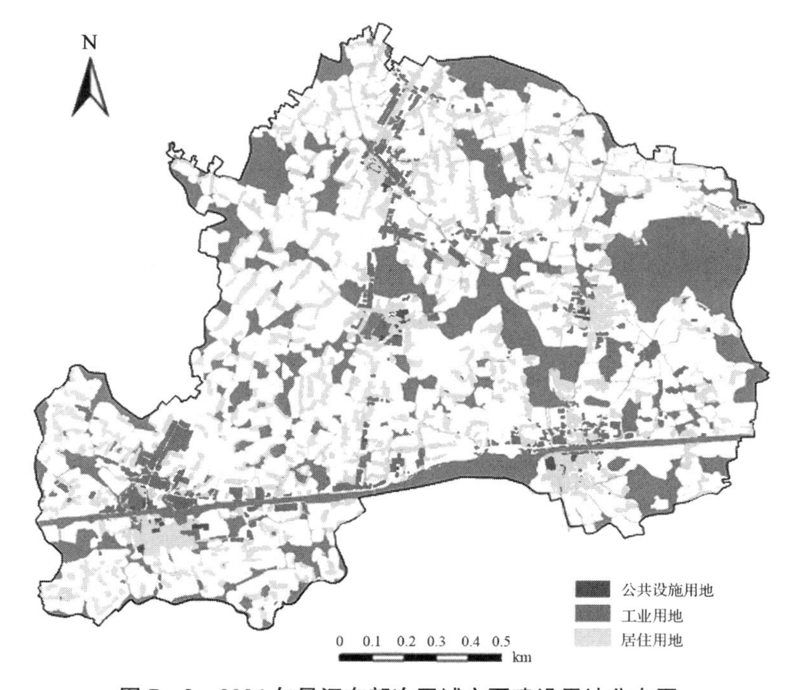

图 7-3　2004 年吴江东部次区域主要建设用地分布图

成为本次规划亟须解决的重要问题之一。

7.3.2 发展机遇

（1）经济全球化下的产业转移与长三角一体化进程的推进

举凡世界历史，除了率先进行工业革命的英国，其余各国经济腾飞无不受益于全球产业转移的大势。每一次的产业转移浪潮都促使世界经济格局发生深刻变革，目前正在进行的第四次产业转移与中国经济的快速发展密切相关，中国成为第四次产业转移最大的承接地和受益者，极大地推动了中国的工业化进程和经济的高速增长，也让中国建立起了全球最完备的产业体系，成为新的“世界工厂”。

这次产业转移浪潮使得不同层级与类型产业由发达国家向发展中国家转移，由发达地区向欠发达地区或不发达地区转移，由中心城市向小城市及乡镇转移。区域经济一体化业已成为当前世界经济发展中主要趋势。“泛珠三角”规划随之出炉，长三角也紧随其后不断推进着自身的区域一体化进程（图 7－4）。苏州已成为第二大工业城市，国际性的制造业加工基地，吴江区经济实力雄厚、民营经济活跃，产业基础较好，拥有丝绸纺织、电子信息、装备制造、光电通信等四大主导产业集群。因此，随着经济全球化下的产业转移与长三角一体化进程的不断推进，规划研究区将会迎来新一轮的发展机遇。

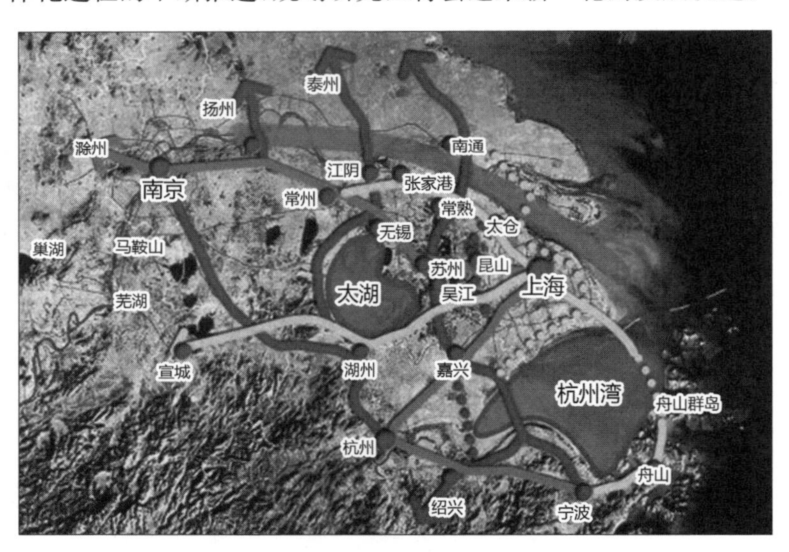

图 7－4 长三角一体化进程示意图

（2）毗邻都市圈经济的整合

都市圈能够通过整合圈内不同层级城市的各类资源，实现区域社会经济发展的多赢。“统一市民”和“为我所用”的发展观念已经成为当代协同发展的主流。吴江东部次区域是苏州与上海错位发展与协作的前沿地区，处于三圈交汇的“金三角”地区，是三个都市圈溢出效应的叠加区。

因而，规划研究区亟须充分利用“临沪依浙”的区位条件，发挥“小桥流水人家”的自然生态环境本底优势和位置级差地租的地价优势，放大上海产业的“溢出效应”，以发展房地产业为契机，推动第三产业的大发展，特别是把商贸经济或物流经济作为今后发展的特色经济之一。同时，政府应加大对光电缆、彩钢板等集群经济的扶持力度，促使其与周边都市圈产业资源的整合升级，以更好地应对未来产业发展高端化、智能化等的发展需求。

(3) 区域内生态资源丰富，为“上海后花园”建设提供了优良本底

吴江是一个久负盛名且名副其实的“水乡泽国”，素有“百湖之城”的美誉，其水域面积约占总面积的一半，境内河道纵横，湖荡密布。“河道交织成网，湖荡密罗点缀”是吴江的水域自然特征的真实写照：全区约有 2 600 多条河道，513 个大小不一的湿地斑块。湿地主要包括湖泊湿地、河流湿地、沼泽湿地和人工湿地，总面积(保有量)为 431.08 km^2，其中：自然湿地总面积为 214.84 km^2，受保护自然湿地总面积为 154.68 km^2。优良的自然生态本底条件为建设“上海后花园”提供了优质资源和空间保障。加之，随着社会经济发展，绿色休闲已经成为都市人新的游憩观念，对自然生态的体验已经成为都市人群新的旅游观念。因而，吴江的生态旅游将大有可为。

7.4　生态环境敏感性分析与用地适宜性评价

7.4.1　生态环境敏感区分类

本节采用哈里·乔治·纽曼(Harry George Newman)的分类体系(Newman，1982)，将生态环境敏感区分为 4 大类 13 亚类：生态关键区(主要包括野生动物栖息地、自然生态区、科研区)、文化感知关键区(主要包括景观区，野趣区，历史、考古与文化区)、资源生产关键区(主要包括农业用地、水质保持区、矿产采掘区)和自然灾害关键区(主要包括洪涝易发区、火灾易发区、地质灾害易发区、空气污染区)。每一类型的定义与内涵如下：

(1) 生态关键区

在无控制或不合理的开发下将导致一个或多个重要自然要素或资源退化或消失的区域。所谓重要要素是指那些对维持现有环境的基本特征和完整性都十分必要的要素，它们取决于该要素在生态系统中的质量、稀有程度或者是其地位高低。生态关键区主要包括野生动物栖息地、自然生态区、科研区 3 个亚类。

①野生动物栖息地：为野生动物提供食物、庇护和繁殖空间的区域。其根本目的是保护稀有与濒危物种。通常应足够大，以满足生物种群的需求。

②自然生态区：拥有一些生态系统单元，这些单元或者是所属种类的典型代表，或者是维护大区域范围内的生态完整性和环境质量上有着至关重要作用的区域。例如湿地和滨水地区。

③科研区：具有地质特色或拥有值得研究的生态过程。在地方、国家范围内的地质或生态要素的独特性往往是重要影响要素。

(2) 文化感知关键区

文化感知关键区包括一个或多个重要景观、游憩、考古、历史或文化资源的区域。在无控制或不合理的开发下，这些资源将会退化甚至消失。这类关键区是重要的游憩资源，或有重要的历史或考古价值的建筑物。主要包括景观区，野趣区，历史、考古与文化区 3 个亚类。

①景观区：自然要素的观赏价值较高、值得保护的区域。稀缺性及其区位通常是重

要的考虑因子。

②野趣区：面积足够大，能够提供诸如野营、徒步旅行、远眺、泛舟等休闲活动的地区。靠近人口密集地区的独立野趣区尤其有价值。

③历史、考古与文化区：通常是一个社区、所在区域甚至是整个国家的重要遗产。此类区域通常有建筑物或人工痕迹，或与重大历史事件相联系。

（3）资源生产关键区

资源生产关键区又称经济关键区，这类区域提供支持地方经济或更大区域范围内经济的基本产品（如农产品、木材或砂石），或生产这些基本产品的必要原料（如土壤、林地、矿藏、水）。这些资源具有重要的经济价值，除此之外，还包括与当地社区联系紧密的游憩价值或文化、生命支持价值。主要包括农业用地、水质保持区、矿产采掘区 3 个亚类。

①农业用地：用于农作物生产、造林、动物饲养的用地（大农业）。之所以列入关键区是因为单纯的市场难以满足长期或未来的农业需求，从而不能保证这些土地一直作为农业用地。通常，会按照一定的标准进行农业用地的分级评定，且应优先保护高质量的农业用地。

②水质保持区：是地下水补给区、河流上游、河流廊道以及湿地等具有自然过滤地表水功能的地区，这些地区保证了净水资源的延续。

③矿产采掘区：是指拥有大量优质矿藏的地区。此类区域通常需要限制土地开发建设，以保证矿藏的开采。

（4）自然灾害关键区

不合理开发可能带来生命与财产损失的区域，包括滑坡、洪水、泥石流、地震或火灾等灾害易发区。自然灾害关键区主要包括洪涝易发区、火灾易发区、地质灾害易发区、空气污染区四个亚类。

①洪涝易发区：根据洪水发生频率确定的高洪水发生地区。

②火灾易发区：根据森林火险等级确定的具有高森林火险等级的区域。

③地质灾害易发区：主要是地震、滑坡、断层活动、火山活动、沉陷、严重侵蚀等高发的地区。

④空气污染区：该区要求在空气垂直活动较弱时，禁止或限制大气污染物的排放行为。地形特征和气象条件是划分此类区域的重要判断因子。

7.4.2　生态环境敏感性分析

生态环境与社会经济发展的矛盾与冲突是目前全世界面临的共同挑战，保护和改善生态环境已经成为当今世界各国和地区日益重视的重大问题。因而，进行生态环境敏感性分析，制定生态环境保护规划，指导区域社会经济建设是目前世界各国和地区普遍采用的战略。区域可持续发展的基础是生态环境的可持续，而生态敏感性区划是制定生态环境规划的前提和基础。

（1）生态敏感因子的选取

影响生态敏感性的因子很多，如海拔、坡度、植被、土壤、地质等，但在不同区域影响因子亦不同。例如，杨志峰等在对广州市生态敏感性分析时，根据城市生态系统的特点和当地实际，选用了土地利用现状、面积、坡度、当地保护区类型和物种多样性 5 个生态因子(杨志峰等,2002);李贞等在对深圳梧桐山南坡废弃石场进行景观与生态敏感性分析时,采用了地形、岩石、植被、水体等6个因子(李贞等,2001);张军等在对城市生态敏感性分析时,选用了水体、植被等因子(张军等,2003);欧阳志云等在对中国生态环境敏感性划分研究中选用了气候、地形、土壤、地表覆盖度等因子(欧阳志云等,2000);靳英华等在对吉林省进行生态环境敏感性分析时,选用自然与人类活动两大类12项指标(靳英华等,2004)。

各生态因子之间不是孤立的、毫无联系的,而是互相影响的,也就是说,人类活动对某环境因子不仅产生直接的干扰或破坏,而且还通过此生态因子对其他生态因子产生间接的干扰或破坏。例如,人类开发活动对植被的采伐和破坏,使得植被因子遭受直接的干扰,但由于植被遭到破坏,又使得山地丘陵区的水土流失加剧,土壤变得瘠薄,间接地影响到了土壤和水土流失等生态因子。

因此,在选取生态因子的过程中既不可面面俱到,不分主次,也不可以偏概全,顾此失彼,必须针对不同区域的具体生态环境问题和实际情况选取既便于获取,又易于量化的生态因子构建生态敏感性分析的因子指标体系。结合规划研究区水域面积大、海拔与坡度小等实际情况,根据区域特殊性、综合性、代表性与可操作性原则,规划主要选取对区域开发建设影响较大的水域、海拔与堤防、植被、耕地地力4个生态因子作为生态敏感性分析的主要影响因子(尹海伟等,2006)。

地表水域在改善区域景观质量、调节区域温度与湿度、维持正常水循环等方面发挥着重要作用。研究区是典型的江南水乡地区,水是研究区的灵魂,是生态环境和水乡特色不可或缺的自然基底和元素,是"水乡泽国"吴文化文脉传承与延续的自然载体。因此,水域的合理利用与保护对研究区历史文脉延续与社会经济可持续发展至关重要,故将水域列为最为重要的一个生态敏感性因子。

地形条件是影响生态敏感性的一个重要地学因子,包括海拔、坡度和坡向3个方面。研究区地处太湖平原地区,海拔高程低,坡度极小,水灾是该区最为主要的自然灾害,因而堤防的防洪能力大小对生态敏感度影响较大。因此,将海拔与堤防两者综合考虑作为生态敏感性分析的因子之一。

植被在保护区域生物多样性、改善生态环境质量方面具有非常重要的作用。原生植被比次生植被和人工植被易受干扰而变得不稳定。研究区由于人类活动历史悠久,开发时间长、程度深,致使自然植被大部分消失,仅有零星次生植被分布,自然生态系统已基本被人工生态系统所代替。植被类型主要有农田、林果、苗圃、竹林、芦苇与荒草地,其中农田生态系统是研究区面积最大的生态系统,面积占植被总面积的89%,占研究区的23.63%。

土地是人类赖以生存与发展的基本资源和生产要素,是人类一切活动的载体,而为人类提供所需食物生产的耕地是最为宝贵的土地资源。耕地地力(耕地生产力)是指耕地用于农作物栽培使用时,在一定时期内单位面积耕地的物质生产能力,是耕地土壤立地条件、理化性质、养分状况、土壤管理等的综合反映。研究区历史上就是有名的"鱼米之乡",有效保护良田是开发建设过程中必须重视的重要问题。故将耕地地力作为生态敏感性分析的因子之一。

（2）生态敏感性定量计算方法

根据不同因子中不同要素对生态敏感性的重要性程度分别被赋予不同的等级值（非、低、中、高和极高，分别赋值 1、3、5、7、9）。为了便于在地理信息系统分析功能中迅速获取计算结果，描述性的等级信息需转换成生态敏感性指数并建立等级评价体系（表 7－1）。

表 7－1　生态因子及其类别与等级体系

<table>
<tr><th>编号</th><th>生态因子</th><th colspan="3">类别</th><th>等级值</th><th>生态敏感度</th></tr>
<tr><td rowspan="18">1</td><td rowspan="18">水域</td><td rowspan="12">自然湖荡</td><td colspan="2">面积＞100 hm^2</td><td>9</td><td>极高</td></tr>
<tr><td rowspan="3">面积＞100 hm^2</td><td>＜100 m 缓冲区</td><td>7</td><td>高</td></tr>
<tr><td>100～＜200 m 缓冲区</td><td>5</td><td>中</td></tr>
<tr><td>200～＜300 m 缓冲区</td><td>3</td><td>低</td></tr>
<tr><td colspan="2">25 hm^2≤面积≤100 hm^2</td><td>9</td><td>极高</td></tr>
<tr><td rowspan="3">25 hm^2≤面积≤100 hm^2</td><td>＜50 m 缓冲区</td><td>7</td><td>高</td></tr>
<tr><td>50～＜100 m 缓冲区</td><td>5</td><td>中</td></tr>
<tr><td>100～＜150 m 缓冲区</td><td>3</td><td>低</td></tr>
<tr><td colspan="2">5 hm^2＜面积＜25 hm^2</td><td>7</td><td>高</td></tr>
<tr><td rowspan="3">5 hm^2≤面积＜25 hm^2</td><td>＜20 m 缓冲区</td><td>7</td><td>高</td></tr>
<tr><td>20～＜30 m 缓冲区</td><td>5</td><td>中</td></tr>
<tr><td>30～＜50 m 缓冲区</td><td>3</td><td>低</td></tr>
<tr><td colspan="3">太浦河、汾湖</td><td>9</td><td>极高</td></tr>
<tr><td colspan="2" rowspan="3">太浦河、汾湖</td><td>＜20 m 缓冲区</td><td>7</td><td>高</td></tr>
<tr><td>20～＜30 m 缓冲区</td><td>5</td><td>中</td></tr>
<tr><td>30～＜50 m 缓冲区</td><td>3</td><td>低</td></tr>
<tr><td colspan="3">水系、鱼塘、面积＜5 hm^2 的水域</td><td>5</td><td>中</td></tr>
<tr><td colspan="3">非水域</td><td>1</td><td>非</td></tr>
<tr><td rowspan="3">2</td><td rowspan="3">海拔与堤防</td><td colspan="3">20 年一遇</td><td>7</td><td>高</td></tr>
<tr><td colspan="3">50 年一遇</td><td>5</td><td>中</td></tr>
<tr><td colspan="3">≥100 年一遇</td><td>3</td><td>低</td></tr>
<tr><td rowspan="3">3</td><td rowspan="3">植被</td><td colspan="3">芦苇、荒草地</td><td>7</td><td>高</td></tr>
<tr><td colspan="3">农田、林果、苗圃、竹林</td><td>5</td><td>中</td></tr>
<tr><td colspan="3">其他</td><td>1</td><td>非</td></tr>
<tr><td rowspan="5">4</td><td rowspan="5">耕地地力</td><td colspan="3">二等地及以上</td><td>9</td><td>极高</td></tr>
<tr><td colspan="3">三等地</td><td>7</td><td>高</td></tr>
<tr><td colspan="3">四等地</td><td>5</td><td>中</td></tr>
<tr><td colspan="3">五等地及以下</td><td>3</td><td>低</td></tr>
<tr><td colspan="3">非耕地</td><td>1</td><td>非</td></tr>
</table>

在 GIS 软件平台的支持下，将水域、海拔与堤防、植被、耕地地力内的各类景观斑块分别赋予相应的等级指数值，制作单因子生态敏感性图（图 7－5）。

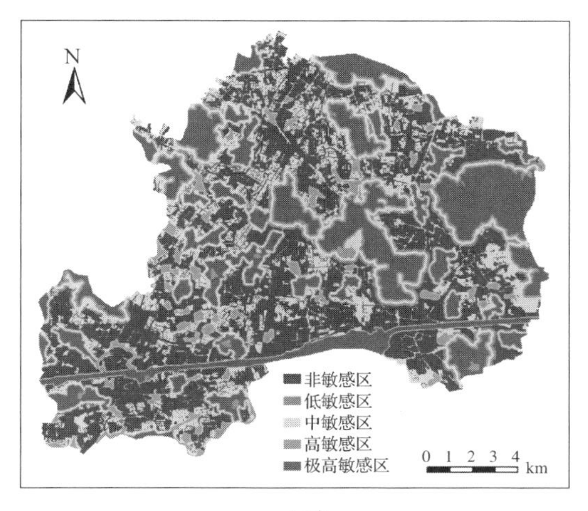

a.水域

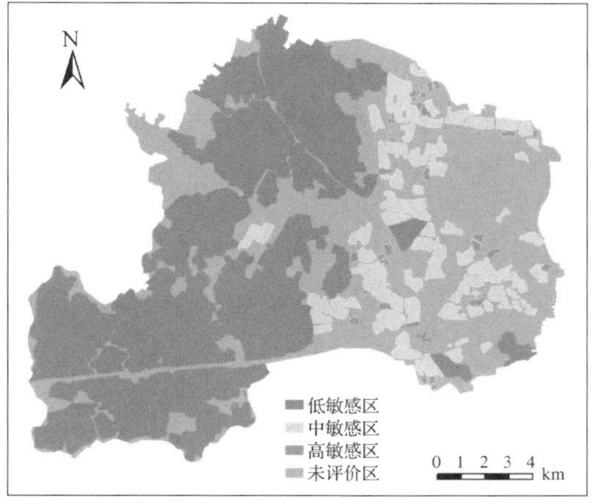

b.海拔与堤防

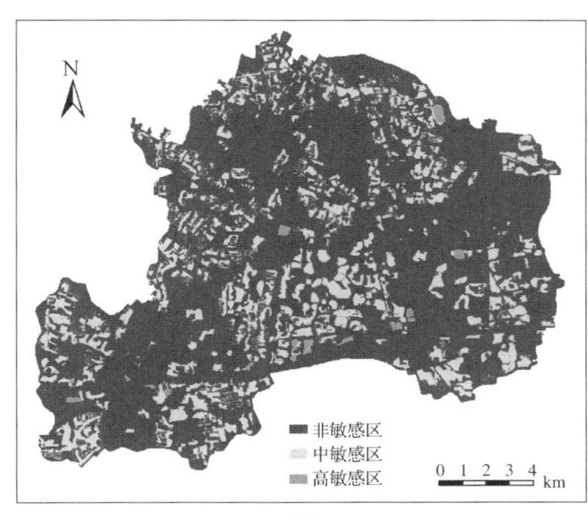

c.植被

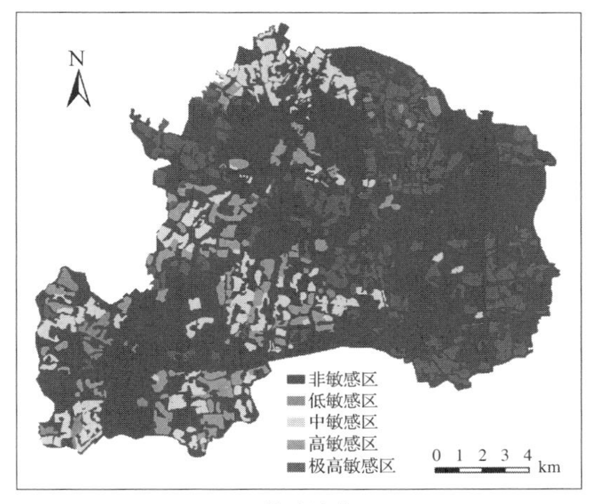

d.耕地地力

图7-5　吴江东部次区域单因子生态敏感性图

由于研究区水域面积大，采用因子加权叠置方法将会削弱水域斑块的敏感性程度，再者4个因子对于研究区生态敏感性来说均为限制性影响因子，因而选用因子叠加求取最大值法，采用GIS矢量叠加技术得到生态敏感性总结果图，并按重要性程度划分极高敏感区、高敏感区、中敏感区、低敏感区、非敏感区(表7-2、图7-6)。

表7-2　生态敏感性分析及土地开发分类结果

<table>
<tr><th>生态敏感性类别</th><th>面积/km²</th><th>占区域比重/%</th><th>开发类别</th><th>面积/km²</th><th>占区域比例/%</th></tr>
<tr><td>非敏感区</td><td>6 157.55</td><td>24.03</td><td rowspan="2">适宜发展区</td><td rowspan="2">6 893.60</td><td rowspan="2">26.90</td></tr>
<tr><td>低敏感区</td><td>736.05</td><td>2.87</td></tr>
<tr><td>中敏感区</td><td>6 271.79</td><td>24.47</td><td>控制发展区</td><td>6 271.79</td><td>24.47</td></tr>
<tr><td>高敏感区</td><td>4 002.66</td><td>15.62</td><td rowspan="2">保护区</td><td rowspan="2">12 463.79</td><td rowspan="2">48.63</td></tr>
<tr><td>极高敏感区</td><td>8 461.13</td><td>33.01</td></tr>
</table>

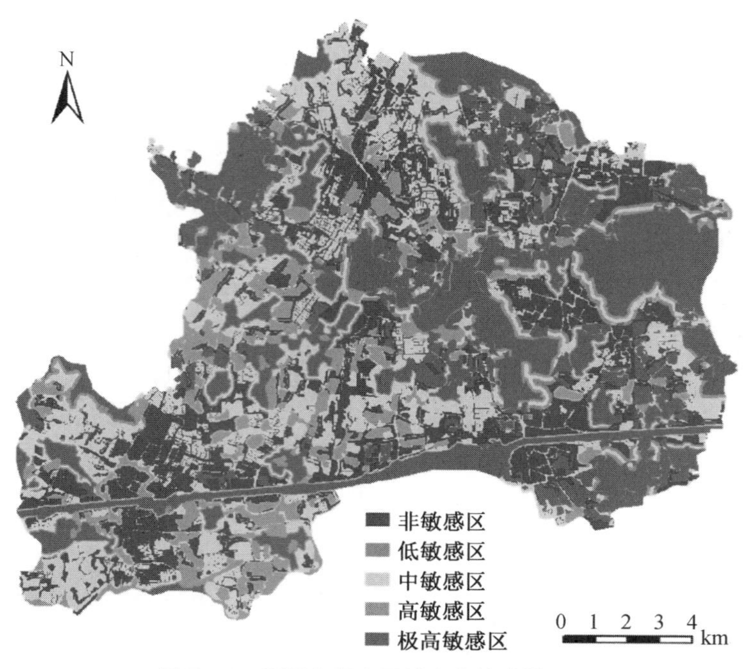

图 7－6 吴江东部次区域生态敏感性总图

（3）生态敏感性结果分析

由表 7－2 和图 7－6 可见，规划研究区生态敏感性整体上较高，总的空间分布规律为东高西低，北高南低；极高敏感区和高敏感区面积占研究区的 48.63%，主要分布在中部、东部和北部，大部分是面积较大的湖荡及三等地以上的耕地；中敏感区占研究区的 24.47%，主要分布西部、南部和北部，大部分是鱼塘、水系及四等地；低敏感区仅占研究区的 2.87%，主要是大湖荡的三类缓冲区及五等地以下耕地；非敏感区占研究区的 24.03%，主要为现有的建设用地。

7.4.3 用地适宜性评价

根据生态环境敏感性的分析结果，我们可以大致将规划研究区划分为适宜发展区、控制发展区和保护区三大类（表 7－2、图 7－7）。

极高敏感区与高敏感区属脆弱生态环境区，极易受到人为破坏，而且一旦破坏很难短时期恢复，此类区域可作为保护区。在该区应恢复与保护原生植被，提高生态系统的多样性和稳定性；建立滨湖湿地生态保育区，逐渐恢复滨湖生态系统，建立生态良性循环；严格制止各类企事业单位向河湖超标排放污水，有效控制水质；将保护区土地划为生态用地，严格控制土地的使用和管理。

中敏感区属于较为脆弱的生态环境区，较易遭受人为干扰，从而造成生态系统的扰动与不稳定，此类区域可以作为控制发展区。在该区应以“在保护中开发，在开发中保护”为指导原则进行适度开发，避免对生态环境的破坏；合理规划与调整区域内部水系河网，并以主要水系河网为骨架构建区域性生态廊道；大力发展生态产业，走持续、稳定、健康、协调的产业发展之路。

低敏感区与非敏感区，对生态环境的影响不大，可作为适宜发展区，可作强度较大的开发，但必须严格控制“三废”污染。在该区应引入环境影响评价制度，所有新上项目必须做到“三同时”；为便于污染的集中处理，结合研究区水域面积大、土地破碎化程度高的实际，经济活动和用地布局宜采用集聚与分散相结合的“集群组团式”的空间组织模式；以“3R”[减量化(Reducing)、再利用(Reusing)和再循环(Recycling)]为原则，发展循环经济，不断提高社会经济系统的运行效率与质量，走可持续发展之路。

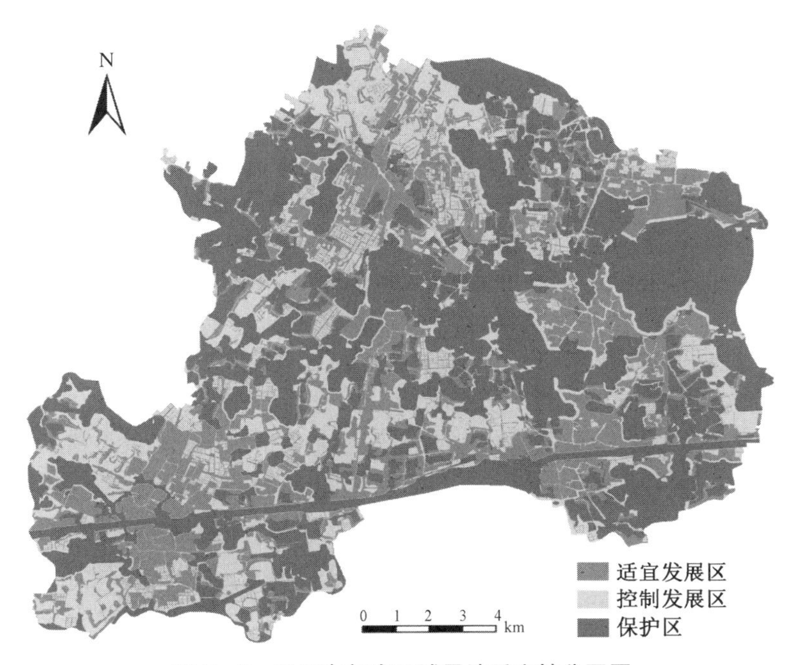

图7-7　吴江东部次区域用地适宜性分区图

7.5　发展战略规划

7.5.1　发展定位分析

(1) 长三角中的“金三角”——三圈交汇中的生态宜居小城市

借鉴生态学的边缘效应原理，辩证看待规划研究区的边缘区位(优势与劣势)，兼容并蓄，互联互通，通过整合区内相对离散的职能空间，促使工业重镇向综合性的中心城市转化，做强中心片区，做大城镇规模，培育区域性增长极，使该地区成为真正的城市功能地域与三圈交汇的“金三角”(图7-8)。

作为“上海后花园”，规划研究区亟须转变经济增长方式，保护和修复水系河网、湖荡、鱼塘与植被等重要的自然生态空间，处理好水与城的关系，让优良的自然生态环境成为未来可持续发展的基石与底色，成为典型江南水乡特色的样板区、示范区，将规划研究区中心片区建设成为三圈交汇中的生态之城、宜居之城。

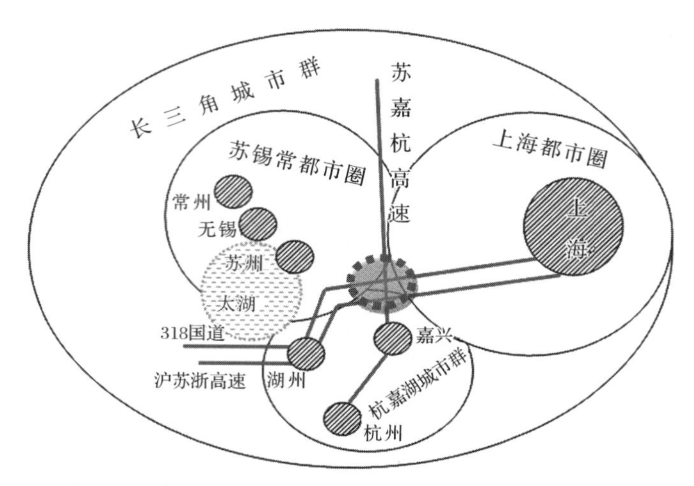

图 7-8　吴江东部次区域在长三角城市群的区位示意图

（2）互利共生——上海都市区独具特色的卫星城

借鉴生态学的互利共生、生态位等原理，扬长避短、趋利避害，找准规划研究区在三圈中的生态位(社会、经济、生态环境生态位)，通过服务三圈特别是服务对接上海都市区，互利合作，打造上海都市区独具特色的卫星城。一是服务上海。以独特的水乡地域环境成为上海的后花园；以特色水产品和农产品成为上海生活物资的供应地；以具有集群特色的新型建材产业成为上海建设的建材供应地；以汽车配件、光电缆、服装等产业基础成为上海产业的延伸地。二是联合上海。以共同的吴文化基础、水土相连的地缘优势共同构筑东方水都、人间天堂的地域形象和旅游品牌，协同推进区域旅游资源的整合与一体化开发运营。三是借势上海。上海的经济、金融、贸易、航运、科技、文化、市场优势皆能为规划研究区所用，通过借势上海的这些优势资源，可以实现不同等级城镇之间的良性竞合关系，协力打造互利共生的区域一体化发展环境。

7.5.2　模式路径选择

“新区域主义”(new regionalism)的发展观认为，维护社会公平和良好生态环境是与促进地方经济增长同等重要的目标，区域发展应强调综合平衡经济增长、社会公平、环境优化的“3E”(Equity，Environment，Economy)综合目标，这也是构建和谐社会、实现可持续发展的重要基础。

基于历史经验、现实需求和未来目标，本章的研究提出了统筹城乡发展、统筹区域发展、统筹社会经济目标、统筹人与自然和谐发展、统筹国内发展和对外开放的要求的“五统筹”的发展观，并在此基础上提出了发展观念、城市化模式、城乡关系、区域空间结构和规划模式五个方面的转型，以期在社会经济发展的同时实现生态环境的持续改善，最终实现规划研究区的健康、可持续发展。

（1）发展观念——从增长到发展

经济增长，尤其是资源消耗型的增长，不等于发展。从粗放到集约，寻求以效益为中心的经济发展之路，增强区域的综合竞争力和整体素质。

（2）城市化模式——从半城市化到城乡一体化

构建城市—综合社区—居住社区三级城市化居民点体系和遍布城乡的公共服务网

络,促使城市中心的服务功能延伸至乡村,最终实现区域城市化、城乡一体化。

(3) 城乡关系——从二元结构到一元模式

要淡化农村,农业空间不是乡村空间,而是具有生产、环境、旅游、社会保障、生态等功能的功能空间。要实现城乡互为资源、互为市场、互为环境,以达到城乡之间经济、社会、生态、空间的协调、平等直至融合。

(4) 区域空间结构——从双核到成长三角

努力打造吴江的"第三极",促使其市域空间结构由"双核"走向"成长三角",从而实现区域经济的更高层次推进和城镇能级的跃迁(图 7-9)。

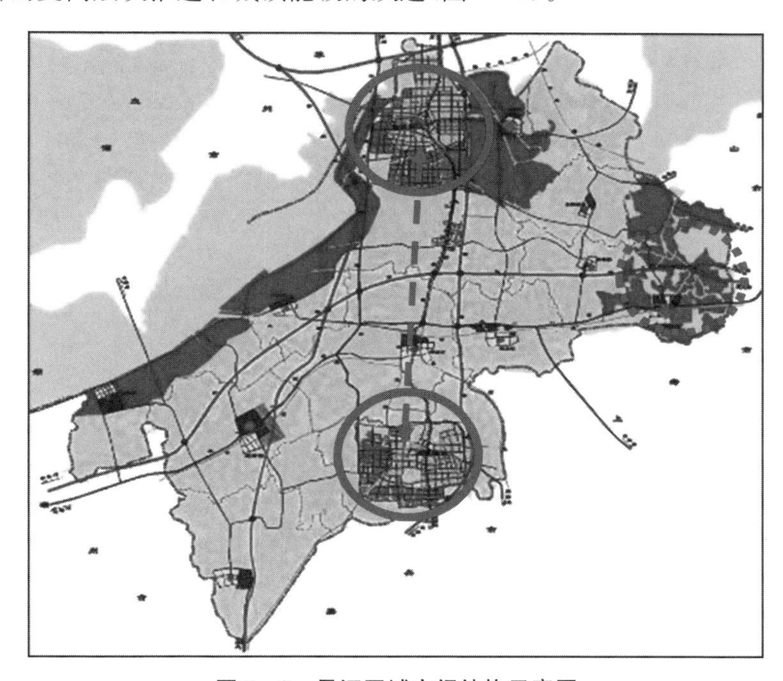

图 7-9　吴江区域空间结构示意图

(5) 规划模式——从"黑灰白"到"白灰黑"

首先对区域的生态本底进行定量评价,利用生态敏感性分析,确定地域开发适宜性区划——保护区、过渡区、发展区。在此基础上确立城市发展的合理空间与规模,最后进行城市职能空间的布局规划。

7.5.3　用地空间结构规划

基于生态敏感性分布格局和用地适宜性分区的结果,统筹考虑区域与本地协调发展,结合选择的新发展模式路径,通过多轮沟通与评审,整合确定了吴江东部地区"一主三副两片"的用地空间结构(图 7-10)。其中,工业发展区采用了组团式的组织结构,保留了几乎所有的湖荡与河网水系,并修复了一些断头的河网水系,构建了规划研究区互通互联的水域空间。

①"一主":芦墟主中心,未来的城市中心城区,规划为 10 万人的小城市,集中本区域行政、文化旅游、教育、大型商业、金融等综合服务职能。

②"三副":分别为黎里、金家坝和北厍三个副中心(综合社区)。黎里、金家坝规划人

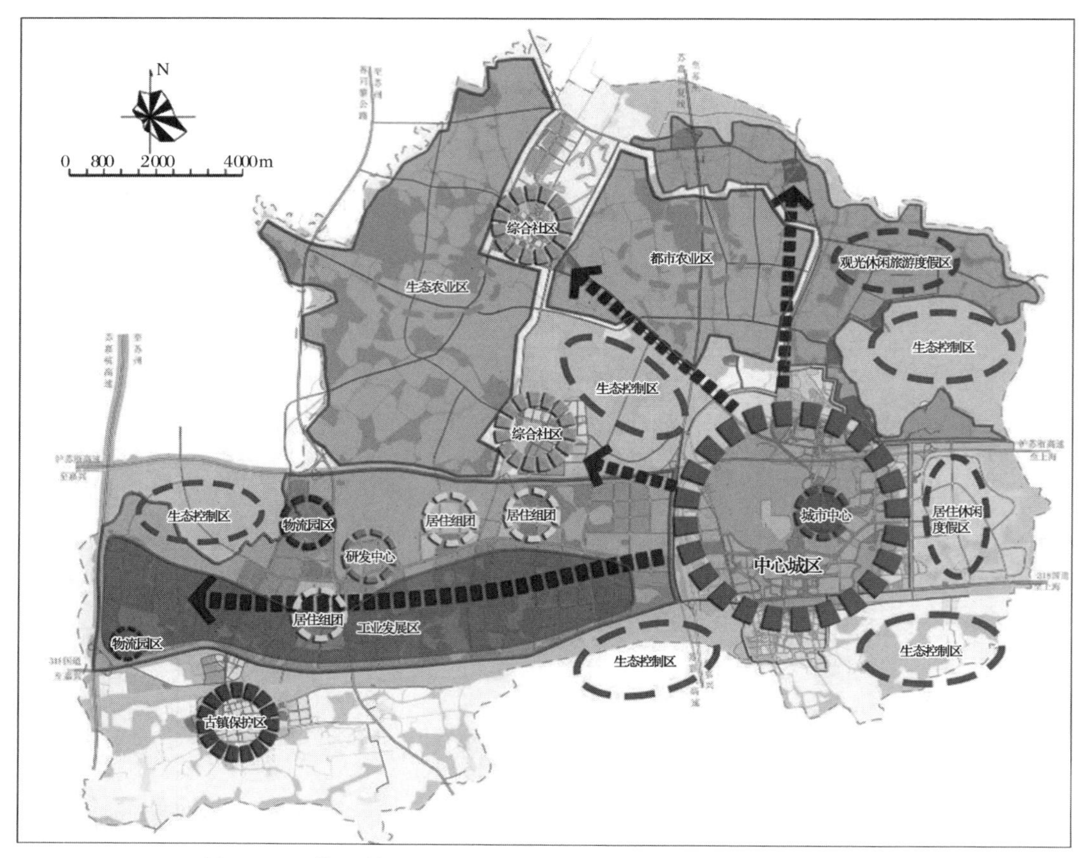

图 7-10　基于敏感性分析结果的规划研究区用地空间结构规划图

口为 5 万人,为具有一定特色功能的城市副中心,黎里成为以江南古镇风貌为特色的旅游服务和接待中心,金家坝成为具有服务于产业的教育培训、研发等职能的副中心;北库成为具有产业及配套居住、商业服务功能的综合社区,规划人口为 1.5 万～2 万人。

③“两片”:沿 318 国道呈带状分布的南部城镇化片区和以生态农业与旅游度假为主的北部生态片区。

7.6　案例总结

2004 年,“吴江东部次区域发展战略规划(2004—2025 年)”的编制恰逢我国城市与区域发展战略规划的快速发展期,同时城市与区域规划也正处于由物质性规划向综合性规划转型的关键期,各种新的发展理念与思想不断提出、引进、碰撞、交融。因而,该区域发展战略规划既是吴江市临沪经济区发展的现实需要,也是区域一体化整合发展的时代需要,更是国家区域发展方式嬗变转型的战略需求。

在此多重时代背景下,吴江市委、市政府敏锐地捕捉到了当时我国时代发展的脉搏,针对规划研究区河湖水系占比大、生态环境本底较好的特点,要求规划团队深入研究规划区的生态环境问题与景观格局特征,统筹考虑社会经济发展与生态环境保护的关系,实现精明增长与精明保护的协调统一,这在当时乃至现在均具有前瞻性。

规划研究团队在该项目专题研究中构建了基于生态环境敏感性分析与用地适宜性评价的用地空间结构规划分析框架，在国内城市与区域规划领域较早地集成应用了生态足迹估算、生态环境敏感性分析、用地适宜性评价、景观格局评价等生态规划技术方法，同时借用了生态学中的生态位、互利共生、边缘效应等概念与原理，并且在国内较早地提出了规划模式的倒置(从"黑灰白"到"白灰黑")，取得了良好的规划效果，得到了吴江市委、市政府等相关部门的充分肯定。随后，南京大学徐建刚教授团队先后承担了临沪经济区的总体规划、控制性详细规划、芦墟与黎里两个镇的总体规划、湖泊水系整治专项规划等系列规划项目，为该规划研究区的健康、可持续发展贡献了南大力量。

基于吴江东部次区域生态环境研究专题成果，规划研究团队于2006年在《地理科学》上发表了《基于GIS的吴江东部地区生态敏感性分析》一文，为城市与区域规划中的生态环境规划研究提供了简明的技术框架与可复制的规划案例。此后，城市与区域生态环境敏感性分析(及用地适宜性评价)成为南京大学主持的发展战略规划、总体规划等各类规划生态环境研究专题的必选内容之一。

参考文献

靳英华，赵东升，杨青山，等，2004. 吉林省生态环境敏感性分区研究[J]. 东北师大学报(自然科学版)，36(2)：68－74.

李贞，何昉，邬俏钧，等，2001. 场地开发的景观与生态敏感性分析：以深圳梧桐山南坡废弃石场为例[J]. 热带地理，21(4)：329－332.

欧阳志云，王效科，苗鸿，2000. 中国生态环境敏感性及其区域差异规律研究[J]. 生态学报，20(1)：9－12.

徐建刚，马晓冬，储金龙，等，2004. 吴江东部次区域发展战略规划(2004—2025)[R]. 南京大学.

杨志峰，徐俏，何孟常，等，2002. 城市生态敏感性分析[J]. 中国环境科学，22(4)：360－364.

尹海伟，徐建刚，陈昌勇，等，2006. 基于GIS的吴江东部地区生态敏感性分析[J]. 地理科学，26(1)：64－69.

张军，徐肇忠，2003. 利用IL WIS进行城市生态敏感度分析[J]. 武汉大学学报(工学版)，36(5)：101－105.

Newman H G，1982. An environmentally sensitive area planning model for local government in the State of Washington [D]. Washington，D. C.：Washington State University，Pullman.

第 8 章　湖南省“3＋5”城市群生态规划研究

2007 年 12 月 14 日，长株潭城市群被国务院批准为全国资源节约型、环境友好型社会（简称“两型社会”）建设综合配套改革试验区。湖南先行先试，实施原创性改革 100 多项，率先探索了一条有别于传统模式的新型工业化、城市化发展新路。2008 年，在湖南省第九次党代会上，湖南省委借鉴国内外城市群建设的经验，根据湖南的发展实际，提出加快“3＋5”城市群建设，即加快以长株潭 3 个城市为中心，以一个半小时通勤为半径，包括岳阳、常德、益阳、娄底、衡阳 5 个城市在内的“3＋5”城市群建设。湖南省将以“3＋5”城市群为主体形态，带动全省区域经济的协调发展，加快形成以特大城市为依托、大中小城市和小城镇协调发展的新型城市体系。

在此背景下，2009 年南京大学王红扬教授团队承担了湖南省住房和城乡建设厅委托的“湖南省‘3＋5’城市群城镇体系规划（2009—2030 年）”项目。笔者负责了该规划项目中的生态环境研究专题，借助 3S 技术，集成使用了生态系统服务价值核算、生态环境敏感性（简称“生态敏感性”）分析、建设用地适宜性评价、区域综合发展潜力评价、区域生态网络构建等一系列生态规划技术方法，为规划研究区规划方案的科学制定，特别是绿色基础设施规划和综合空间管制分区等规划内容，提供了系统性的解决方案和强有力的技术支撑。该生态环境专题研究标志着南京大学生态环境规划的内容框架与技术方法走向成熟，成为当时及随后一段时间内各类城市与区域规划中生态环境专题、专项研究广泛借鉴的实践案例。

8.1　研究目标与技术框架

8.1.1　研究目标

通过湖南省“3＋5”城市群（为表述方便，简称“城市群”）土地利用现状分析、生态环境敏感性分析、建设用地适宜性评价、综合发展潜力评价、生态网络构建等一系列生态规划技术方法，合理划定城市群的空间管制分区，科学制定城市群的景观生态网络，合理规划建设绿色基础设施，从而实现城市群空间的有效整合，保护与维持区域生物多样性，促进生态与社会经济的高水平融合，为实现两型社会宏伟目标提供重要空间支撑、技术支持与生态保障。

具体而言，研究的主要目标如下：a. 基于 RS 和 GIS 技术，获取城市群的土地利用现状情况，从而把握现状、规划未来，为专题分析提供基础性数据信息。b. 充分认识与准确把握城市群的自然生态本底特征，为城市群的科学发展与空间合理布局提供基础信息与依据。c. 研究识别城市群的重要自然生态系统，进行自然生态系统的资本价值估算，为保护与维持城市群自然生态系统的完整性和改善与提高城市群生态环境质量提供基础信息与参考。d. 界定城市群的生态环境敏感区，构建生态环境敏感区分类体系，择定生态环境敏感因子，定量评价城市群的生态环境敏感性程度与等级，从而为城市群生态管制分区和空间管制提供科学依据。e. 分析评价城市群不同区域的发展潜力，为分类分区发展引导提供参考与依据。f. 分析识别城市群的重要生境斑块，进行潜在景观生态网络的多情景模拟与构建，从而为城市群空间管制和绿色基础设施绿色通道的规划提供科学依据。g. 在上述综合分析的基础上，提出区域空间分区与管制措施，实现城市群空间的合理组织与布局。h. 分析城市群绿色基础设施的现状条件，制定合理的绿色基础设施保护与建设规划。

基于以上目标，本章专题研究试图回答以下问题：a. 城市群土地利用现状情况怎样？主要的用地类型有哪些？b. 城市群的自然生态本底特征是什么？其优势何在？制约因素有哪些？c. 城市群有哪些重要的自然生态系统？其自然服务的价值总量是多少？空间如何分布？d. 城市群生态环境敏感区主要类型与影响因子有哪些？如何科学地进行生态环境敏感性区划？e. 城市群重要的生境斑块（生态源地）有哪些？潜在的生态廊道（绿色廊道）如何获取？其空间结构如何？怎样进行优化？f. 城市群空间管制有哪些具体要求？如何设定相关的分区政策指引？g. 城市群的绿色基础设施网络应如何规划和建设才能实现生态、经济和社会总体效益的最大化？

8.1.2 技术框架

坚持问题导向、目标导向和可操作导向相统一，构建了规划研究区生态规划专题研究的总体思路与技术框架，可概括为规划研究区土地利用与自然生态现状分析—生态环境敏感性分析与建设用地适宜性评价—区域综合发展潜力评价—区域生态网络构建—空间综合管治分区规划与绿色基础设施规划（图 8－1）。

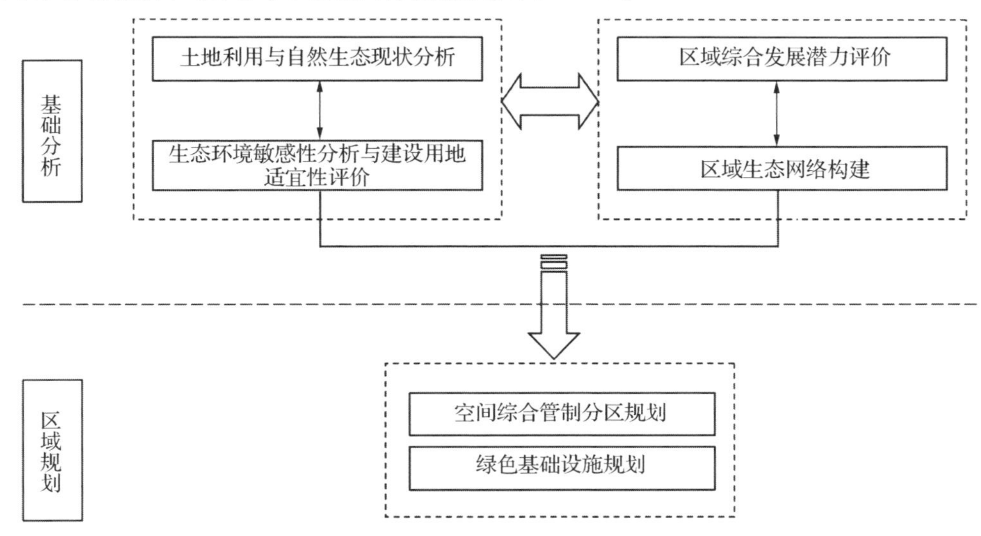

图 8－1 湖南省“3＋5”城市群生态规划专题研究总体框架

8.2 规划研究区概况

湖南省“3＋5”城市群是由长沙、株洲、湘潭 3 市和其外围的益阳、常德、岳阳、娄底和衡阳 5 市所组成的区域，总面积约 $9.96\times10^4\ km^2$。规划研究区位于湖南省东北部，以低山丘陵为主，东部以罗霄山系与江西交界，西部与雪峰山余脉相连，南部有天堂山、天门山等，北部为洞庭湖平原，宏观地势表现为三面环山，向中部、北部逐渐过渡为丘陵和平地，基本形成朝北开口的马蹄形地势。

城市群属中亚热带季风湿润地区，光、热、水资源丰富且雨热同期，平均年降水量在 1 200～1 700 mm 之间，雨量充沛，河流水系众多，河网密布；洞庭湖是全国第二大淡水湖泊，面积广阔，也是湖南省主要水域分布区。另有湘江、资水、沅水和澧水等四大长江水系，分别从西南向东北流入洞庭湖，经城陵矶注入长江。

城市群林地资源丰富，有林地面积 481.01×10^4 hm^2，森林面积 35×10^4 hm^2，森林覆盖率为 35.56%；湿地面积较大，湿地面积 107.7×10^4 hm^2，占总面积的 11.11%，其中有国家级湿地自然保护区 1 处、国家级湿地公园 4 处、省级湿地自然保护区 5 处；生态系统类型多样，拥有森林、农田、湿地、草地、山地等生态系统，生物多样性也非常丰富，拥有众多全国保护物种。

由土地利用现状图(图 8－2)可见，城市群自然生态本底优良，林地是占比最大的优势景观类型，其次是耕地，再次是水域和城乡建设用地。

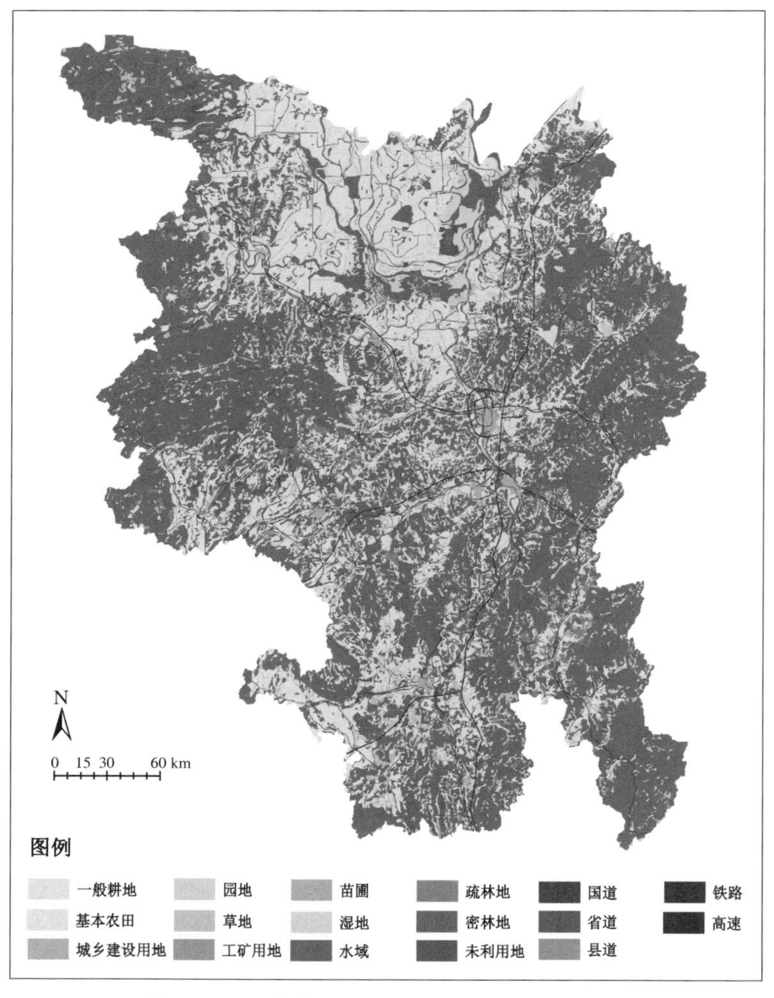

图 8－2　湖南省“3＋5”城市群土地利用现状图

8.3　自然生态现状分析

8.3.1　自然生态本底条件优越

（1）森林覆盖率较高，位居全国前列

规划研究区现有林用地面积 481.01×10^4 hm^2，森林面积 35×10^4 hm^2，区域森林覆盖率 35.56%，超过全国平均水平 17.34 个百分点，位居全国前列。截至 2007 年，城市群共有各级森林公园 87 个，占到全省总数的一半以上，国家级的 17 处，省级 24 处，县级 6 处；共有动植物自然保护区 28 个，其中，国家级 5 个，省级 8 个，市县级 15 个。

（2）湿地面积较大，在全国的生态地位突出

城市群湿地面积 107.7×10^4 hm^2，占城市群总面积的 11.11%，高于全国平均水平 7.34 个百分点。全区有 1 个国家级湿地自然保护区，即岳阳市东洞庭湖国家级自然保护区，面积 19×10^4 hm^2；4 个国家级湿地公园，即水府庙国家湿地公园（湘潭市、娄底市）、株洲市攸县九埠江国家湿地公园、长沙市望城区千龙湖国家湿地公园以及常德市西洞庭湖国家级城市湿地公园，总面积 2.48×10^4 hm^2；省级湿地自然保护区 5 个，总面积 27.22×10^4 hm^2。

（3）河网密布，水资源丰富

城市群水资源丰富，区域内部水系众多，河网密布。拥有“一湖四水”：北部洞庭湖为全国第二大淡水湖，益阳、岳阳和常德三市环洞庭湖发展；湘江、资水、沅水和澧水等四大长江水系，分别从西南向东北流入洞庭湖，构成城市群，乃至湖南省的经济和生态生命线。

8.3.2　生态建设压力依然较大

（1）洲滩围垦仍在持续，“四水”和长江“三口”泥沙淤积严重

洞庭湖平原和湘江中下游地区是湖南省重要的湿地生态调节区域，也是湖南省甚至全国防洪调蓄的重要节点，但近年来泥沙淤积严重。据观测，平均每年淤沉在洞庭湖的泥沙在 1×10^8 t 以上，平均每年淤高 3.5 cm，洞庭湖泥沙沉积率高达 74%，居我国湖泊首位。同时，洞庭湖的萎缩影响了其调蓄宣泄洪水径流生态服务功能的发挥，引发江湖洪水位不断升高，加剧了区域的洪涝灾害。此外，湿地面积下降，湿地和物种栖息地“岛屿化”和“片段化”，原生湿地生态系统结构遭受破坏，呈现逆向演替，生态安全保障能力显著降低。

（2）污染型工业比重大，河流污染状况严峻

城市群“一湖四水”的污染程度由重到轻排序依次为湘江、沅江、资江、洞庭湖、澧水。全省Ⅴ类和劣Ⅴ类水质的断面分别有 4 个，全部处于湘江和沅江。其中，湘江分别为 1 个Ⅴ类和 3 个劣Ⅴ类断面，沅江分别为 3 个Ⅴ类和 1 个劣Ⅴ类断面。洞庭湖和澧水所设断面均符合或优于Ⅲ类水质标准，但洞庭湖的富营养指数偏高。其主要原因是城市群 8 个地市均沿湖河两岸发展（娄底、长株潭、衡阳—湘江，岳阳—长江、洞庭湖、湘江，常德—沅江，益阳—资江），城市工业化和城市化进程中增加的工业废水给沿线河流带来很大压力。

（3）空气污染治理力度不够，大气环境质量较差

根据中国发展门户网发布的 2006 年主要城市空气质量指标，该区域空气污染较为严重(以长沙为例)：二氧化氮、二氧化硫、可吸入颗粒物 3 个指数在长沙市的监测值分别为 0.039、0.028、0.111，污染程度明显高于空气质量好的上海和广州，也高于空气质量一般的南京、杭州和武汉等城市。此外，受特定的地貌特征以及能源结构，大气环境相互影响，污染物难扩散，二氧化硫等酸性物质容易集聚，导致酸雨危害严重，酸雨 pH 值大部分地区在 4.5～5 之间，特别是长株潭等湘北地区，属于全国重点酸雨控制区。

(4) 矿业活动破坏严重，水土流失加剧

矿业活动破坏土地现象严重，土地复垦还绿率较低。各类矿山企业由于采矿引起的地质灾害和“三废”污染破坏的土地面积较大。据不完全统计，截至 2005 年底，湖南省各类矿山土地复垦面积为 2 174.50 hm^2，土地复垦率为 14.50%，恢复植被 1 144.30 hm^2，植被还绿率仅 7.63%，水土流失威胁严重，矿山生态环境恢复治理的任务还相当艰巨。另外，城市群以低山丘陵为主，是滑坡、泥石流、崩塌等地质灾害的多发区，汛期来临时坡地的滑坡以及泥石流等地质灾害影响突出，极易造成水土流失。据统计，湖南省崩塌引发因素主要为道路建设、切坡建房、采石取土等人为活动，469 处崩塌地质灾害中有 328 处为人为崩塌。滑坡受强降水影响显著，统计的 3 498 处滑坡地质灾害中有 1 049 处为人为活动引发。

8.4 自然生态环境本底分析

8.4.1 生态系统自然服务价值核算

生态系统服务是生态系统提供的商品(如食物)和服务(如废弃物的同化)，代表人类直接、间接从生态系统得到的利益。生态系统服务功能是指生态系统与生态过程所形成的、用以维持人类赖以生存的条件与效用，不仅包括生态系统为人类所提供的食物、医药及其他工农业产品的原料，更重要的是支撑与维持了区域的生命支持系统、生命物质的生物地球化学循环、生物物种与遗传多样性、大气化学的平衡与稳定等。

下面分别对规划研究区的森林、水域、草地、湿地、农田等生态系统进行服务价值核算：

(1) 森林自然服务价值的核算

①水源涵养功能

截留降水、涵蓄土壤水分、补充地下水、抑制蒸发、调节河川流量、缓和地表径流、改善水质和调节水温变化是森林主要的水源涵养功能。在洪水季节可以蓄水防涝，在干旱季节则可以供水抗旱，故被誉为“绿色水库”。

森林涵养水源类似于水库蓄水，通过建立蓄水量 1 m^3 水库影子工程的费用来估算涵养水源的价值，湖南省“3＋5”城市群地区森林平均涵养水源量为 5 313.43 $m^3 \cdot hm^{-2} \cdot a^{-1}$，我国每建设 1 m^3 库容的成本花费为 0.67 元，所以 1 hm^2 森林涵养水源的间接经济价值为 0.67×5 313.43＝0.356 万元 $\cdot hm^{-2} \cdot a^{-1}$。

②维持大气 CO_2 与 O_2 平衡功能

a. CO_2 的固定及价值

评估生态系统固定 CO_2 经济价值的方法主要有造林成本及碳税两种，本章选用碳税法计算，即高额税制限制 CO_2 等有害气体的排放。

依据碳税法，单位面积植物年固碳量、碳税率两者的乘积即为单位面积森林生态系统年固定 CO_2 的价值。据光合作用原理，森林能固碳 11.35 $t \cdot hm^{-2} \cdot a^{-1}$，采用瑞典碳税率为 150 美元 · t^{-1}（2005 年，人民币兑美元汇率为 8.3），则年固碳价值为 $11.35 \times 150 \times 8.3 = 1.41$ 万元 · $hm^{-2} \cdot a^{-1}$。

b. O_2 的释放及价值

释放 O_2 的价值采用生产成本法计算，即单位面积森林释放 O_2 的价值等于单位面积森林放氧量及 O_2 的生产成本的乘积。据光合作用原理，森林能释放 O_2 12 $t \cdot hm^{-2} \cdot a^{-1}$，取 O_2 的生产成本为 400 元 · t^{-1}，则释放 O_2 的价值为 $12 \times 400 = 0.48$ 万元 · $hm^{-2} \cdot a^{-1}$。

湖南省“3+5”城市群地区森林维持大气 CO_2 与 O_2 平衡的总价值为 $1.41 + 0.48 = 1.89$ 万元 · $hm^{-2} \cdot a^{-1}$。

③净化环境功能

通过生态系统的生态过程，将人类向环境排放的废弃物利用或作用后，使之得到降解和净化，从而成为生态系统的一部分，这就是生态系统对环境的净化服务功能。森林净化大气的作用主要有两个方面：一是吸收 CO_2，放出 O_2 等，维持大气环境化学组成的平衡；二是植物在抗性范围内能吸收空气中硫化物、氮化物、卤素等有害物质，进而减少其在大气中的含量。为避免重复计算，本项功能只对吸收 SO_2、滞尘两个方面的净化服务功能价值进行估算。

a. 吸收 SO_2 及价值

本次遥感解释土地覆被与土地利用类型，并没有对不同林种进行区分，因此采用阔叶林、针叶林的平均吸收 SO_2 量，即 215.6 kg/hm^2。

依据市场价值法计算，对于每削减 1 t SO_2 的投资额为 500 元/a，运行费为 100 元/a，因此成本为 600 元/a。森林对 SO_2 的吸收作用所产生的经济价值为 $0.2156 \times 600 = 0.013$ 万元 · $hm^{-2} \cdot a^{-1}$。

b. 滞留、过滤降尘和飘尘及价值

粉尘是大气污染的重要指标之一，植物特别是树木对烟灰、粉尘有明显的阻挡、过滤和吸附作用。

针叶林的滞尘能力为 33.2 $t \cdot hm^{-2} \cdot a^{-1}$，阔叶林的滞尘能力为 10.11 $t \cdot hm^{-2} \cdot a^{-1}$。由于解译土地利用类型所限，本节选择两者均值，即 21.66 $t \cdot hm^{-2} \cdot a^{-1}$，削减粉尘的成本为 170 元 · t^{-1}，依据市场价值法计算，森林滞留、过滤降尘和飘尘所产生的经济价值为 $21.66 \times 170 = 0.368$ 万元 · $hm^{-2} \cdot a^{-1}$。

湖南省“3+5”城市群地区森林净化环境功能的总价值为 $0.013 + 0.368 = 0.381$ 万元 · $hm^{-2} \cdot a^{-1}$。

④水土保持功能

森林生态系统保护土壤主要通过减少表土损失量，保护土壤营养物质，减轻泥沙淤积灾害，减少风沙等灾害的 4 个相互联系的生态过程来实现其经济价值。在估算过程中，首先采用无林地的土壤侵蚀量来估算森林每年减少的土壤侵蚀量，然后再运用机会成本法和市场价值法来分别评价森林对表土损失、营养物质损失和减轻泥沙淤积灾害三方面的价值。

根据中国土壤侵蚀的研究成果，无林地土壤，中等程度侵蚀模数为 192.0～447.7 $t \cdot hm^{-2} \cdot a^{-1}$。据此可计算出每年我国森林、草地区潜在土壤侵蚀量最低值为 1.003×

10^{11} t,最高值为 2.359×10^{11} t,平均值为 1.685×10^{11} t。根据上面所估算的森林、草地区潜在土壤侵蚀量和实际土壤侵蚀量的对比,可得到每年我国森林、草地最低减少土壤损失 9.94×10^{10} t,最高减少 2.35×10^{11} t,平均减少 1.68×10^{11} t。这里取最低减少土壤量计算森林减少土壤流失率,即 9.94×10^{10}/1.003×10^{11}=99.4%。取土壤侵蚀模数最小值 192 t·hm^{-2}·a^{-1},即森林减少土壤侵蚀的最低量为 192×99.4%= 190.85 t·hm^{-2}·a^{-1},约 149.1 m^3·hm^{-2}·a^{-1}。

a. 减少土地废弃

根据土壤的侵蚀量和一般的土壤耕作层的厚度来推算相应的土地面积减少量。经估算,湖南省"3+5"城市群森林可保护的废弃土地面积约为 0.03 hm^2/(hm^2·a)。采用机会成本法计算求得通过防止土地废弃可获得的年经济价值(所得面积乘以湖南省"3+5"城市群林产品目前的平均收入 722.56 元·hm^{-2}·a^{-1}),则每年减少的土地废弃面积的经济价值为 0.03×0.072 256 =0.002 2 万元·hm^{-2}·a^{-1}。

b. 保持土壤养分

土壤侵蚀带走了大量的土壤营养物质,主要是土壤有机质、氮、磷和钾。根据土壤侵蚀量,计算因土壤流失而失去的氮、磷、钾养分,使用市场价格法算出损失土壤肥力的经济价值。森林保持土壤养分总的价值为 0.063 万元·hm^{-2}·a^{-1}。

c. 减少泥沙淤积

按照我国主要流域的泥沙运动规律,全国一般土壤侵蚀流失的泥沙有 24%淤积于水库、江河、湖泊,这部分泥沙直接造成了水库、江河、湖泊蓄水量的下降,在一定程度上增加了干旱、洪涝灾害发生的机会。因此,可根据蓄水成本计算损失的价值。据有关研究,我国 1 m^3库容的水库工程费用为 0.67 元。因此森林减少的泥沙淤积的经济价值为 149.1×0.67×24%=0.002 万元·hm^{-2}·a^{-1}。

湖南省"3+5"城市群地区森林水土保持的价值为 0.002 2+0.063+0.002=0.067 2 万元·hm^{-2}·a^{-1}。

⑤养分循环与贮存功能

养分循环可采用市场价值法计算。用林分持留氮、磷、钾养分的价值,群落的年单位面积氮、磷、钾净持留量两者相乘求得。但由于湖南"3+5"城市群地区森林生态系统养分净持留量数据缺乏,所以参考《中国生物多样性国情研究报告》中林地生态系统营养物质的贮存与固定量计算。资料显示,中国林地生态系统新吸收的氮、磷、钾总量为 0.07 t·hm^{-2}·a^{-1};氮、磷、钾三种营养元素的总储量为 0.48 t·hm^{-2}·a^{-1}。若以化肥的平均价格 2 549 元·t^{-1} 计算,则森林生态系统养分循环价值为(0.07+0.48)×2 549=0.140 万元·hm^{-2}·a^{-1}。

⑥动物栖息地和生物多样性功能

维持生物多样性的价值评价在世界上仍是一个难题。本节采用影子工程法进行计算。将湖南省"3+5"城市群地区看作一个大型动物园,将一大型动物园建设投资值作为其动物栖息地价值,比较专家评分法,求两者的平均值即为动物栖息地和生物多样性价值。目前建设一大型动物园需投资 1 亿元以上,据价值工程的廉价原则,以 1 亿元为投资额,按 6%的年利息计算,湖南省"3+5"城市群地区森林动物栖息地价值为 1×10^8×6%=0.06 亿元/a。研究资料表明,森林采伐造成游憩及生物多样性的价值损失值为

400 美元 · hm^{-2} · a^{-1}，对保护森林资源的支付意愿为 112 美元 · hm^{-2} · a^{-1}，计算得湖南"3+5"城市群地区森林生态系统动物栖息地价值为(400+112)×8.3 ×4.50 ×10^5 = 19.12 亿元/a。因此，代表生物多样性保护功能价值的动物栖息地价值即为两项的平均值 9.59 亿元/a，即森林生态系统动物栖息地价值为 0.213 万元 · hm^{-2} · a^{-1}。

综上所述，城市群森林生态系统的生态服务总价值为 3.047 万元 · hm^{-2} · a^{-1}。

(2) 水域、草地和农田自然服务价值的核算

由于统计资料的限制，按照效用理论对水域、草地以及农田的正价值进行计算。首先根据 Costanza 于 1997 年在《自然》(*Nature*)上发表的《世界生态系统服务与自然资本的价值》(*The Value of the World's Ecosystem Services and Natural Capital*)一文中计算出的森林、水域以及农田单位面积的生态系统服务价值，通过效用理论计算效用值进而模拟出效用函数，利用已知的森林生态正价值推算草地、农田、水域的生态价值。然后，分别利用森林、水域、农田以及草地生态效用值之间的关系，通过效用函数计算生态系统服务价值。湖南"3+5"地区森林生态服务价值为 3.047 万元 · hm^{-2} · a^{-1}。代入效用函数与其对应的森林生态服务系统的效用值为 0.63。这也体现了对于森林生态的重视，令水域的效用值最大为 1，则求出水域的生态系统服务价值为 61.78 万元 · hm^{-2} · a^{-1}。

综上所述，湖南省"3+5"城市群地区的林地自然服务价值 3.047 万元/hm^{-2}；农田自然服务价值为 0.067 万元/hm^2；草地自然服务价值为 2.12 万元/hm^2；水域自然服务价值为 61.78 万元/hm^2。核算结果显示，湖南"3+5"城市群地区的生态系统服务总价值为 5 150.68 亿元/年，其中价值最大的为水域(湿地)，其价值总和超过所有生态价值的一半，其次为林地，约 1 525.8 亿元/年(表 8-1)。从空间分布来看，岳阳、益阳、常德地区的生态系统服务总价值较大，湘潭、娄底地区生态系统服务价值总量较小(图 8-3)，而人均以长沙最小，湘潭、娄底次之，岳阳、益阳、常德人均生态服务价值最多(图 8-4)。总体而言，北部三市(岳阳、益阳、常德)生态资源优势较大。

表 8-1　湖南省"3+5"城市群地区生态系统自然服务价值

土地类型	林地	草地	水域	农田	总和
总面积/hm^2	5.06×10^6	1.2×10^5	5.8×10^5	3.1×10^6	8.86×10^6
生态系统自然价值/(亿元 · a^{-1})	1 525.80	24.83	3 579.04	21.01	5 150.68

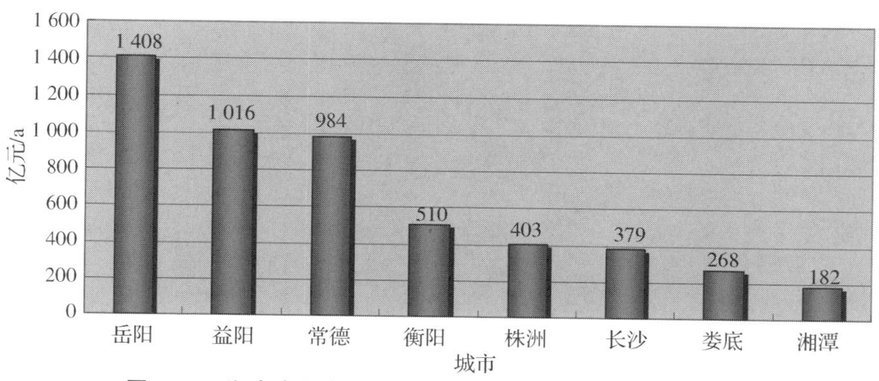

图 8-3　湖南省"3+5"城市群各市的生态系统自然服务价值

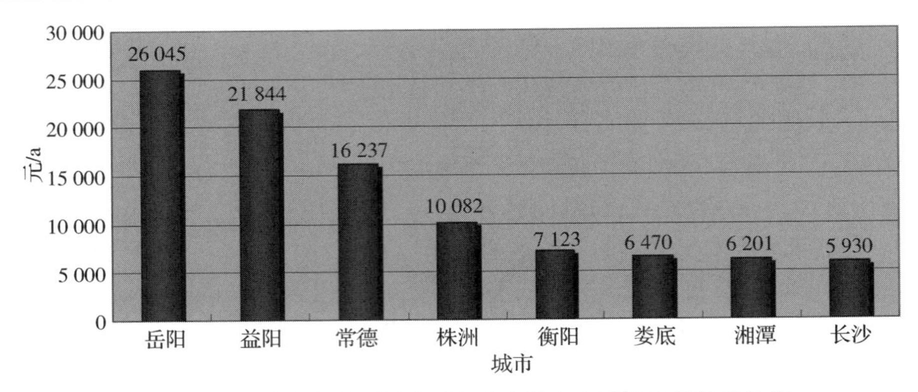

图 8-4 湖南省"3+5"城市群各市人均生态系统自然服务价值

8.4.2 生态环境敏感性分析

根据城市群生态环境敏感区的分类、自然生态本底特征和重要自然生态系统状况以及基础数据可获得性与可操作性,选用对区域开发建设影响较大的植被、水域、坡度、海拔、耕地、建设用地 6 个因子作为生态敏感性分析的主要影响因子,并按重要性程度划分为 5 级,分别赋值 9、7、5、3、1(表 8-2,图 8-5)。

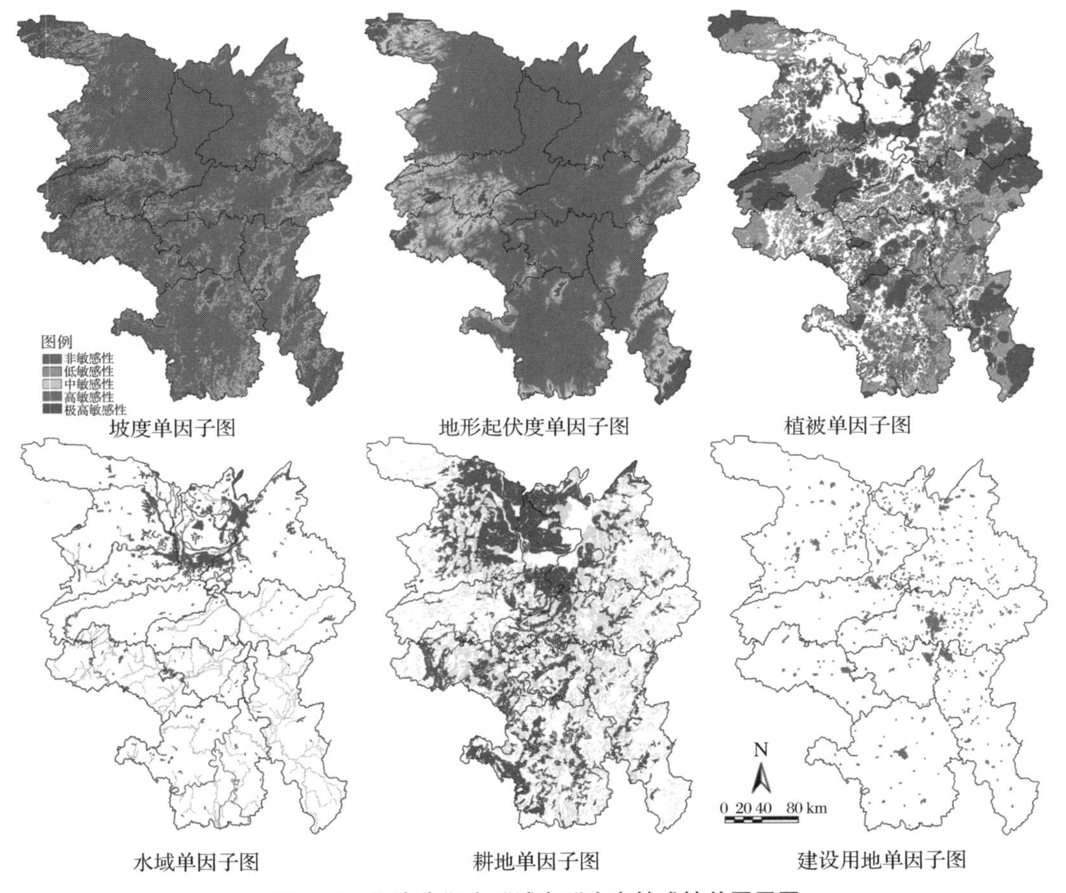

图 8-5 湖南省"3+5"城市群生态敏感性单因子图

表 8－2　生态因子及其影响范围所赋属性值

<table>
<tr><th>生态因子</th><th colspan="2">分类</th><th>分级赋值</th><th>生态敏感性等级</th></tr>
<tr><td rowspan="13">植被</td><td colspan="2">国家级自然保护区、森林公园、风景名胜区、地质公园、湿地公园（包括大型湿地）</td><td>9</td><td>极高敏感性</td></tr>
<tr><td colspan="2">缓冲区≤500 m</td><td>7</td><td>高敏感性</td></tr>
<tr><td colspan="2">省级自然保护区、森林公园、风景名胜区、地质公园、湿地公园（包括大型湿地）</td><td>9</td><td>极高敏感性</td></tr>
<tr><td colspan="2">省级缓冲区 300 m</td><td>7</td><td>高敏感性</td></tr>
<tr><td rowspan="3">密林地（非保护区）</td><td>面积＜1000 hm^2</td><td>3</td><td>低敏感性</td></tr>
<tr><td>1 000 hm^2≤面积≤10 000 hm^2</td><td>5</td><td>中敏感性</td></tr>
<tr><td>面积＞10 000 hm^2</td><td>7</td><td>高敏感性</td></tr>
<tr><td colspan="2">疏林地</td><td>3</td><td>中敏感性</td></tr>
<tr><td colspan="2">园地</td><td>3</td><td>低敏感性</td></tr>
<tr><td colspan="2">草地</td><td>7</td><td>高敏感性</td></tr>
<tr><td colspan="2">一般性滩涂湿地</td><td>7</td><td>高敏感性</td></tr>
<tr><td colspan="2">一般性滩涂湿地的缓冲区≤100 m</td><td>5</td><td>中敏感性</td></tr>
<tr><td rowspan="6">水域</td><td colspan="2">湖泊水库（＞500 hm^2）
外围≤200 m
外围≤300 m</td><td>9
7
5</td><td>极高敏感性
高敏感性
中敏感性</td></tr>
<tr><td colspan="2">湖泊水库（≤500 hm^2，≥100 hm^2）
外围≤100 m
外围≤200 m</td><td>9
7
5</td><td>极高敏感性
高敏感性
中敏感性</td></tr>
<tr><td colspan="2">湖泊水库（＜100 hm^2）
外围≤100 m</td><td>7
5</td><td>高敏感性
中敏感性</td></tr>
<tr><td colspan="2">河流水系（一级河流）
两侧≤200 m
两侧≤400 m</td><td>9
7
5</td><td>极高敏感性
高敏感性
中敏感性</td></tr>
<tr><td colspan="2">河流水体（二级河流）
两侧≤100 m
两侧≤200 m</td><td>7
5
3</td><td>高敏感性
中敏感性
低敏感性</td></tr>
<tr><td colspan="2">河流水体（三级河流）
两侧≤100 m</td><td>5
3</td><td>中敏感性
低敏感性</td></tr>
<tr><td>坡度</td><td colspan="2">≥35％
25％≤坡度＜35％
15％≤坡度＜25％
7％≤坡度＜15％
0％≤坡度＜7％</td><td>9
7
5
3
1</td><td>极高敏感性
高敏感性
中敏感性
低敏感性
非敏感性</td></tr>
<tr><td>海拔</td><td colspan="2">＜200 m
200≤海拔＜400 m
400≤海拔＜600 m
600≤海拔＜800 m
≥ 800m</td><td>1
3
5
7
9</td><td>非敏感性
低敏感性
中敏感性
高敏感性
极高敏感性</td></tr>
<tr><td>耕地</td><td colspan="2">基本农田保护区
其他一般农田</td><td>9
5</td><td>极高敏感性
中敏感性</td></tr>
<tr><td>建设用地</td><td colspan="2">建设用地</td><td>1</td><td>非敏感性</td></tr>
</table>

在对不同影响因子进行汇总时，植被、坡度、海拔、耕地、水域5个因子首先进行镶嵌叠合，采用“取大”原则，随后将叠合结果与建设用地因子进行镶嵌叠合，考虑到城市建设用地面积为现实已建成区域，生态敏感性极低，且基本不可恢复，故将采用“取小”原则与其他因子进行镶嵌叠合，得到总的生态环境敏感性分区（表8-3、图8-6）。最后，根据规划研究区不同生态敏感性等级分别设定相应的用地管控政策（表8-4）。

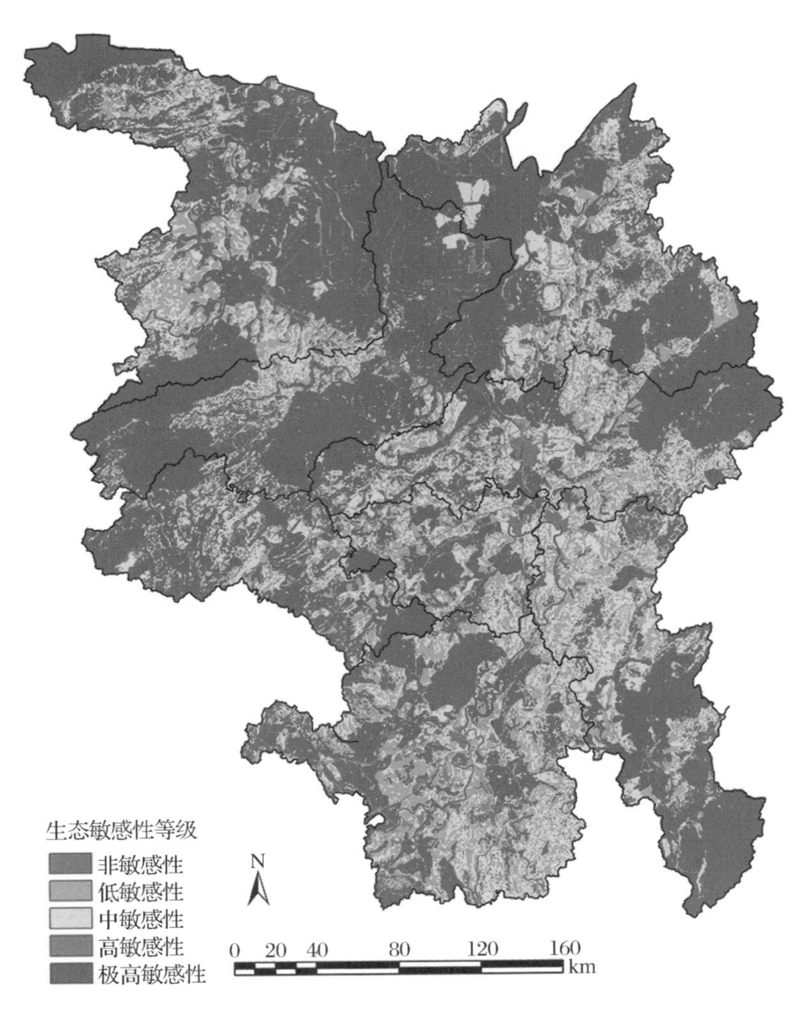

图8-6　湖南省“3+5”城市群生态敏感性分区图

城市群生态敏感性等级较高，极高敏感性的面积约47 782 km^2，高敏感性的面积约9 321 km^2，分别占到总面积的49.16%和9.59%；非敏感性区域5 013 km^2，占总面积的5.16%，低敏感性区域20 257 km^2，占总面积的20.84%（表8-3）。高生态敏感性区域主要分布在洞庭湖沿岸，以及西部多山地区，中部和西南部分生态敏感性相对较低（图8-6）。

表8-3 湖南省“3+5”城市群生态敏感性统计表

敏感性等级	面积/km^2	百分比/%
非敏感性	5 013	5.16
低敏感性	20 257	20.84
中敏感性	14 832	15.26
高敏感性	9 321	9.59
极高敏感性	47 782	49.16
总计	97 205	100.00

表8-4 生态敏感性分区发展方向引导

敏感性等级	敏感性值	主要地貌或土地利用类型	发展控制导向
非敏感性区块	1	主要为城市现有建设用地、居民点以及城市道路用地等	已建设用地区域基本属于适建区范围，设施基础条件好，应引导其向集聚、高效的方向发展
低敏感性区块	3	主要为坡度较小(＜15%)并且海拔在200～400 m之间的地区或者为坡度更小的一般林地、园地等	属于适建区范围，可作为城市近期拓展用地区，可进行较高强度与密度的开发
中敏感性区块	5	主要为一般农田分布区以及坡度在25%～35%之间，海拔在400～600 m之间的地区。主要河湖的外围缓冲区以及次要河流等都属于中敏感性区域	是城市限制建设区，有条件的地方可以适当拓展建设，部分区域应以禁止建设为主，如一般农田。在保护前提下适度开发，允许低密度低强度开发
高敏感性区块	7	坡度和海拔大的林地以及河湖周边等湿地生态区	高山以及河流等区域生态敏感性高，是生态涵养的重要区域，必须禁止城市建设用地向该区域拓展。保护(conservation)，有限度的开发利用
极高敏感性区块	9	重要河湖生态区以及国家级省级自然保护区等	区域珍稀动植物保护区以及基础生态保持区，必须设定严格的生态保护措施，禁止任何形式的建设以免干扰区域内野生动植物的繁衍以及生态系统的稳定。保全(preservation)，绝对禁止开发或极为有限的开发

8.4.3 建设用地适宜性分析

(1) 适宜性因子选取

在分析区域生态基底敏感性的基础上，综合区域发展潜力因子，进行区域建设用地适宜性分析。结合实际影响因子以及数据可获得性等情况，将区域交通优势、城镇吸引优势作为区域建设潜力因子(表8-5)。

表 8－5　城市群建设用地适宜性分析指标

<table>
<tr><th>适宜性因子</th><th>分类</th><th colspan="2">亚类</th><th>各指标属性值</th></tr>
<tr><td rowspan="5">区域交通优势</td><td rowspan="5">铁路及公路</td><td colspan="2">道路及<500 m 缓冲区</td><td>9</td></tr>
<tr><td colspan="2">0.5 km～<1 km 缓冲区</td><td>7</td></tr>
<tr><td colspan="2">1 km～<2 km</td><td>5</td></tr>
<tr><td colspan="2">2 km～<3 km</td><td>3</td></tr>
<tr><td colspan="2">≥3 km</td><td>1</td></tr>
<tr><td rowspan="5">城镇吸引优势</td><td rowspan="5">建成区</td><td colspan="2">建成区及<500 m 缓冲区</td><td>9</td></tr>
<tr><td colspan="2">500～<1 km 缓冲区</td><td>7</td></tr>
<tr><td colspan="2">1 km～<2 km 缓冲区</td><td>5</td></tr>
<tr><td colspan="2">2 km～<3 km</td><td>3</td></tr>
<tr><td colspan="2">≥3 km</td><td>1</td></tr>
<tr><td rowspan="18">生态敏感因子</td><td rowspan="12">植被</td><td colspan="2">国家级自然保护区、森林公园、风景名胜区、地质公园、湿地公园(包括大型湿地)</td><td>1</td></tr>
<tr><td colspan="2">缓冲区≤500 m</td><td>3</td></tr>
<tr><td colspan="2">省级自然保护区、森林公园、风景名胜区、地质公园、湿地公园(包括大型湿地)</td><td>1</td></tr>
<tr><td colspan="2">省级缓冲区≤300 m</td><td>3</td></tr>
<tr><td rowspan="3">密林地
(非保护区)</td><td>面积<1 000 hm^2</td><td>7</td></tr>
<tr><td>1 000 hm^2≤面积≤10 000 hm^2</td><td>5</td></tr>
<tr><td>面积>10 000 hm^2</td><td>3</td></tr>
<tr><td colspan="2">疏林地</td><td>7</td></tr>
<tr><td colspan="2">园地</td><td>7</td></tr>
<tr><td colspan="2">草地</td><td>3</td></tr>
<tr><td colspan="2">一般性滩涂湿地</td><td>3</td></tr>
<tr><td colspan="2">一般性滩涂湿地的缓冲区≤100 m</td><td>5</td></tr>
<tr><td rowspan="6">水域</td><td colspan="2">湖泊水库(>500 hm^2)
外围≤200 m
外围≤300 m</td><td>1
3
5</td></tr>
<tr><td colspan="2">湖泊水库(≤500 hm^2,≥100 hm^2)
外围≤100 m
外围≤200 m</td><td>1
3
5</td></tr>
<tr><td colspan="2">湖泊水库(<100 hm^2)
外围≤100 m</td><td>3
5</td></tr>
<tr><td colspan="2">河流水系(一级河流)
两侧≤200 m
两侧≤400 m</td><td>1
3
5</td></tr>
<tr><td colspan="2">河流水体(二级河流)
两侧≤100 m
两侧≤200 m</td><td>3
5
7</td></tr>
<tr><td colspan="2">河流水体(三级河流)
两侧≤100 m</td><td>5
7</td></tr>
</table>

（续表）

适宜性因子	分类	亚类	各指标属性值
生态敏感因子	坡度	≥35%	1
		25%≤坡度＜35%	3
		15%≤坡度＜25%	5
		7%≤坡度＜15%	7
		0%≤坡度＜7%	9
	海拔	＜200 m	9
		200≤海拔＜400 m	7
		400≤海拔＜600 m	5
		600≤海拔＜800 m	3
		≥800 m	1
	耕地	基本农田保护区	1
		其他一般农田	5

（2）适宜性分区

根据区域建设适宜性分析结果，将城市群分为最适宜建设用地、适宜建设用地、中适宜建设用地、低适宜建设用地、非适宜建设用地五类（表 8－6、图 8－7）。

表 8－6　城市群建设适宜性分区面积及比例

分区	面积/hm^2	比例/%
非适宜建设用地	4 778 197	48.88
低适宜建设用地	2 960 337	30.28
中适宜建设用的	970 488	9.93
适宜建设用地	885 493	9.06
最适宜建设用地	180 886	1.85

最适宜建设用地是区域吸引力最大，交通优势最明显，而生态敏感性又最低的区域；适宜建设用地是区域吸引力较大，交通优势明显，而生态敏感性较低的区域，两类用地面积共计 1 066 379 hm^2，占总面积的 10.91%。城市群适宜建设用地沿铁路分布的趋势明显，京广线以及石长铁路是联系各大适宜性用地的两条最主要轴线，具体为：石门—临澧—常德市区—汉寿—益阳市区—望城—长沙；岳阳市区—岳阳县—汨罗—长沙—株洲（湘潭）—衡阳市区—耒阳。

中适宜建设用地是区域吸引力一般，交通条件较好，生态敏感度适中的区域。城市群中适宜建设用地主要包括基本农田保护以外的农业用地，坡度较低的丘陵地以及建成区和铁路、公路、湖泊水域等的外围缓冲区。总面积 970 488 hm^2，占总面积的 9.93%。

低适宜建设用地和非适宜建设用地是区域优势和交通条件较差，生态敏感度高的区域，一般不利于城市建设。主要为洞庭湖滨湖区域以及幕埠山、雪峰山、大围山、壶瓶山、大义山等高海拔地区，这些地区地质条件较为敏感，极易发生滑坡等地质灾害，需要重点保护，同时这些地区往往由于森林面积广阔，植被覆盖率高，野生动植物繁衍生境良好而成为国家自然保护区的一部分。低适宜建设用地和非适宜建设用地总面积 7 738 534 hm^2，占总面积的 79.16%。

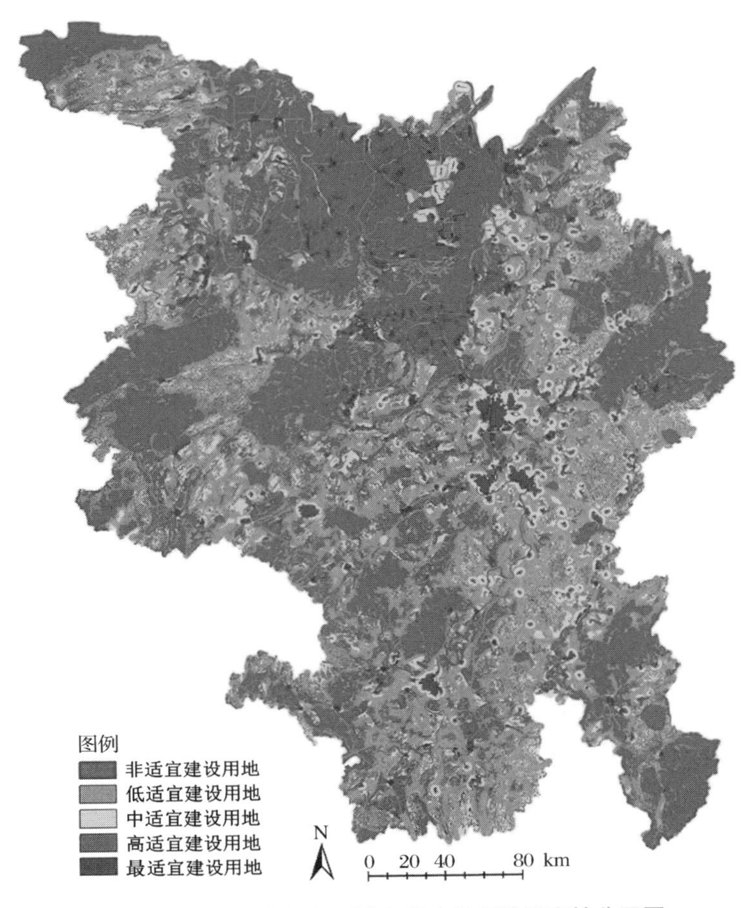

图 8－7　湖南省“3＋5”城市群建设用地适宜性分区图

城市群建设适宜性区域的分布规律性较强，适宜建设用地沿交通轴线分布，这是城市群今后主要的城市建设用地拓展空间；建设用地适宜性较差的基本成团分布于山体、基本农田保护区，是主要的生态保护空间。

8.4.4　区域综合发展潜力评价

(1) 评价指标体系构建

区域发展潜力就是一种区域实力，是一个地区与国内其他地区在竞争某些相同资源时所表现出来的综合经济实力的强弱程度，它体现在区域所拥有的区位、资金、人口、科技、基础设施等多个方面。一般将区域发展潜力从社会、经济、生态三个方面来判读。基于数据的代表性与可获取性，选择人均 GDP、固定资产投资、规模以上工业总产值、消费品零售总额、中等学校教职工人数、从业人员比重以及每万人拥有医疗床位 7 个指标进行区域发展潜力的综合评价。

(2) 区域综合发展潜力评价

基于层次分析法进行因子打分并计算权重，然后采用加权求和方法得到城市群县市区尺度上的综合发展潜力评价值，最后根据自然断裂点法将其划分为 5 个等级（表 8－

7)。由表8-7可见,长沙市区、株洲市区和长沙县发展潜力优势最大,其次为衡阳市区、岳阳市区、望城区和湘潭市区;而茶陵县、衡东县、岳阳县、平江县、安乡县、汉寿县、澧县、津市市、南县、安化县潜力很低。

表8-7　社会经济发展潜力评价分析表

分区	县市
极高潜力区域	长沙市区、株洲市区、长沙县
高潜力区域	衡阳市区、岳阳市区、望城区、湘潭市区
中等潜力区域	宁乡市、浏阳市、益阳市区、娄星区、常德市区、醴陵市、韶山市、冷水江市
低潜力区域	湘潭县、湘乡市、攸县、耒阳市、汨罗市、桃源县、桃江县、炎陵县、祁东县、华容县、湘阴县、临澧县、沅江市、新化县、渌口区、衡阳县、衡南县、衡山县、常宁市、临湘市、石门县、双峰县、涟源市
极低潜力区域	茶陵县、衡东县、岳阳县、平江县、安乡县、汉寿县、澧县、津市市、南县、安化县

8.4.5　区域生态网络构建

大型生境斑块为区域尺度上的生物多样性保护提供了重要的空间保障,是区域生物多样性的重要源地(source)。然而,快速城市化使得生境斑块不断被侵占和蚕食,破碎化程度日益增加,连接性不断下降,严重威胁着生物多样性的保护。为了减少生境的破碎化,生态学家和生物保护学家开始重视生境斑块之间的空间相互作用,并提出“在景观尺度上,通过发展生态廊道来维持和增加生境的连接,保护生物多样性”。

增加生境斑块的连接性已被认为是生态网络设计的关键原则;设计功能整合的景观生态网络被认为是有效保护生物多样性、生态功能和进化过程的非常重要的途径。因此,改善与提高重要生境斑块之间的连接,构建区域景观生态网络,对保护生物多样性、维持与改善区域生态环境具有重要意义。

(1) 重要生境斑块与源地的识别

根据城市群的自然生态特点,将城市群内的自然保护区、森林公园、湿地公园、地质公园、大型湿地、大型林地等生境斑块确认为重要生境斑块。这些斑块在区域内的生态功能具有不可替代性,因此将这些斑块作为区域重点生态资源,在发展中需要进行重点保护。根据城市群内重要生境斑块的面积大小、物种多样性丰富程度、稀有保护物种的种类与丰度、空间分布格局,选取16个大型生境斑块作为城市群区域生物多样性的源地,这些斑块是区域生物物种的聚集地,是物种生存繁衍的重要栖息地,具有极为重要的生态意义(表8-8、图8-8)。

表8-8　选取的生境“源地”

斑块编号	斑块名称	斑块面积/hm^2	所属县市	主要保护对象
1	壶瓶山国家级自然保护区	89 198	石门县	森林及华南虎、金钱豹、云豹等珍稀动物
2	洞庭湖国家级自然保护区	188 747	岳阳市	珍稀水禽及湿地生态系统
3	大云山国家森林公园	26 348	岳阳市	森林生态系统

（续表）

斑块编号	斑块名称	斑块面积/hm^2	所属县市	主要保护对象
4	乌云界国家级自然保护区、六步溪国家级自然保护区、桃花源国家森林公园、天际岭国家森林公园	174 253	桃源县	森林生态系统、野生动植物及大型猫科动物
5	桃花江国家森林公园	145 216	益阳市	森林生态系统
6	长沙泉水冲	56 441	长沙市	湿地
7	大围山国家森林公园、幕阜山省级自然保护区	207 300	长沙市	森林及珍贵动物
8	娄底林场	75 767	娄底市	森林生态系统
9	龙山国家森林公园	41 533	娄底市	森林生态系统
10	东台山国家森林公园、赤石库域省级自然保护区	22 605	湘乡市	森林及珍贵动物
11	湘潭隐山省级自然保护区、南岳衡山国家级自然保护区	95 764	南岳区	野生动植物、濒危动植物
12	大京省级自然保护区	77 600	渌口区	森林及珍贵动物
13	大义山省级自然保护区	52 493	常宁市	森林及野生动植物
14	江口鸟洲省级自然保护区	107 249	衡南县	鸟类及栖息环境
15	桃源洞国家级自然保护区、桃源洞国家森林公园	102 628	炎陵县	原始森林、次森林生态系统
16	大熊山省级自然保护区、大熊山国家森林公园	45 594	新化县	森林及珍贵动物

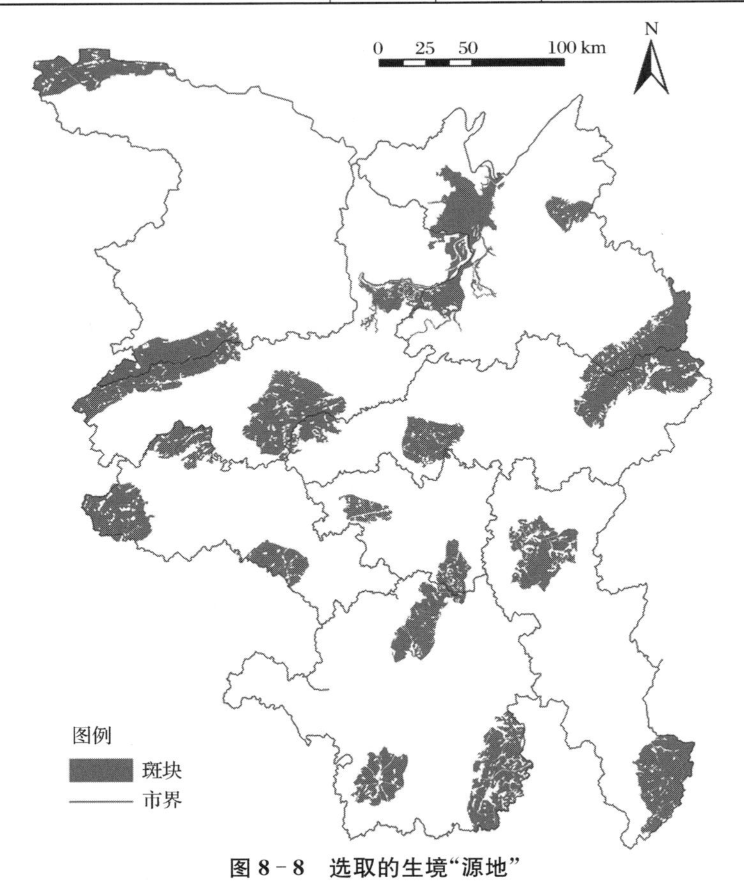

图 8-8　选取的生境“源地”

（2）生境适宜性评价与景观阻力分析

生境适宜性是指某一生境斑块对物种生存、繁衍、迁移等活动的适宜性程度。景观阻力是指物种在不同景观单元之间进行迁移的难易程度，它与生境适宜性的程度呈反比，斑块生境适宜性越高，物种迁移的景观阻力就越小。

潜在的生态网络是由源（source）或目标（target）的质量、源与目标之间不同土地利用类型的景观阻力决定的，而植被群落特征如覆盖率、类型、人为干扰强度等对于物种的迁移和生境适宜性起着决定性的作用。因此，景观阻力主要由植被覆盖率、植被类型、人为干扰强度3个因子构成，这3个因子主要根据ETM^+（Enhanced Thematic Mapper Plus）遥感影像数据以及地形图数据信息来获取与定义。根据城市群的土地利用现状情况，结合数据的可获得性，确定不同土地利用类型或生境斑块的生境适宜性和景观阻力大小，生境适宜性越高，景观阻力越高。

根据不同用地类型的景观阻力，生成研究区景观阻力图，作为消费面（cost surface），基于最小成本路径（Least-Cost Path，LCP）方法的潜在生态网络模拟是通过计算源与目标之间的最小累积阻力值来获取的，因而消费面中景观阻力的赋值大小与赋值区间均对潜在廊道的模拟具有重要影响。鉴于此，采用3种景观阻力赋值方案，分别生成3种消费面，3种方案试图体现赋值大小与区间的差异（图8-9）。一个作为基本的消费面（表8-9），一个参考消费面反映生境适宜性因子的设置差异，一个参考消费面主要反映赋值区间的差异。

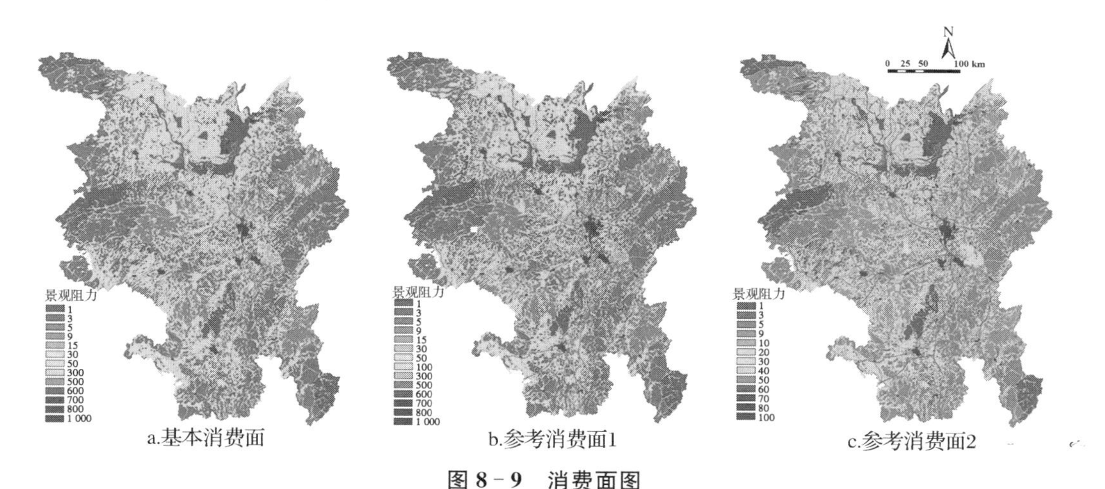

a.基本消费面　b.参考消费面1　c.参考消费面2

图8-9　消费面图

表8-9　生境适宜性与景观阻力赋值方案（基本消费面）

土地利用类型	亚类	生境适宜性（取值范围1～100）	景观阻力（取值范围1～1 000）
自然保护区、湿地公园	国家级	100	1
	省级	90	3
	市级及其他	80	5
森林公园、地质公园	国家级	90	3
	省级	80	5
	市级及其他	70	7

（续表）

土地利用类型	亚类	生境适宜性（取值范围 1～100）	景观阻力（取值范围 1～1 000）
湿地、林地	面积＞100 hm^2	90	3
	50 hm^2≤面积≤100 hm^2	80	5
	面积＜50 hm^2	70	9
风景名胜区		60	15
农田		40	50
园地		50	30
草地		50	30
水域		5	600
城镇建设用地		1	1 000
村庄用地		3	800
对外交通用地	高速公路、铁路	5	600
	干线公路	7	500
	其他公路	10	300
其他		2	700

（3）潜在生态廊道的多情景模拟

最小成本路径方法可以确定源和目标之间的最小消耗路径，该路径是生物物种迁移与扩散的最佳路径，可以有效避免外界的各种干扰。基于最小成本路径方法，采用 3 种消费面，分别生成了 3 种由 120 条潜在生态廊道组成的生态网络（图 8－10）。

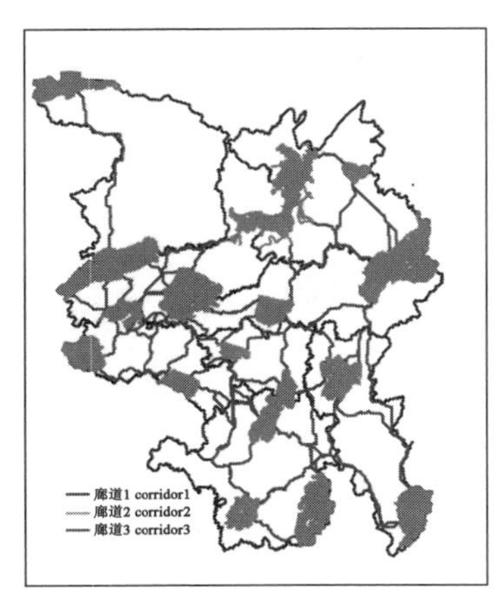

a. 由基本消费面生成的网络

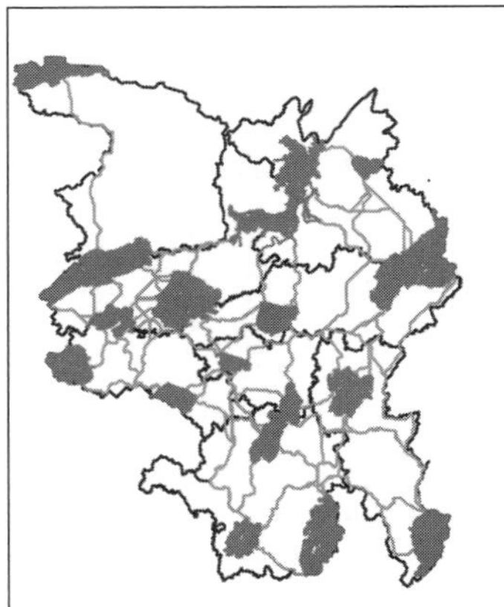

b. 由基本消费面1生成的网络

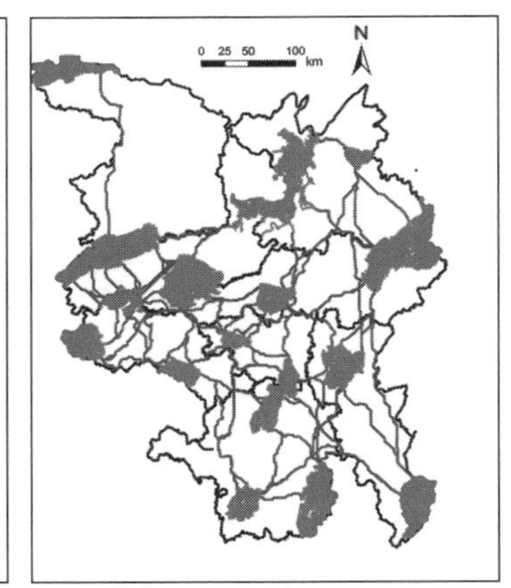

c. 由基本消费面2生成的网络

图 8－10　基于最小成本路径方法生成的潜在廊道图

120 条潜在生态廊道总面积为 70 056 hm^2，占研究区总面积的 0.71%。作为廊道的林地面积为 59 731 hm^2，占构建的生态网络总面积的 88.09%（其中包括密林地 85.26%，疏林地 2.83%），说明林地不仅是研究区生物物种迁移与扩散的重要生境斑块，而且在构建的生态网络中起着重要的廊道连接作用，是最主要的景观类型；作为廊道的耕地面积为 3 431 hm^2，占生态网络总面积的 4.90%，是构成廊道的重要景观类型之一；

湖泊作为廊道的面积为 2 011 hm^2，占生态网络总面积的 2.87%；其他土地利用类型作为廊道的面积不大，所占生态网络总面积的比例也不高，但交通用地、建设用地等均对生物物种扩散的阻隔作用明显。

(4) 基于重力模型的重要生态廊道辨识

源与目标之间的相互作用强度能够用来表征潜在生态廊道的有效性和连接斑块的重要性。大型斑块和较宽廊道生境质量均较好，会大大减少物种迁移与扩散的景观阻力，增加物种迁移过程中的幸存率。首先，基于重力模型(gravity model)，构建了 16 个生境斑块(源与目标)间的相互作用矩阵，定量评价了生境斑块间的相互作用强度，从而判定生态廊道的相对重要性。然后，根据矩阵结果，将相互作用力大于临界值 100 的主要廊道提取出来，并剔除经过同一生境斑块而造成冗余的廊道，得到研究区重要廊道分布图(图 8-11)。

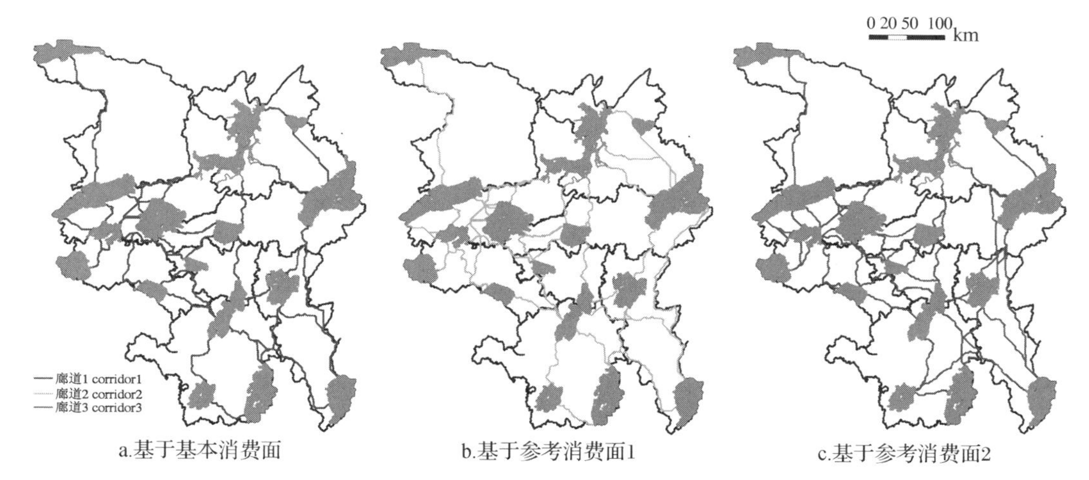

图 8-11 基于重力模型提取的重要廊道分布图

(5) 生态网络优化的对策与建议

①完善重要的生境斑块

重要生境斑块往往是区域内的重要生态节点，是区域内生物的重要源地，其自身数量和质量的提升对于区域生态环境和生物多样性保护至关重要。因此，应主要从生境斑块的面积、质量、形状与组合结构 4 个方面来加以完善。

生境斑块的质量对于维持物种的长期生存具有重要作用，就维持某一物种的有效种群而言，低质量的生境比高质量的生境需要更大的面积。因此，为了维持物种的稳定，生境斑块应具有一定的面积和较好的质量。研究区林地资源丰富、森林覆盖率较高，但分布不均，且面临快速城市化的强烈干扰，岛屿化与破碎化趋势明显，因而建议严格保护国家级、省级自然保护区、森林公园、大型林地、湿地等区域性重要生境斑块的完整性，并尽量将其与周围林地作为一个整体进行统筹考虑，形成连片的生境斑块，从而增大斑块的面积，丰富斑块内的生物种群，提高生境质量，增加生境适宜性。

斑块形状与受干扰的程度、边缘效应、建设成本紧密相关。圆形生境斑块通常较狭长斑块具有更强的抗外界干扰能力，边缘效应较小且建设成本相对较小，有利于生境内物种的保持，但对于边缘种而言，狭长斑块因具有更长的边缘(两种生境的界面)而更有利于其生存。因此，应根据研究区物种保护的实际，合理制定生境斑块的形状。

另外，生境斑块的组合结构也会影响到斑块的生态效益。在斑块总面积相同的情况下，通常一个大型生境斑块的生态效益要高于两个或多个斑块生态效益之和。因而，建议尽量将邻近的生境斑块组合建设成为一个整体，如果条件很难满足，可通过建设一定宽度的廊道来连接两个斑块，以提高综合生态效益。

②增加斑块之间连接的有效性

在最终提取廊道时，将三个消费面生成的矩阵进行叠加，选取相互作用力和大于300，在三个消费面走向基本一致的廊道，剔除重复的，并考虑廊道走向一致性因素。由图 8－11 可见，在规划研究区北部和南部等地区虽然存在潜在的生态廊道，但生境适宜性程度不高，景观阻力较大，高质量的生物通道相对缺乏，致使整个生态网络的连接度不高。根据生物扩散的需要和生态建设的可能性，建议规划斑块 1—斑块 2、斑块 1—斑块 3、斑块 6—斑块 7、斑块 13—斑块 14 四条主要的生物通道，从而增加斑块之间的有效连接(图 8－12)。规划的斑块 1—斑块 2、斑块 1—斑块 3 两条廊道的景观组分包含较多的林地和农田，建设成本相对较小，近期可考虑建设，而斑块 6—斑块 7、斑块 13—斑块 14 两条廊道的现状质量较差，景观组分中林地和农田的比重不高，穿过不少高阻力值区域(如城镇建设用地)，但这两条廊道对于整个区域的生态网络结构具有非常重要的作用(均连接洞庭湖生态核心区)，因此建议近期控制廊道周边用地性质，远期通过用地置换、增加绿地面积等多种途径改善廊道的景观组分，从而减少廊道中的硬质边界，提高生境适宜性，降低斑块之间的景观阻力，提高连接的有效性。

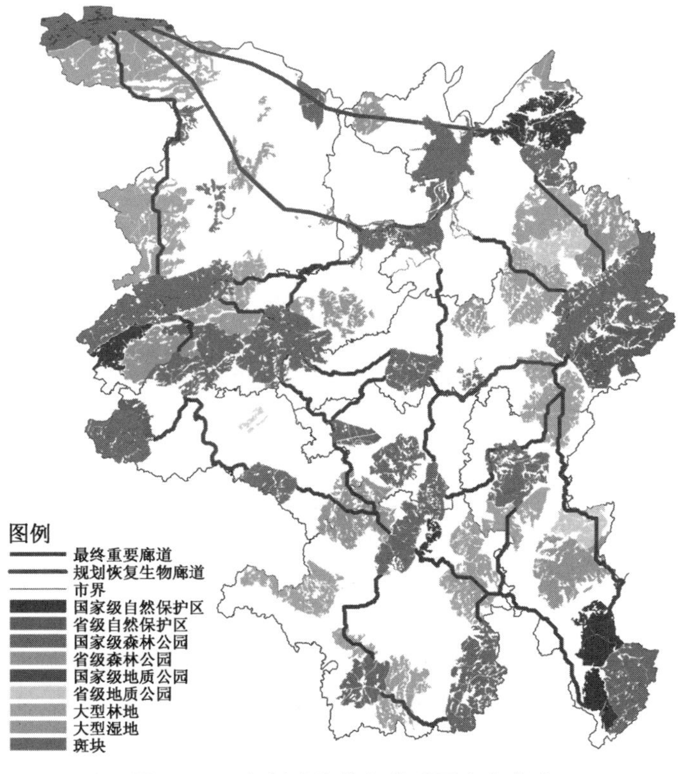

图 8－12　规划建议修复的重要生态廊道

③加快生态断裂点(裂点)的修复

构建的生态网络的景观组成包括一定的道路建设用地，说明生态网络与道路交通网络存在一定的叠合，即道路对生态网络存在一定的切割，存在断裂点，造成栖息地的破碎化，从而限制了野生动物的活动范围(图8-13)。在生态廊道的设计过程中，道路特别是高等级路网对生物通道的阻隔作用不容忽视，机动车道阻碍了生物通道内物种的正常流动，使得物种迁移时难以跨越生态断裂点，造成野生动物因车辆撞击造成的死亡率将升高。目前已有许多学者呼吁在建设高等级道路时应考虑提供野生动物通道，如野生动物的地下通道、隧道、天桥等措施。

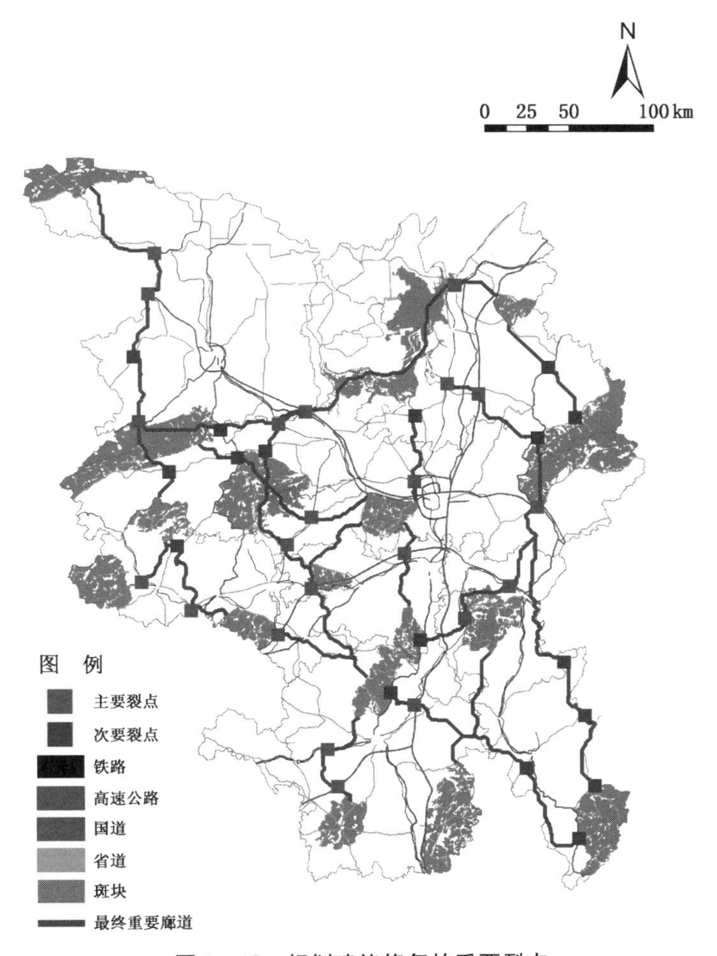

图8-13　规划建议修复的重要裂点

④加强暂息地的规划建设

不同物种迁移、扩散的距离存在较大差异，对迁移距离比较远的物种来说，暂息地(也称踏脚石，stepping stone)的建设显得非常重要。暂息地的数量、质量和空间配置情况在很大程度上决定了物种迁移的时间、频率和成功率。根据研究区的实际情况，结合潜在重要生物通道的交汇点、两个源地之间廊道穿越的重要生境斑块，确定了10个主要的区域性暂息地(图8-14)。在这10个暂息地中，有7个已经具备较好的生态本底基础，多为有林地或者森林公园，只需对其加强保护措施、提高生境质量、维持生态系统的稳定性和多样性；有 1 处位于湿地和森林生态系统的交界地区，需要考虑生态系统的过渡，注意群落和生物环境的渐进营造；另 2 处周边主要为农田，应注重农田的保护，并通过政策适当引导土地利用方式的转变，由农田转变为经济林，最终过渡到生态公益林。

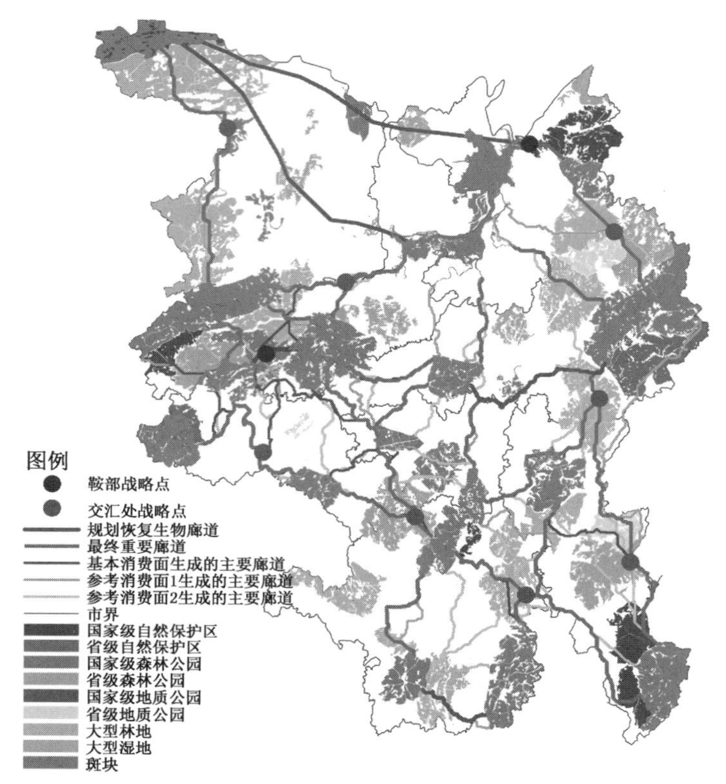

图 8-14 建议规划建设的重要暂息地

⑤加强与省域和大区域内重要生境斑块的连接

生态网络是一个开放的系统。因而，除了规划研究区内部网络的完善外，加强与周边区域生态网络的衔接也非常重要。只有实现区域内外网络的互通，才能实现生态系统之间的物质交换和能量流动，进而增强生态系统的稳定性。研究区以及湖南省省域范围内森林覆盖率较高，周边的湖北、重庆、江西、贵州、广西、广东等省市生态环境也较好，因此加强与周边区域重要生境斑块的连接，促进不同尺度生态网络的对接与互动，增强不同物种的交流与融合，既有利于本地物种保护与保持，也有利于大区域生物多样性的保护。

8.5 空间综合管制分区与绿色基础设施规划

8.5.1 空间综合管制分区规划

(1) 基于生态敏感性分析的生态管制分区

生态管制分区是在生态敏感性分析的基础上，划定区域生态空间管控边界，规定生态的保护和控制类型，明确需要保护的生态敏感性地区以及现有建成区以外能够用作城市空间的区域。

根据生态环境敏感性分析结果，湖南省“3+5”城市群主要的管制用地类别为：水土保持区、自然及人文景观保护区、主要基本农田保护区、主要水源保护区、重要河湖水面以及水源涵养区（图 8-15）。

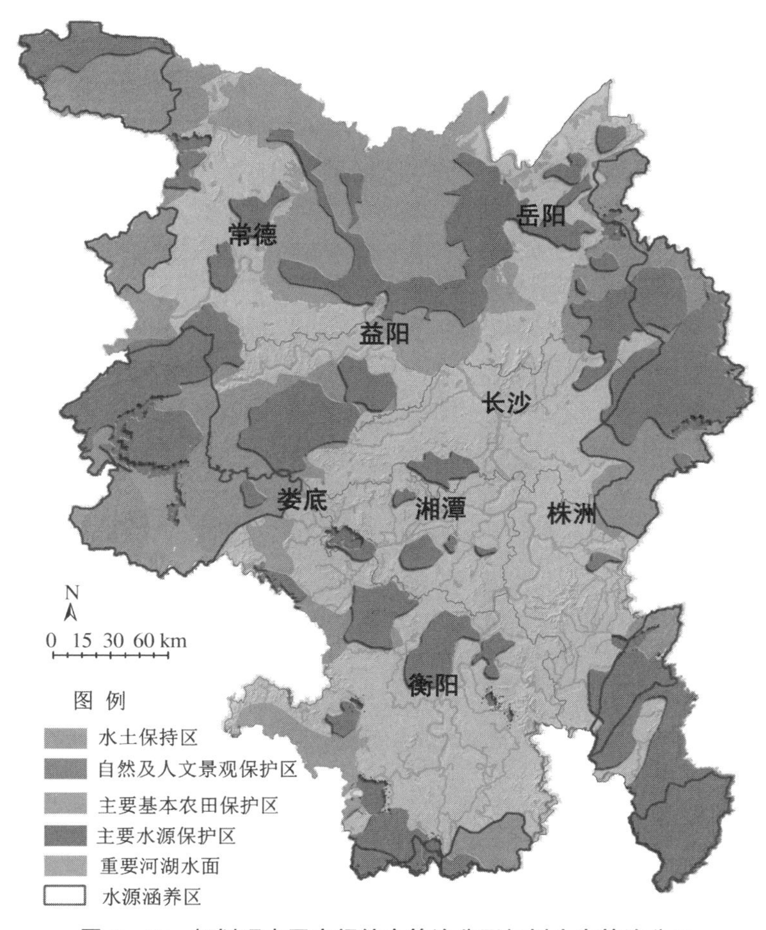

图 8-15　规划研究区空间综合管治分区规划生态管治分区

（2）基于建设用地适宜性及区域综合发展潜力分析的经济综合发展分区

区域经济发展条件可由区域综合发展潜力和建设用地适宜性两个因子综合叠加来粗略表示。因此，我们集成区域综合发展潜力分析和建设用地适宜性分析结果（权重均为 0.5），计算获得城市群的经济综合发展分区，并以区域整体发展经济效益最大化为目标，将整个区域划分为最优发展区、较优发展区、引导发展区、一般发展区和发展限制区五种类型（图 8-16）。

①最优发展区

最优发展区主要包括长沙、株洲、岳阳、衡阳四市市区。面积较小，但代表了研究区城市经济发展的最高水平，是该区域主要的经济集聚增长空间。

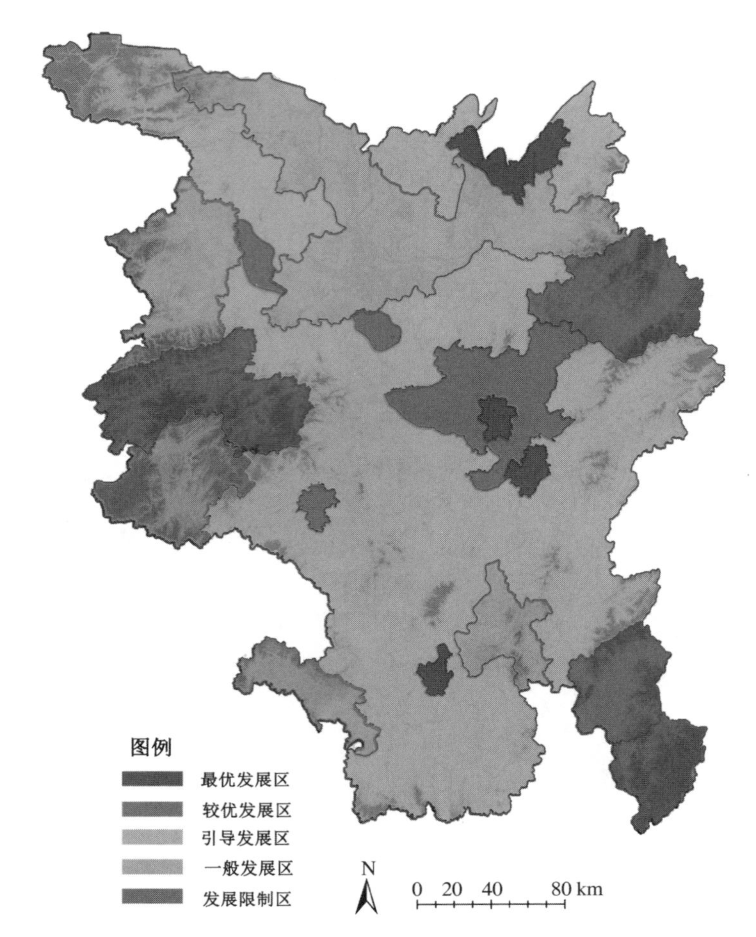

图 8-16　规划研究区空间综合管治分区规划经济综合发展分区

②较优发展区

较优发展区主要包括望城区、长沙县、宁乡市部分地区、湘潭市市区、娄星区、常德市部分市区、益阳市部分市区，属于城镇发展水平较优区域，在最优发展区外围以及主要交通线沿线，特别是长常高速、京广铁路以及湘黔线沿线区域。该区域经济增长潜力大，是目前经济发展较为成熟的区域，也是未来城市发展的主要拓展区域。

③引导发展区

引导发展区包括韶山市、湘潭市、湘乡市、醴陵市、浏阳市、汨罗市、冷水江市、攸县、耒阳市、益阳市市区外围、常德市市区外围、石门县、临澧县、桃江县、华容县、临湘市、湘阴县、涟源市、双峰县、衡阳县、衡南县、衡山县、渌口区、常宁市等。引导发展区是较优发展区沿各级重要交通干线的外围区域，是基本适宜发展的地区，近远期可作为城市拓展的主要空间方向。

④一般发展区

一般发展区包括澧县、津市市、桃源县、汉寿县、岳阳县、沅江市、南县、安乡县、新化县、祁东县、衡东县。一般发展区是有一定的经济发展潜力，但生态敏感性较高，需要以保护为主的区域。一般为山体、林地的边缘区域。

⑤发展限制区

发展限制区包括茶陵县、炎陵县、安化县、平江县。发展限制区指经济发展基础差、生态敏感性高的地区，是区域内重要的林地、山地、基本农田保护区以及湖泊河流等用地区。该区域主要包括洞庭湖滨湖平原地区、壶瓶山、幕阜山、罗霄山、六步溪等重要的山体保护区以及其他重要的自然、人文保护区块。

(3) 基于生态管治及经济综合发展分区的空间综合管制分区

空间综合管治分区是在生态管治以及经济综合发展分区的基础上集成而得，综合考虑区域经济社会、生态环境等因子划定区域生态管治空间分区。全区分为禁止建设区、弹性控制建设区、重点建设区三大类(图 8－17)。

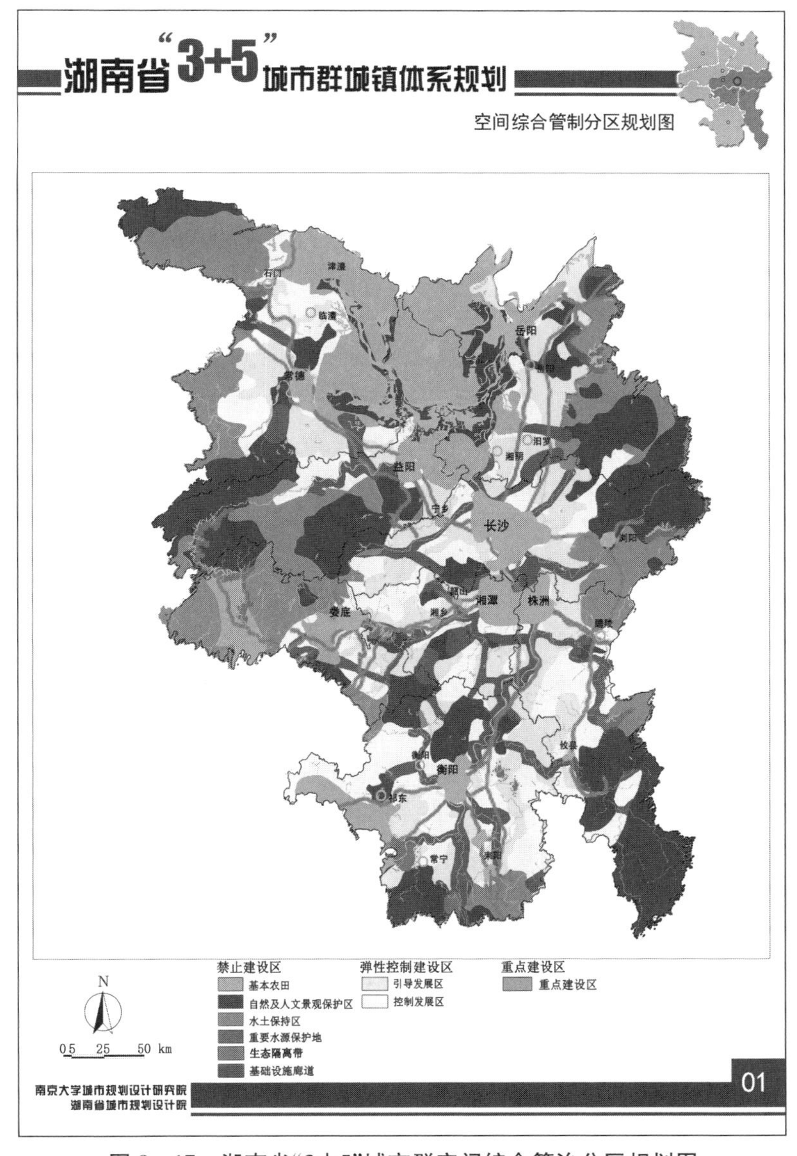

图 8－17　湖南省“3＋5”城市群空间综合管治分区规划图

①禁止建设区

禁止建设区是全区生态保护底线,指生态敏感性高、关系区域生态安全的空间,包括区域内的生态脆弱在开发利用中一旦受到破坏对区域生态环境将会造成较大的影响同时有效恢复的难度也较大的地区,以及对维持必要的区域生态容量而必须控制的生态涵养区。湖南省"3+5"城市群地区主要包括自然及人文景观保护区、水域及水源保护区、水土保持区、基本农田保护区,基础设施廊道、生态廊道、生态隔离带。

②弹性控制建设区

弹性控制建设区是禁止开发区与重点及优化开发区内的区域,生态敏感性和社会发展条件均居中。该区域通常属于生态保护要求不大、建设适宜性一般或较好的地区,在发展与控制之间弹性较好。弹性控制建设区分为倾向发展的引导发展区和倾向保护的控制发展区两类。引导发展区主要位于"一区三圈"及其相互联系的三条轴线,以及长株潭都市区到娄底的轴线上。其余为控制发展区,若未来有重大设施的机遇仍可以弹性地转变为引导发展区。

③重点建设区

重点建设区主要包括现有建成区及其周边经济社会发展条件较为成熟且建设适宜性较高的区域。这些区域一般基础条件较好,现状已有一定开发基础,适宜城镇优先发展,主要位于八个地级市现有建成区及周边缓冲区域。

8.5.2 绿色基础设施规划

(1) 绿色基础设施的总体发展战略

本章的规划将绿色基础设施总体发展战略定位为"保护、协调、重塑、融入"四个方面,力图使生态不仅成为被动的、消极的、保护性的资源,而且要将其提升为能为人所用的绿色基础设施资产,使其成为主动、积极产出、持续优化的生态资本。

①保护:依据生态空间管制要求,保护区域的绿色生态资源、历史文化资源、矿产资源等。

②协调:注重区域生态的协调治理,尤其针对流经不同次区域的湘江、洞庭湖及其支流,不同区域相邻的生态区域(如自然保护区、水库等)等。制定区域统一的治理机制和补偿机制。

③重塑:充分利用区域生态特色(如水、山),通过城市高品质空间设计等方式对城乡生态空间进行重新塑造(强化景观特色、生活特色等),提升区域的吸引力。

④融入:把相关内容用于旅游、用于营销、用于城市整体增值,使被动、消极的生态保护成为主动、有产出的生态资本。

在"保护、协调、重塑、融入"的总体战略指导下,做好以下工作:a. 优化生态基底;b. 基于生态基底打造旅游目的地,构建生态旅游体系;c. 以优化的生态基底、高品位的旅游资源为亮点,同时识别出通过上述得到增值的土地,引导投资进行适当方式的高水准开发。通过上述工作步骤,实现生态资源的资本化,使生态和绿色成为有产出、具有外部正效应的基础设施(图 8-18)。

(2) 绿色基础设施总体结构规划

结合湖南省"3+5"城市群主要生态要素(山体、水系、重要湖泊、湿地)的空间分布,

图 8-18　湖南省"3+5"城市群绿色基础设施资产分布图

以联通各生境斑块为原则，提取重要生态廊道，规划提出"一心六核，三纵四横"的网络体系(图 8-19)。总体上规划研究区的生态网络结构呈放射状，以洞庭湖为中心，向四周辐射。

①"一心"

"一心"指洞庭湖绿心，包括洞庭湖及其周边滨湖湿地及农作区。烟波浩渺的湖面风光、野生动植物繁殖栖息的主要场所以及洞庭湖滨湖地区经典的平原农作景观使该区域不仅是生态涵养和保护的关键区域，国家重要商品粮基地，同时也是打造特色区域，创造生态、经济综合效益的潜力区域。保护这一地区的生态环境，是维持城市群生态平衡的重要保障，同时也关系到整个长江下游的生态安全。

②"六核"

"六核"分别是幕阜—大围绿核、罗霄山绿核、衡山绿核、岳麓—昭山绿核、六步溪绿核、壶瓶山绿核。这些大面积的绿核对保护城市群的生态安全具有重要作用，良好的生态环境适宜发展生态旅游业以及大型会展、娱乐休闲等绿色产业。

③"三纵"

"三纵"包括：a. 东部生态轴。东部生态轴是指东部连接洞庭湖绿心、幕阜山绿核、罗霄山绿核的穿越整个研究区的生态廊道。b. 湘江生态轴。湘江生态轴是指沿湘江向北连接洞庭湖绿心穿经长株潭绿核、延伸至大义山绿核，该廊道贯穿研究区的中部地区，是该地区最重要的一条生态走廊,建议沿湘江两侧建立宽约 1 km 的生态缓冲区。c. 西部生态轴。西部生态轴连接壶瓶山绿核、六步溪绿核、衡山绿核,贯穿研究区的西部地区,是规划区内最长的一条生态廊道,连接多个森林、河流、湖泊生态系统。

④“四横”

“四横”分别是指澧水河流廊道、沅水河流廊道、资水生态河流形成的三条河流轴线以及连接六步溪绿核、岳麓—昭山绿心、幕阜山绿核横穿东西的生态轴线。沿江的四条河流轴线是研究区八个城市以及大部分县、县级市建成区发育的地区,因此河流轴线应是研究区轴线建设的重点区域,并以湘江开发为优先区。

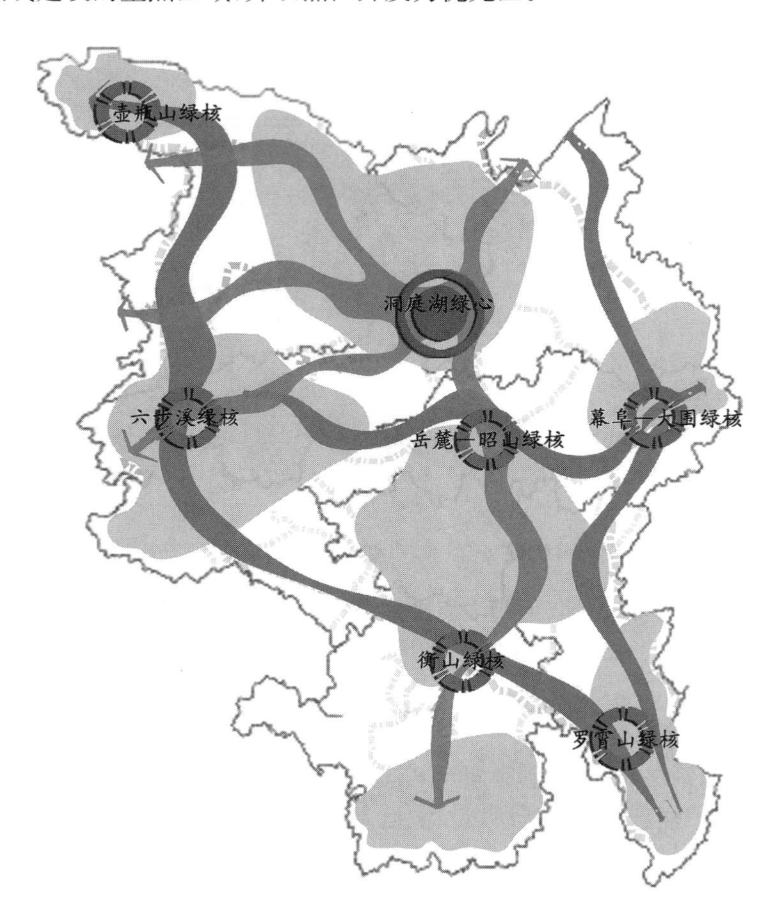

图 8-19　湖南省“3+5”城市群绿色基础设施总体结构图

8.6　案例总结

规划研究团队在前期规划模式倒置(从“黑灰白”到“白灰黑”)创新应用的基础上,基于 3S 技术,构建了融合生态系统服务价值核算、生态环境敏感性分析、建设用地适宜性评价、区域综合发展潜力评价、区域生态网络构建等一系列技术方法的生态规划技术框架,形成了一套逻辑清晰、系统完整的生态规划研究体系,为业界生态环境专题、专项研究提供了可借鉴的实践案例。

该专题构建的技术框架中最具有创新意义的是，形成了基于3S技术的自然生态环境本底分析方法体系，为规划研究区规划方案的科学制定，特别是绿色基础设施规划和空间综合管制分区规划等内容，提供了系统性的解决方案和强有力的技术支撑。具体而言，生态网络分析较好地解决了不同尺度生态廊道网络的构建问题，突破了以往生态规划专题研究中通常使用的结构示意图范式，使得生态网络得以空间具体化，更有利于进行生态空间的空间管制。绿色基础设施分析较好地解决了在开发中保护和在保护中开发的固有矛盾，初步实现了由被动的生态保护到主动的生态发展，即精明增长与精明保护的融合。生态系统服务价值核算方法，较好地解决了生态资源的价值化度量问题，为地方政府提供了直观的生态价值核算结果，有利于加深其对自然生态系统服务价值的理解。

基于湖南省“3＋5”城市群生态研究专题成果，规划研究团队于2011年在《生态学报》上发表了《湖南省城市群生态网络构建与优化》一文，为生态规划研究中生态网络(绿色基础设施网络)构建与优化提供了可操作的技术框架与可复制的规划案例。

第9章　多元目标融合的环太湖绿廊规划研究

2000年以来，受欧美绿道网络建设思潮的影响，国内开始关注绿道网络的生态环境保护、休闲娱乐、文化遗产保护等多功能特点和基于景观生态学的绿道网络规划方法。经过十余年的理论研究与规划实践探索，2010年以来，国内部分城市陆续开展了综合性绿道的规划建设，其中最早开始、建设规模最大的当数广东省。广东省借鉴国外经验在全国率先建成了第一个省内的绿道网络，标志着我国在绿道规划建设实践方面迈出了重要一步。随后，全国各城市群、各省、各市掀起了各具特色的"中国绿道行动"，推动了这一时期乃至随后很长时期的我国国土绿化工作，提供了美丽宜人的生态环境，促进了人与自然的和谐共生，还引领了绿色健康的发展方式和生活方式，受到了人民群众的普遍欢迎。

在此背景下，江苏省加快了风景路的规划建设步伐。2012年3月，江苏省和浙江省正式启动了环太湖风景路的规划建设，成为全国首个两省联合共同打造的区域风景路。"一环多射"的规划结构很好地串联了规划研究区内13个重要的风景名胜区、2个独立景点，共包括197个自然景观和849个人文景观节点，形成了环太湖的多功能复合型绿道网络体系。但该风景路主要依托堤顶路形成"一环"的主体结构，游憩功能比较突出，生态功能偏弱。

为此，亟须开展环湖绿廊生态廊道的选线工作，进一步优化一环的主体结构，形成兼具景观游憩、生态保护与社会经济功能的复合型绿道。2012年底，笔者团队参与了江苏省规划设计研究院承担的"太湖生态修复：环湖绿廊实施规划"项目，并主要负责了"生态分析与生态网络构建"专题研究，工作的核心目标就是辨识环湖绿廊的线路走向，优化环太湖风景路的网络结构体系，实现绿道多重效应的有机统一。为了实现该规划目标，团队借助3S技术，借鉴景观生态学、保护生态学、恢复生态学、景观规划等学科的理论与研究方法，辨识环湖区域内重要的生境斑块、重要生态廊道，并融合景观需求、游憩需求等多元需求，构建规划研究区的复合型生态网络，为环湖区域自然生态与人文文化景观资源的整合提供科学依据。该生态专题研究是南京大学生态规划研究团队在国家生态文明建设背景下开展的新类型生态规划的新尝试，为江苏省绿道网络的规划建设提供了案例借鉴与决策参考。

9.1　规划背景与技术框架

9.1.1　规划背景

(1) 生态文明建设上升为国家战略

党的十八大报告明确提出："大力推进生态文明建设，必须树立尊重自然、顺应自然、保护自然的生态文明理念，把生态文明建设放在突出地位，融入经济建设、政治建设、文化建设、社会建设各方面和全过程，努力建设美丽中国，实现中华民族永续发展。""树立生态文明建设观念，是推动科学发展、促进社会和谐的必然要求，它有助于唤醒全民族的生态忧患意识，认清生态环境问题的复杂性、长期性和艰巨性，持之以恒地重视生态环境保护工作，尽最大可能地节约能源资源、保护生态环境，而且对于维护全球生态安全、推动人类文明进步和可持续发展具有深远的历史意义”。

党的十八大突出强调“生态文明”，提出建设“美丽中国”宏伟目标，生态文明建设业已上升为国家战略，势必将成为未来我国区域发展的重要标杆之一。广东省已于2010年在全国率先开展了绿道网络规划建设，并以绿道网络规划建设为抓手，吹响了美丽广东建设的号角，山东省、安徽省等省份也紧随其后，迅速开展并大力推进了绿道网络的规划建设。在此背景下，江苏省启动并快速推动了省域风景路的规划建设工作，环太湖风景路规划就是其中的重要组成部分。

（2）江苏省新时期生态文明建设新契机

自2000年以来，环太湖区域中的苏锡常都市圈整体经济实力快速提升，GDP总量年均递增超过20%，至2010年，苏锡常都市圈总人口达2 143.74万人，人口密度高达1 214人/km^2，城市化水平达到69.3%。经济的快速发展导致土地、水、能源等资源的大量消耗和局部生态环境的恶化，以及水系淤塞、湿地消失、植物种类单一、绿地系统性不够、生物多样性失衡等一系列生态环境问题。因此，苏锡常都市圈各市有必要打破行政区划限制，共同承担起生态环境保护的任务，整合区域内各类生态资源，完善与优化区域生态系统，为实现区域的可持续发展提供政策支持和空间保障。

2010年以来，江苏省迎来了新时期生态文明建设的新契机。江苏省域城镇体系规划提出了“两片、两带、四廊、多核网状”的生态保育空间结构与生态建设框架，其中，太湖及苏南丘陵山地点状发展地区生态保育区是“两片”之一，这为环太湖周边区域生态环境建设指明了方向：修复环太湖地区脆弱的生态系统，维护生态完整性与系统稳定性，保护区域生物多样性。

（3）环太湖地区生态文明建设的内在需求

环太湖区域地处长三角社会经济发达地区，人民生活水平普遍较高，人民生态环境需求迫切，环湖绿廊建设契合了人民更高层次的生活需求；环太湖水环境污染综合整理取得阶段性成果，生态维育、生态修复建设提上议事日程，环湖绿廊建设已经成为环太湖生态环境建设的必然要求；与此同时，太湖及其周边区域坐拥秀美自然山水和丰厚历史人文，资源禀赋优异，发展潜力大，建设环湖绿廊，整合区域内自然人文资源，是太湖环湖区域未来生态文明建设、游憩资源共荣共生的内在需求。

因此，如何统筹环湖区域的社会经济发展与生态环境保护之间的辩证关系，制定切实可行的环湖区域发展政策是实现该区域可持续发展的关键，同时也是践行“美丽江苏”建设的具体行动和生态文明建设的客观需求。因而，通过建设环湖区域绿廊，进一步维护和强化环湖区域整体山水格局的连续性、完整性，加强区域绿色开敞空间和蓝色空间保护规划的落实与规划控制、管理，构建与优化区域生态网络，就显得非常必要和重要。

9.1.2　技术框架

规划遵循与贯彻生态优先的基本原则，注重社会经济发展与生态环境保护的高水平融合，努力实现规划研究区精明增长与精明保护的有机统一。首先，通过现状调研，并结合RS与GIS分析，解译获取规划研究区的土地利用现状和自然生态文化等资源空间分布情况，为环湖绿廊的选线提供数据支持。然后，借鉴景观生态学、保护生态学、恢复生态学、景观规划等学科的理论与研究方法，基于 GIS 软件平台，采用最小成本路径、重力模型与图谱理论，辨识环湖区域内重要的生境斑块、重要生态廊道，进而构建多尺度的生态网络。最后，融合景观需求、游憩需求，应用图谱理论进行无标度网络的构建和测度，构建空间效能好的环太湖复合型生态网络，并最终提出其结构框架和优化建议，为环湖区域的自然生态与人文文化景观资源整合提供决策依据与规划参考。

9.2 规划研究区概况

(1) 规划研究区的两个尺度

①大区域尺度

总面积约为 10.16 万 km^2（图 9-1），土地利用类型主要以农田为主，约占规划区总面积的 42%，是规划区的优势景观用地类型；其次为林地和水体，均约占 20%；规划研究区城镇发达，城乡建设用地较大，占规划区总面积的 17.84%。林地分布相对较为集中，主要分布在宜兴南部山地以南的丘陵山地地区，另外环太湖也有一些面积相对较小、破碎化程度较高的林地。水体主要以湖泊、水库、河网组成，因规划研究区地处江南，河网水系网络纵横，湖泊水库星罗棋布，为研究区蓝色空间与蓝廊的规划提供了空间基础，但水质较差，已成为制约研究区生态环境质量提升的重要因素。

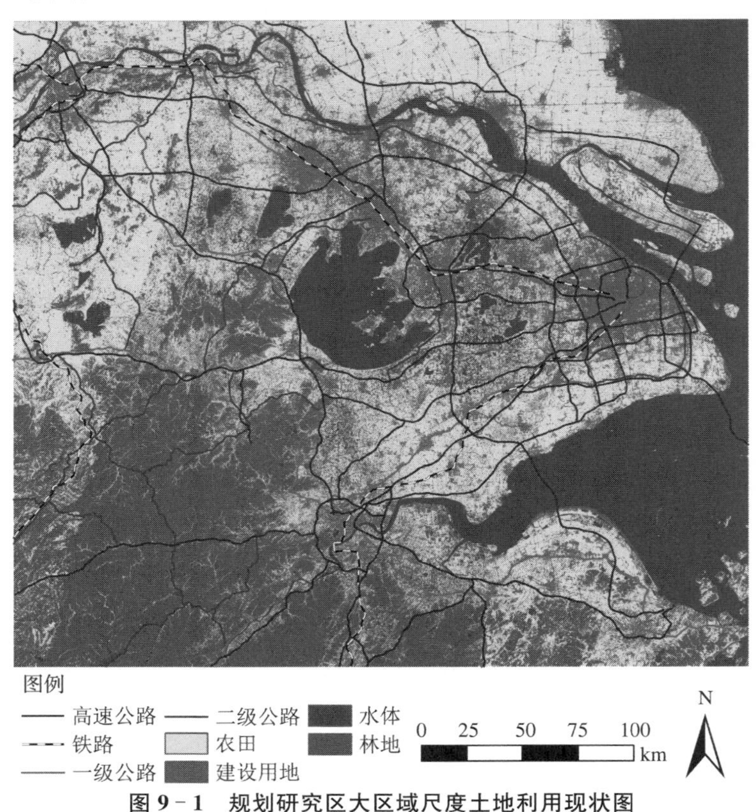

图 9-1　规划研究区大区域尺度土地利用现状图

②规划研究区周边区域尺度

总面积约为 7 436.65 km^2，土地利用类型主要以水体为主，约占规划区总面积的 42.42%，是规划区的优势景观用地类型，主要为太湖及其关联水系；其次为农田，约占规划区总面积的27.77%，主要分布在太湖西岸的宜兴和湖州；研究区城镇化水平高，建设用地所占比重为24.13%，主要分布在太湖东岸的苏州、无锡。林地所占比重较小，仅为4.94%，主要分布在太湖沿岸周边的丘陵地区，破碎化和人为干扰（如旅游开发）程度较高，平均斑块面积相对较小，且受到城镇化带来的周边土地利用变化的冲击，生境质量堪忧，生物多样性水平不高，亟待加以保护、连接和整合。

（2）环湖周边区域重要景观游憩资源空间分布

根据规划研究区的现状景观资源的实际情况，结合《旅游资源分类、调查与评价》（GB/T 18972—2003），将规划区重要景观游憩资源分为风景名胜区、森林公园、自然保护区、地质公园、湿地公园、旅游度假区、历史文化名镇、历史文化名村、特色村落等类型（表9-1、图9-2、图9-3）。

环湖周边区域重要景观资源的空间分布呈现如下特征：a. 区域自然资源空间分布不均。规划研究区重要景观资源、重要景观游憩资源的空间分布不均衡，东部地区的资源分布密度明显高于西部地区；重要景观游憩资源主要分布在苏州、无锡的滨太湖周边区域，即多分布在太湖的东岸及其周边区域，该区域岸线曲折、山地林地覆盖度高、生境质量相对较好；在太湖西岸重要景观资源相对较少，且主要集中分布在宜兴市的南部山区和常熟武进区的太湖湾旅游度假片区，其他岸线周边重要景观资源的分布相对较少。b. 资源禀赋优异，但仍需区域整合。太湖及其周边区域坐拥秀美自然山水和丰厚历史人文，资源禀赋优异，发展潜力大，是苏锡常都市圈乃至长三角地区的重要休闲游憩片区，在区域可持续发展、生态环境与生物多样性保护等方面具有重要的地位和作用。近年来，环太湖周边地市相继编制了太湖风景名胜区总体规划、环太湖风景路规划等区域协调规划，力图将太湖周边区域的重要景观游憩资源进行全面系统的整合，突破行政区划束缚，优化区域资源配置，形成区域发展合力。但因区域内仍缺乏资源整合提升的具体行动框架与方略，资源整合的力度仍需进一步加强。通过规划研究区环湖绿廊的规划建设，构建满足生态、经济、社会多目标融合的复合型景观生态网络体系，推动并实现区域重要景观游憩资源的串联、连接和融合。

表9-1　规划研究区环湖周边区域尺度重要景观游憩资源统计表

类型	代表资源
历史文化名镇	宜兴丁蜀，苏州木渎、同里、东山、光福、西山、震泽
历史文化名村	苏州陆巷、明月湾
旅游度假区	无锡太湖国家旅游度假区、无锡太湖山水城旅游度假区，苏州太湖国家旅游度假区，武进太湖湾旅游度假区
风景名胜区	太湖风景名胜区（13个景区，2个独立景点）
森林公园	无锡惠山国家森林公园、阳山森林公园、宜兴国家森林公园、宜兴竹海森林公园，苏州上方山国家森林公园、苏州东吴国家森林公园、苏州西山国家森林公园、苏州大阳山国家森林公园、太湖东山森林公园、吴中区香雪海森林公园
自然保护区	宜兴龙池省级自然保护区，苏州吴中区光福自然保护区
地质公园	无锡阳山省级地质公园，苏州太湖西山国家地质公园
湿地公园	无锡蠡湖国家湿地公园、无锡长广溪省级湿地公园，苏州太湖国家湿地公园、苏州太湖三山岛国家湿地公园、苏州太湖湖滨国家湿地公园、吴江震泽省级湿地公园
国家城市湿地公园	无锡长广溪国家城市湿地公园
特色村落	苏州：陆巷、明月湾；常州：太隔渔村、莘村；宜兴：筱里村、白塔村、筱王村、谭家冲、荷花塘、石门村、太平村、民望村、胥锦村、南门村、凤凰村、善卷村、龙池村、珠海新村、钟山园、岗下村、邵东村、张阳村；吴江：开弦弓村、南厍村、隐读村

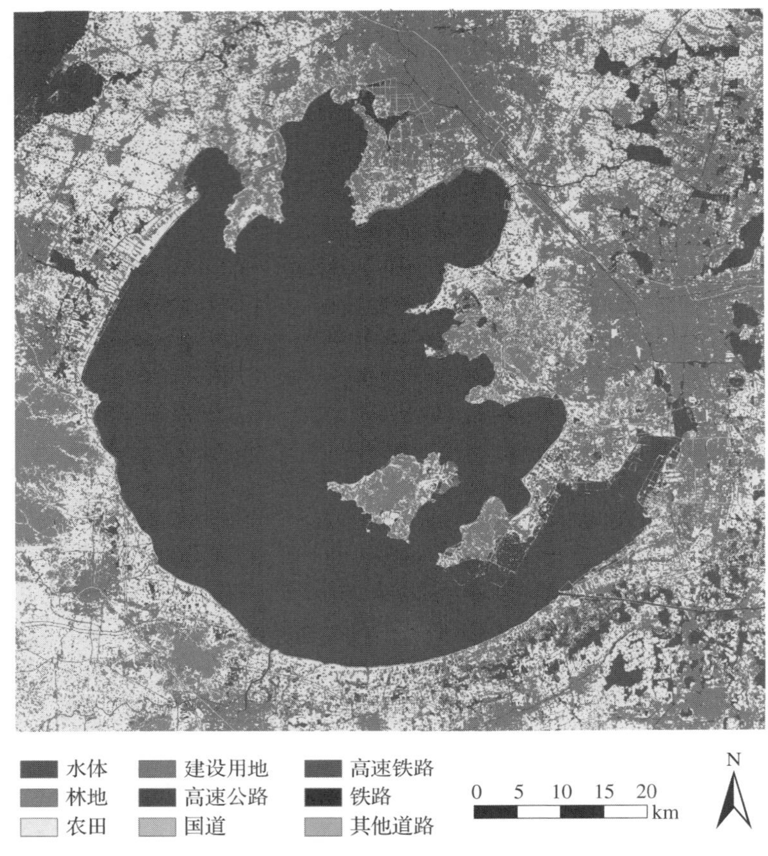

图 9-2　规划研究区及周边区域尺度土地利用现状图

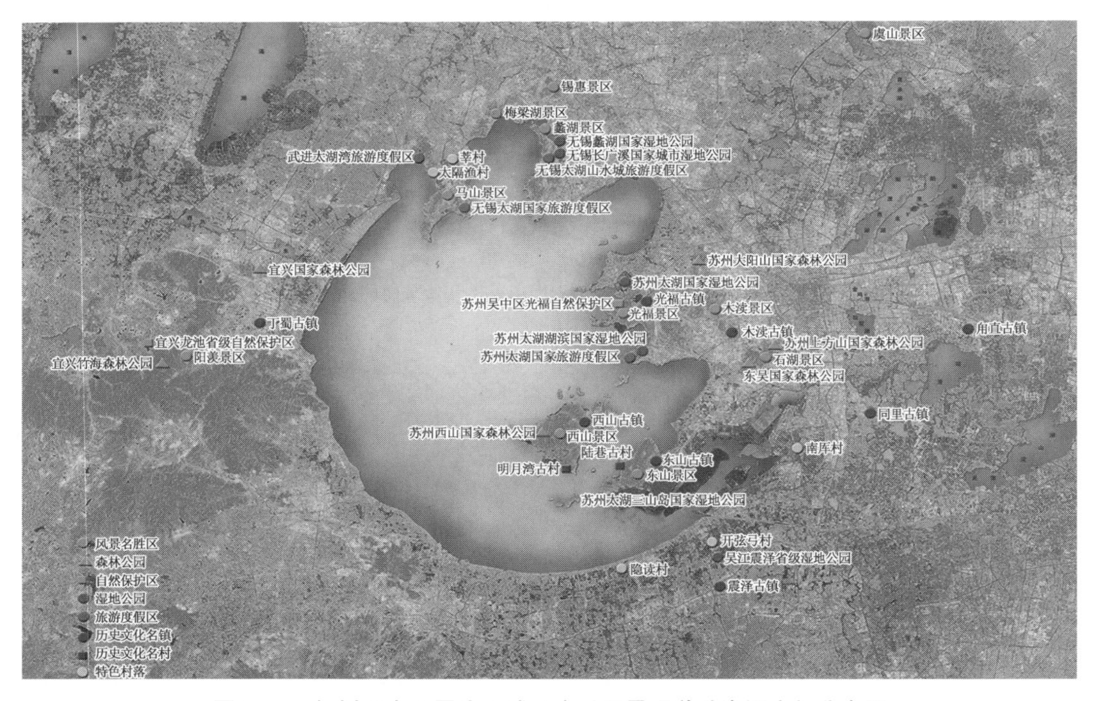

图 9-3　规划研究区周边区域尺度重要景观游憩资源空间分布图

9.3 大区域尺度生态网络构建与优化

通过环湖大区域尺度的生态网络构建与优化研究，探析太湖生境斑块在大区域内的生态功能及其景观连接情况，为环湖区域生态环境修复和建设提供规划依据和决策参考。

9.3.1 重要生态资源辨识与生态源地选取

在景观水平上，生境斑块的面积对区域生物物种多样性具有重要的生态意义。首先，根据环湖大区域的自然生态特点，将研究区内的自然保护区、森林公园、大型林地等生境斑块作为规划区的重要生境斑块。然后，根据规划区内重要生境斑块的面积大小、物种多样性丰富程度、稀有保护物种的种类与丰度、空间分布格局等，共选取了10个大型生境斑块作为规划区生物多样性的重要生态源地(sources)，这些斑块是区域生物物种的聚集地，是物种生存繁衍的重要栖息地，具有极为重要的生态意义(表9-2、图9-4)。

表9-2　选取的规划区内的生态源地概况

编号	面积/hm^2	景观组成	生境质量
1	24 809	林地65%，农田30%，水体1.5%，建设用地与道路3.5%	良
2	6 822	林地74.8%，农田20.7%，建设用地3.1%，其他1.4%	良
3	106 449	林地76.7%，农田18.8%，建设用地4.3%，水体0.2%	良
4	10 064	林地59.5%，农田32%，建设用地7.6%，其他0.9%	良
5	25 413	林地80.9%，农田16.8%，建设用地1.4%，水体0.9%	优
6	14 359	林地67.7%，农田29%，水体1.9%，建设用地0.5%，其他0.9%	良
7	111 400	林地69.2%，农田29.3%，其他1.5%	良
8	124 256	林地83.1%，农田7.3%，建设用地8.3%，水体1.2%，道路0.1%	优
9	130 678	林地87.4%，农田5.7%，建设用地6.3%，其他0.6%	优
10	1 123 210	林地86.4%，农田9.5%，建设用地3.1%，其他1%	优

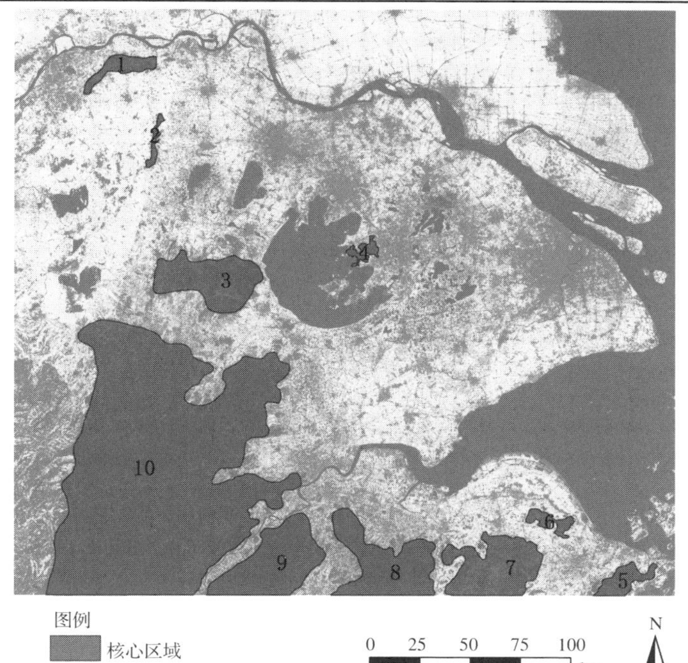

图9-4　大区域尺度上选取的生态源地空间分布图

9.3.2　生境适宜性评价与消费面模型构建

(1) 生境适宜性评价

潜在的生态网络是由源(source)或目标(target)的质量、源与目标之间不同土地利用类型的景观阻力决定的,而植被群落特征如覆盖率、类型、人为干扰强度等对于物种的迁移和生境适宜性起着决定性的作用。根据规划区的土地利用现状情况,结合数据的可获得性,通过考察研究区不同土地利用类型的植被覆盖情况和受人为干扰的程度确定了不同生境斑块的景观阻力大小(表 9-3)。

表 9-3　大区域尺度上不同土地利用类型的景观阻力赋值

土地利用类型	亚类	景观阻力	备注
林地	面积>1 000 km^2	1	林地是区域自然生态系统中的核心组成之一。大型林地是野生动物的重要栖息地和繁殖地
	100 km^2≤面积≤1 000 km^2	5	
	10 km^2≤面积<100 km^2	10	
	面积<10 km^2	15	
水系	小水系、小湖泊(面积<1 km^2)	300	对陆生物种而言,小溪、小水塘是其迁徙与扩散的饮用水源,但大水系、运河和大湖泊又是它们迁徙与扩散的重要障碍。对水陆两栖动物,水系、湖泊沿岸的湿地生态系统是其最适宜的生境。水系生态网络将做单独分析
	大水系、中型湖泊(1 km^2≤面积≤10 km^2)	600	
	大湖泊(面积>10 km^2)	1 000	
	钱塘江、长江	2 000	
	太湖	5 000	
	海洋	10 000	
农田	—	50	农田是人工半自然生态系统,其与林地和小水系、小水塘等组成的镶嵌结构也是相对稳定的生态系统
交通用地	高速公路、铁路	1 000	线性结构(高等级道路)所导致的生境破碎化与隔离对生物多样性有着巨大的影响
	一级公路	800	
	二级公路	600	
建设用地	大城市	4 000	城市是人类活动最集中的地区,其对生境的隔离作用最大。城市区域越大景观阻力也越大
	中等城市	3 000	
	乡镇	2 000	
	村庄	1 000	

（2）消费面模型构建

首先，基于 GIS 软件平台，分别计算得到每一个景观类型的成本费用栅格数据文件，栅格大小为 30 m×30 m。然后，按照取最大值的方法进行多因子叠置分析，得到规划研究区的消费面栅格图（图 9－5）。

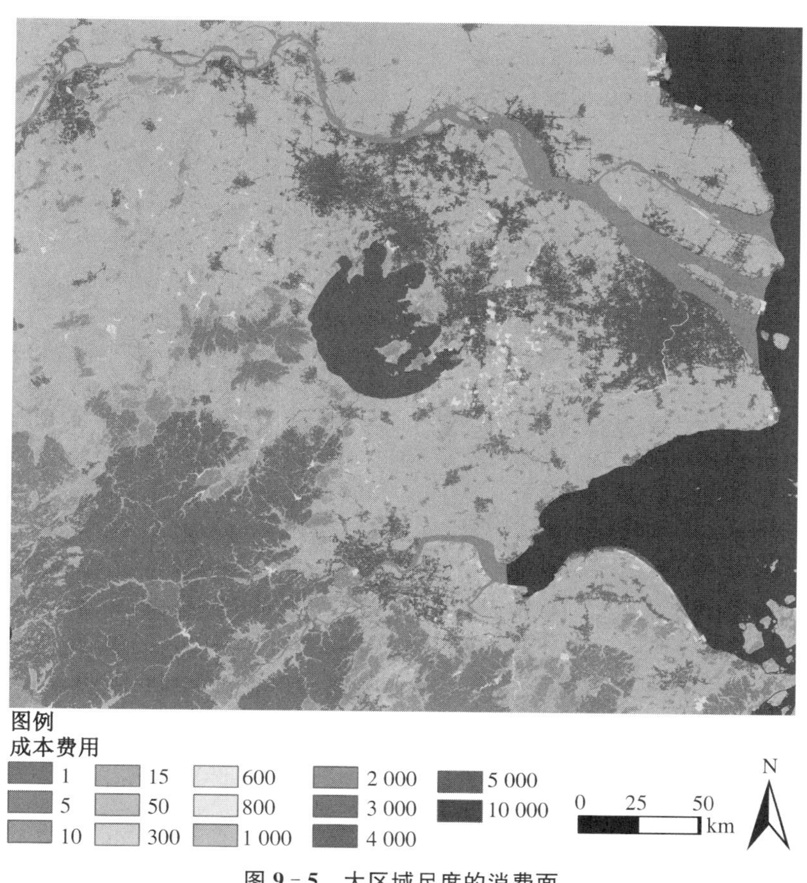

图 9－5　大区域尺度的消费面

9.3.3　潜在生态廊道提取与生态网络评价

（1）潜在生态廊道提取

首先，基于 GIS 软件平台，采用最小成本路径分析方法，构建了 10 个源地斑块间的 45 条潜在生态廊道，并剔除经过同一生境斑块而造成冗余的廊道，得到规划区的潜在生态廊道（图 9－6）。

（2）生态网络评价

基于图谱理论，构建规划区潜在生态网络的图谱（图 9－7），并采用 α、β、γ 三个景观指数来量化网络的闭合度和连接度水平，为生态网络的结构优化提供参考信息。

景观指数的计算公式如下：

$$\alpha=\frac{l-v+1}{2v-5},\ \beta=\frac{l}{v},\ \gamma=\frac{l}{l_{\max}}=\frac{l}{3(v-2)} \qquad 式(9-1)$$

式中，l 为廊道数，v 为节点数，l_{max} 为最大可能连接数。

α 指数为网络闭合度的量度，用来描述网络中回路出现的程度。α 指数越高表明生物物种在穿越生态网络时可供选择的扩散路径越多，从而能够避免干扰和降低被捕食的可能性。β 指数代表了网络中每个节点的平均连线数。$\beta<1$，表明生态网络为树状结构；$\beta=1$，表明形成单一回路；$\beta>1$ 时，表示网络连接水平更复杂。γ 指数用来描述网络中所有节点被连接的程度。

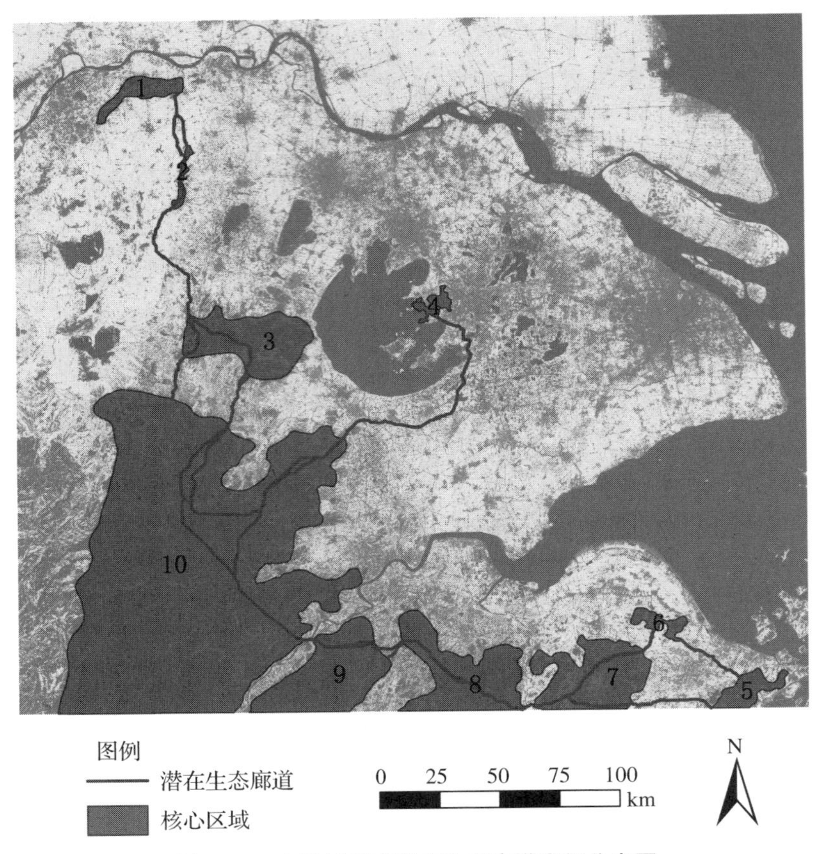

图 9-6　大区域尺度潜在生态廊道空间分布图

大区域尺度上潜在生态网络的 α、β、γ 景观指数分别为 0.13、1.10、0.46，表明规划研究区潜在生态网络连接度水平较为简单，闭合度水平和节点被连接的程度也不高，基本为线性网络，很少有网络回路。通过网络格局优化，建议增加 2 个生态节点、8 条生态廊道，增加生境斑块间的有效连接，规划网络图谱的 α、β、γ 景观指数分别为 0.53、1.58、0.63，较规划前有了较大提高(图 9-7)。

由图 9-6、图 9-7 可见，大区域尺度上的生态网络连接度偏低，网络结构呈简单树枝状，不够完善，环湖周边区域未能有效融入大区域主要生态廊道与网络中，存在被边缘化与被生态隔离的风险。加之改革开放以来，规划研究区的城镇化发展较快、道路网络化程度不断提高，生态网络中的核心区域变得日益破碎化，使得路径景观阻力较大、网络生态连接有效性不高，不利于生物的迁移与扩散，区域生物多样性保护面临巨大挑战。

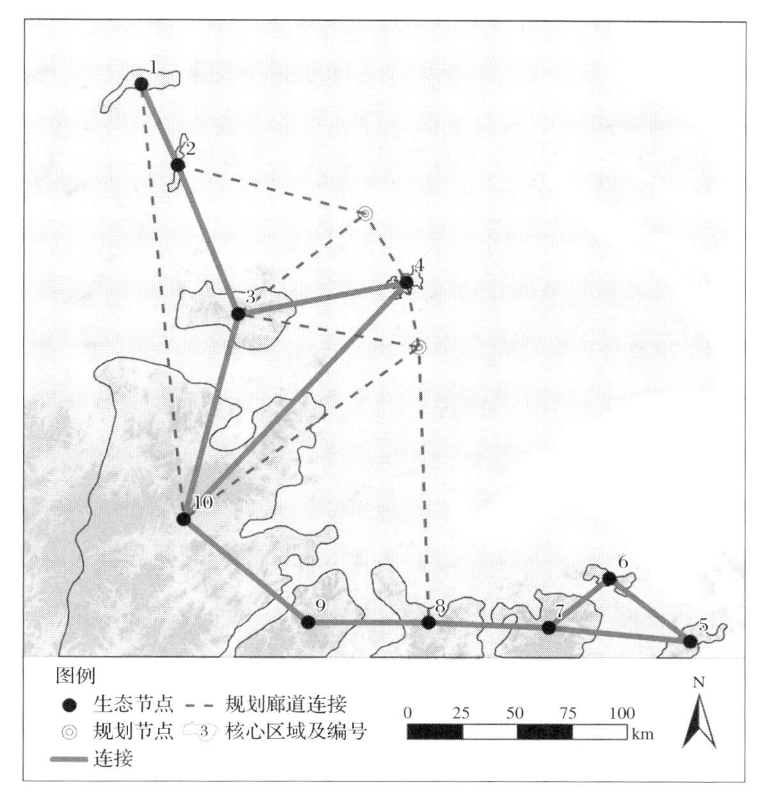

图 9 - 7　大区域尺度的潜在与规划生态网络图谱

根据生态网络评价结果，本章的规划结合研究区土地利用现状图、主要水系河网分布等，构建了大区域尺度的生态网络结构规划图(图 9 - 8)，将环湖周边区域纳入大区域

图 9 - 8　大区域尺度的生态网络结构规划图

的生态框架中，实现了不同尺度生态网络的有效衔接。另外，需要特别注意的是，虽然道路在生态网络中所占比重很少，但其对生态廊道的隔离作用不容忽视，大量的断裂点将使生态连接的有效性显著降低(图 9－9)。因此，加强主要断裂点的修复，并在未来的道路规划建设中注重区域生态斑块的连接性，能够有效改善区域生态网络的连通性，对于生物的扩散和传播具有重要生态意义。

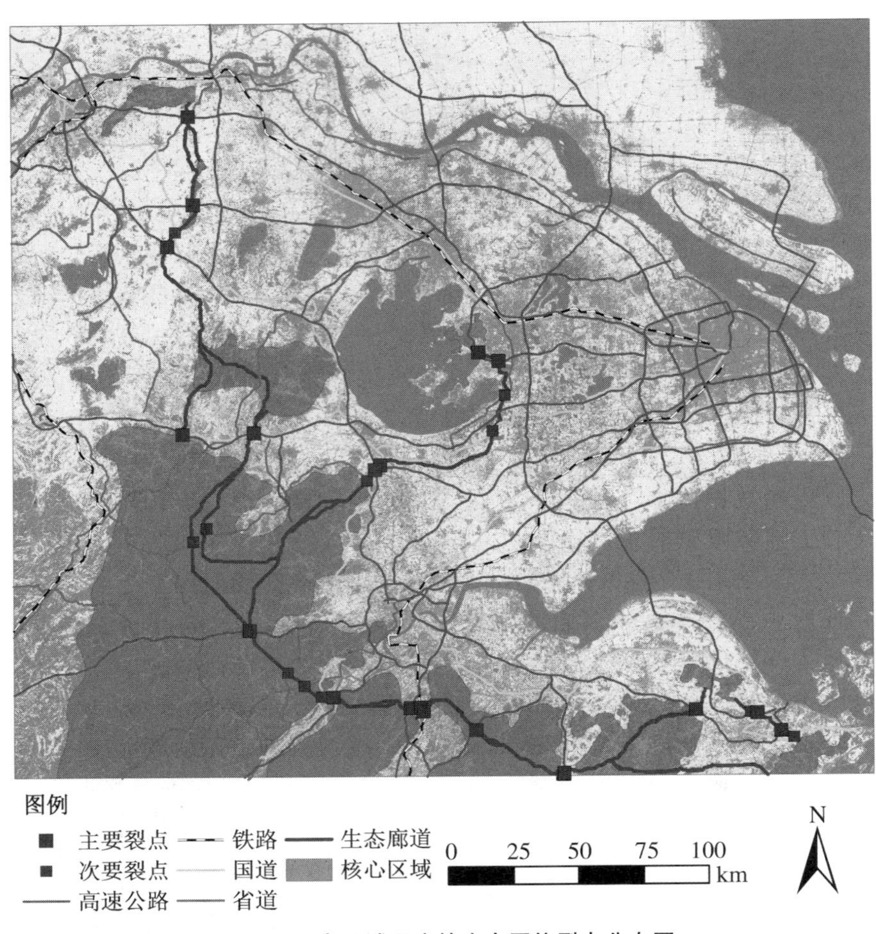

图 9－9　大区域尺度的生态网络裂点分布图

9.4　环湖周边区域尺度生态网络构建与优化

9.4.1　重要生态资源辨识与生态源地选取

首先，根据环湖周边区域的自然生态特点，将研究区内的自然保护区、森林公园、大型林地等生境斑块作为规划区的重要生境斑块。然后，根据重要生境斑块的面积大小、物种多样性丰富程度、稀有保护物种的种类与丰度、空间分布格局等，共选取了 13 个生境斑块作为规划区生物多样性的重要生态源地(图 9－10)。

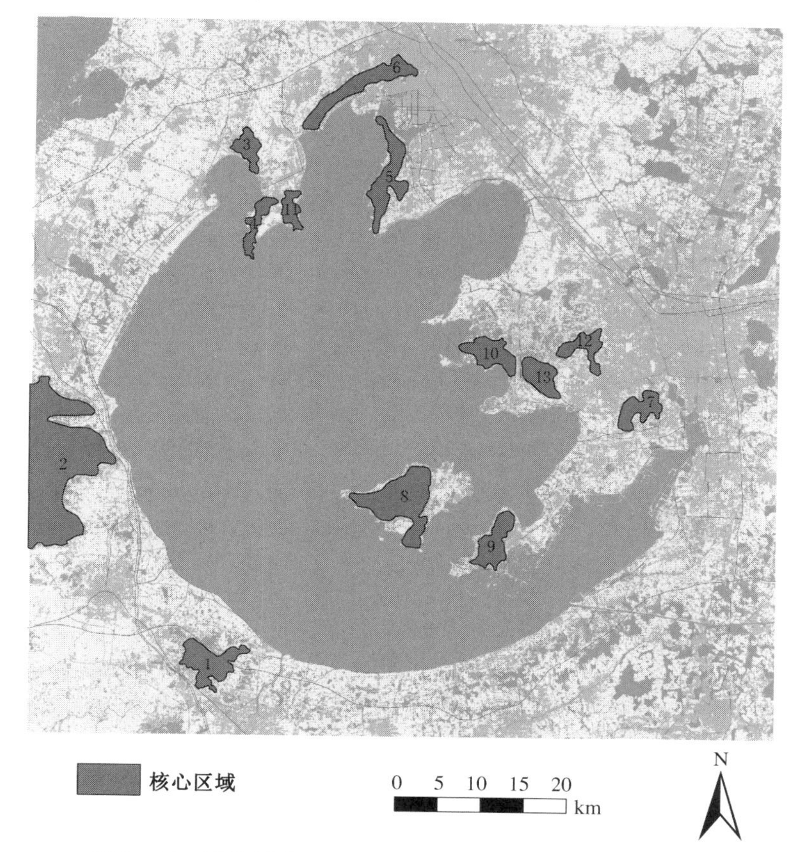

图 9-10　环湖周边区域尺度上选取的生态源地空间分布图

9.4.2　生境适宜性评价与消费面模型构建

首先，根据规划区的土地利用现状情况，结合数据的可获得性，通过考察研究区不同土地利用类型的植被覆盖情况和受人为干扰的程度，确定了不同生境斑块的景观阻力大小(与大区域尺度上选择的因子相同，主要的区别是林地斑块面积的层级有所调整)。然后，基于 GIS 软件平台，分别计算得到每一个景观类型的成本费用栅格数据文件，栅格大小为 30 m×30 m，并按照取最大值的方法进行多因子叠置分析，得到规划研究区的消费面栅格图(图 9-11)。

9.4.3　潜在生态廊道提取与生态网络评价

首先，采用最小成本路径分析方法，构建了 13 个源地斑块间的 78 条潜在生态廊道，并剔除经过同一生境斑块而造成冗余的廊道，得到规划区的潜在生态廊道(图 9-12)。然后，基于图谱理论，构建规划区潜在生态网络的图谱。其次，基于重力模型构建 13 个生境斑块(源与目标)间的相互作用矩阵，将相互作用力大于 1 000 的主要廊道提取出来，并剔除经过同一生境斑块而造成冗余的廊道，得到规划研究区的重要生态廊道(图 9-13)。最后，提出了五项生态网络优化提升的对策建议：a. 完善与提升重要的生境斑块；b. 增加斑块之间的连接度水平，提高连接的有效性；c. 加强断裂点的修复(图 9-14)；

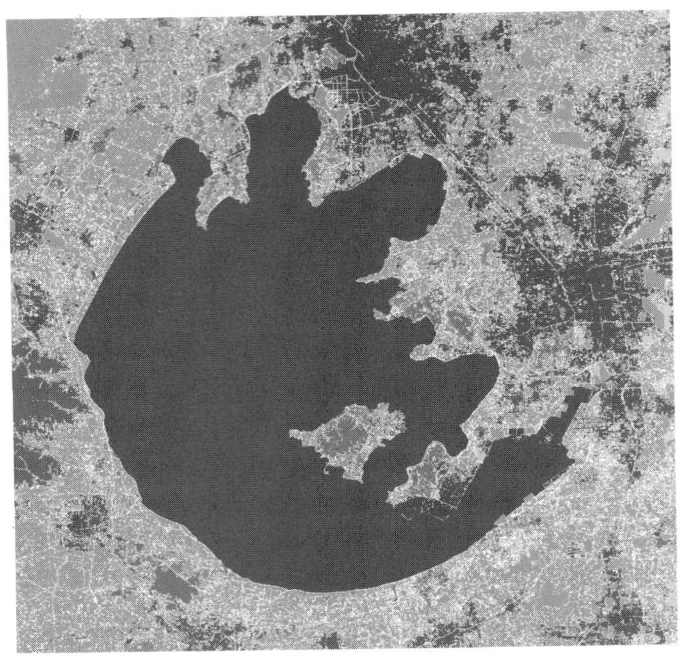

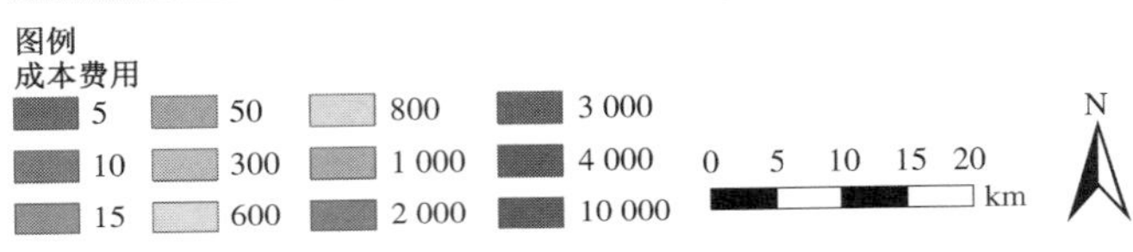

图 9-11　环湖周边区域尺度的消费面

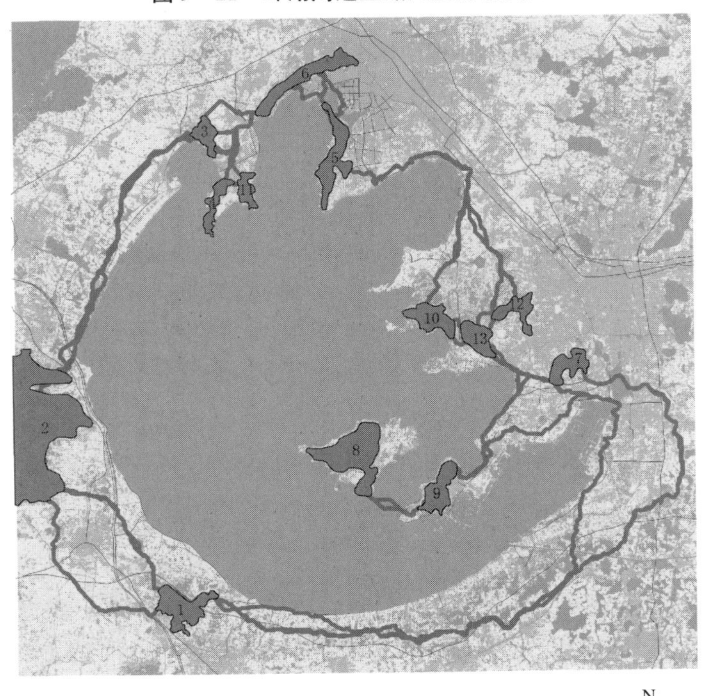

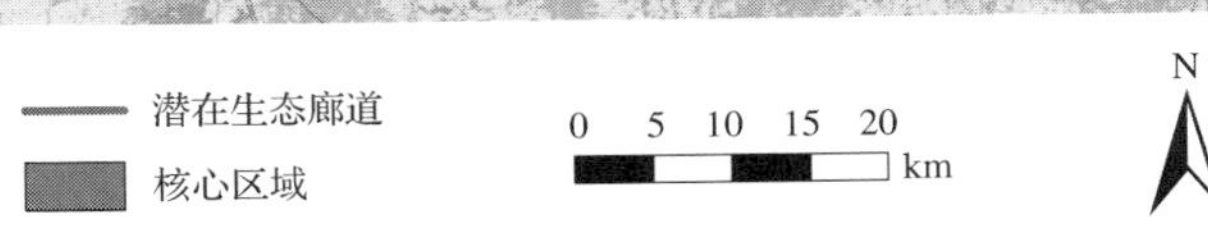

图 9-12　环湖周边区域尺度的潜在生态廊道空间分布图

d. 注重暂息地的规划建设(图 9－15)；e. 加强与周边和更大区域范围内重要生境斑块的连接，即实现多尺度生态网络的合理嵌套，发挥生态网络的多尺度级联效应。

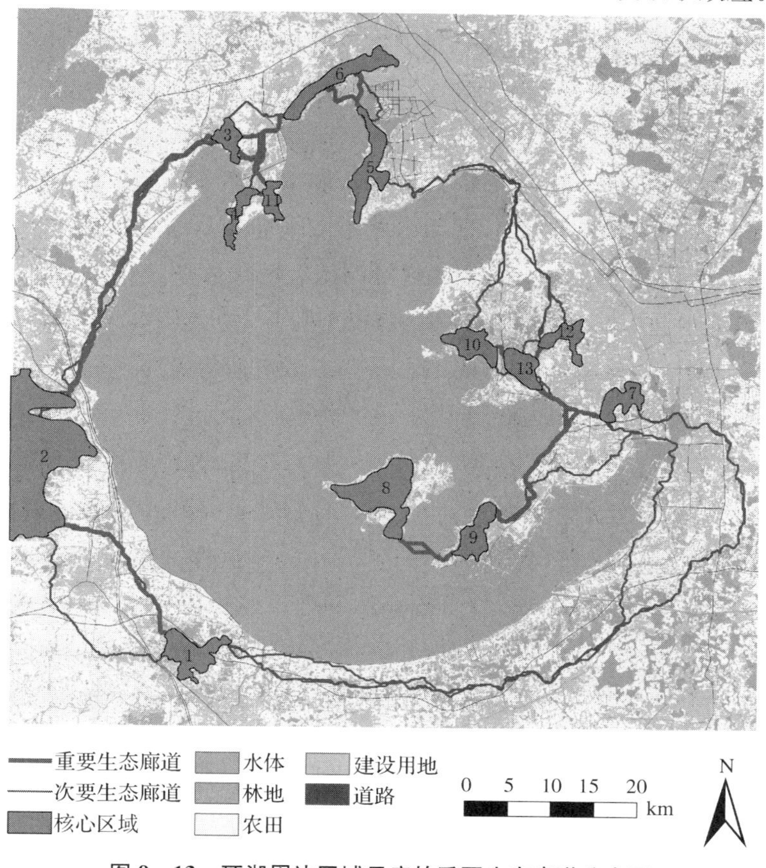

图 9－13　环湖周边区域尺度的重要生态廊道分布图

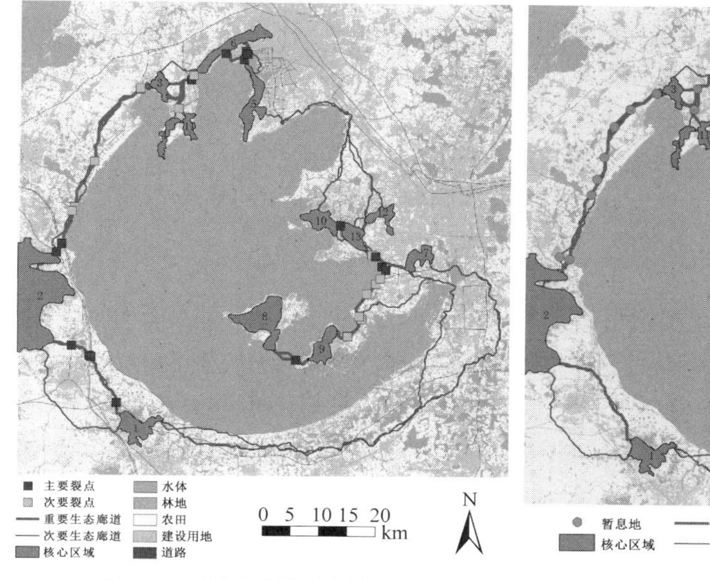

图 9－14　研究区的生态裂点分布图

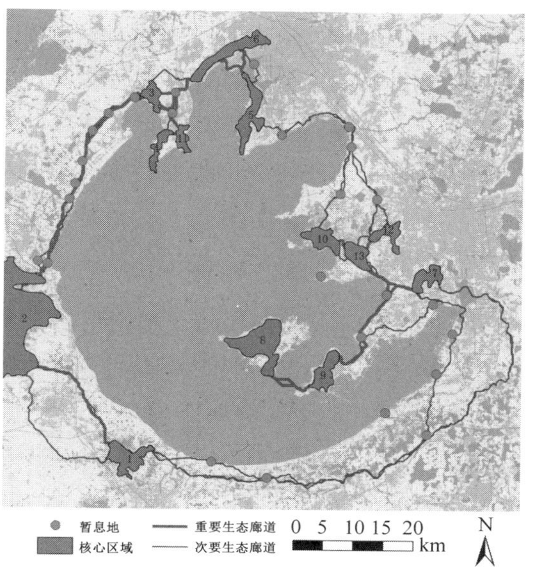

图 9－15　研究区暂息地规划建设分布图

规划研究区周边区域尺度上现状潜在生态网络的 α、β、γ 景观指数分别为 0.33、1.46、0.57，表明网络连接度水平较为复杂，闭合度水平和节点被连接的程度也较高，存在一些环路。但是，很多廊道连接的累积费用值很大，说明连接的有效性较低，廊道的生境质量可能无法满足生物物种的迁移与扩散，因而通过重力模型识别出研究区重要生态廊道（有效的廊道连接）十分必要和重要。

由图 9-13 可见，基于重力模型的重要生态廊道提取结果表明，规划研究区重要生态廊道集中分布在太湖的东西两侧，而太湖东北部和南部生态廊道连接的有效性较低，尚未形成围绕太湖沿岸区域的生态绿环，网络结构呈简单树枝状。因而，结合太湖环境治理和环湖绿廊建设，构建和优化环湖周边区域的生态网络体系，打造完整的、高连接度的生态绿环，可为环湖周边区域的生态安全和区域可持续发展提供空间保障。

9.5　多目标融合的复合生态网络规划

学界普遍认为城市化建设下生态破碎化过程是不可逆的，因此就更不该在土地利用规划中用功能分区的分割方式加速这种“分离”；相反，应该创造“相互连接的复合体”，从而缓解破碎化。而基于生态目标的生态网络构建的理论框架主要为“斑块—廊道—基质”模式，其本质是“点-线-面”规划；而潜在生态廊道模拟的技术手段主要是生物模拟法、最小成本路径法，同时，结合重力模型和图谱理论进行情景分析比较。为提高网络的效益及可行性，需要通过景观结构指标，如斑块面积、孤立性，廊道类型、面积，特别是网络网眼密度、网络连接度和网络闭合度等来评价生态网络。然而，人文角度下的生态网络不仅包括生态物理网络内部，还包含与之相耦合的外部社会、经济等网络，即复合型生态网络。

生态网络构建的定量化研究已在规划中发挥重要作用，但复合型生态网络构建却仍旧停留在理论探索阶段。复合型生态网络的构建面临着成长性和稳定性的矛盾，而空间效能成为衡量空间网络可行性的重要指标。空间效能若要高，大型斑块应承担更多的生态功能，空间网络连接结构与形态应该更加有效。因此，如何识别斑块廊道的中心度和重要性、测度空间连接效率显得尤为重要。

目前，长三角区域的快速城市化建设已导致了“中央公园”——太湖绿地景观日益破碎化，而单纯基于生态目标构建的生态廊道可行性低，单纯基于风景游憩等目标的环湖景观路又缺乏生态定量分析，主观性比较强。环太湖的生态城市空间体系不仅包括生态物理网络，还包括景观网络、游憩网络。因此，多层次网络的耦合规划是解决复合型生态网络规划的重要手段。

本章的规划应用 RS 和 GIS 技术，以环太湖周边地区为例，在基于最小成本路径分析模拟得到的生态廊道基础上，融合景观需求、游憩需求，应用图谱理论进行无标度网络的构建和测度，构建空间效能好的环太湖复合生态网络，并最终提出其结构框架和优化建议。

9.5.1　复合生态网络的构建

首先，构建复合生态网络的主要目标体系，主要包括：生态目标、景观目标和社会目标（图 9-16）。然后，构建多目标融合的复合生态网络结构体系。生态目标主要通过基于最小成本路径、图谱理论和重力模型的研究方法确定。景观目标主要通过梳理规划研究区的主要景观游憩资源，并根据生态斑块的中心度指数，提取出主要的生态斑块的重心点，作为复合型生态网络的中心节点。节点中心度越高，在复合生态网络的支配和主导地位越高，所需要连接的生态、景观、游憩廊道也多，连接度也越高。结合规划需要，根据生态节点中心度、与周边节点的空间拓扑关系、规划发展思路等因素，设计生态节点与景点的联系廊道，即景观廊道，进而设计生态节点与城市风貌节点的连接，即游憩廊道(图 9-17)。

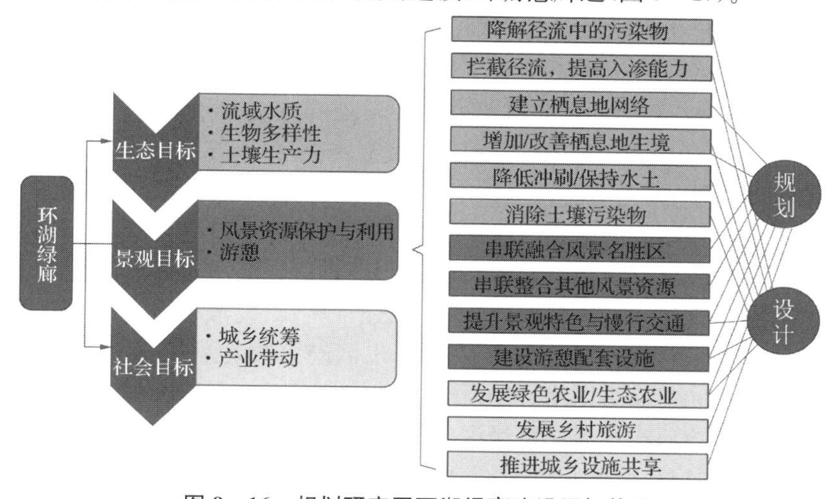

图 9-16　规划研究区环湖绿廊建设目标体系

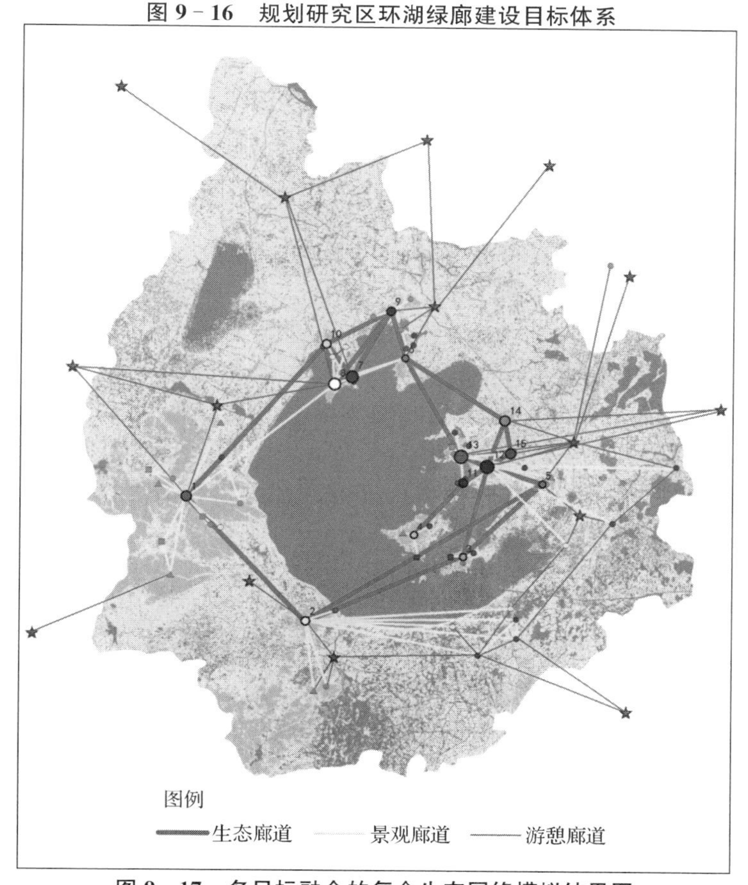

图 9-17　多目标融合的复合生态网络模拟结果图

社会目标的实现与生态目标和景观目标的实现相互联系、互相促进。生态目标和景观目标的实现为社会目标提供了发展路径和方向；而社会目标的实现为生态目标和景观目标的实现提供了坚实的物质基础和保障。对所构建的复合型生态网络（图 9－17），按生态、景观、游憩的不同层次的廊道分别赋值 5、3、1，各节点的连接度即为所连廊道的权重和，然后不断对复合型网络进行测度和设计廊道的调整，直至连接数—节点数的拟合曲线符合幂律分布的宏观统计特征。

由图 9－17 可见，生态廊道 22 条、景观廊道 62 条、游憩廊道 44 条，共计 128 条廊道，共同串联了重要景观资源的 15 个生态节点（生态层次）、54 个景观节点（景观层次）和 15 个城市节点（游憩层次）。从分区形态和分布来看，复合生态网络主要节点和廊道主要集中在环太湖的无锡段和苏州段。这个地区与城市连接紧密，节点密集，呈现一定的小世界网络（泊松分布规律、网络状）特征，说明该区段的复合型生态网络具有较高的稳定性，自我修复能力较强，但该区域复合生态网络受到建设用地与道路交通用地等因素的切割作用与影响，成长性较弱；而宜兴段和湖州段的主要节点和廊道集中于宜南山地地区和云峰山山区，并且呈现较强的无标度网络（幂律分布规律、发散状）特征，说明此区段的复合生态网络的成长集聚效益较好，空间效能好，发展潜力较大。

诚然，复杂网络相对简单网络，都有从无序到有序，混沌到有机的态势。而同样是复杂网络，无标度网络相对小世界网络来说，并非具有绝对优越性，而是具体现状下的相对优化手段。无标度网络虽然成长性较高，但是稳定性相对较弱，一旦中心节点（即重要的生境斑块）被破坏或者功能下降，整个网络系统将面临巨大的安全风险（图 9－18）；而小世界网络虽然稳定性相对较高、自我修复能力较强，但成长性却相对较为薄弱（图 9－18）。

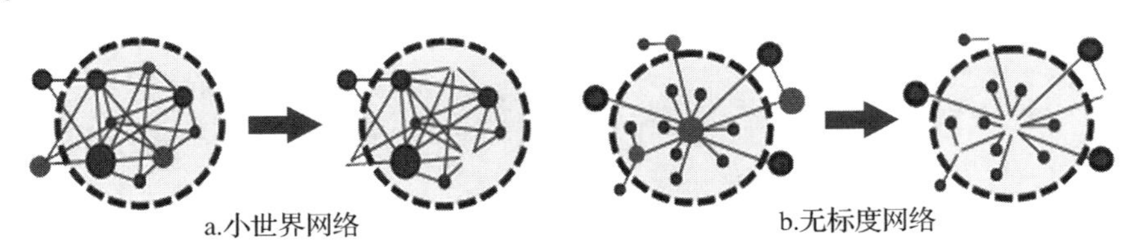

图 9－18　两种网络模型的风险模拟图

综上所述，分析结果表明建设中的环湖景观路可能会造成规划研究区新一轮的生境切割，形成“环湖孤岛”；太湖北岸苏锡常段的建设用地已经对物种的迁移扩散产生了实质性的阻隔；太湖岸线的吴江段和宜兴南部存在生态断点，应进行生态修复；太湖北部的苏州段和无锡段应以保护和连接为重点，南部的湖州段成长潜力较好，需要进行高质量生态空间的保护和生态网络的格局优化。

9.5.2　复合生态网络的规划

网络节点与廊道的有机整合对提升生态功能和景观连接性至关重要。根据构建的复合型生态网络图谱，结合规划研究区的具体实际，提出以自然生态网络为基础，构建“一心四核，双横三纵”的复合生态网络总体结构（图 9－19）。

“一心”指太湖生态核心；“四核”指马山绿核、光福绿核、宜南山绿核、南郊绿核；“双横”指太湖北岸生态廊道、太湖南岸生态廊道；“三纵”指宜南生态廊道、光福—南郊景观廊道、古镇人文廊道。

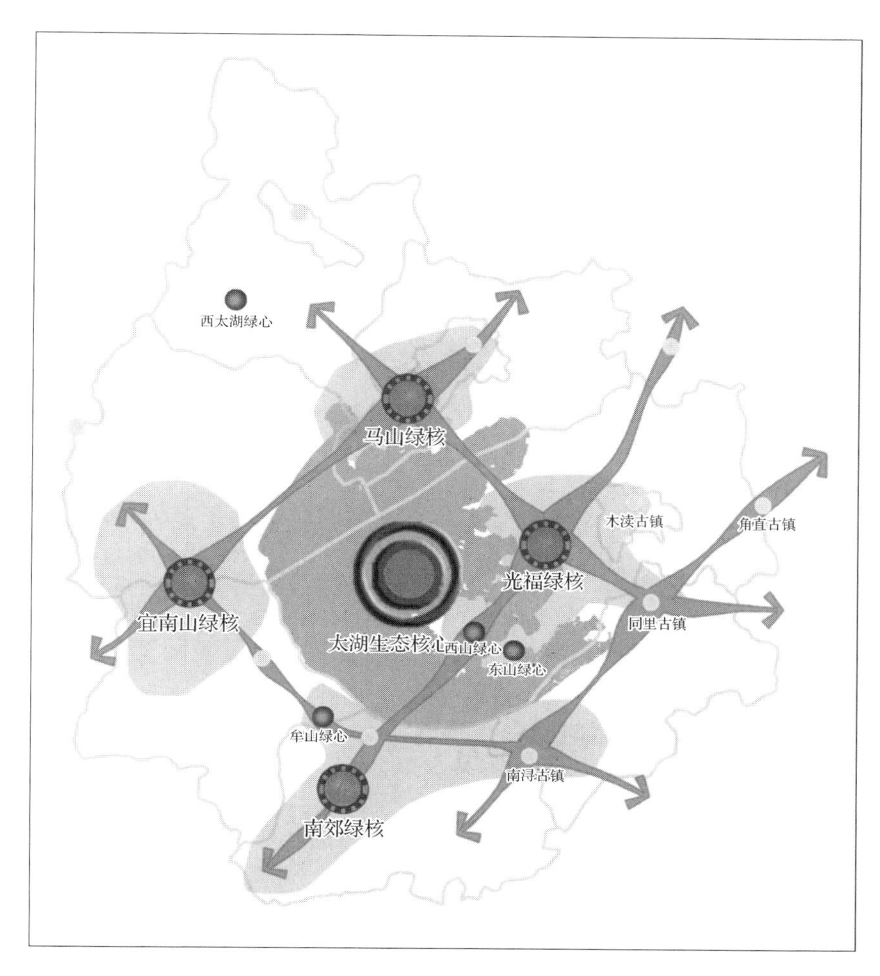

图9-19　规划研究区复合生态网络的总体结构示意图

9.5.3　复合生态网络的管理

环太湖周边区域需要根据复合生态网络的构建需要，特别是生态层次的建设需要，制定空间管制区，划分禁止建设区、弹性建设区、重点建设区，确保生态环境保护与社会经济发展相协调。

在宜兴和吴江沿岸用地类型中，农田比例高，生态网络的稳定性和成长性低，应以保护为主，但也应该结合景观目标，将其溶解入城市，作为有机组成部分，可以根据具体实际进行生态湿地公园的规划建设等。

复合生态网络构建的最大难度在于如何实现不同要素和不同尺度层次的嵌套耦合。从生态的角度出发，存在建设和保护的优先权和等级：生态廊道＞景观廊道＞游憩廊道，并且在功能协调方面，专属功能要充分明确，保证相互之间不造成干扰（表9-4）。

在规划管理中，可以考虑成立太湖管理委员会下的环太湖开发治理办公室，促成区域合作而非区域合谋，防止“哈丁悲剧”发生。

表 9-4　环湖区域复合生态网络功能匹配表

层次	功能					
	物种栖息	物种迁移	环境提升	休闲游憩	旅游服务	开发建设
生态网络	✓	✓	✓	✓	×	×
景观网络	×	×	✓	✓	✓	×
游憩网络	×	×	×	✓	✓	✓

9.6　环湖绿廊线型择定与游赏体系规划

9.6.1　环湖绿廊建设范围界定

根据规划研究区环湖周边区域尺度上生态网络的分析结果,结合复合生态网络图谱,统筹兼顾规划研究区内的主要景观游憩资源情况,经综合考虑确定了环湖绿廊的规划建设范围(图 9-20)。

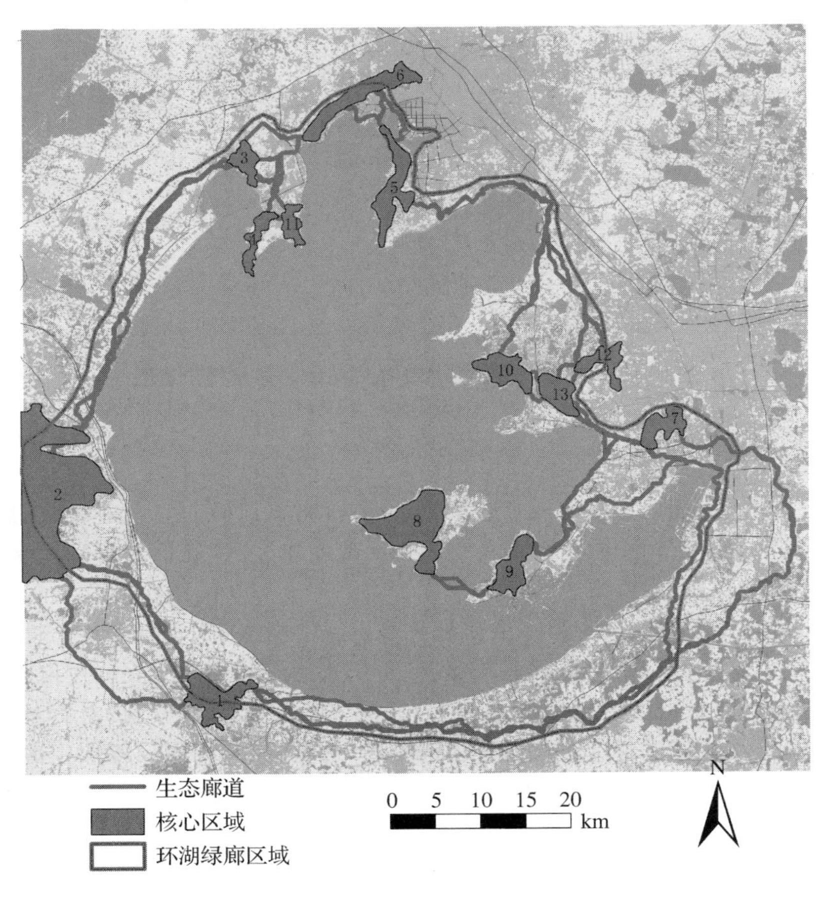

图 9-20　环湖绿廊空间范围界定分析图

9.6.2　环湖绿廊主线线型确定

通过生态网络的定量分析与评价，综合确定了环湖绿廊生态网络的规划建设主线线型(图9-21)，为复合生态网络的构建与保护提供了重要的科学依据。环湖绿廊生态网络起到了串联环湖区域主要自然、景观游憩资源，辐射沿湖周边区域的重要作用，对区域生物多样性保护、社会经济可持续发展和区域城乡统筹等具有重要的、无可替代的价值。

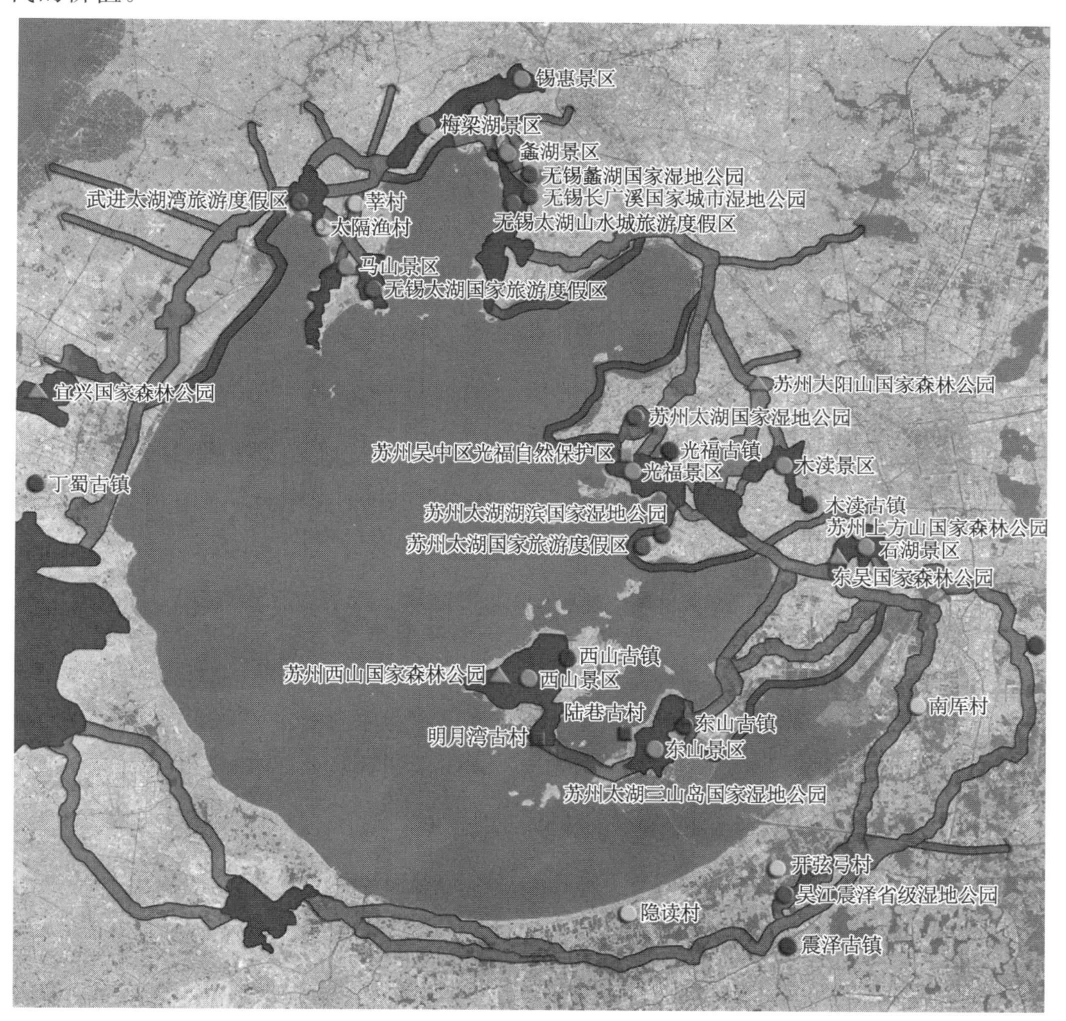

图9-21　环湖绿廊生态网络主线线型规划示意图

9.6.3　环湖绿廊游赏体系规划

(1) 重要景观游憩资源可达性分析

根据高速、国道、省道、主干路、次干路、大车路等通达性因子和河流、地形起伏度、坡度等限制性因子，采用ArcGIS软件空间分析中的费用距离方法(cost distance)，计算重要景观游憩资源的可达性水平(以时间表示，单位:分钟)，得到环湖绿廊及其周边区域重要景观游憩资源的可达性空间格局(图9-22)。

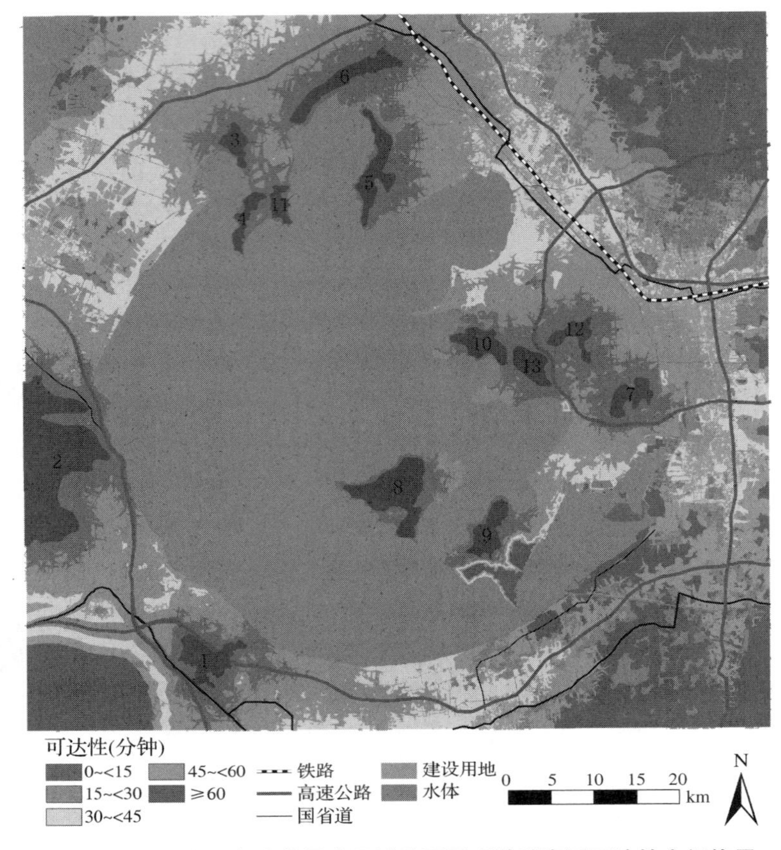

图 9－22　环湖绿廊及其周边区域重要景观游憩资源可达性空间格局

（2）重要景观游憩资源的景观吸引力空间格局分析

首先，根据研究区景观资源的类型、等级、面积、质量等因素，确定各景观资源本体的景观游憩资源吸引力大小（赋值范围为[1，100]），以定量表征该景观游憩资源的生态价值、文化价值、美学价值和社会经济价值（表 9－5），并按照景观游憩资源吸引力的大小将其划分为 5 个等级：极低（0～<40）、低（40～<60）、一般（60～<70）、高（70～<80）和极高（80～100）吸引力。

表 9－5　环湖区域景观游憩资源价值评价指标体系

资源大类	资源小类	相关说明	赋值得分
自然景观类资源	太湖	按照太湖沿岸绿带覆盖率与资源丰富度、太湖的水质、洪水等情况进行属性数据逻辑运算赋值	60～80
	核心自然景观	国家级景观游憩资源（赋值针对资源点）	100
		省级景观游憩资源（赋值针对资源点）	80
	其他自然景观	（赋值针对资源点）	60
	重要林地	按照林地面积大小与景观生态质量进行加权赋值，面积越大，景观生态质量越好，赋值越高	40～100
	主要水系	研究区内滆湖、阳澄湖、澄湖等较大水面	60
	主要水库	面积大于 10 hm^2 的水库，按照面积分别赋值	40～60

（续表）

资源大类	资源小类	相关说明	赋值得分
人文景观类资源	核心人文景观	历史文化名镇(赋值针对整个镇区范围)	100
		历史文化名村(赋值针对资源点)	80
		特色村落(赋值针对资源点)	60

然后，构建景观游憩资源吸引力空间格局分析模型来刻画研究区内任一个栅格受景观游憩资源辐射影响的强度，并通过对不同等级景观游憩资源的吸引力空间格局进行空间叠置分析，得到覆盖整个研究区范围的景观游憩资源吸引力空间格局图(图 9－23)。

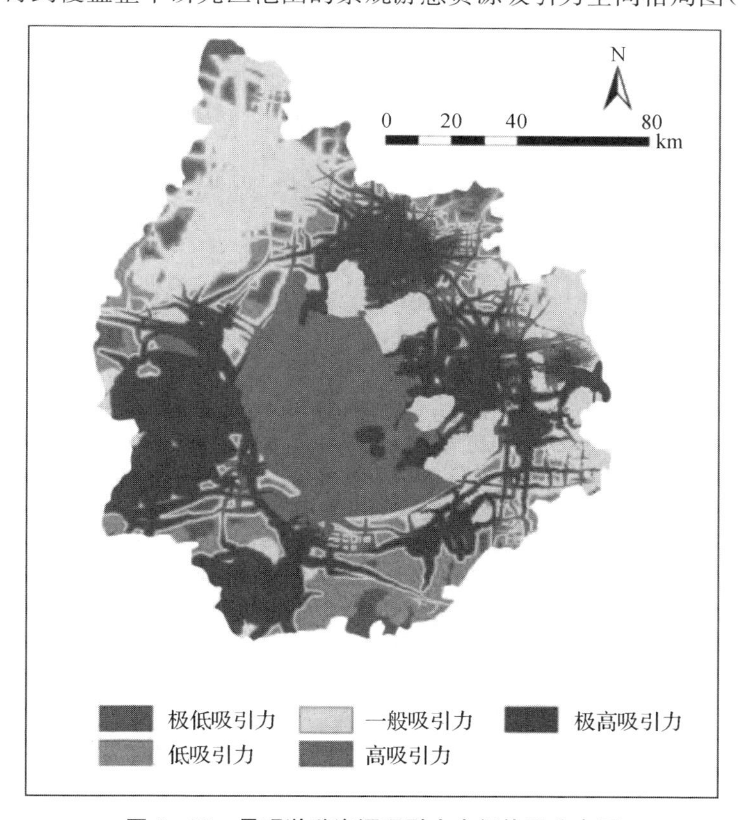

图 9－23　景观游憩资源吸引力空间格局分布图

再次，进行城市居民生态网络需求的空间格局分析(图 9－24)。城市居民对生态网络发展的需求强烈程度与该城市的综合发展水平密切相关。通常综合实力越高的区域，居民对生态网络发展的需求就越大；同时，距离区域发展核心越近的区域，居民对生态网络发展的需求也会越大。

最后，将研究区景观游憩资源吸引力空间格局(图 9－23)和城市居民对生态网络发展需求空间格局(图 9－24)进行叠置分析，得到其空间匹配度，并将其划分为 5 类(图 9－25)。

(3) 主体游赏体系总体规划方案

根据环湖绿廊及其周边区域重要景观游憩资源可达性空间格局、居民对复合生态网

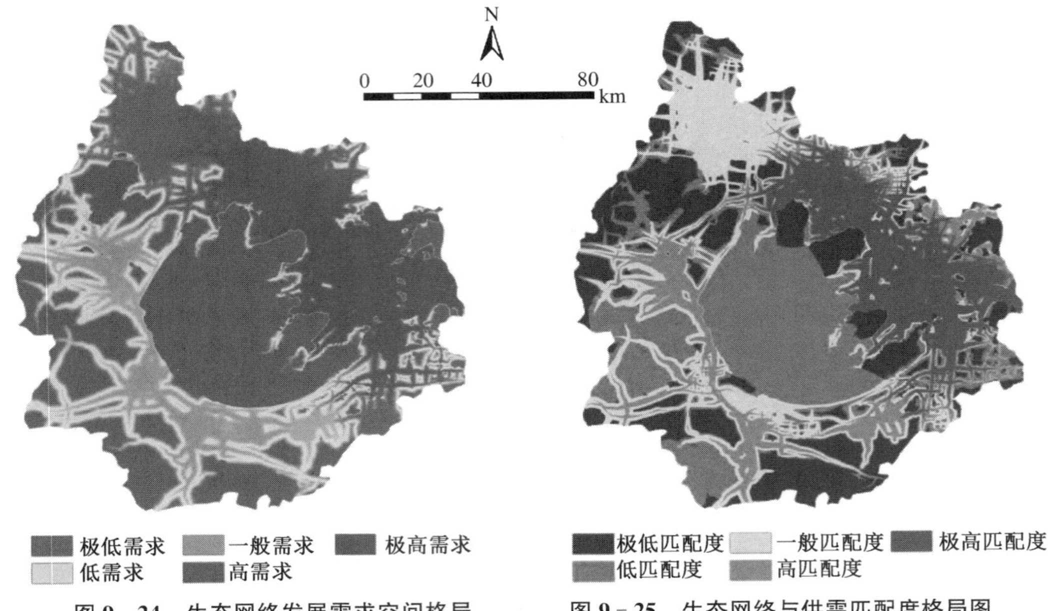

图 9-24 生态网络发展需求空间格局

图 9-25 生态网络与供需匹配度格局图

络发展的需求空间格局、两者的空间匹配格局与类型,在靠近核心城市城区且相对便捷到达的区域,优先结合环湖绿廊设置慢行系统和服务设施,从而确定规划研究区的主要游赏区段(图 9-26)。

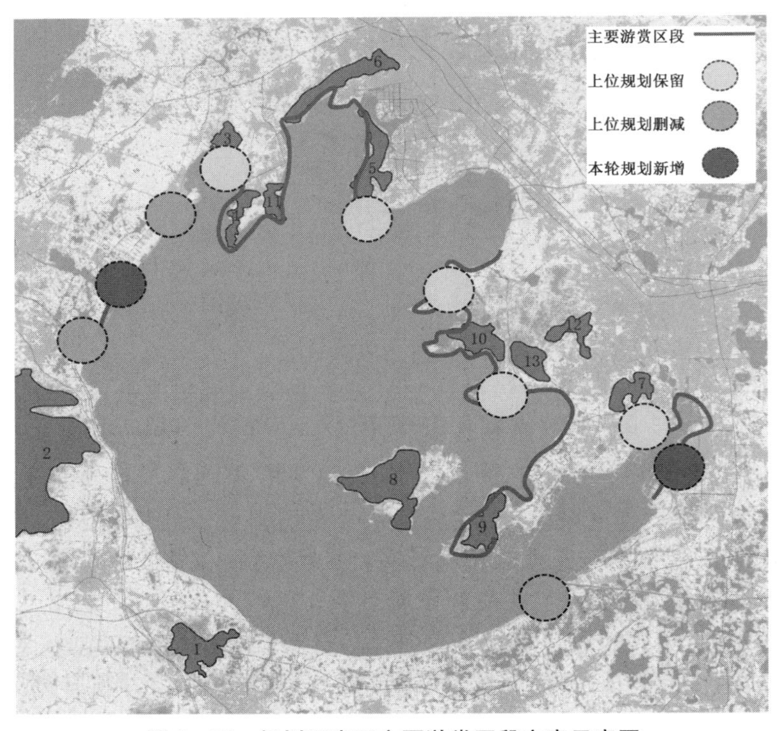

图 9-26 规划研究区主要游赏区段方案示意图

主要游赏区段共有四段：a. 苏州滨湖段。该区段周边区域景观游憩资源丰富、质量优，靠近苏州中心城区，居民生态需求比较大，应作为重点区段加以打造和建设，形成服务苏州、辐射周边的游赏区段。b. 无锡一常州滨湖段。该区段周边景观游憩资源丰富、类型多样、质量较好，靠近无锡主城区，也已经具备生态绿廊开发建设的条件，规划建设为服务当地居民和辐射周边区域的重点游赏区段。c. 宜兴滨湖一宜南山区段。该区域景观游憩资源相对较少，类型不太丰富，但质量较好，靠近宜兴城区，基本具备生态绿廊规划建设条件。d. 吴江滨湖段。该区段资源较少、类型单一、质量尚可，靠近吴江城区（苏州吴江新市区），基本具备生态绿廊规划建设条件。

9.7　案例总结

党的十八大之后，生态文明建设上升为国家战略，生态规划进入了一个新的时代，新类型的生态规划不断涌现，例如绿道规划、生态城市规划、海绵城市规划、城市双修规划、国土综合整治与生态修复规划等。而绿道网络规划则是生态文明新时代的第一个规划浪潮，广东省走在前列，其他省市紧随其后，很快形成了席卷全国各地的"中国绿道行动"，成为生态文明与美丽中国建设的重要抓手。

在此背景下，环湖绿廊规划成为江苏省贯彻落实国家生态文明建设的新尝试。规划研究团队基于前期相关生态规划专题研究工作，结合新时期的新要求，综合运用景观生态学、保护生态学、恢复生态学等多学科的理论与技术方法，创建了多尺度嵌套、多元目标融合的生态网络构建与优化的技术框架，为科学辨识环湖绿廊的线路走向，合理构建融合生态、景观、社会多元目标的复合生态网络结构体系，以及实现环湖区域自然生态与人文文化景观资源的高效整合，提供了案例借鉴与决策参考，相关研究成果得到了江苏省城市规划设计研究院和江苏省住房和城乡建设厅相关部门的肯定和认可。

新的时代、新的使命，需要新的生态规划知识体系与技术方法体系。本次规划创新性地探讨了复合生态网络的构建模式与规划策略。尽管复合生态网络构建的理论和实践仍处于探索和发展阶段，面临成长性和稳定性的矛盾，但高效的复合生态网络是促进生态网络理论迈向规划实践的重要桥梁，并对区域社会经济与生态环境的协同发展具有重要现实指导意义。

基于该生态研究专题成果，规划研究团队于2014—2017年在《生态学报》等期刊上先后发表了《环太湖复合型生态网络构建》《多元价值目标导向的区域绿色基础设施网络规划》《基于供需匹配度视角的环太湖区域绿色基础设施网络构建》等多篇论文，为多尺度、多元目标融合的、供需匹配的生态网络（绿色基础设施网络）构建与优化提供了技术框架与规划案例参考。

第10章 柳州市全域国土综合整治与生态修复

2018年3月，第十三届全国人民代表大会第一次会议表决通过《关于国务院机构改革方案的决定》。根据方案，重新组建自然资源部。2019年5月，自然资源部《自然资源部关于全面开展国土空间规划工作的通知》(自然资发〔2019〕87号)在“明确国土空间规划报批审查的要点”中明确提出“生态屏障、生态廊道和生态系统保护格局，重大基础设施网络布局，城乡公共服务设施配置要求”。2019年12月，自然资源部印发《自然资源部关于开展全域土地综合整治试点工作的通知》(自然资发〔2019〕194号)，提出了将组织开展全域土地综合整治试点工作，并对接下来全域土地综合整治试点开展的目标任务、支持政策及工作要求等内容作了说明。

柳州市作为全国唯一全域空间规划、城市总体规划、土地利用总体规划“三规”同时开展试点的城市，2019年6月印发了《柳州市国土空间总体规划编制工作方案》，在广西率先启动国土空间规划编制工作。在此背景下，2019年7月，南京大学建筑与城市规划学院受柳州市自然资源和规划局、广西壮族自治区国土资源规划研究院的委托，开始着手开展“柳州市全域国土综合整治与生态修复”专题研究工作。该专题尝试构建了“本底评价—格局构建—整治修复—行动计划—绩效评估”为完整闭环的全域国土综合整治与生态修复的框架体系(简称“五步法”)，为提升柳州市生态空间的系统性与完整性、提高农业空间的集约高效利用、提升城镇空间的宜居性与可持续性提供了重要支撑。

鉴于土地利用相关统计数据的敏感性，笔者将国土综合整治的相关内容作了删减，故本章内容并未完整覆盖专题研究的所有内容。

10.1 规划背景与技术框架

10.1.1 规划背景

(1) 国土空间规划体系的系统重构

2018年3月，重新组建的自然资源部将原国土资源部、住房和城乡建设部等部委的规划职能整合到一起，统一行使国土空间用途管制职责，这就意味着未来统筹“山水林田湖草”的国土空间规划迎来了历史性的重要一刻。新时代、新背景、新形势下的国土空间规划体系的系统重构，必将深度融合各部门之间的职能要素，以此规避原先“政出多门”“九龙治水”等不合理现象。

柳州市作为全国唯一全域空间规划、城市总体规划、土地利用总体规划“三规”同时开展试点的城市，2019 年 6 月印发了《柳州市国土空间总体规划编制工作方案》，在广西率先启动国土空间规划编制工作。柳州市通过先行先试，必将会为广西乃至全国提供国土空间规划体系系统重构的柳州经验。

（2）国土综合整治工作的转型升级

2010 年至今，面对新的机遇与挑战，国土综合整治工作不断转型升级，并被赋予更深层次的内涵，已全面进入“重统筹”阶段。从党的十八大报告提出的关于“优化国土空间开发格局”“健全国土空间开发、资源节约、生态环境保护的体制机制”等要求，到 2017 年 1 月国务院印发的《全国国土规划纲要（2016—2030 年）》，再到党的十九大报告提出的“构建国土空间开发保护制度”，国土综合整治工作的目标和效益愈加多元化，更强调一体化统筹管理，统筹城乡融合发展、统筹区域协调发展及统筹人与自然和谐发展，综合整治提升人类生活和生产条件、保护人类生态空间。国土综合整治工作的转型升级已成为当下国土空间规划体系重构的重要环节和根本要求。

（3）生态文明建设实施的深入推进

生态兴则文明兴，生态衰则文明衰。党的十八大以来，生态文明建设已成为我国国家发展的重大战略举措；党的十九大报告为我国生态文明建设提出了新理念、新举措、新要求，为下一步推进生态文明建设指明了道路、方向、目标，标志着一系列顶层设计已经完成。2018 年 5 月 19 日，习近平总书记在全国生态环境保护大会上发表了重要讲话，明确指出：“生态文明是实现人与自然和谐发展的必然要求，生态文明建设是关系中华民族永续发展的根本大计。”生态文明建设不仅体现于“绿水青山就是金山银山”的重要发展观念，也体现于“山水林田湖草生命共同体”的系统思想，更体现于良好生态环境是最普惠的民生福祉的根本目的。

10.1.2　技术框架

本章的规划遵循“山水林田湖草生命共同体”“人与自然和谐共生”等理念，在对柳州市自然生态系统（生态空间）、农业生态系统（农业空间）、城镇生态系统（城镇空间）本底特征进行系统评价和生态系统服务价值综合评估的基础上，结合柳州市国土整治与生态修复工作的成效与问题，明确柳州市全域国土综合整治与生态修复的总体要求、战略目标、主要策略与重点任务，构建了“本底评价—格局构建—整治修复—行动计划—绩效评估”为完整闭环的全域国土综合整治与生态修复的框架体系（简称“五步法”），提出了“一个目标、三个导向、三种尺度、三大类型、五大任务”的总体思路，为提升柳州市生态空间的系统性与完整性、提高农业空间的集约高效利用、提升城镇空间的宜居性与可持续性提供重要支撑（图 10－1）。

①一个目标：山水龙城，诗画柳州。

②三个导向：目标导向、问题导向、可操作导向。

③三种尺度：区域尺度、市域尺度、市区尺度。

④三大类型：自然生态系统、农业生态系统和城镇生态系统。

⑤五大任务：生态系统整体修复与功能综合提升、流域水环境保护与综合治理、生物多样性保护与维育、土地综合整治与污染修复、矿山环境治理与生态修复。

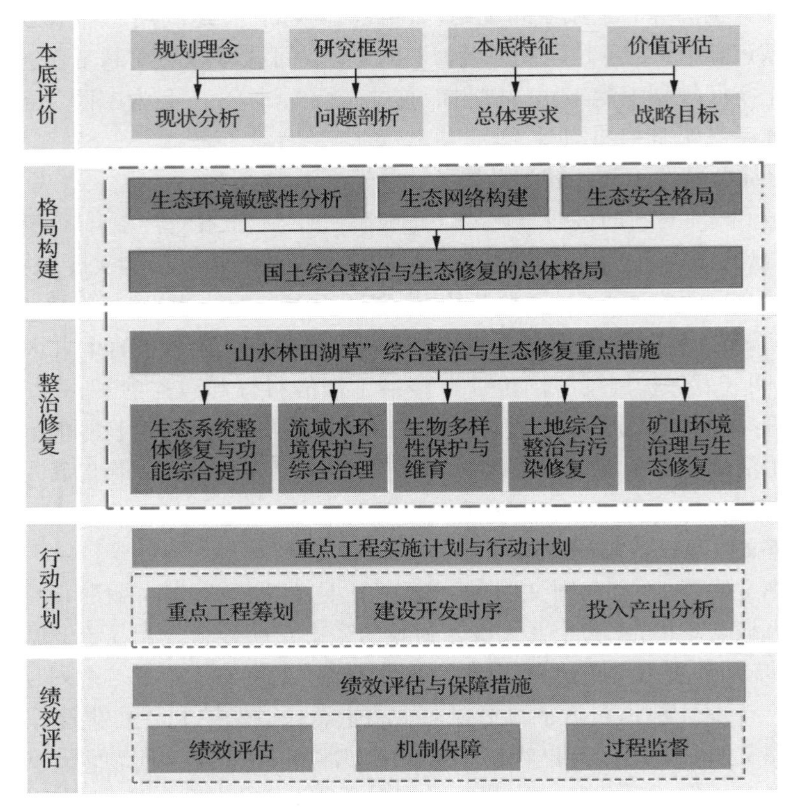

图 10－1　技术框架图

10.2　柳州市国土综合整治与生态修复工作的目标与任务

10.2.1　总体要求

（1）指导思想

深入践行习近平生态文明思想，遵循“山水林田湖草生命共同体”“两山”理论、人与自然和谐共生等理念，尊重自然生态规律、社会规律、经济规律和城乡发展规律，注重目标导向、问题导向和操作导向，按照城乡统筹、流域统筹、全要素统筹的总体要求，真正改变当前柳州市治山、治水、护田等各自为战的工作格局，充分集成、整合各部门的各项资金和政策，推进全地域、全流域、全要素的综合整治与生态修复，实施“山上山下同治、地上地下同治、流域上下游同治”的系统性、综合性、整体性整治、保护与修复，形成纵向统一、横向联动、条块结合的柳州市全域国土综合整治与生态修复的新格局，提升生态空间的系统性、完整性和稳定性，提高全域国土空间人与自然的和谐度，实现全域格局优化、系统稳定与功能提升，建设“山清水秀地干净”的新柳州。

（2）基本原则

①坚持保护优先、恢复为主

牢固树立尊重自然、顺应自然、保护自然的生态文明理念，坚持“自然恢复与人工修复相结合，生物措施与工程措施相结合”原则，根据柳州市不同区域的自然属性特征和基于资源环境承载力评价的自然条件适宜性等级，研究确定柳州市不同区域的整治方向和整治内容，高效开展“山水林田湖草”生态系统的整体保护、系统修复和综合治理工作。要优先保护生态系统健康状况良好的生态功能区，应将其划入生态保护红线，纳入相应的自然保护地体系；对于生态系统轻度受损的区域，应以自然恢复为主，严禁大规模高强度的开发；而对于生态系统受损严重的区域，应采取“自然恢复与人工修复相结合，生物措施与工程措施相结合”等原则，在进行人工修复后，要充分利用自然恢复的作用，以取得最好的效益。

②坚持因地制宜、分区整治

在全面、系统、深入研究柳州市全域不同区域的生态状况、特征和重大问题的基础上，统筹柳州市生态保护红线划定等相关专题研究的工作成果，结合柳州市各区县经济社会发展水平、发展定位等，依托现有自然资源条件，针对城镇地区、农村地区、重点生态功能区、生态环境退化区、矿产资源开发集中区等不同区域，根据国土空间主体功能定位确定开发的主体内容和整治的主要任务，按照“宜水则水、宜田则田、宜林则林、宜草则草、宜荒则荒”的原则，在全面规划、合理布局的基础上因地制宜地采取相应的分区整治与生态修复措施。

③坚持统筹规划、突出重点

抓住柳州市国土综合整治与生态修复所面临的主要问题，突出重点区域、重点流域、重点生态功能区，坚持城乡统筹、流域统筹、全自然资源要素统筹规划，改变柳州市当前治山、治水、护田等各自为战的工作格局，从生态系统整体修复与功能综合提升、流域水环境保护与综合治理、生物多样性保护与维育、土地综合整治与污染修复、矿山环境治理与生态恢复五个方面，全方位、多层次、多领域地统筹开展国土综合整治与生态修复工作。重点突出柳江及其支流流域、废弃矿山、地质灾害易发区、水土流失严重区域、自然保护区、国家公园等重要生态资源或生态环境敏感脆弱区域，合理配置各种措施，开展重点整治，发挥综合治理效益，促进自然资源的永续利用和人与自然的和谐。

④坚持系统修复、建管结合

贯彻“山水林田湖草生命共同体”理念，统筹考虑自然生态各要素、山上山下、地上地下、流域上下游的关系，落实“保护优先、自然修复为主”的总要求，实施整体保护、系统修复、综合治理，加快生态环境恢复进程，实现格局优化、系统稳定、功能提升。与此同时，改变以往“重建设、轻管护”的局面，建立健全长效管护机制，不断提高自然生态资源的全要素综合管理水平，努力构建优化共生的生态安全体系。

⑤坚持创新机制、完善制度

创新“山水林田湖草”生态保护修复的组织、实施、考核、激励、责任追究等管理机制，构建责权明确、协同推进、务实有效的工作格局。加大资源有偿使用和生态补偿实施力度，以政府为主导，整合各部门财政资金，引入社会资本，建立健全多元资金筹措机制，解决柳州市当前国土综合整治与生态修复资金不足、分布分散、缺乏整合等问题，从而保障柳州市国土综合整治与生态修复各项工作的有效实施。

(3) 总体要求

①融入全国生态廊道体系骨干网络

柳州市位于国土尺度上“大兴安岭—太行山脉—巫山—雪峰山”与“横断山脉—南

陵—武夷山”两条重要生态网络的交汇处,衔接东西,贯穿南北,要注重依托周边优越的生态与环境优势,做好柳州市生态环境保护与修复工作,切实提高柳州市整体生态环境质量,积极融入国土尺度上的生态廊道体系,努力成为全国重要生态廊道的关键节点区域,同时对周边生态环境欠佳地区进行辐射,不断完善大西南地区的生态网络结构。

②支撑广西西北部重要生态屏障建设

生态屏障建设是一项长期、复杂系统性工程,需要各省市的共同参与、共同推进。而作为西南地区工业重镇,柳州市经济持续快速发展,经济实力雄厚,且气候条件适宜,生态环境良好,其森林覆盖率高于广西平均水平,环境保护与生态建设成效初显,是维护广西“山清水秀生态美”国土空间格局的重要组成部分,对于广西西北部重要生态廊道的建设具有重要的引领示范作用。要切实做好柳州市生态环境保护与修复工作,为广西西北部重要生态廊道的建设做出应有的贡献,为保障柳江下游地区良好生态环境筑牢生态屏障。

③维护山清水秀生态美的国土空间格局

柳州市已经完成国家园林城市、国家森林城市的创建,花园城市 2.0 的建设也已圆满收官,各项生态环境保护与修复工作不断推进,已取得一定成效。在此基础上,要针对柳州关键土地利用问题、生态问题开展综合整治与系统修复工作,坚决打好污染防治攻坚战,共建天蓝地绿水净美好家园,构建生态文明建设新体系。要巩固好柳州市生态优势,扩大推进生态宜居城市建设成效,继续展现“紫荆花城·醉美柳州”“春花秋水·画卷柳州”城市新形象,切实维护好柳州山清水秀生态美的国土空间格局。

10.2.2 战略目标

(1) 总体目标

总体目标是“山水龙城,诗画柳州”。通过国土综合整治与生态修复,保护自然山水和组团城市格局,构建高品质的生态空间体系与高安全的生态网络格局,营造山清水秀的自然生态,巩固“山清水秀地干净”城市品牌;加快推进生态示范城市建设,构建和谐的人地关系系统,形成自然生态系统和人类社会系统协调有序的发展格局,使柳州市山水城市特色进一步显现,生态文明制度基本健全,城市生活品质显著提升。

①山水龙城:建设生态宜居的山水名城。加强建设生态和谐柳州,打造良好生态和人居环境,积极创建国家生态园林城市,将柳州建设成为山水环境独具特色的生态宜居和繁荣友好的典范城市。

②诗画柳州:建设“缤纷花园之城,灿烂人文之城,绿色生态之城”。保护柳州的自然山水和组团城市格局,巩固好“山清水秀地干净”的城市品牌,打造“生态花园、五彩画廊”的花园宜居城市。保护好特色历史村镇原有格局风貌,彰显柳州多民族风情,建设风情柳州。同时加快推进生态示范城市建设,构建高品质的生态空间体系,营造山清水秀的自然生态环境。

(2) 战略目标

①国土空间格局显著优化

化解国土空间结构布局矛盾,调配国土空间结构要素配比。在整治适宜性评价基础上,确定整治规划的主要内容,划分重点整治区域,明确整治目标,调配空间自然、非自然要素比重，调整区域范围内生产、生活、生态空间布局。有针对性地实施城乡建设用地增减挂钩、耕地占补平衡；实施退耕还林还草还湿；工矿废弃地环境提升与生态修复；实施城镇低效建设用地再开发；调整凌乱低效居民点布局。进一步提高区域资源利用效率，促进形成生产空间集约高效、生活空间宜居适度、生态空间山清水秀的国土空间格局。

②生态系统功能明显提升

针对耕地、建设用地、矿山等自然资源和非自然资源的利用不合理、闲置低效等问题，采取相应的措施，提高资源利用效率，提升国土空间质量；针对轻微受损的自然生态系统，主要通过封育自然生态系统来发挥其生态恢复力；针对区域流域范围内严重受损、退化、崩溃的生态系统，采取自然修复与人工修复相结合的措施，切实提升生态系统功能。

③制度体系建设不断完善

以整治保护修复制度体系建设筑牢美丽国土根基。一是统一的国土空间整治修复规划与实施制度；二是多元融合的资金投入保障制度，要协调财政、金融、社会保障资金来源，整合涉农资金，鼓励政府、银行、企业创立生态基金、发行绿色债券；三是统筹协调的组织管理制度，在全区域、全流域整治背景下，建立多部门统一领导的整治协调机构和统筹推进机制；四是权责明确的监督管控制度，旨在建立项目进展台账和责任制，开展经常性或专项督查，创新监测监管机制；五是奖补结合的生态补偿制度，对个人或组织在国土整治修复项目过程中的正外部性，进行价值补偿，并以法律明确；六是公正严明的整治修复绩效考评制度。

10.2.3　主要策略

（1）整治修复区域性生态系统，提升生态系统的稳定性

对于生态问题集中、生态功能重要区域，统筹开展整治修复工作，协同推进水生态环境质量提升、矿山生态环境修复工程、水土流失防治工程、森林质量改善工程、土地整治与污染修复工程、生物多样性保护工程等重点工程，提升生物多样性与物种丰富度，减少人类活动对生态系统的过度干扰，优化与提升区域性生态系统的结构与功能，不断提升区域性生态系统的质量和稳定性，同时将生态产业化与新型城镇化建设等工作相融合，努力实现生态保护修复与经济社会发展协同共进。

（2）修复潜在的生态廊道，优化生态网络的结构与功能

生态网络构建是有效连接区域生态源地的重要方式之一，作为生态网络的重要组成部分，生态廊道可以促进物种之间的迁移、扩散、交流、繁衍，提升生态系统连通性，减轻生境破碎化对生物多样性的影响。针对生境斑块破碎化加剧、生态廊道中断等生态环境问题，基于生态过程分析和模拟，计算障碍影响指数和生态连接度，模拟潜在生物通廊。通过增加林带、道路、河流绿化等方式，修复这些潜在的生态廊道，建立国土空间生态廊道网络体系，并分级分类提出管控要求，以增加生境斑块之间的联系强度，优化生态网络的结构，提升生态网络的完整性和连接度，提高生物多样性保护水平，进而提升生态系统服务功能。

（3）提高城乡空间与生态环境协调性，提升生态人居品质

针对柳州生态特色，以水系、山体等生态要素为依托进行生态空间的科学规划，建设具有生态维护、观光游赏、休闲游憩功能，联系协调生态空间和城乡建设空间的蓝绿道网体系，从生态景观格局优化的角度规划城乡建设用地及建立多层次景观生态安全格局。同时，推进重要生态区以及居民生活区废弃矿山的治理、交通沿线敏感矿山山体的修复、交通沿线绿化及环境专项整治，提高城乡空间与生态环境协调性，提升生态人居环境品质。

（4）整治修复高强度生产活动区，降低生态地质破坏

加快对废弃矿山等生产活动区的整治与修复工作，对已造成土地污染与损毁、水体污染的区域进行生态修复，增强矿山土壤保持和水源涵养功能，恢复矿区完整连续的生态系统，提高矿区整体生态环境质量，同时降低对周围生态系统的破坏。明确需要退耕或长期休耕的土地边界，对生产力下降已经不适应作为生产活动区的土地进行整治修复，防止土地功能的进一步下降。对进行高强度开发的林区进行整治修复，避免林区生态功能的进一步退化。对出现河道断流、水体污染、湿地萎缩等现象的流域进行整治修复，平衡好人类用水与河流需水之间的关系。

（5）不断改革完善生态补偿制度，加强整治修复制度体系建设

不仅要通过具体的项目工程来实现综合整治与生态修复，还可以通过经济手段来达到相应的目的。不断健全国土空间生态保护修复补偿法规对各利益主体构成严格的法律约束；确定科学合理的补偿标准，建立生态补偿的调查、监测和评估体系；完善生态保护与修复补偿机制。

建立完善的组织管理制度，协调各部门发挥合力，提高部门运作效率，共同推进整治修复工作开展；建立完善的监督管控制度，确保整治修复措施能落到实处；完善整治修复评价指标体系，严格按照指标体系评价整治修复工作成效，对不合格的项目要重新实施，对于合格的项目也要定期进行检查。

10.2.4 重点任务

（1）土地综合整治与污染修复

围绕优化格局、提升功能，在重要生态功能区内开展沟坡丘壑综合整治，破损土地平整，实施土地石漠化和水土流失治理、耕地坡改梯、历史遗留工矿废弃地复垦利用等工程。对于污染土地，综合运用源头控制、隔离缓冲、土壤改良等措施，防控土壤污染风险，治理主要农业面源污染。按照因地制宜、分类施策原则，对于轻度土壤污染以预防为主，中度土壤污染以控制为主，重度土壤污染以修复治理为主。

明确对于不适宜耕作土地的养护和对于休耕地管护的要求。前者主要是退耕或长期休耕，后者则是耕地休养中的整治。划清必须退耕而不是整治的耕地边界，并明确休耕地利用与管护的方向。对严重沙化耕地、严重污染耕地等不适宜耕作土地有序展开退耕还林还草工作；同时积极稳妥推进耕地轮作休耕试点，加强轮作休耕耕地管理，加大轮作休耕耕地保护和改造力度，将其优先纳入高标准农田建设范围。

（2）矿山环境治理与生态恢复

突出重要生态区以及居民生活区废弃矿山治理的重点；抓紧修复交通沿线敏感矿山

山体；加大对植被破坏严重、岩坑裸露的矿山的复绿力度；结合自然地质灾害易发分区，加强自然地质灾害的防治工作；加快历史遗留工矿废弃地的复垦利用，提高资源利用效率。

依据矿山不同开采时期的技术特点和自然环境等因素，结合矿区土地损毁和生态环境破坏实际情况，因地制宜地开展矿区生态环境的修复与管理工作，制定和调整相应的整治和生态修复方案，增强矿山土壤保持和水源涵养功能，恢复矿区完整连续的生态系统，提高矿区整体生态环境质量，最终实现矿山生态功能的修复。

(3) 生态系统整体修复与功能综合提升

在柳州市生态系统类型比较丰富、生态环境脆弱性较高的地区，以重点区域为单元，针对生态系统的突出问题，综合采取土地整治、水土流失治理、植被恢复、河湖水系连通、岸线环境整治、野生动物栖息地恢复、湿地生态系统的修复和综合整治、水源涵养林等多种手段，促进生态系统修复工作的协调推进，高效地解决该区域存在的主要生态问题，逐步恢复生态系统的各项功能。

(4) 流域水环境保护与综合治理

在柳州市重要的江河湖泊及水源涵养区，以重点流域为单元，针对水环境问题，采取自然恢复与人工修复相结合，生物措施与工程措施相结合的方式进行流域水生态、水环境保护和综合治理，实现生态功能重要的江河湖泊水体休养生息，加强流域森林生态系统保护力度，提高生态系统水源涵养与土壤保持功能，推进集中式饮用水源地水质治理、城镇生活污水处理、农村环境综合治理，实现“江河湖泊连通、水系完整、水质良好、生态多样”的综合整治目标。

(5) 生物多样性保护与维育

柳州市自然生态本底优越，可以依托山林、水系湖泊、湿地等自然生态资源，适当增加各种类型保护区地的数量、面积和比重。同时加强自然保护区各项管理制度的建设力度，对重要珍稀濒危动植物栖息地进行更严格的生态保护和修复，在有条件的区域实施生态移民(合理、有序引导重要生态功能区的零散分布的人口向城镇、集镇聚集，强化城镇污水处理设施规范化建设)。

柳州市作为广西壮族自治区乃至我国南部区域的重要生态屏障地带，亟需对已经破坏的跨区域生态廊道与重要区域进行恢复，确保连通性和完整性；加强生态红线保护区域的保护与修复，促进其功能的提升；构建生物多样性保护网络，带动生态空间整体修复，促进生态系统功能提升。同时，加强自然保护区、湿地保护区等的建设力度，改变粗放生产经营方式，发展生态旅游和特色产业，走生态经济型发展道路。

10.3 柳州市生态修复空间格局评价

10.3.1 柳州市生态环境敏感性分析

(1) 生态环境敏感性主要因子选择

首先，通过对柳州市生态环境敏感区的分类、自然生态本底特征的分析与关键生态资源的识别，结合数据的可获得性与可操作性，选用对区域开发建设影响较大的植被、水域、农业用地、建设用地、地形、自然灾害、水源地、水源涵养和水土保持、石漠化等 9 个因子作为生态环境敏感性(简称“生态敏感性”)分析的主要影响因子,并按重要性程度划分为 5 级,从高到低依次赋值 9、7、5、3、1(表 10－1)。然后,基于 GIS 软件平台,进行单因子分析与多因子评价,得到柳州市全域生态敏感性的总体分布格局(图 10－2)。

表 10－1　生态因子及其影响范围所赋属性值

生态因子		分类	分级赋值	生态敏感性等级
地形	坡度	＞25°	9	极敏感
		＞15°～25°	7	高度敏感
		＞8°～15°	5	中度感性
		＞3°～8°	3	轻度敏感
		≤3°	1	不敏感
	地形起伏度	＞50 m	9	极敏感
		＞30～50 m	7	高度敏感
		＞20～30 m	5	中度感性
		＞10～20 m	3	轻度敏感
		≤10 m	1	不敏感
植被	保护区	国家级自然保护区、森林公园、风景名胜区、地质公园、湿地公园	9	极敏感
		缓冲区 300 m	7	高度敏感
		省级自然保护区、森林公园、风景名胜区、地质公园、湿地公园	9	极敏感
		缓冲区 100 m	7	高度敏感
	林地类别	重点公益林	9	极敏感
		一般公益林	7	高度敏感
		重要商品林	5	中度感性
		一般商品林	3	轻度敏感
	林种	防护林	9	极敏感
		特殊用途林	7	高度敏感
		其他林(用材林、薪炭林、经济林)	5	中度感性
	植被覆盖度	林地(NDVI＞0.5)	9	极敏感
		林地(0.45＜NDVI≤0.5)	7	高度敏感
		林地(0.3＜NDVI≤0.45)	5	中度感性
		林地(NDV≤0.3)	3	轻度感性
	草地	面积≥100 hm^2	7	高敏感性
		50 hm^2≤面积＜100 hm^2	5	中度感性
		面积＜50 hm^2	3	轻度感性

（续表）

生态因子		分类	分级赋值	生态敏感性等级
水域		大中型水库	9	极敏感
		缓冲区 200 m	7	高度敏感
		其他(小型)水库、水面	7	高度敏感
		缓冲区 100 m	5	中度感性
		主要河流水系	9	极敏感
		缓冲区 100 m	7	高度敏感
		其他河流水系	7	高度敏感
		其他河流水系缓冲区 50 m	5	中度感性
农业用地		基本农田保护区	9	极敏感
		其他一般农田	5	中度感性
		园地	3	轻度敏感
自然灾害		塌陷、滑坡、泥石流等各类高易发区	7	高度敏感
		塌陷、滑坡、泥石流等各类中易发区	5	中度感性
		塌陷、滑坡、泥石流等各类低易发区	3	轻度敏感
		地层活动断裂带不稳定区	7	高度敏感
		地层活动断裂带次稳定区	5	中度感性
		地层活动断裂带稳定区	3	轻度敏感
		洪涝灾害高易发区	7	高度敏感
		洪涝灾害中易发区	5	中度感性
		洪涝灾害低易发区	3	轻度敏感
水源涵养与水土保持	水源地	重要水源保护区	9	极敏感
	水源涵养	极高水源涵养能力	9	极敏感
		较高水源涵养能力	7	高度敏感
		中等水源涵养能力	5	中度感性
		较低水源涵养能力	3	轻度敏感
		极低水源涵养能力	1	不敏感
	水土保持	水土剧烈流失	9	极敏感
		水土强度流失	7	高度敏感
		水土中度流失	5	中度感性
		水土轻度流失	3	轻度敏感
		水土微度流失	1	不敏感
石漠化		强度石漠化区	9	极敏感
		中度石漠化区	7	高度敏感
		轻度石漠化区	5	中度感性
		潜在石漠化区	3	轻度敏感
		无石漠化区	1	不敏感
建设用地		城乡建设用地	1	不敏感

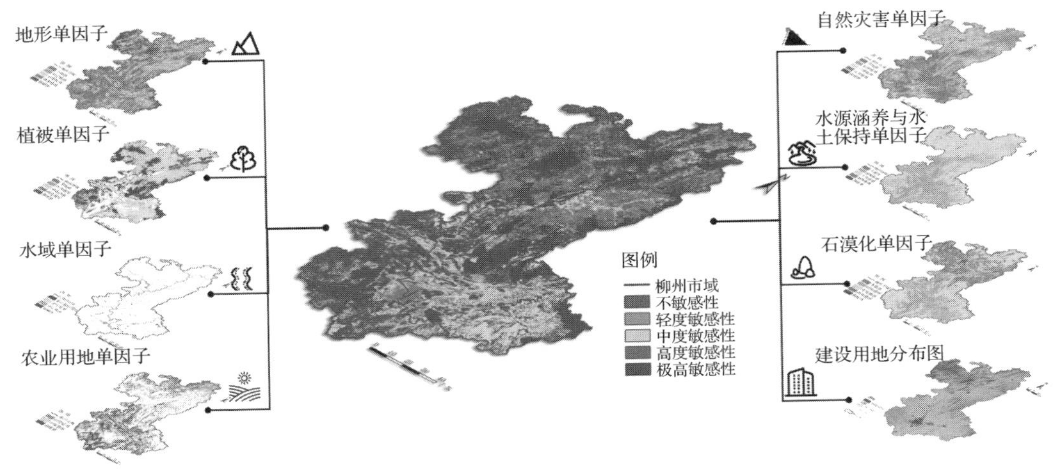

图 10－2 柳州市全域生态敏感性结果图

（2）生态敏感性的总体格局

柳州市全域生态敏感性总体格局呈以下特征：a. 全域生态敏感性等级高（极高敏感性的面积约 11 129 km²，高度敏感性的面积约 3 791 km²，分别占总面积的 42.32%和 29.01%），且极高敏感性分布广，集中于北部、西北部、南部地区。b. 高度敏感性空间北部多为水土保持与水源涵养地区，沿河流河谷分布；南部多为基本农田与重要商品林等农林空间。c. 中度敏感性集中于中南部以一般农田和商业农林用地等农业开发空间为主，也集中于中部与中南部平原、盆地地区。d. 不敏感性与轻度敏感性空间较少，主要为城镇建成区。

10.3.2 柳州市多尺度生态网络构建

目前，遵循自然景观体系的整体性和系统性原则、构建城市与区域生态网络，已成为将自然引入城市、改善城市乃至区域生态环境的有效途径，对自然生态系统服务、生物多样性保护、景观游憩网络构建、国土空间合理规划布局等均具有重要的实践指导意义。

考虑本章的专题需要识别物种随机迁移具有一定宽度的廊道、判断网络关键节点与重要保护区域及其多种连接方式，故采用电路理论与最小成本路径方法，基于 Ciruitscape 和 Linkage Mapper 软件平台进行柳州市生态网络的构建与优化。

（1）重要生境斑块提取与源地遴选

根据柳州市的自然生态特点、生态要素与生态实体的数量与质量，重要生境斑块的面积大小、物种多样性丰富程度、稀有保护物种的种类与丰度、空间分布格局等，选择自然保护区、风景名胜区、森林公园、地质公园、休闲旅游度假区、水源保护地、大型林地等作为主要生态源地（图 10－3）。考虑到大片林地对于生境单元的构建作用，在市域层面选取 100 hm² 以上，在市区层面选取 15 hm² 以上的大片林地作为次级生态源地。这些生境质量较好的生态斑块是区域生物物种的聚集地，是物种生存繁衍的重要栖息地，具有重要的生态意义。

（2）生态廊道构建与重要廊道识别

景观生态网络具有的多尺度性要求必须构建尺度镶嵌的城市与区域生态网络才能有效发挥自然生态空间的整体性生态环境效应（多尺度生态网络具有尺度倍增效应、级联效应），才能保证在连续的尺度转换过程中保持生态格局形态的稳定性。

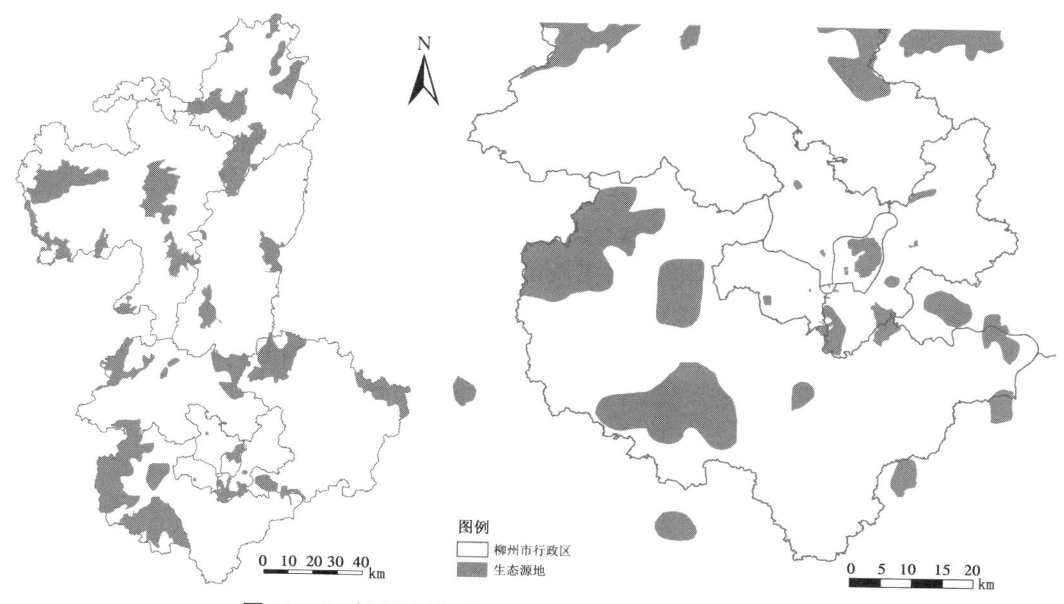

图 10-3　柳州市域、市区尺度上选取的生态源地分布图

生态网络规划的尺度涉及空间和时间两方面。在空间上，生态网络的网络性和整体性决定了其对尺度的高度依赖，通常可分为超国家（supranational）、国家（national）、区域（regional）、地方（local）多个层次，不同层次上生态网络的建构会有不同的侧重点。例如，区域尺度上的生态网络其生态意义更加凸显，而地方尺度尤其是城区尺度上的生态网络其生活意义更加丰富。而构建的生态网络在结构、功能的不断优化与生态过程的不断完善都需要较长的时间，需要有一定的优先度和持久性。优先度是针对其他规划而言，应当使生态网络规划成为城市国土空间规划乃至区域规划的重要框架；持久性是针对生态网络规划的实施而言，尤其在高度城市化地区应当兼顾远近期目标，综合考虑各种用地关系和规划实施的可操作性、经济性、社会影响，长远管控、分步落实。

因此，本章的规划在广西、两广乃至全国（“大尺度”），柳州市全域和柳州市城区三个尺度上来分析和评价构建的潜在生态廊道，厘清柳州市自然生态空间在区域、市域和城区三个尺度上承担的生态环境功能，为柳州市全域的生态网络构建与生态系统修复、自然生态与人文景观资源整合提供支撑与参考。

①大尺度生态廊道分析与柳州市的生态地位

通过更大区域尺度上的生态廊道构建与优化研究，可以辨识柳州市具有区域生态影响的潜在重要廊道，探析柳州市重要生境斑块在大区域内的生态功能及其景观连接情况，能够为柳州市全域生态环境修复和建设提供重要的科学依据和规划参考。本章在大尺度上的分析参考俞孔坚等《国土生态安全格局：再造秀美山川的空间战略》[①]的研究结果，不再进行重复计算与分析。

——柳州市位于全国、两广地区多条生态廊道的交汇处，生态地位突出

根据俞孔坚等的研究结果，全国生态廊道结构主要由“三横两纵”五条廊道组成。柳

① 俞孔坚，李迪华，李海龙，等，2012. 国土生态安全格局：再造秀美山川的空间战略[M]. 北京：中国建筑工业出版社.

州市位于全国南部生态廊道相对发育与密度较高的区域,处于纵横两条全国生态廊道"大兴安岭—太行山脉—巫山—雪峰山"与"横断山脉—南陵—武夷山"的交汇处,也是两广地区人字形生态廊道的交汇处,其生态地位突出。因而,加强柳州市生态环境保护与生态修复工作,将有利于柳州市自然生态空间衔接东西、贯穿南北,构建区域性"丁字形"甚至是"十字形"的生态廊道,提升其在区域尺度上的生态地位。

——柳州市尚位于多条生态廊道交汇处的边缘地带,生态地位尚须进一步提升

尽管柳州市处于两广地区乃至全国多条重要生态廊道的交汇处,但目前仍位于核心生态廊道的边缘地带,生态地位尚须进一步提升。因而,有必要通过区域协作,推进大尺度上生态廊道的共建、共享,以期构建以绿地植物营造为主要构成要素、自然肌理连续而具有贯通性的、参与大区域整体生态修复的绿色生态廊道系统,维护和强化大区域整体山水格局的连续性、完整性,加强大区域绿色开敞空间和蓝色空间保护规划的统筹落实与协同控制、管理。

②柳州市全域与城区尺度生态廊道构建

柳州市坐拥秀美自然山水和丰厚民族文化资源,禀赋优异,发展潜力巨大。因此,柳州市有必要打破行政区划限制,建设柳州市全域生态网络框架体系,整合市域内各类景观生态资源,完善、优化市域生态系统,共同承担全域生态环境保护与维育的任务。这既是柳州市域未来生态景观资源共荣共生的内在需求,也是实现柳州市可持续发展的重要空间保障,更是践行广西"山清水秀生态美"与柳州"山清水秀地干净"生态文明建设的客观需求。

——生境适宜性评价与景观阻力分析

根据柳州市土地利用现状情况,结合生物多样性数据的可获得性,确定不同土地利用类型或生境斑块的生境适宜性和景观阻力(电路理论分析中的电阻值)(表 10-2),生境适宜性越高,景观阻力(电阻值)越小。

表 10-2 柳州市生境适宜性与景观阻力赋值方案

土地利用类型	亚类	分类说明	景观阻力(电阻值)
林地	优势种	$S \geqslant 100\ hm^2$	1
	乔木	$10 \leqslant S < 100\ hm^2$	3
	灌木	$2 \leqslant S < 10\ hm^2$	5
	其他	$S < 2\ hm^2$	10
草地	—	$S \geqslant 20\ hm^2$	1
	—	$3 \leqslant S < 20\ hm^2$	3
	—	$S < 3\ hm^2$	5
水体	面状水域	$S \geqslant 100\ hm^2$	600
		$50 \leqslant S < 100\ hm^2$	100
		$10 \leqslant S < 50\ hm^2$	15
		$5 \leqslant S < 10\ hm^2$	10
		$S < 5\ hm^2$	5
	河网水系	1 级	500
		2 级	100
		3 级	50
		4 级	20

（续表）

土地利用类型	亚类	分类说明	景观阻力(电阻值)
裸地	城区	—	100
	村镇	—	50
农业用地	耕地	$S \geqslant 20\ hm^2$	50
		$3 \leqslant S < 20\ hm^2$	100
		$1 \leqslant S < 3\ hm^2$	150
		$S < 1\ hm^2$	300
	园地	$S \geqslant 20\ hm^2$	20
		$3 \leqslant S < 20\ hm^2$	70
		$1 \leqslant S < 3\ hm^2$	120
		$S < 1\ hm^2$	300
道路用地	铁路、轨道交通用地等		800
	公路用地	$L \geqslant 40\ m$	800
		$10 \leqslant L < 40\ m$	500
		$L < 10\ m$	200
	城镇村道路用地	$L \geqslant 40\ m$	800
		$20 \leqslant L < 40\ m$	600
		$L < 20\ m$	300
	农村道路	—	200
建设用地	城镇住宅、农村宅基地	城镇住宅	1 000
		农村宅基地	600
	工业用地、采矿用地	城区	500
		县域	400
	商业服务业、物流仓储用地	城区	600
		县域	500
	公园与绿地	—	200
	公共设施用地等	—	600
	特殊用地	—	500

注：S 表示面积，L 表示长度。

——生态源地重要性分析

为了较为准确地判断研究区内生态源地的重要性程度，引入整体连通性指数(dIIC)和可能连通性指数(dPC)，从而基于斑块的面积属性进行量化评价。在 Conefor 软件平台上基于生态斑块的面积属性，选取 1 000 m 作为距离阈值进行连接性模拟，将 dIIC 与 dPC 分别赋予 0.5 的权重进行计算，得到生态源地的重要性程度(图 10－4)。

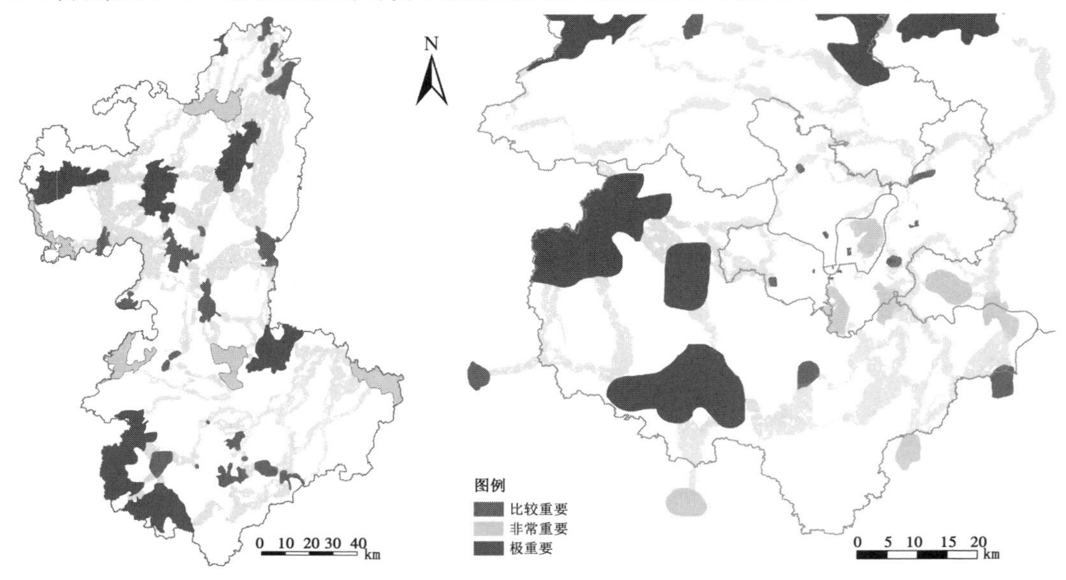

图 10－4　柳州市域、城区生态源地重要性程度分类图

——潜在生态廊道模拟与重要生态廊道提取

首先，基于电路理论，采用 Circuitscape 软件平台，选用成对计算模式来模拟柳州市源地生态斑块之间的潜在生态廊道。然后，基于重力模型(gravity model)，计算生境斑块(源与目标)间的相互作用，定量评价生境斑块间的相互作用强度，从而判定生态廊道的相对重要性。根据计算结果，提取出主要廊道，并剔除经过同一生境斑块而造成冗余的廊道，得到柳州市市域与城区的生态网络。

a. 柳州市市域尺度生态廊道构建

基于遴选出的生态源地通过对市域层面的生态廊道进行构建，得到市域潜在生态廊道分布图(图 10－5)。对廊道的相对作用程度进行计算，提取相互作用力大于 800 的廊道作为重要廊道，得到柳州市市域重要生态廊道图(图 10－6)。

总体而言，柳州市北部、东南部山地地区生物迁移阻力小，且高迁移密度流覆盖面积广，生物迁移可选择路径多；中部及南部地区生态廊道相对较为稀疏且高迁移密度廊道宽度窄，相互连通度低，可达路径曲折，甚至出现部分廊道中部断裂的情形。这主要是因为以自然保护区、森林公园、地质公园、风景名胜区以及大型林地为主的生态源地多分布在北部凤凰大山及九万大山、东南部大苗山架桥岭和大瑶山山地地区，且面积较大，生态源地之间多为非建设用地，对于生物迁移阻碍作用小；中部及中南部城市建成区附近生态源地较少，只有一个风景名胜区及三个森林公园，且面积较小，森林公园面积多在 1 000 hm^2 以内，这对于生物保育作用弱，中部核心区域大片的城镇建设用地对生物的连通起阻断作用，只能依靠郊区农林用地进行生物功能的承接。

b. 柳州市城区尺度生态廊道构建

柳州市城区尺度生态廊道建设是构建城市绿色基础设施网络、实现城市宜居可持续发展的重要生态空间保障。采用柳州全域尺度上的分析方法，构建了柳州市城区尺度潜

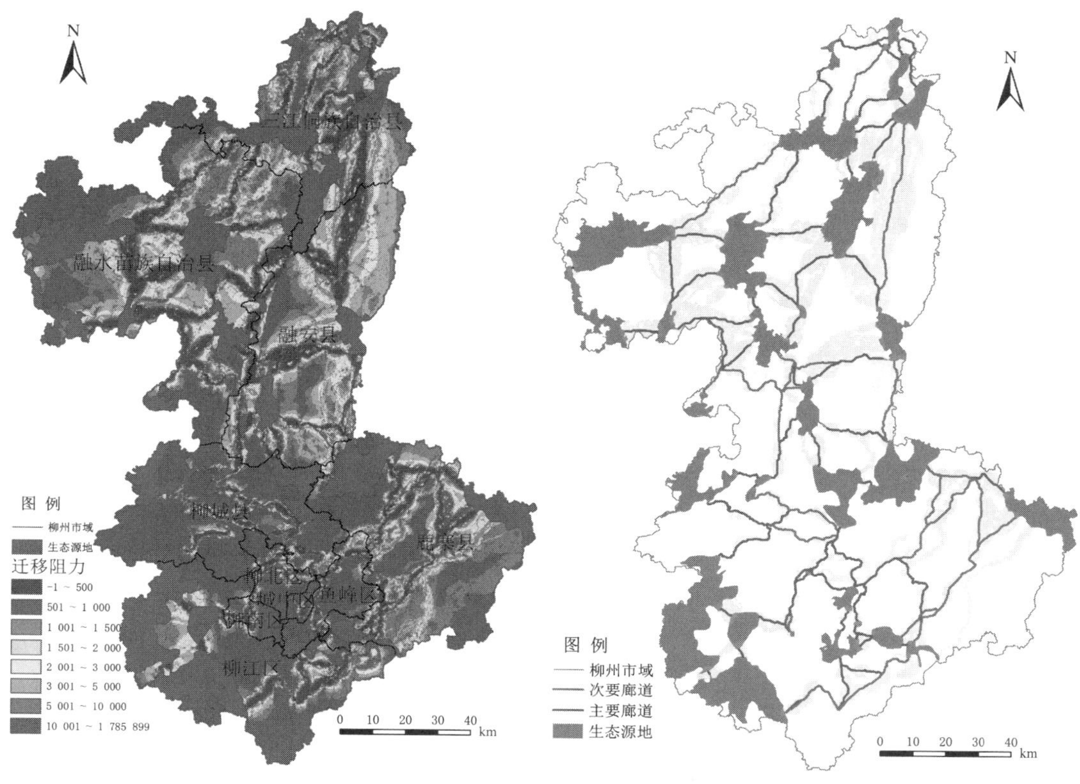

图 10 - 5　市域潜在生态廊道分布图　　　图 10 - 6　市域重要生态廊道提取结果

生态廊道(图 10 - 7),并将市区内相互作用力大于 60 的廊道提取为重要廊道,形成柳州市城区尺度重要生态廊道(图 10 - 8)。

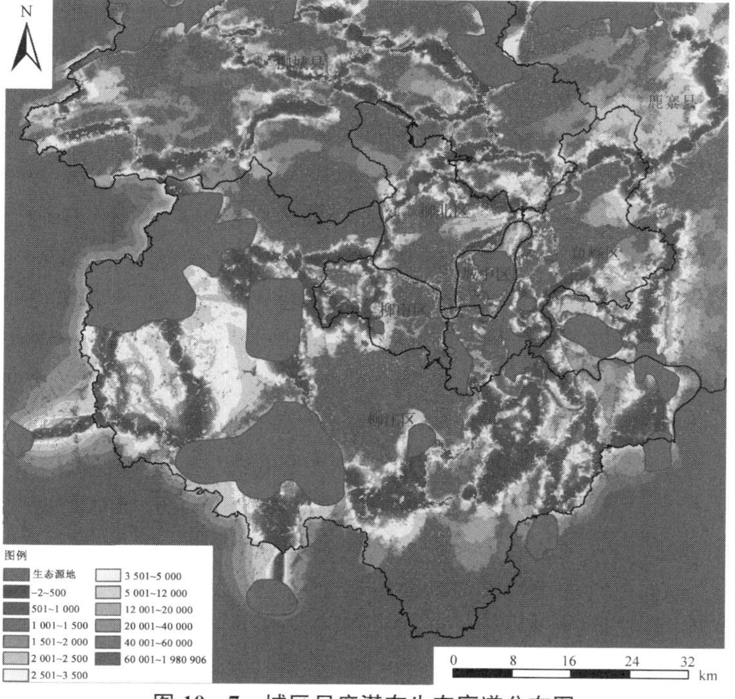

图 10 - 7　城区尺度潜在生态廊道分布图

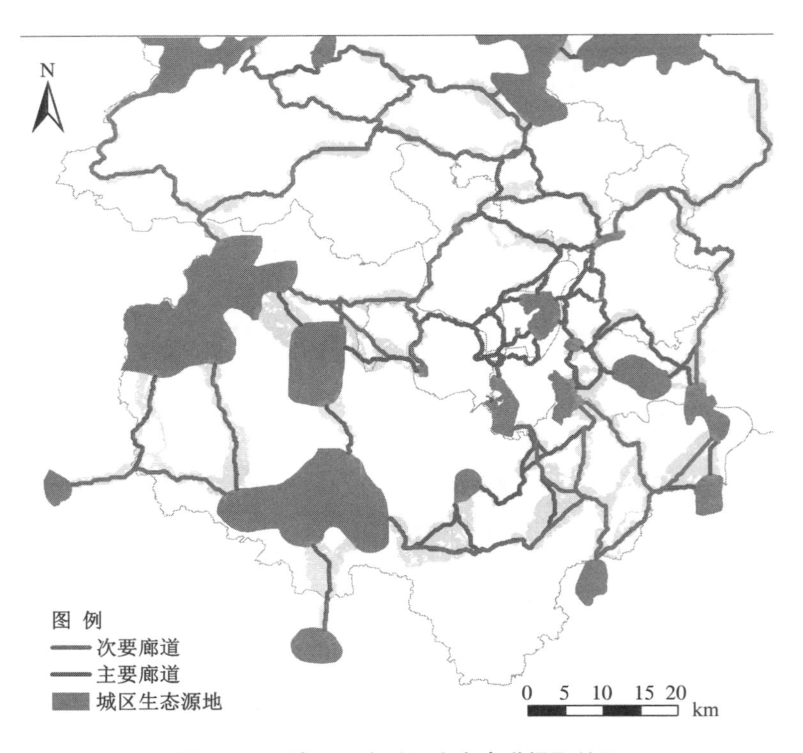

图 10－8　城区尺度重要生态廊道提取结果

柳州市城区尺度上的生态网络总体上呈环状分布，西部及南部连通性高等级路径多，北部东部存在数条适宜生物迁移廊道，但是廊道宽度较窄；中部地区廊道破碎断裂，除横向贯穿的一条廊道之外，未形成明显的网络体系结构。这主要与城区土地利用强度大有关，致使主城区内大型生态源地较少且质量较低，多为较大面积的商品林及农林用地；中部破碎地区是主要城镇建成区，城市建成环境对于生物迁移有明显的强阻隔作用。柳江河流宽度较大，流经城区河段亦对城区的生态廊道造成进一步的割裂。

(3) 生态网络关键节点识别与格局优化

①踏脚石斑块识别

生态网络的构建与结构优化能够有效提高柳州市生物连通性。但随距离增加，生态廊道对生物迁移过程的阻力值也会越大，需要一些具有一定面积的生态要素或实体斑块作为迁徙过程中短暂的栖息场所，即暂息地或踏脚石(stepping stone)斑块，以此降低斑块之间的距离，提高物种在迁移过程中的时间、频率与成功率。

根据柳州市的实际情况，采用 Linkange Mapper 工具对柳州市生态网络中的踏脚石斑块进行识别，并结合潜在重要生态廊道的交汇点、两个源地之间廊道穿越的重要生境斑块，最终确定了柳州市市域需要规划建设或修复提升的 23 个主要的暂息地、踏脚石斑块(图 10－9)，城区层面需要规划建设或修复提升的 20 个主要的暂息地、踏脚石斑块(图 10－9)。

这些重要的踏脚石斑块多为林地，部分为高质量草地及园地，多分布在长距离生态廊道之间的关键部位。在城市区域由于受强烈人类活动干扰的影响，对生物迁移具有关键性作用的踏脚石斑块数量也较多，这也说明未来需要加强城区及其城郊地区重要生态

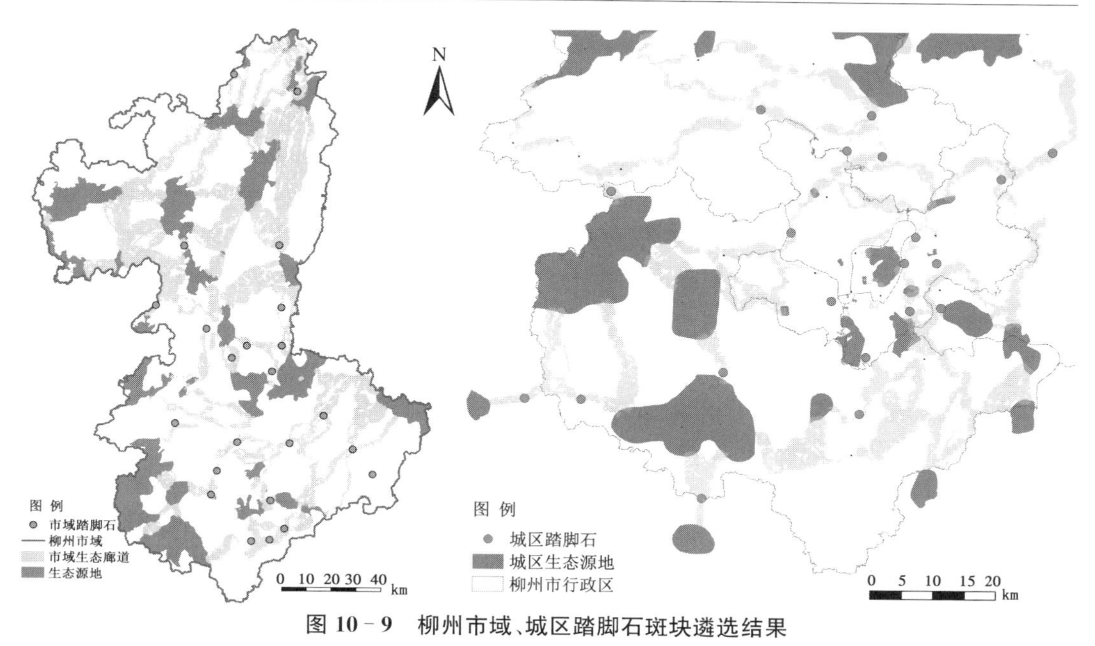

图 10－9　柳州市域、城区踏脚石斑块遴选结果

斑块的保护、管控与生态修复，提高柳州城区与市域生态廊道的整体连通性和连接的有效性。

②障碍点识别

生态网络中的障碍点是基质面中严重影响物种迁徙的区域。通过变更土地利用性质或者实施相关生物、工程措施来清除障碍点，可以以最小的成本大幅提升生态网络的连通性。

采用 Linkange Mapper 工具，基于移动窗口搜索方法对柳州市生态网络中的障碍点进行识别(图 10－10)，并与遥感卫星影像中现状土地利用方式进行对比得到障碍点生态

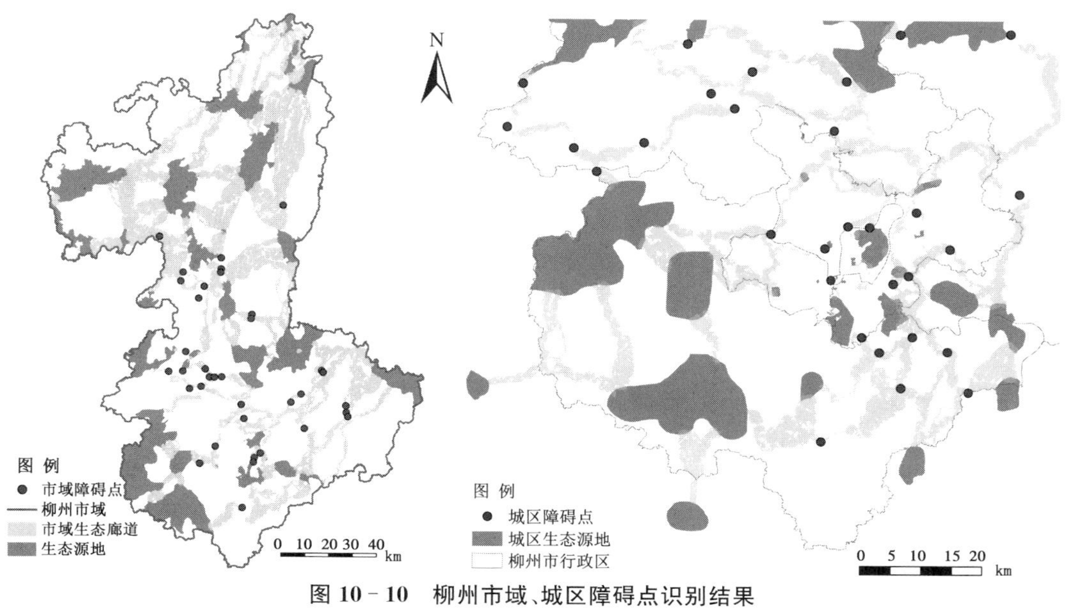

图 10－10　柳州市域、城区障碍点识别结果

要素，并对其是否能够变更与改善作出判断，从而为未来障碍点的生态修复提供依据和参考。

柳州市域障碍点主要为农林用地以及河流水域。农林用地多位于城郊片区，是中部及中南部片区生态廊道通过的重要基质。因邻近人类生产生活用地地区，对迁移生物的干扰作用强；部分夹杂在林地中的耕地导致生境单元的完整性被破坏，生境斑块的稳定性下降。而河流水域由于宽度较大，部分陆生动物无法涉水迁移，只能通过绕行或寻找浅水区域涉水通过，造成了生态廊道的曲折与不连通。根据障碍点现状用地是否能够变更进行分类施策，对于农林用地建议通过转变为城郊森林公园或生态涵养林来提升生境斑块的质量，从而打通阻碍，提高生态廊道与生态网络的连通性；而对于水域等无法变更的土地类型则建议加强水域自然岸线的修复、平缓地区河漫滩的恢复以及河流两岸绿色空间的营造，从而降低斑块的阻隔作用。

③脆弱点识别

生态廊道中的脆弱点是指廊道中存在的一些生境质量较差的区域或者斑块，它们会导致生态廊道过窄，经过此处的生物遇到迁移瓶颈，甚至会导致生态廊道断裂破碎，生态网络零碎不成体系，阻碍完整的生态格局形成。生态脆弱点与障碍点较为类似，但面积更大，对于大尺度网络体系的构建具有更为深远的影响。

结合柳州市域生态廊道的空间格局与廊道的宽度，辨识并提取了 20 个对于柳州市域生态网络体系结构具有重要影响的脆弱点和 18 个对于柳州城区生态网络体系结构具有重要影响的脆弱点（图 10－11）。这些脆弱点主要为中部与南部城镇建设与农林种植用地，多为道路、旱地及乔木林地。对此要提高林地质量与面积，通过成片种植扩大生境斑块；部分旱地退耕还林，完善生态网络体系。

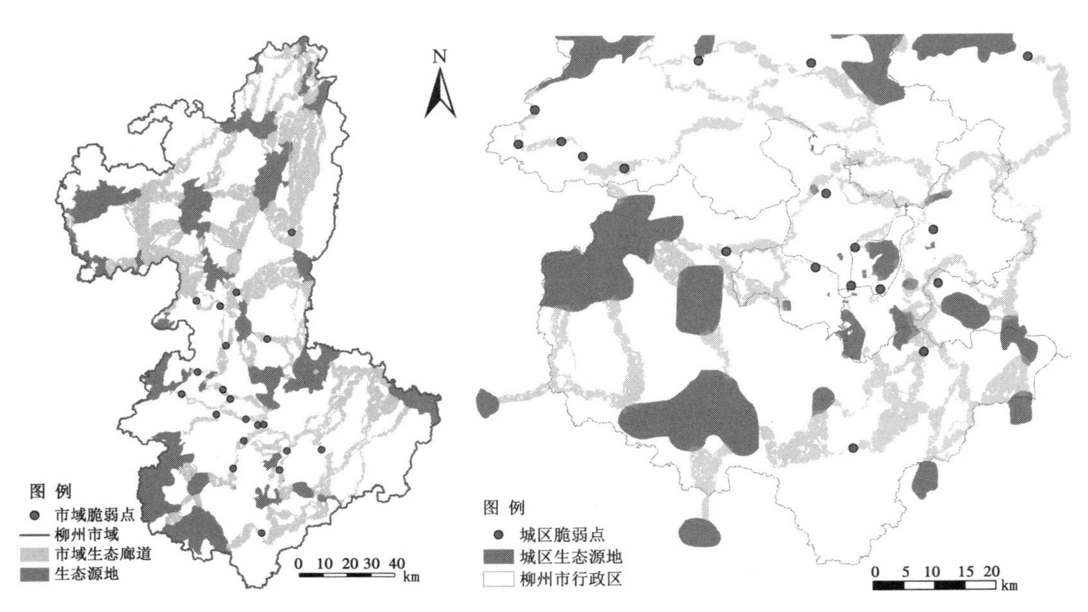

图 10－11　柳州市域、城区脆弱点识别结果

10.4　国土综合整治与生态修复的总体格局与重点区域

10.4.1　国土综合整治与生态修复的总体格局

基于生态网络构建及构建过程中关键节点的识别与修复要求，提取重要廊道，形成“一核一轴、五区六廊”的国土整治与生态空间修复的总体格局(图 10－12)。

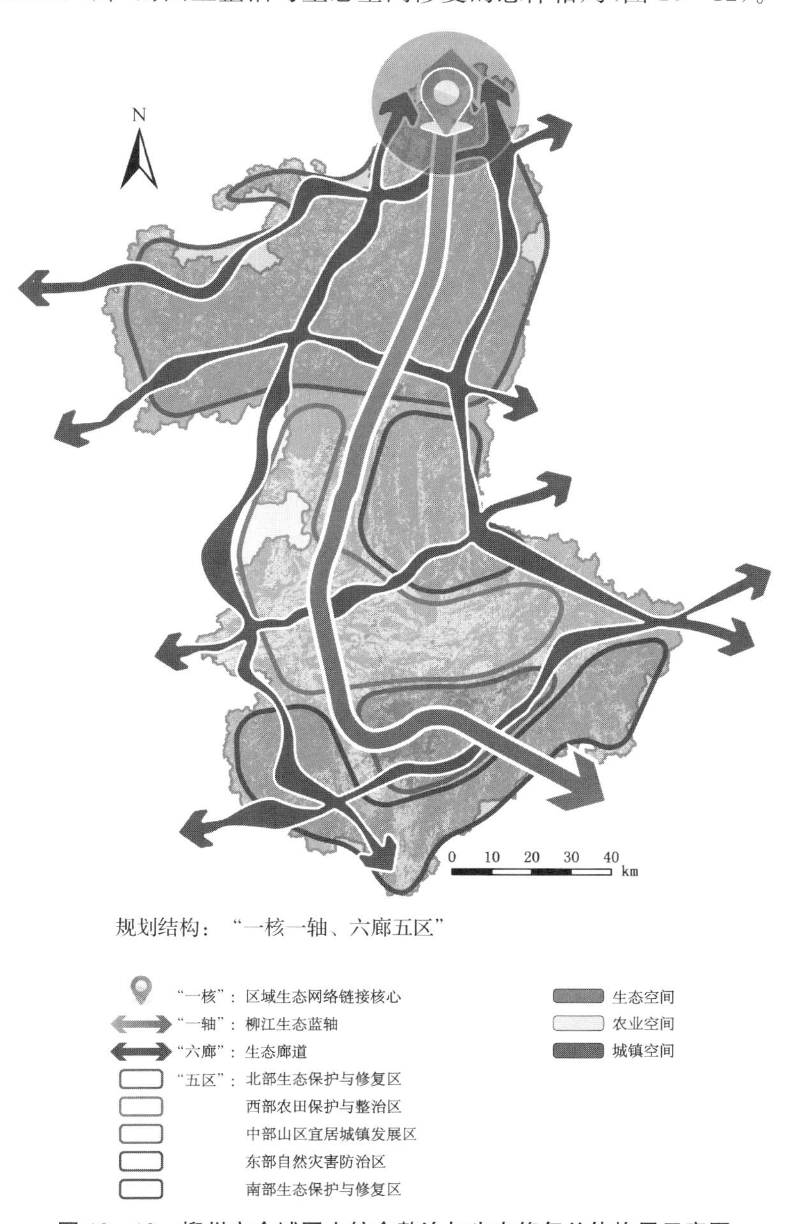

图 10－12　柳州市全域国土综合整治与生态修复总体格局示意图

①“一核”：区域生态网络链接核心。柳州北部山区位于全国生态廊道“三横五纵”的交汇点，是西南片区以至于全国的链接核心，同时也是柳州市生态安全的核心。保护生

态环境的同时适宜发展生态旅游产业。

②"一轴"：柳江生态蓝轴。柳江由南至北贯穿柳州全境，连接着柳州各大城镇发展区，是柳州最重要的一条生态轴线。

③"五区"：五种类型的综合整治与生态修复片区。"五区"包括北部生态保护与修复区、西部农田保护与整治区、东部自然灾害防治区、中部山区宜居城镇发展区、南部生态保护与修复区。a. 北部生态保护与修复区：以生态环境保护为主，维护生境的相对稳定性，禁止大型开发建设。b. 西部农田保护与整治区：保有农田数量和土壤基本肥力，防止土地污染，以及山体滑坡对农田的破坏。c. 东部自然灾害防治区：以防治山体滑坡，水土流失为主，修复矿山开采对自然环境的恶劣影响。d. 中部山区宜居城镇发展区：发展高质量城镇建设，提高土地利用效率，开发低效用地，注重矿区环境整治。e. 南部生态保护与修复区：以生态修复为主，修复生态网络中的障碍点，提高生态网络的连通性。

④"六廊"：连接南北的两条生态廊道和贯穿东西的四条生态廊道。a. "两纵"：贯穿南北的分别沿"凤凰大山—大瑶山"、与"林溪—八江风景名胜区—三锁鸟类自然保护区—拉沟(鸟类)自然保护区"分布的两条廊道。b. "四横"：贯穿东西的分别沿滚贝老山—都柳江—寻江的，九万大山—贝江—三锁保护区，龙江—沙埔河，凤凰大山—洛清江分布的四条廊道。

10.4.2　国土综合整治与生态修复的重点区域

基于柳州市生态系统本底分析、格局评价结果，结合柳州市实际情况，将柳州市全域国土综合整治与生态修复的重点区域划分为 5 大类(生态系统整体修复与功能综合提升重点区域、流域水环境保护与综合治理重点区域、生物多样性保护与维育重点区域、土地综合整治与污染修复重点区域以及矿山环境治理与生态修复重点区域)12 小类(生态系统脆弱区整体修复区、重要生态功能区功能提升区；重点流域水环境综合治理区、河湖水生态系统保护与修复区、饮用水水源地保护区；重要生境斑块保护与修复区、重要生态廊道保护与修复区；土地综合整治区、土地污染修复区；损毁山体治理与生态修复区、工矿废弃地复垦利用区、自然地质灾害防治区)(表 10－3、图 10－13)。

表 10－3　柳州市国土综合整治与生态修复 5 大类 12 小类重点区域简介

大类	简要说明	小类	简要说明
生态系统整体修复与功能综合提升	主要是针对生态系统脆弱区的修复与重要生态功能区的提升，以"山水林田湖草生命共同体"理念为指导，对片区内存在的多种问题综合治理，实现区域统筹发展	生态系统脆弱区整体修复	修复重点主要是市域中部的城镇建设区与基本农田保护区，通过整体修复实现经济发展与生态保护的平衡。在保证永久农田保护与土壤质量的基础上，合理安排城镇空间布局，整理低效用地，实现土地结构与布局的不断优化
		重要生态功能区功能提升	修复重点区域为分布于市域北部的林地与南部的部分耕地区域，是柳州市重要的农林产品供给区，生物多样性丰富，具有重要的生态功能。目前区域内存在水土流失、生境斑块破碎、人为活动干扰等问题，通过增加植被覆盖率、实施水源涵养工程、提高廊道连通性等措施实现该片区的功能提升

（续表）

大类	简要说明	小类	简要说明
流域水环境保护与综合治理	加强水生态文明建设，有效保护与合理开发利用水资源，综合治理，全面优化水环境，提高水质量，系统修复水生态	重点流域水环境综合治理	主要针对河流水质问题，对于不达标流域的综合治理，主要是在小流域内的综合治理，比如提高林地覆盖率，增强水源涵养和水土保持能力，控制城镇村的生产生活污染等；对于现状达标但未来可能面临达标压力的水域开展水质提升，包括污染防护与保护优化等措施
		河湖水生态系统保护与修复	主要是对于重点流域单元的河流水域生态空间的保护与修复，包括河流、河流缓冲区以及河流经过的重点城镇区域，包括生态岸线以及滨水绿化景观等的建设
		饮用水水源地保护	对于未划定保护区或已划定保护区未采取隔离防护措施的饮用水水源地，应按照饮用水水源地规范化建设要求，开展水源地保护区划定、隔离警示防护、污染源搬迁或取缔、水源涵养和修复等措施
生物多样性保护与维育	通过对重要生物栖息繁衍的核心斑块和迁徙交流的生态廊道进行保护与构建，通过提高区域景观连通性实现对生物多样性的保护与维育	重要生境斑块保护与修复	以重点区域为单元，对自然保护区、森林公园、成片公益林或商品林片区实行保护，禁止大规模的开发建设活动或人类行为对生物生境造成过度干扰，通过扩大斑块面积、优化斑块形状、降低边缘效应、落实生态管控红线，恢复野生动物栖息地，提高单元生态保护功能
		重要生态廊道保护与修复	对连接生境斑块之间的生物迁移路径进行优化，对生态网络中的障碍点与脆弱点通过改变土地利用方式、增设相关工程设施，实施生态工程项目减少现有土地利用方式的阻碍作用，提高区域生物迁移的连通性
土地综合整治与污染修复	对过去开发建设污染受损区与粗放利用建设区进行整理，优化利用方式，实现土地治理与污染风险防控，推动土地与土壤资源永续利用	土地综合整治	通过整治整理城镇及村庄低效粗放的建设用地，调整规模与结构，提高土地利用效率；整治保护农用地，提高耕地质量；通过对建设新损毁土地、自然灾害损毁土地、矿山损毁土地开展复垦增加耕地面积，严守底线
		土地污染修复	针对重金属矿山开采和农田农业化肥生产污染的区域进行调查评估与综合整治，开展风险管控，采取先进工程技术和生物措施实现源头控制、隔离缓冲、土壤改良
矿山环境治理与生态修复	根据柳州市矿产资源开发利用现状、矿山地质环境问题现状，按照“预防为主，保护优先，突出重点”的原则进行重点问题区域识别与修复，实现“边开采、边保护、边复垦”的要求，恢复矿山生态环境	损毁山体治理与生态修复	针对由于矿山开采及配套工程设施建设、区域大型交通工程设施建设等因素干扰导致的山体破碎、地表裸露、土石松动的地区开展生态工程和还土工程相结合、绿化覆盖与工程护坡相结合，修补破损山体
		工矿废弃地复垦利用	详细调查评估历史遗留矿山损毁污染土地，根据塌陷区房屋、废弃厂房、坑塘和塌陷漏斗区等土地破坏的特点进行工程改造，以土地复垦潜力评价为基础选择土地相对集中连片的区域，综合考量土壤、水文、地形坡度适宜性后进行复垦，复垦中可利用生物化学物理措施修复污染土壤，恢复土壤肥力和生物生产能力
		自然地质灾害防治	开展山洪和地质灾害易发区调查评价，查清山洪、泥石流、滑坡、崩塌等灾害隐患点的基本情况，结合工程、生物等措施，复垦已损毁土地，加强山洪和地质灾害易发生区的生态环境建设

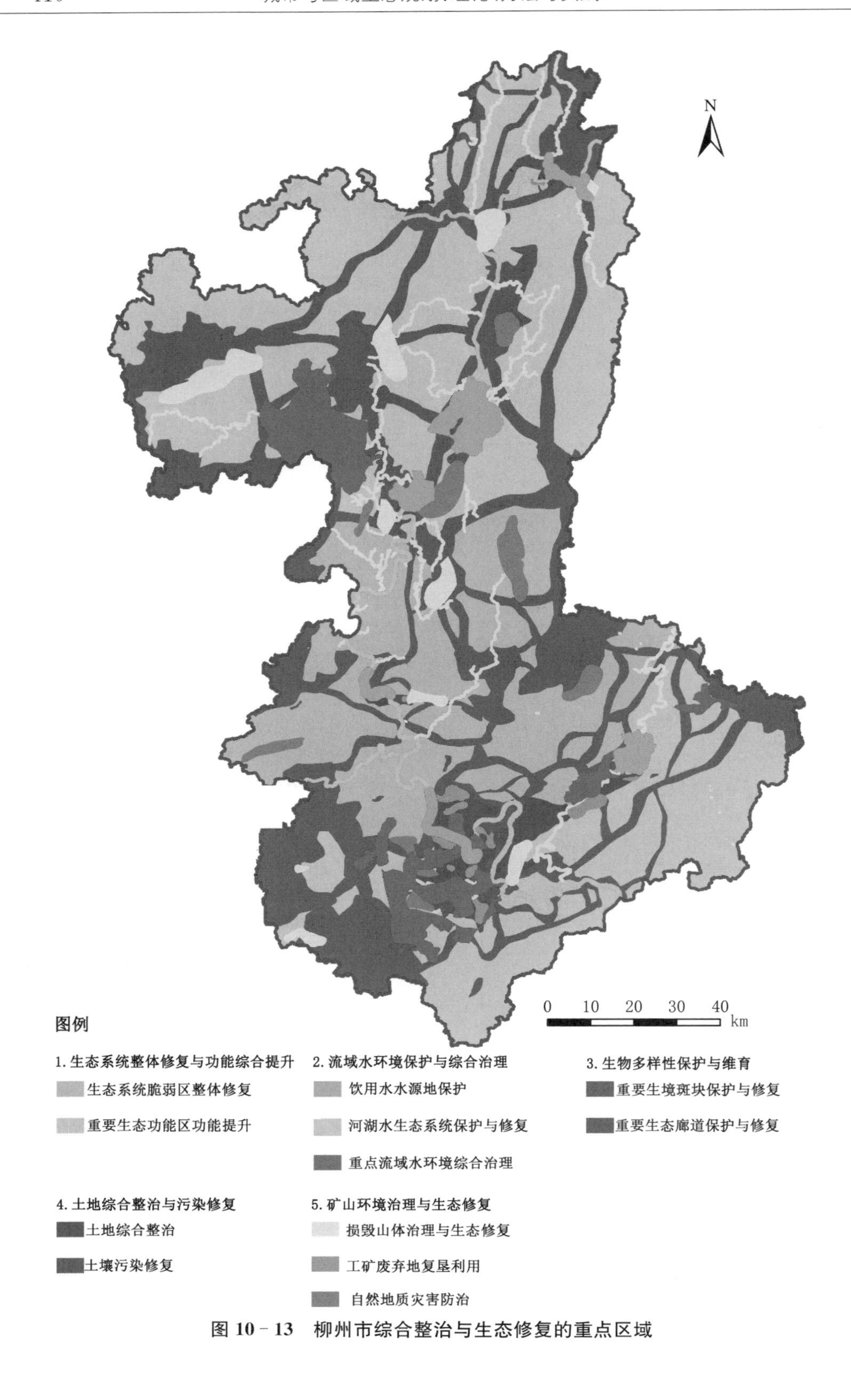

图 10-13　柳州市综合整治与生态修复的重点区域

10.4.3　国土综合整治与生态修复的重点措施

面对柳州市环境生态破坏、土地利用低效的问题，必须坚持以习近平新时代中国特色社会主义思想为指导思想，贯彻节约优先、保护优先、自然恢复为主的方针，以“山水林田湖草生命共同体”理念为指导，以国土综合整治为平台，统筹保护、维护、修复的关系，对重点修复区域进行保护保育和修复治理，提出相应的工程、生物与技术修复措施，对自然生态环境进行整体保护、系统修复和综合治理，努力构建人与自然和谐发展的新格局。

不同重点区域的具体修复措施见表 10－4。

表 10－4　柳州市国土综合整治与生态修复重点措施一览表

<table>
<tr><th>大类</th><th>小类</th><th>重点措施</th><th>措施内容</th></tr>
<tr><td rowspan="3">生态系统整体修复与功能综合提升</td><td rowspan="2">重要生态功能区功能提升</td><td>重点保护基本农田，提高耕地与农林用地质量</td><td>修复重点主要是市域中部的城镇建设区与基本农田保护区，通过整体修复实现经济发展与生态保护的平衡</td></tr>
<tr><td>确定城镇增长边界，优化开发建设用地结构</td><td>在保证永久农田保护与土壤质量的基础上，合理安排城镇空间布局，整理低效用地，实现土地结构与布局的不断优化</td></tr>
<tr><td>生态系统脆弱区整体修复</td><td>提高自然生境质量，优化生态空间结构</td><td>修复重点区域为分布于市域北部的林地与南部的部分耕地区域，是柳州市重要的农林产品供给区，生物多样性丰富，具有重要的生态功能。目前区域内存在水土流失、生境斑块破碎、人为活动干扰等问题，通过增加植被覆盖率、实施水源涵养工程、提高廊道连通性等措施实现该片区的功能提升</td></tr>
<tr><td rowspan="6">流域水环境保护与综合治理</td><td rowspan="3">重点流域水环境综合治理</td><td>完善城镇生活污水处理设施及污泥处置设施建设，减少源头污染排放</td><td>完善城镇污水处理设施与管网设施配置，对城镇实现雨污分流，减少污染源，实现源头控制</td></tr>
<tr><td>强化河流污染断面水质净化，控制污染扩散</td><td>对于水质较差的河湖，应结合水污染防治行动计划、生态环境保护规划等要求，开展点源、面源治理。对于富营养化问题突出、面源污染较为严重的湖泊，应结合污染物拦截净化措施，加强农村农业面源污染治理。针对围网养殖污染严重的湖泊，应实施围网养殖清理、生态绿色养殖等措施</td></tr>
<tr><td>建立水土保持生态补偿制度，强化水土保持工程，减少水土流失</td><td>针对区域性生态保护与环境污染防治要求，利用“污染者付费”原则相关环境经济政策，建立生态补偿机制。对于水土涵养关键区封山育林，强化水土保持工作</td></tr>
<tr><td rowspan="3">河湖水生态系统保护与修复</td><td>强化蓝色空间划定，保护河流水域</td><td>结合柳州的生态空间与生态保护红线划定总体安排，结合相关文件要求，围绕河流、湖泊等水域岸线空间以及涵养水源和保持水土的陆域涉水生态空间，提出相应的空间范围，划定水生态空间及其相应的生态保护红线，开展相应的管控</td></tr>
<tr><td>实施滨河景观与湿地建设，改善河流景观形态</td><td>对于河流水生态空间的保护与修复，包括河流、河流缓冲区以及河流经过的重点城镇区的空间，包括生态岸线以及滨水绿化景观等的建设。围绕河湖滨岸带硬化、渠化、直化、影响水生态系统健康问题，以恢复空间异质性为核心，开展滨河（湖）植被缓冲带建设和河湖内外生态湿地建设等，以改善河流景观格局</td></tr>
<tr><td>巩固河流堤岸，提高防洪抗涝能力</td><td>对受洪涝灾害威胁的城镇片区，除对滨河用地进行调整外，巩固河堤，提高防洪标准</td></tr>
</table>

（续表）

大类	小类	重点措施	措施内容
流域水环境保护与综合治理	饮用水水源地保护	落实饮用水源保护区划分或调整，划定保护蓝线，采取封禁管护	对于未划定保护区或已划定保护区未采取隔离防护措施的饮用水水源地，按照饮用水水源地规范化建设要求，开展水源地保护区划定、隔离警示防护、污染源搬迁或取缔、水源涵养和修复等措施
		加强水源地上游及周边的预防保护措施，实施生态清洁小流域治理	细化水域功能分区，明确重点防治区域，利用全面封禁措施，结合工程与自然修复生态环境。在农业空间区域推广使用有机肥，建设绿色生态农业片区
		严格饮用水源地执法监管及环境状况评估，加强动态监测与管理	强化水源地监管工作，强化预警监测系统，利用监测平台、数据处理平台与预警通信平台构成自动预警监测网络体系，针对柳州市水质特性设置自动报警条件，提高应对紧急污染事件能力
生物多样性保护与维育	重要生境斑块保护与修复	重要生境斑块保护与修复	强化自然保护区、湿地公园等生态斑块保护，修复受损的生态系统，加强对现有重要生境单元的管理保护，提供森林、草地、湿地等多样化生境单元。考虑到大型脊椎动物对斑块面积的要求，对于国家级自然保护区、省级自然保护区、森林公园、大型林地、湿地这类重要生境斑块，尽量保护其完整性，尽量将其与周围的林地作为一个整体进行考虑，形成连片的生境斑块，增大斑块的面积，丰富斑块内的生物种类，提高生态适宜性。为防止边缘效应，应扩大重要斑块核心区范围，通过对现有生境斑块进行处理优化，与周边林地相结合形成面积更大，形状更接近于圆形的斑块
	重要生态廊道保护与修复	重要生态廊道保护与修复	对已经破坏的跨区域生态廊道进行恢复，提高斑块之间的连接度水平，提高连接的有效性，构建生物多样性保护网络。生态廊道不仅应该由乡土物种组成，而且通常应该具有层次丰富的群落结构。除此之外，廊道边界范围内包括尽可能多的环境梯度类型，并与其相邻的生物栖息地相连。对于重要生态廊道沿线城镇建设用地进行控制，保留必要缓冲区范围，减少人类干扰
土地综合整治与污染修复	土地综合整治	调整用地结构，利用城乡建设用地增减挂钩整治农村建设用地	以节约集约用地、建设新农村为导向大力推进农村闲置、散乱、低效建设用地整理，从而补充耕地面积，加强农村基础设施配套建设，促进美丽宜居乡村建设。同时通过城乡建设用地增减挂钩政策，扩展城镇发展空间，实现城乡建设用地总量的平衡
		整合治理原有城镇工矿建设粗放用地，提高土地利用效率	通过对旧城镇、旧厂房、旧村庄等进行全面摸查，挖掘可基于现实条件改造的城镇工矿建设用地整治潜力及分布情况，在统筹兼顾各方利益和加强历史文化遗产保护的基础上，探索开展城镇工矿建设用地整治试点工作
		建立科学的耕地后备资源开发管理机制，适度开发宜耕后备土地资源	基于翔实的调研和生态环境影响评价，论证判别可开发利用耕地，实现规划—开发—施工—管理全过程监管工作，合理开发土地资源
		加大废弃损毁土地复垦工作，盘活可利用土地	对工矿废弃地、矿山损毁土地、建设新损毁土地、自然灾害损毁土地根据实地情况进行复垦，使损毁的土地生产力得到恢复和重建生态平衡，提高土地利用率和土地覆盖率，拓宽耕地补充途径，改善区域生态环境

（续表）

大类	小类	重点措施	措施内容
土地综合整治与污染修复	土地综合整治	加强高标准农田建设工作，提高耕地质量	以实现农用地的生产、生态等多重功能为导向大力推进农用地整理，主要任务是补充耕地面积，提高耕地质量，优化农业产业布局，打造生态型农田。对农用地按照特色划分成不同的片区实施相应的工程：对于平缓地区的耕地实施“旱改水”和“坡改梯”工程，耕地连片区可开展高标准农田建设，设施薄弱地区可开展田园综合体基础设施建设，对林地中零星分散、交通不便、耕作条件差、生态功能大的耕地实施退耕还林还草
		建立项目区数据库，实施动态监管	及时将项目区规划审批、指标使用、项目实施、资金使用、权属调整、验收考核等情况上图入库，纳入国土资源综合监管平台，实施全程动态监管
	土地污染修复	强化污染耕地与污染矿区土壤治理工作，根据污染状况进行分类管理	根据土壤质量进行分类管理，按照因地制宜、分类施策原则，对于轻度土壤污染以预防为主，中度土壤污染应以控制为主，重度土壤污染应以修复治理为主。为保障农产品质量安全推广有机肥减少农田生产农药化肥污染，回收利用农膜减少白色污染；对有色金属冶炼、石油加工、化工、焦化、电镀、制革等工矿产业进行检测管理，关闭拆除土壤污染企业；针对矿产资源开发污染土壤，全面整治历史遗留尾矿库，完善覆膜、压土、排洪、堤坝加固等隐患治理和闭库措施，自然保护区、水源保护区、基本农田保护区划定的范围设置禁止开采区并设立标识牌和桩
		强化风险评估与管理	对市域开展土壤环境质量调查，建设土壤环境质量监测网络，借助移动互联网、物联网等技术提升土壤环境信息化管理水平实现动态管理。对用地要实施严格的准入制度，控制风险防治新增污染源
矿山环境治理与生态修复	损毁山体治理与生态修复	新建（在建）矿山严格落实准入制度，源头预防开采破坏	新建矿山必须严格落实矿山准入制度，矿山投产后加强监管，确保 2015 年以后新建的矿山全面治理，达到“边开采、边治理、边绿化”要求。科学合理进行新建矿山地质和生态环境评价，制订矿山地质环境恢复治理方案。严格执行自治区矿山地质环境监督管理制度，评审批准矿山地质环境保护与治理恢复方案，完善矿山地质环境网络监测
		做好生产矿山地质环境动态巡查工作	完善矿山企业季、年中、年末填报矿山地质环境保护与治理恢复工作制度，防止或最大限度地减轻矿山开采活动对矿山地质环境的影响和破坏
		关闭（历史遗留）矿山强化治理，修补历史问题	通过土地平整，塌陷区、采空区回填等系列工程措施，结合生物防治以及拆迁避让措施解决既有矿山开采带来的山体损毁、地表裸露、土壤污染、生境破坏等一系列问题
	工矿废弃地复垦利用	工矿废弃地复垦利用	在治理改善矿山环境基础上，盘活和合理调整建设用地。开展工矿废弃地复垦利用前，需对矿区土壤环境状况做详细调查评估工作，存在重金属、有机污染的土地必须进行治理达标后再进行复垦利用
	自然地质灾害防治	自然地质灾害防治	关闭存在潜在自然灾害与地质灾害地区矿坑，对于滑坡、泥石流、地层断裂易发区提高灾害防御与预警能力，对居民集中的村庄、重要的单位以治理为主，对危害人数少的以避让为主，往文化生态旅游方向发展。工程防治与生态防治相结合，减少灾害的潜在威胁

10.4.4 国土综合整治与生态修复的行动计划

柳州市国土综合整治与生态修复覆盖地域广,任务重,方向多,需要按照“重点到一般、紧急到常态”的原则,对整治修复工作进行时序规划与统筹安排,保证修复措施重点突出、系统全面、详略得当、前后衔接,形成完整可操作的行动路径。

(1) 近中期国土综合治理与生态修复策略:治理优先、防控结合、重点突出、架构完整

近中期主要针对严重污染影响生态环境可持续发展与存在对居民人身财产安全隐患区域进行修复与整理,以工程措施为主导,辅助以生态修复整治措施。

(2) 远期及远景国土综合治理与生态修复策略:全域覆盖、高质维护、动态管理、生态调节

远期及远景期主要在近期整治修复成果的基础上,利用生态系统修复措施扩大覆盖地域范围,减少投入成本,让生态系统自身稳定性发挥调解作用,提高片区可持续发展能力。强化配套监管,完善动态评估机制,为地区生态环境提供有力支撑与保障。

具体时序安排见表10-5,表格中颜色深浅代表工程的重要程度和资源倾斜力度。

表10-5 柳州市国土综合整治与生态修复重点工程建设时序安排一览表

大类	小类	工程名称	工程内容	近期	中期	远期	远景
				2020—2025年	2026—2030年	2031—2035年	2036—2050年
生态系统整体修复与功能综合提升	重要生态功能区功能提升	湿地动植物与栖息地恢复工程	自然保护区建设,保护栖息地				
			建设河流湖泊周围湿地公园				
			建人工繁育基地保护珍稀动物				
			严格制定落实栖息地保护制度				
			结合先进的科学技术以生物及工程措施修复受损栖息地				
	生态系统脆弱区整体修复	生态清洁小流域创建	对村庄的污水进行集中或分散处理,达标排放或回用				
			整理村庄沟塘,防治水土流失				
			建设库(河)滨带建设				
			利用工程及生态措施净化流域水质富营养化问题				
流域水环境保护与综合治理	重点流域水环境综合治理	小流域水土保持工程	对土层贫瘠、地表渗漏、工程性缺水严重的区域通过封山育林,强化水源涵养				
	河湖水生态系统保护与修复	河流治理工程	河段整治工程(河道疏浚)				
			护岸修复工程(合理拆除固态堤岸,注重建设生态护岸)				
			流域景观建设工程(河流景观设计、绿地公园规划建设)				
			河湖水系连通工程				
			河堤治理工程(强化如截留管道、水库大坝、景观设施等河流基础设施建设)				

（续表）

大类	小类	工程名称	工程内容	近期	中期	远期	远景
				2020—2025 年	2026—2030 年	2031—2035 年	2036—2050 年
流域水环境保护与综合治理	饮用水水源地保护	水源地保护工程	水源源头保护区划定				
			水源保护区隔离警示				
			对水源地保护范围内污染源头（居民点、企业）进行治理				
			安装水质保护系统、建设水渠大坝等基础设施				
生物多样性保护与维育	重要生境斑块保护与修复	植被培育工程	扩大优势种				
			强化区级公益林培育，提高商品林向公益林转化比例				
		用地性质调整工程	变更障碍点、脆弱点用地性质				
	重要生态廊道保护与修复	封山育林与石漠化治理工程	封山育林				
		城市双修工程	城市景观建设与生态环境修复				
土地综合整治与污染修复	土地综合整治	土地利用整治	城乡建设用地增减挂钩				
			农村居民点用地整理				
			高标准农田建设重大工程				
			开发宜耕未利用地，增加耕地后备资源				
			城镇低效用地再开发				
			矿山损毁土地复垦				
			建设新损毁土地的复垦				
			自然灾害损毁土地复垦				
	土地污染修复	土地污染修复	污染地块调查评估及风险管控				
			工矿重金属开采区的污染治理				
			农业用地的污染治理				
矿山环境治理与生态修复	损毁山体治理与生态修复	矿山环境保护与恢复治理重大工程	关闭露天开采矿区，土地平整，塌陷区、采空区回填，边坡支护，建设场地绿化，土壤改良、林地恢复				
	工矿废弃地复垦利用	土地复垦	消除危岩地质灾害隐患，治理露天采场边坡，表土回填、土地平整、恢复植被				
	自然地质灾害防治	灾害防治	采用填堵、夯实等方法综合整治；禁止在地质灾害易发区进行“剃头式”采伐；搬迁有安全隐患的居民点				

注：表格中颜色深浅代表工程的重要程度和资源倾斜力度。

为对柳州市国土综合整治与生态修复行动计划的预期成果进行考核，提供以下20项约束性、14项预期性指标供定期考核时参考(表10-6)。

表10-6　柳州市国土综合整治与生态修复考核指标体系表

大类	小类	约束性指标	预期性指标
生态系统整体修复与功能综合提升	重要生态功能区功能提升	重要生态功能区面积	自然保护区面积 森林公园面积 生态湿地修复面积
	生态系统脆弱区整体修复	石漠化土地整治面积 水土流失整治面积	水源涵养区面积 公益林商品林调整比例
流域水环境保护与综合治理	重点流域水环境综合治理	生产生活污水排放达标率 河流断面水质达标率	—
	河湖水生态系统保护与修复	重要水生态空间保护率	湿地修复面积
	饮用水水源地保护	饮用水水源地水质达标率	—
生物多样性保护与维育	重要生境斑块保护与修复	重要生态源地保护面积/率 关键生态节点修复面积/率	自然保护地体系构建
	重要生态廊道保护与修复	生态廊道修复长度/比例 生态廊道连通度提高比例	生态系统服务总价值的提升量
土地综合整治与污染修复	土地综合整治	高标准农田建设面积 耕地质量等别提升率 低效建设用地复垦(再利用)面积 宜耕后备资源补充耕地面积	耕地破碎度 生态退耕潜力 空心村治理个数
	土地污染修复	工矿污染修复面积 农业化肥污染整治修复面积	—
矿山环境治理与生态修复	损毁山体治理与生态修复	损毁山体治理修复面积	—
	工矿废弃地复垦利用	工矿用地复垦(再利用)面积	历史遗留矿山综合整治率 工矿废弃用地复绿面积
	自然地质灾害防治	地质灾害治理点数量	自然灾害防治工程数量

10.5　案例总结

本章的规划以生态文明理念为指导思想，遵循“山水林田湖草生命共同体”“人与自然和谐共生”理念，在对柳州市自然生态系统、农业生态系统、城镇生态系统的本底特征进行系统评价和生态系统健康与服务价值综合评估的基础上，结合柳州市国土整治与生态修复工作的成效与问题，进一步明确了柳州市全域国土综合整治与生态修复的总体要求、战略目标、主要策略与重点任务。

在此基础上，利用生态环境敏感性分析、多尺度生态网络构建的分析结果，构建柳州市国土综合整治与生态修复的总体格局，明晰需要整治与修复的重点区域，有针对性提出 5 大类（12 小类）重点区域生态修复的重点措施，进而根据国土综合整治与生态修复工作的优先级，制定了重点修复区域的差异化生态行动计划；基于可操作性原则，构建了柳州市国土综合整治与生态修复工作的评估指标体系，以期实现对生态文明建设各项工作的定期评估，从而不断校准生态修复工作的总体方向、目标和任务。

本章的规划的主要创新在于构建了“本底评价—格局构建—整治修复—行动计划—绩效评估”为完整闭环的全域国土综合整治与生态修复的框架体系（简称“五步法”），提出了“一个目标、三个导向、三种尺度、三大系统、五大任务”的总体思路。基于该专题研究成果，规划研究团队于 2020 年在《规划师》期刊上发表了《柳州市国土空间生态修复区划策略研究》一文，构建了“识本底—构廊道—定格局”的生态修复工作方法（简称“三步法”），并对柳州全域国土空间生态修复进行了分区与总体格局的判定，为国土空间总体规划试点阶段的生态修复规划提供了技术框架与可借鉴的实践案例。

后　记

在江苏高校优势学科建设工程项目出版经费的资助下，在国家重点研发计划项目课题与子课题(2022YFC3802604,2022YFE1303102)以及国家自然科学基金多项面上项目(51878328,51478217,32171571)系列研究成果的支撑下，我们整理出版了这本面向城乡规划、风景园林、人文地理与城乡规划等相关专业的本科生教材《城市与区域生态规划：理论、方法与实践》。

该书是作者在总结近年来生态规划教学与科研工作经验、城市与区域生态规划研究实践的基础上编写而成的，并作为南京大学城乡规划专业本科生“城乡生态与环境规划(生态环境保护与修复)”和硕士研究生“生态规划研究”等课程的教材或参考书使用。尽管该书的很多内容已在南京大学城乡规划学科多届学生中得到了较好的反馈，但在国土空间规划体系重构的新时代背景下，我们仍怀着惴惴不安的心情希望接受其他院校和规划设计行业的检验和意见，以便我们在未来的教学实践中不断修改和完善。

2004 年，高等学校土建学科教学指导委员会城市规划专业指导委员会编制出版了《全国高等学校土建类专业本科教育培养目标和培养方案及主干课程教学基本要求(城市规划专业)》(以下简称《基本要求》)，并将“城市环境与城市生态学”课程作为城乡规划专业的专业基础课和供选择的核心课程(可根据各自的学科特点选择城市环境与城市生态学或风景园林规划与设计概论)，并建议安排 30～60 个学时。2013 年，经中华人民共和国住房和城乡建设部人事司、住房和城乡建设部高等学校土建学科教学指导委员会审定，第三届高等学校城乡规划学科专业指导委员会(以下简称“专指委”)按照教育部高教司和原住房和城乡建设部人事司的有关要求，组织编制出版了《高等学校城乡规划本科指导性专业规范(2013 年版)》(以下简称《专业规范》)。专指委认为，城乡规划本科指导性专业规范是城乡规划学升为一级学科的背景下，推动教学内容和课程体系改革的重要举措，并要求各高校应以此为契机，推动教学内容和课程体系的改革，以适应学科专业发展的新要求和社会经济发展的新需求。《专业规范》将“城乡生态与环境规划”作为城乡规划专业知识体系 5 个领域及其 25 个核心知识单元对应的 10 门核心课程之一，并推荐安排 64 个学时。

按照专指委的《基本要求》和《专业规范》，南京大学城乡规划学科的教学内容和课程体系也进行了相应的调整和改革，2004 年将宗跃光教授讲授的“城市生态环境学”调整为“城市生态与环境”，教学内容主要参考宋永昌等主编的《城市生态学》;2013 年以来，面向国家生态文明建设的重大战略需求，对课程内容进行了调整和完善，课程名称也修改为“城乡生态与环境规划”，教学内容也在“城市生态学”的基础上增加了生态学、景观生态学等相关内容，并对生态规划案例进行了解析；自然资源部成立、国土空间规划体系重构以来，国土综合整治与生态修复工作日益得到重视，课程名称又修改为“生态环境保护与修复”，教学内容增加了修复生态学、保护生物学等相关内容，实践案例也增加了柳州市全域国土综合整治与生态修复专题研究。南京大学城乡规划学科的“城乡生态与环境规划”课程教学内容历经多次修订和完善，能够满足专指委的《基本要求》和《专业规范》，也具有南京大学城乡规划学科的自身特色。在江苏高校优势学科建设工程项目出版经费的资助下，遂将课程讲义系统整理、付梓，希望对开设类似课程的院校能够有所借鉴。

20 世纪 90 年代以来，国内陆续出版了多部城市生态学相关的教材，例如宋永昌先生等主编的《城市生态学》(2000 年版；2003 年版)；杨士弘等编著的《城市生态环境学》(第 1 版，1996 年；第 2 版，2003 年)；杨小波等编著的《城市生态学》(第 1 版，2000 年；第 2 版，2006 年；第 3 版，2014 年)；王祥荣编著的《城市生态学》(2011 年)。另外，不少学者结合城乡规划学的特点也陆续出版了多部城市生态与环境规划相关的教材，例如沈清基编著的《城市生态与城市环境》(1998 年)和《城市生态环境：原理、方法与优化》(2011 年)；杨志峰和徐琳瑜编著的《城市生态规划学》(第 1 版，2008 年；第 2 版，2019 年)；石铁矛主编的《城市生态规划方法与应用》(2018 年)；王云才编著的《景观生态规划原理》(第 1 版，2007 年；第 2 版，2014 年；第 3 版，2023 年)；刘贵利著的《城市生态规划理论与方法》(2002 年)；焦胜等编著的《城市生态规划概论》(2006 年)；骆天庆等编著的《现代生态规划设计的基本理论与方法》(2008 年)；闫水玉著的《城市生态规划理论、方法与实践》(2010 年)；车生泉和张凯旋主编的《生态规划设计——原理、方法与应用》(2013 年)；岳邦瑞等著的《图解景观生态规划设计原理》(2017 年)和《图解景观生态规划设计手法》(2020 年)。这些教材在学界和业界的影响都很大，编著者也多是我们的前辈，他们扎实的学术功底、对学科发展的准确把握、高屋建瓴构建课程体系与教学内容的能力是我们望尘莫及的。因此，我们在教学中参阅了这些教材中的一些成果，也把这些教材作为我们课程的重要参考书。

尽管专指委曾把“城市环境与城市生态学”和“城乡生态与环境规划”课程作为城乡规划学专业的核心课程，但因该课程的很多内容均来自生态学、环境科学等相关学科，且这些学科均是一级学科，知识体系十分庞大，因而到目前为止，国内还没有形成城乡规划学专业“城乡生态与环境规划”课程公认的知识体系，甚至有的学校尚未开设这门课程。南京大学自宗跃光教授 2003 年开设“城市生态环境学”课程以来，一直在不断探索适合南京大学城乡规划学科特色的课程知识体系。《城市与区域生态规划：理论、方法与实践》就是在整理该课程历年教学内容的基础上编著的教材。教材不同于专著，要强调内容的系统性、权威性、实用性和易读性，因而教材中的有些内容和文献资料可能不能代表学界和业界的最新成果，我们期盼使用该教材的老师们结合本校的实际酌情调整教学内容，也希望大家对该教材提出修改和完善的建议。作者邮箱：qzyinhaiwei@163. com、fanhuakong@163. com。

尹海伟　孔繁花

2023 年 12 月